W0267975

DIE GRUNDLEHREN DER

MATHEMATISCHEN WISSENSCHAFTEN

IN EINZELDARSTELLUNGEN MIT BESONDERER BERÜCKSICHTIGUNG DER ANWENDUNGSGEBIETE

HERAUSGEGEBEN VON

R. GRAMMEL · E. HOPF · H. HOPF · F. K. SCHMIDT
B. L. VAN DER WAERDEN

BAND LXXXIV

ABELSCHE FUNKTIONEN UND ALGEBRAISCHE GEOMETRIE

VON

FABIO CONFORTO †

SPRINGER-VERLAG
BERLIN · GÖTTINGEN · HEIDELBERG
1956

ABELSCHE FUNKTIONEN UND ALGEBRAISCHE GEOMETRIE

VON

FABIO CONFORTO †

AUS DEM NACHLASS BEARBEITET
UND HERAUSGEGEBEN

VON

W. GRÖBNER · A. ANDREOTTI UND M. ROSATI

MIT 8 TEXTABBILDUNGEN

SPRINGER-VERLAG
BERLIN · GÖTTINGEN · HEIDELBERG
1956

ALLE RECHTE, INSBESONDERE DAS DER ÜBERSETZUNG
IN FREMDE SPRACHEN, VORBEHALTEN

OHNE AUSDRÜCKLICHE GENEHMIGUNG DES VERLAGES IST ES AUCH NICHT GESTATTET, DIESES BUCH ODER TEILE DARAUS AUF PHOTOMECHANISCHEM WEGE (PHOTOKOPIE, MIKROKOPIE) ZU VERVIELFÄLTIGEN

© BY SPRINGER-VERLAG OHG.
BERLIN . GÖTTINGEN . HEIDELBERG 1956

SOFTCOVER REPRINT OF THE HARDCOVER 1ST EDITION 1956

ISBN-13: 978-3-642-94670-7 e-ISBN-13: 978-3-642-94669-1
DOI: 10.1007/ 978-3-642-94669-1

BRÜHLSCHE UNIVERSITÄTSDRUCKEREI GIESSEN

Vorwort

Schon vor fünf Jahren hatte ich mit meinem inzwischen verstorbenen Freunde FABIO CONFORTO (1909—1954) vereinbart, eine deutsche Bearbeitung seiner Vorlesungen über ABELsche Funktionen*), die er im Studienjahr 1940/41 in Rom gehalten hat, herauszugeben. Da aber eine gründliche Überarbeitung des aus dem Jahre 1942 stammenden Textes notwendig erschien, die CONFORTO selbst besorgen wollte**), wurde die Verwirklichung dieses Planes zunächst noch hinausgeschoben. Aber bald nach dem Abschluß des Vertrages mit dem Verleger wurde CONFORTO von einer unerbittlichen Krankheit befallen, die ihn innerhalb Jahresfrist zwang, die Feder für immer aus der Hand zu legen, noch bevor er mit diesem Werk hatte beginnen können. So blieb mir dessen Gestaltung und Vollendung als Vermächtnis zurück, das ich im Sinne und Geiste meines verstorbenen Freundes bestens durchzuführen bestrebt war, um so mehr, als ich damit hoffen durfte, eine wirkliche Lücke auszufüllen und den heute Lebenden eines der reizvollsten Gebiete der klassischen Mathematik näherzubringen, das seit dem Aussterben der alten Mathematikergeneration, zu der auch noch mein verehrter Lehrer W. WIRTINGER gehört hatte, beinahe vergessen worden ist.

Dabei war ich glücklich, in A. ANDREOTTI und M. ROSATI zwei ausgezeichnete Mitarbeiter zu finden, die als ehemalige Schüler CONFORTOs sehr gut mit seinen Absichten und Plänen vertraut waren und so entscheidend zum Gelingen des Werkes beigetragen haben. Aus den letzten Jahren lag auch noch eine vervielfältigte Vorlesung***) CONFORTOs vor, deren erstes Kapitel in das vorliegende Buch hineinverarbeitet werden konnte.

Wenn es auch notwendig war, den Text aus dem Jahre 1942 sehr gründlich umzuarbeiten, so war doch unser vorzüglichstes Bestreben

---

*) Es existiert eine nur mehr in wenigen Exemplaren vorhandene photomechanische Vervielfältigung dieser Vorlesungen:

CONFORTO, FABIO: Funzioni Abeliane e Matrici di RIEMANN. 304 S. Rom: Libreria dell'Università 1942.

**) Daß CONFORTO diese Absicht hatte, geht auch aus der folgenden Stelle seines Briefes an F. K. SCHMIDT vom 29. Dezember 1951 hervor: „Io mi propongo certamente di riscrivere tutto il testo ancora una volta ex-novo, usufruendo soltanto in piccola parte della mia redazione del 1942, la quale rimane tuttavia in certo senso come il nucleo, intorno al quale si sviluppa la nuova trattazione."

***) CONFORTO, FABIO: Funzioni Abeliane modulari. Lezioni raccolte dal Dott. MARIO ROSATI. 454 S. Rom: DOCET, Edizioni Universitarie 1951.

darauf gerichtet, daß der Charakter des Buches mit seinen vielfach anerkannten Vorzügen voll erhalten bleibe: das heißt, es sollte eine anschauliche und verständliche, durch moderne Abstraktionen*) nicht allzu beschwerte Darstellung der klassischen Theorien von RIEMANN, WEIERSTRASS, KLEIN, HURWITZ, POINCARÉ, APPELL, FROBENIUS, WIRTINGER, HUMBERT darbieten, die in allgemeiner Form erstmals von CONFORTO zusammengefaßt worden sind. Wenn damit auch Verzicht auf die größtmögliche Allgemeingültigkeit der Sätze geleistet wird, so bleiben dafür die Entwicklungen näher der geometrischen Anschaulichkeit, auf welche sich einer der hauptsächlichsten Vorzüge von CONFORTOs Vorlesungen gründet.

So ist das Buch aber auch besser für das Studium geeignet, da kein ausgedehntes Spezialwissen vorausgesetzt werden muß. Um es lesen und verstehen zu können, genügen als Vorkenntnisse die Theorie der analytischen Funktionen einer komplexen Variablen, die projektive Geometrie und die Matrizenrechnung. Die wichtigsten Tatsachen über meromorphe Funktionen von mehreren Variablen sowie der grundlegende Satz von COUSIN werden im Anhang des Buches bewiesen. Außerdem ist nur an einigen Stellen im zweiten Kapitel, wo es unerläßlich war, um den geometrischen Inhalt einiger Sätze, wie z. B. des Theorems von APPELL-HUMBERT und der daraus abgeleiteten Folgerungen, präzise definieren und exakt beweisen zu können, von den Begriffen und Sätzen der Idealtheorie und deren Anwendungen in der algebraischen Geometrie Gebrauch gemacht worden**).

Ganz neu hinzugefügt wurden außer dem bereits erwähnten Anhang über meromorphe Funktionen mehrerer komplexer Variablen im ersten Kapitel die Abschnitte Nr. 37 und 38 über allgemeine Thetafunktionen mit Charakteristiken und Thetafunktionen höherer Ordnung, im zweiten Kapitel der Beweis für die algebraische Natur der ABELschen Mannigfaltigkeiten und vor allem die Konstruktion eines singularitätenfreien Modells der PICARDschen Mannigfaltigkeit, die ich einer freundlichen brieflichen Mitteilung von Prof. C. L. SIEGEL verdanke.

Auch alle übrigen Beweise des zweiten Kapitels mußten neu aufgebaut werden, damit sie den Anforderungen einer exakten Beweisführung genügen. Da in vielen Fällen noch keine Ansätze und Vorarbeiten dafür vorlagen, mußten hier mehrmals ganz neue Wege eingeschlagen werden, die auch zu neuen Erkenntnissen führten, wie z. B.

*) So sind z. B. alle Funktionenkörper grundsätzlich über dem Körper der komplexen Zahlen aufgebaut.

**) Tatsächlich scheint außer der Idealtheorie keine andere Theorie die hier notwendigen Begriffe und Beweismethoden in der erforderlichen Differenziertheit und Schärfe zu enthalten.

zur Tatsache, daß der Integritätsbereich aller zu einer RIEMANNschen Matrix gehörigen intermediären Funktionen ein ZPE-Ring ist, eine Tatsache, die neues Licht nicht nur auf die funktionentheoretische, sondern auch auf die geometrische Seite der Theorie wirft und in ihren weiteren Auswirkungen noch gar nicht ausgewertet werden konnte.

Die von CONFORTO erstmals im Jahre 1942 ausgearbeitete Einführung in die Theorie der ABELschen Funktionen hat gegenüber älteren Darstellungen den Vorzug eines lückenlosen logischen Aufbaues: Ausgehend von der Definition der ABELschen Funktionen als meromorpher Funktionen von p Variablen mit $2p$ unabhängigen Perioden werden zunächst — unter Voraussetzung der Existenz einer ABELschen Funktion — die notwendigen Eigenschaften der von den Perioden gebildeten RIEMANNschen Matrix, das sind die sog. Periodenrelationen, ermittelt. Diese Eigenschaften erweisen sich sodann auch umgekehrt als hinreichend, da gezeigt wird, daß zu einer diese Bedingungen erfüllenden Periodenmatrix immer zugehörige ABELsche Funktionen konstruiert werden können, die im wesentlichen als Quotienten von Thetareihen darstellbar sind, so daß hier die Thetareihen nicht ein künstlich herangezogenes Hilfsmittel der Theorie sind, sondern aus den ursprünglichen Ansätzen als notwendig sich ergebendes Resultat folgen.

Die (im zweiten Kapitel behandelte) geometrische Bedeutung der ABELschen Funktionen ergibt sich aus der Tatsache, daß Parameterdarstellungen mittels ABELscher Funktionen zu p-dimensionalen algebraischen Mannigfaltigkeiten führen, deren Eigenschaften zufolge dieser Darstellung leicht untersucht werden können. Besonders wichtig sind die PICARDschen Mannigfaltigkeiten, deren Punkte umkehrbar eindeutig den Punkten des Periodenparallelotops, das ist ein verallgemeinerter Torus, entsprechen. Die rationalen und birationalen Transformationen einer PICARDschen Mannigfaltigkeit lassen sich von der funktionentheoretischen Seite her leicht diskutieren; die geometrische Interpretation ist außerordentlich interessant und liefert wichtige neue Erkenntnisse für die Theorie der irregulären algebraischen Mannigfaltigkeiten.

Dieser letzte Teil der Theorie steht noch ganz im Bereich der weiter dringenden Forschung; es kann wohl nicht erwartet werden, daß in der vorliegenden Einführung bereits abschließende Ergebnisse aufgezeigt werden*). Dagegen muß mit Bedauern eingestanden und der menschlichen Unzulänglichkeit sowie dem Mangel an Zeit und Raum zugute gehalten werden, daß manche Abschnitte der klassisch gereiften Theorie, die etwa in diesem Buch gesucht werden dürften, nicht mehr verarbeitet

*) Unter anderem liegt im Nachlaß CONFORTOs auch ein unvollendetes Manuskript „Le varietà superficialmente irregolari" vor, das bisher nicht veröffentlicht ist und auch in unsere Bearbeitung nicht mit aufgenommen werden konnte.

worden sind; vor allem wird man die Behandlung der speziellen ABELschen Funktionen sowie des JACOBIschen Umkehrproblems vermissen. CONFORTO hatte allerdings noch viele weitere Pläne, mit denen diese Lücken gefüllt worden wären, aber wie weit diese in einer näheren oder ferneren Zukunft werden fortgesetzt werden können, das wird wesentlich davon abhängen, ob es dem vorliegenden Buche gelingt, das Interesse der gegenwärtigen Mathematikergeneration auf dieses Gebiet der algebraischen Geometrie hinzulenken.

Innsbruck, den 30. Dezember 1955

W. GRÖBNER

Inhaltsverzeichnis

Zweites Kapitel. **Die ABELschen Mannigfaltigkeiten**

Einleitung

Die Theorie der ABELschen Funktionen leitet sich historisch ab vom JACOBI*schen Umkehrproblem* (1829) für p linear unabhängige Integrale 1. Gattung

$$\int \varphi_1(x, y)\,dx\,, \quad \int \varphi_2(x, y)\,dx\,, \ldots, \quad \int \varphi_p(x, y)\,dx$$

auf einer algebraischen Kurve C des Geschlechtes p, das die folgende Aufgabe stellt:

Sind (a_i, b_i) die Koordinaten von p fest gegebenen Punkten, (x_i, y_i) diejenigen von p variablen Punkten auf C $(i = 1, 2, \ldots, p)$, ferner $u_1, u_2, \ldots, u_p$ beliebig gegebene (komplexe) Zahlenwerte, so sollen aus den Gleichungen:

$$\begin{aligned}
&\int_{(a_1,b_1)}^{(x_1,y_1)} \varphi_1(x, y)\,dx + \int_{(a_2,b_2)}^{(x_2,y_2)} \varphi_1(x, y)\,dx + \cdots + \int_{(a_p,b_p)}^{(x_p,y_p)} \varphi_1(x, y)\,dx = u_1\,,\\
&\int_{(a_1,b_1)}^{(x_1,y_1)} \varphi_2(x, y)\,dx + \int_{(a_2,b_2)}^{(x_2,y_2)} \varphi_2(x, y)\,dx + \cdots + \int_{(a_p,b_p)}^{(x_p,y_p)} \varphi_2(x, y)\,dx = u_2\,, \qquad \text{(J)}\\
&\ldots\ldots\ldots\ldots\ldots\ldots\ldots\ldots\ldots\ldots\ldots\ldots\ldots\\
&\int_{(a_1,b_1)}^{(x_1,y_1)} \varphi_p(x, y)\,dx + \int_{(a_2,b_2)}^{(x_2,y_2)} \varphi_p(x, y)\,dx + \cdots + \int_{(a_p,b_p)}^{(x_p,y_p)} \varphi_p(x, y)\,dx = u_p
\end{aligned}$$

die Koordinaten $(x_1, y_1), (x_2, y_2), \ldots, (x_p, y_p)$ berechnet werden.

Die Integrale sind eindeutig, wenn man sie auf die kanonisch zerschnittene RIEMANNsche Fläche der Kurve C bezieht*). Die Zuordnung der oberen zu den unteren Grenzen in den Integralen von (J) darf beliebig permutiert werden. Die im allgemeinen eindeutige Lösbarkeit des JACOBIschen Umkehrproblems wurde erst durch die Arbeiten von RIEMANN (1857) und WEIERSTRASS (1876) sichergestellt, d. h. *bei festgehaltenen Anfangspunkten (a_i, b_i) und gegebenen Werten $u_1, u_2, \ldots, u_p$ wird durch die Gleichungen* (J) *eine Punktgruppe* $(x_1, y_1), (x_2, y_2), \ldots, (x_p, y_p)$ *(oder ausnahmsweise**) eine lineare Schar g_p) auf C eindeutig festgelegt.*

*) Vgl. W. WIRTINGER: Algebraische Funktionen und ihre Integrale. Enzyklop. d. math. Wiss. IIB2, **6**.

**) Nach dem ABEL*schen Theorem* gilt nämlich für Integrale 1. Gattung:

$$\int_{(x_1,y_1)}^{(x_1^*,y_1^*)} \varphi_i(x, y)\,dx + \int_{(x_2,y_2)}^{(x_2^*,y_2^*)} \varphi_i(x, y)\,dx + \cdots + \int_{(x_p,y_p)}^{(x_p^*,y_p^*)} \varphi_i(x, y)\,dx \equiv 0 \text{ (mod. Perioden)}\,,$$

wenn die Punktgruppen $(x_1, y_1), \ldots, (x_p, y_p)$ und $(x_1^*, y_1^*), \ldots, (x_p^*, y_p^*)$ linear äquivalent, d. h. in einer und derselben linearen Schar g_p enthalten sind. Vergleiche W. WIRTINGER: a. a. O. **42**.

Wenn man die Integrale auf die unzerschnittene RIEMANNsche Fläche bezieht, so können die rechten Seiten der Gleichungen (J) noch um „simultane Perioden“ vermehrt werden; bedeutet nämlich ω_i eine Periode des Integrals $\int \varphi_i(x, y)\, dx$ $(i=1, 2, \ldots, p)$ längs eines geschlossenen Periodenweges (Zykels) auf der RIEMANNschen Fläche von C, so vermehren sich die rechten Seiten der Gleichungen (J) um ω_i, wenn man zu den Integralwegen auf der linken Seite diesen geschlossenen Periodenweg hinzufügt, was ohne Änderung der Endpunkte geschehen kann. Als Lösung des JACOBIschen Umkehrproblems erhält man also für die Werte $u_i + \omega_i$ wieder dieselbe Gruppe von p Punkten wie für die Werte u_i.

Daraus schließt man, daß die Punktgruppe $(x_1, y_1), (x_2, y_2), \ldots, (x_p, y_p)$ oder genauer jede symmetrische rationale Funktion der Koordinaten dieser Punkte eine eindeutige meromorphe Funktion der komplexen Variablen $u_1, u_2, \ldots, u_p$ ist, welche das *simultane Periodensystem* $\omega_1, \omega_2, \ldots, \omega_p$ besitzt (d. h. der Funktionswert ändert sich nicht, wenn man u_i durch $u_i + \omega_i$ $(i=1, 2, \ldots, p)$ ersetzt). Da es auf der RIEMANNschen Fläche von C im ganzen $2p$ unabhängige Zykel gibt*), besitzt unsere Funktion auch $2p$ simultane Periodensysteme.

Diese Lösungen des JACOBIschen Umkehrproblems heißen ABEL*sche Funktionen.* Für die effektive Lösung des Umkehrproblems, die für $p=1$ bereits in den Arbeiten von ABEL und JACOBI enthalten ist, dienen die von JACOBI eingeführten „Thetareihen“; mit ihrer Hilfe haben GÖPEL und ROSENHAIN das Problem im Falle $p=2$, RIEMANN und WEIERSTRASS für allgemeines p gelöst.

Nach RIEMANN und WEIERSTRASS wurde die Theorie der ABELschen Funktionen *auch über das Umkehrproblem hinaus* weiter entwickelt, nachdem man erkannt hatte, daß es eindeutige meromorphe Funktionen von p Variablen mit $2p$ (unabhängigen) simultanen Periodensystemen gibt, die aus keinem Umkehrproblem entspringen, also allgemeinerer Natur sind als die ersten Funktionen, die man nach POINCARÉ „spezielle ABELsche Funktionen“ nennt. Diese allgemeinen ABELschen Funktionen wurden in Deutschland besonders von KLEIN, KRAZER, WIRTINGER, in Frankreich von PICARD, POINCARÉ, PAINLEVÉ, HUMBERT, in Italien am Beginn unseres Jahrhunderts von den Vertretern der algebraischen Geometrie, besonders von SCORZA untersucht. In nahem Zusammenhang damit stehen die Forschungen von LEFSCHETZ in Amerika.

Der Grund, weshalb die ABELschen Funktionen eng mit der algebraischen Geometrie verbunden erscheinen, liegt im fundamentalen Satz, daß *zwischen $p+1$ ABELschen Funktionen von p Variablen immer eine algebraische Relation besteht,* deren Gleichung eine algebraische Mannigfaltigkeit vorstellt, die eine Parameterdarstellung durch ABELsche

*) Vgl. W. WIRTINGER: a. a. O. **11**.

Funktionen besitzt. Die von PICARD begonnene Untersuchung solcher Mannigfaltigkeiten wurde besonders von italienischen Geometern weitergeführt.

Bei der Darstellung der Theorie der ABELschen Funktionen geht man gewöhnlich von den ABELschen Integralen auf einer algebraischen Kurve aus, formuliert das Umkehrproblem und erhält daraus den allgemeinen Begriff der ABELschen Funktion. Eine Ausnahme bildet das „*Lehrbuch der Thetafunktionen*" von KRAZER, das unmittelbar mit der Untersuchung der allgemeinsten ABELschen Funktionen beginnt; seine Darstellung gründet sich aber auf die dauernde Verwendung der Thetareihen, aus denen man durch Quotientenbildung die ABELschen Funktionen konstruieren kann. Die Einführung dieser Thetareihen aber erscheint bei KRAZER ganz unvermittelt, ohne logische Anknüpfung und Begründung. Denselben Mangel findet man übrigens auch bei den Darstellungen, welche vom Umkehrproblem ausgehen, denn auch diese müssen an einer gewissen Stelle die Thetareihen einführen, indem sie deren Gestalt sozusagen erraten.

Das entspricht zwar der tatsächlichen historischen Entwicklung, denn JACOBI hat die Thetareihen für $p = 1$ intuitiv erschlossen, und diese wurden sodann durch Analogieschlüsse auf p Variablen erweitert; aber für eine moderne *systematische* Darstellung dieser Theorie müßten doch die folgenden zwei Grundsätze einleuchten:

a) Die Untersuchung beginnt mit der Definition der ABELschen Funktionen als meromorpher Funktionen von p Variablen mit $2p$ simultanen Periodensystemen, also mit den allgemeinsten ABELschen Funktionen, wobei die speziellen vorläufig beiseite bleiben. Das Umkehrproblem und die Beziehungen zwischen speziellen ABELschen Funktionen und algebraischen Kurven werden zu bloßen, wenn auch sehr wichtigen *Anwendungen* der allgemeinen Theorie, die an einer späteren Stelle beim Studium *spezieller Klassen* ABEL*scher Funktionen* einzuordnen sind.

b) Aus der Definition der ABELschen Funktionen folgt direkt deren Darstellbarkeit als Quotienten von *intermediären* (ganzen analytischen) Funktionen, deren Reihenentwicklungen *notwendig* die Gestalt der Thetareihen haben.

Bei der Durchführung dieses Programmes stellen sich die notwendigen und hinreichenden Bedingungen für eine Periodenmatrix, damit zugehörige ABELsche Funktionen existieren, als natürliche Folge derjenigen für die Existenz intermediärer Funktionen ein. Der vorgezeichnete Weg führt, ohne daß an irgendeiner Stelle neue Begriffe eingeführt werden müssen, deren Einführung nicht natürlich und notwendig erscheint, zum Besitze des *Existenztheorems der* ABEL*schen Funktionen* und der *Theorie der intermediären Funktionen* sowie der *Thetafunktionen*, mit deren Hilfe man die ABELschen Funktionen bequem ausdrücken kann.

Für $p = 2$ findet man dieses Programm bereits ausgeführt, wenn man eine Abhandlung von APPELL aus dem Jahre 1891*) mit einer vorausgehenden von FROBENIUS**) verbindet; APPELL zeigt dort, daß jede ABELsche Funktion von 2 Variablen als Quotient von zwei intermediären Funktionen geschrieben werden kann, während FROBENIUS die Untersuchung dieser Funktionen***) bereits für beliebiges p begonnen und im besonderen gezeigt hatte, daß aus der Existenz der intermediären Funktionen die Gleichheits- und Ungleichheitsbeziehungen zwischen den Perioden folgen, die notwendig und hinreichend für die Existenz ABELscher Funktionen mit gegebener Periodenmatrix sind.

In diesen Vorlesungen wird die Beweisführung von APPELL auf beliebiges p verallgemeinert, so daß mit Heranziehung der Ergebnisse von FROBENIUS das oben skizzierte Programm vollständig durchgeführt werden kann. Die Nützlichkeit, auf diesem Wege in die Theorie der ABELschen Funktionen einzudringen, wurde kürzlich auch von LEFSCHETZ hervorgehoben+). Jedoch ist das bis jetzt noch nicht in systematischer Weise ausgeführt worden++).

Erklärung der Bezeichnungen

Vektoren und Matrizen werden grundsätzlich durch *halbfette* Lettern bezeichnet, und zwar in der Regel Vektoren durch Kleinbuchstaben, Matrizen durch Großbuchstaben. So bedeutet z. B. $\mathbf{u}$ den p-Vektor mit den Komponenten $u_1, u_2, \ldots, u_p$; $\boldsymbol{\omega}$ den p-Vektor mit den Komponenten $\omega_1, \omega_2, \ldots, \omega_p$; $\mathbf{A}, \mathbf{B}, \ldots, \boldsymbol{\Omega}$ rechteckige oder quadratische

*) APPELL, P.: Sur les fonctions périodiques de deux variables. J. de Math., Série IV, 7, 157—219 (1891).

**) FROBENIUS, G.: Über die Grundlagen der Theorie der JACOBIschen Funktionen. J. f. r. u. angew. Math. (Crelle J.) 97, 16—48, 188—223 (1884).

***) Die „intermediären Funktionen" heißen bei FROBENIUS „JACOBIsche Funktionen" im Anschluß an F. KLEIN, der unter diesem Namen alle Funktionen zusammenfaßt, die sich von den Thetafunktionen um einen Faktor $c \cdot \exp(\varphi(u))$ unterscheiden, wo c eine Konstante und $\varphi(u)$ eine Form 2. Grades in den u_i bedeuten.

+) LEFSCHETZ, S.: Hyperelliptic surfaces and Abelian varieties. In: Bulletin of the National Research Council (Bulletin Series), N. 63, 349—395; 354 (1928).

++) Dieser Satz bezieht sich auf die erste Veröffentlichung dieser Vorlesungen, die im Jahre 1942 in Rom erschienen sind. Inzwischen sind aber die Vorlesungen von CARL L. SIEGEL: Analytic functions of several complex variables; Lectures delivered at the Institute for Advanced Study 1948—1949; Notes by P. T. Bateman erschienen, in deren erstem Teil die ABELschen Funktionen auch nach diesen Richtlinien behandelt werden. Auf dieses Werk wird bei der vorliegenden Bearbeitung mehrfach Bezug genommen.

Matrizen, deren Zeilen- und Spaltenzahlen gewöhnlich unmittelbar aus dem Zusammenhang ersichtlich sind.

$\widetilde{\mathbf{A}}$ oder $\mathbf{A}^T$ bedeutet die transponierte (gespiegelte) Matrix, $\bar{\mathbf{A}}$ die konjugiert komplexe Matrix.

Um die Vorteile des Matrizenkalküls voll ausnützen zu können, werden auch Vektoren $\mathbf{u}$, $\boldsymbol{\omega}$, ... als Matrizen gedeutet, und zwar immer als *einspaltige* Matrizen:

$$\mathbf{u} = \begin{pmatrix} u_1 \\ u_2 \\ \vdots \\ u_p \end{pmatrix}, \quad \boldsymbol{\omega} = \begin{pmatrix} \omega_1 \\ \omega_2 \\ \vdots \\ \omega_p \end{pmatrix}, \quad \boldsymbol{\omega}_k = \begin{pmatrix} \omega_{1\,k} \\ \omega_{2\,k} \\ \vdots \\ \omega_{p\,k} \end{pmatrix}, \quad \mathbf{b} = \begin{pmatrix} b_1 \\ b_2 \\ \vdots \\ b_p \end{pmatrix}.$$

Dann bedeutet $\mathbf{u}^* = \mathbf{A}\mathbf{u}$ eine lineare homogene Transformation des Vektors $\mathbf{u}$ in den Vektor $\mathbf{u}^*$ mit der (p, p)-Matrix $\mathbf{A}$ als Koeffizientenmatrix; $\widetilde{\mathbf{b}}\mathbf{u} = b_1 u_1 + \cdots + b_p u_p$ ist das innere Produkt der Vektoren $\mathbf{b}$ und $\mathbf{u}$, als Produkt der $(1, p)$-Matrix $\widetilde{\mathbf{b}}$ mit der $(p, 1)$-Matrix $\mathbf{u}$ geschrieben.

Summe und Differenz von Vektoren oder Matrizen, Produkte eines Skalars mit einem Vektor oder einer Matrix, Produkte von Matrizen usw. sind in der üblichen Weise definiert*).

Erstes Kapitel

Die intermediären Funktionen und das Existenztheorem für die Abelschen Funktionen

I. Die Perioden meromorpher Funktionen. Riemannsche Matrizen

1. Allgemeines über periodische Funktionen. Wir beschäftigen uns hier mit Funktionen $f(u_1, u_2, \ldots, u_p)$ von p komplexen Variablen $u_1, u_2, \ldots, u_p$ $(p \geqq 1)$, für welche p Konstante $\omega_1, \omega_2, \ldots, \omega_p$ existieren, die nicht alle Null sind, derart, daß die Beziehung

$$f(u_1 + \omega_1, u_2 + \omega_2, \ldots, u_p + \omega_p) = f(u_1, u_2, \ldots, u_p) \tag{1.1}$$

bei variablen $u_1, u_2, \ldots, u_p$ erfüllt ist. Die Konstanten $\omega_1, \omega_2, \ldots, \omega_p$ heißen ein „*simultanes Periodensystem*" oder kurz eine „*Periode*" der Funktion $f(u_1, u_2, \ldots, u_p)$.

Es ist aber notwendig, den Bereich der Funktionen $f(u_1, u_2, \ldots, u_p)$ in zweckmäßiger Weise einzuschränken, und zwar legt es das Beispiel der *elliptischen Funktionen*, das ist der doppelperiodischen Funktionen einer komplexen Veränderlichen $(p = 1)$, nahe zu verlangen, daß diese Funktionen *eindeutig* und im endlichen *meromorph* sein sollen. Die

*) Vgl. etwa das Lehrbuch: Matrizenrechnung von W. Gröbner. München: Oldenbourg 1956.

Zweckmäßigkeit dieser Einschränkung wird erst später dadurch ersichtlich werden, daß unter dieser Voraussetzung gerade noch die Existenz der ins Auge gefaßten periodischen Funktionen (nämlich der $2p$-fach periodischen Funktionen) nachgewiesen werden kann.

Für eine bequeme Schreibweise ist es vorteilhaft, weitgehend vom Vektor- und Matrizenkalkül Gebrauch zu machen*). Daher fassen wir die p Variablen $u_1, u_2, \ldots, u_p$ als die Komponenten eines p-Vektors $\mathbf{u}$ auf und schreiben kurz $f(\mathbf{u})$ statt $f(u_1, u_2, \ldots, u_p)$**). Ähnlich fassen wir die Größen $\omega_1, \omega_2, \ldots, \omega_p$, die beliebige komplexe Zahlen sein dürfen, zu einem p-Vektor $\boldsymbol{\omega}$ zusammen und können dann die Gleichung (1.1) kürzer so schreiben:

$$f(\mathbf{u} + \boldsymbol{\omega}) = f(\mathbf{u}). \tag{1.2}$$

Gleichzeitig mit $\boldsymbol{\omega}$ besitzt $f(\mathbf{u})$ auch alle Perioden $k\boldsymbol{\omega}$ ($k = 0, \pm 1, \pm 2,$), wie man durch mehrmalige Anwendung von (1.2) sofort bestätigen kann. Wir können sogar noch etwas allgemeiner sagen: Besitzt $f(\mathbf{u})$ die Perioden $\boldsymbol{\omega}_1, \boldsymbol{\omega}_2, \ldots, \boldsymbol{\omega}_r$, so auch jede Periode ω, die sich als lineare Kombination aus diesen zusammensetzen läßt:

$$\boldsymbol{\omega} = m_1 \boldsymbol{\omega}_1 + m_2 \boldsymbol{\omega}_2 + \cdots + m_r \boldsymbol{\omega}_r$$

mit ganzen rationalen Zahlen $m_1, m_2, \ldots, m_r$.

Die Perioden einer meromorphen Funktion $f(\mathbf{u})$ bilden also eine additive (ABELsche) Gruppe.

2. Lineare Transformationen der Variablen. Unabhängige Perioden. Die Perioden $\boldsymbol{\omega}_1, \boldsymbol{\omega}_2, \ldots, \boldsymbol{\omega}_r$ heißen „*unabhängig*", wenn eine Beziehung

$$m_1 \boldsymbol{\omega}_1 + m_2 \boldsymbol{\omega}_2 + \cdots + m_r \boldsymbol{\omega}_r = 0 \tag{2.1}$$

mit ganzen rationalen Zahlen $m_1, m_2, \ldots, m_r$ nur in trivialer Weise möglich ist, d. h. wenn man $m_1 = m_2 = \cdots = m_r = 0$ setzt; andernfalls heißen sie „*abhängig*". Die von r unabhängigen Perioden erzeugte „*Periodengruppe*" ist eine „*freie* ABEL*sche Gruppe*".

Wir führen nun in $f(\mathbf{u})$ mittels der linearen Substitution

$$\mathbf{u}^* = \mathbf{A}\mathbf{u}\,, \quad \mathbf{A} = (a_{ik})\,, \quad |\mathbf{A}| \neq 0 \tag{2.2}$$

eine Variablen-Transformation durch; die Elemente a_{ik} der (p, p)-Matrix $\mathbf{A}$ sind beliebige komplexe Zahlen, die nur der Bedingung $|\mathbf{A}| \neq 0$ unterworfen sind. Die inverse Transformation ist

$$\mathbf{u} = \mathbf{A}^{-1}\mathbf{u}^*, \quad \mathbf{A}^{-1} = (\check{a}_{ik})\,, \quad |\mathbf{A}^{-1}| = \frac{1}{|\mathbf{A}|} \neq 0\,; \tag{2.3}$$

$\mathbf{A}^{-1}$ ist die reziproke Matrix zu $\mathbf{A}$, deren Elemente $\check{a}_{ik} = (-1)^{i+k} \dfrac{A_{ki}}{|\mathbf{A}|}$

*) Vgl. die Erklärung der Bezeichnungen auf S. 4.

**) Da $\mathbf{u}$ die Spaltenmatrix mit den Elementen $u_1, \ldots, u_p$ bedeutet, sind bei der Schreibweise $f(\mathbf{u})$ die Argumente $u_1, \ldots, u_p$ nicht nebeneinander, sondern untereinander angeschrieben zu denken; andernfalls müßte man $f(\tilde{\mathbf{u}})$ schreiben.

sind, wo A_{ki} diejenige $(p-1)$-zeilige Unterdeterminante von $|\mathbf{A}|$ bedeutet, welche nach Streichung der k-ten Zeile und i-ten Spalte übrigbleibt.

Bei dieser Transformation geht die meromorphe Funktion $f(\mathbf{u})$ der Variablen $u_1, u_2, \ldots, u_p$ in die meromorphe Funktion $f(\mathbf{A}^{-1}\mathbf{u}^*) = f^*(\mathbf{u}^*)$ der Variablen $u_1^*, u_2^*, \ldots, u_p^*$ über, deren Perioden sich aus denen der Funktion $f(\mathbf{u})$ leicht berechnen lassen. Ist nämlich $\boldsymbol{\omega}$ eine Periode von $f(\mathbf{u})$, also $f(\mathbf{u}+\boldsymbol{\omega}) = f(\mathbf{u})$, so folgt daraus wegen (2.3)

$$f(\mathbf{A}^{-1}\mathbf{u}^* + \boldsymbol{\omega}) = f(\mathbf{A}^{-1}\mathbf{u}^*) \quad \text{oder} \quad f(\mathbf{A}^{-1}(\mathbf{u}^* + \mathbf{A}\boldsymbol{\omega})) = f(\mathbf{A}^{-1}\mathbf{u}^*)\,,$$

also

$$f^*(\mathbf{u}^* + \mathbf{A}\boldsymbol{\omega}) = f^*(\mathbf{u}^*)\,,$$

d. h. die transformierte Funktion $f^*(\mathbf{u}^*)$ besitzt die Periode

$$\boldsymbol{\omega}^* = \mathbf{A}\boldsymbol{\omega}\,. \tag{2.4}$$

Umgekehrt entspricht jeder Periode $\boldsymbol{\omega}^*$ von $f^*(\mathbf{u}^*)$ eine Periode $\boldsymbol{\omega} = \mathbf{A}^{-1}\boldsymbol{\omega}^*$ von $f(\mathbf{u})$.

Sind die Perioden $\boldsymbol{\omega}_1, \boldsymbol{\omega}_2, \ldots, \boldsymbol{\omega}_r$ unabhängig, so gilt dasselbe auch von den transformierten Perioden $\boldsymbol{\omega}_1^*, \boldsymbol{\omega}_2^*, \ldots, \boldsymbol{\omega}_r^*$: Denn aus einer Beziehung:

$$m_1\,\boldsymbol{\omega}_1^* + m_2\,\boldsymbol{\omega}_2^* + \cdots + m_r\,\boldsymbol{\omega}_r^* = 0$$

folgt

$$m_1\,\mathbf{A}\boldsymbol{\omega}_1 + m_2\,\mathbf{A}\boldsymbol{\omega}_2 + \cdots + m_r\,\mathbf{A}\boldsymbol{\omega}_r = \mathbf{A}(m_1\,\boldsymbol{\omega}_1 + m_2\,\boldsymbol{\omega}_2 + \cdots + m_r\,\boldsymbol{\omega}_r) = 0\,,$$

also wegen $|\mathbf{A}| \neq 0$:

$$m_1\,\boldsymbol{\omega}_1 + m_2\,\boldsymbol{\omega}_2 + \cdots + m_r\,\boldsymbol{\omega}_r = 0$$

und wegen der Unabhängigkeit der Perioden $\boldsymbol{\omega}_1, \boldsymbol{\omega}_2, \ldots, \boldsymbol{\omega}_r$:

$$m_1 = m_2 = \cdots = m_r = 0\,;$$

also sind auch die Perioden $\boldsymbol{\omega}_1^*, \boldsymbol{\omega}_2^*, \ldots, \boldsymbol{\omega}_r^*$ unabhängig und umgekehrt.

Die Eigenschaft der Abhängigkeit oder Unabhängigkeit eines Systems von Perioden einer meromorphen Funktion $f(\mathbf{u})$ ist also invariant gegenüber regulären linearen Transformationen der Variablen $\mathbf{u}$.

3. Infinitesimale Perioden. Wenn eine eindeutige meromorphe Funktion $f(\mathbf{u})$ überhaupt Perioden besitzt, so besitzt sie deren unendlich viele, die bezüglich der Addition eine ABELsche Gruppe bilden. Die Menge dieser Perioden, als Punkte in einem $2p$-dimensionalen euklidischen Raum R_{2p} gedeutet, kann Häufungselemente *im endlichen* besitzen oder nicht*). Wir wollen zeigen, daß *diese Häufungselemente selbst wieder Perioden der Funktion $f(\mathbf{u})$ sind*, oder mit anderen Worten, daß *die Periodengruppe einer eindeutigen meromorphen Funktion abgeschlossen ist.*

*) Bezüglich R_{2p} vgl. die Anmerkung S. 16.

Es sei nämlich $\boldsymbol{\omega}_1, \boldsymbol{\omega}_2, \ldots, \boldsymbol{\omega}_n, \ldots$ eine Folge von Perioden, die gegen $\boldsymbol{\omega}_0$ konvergiere:

$$\lim_{n \to \infty} \boldsymbol{\omega}_n = \boldsymbol{\omega}_0 \quad {}^{*)} \tag{3.1}$$

Wegen der Eindeutigkeit und Stetigkeit von $f(\mathbf{u})$ gilt:

$$\lim_{n \to \infty} f(\mathbf{u} + \boldsymbol{\omega}_n) = f(\mathbf{u} + \lim_{n \to \infty} \boldsymbol{\omega}_n) = f(\mathbf{u} + \boldsymbol{\omega}_0) \tag{3.2}$$

sicher immer dann, wenn $\mathbf{u} + \boldsymbol{\omega}_0$ im Regularitätsbereich der meromorphen Funktion $f(\mathbf{u})$ liegt; andererseits aber sind sämtliche Vektoren $\boldsymbol{\omega}_n$ Perioden von $f(\mathbf{u})$, also

$$\lim_{n \to \infty} f(\mathbf{u} + \boldsymbol{\omega}_n) = \lim_{n \to \infty} f(\mathbf{u}) = f(\mathbf{u}) \,. \tag{3.3}$$

Aus (3.2) und (3.3) schließt man

$$f(\mathbf{u} + \boldsymbol{\omega}_0) = f(\mathbf{u}) \,, \tag{3.4}$$

d. h. $f(\mathbf{u} + \boldsymbol{\omega}_0) - f(\mathbf{u})$ ist eine meromorphe Funktion, deren Verschwinden für fast alle Werte der Variablen $\mathbf{u}$ sichergestellt ist, mit Ausnahme einer Menge von Punkten des $\mathbf{u}$-Raumes, die höchstens die (komplexe) Dimension $p-1$ besitzt. Dann muß aber $f(\mathbf{u} + \boldsymbol{\omega}_0) - f(\mathbf{u})$ als meromorphe Funktion identisch verschwinden**), also (3.4) allgemein gelten.

Gleichzeitig mit $\boldsymbol{\omega}_0$ sind nun auch alle Differenzen $\boldsymbol{\omega}_n - \boldsymbol{\omega}_0$ Perioden von $f(\mathbf{u})$, die wir dem Betrage nach beliebig klein machen können, indem wir n genügend groß wählen***):

Wenn also die Periodengruppe der meromorphen Funktion $f(\mathbf{u})$ Häufungselemente (im endlichen) besitzt, so besitzt $f(\mathbf{u})$ „infinitesimale" Perioden, d. h. Perioden beliebig kleinen Betrages, und umgekehrt.

4. Ausgeartete Funktionen. Es kann vorkommen, daß eine Funktion $f(\mathbf{u})$ durch eine passende Variablentransformation (2.2) in eine Funktion $f^*(\mathbf{u}^*)$ übergeführt wird, welche nicht von allen p Variablen $u_1^*, u_2^*, \ldots, u_p^*$, sondern etwa nur von den ersten q dieser Variablen wirklich abhängt ($q < p$). Eine solche Funktion nennen wir *„ausgeartet"*. $f^*(\mathbf{u}^*)$ besitzt offenbar alle Perioden

$$\boldsymbol{\omega}^* = (0, \ldots, 0, \omega_{q+1}, \ldots, \omega_p) \,,$$

*) Diese Limesgleichung für die Vektoren $\boldsymbol{\omega}_n$ ist gleichwertig p Limesgleichungen für die Komponenten:

$$\lim_{n \to \infty} \omega_{kn} = \omega_{k0}, \qquad k = 1, 2, \ldots, p.$$

**) Vgl. Anhang Nr. 5. Die Mannigfaltigkeit der singulären Stellen einer meromorphen Funktion hat die Dimension $p-1$ (Pole) bzw. $p-2$ (Unbestimmtheitsstellen).

***) Der Betrag eines komplexen p-Vektors $\mathfrak{z} = (z_1, z_2, \ldots, z_p)$ ist die Quadratwurzel aus dem inneren Produkt dieses Vektors mit seinem konjugierten Vektor, in Matrizenschreibweise:

$$|\mathfrak{z}|^2 = \tilde{\mathfrak{z}}\,\bar{\mathfrak{z}} = z_1 \bar{z}_1 + z_2 \bar{z}_2 + \cdots + z_p \bar{z}_p$$

oder $\tilde{\mathfrak{z}}\,\bar{\mathfrak{z}} = x_1^2 + y_1^2 + x_2^2 + y_2^2 + \cdots + x_p^2 + y_p^2$ mit $z_j = x_j + i y_j$.

deren Komponenten $\omega_{q+1}, \ldots, \omega_p$ völlig willkürlich sind. Das sind lauter Häufungselemente, und also besitzt $f^*(\mathbf{u}^*)$ sowie auch $f(\mathbf{u})$ infinitesimale Perioden:

Jede ausgeartete Funktion besitzt infinitesimale Perioden.

Wir werden auch die Umkehrung dieses Satzes beweisen, zuvor aber wollen wir die ausgearteten Funktionen noch anders charakterisieren. Wir berechnen zunächst die Ableitung der ausgearteten Funktion $f(\mathbf{u}) = f^*(\mathbf{u}^*)$ nach u_i^*:

$$\frac{\partial f^*(\mathbf{u}^*)}{\partial u_i^*} = \sum_{k=1}^{p} \frac{\partial f(\mathbf{u})}{\partial u_k} \frac{\partial u_k}{\partial u_i^*} = \sum_{k=1}^{p} \check{a}_{ki} f'_k(\mathbf{u}) \tag{4.1}$$

wo gemäß (2.3) $\frac{\partial u_k}{\partial u_i^*} = \check{a}_{ki}$ und zur Abkürzung $\frac{\partial f(\mathbf{u})}{\partial u_k} = f'_k(\mathbf{u})$ gesetzt ist. Da ferner nach Voraussetzung für $i = q+1, \ldots, p$ die Ableitungen $\frac{\partial f^*(\mathbf{u}^*)}{\partial u_i^*} = 0$ sind, so erhalten wir $p - q$ Gleichungen:

$$\begin{array}{l} \check{a}_{1,q+1} f'_1(\mathbf{u}) + \check{a}_{2,q+1} f'_2(\mathbf{u}) + \cdots + \check{a}_{p,q+1} f'_p(\mathbf{u}) = 0 \\ \cdots\cdots\cdots\cdots\cdots\cdots\cdots\cdots\cdots \\ \cdots\cdots\cdots\cdots\cdots\cdots\cdots\cdots\cdots \\ \check{a}_{1,p} \quad f'_1(\mathbf{u}) + \check{a}_{2,p} \quad f'_2(\mathbf{u}) + \cdots + \check{a}_{p,p} \quad f'_p(\mathbf{u}) = 0 \end{array} \tag{4.2}$$

welche von den Ableitungen der ausgearteten Funktion $f(\mathbf{u})$ identisch erfüllt werden. Die linken Seiten der Gleichungen (4.2) sind linear unabhängig, weil ihre Koeffizienten die letzten $p - q$ Spalten der nicht singulären Matrix $\mathbf{A}^{-1}$ bilden (2.3).

Wenn umgekehrt eine Funktion $f(\mathbf{u})$ $p - q$ linear unabhängige Differentialgleichungen der Art (4.2) mit konstanten Koeffizienten befriedigt, so ist sie ausgeartet. Denn nach einem bekannten Satz der linearen Algebra kann man die im Schema (4.2) vorkommenden Koeffizienten $\check{a}_{ik}$ zu einer regulären (p, p)-Matrix $\mathbf{A}^{-1}$ ergänzen; deren inverse Matrix $\mathbf{A}$ bestimmt dann eine lineare Transformation der Variablen (2.2), nach deren Ausführung $f(\mathbf{u})$ in eine Funktion $f^*(\mathbf{u}^*)$ übergeführt wird, für die

$$\frac{\partial f^*(\mathbf{u}^*)}{\partial u_i^*} = 0, \qquad i = q+1, \ldots, p$$

ist. Das bedeutet aber, daß $f^*(\mathbf{u}^*)$ von den Variablen $u_{q+1}^*, \ldots, u_p^*$ nicht abhängt. Abschließend können wir also sagen:

Eine ausgeartete Funktion $f(\mathbf{u})$ der Variablen $u_1, u_2, \ldots, u_p$, welche nur von q ($< p$) linearen Kombinationen dieser Variablen wirklich abhängt, befriedigt $p - q$ lineare Differentialgleichungen mit konstanten Koeffizienten der Art (4.2) *und umgekehrt.*

Wir können daraus noch ein weiteres Kriterium, das wir bald anwenden werden, ableiten:

Für eine ausgeartete Funktion $f(\mathbf{u})$ ist charakteristisch das Verschwinden der Determinante:

$$D[f_j'(\mathbf{u}^{(k)})] = \begin{vmatrix} f_1'(\mathbf{u}^{(1)}), & f_2'(\mathbf{u}^{(1)}), & \dots, & f_p'(\mathbf{u}^{(1)}) \\ f_1'(\mathbf{u}^{(2)}), & f_2'(\mathbf{u}^{(2)}), & \dots, & f_p'(\mathbf{u}^{(2)}) \\ \dots & \dots & \dots & \dots \\ \dots & \dots & \dots & \dots \\ f_1'(\mathbf{u}^{(p)}), & f_2'(\mathbf{u}^{(p)}), & \dots, & f_p'(\mathbf{u}^{(p)}) \end{vmatrix} \tag{4.3}$$

wo $f_j'(\mathbf{u}^{(k)})$ die partielle Ableitung $\frac{\partial f(\mathbf{u})}{\partial u_j}$ im Punkte $\mathbf{u}^{(k)}$ bedeutet und $\mathbf{u}^{(1)}, \mathbf{u}^{(2)}, \dots, \mathbf{u}^{(p)}$ ganz beliebige Punkte des $\mathbf{u}$-Raumes sind, in denen $f(\mathbf{u})$ analytisch ist.

Für eine ausgeartete Funktion $f(\mathbf{u})$ folgt nämlich das Verschwinden dieser Determinante unmittelbar aus dem Bestehen der Differentialgleichungen (4.2), deren Koeffizienten ja von $\mathbf{u}$ unabhängig sind.

Ist andererseits $D[f_j'(\mathbf{u}^{(k)})] = 0$ bei beliebiger Wahl der Punkte $\mathbf{u}^{(k)}$, so bleibt das Verschwinden auch bestehen, wenn wir $\mathbf{u}^{(1)}$ als variabel ansehen und dafür $\mathbf{u}$ schreiben, während $\mathbf{u}^{(2)}, \dots, \mathbf{u}^{(p)}$ irgendwie fest gewählt sind. Das Verschwinden dieser Determinante sagt aber nach einem bekannten Determinantensatz aus, daß die Elemente $f_j'(\mathbf{u})$ der ersten Zeile einer oder mehreren linearen Gleichungen genügen, deren Koeffizienten nur von den Elementen der folgenden Zeilen, also von $\mathbf{u}^{(2)}, \dots, \mathbf{u}^{(p)}$, und nicht von $\mathbf{u}$ abhängen, d. h. konstant und außerdem nicht alle gleichzeitig Null sind. Das sind aber wieder Differentialgleichungen der Art (4.2), aus deren Bestehen, wie wir bereits wissen, folgt, daß $f(\mathbf{u})$ ausgeartet ist*).

Nun können wir die Umkehrung des zu Beginn dieses Abschnittes angegebenen Satzes beweisen:

Eine eindeutige meromorphe Funktion $f(\mathbf{u})$, welche infinitesimale Perioden besitzt, ist ausgeartet.

Es sei $\mathbf{u}$ irgendeine Stelle im Regularitätsbereich von $f(\mathbf{u})$; dann gibt es eine Umgebung $\mathfrak{U}$ von $\mathbf{u}$, innerhalb deren $f(\mathbf{u})$ analytisch ist, und wir wählen einen Vektor $\tilde{\mathbf{h}} = (h_1, h_2, \dots, h_p)$ von vornherein so klein, daß auch noch $\mathbf{u} + \mathbf{h}$ in der Umgebung $\mathfrak{U}$ liegt. Dann gilt im Intervall $0 \leqq t \leqq 1$ der reellen Variablen t:

$$\frac{d}{dt} f(\mathbf{u} + t\mathbf{h}) = \sum_{s=1}^{p} f_s'(\mathbf{u} + t\mathbf{h}) \cdot h_s \ ;$$

*) Man kann übrigens leicht einsehen, daß der Rang q der Determinante $D[f_j'(\mathbf{u}^{(k)})]$ aussagt, daß es $p - q$ Differentialgleichungen der Art (4.2) gibt und daß infolgedessen die Funktion $f(\mathbf{u})$ nur von q passend gewählten linearen Kombinationen der Variablen $u_1, \dots, u_p$ abhängt.

durch Integration zwischen den Grenzen 0, 1 folgt daraus:

$$f(\mathbf{u}+\mathbf{h}) - f(\mathbf{u}) = \sum_{s=1}^{p} h_s \int_0^1 f'_s(\mathbf{u}+t\mathbf{h})\,dt\,. \tag{4.4}$$

Nun ist aber offenbar*)

$$\lim_{\mathbf{h}\to 0} \int_0^1 f'_s(\mathbf{u}+t\mathbf{h})\,dt = f'_s(\mathbf{u})\,,$$

so daß wir schreiben dürfen

$$\int_0^1 f'_s(\mathbf{u}+t\mathbf{h})\,dt = f'_s(\mathbf{u}) + l_s\,,$$

wo l_s gleichzeitig mit $\mathbf{h}$ gegen Null geht, d. h. wir können zu jedem vorgegebenen $\varepsilon > 0$ eine Zahl $\delta > 0$ derart angeben, daß

$$|l_s| < \varepsilon \quad \text{für} \quad |\mathbf{h}| < \delta\,, \qquad s = 1, 2, \ldots, p$$

ist. Unter diesen Voraussetzungen gilt also:

$$f(\mathbf{u}+\mathbf{h}) - f(\mathbf{u}) = \sum_{s=1}^{p} h_s\,(f'_s(\mathbf{u}) + l_s)\,. \tag{4.5}$$

Nach Voraussetzung besitzt $f(\mathbf{u})$ infinitesimale, d. h. beliebig kleine Perioden $\boldsymbol{\omega}$; für jede Periode $\boldsymbol{\omega}$, deren Betrag $|\boldsymbol{\omega}| < \delta$ ist, folgt also:

$$f(\mathbf{u}+\boldsymbol{\omega}) - f(\mathbf{u}) = \sum_{s=1}^{p} \omega_s(f'_s(\mathbf{u}) + l_s) = 0\,, \quad |l_s| < \varepsilon. \tag{4.6}$$

Das gilt für alle Punkte $\mathbf{u}$ des Regularitätsbereiches und alle genügend kleinen Perioden $\tilde{\boldsymbol{\omega}} = (\omega_1, \omega_2, \ldots, \omega_p)$ von $f(\mathbf{u})$, deren es nach Voraussetzung unendlich viele gibt. Sind also $\mathbf{u}^{(1)}, \ldots, \mathbf{u}^{(p)}$ beliebige Punkte des Regularitätsbereiches, so folgt aus (4.6) zunächst das Verschwinden der Determinante:

$$D[f'_j(\mathbf{u}^{(k)}) + l_j^{(k)}] = 0\,.$$

Da nun jede Determinante eine stetige Funktion ihrer Elemente ist und mit $\boldsymbol{\omega} \to 0$ auch alle $l_j^{(k)} \to 0$ konvergieren, so folgt durch diesen Grenzübergang:

$$D[f'_j(\mathbf{u}^{(k)})] = 0\,,$$

woraus man wieder schließt, daß $f(\mathbf{u})$ ausgeartet ist, w. z. b. w.

Wir können das Ergebnis in seinem wesentlichsten Teil auch so aussprechen:

Die Periodengruppe einer nicht ausgearteten eindeutigen meromorphen Funktion ist eine diskrete ABEL*sche Gruppe.*

*) Weil $f'_s(\mathbf{u}+t\mathbf{h})$ in einem Bereich $0 \leqq t \leqq 1, |\mathbf{h}| \leqq \delta$ stetig von t und $\mathbf{h}$ abhängt.

5. Reell unabhängige Perioden. Wir nennen ein System von Perioden $\boldsymbol{\omega}_1, \boldsymbol{\omega}_2, \ldots, \boldsymbol{\omega}_r$ „*reell unabhängig*“, wenn eine Beziehung

$$\xi_1 \boldsymbol{\omega}_1 + \xi_2 \boldsymbol{\omega}_2 + \cdots + \xi_r \boldsymbol{\omega}_r = 0 \tag{5.1}$$

mit *reellen* Zahlen ξ_j nur in trivialer Weise, nämlich mit $\xi_1 = \xi_2 = \cdots = \xi_r = 0$ erfüllt werden kann. Veranschaulichen wir uns die Vektoren ω_j im $2p$-dimensionalen (reellen) Raum R_{2p}, so bedeutet „reelle Unabhängigkeit“, daß diese Vektoren ein r-dimensionales Parallelotop („Spat“) aufspannen, während reelle Abhängigkeit bedeutet, daß sie in einem linearen Unterraum einer Dimension $< r$ liegen.

Daher gibt es in keinem Falle mehr als $2p$ „reell unabhängige“ Perioden.

Wir haben in Abschnitt 2 den Begriff „*unabhängig*“ definiert. Hier wollen wir nun zeigen, daß dieser frühere Begriff sich mit dem neuen „reell unabhängig“ immer dann deckt, wenn es sich um Perioden einer eindeutigen meromorphen Funktion handelt, die *nicht ausgeartet* ist.

Daß reell unabhängige Perioden auch immer im gewöhnlichen Sinne unabhängig sind, bedarf keines Beweises. Wir müssen also nur zeigen, daß unabhängige Perioden einer nicht ausgearteten eindeutigen meromorphen Funktion von selbst immer auch reell unabhängig sind. Es seien demnach $\boldsymbol{\omega}_1, \boldsymbol{\omega}_2, \ldots, \boldsymbol{\omega}_r$ unabhängige Perioden von $f(\mathbf{u})$, zwischen denen eine reelle Abhängigkeit (5.1) angenommen werde; wir werden beweisen, daß unter den gemachten Voraussetzungen über $f(\mathbf{u})$ notwendig $\xi_1 = \xi_2 = \cdots = \xi_r = 0$ sein muß, womit unsere Behauptung nachgewiesen ist.

Zu jeder natürlichen Zahl n lassen sich p ganze rationale Zahlen m_{nj} derart angeben, daß

$$|n\xi_j - m_{nj}| \leqq \frac{1}{2}, \qquad j = 1, 2, \ldots, r; \quad n = 1, 2, \ldots \tag{5.2}$$

gilt. Dann sind die Vektoren

$$\boldsymbol{\omega}^{(n)} = -\sum_{j=1}^{r} m_{nj}\,\boldsymbol{\omega}_j = \sum_{j=1}^{r} (n\xi_j - m_{nj})\,\boldsymbol{\omega}_j, \qquad n = 1, 2, \ldots \tag{5.3}$$

Perioden von $f(\mathbf{u})$, welche wegen (5.2) für alle n dem Betrage nach beschränkt sind:

$$|\boldsymbol{\omega}^{(n)}| \leqq \frac{1}{2}\left(|\boldsymbol{\omega}_1| + |\boldsymbol{\omega}_2| + \cdots + |\boldsymbol{\omega}_r|\right). \tag{5.4}$$

In der Folge $\boldsymbol{\omega}^{(1)}, \boldsymbol{\omega}^{(2)}, \ldots$ können nun nicht unendlich viele verschiedene Vektoren vorkommen, weil dann eine Häufungsstelle innerhalb des beschränkten Bereiches (5.4) vorhanden wäre, woraus folgte, daß $f(\mathbf{u})$ infinitesimale Perioden besäße und daher ausgeartet wäre, was wir ausgeschlossen haben. Also müssen alle $\boldsymbol{\omega}^{(n)}$ mit endlich vielen Vektoren zusammenfallen und wir können jedenfalls schließen, daß es eine unendliche Folge von natürlichen Zahlen $n_1, n_2, \ldots, n_k, \ldots$ gibt derart, daß

$$\omega^{(n_1)} = \omega^{(n_2)} = \cdots = \omega^{(n_k)} = \cdots$$

ist. Mittels (5.3) folgt daraus:

$$\omega^{(n_k)} - \omega^{(n_1)} = \sum_{j=1}^{r} \left[(n_k - n_1)\, \xi_j - \left(m_{n_k j} - m_{n_1 j}\right)\right] \omega_j = 0$$

oder übersichtlicher: Es gibt unendlich viele natürliche Zahlen ν und dazugehörige ganze rationale Zahlen $m_{\nu j}$ derart, daß

$$\sum_{j=1}^{r} (\nu \xi_j - m_{\nu j})\, \omega_j = 0 \tag{5.5}$$

und wegen (5.2)

$$|\nu \xi_j - m_{\nu j}| \leqq 1\,, \qquad j = 1, 2, \ldots, r \tag{5.6}$$

gilt. Aus (5.5) folgt wegen (5.1)

$$\sum_{j=1}^{r} m_{\nu j}\, \omega_j = 0$$

und daraus wegen der vorausgesetzten Unabhängigkeit der Perioden ω_j: $m_{\nu j} = 0$ für alle j und ν. Das gibt in (5.6) eingesetzt $|\nu \xi_j| \leqq 1$ für unendlich viele natürliche Zahlen ν, was nur bei $\xi_j = 0$ erfüllt sein kann. Wir können das Ergebnis abschließend so zusammenfassen:

Ein System $\omega_1, \omega_2, \ldots, \omega_r$ von unabhängigen Perioden einer nicht ausgearteten eindeutigen meromorphen Funktion ist auch reell unabhängig; diese Vektoren spannen im R_{2p} ein r-dimensionales Parallelotop auf. Eine nicht ausgeartete eindeutige meromorphe Funktion von p komplexen Variablen kann nicht mehr als $2p$ unabhängige Perioden besitzen.

6. Definition der ABELschen Funktionen. Nach diesem Ergebnis liegt es nahe, unseren weiteren Untersuchungen folgende Definition zugrunde zu legen:

Eine eindeutige Funktion $f(\mathbf{u})$ der komplexen Variablen $u_1, \ldots, u_p$ ist eine ABELsche Funktion, wenn sie folgende drei Bedingungen erfüllt:

a) $f(\mathbf{u})$ ist im endlichen überall meromorph;

b) $f(\mathbf{u})$ ist nicht ausgeartet (d. h. hängt effektiv von p und nicht weniger Variablen ab und besitzt infolgedessen keine infinitesimalen Perioden);

c) $f(\mathbf{u})$ ist periodisch, und zwar besitzt $f(\mathbf{u})$ genau $2p$ unabhängige Perioden.

Die Frage nach der Existenz solcher Funktionen muß vorläufig noch offenbleiben; es wird gerade unsere nächste Aufgabe sein, die Existenz der ABELschen Funktionen für jede vorgegebene Periodengruppe, welche gewisse Bedingungen erfüllt, nachzuweisen. Daraus folgt dann auch, daß diese Definition zweckmäßig gefaßt ist.

Eine Funktion $f(u)$ einer komplexen Variablen heißt bekanntlich *meromorph*, wenn sie im endlichen nur Pole hat (d. s. sog. „außerwesentlich singuläre Stellen"), wo $\frac{1}{f(u)}$ analytisch ist und verschwindet. Ganz analog nennen wir eine Funktion $f(\mathbf{u})$ von p komplexen Variablen an einer Stelle $\mathbf{u} = \mathbf{a}$ „außerwesentlich singulär", wenn sie in der Umgebung dieser Stelle als Quotient von zwei teilerfremden regulären Potenzreihen*) $\varphi(\mathbf{u})$ und $\psi(\mathbf{u})$ dargestellt werden kann:

$$f(\mathbf{u}) = \frac{\varphi(\mathbf{u})}{\psi(\mathbf{u})}$$

und $\psi(\mathbf{a}) = 0$ ist. Demnach gibt es zwei Arten von *außerwesentlichen Singularitäten***), nämlich:

1) *Pole*, das sind Stellen $\mathbf{a}$, in denen $\psi(\mathbf{a}) = 0$, $\varphi(\mathbf{a}) \neq 0$ ist;

2) *Unbestimmtheitsstellen*, das sind Stellen $\mathbf{a}$, in denen gleichzeitig $\varphi(\mathbf{a}) = \psi(\mathbf{a}) = 0$ ist. Dabei ist die Teilerfremdheit der Potenzreihen $\varphi(\mathbf{u})$ und $\psi(\mathbf{u})$ wesentlich, weil andernfalls das gleichzeitige Verschwinden auch von einem gemeinsamen Faktor herrühren und durch Kürzen behoben werden könnte.

Eine eindeutige Funktion von mehreren komplexen Variablen heißt meromorph, wenn sie im endlichen bloß außerwesentlich singuläre Stellen besitzt, das sind Singularitäten, die bei rationalen Funktionen vorkommen.

So ist z. B. die Stelle $u_1 = u_2 = 0$ für die rationale Funktion

$$f(u_1, u_2) = \frac{u_1}{u_2}$$

eine Unbestimmtheitsstelle; sie ist der Schnitt der Geraden $u_1 = 0$, welche die Pole, mit der Geraden $u_2 = 0$, welche die Nullstellen dieser Funktion enthält; auch jede Gerade $u_1 - t u_2 = 0$, auf welcher $f(u_1, u_2) = t$ ist, geht durch diese Unbestimmtheitsstelle. Allgemein gibt es in jeder beliebig kleinen Umgebung einer solchen eine $(p-1)$-dimensionale Mannigfaltigkeit von Punkten, wo die Funktion $f(\mathbf{u})$ einen vorgegebenen Wert t annimmt; sie werden durch die Bedingung

$$\varphi(\mathbf{u}) - t\psi(\mathbf{u}) = 0 \quad (\text{nicht gleichzeitig } \varphi(\mathbf{u}) = \psi(\mathbf{u}) = 0)$$

ausgeschnitten***), insbesondere die Nullstellen durch $\varphi(\mathbf{u}) = 0$, die Pole durch $\psi(\mathbf{u}) = 0$. Daher ist es auch nicht möglich, der Funktion $f(\mathbf{u})$ in einer Unbestimmtheitsstelle einen bestimmten Grenzwert zuzuschreiben, vielmehr handelt es sich hier um eine Unbestimmtheit, die in keiner Weise behoben werden kann.

Bei einer Variablen $(p = 1)$ gibt es noch keine Unbestimmtheitspunkte, weil zwei analytische Funktionen (Potenzreihen) einer Variablen,

*) Siehe Anhang, Nr. 4.

**) Siehe Anhang, Nr. 5.

***) Siehe Anhang, Nr. 5.

welche beide an derselben Stelle $u = a$ verschwinden, notwendig den gemeinsamen Faktor $u - a$ besitzen und also nicht teilerfremd sind. Bei zwei Variablen liegen die Unbestimmtheitspunkte diskret, bei p Variablen erfüllen sie eine Mannigfaltigkeit der Dimension $p - 2$.*)

7. Konstruktion eines primitiven Systems von Perioden. Es bedeute $f(\mathbf{u})$ eine ABELsche Funktion der p komplexen Variablen $u_1, \ldots, u_p$, oder allgemeiner eine eindeutige, nicht ausgeartete meromorphe Funktion mit n $(1 \leqq n \leqq 2p)$ unabhängigen Perioden. Unter diesen Voraussetzungen ist die Periodengruppe eine diskrete ABELsche Gruppe, aus

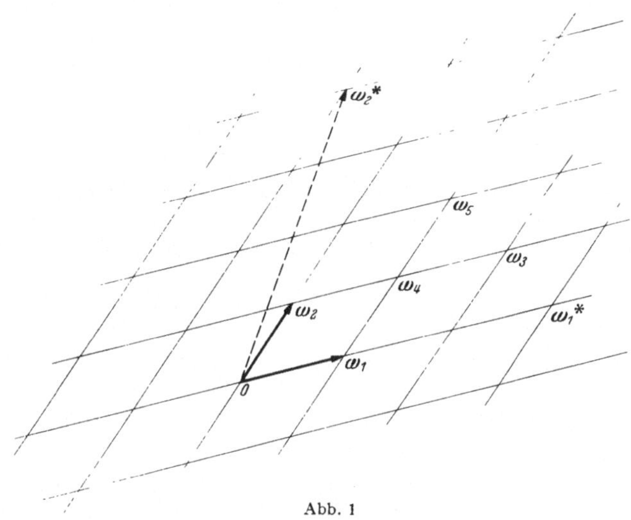

Abb. 1

der man auf die mannigfaltigste Weise ein System von n unabhängigen Perioden $\boldsymbol{\omega}_1, \boldsymbol{\omega}_2, \ldots, \boldsymbol{\omega}_n$, welche die Gruppe erzeugen, entnehmen kann. Jede weitere Periode $\boldsymbol{\omega}$ von $f(\mathbf{u})$ ist dann in der Gestalt

$$\boldsymbol{\omega} = m_1 \boldsymbol{\omega}_1 + m_2 \boldsymbol{\omega}_2 + \cdots + m_n \boldsymbol{\omega}_n \tag{7.1}$$

mit ganzen rationalen Zahlen $m_1, m_2, \ldots, m_n$ darstellbar; man nennt $\boldsymbol{\omega}_1, \boldsymbol{\omega}_2, \ldots, \boldsymbol{\omega}_n$ ein „*primitives System von Perioden*" der Funktion $f(\mathbf{u})$.

Wir wollen nun zeigen, wie man sich ein derartiges primitives System von Perioden der Funktion $f(\mathbf{u})$ verschaffen kann. Zur Veranschaulichung stellen wir uns die p komplexen Variablen $u_1, \ldots, u_p$ durch die Punkte (oder die vom Ursprung $\mathfrak{O}$ ausgehenden Vektoren) eines reellen

*) Hinsichtlich der Theorie der analytischen und meromorphen Funktionen mehrerer Variablen sowie der Begriffe und Lehrsätze, die wir im folgenden verwenden werden, siehe Anhang, und das dort angegebene Literaturverzeichnis; insbesondere auch F. SEVERI: Risultati, vedute e problemi nella teoria delle funzioni analitiche di due variabili complesse. Rend. Sem. Mat. Milano V (1931).

Raumes R_{2p} dar*). Es sei nun $\boldsymbol{\omega}_1^*$ ein vom Ursprung $\mathfrak{O}$ verschiedener Punkt des R_{2p}, der einer Periode von $f(\mathbf{u})$ entspricht (kurz „Periodenpunkt"). Offenbar stellen sämtliche Punkte $n\boldsymbol{\omega}_1^*$ $(n = \pm 1, \pm 2, \ldots)$ ebenfalls Perioden von $f(\mathbf{u})$ dar; sie liegen alle auf der Geraden $\overline{\mathfrak{O}\boldsymbol{\omega}_1^*}$, müssen aber nicht notwendig bereits sämtliche Periodenpunkte auf dieser Geraden erschöpfen. Da aber infinitesimale Perioden bei der Funktion $f(\mathbf{u})$ ausgeschlossen sind, liegen diese wegen der „*Moduleigenschaft*" der Perioden, wonach Summe oder Differenz zweier Perioden immer wieder eine Periode ist, in äquidistanten Abständen auf der Geraden $\overline{\mathfrak{O}\boldsymbol{\omega}_1^*}$; bedeutet also $\boldsymbol{\omega}_1$ den zunächst dem Ursprung $\mathfrak{O}$ liegenden Periodenpunkt zwischen $\mathfrak{O}$ und $\boldsymbol{\omega}_1^*$, so sind alle Periodenpunkte auf dieser Geraden in der Darstellung

$$m\,\boldsymbol{\omega}_1, \qquad m = 0, \pm 1, \pm 2, \ldots$$

enthalten. Würde nämlich noch irgendein weiterer Periodenpunkt auf dieser Geraden liegen, etwa zwischen $k\,\boldsymbol{\omega}_1$ und $(k+1)\boldsymbol{\omega}_1$, so würde man wegen der erwähnten Moduleigenschaft sofort schließen können, daß auch zwischen $\mathfrak{O}$ und $\boldsymbol{\omega}_1$ noch ein Periodenpunkt liegen müßte, was aber der Definition von $\boldsymbol{\omega}_1$ widerspräche.

Wenn $f(\mathbf{u})$ außer diesen auf der Geraden $\overline{\mathfrak{O}\boldsymbol{\omega}_1}$ liegenden Periodenpunkten keine weiteren im R_{2p} besitzt, so hat $f(\mathbf{u})$ nur eine einzige unabhängige Periode $(n=1)$, und zwar die „primitive" Periode $\boldsymbol{\omega}_1$ (eine zweite primitive Periode ist $-\boldsymbol{\omega}_1$; außer diesen gibt es hier keine anderen primitiven Perioden).

Wir wollen aber annehmen, daß außerhalb der Geraden $\overline{\mathfrak{O}\boldsymbol{\omega}_1}$ noch ein Periodenpunkt, etwa $\boldsymbol{\omega}_2^*$ existiere. Alle Punkte $\xi_1\boldsymbol{\omega}_1 + \xi_2\boldsymbol{\omega}_2^*$ mit reellen Variablen ξ_1, ξ_2 erfüllen eine Ebene des R_{2p}, nämlich die von den Vektoren $\boldsymbol{\omega}_1$ und $\boldsymbol{\omega}_2^*$ aufgespannte Ebene $\overline{\mathfrak{O}\boldsymbol{\omega}_1\boldsymbol{\omega}_2^*}$. Wir betrachten die Menge aller in dieser Ebene liegenden Periodenpunkte und die ihnen entsprechenden Koordinaten ξ_2; es kommen sicher alle Zahlen $\xi_2 = 0, \pm 1, \pm 2, \ldots$ vor, aber es können auch weitere Zahlen ξ_2 auftreten.

Man überlegt sich wieder leicht, daß es nur endlich viele Zahlen ξ_2 eines absoluten Betrages $0 < |\xi_2| \leqq 1$ geben kann; andernfalls müßten nämlich Häufungspunkte und infinitesimale Perioden auftreten (s. Abbildung 1). Das Minimum dieser endlich vielen $|\xi_2|$ sei τ_{22} (> 0); dann gibt es eine Periode

$$\boldsymbol{\omega}_2 = \tau_{21}\,\boldsymbol{\omega}_1 + \tau_{22}\,\boldsymbol{\omega}_2^*, \tag{7.2}$$

---

*) Genauer gesagt: Wenn die komplexen Variablen in Realteil und Imaginärteil zerlegt werden, $u_h = u_h' + i u_h''$ $(h = 1, \ldots, p)$, so nimmt man die geordnete Reihe $u_1', u_2', \ldots, u_p', u_1'', u_2'', \ldots, u_p''$ als kartesische Koordinaten des entsprechenden Punktes im R_{2p}. Im Falle $p = 1$ erhält man so wieder die GAUSSsche Zahlenebene.

von der wir, wenn wir wollen, noch voraussetzen dürfen, daß

$$0 \leqq \tau_{21} < 1$$

gilt; denn durch Hinzunahme eines passenden Vielfachen von $\boldsymbol{\omega}_1$ können wir das immer erreichen.

Dann sind alle Periodenpunkte der betrachteten Ebene $\overline{\mathfrak{O}\boldsymbol{\omega}_1\boldsymbol{\omega}_2}$ in der Gestalt:

$$\boldsymbol{\omega} = m_1\,\boldsymbol{\omega}_1 + m_2\,\boldsymbol{\omega}_2 \tag{7.3}$$

mit ganzen rationalen Zahlen m_1, m_2 darstellbar. Gäbe es nämlich einen Periodenpunkt $\boldsymbol{\omega} = \mu_1\boldsymbol{\omega}_1 + \mu_2\boldsymbol{\omega}_2$ mit reellen Zahlen μ_1, μ_2, so könnten wir zunächst ohne Einschränkung der Allgemeinheit $0 \leqq \mu_1, \mu_2 < 1$ voraussetzen. Dann muß aber $\mu_2 = 0$ sein, denn sonst hätte die in (7.2) eingesetzte Zahl τ_{22} nicht die verlangte Minimaleigenschaft. Also ist $\boldsymbol{\omega}$ einer der Periodenpunkte auf der Geraden $\overline{\mathfrak{O}\,\boldsymbol{\omega}_1}$, von denen wir bereits wissen, daß sie alle ganzzahlige Vielfache von $\boldsymbol{\omega}_1$ sind. Daher muß auch $\mu_1 = 0$ sein.

Wenn $f(\mathbf{u})$ keine Periodenpunkte außerhalb der Ebene $\overline{\mathfrak{O}\boldsymbol{\omega}_1\boldsymbol{\omega}_2}$ besitzt ($n = 2$), so haben wir in $\boldsymbol{\omega}_1, \boldsymbol{\omega}_2$ bereits ein primitives System von Perioden gefunden. Es ist nicht das einzige, sondern es gibt deren unendlich viele, und zwar stellt jedes Vektorenpaar $\boldsymbol{\omega}_1', \boldsymbol{\omega}_2'$, das mit $\boldsymbol{\omega}_1, \boldsymbol{\omega}_2$ durch eine lineare Substitution zuasmmenhängt:

$$\begin{aligned} \boldsymbol{\omega}_1' &= a\,\boldsymbol{\omega}_1 + b\,\boldsymbol{\omega}_2 \\ \boldsymbol{\omega}_2' &= c\,\boldsymbol{\omega}_1 + d\,\boldsymbol{\omega}_2 \end{aligned} \tag{7.4}$$

immer dann auch ein primitives System von Perioden dar, wenn die Substitutionsmatrix unimodular ist, d. h. a, b, c, d ganze rationale Zahlen sind und $ad - bc = \pm 1$ ist. Denn dann lassen sich die Gleichungen (7.4) nach $\boldsymbol{\omega}_1, \boldsymbol{\omega}_2$ auflösen derart, daß $\boldsymbol{\omega}_1$ und $\boldsymbol{\omega}_2$, und damit jede Periode $\boldsymbol{\omega}$, sich ganzzahlig durch $\boldsymbol{\omega}_1'$ und $\boldsymbol{\omega}_2'$ ausdrücken lassen.

Liegt außerhalb der Ebene $\overline{\mathfrak{O}\boldsymbol{\omega}_1\boldsymbol{\omega}_2}$ ein Periodenpunkt $\boldsymbol{\omega}_3^*$, so betrachten wir wieder den dreidimensionalen linearen Unterraum von R_{2p}, der von den Vektoren $\boldsymbol{\omega}_1, \boldsymbol{\omega}_2, \boldsymbol{\omega}_3^*$ aufgespannt wird. Die darin liegenden Periodenpunkte können in der Gestalt

$$\boldsymbol{\omega} = \xi_1\,\boldsymbol{\omega}_1 + \xi_2\,\boldsymbol{\omega}_2 + \xi_3\boldsymbol{\omega}_3^* \tag{7.5}$$

mit reellen ξ_1, ξ_2, ξ_3 dargestellt werden. Wie oben schließen wir wieder, daß die hier auftretenden Zahlen ξ_3 sämtlich Vielfache einer positiven Zahl τ_{33} sein müssen und daß eine passend gewählte Periode

$$\boldsymbol{\omega}_3 = \tau_{31}\,\boldsymbol{\omega}_1 + \tau_{32}\,\boldsymbol{\omega}_2 + \tau_{33}\,\boldsymbol{\omega}_3^* \tag{7.6}$$

mit $\boldsymbol{\omega}_1$ und $\boldsymbol{\omega}_2$ zusammen ein primitives System für die in $\overline{\mathfrak{O}\boldsymbol{\omega}_1\boldsymbol{\omega}_2\boldsymbol{\omega}_3}$ liegenden Perioden von $f(\mathbf{u})$ bildet.

So können wir fortfahren, bis wir die Anzahl n der überhaupt vorhandenen unabhängigen Perioden erschöpft haben. Es folgt hier noch einmal die Tatsache, daß $n \leqq 2p$ sein muß, weil die beschriebene Konstruktion auch notwendig zu Ende sein muß, wenn der von den Vektoren $\boldsymbol{\omega}_1, \boldsymbol{\omega}_2, \ldots, \boldsymbol{\omega}_n$ aufgespannte Raum mit R_{2p} zusammenfällt.

Die Anzahl der unabhängigen Perioden kann also niemals größer als $2p$ sein, ohne daß infinitesimale Perioden auftreten.

8. Über die Gesamtheit aller primitiven Systeme von Perioden. Eine ABELsche Funktion $f(\mathbf{u}) = f(u_1, u_2, \ldots, u_p)$ besitzt, wie wir eben bewiesen haben, ein primitives System von $2p$ Perioden $\boldsymbol{\omega}_1, \boldsymbol{\omega}_2, \ldots, \boldsymbol{\omega}_{2p}$, welche die Periodengruppe erzeugen. Diese Perioden sind unabhängig im Sinne von Abschnitt Nr. 2 und sogar reell unabhängig im Sinne von Nr. 5. Wir schreiben diese Vektoren nun als Spaltenvektoren einer $(p, 2p)$-Matrix $\boldsymbol{\Omega}$ nebeneinander:

$$\boldsymbol{\Omega} = (\boldsymbol{\omega}_1, \boldsymbol{\omega}_2, \ldots, \boldsymbol{\omega}_{2p}) = \begin{pmatrix} \omega_{11}, \omega_{12}, \ldots, \omega_{1,2p} \\ \omega_{21}, \omega_{22}, \ldots, \omega_{2,2p} \\ \cdots\cdots\cdots\cdots \\ \cdots\cdots\cdots\cdots \\ \omega_{p1}, \omega_{p2}, \ldots, \omega_{p,2p} \end{pmatrix}. \tag{8.1}$$

Diese $(p, 2p)$-Matrix $\boldsymbol{\Omega}$ heißt eine zur ABELschen Funktion $f(\mathbf{u})$ gehörige „*Periodenmatrix*" oder auch „RIEMANN*sche Matrix*".

Jede Periode $\boldsymbol{\omega}$ von $f(\mathbf{u})$ läßt sich in der Gestalt

$$\boldsymbol{\omega} = m_1 \boldsymbol{\omega}_1 + m_2 \boldsymbol{\omega}_2 + \cdots + m_{2p} \boldsymbol{\omega}_{2p} \tag{8.2}$$

mit passenden ganzen rationalen Zahlen $m_1, m_2, \ldots, m_{2p}$ darstellen. Bezeichne $\mathbf{m}$ einen $2p$-Vektor bzw. eine $(2p, 1)$-Matrix mit den ganzzahligen Elementen $m_1, m_2, \ldots, m_{2p}$, was wir bequemer für den transponierten Vektor $\mathbf{m}$ anschreiben können:

$$\tilde{\mathbf{m}} = (m_1, m_2, \ldots, m_{2p}), \quad (m_j \text{ ganze rationale Zahlen}). \tag{8.3}$$

Mit Benutzung des Matrizenkalküls können wir (8.2) kürzer auch so anschreiben:

$$\boldsymbol{\omega} = \boldsymbol{\Omega}\,\mathbf{m}\,. \tag{8.4}$$

Die Elemente ω_{jk} der Periodenmatrix (8.1) sind komplexe Zahlen; wir wollen sie in Real- und Imaginärteil spalten:

$$\omega_{jk} = \omega'_{jk} + i\,\omega''_{jk}\,. \tag{8.5}$$

Analog spalten wir auch die Periodenmatrix:

$$\boldsymbol{\Omega} = \boldsymbol{\Omega}' + i\,\boldsymbol{\Omega}'', \quad \boldsymbol{\Omega}' = (\omega'_{jk}), \quad \boldsymbol{\Omega}'' = (\omega''_{jk})\,. \tag{8.6}$$

Dann ist die Determinante der reellen Matrix $\begin{pmatrix}\boldsymbol{\Omega}'\\ \boldsymbol{\Omega}''\end{pmatrix}$:

$$D = \begin{vmatrix}\boldsymbol{\Omega}'\\ \boldsymbol{\Omega}''\end{vmatrix} \tag{8.7}$$

sicher von Null verschieden, und zwar ist ihr Wert (abgesehen vom Vorzeichen) *gleich dem Volumen des von den Vektoren* $\boldsymbol{\omega}_1, \boldsymbol{\omega}_2, \ldots, \boldsymbol{\omega}_{2p}$ *im* R_{2p} *aufgespannten „Periodenparallelotops"* *).

Die Konstruktion eines primitiven Systems von Perioden (Nr. 7) beruht auf einer Reihe willkürlicher Auswahlen, z. B. der Bestimmung von τ_{21} in (7.2) und führt daher zu keinem eindeutigen Resultat. In der Tat gibt es immer ($n > 1$) unendlich viele einander äquivalente primitive Systeme von Perioden. Es sei etwa $\boldsymbol{\omega}_1^*, \boldsymbol{\omega}_2^*, \ldots, \boldsymbol{\omega}_{2p}^*$ ein zweites primitives System für dieselbe ABELsche Funktion $f(\mathbf{u})$ und

$$\boldsymbol{\Omega}^* = (\boldsymbol{\omega}_1^*, \boldsymbol{\omega}_2^*, \ldots, \boldsymbol{\omega}_{2p}^*) \tag{8.8}$$

die entsprechende, mit $\boldsymbol{\Omega}$ „äquivalente" Periodenmatrix. Da die Vektoren $\boldsymbol{\omega}_j^*$ Perioden von $f(\mathbf{u})$ sind, müssen sie sich in der Gestalt (8.4) darstellen lassen; wenn wir alle diese Darstellungen vereinigen, können wir schreiben:

$$\boldsymbol{\Omega}^* = \boldsymbol{\Omega}\mathbf{M}\,, \tag{8.9}$$

wo $\mathbf{M} = (m_{jk})$ eine $(2p, 2p)$-Matrix mit ganzen rationalen m_{jk} bedeutet. Da aber auch $\boldsymbol{\Omega}^*$ primitiv ist, so muß auch umgekehrt

$$\boldsymbol{\Omega} = \boldsymbol{\Omega}^*\mathbf{M}^* \tag{8.10}$$

mit einer analogen $(2p, 2p)$-Matrix $\mathbf{M}^*$ gelten; setzt man (8.9) in (8.10) ein, so folgt

$$\boldsymbol{\Omega} = \boldsymbol{\Omega}\mathbf{M}\,\mathbf{M}^*\,, \quad \text{oder} \quad \boldsymbol{\Omega}(\mathbf{E} - \mathbf{M}\mathbf{M}^*) = 0\,,$$

wo $\mathbf{E}$ die $2p$-zeilige Einheitsmatrix und 0 die Nullmatrix bedeuten. Da $(\mathbf{E} - \mathbf{M}\mathbf{M}^*)$ reell (sogar ganz rational) ist und die Spalten von $\boldsymbol{\Omega}$ unabhängige Perioden sind, folgt daraus mit Notwendigkeit $(\mathbf{E} - \mathbf{M}\mathbf{M}^*) = 0$ oder

$$\mathbf{M}^* = \mathbf{M}^{-1} \tag{8.11}$$

und wegen $|\mathbf{M}\mathbf{M}^*| = |\mathbf{E}| = 1$ mit Rücksicht auf die Ganzzahligkeit von $\mathbf{M}$ und $\mathbf{M}^*$

$$|\mathbf{M}| = |\mathbf{M}^*| = \pm 1\,. \tag{8.12}$$

Unter den gemachten Voraussetzungen ist also $\mathbf{M}$ notwendig eine *„unimodulare"* Matrix, d. h. eine solche, deren Elemente ganz rational

*) Vgl. etwa W. GRÖBNER, s. Anm. [1], S. 5, § 2.4. Daß $D \neq 0$ sein muß, sieht man auch leicht so ein: Wäre nämlich $D = 0$, so gäbe es einen reellen nicht verschwindenden Vektor $\tilde{\boldsymbol{\xi}} = (\xi_1, \xi_2, \ldots, \xi_{2p})$, der $\boldsymbol{\Omega}'\boldsymbol{\xi} = \boldsymbol{\Omega}''\boldsymbol{\xi} = 0$ bewirkt; dann wäre auch $\boldsymbol{\Omega}\boldsymbol{\xi} = \boldsymbol{\Omega}'\boldsymbol{\xi} + i\boldsymbol{\Omega}''\boldsymbol{\xi} = 0$, d. h. die Perioden $\boldsymbol{\omega}_1, \ldots, \boldsymbol{\omega}_{2p}$ wären abhängig.

sind und deren Determinante ± 1 ist. Diese Bedingung ist aber auch hinreichend dafür, daß $\boldsymbol{\Omega}^*$ ebenfalls eine (primitive) Periodenmatrix von $f(\mathbf{u})$ ist, denn dann folgt aus (8.9) $\boldsymbol{\Omega} = \boldsymbol{\Omega}^* \mathbf{M}^{-1}$, wo $\mathbf{M}^{-1}$ ganzzahlig ist, so daß $\boldsymbol{\Omega}^*$ genau dieselbe Periodengruppe erzeugt wie $\boldsymbol{\Omega}$. Denn jede Periode $\boldsymbol{\omega}$, die in der Art (8.4) durch $\boldsymbol{\Omega}$ dargestellt ist, läßt sich auch durch $\boldsymbol{\Omega}^*$ darstellen:

$$\boldsymbol{\omega} = \boldsymbol{\Omega}\mathbf{m} = \boldsymbol{\Omega}^* \mathbf{M}^{-1}\mathbf{m} = \boldsymbol{\Omega}^* \mathbf{m}^* \quad \text{mit} \quad \mathbf{m}^* = \mathbf{M}^{-1}\mathbf{m}.$$

Notwendig und hinreichend dafür, daß eine Transformation (8.9) *wieder zu einer primitiven Periodenmatrix führt, die zur gleichen* ABEL*schen Funktion gehört, ist, daß die Matrix* $\mathbf{M}$ *unimodular ist.*

9. Die Modulgruppe. Die Frage nach allen primitiven Systemen von Perioden einer ABELschen Funktion lenkt somit auf die Untersuchung aller „*unimodularen*" $(2p, 2p)$-Matrizen $\mathbf{M}$ hin; das sind Matrizen, deren Elemente ganz rational sind und deren Determinante $|\mathbf{M}| = \pm 1$ ist; diejenigen unter ihnen, deren Determinante $|\mathbf{M}| = 1$ ist, heißen „*modular*". Die unimodularen $(2p, 2p)$-Matrizen bilden eine Gruppe, weil das Produkt zweier unimodularer Matrizen wieder eine unimodulare Matrix ergibt; dasselbe gilt für modulare Matrizen. Die Gruppe der unimodularen Matrizen enthält als ausgezeichnete Untergruppe vom Index 2 die Gruppe der modularen Matrizen, die „*Modulgruppe*".

Es gibt unendlich viele unimodulare Matrizen, z. B. im Falle $p = 1$ alle Matrizen $\begin{pmatrix} 1 & n \\ 0 & 1 \end{pmatrix}$, $n = 0, \pm 1, \pm 2, \ldots$ u. a. Demnach besitzt eine ABELsche Funktion immer unendlich viele „äquivalente" Periodenmatrizen, die nach (8.9) durch unimodulare Transformationen zusammenhängen.

Es seien $\boldsymbol{\Omega}$ und $\boldsymbol{\Omega}^* = \boldsymbol{\Omega}\mathbf{M}$ zwei äquivalente Periodenmatrizen. Spalten wir analog (8.6) auch $\boldsymbol{\Omega}^*$ in Real- und Imaginärteil:

$$\boldsymbol{\Omega} = \boldsymbol{\Omega}' + i\boldsymbol{\Omega}'', \quad \boldsymbol{\Omega}^* = \boldsymbol{\Omega}^{*\prime} + i\boldsymbol{\Omega}^{*\prime\prime}. \tag{9.1}$$

Daraus folgt nun

$$\boldsymbol{\Omega}^{*\prime} + i\boldsymbol{\Omega}^{*\prime\prime} = (\boldsymbol{\Omega}' + i\boldsymbol{\Omega}'')\mathbf{M} = (\boldsymbol{\Omega}'\mathbf{M}) + i(\boldsymbol{\Omega}''\mathbf{M}),$$

also

$$\boldsymbol{\Omega}^{*\prime} = \boldsymbol{\Omega}'\mathbf{M}, \quad \boldsymbol{\Omega}^{*\prime\prime} = \boldsymbol{\Omega}''\mathbf{M}. \tag{9.2}$$

Bezeichnen wir mit D^* die (8.7) entsprechende Determinante:

$$D^* = \begin{vmatrix} \boldsymbol{\Omega}^{*\prime} \\ \boldsymbol{\Omega}^{*\prime\prime} \end{vmatrix} = \begin{vmatrix} \boldsymbol{\Omega}' \\ \boldsymbol{\Omega}'' \end{vmatrix} |\mathbf{M}| = \pm D, \tag{9.3}$$

so folgt der Satz:

Alle primitiven Systeme von Perioden einer ABEL*schen Funktion sind dadurch charakterisiert, daß sie Parallelotope gleichen Volumens aufspannen, wie* $\boldsymbol{\Omega}$.

Eine ABELsche Funktion einer einzigen Variablen ($p=1$) ist eine „*elliptische*" *Funktion.* Ihre Periodenpunkte liegen in der GAUSSschen Ebene der Variablen u, und zwar bilden sie die *Gitterpunkte* eines Parallelogrammnetzes (s. Abb. 1 auf S. 15). Primitive Systeme bilden unter anderen die Periodenpaare:

$\boldsymbol{\omega}_1, \boldsymbol{\omega}_2$, welche das Parallelogramm $O\boldsymbol{\omega}_1\boldsymbol{\omega}_4\boldsymbol{\omega}_2$ aufspannen ($\boldsymbol{\omega}_4 = \boldsymbol{\omega}_1 + \boldsymbol{\omega}_2$);

$\boldsymbol{\omega}_1, \boldsymbol{\omega}_4$, welche das Parallelogramm $O\boldsymbol{\omega}_1\boldsymbol{\omega}_3\boldsymbol{\omega}_4$ aufspannen;

$\boldsymbol{\omega}_2, \boldsymbol{\omega}_4$, welche das Parallelogramm $O\boldsymbol{\omega}_4\boldsymbol{\omega}_5\boldsymbol{\omega}_2$ aufspannen usw.

Alle diese Parallelogramme haben denselben Flächeninhalt.

10. Verhalten einer Periodenmatrix bei linearen Transformationen der Variablen. Wie in Abschnitt Nr. 2 üben wir eine lineare Transformation der komplexen Variablen

$$\mathbf{u}^* = \mathbf{A}\mathbf{u}, \tag{10.1}$$

mit einer (p, p)-Matrix $\mathbf{A}$ aus, deren Elemente a_{jk} komplexe Zahlen sind und deren Determinante nicht verschwindet. Wie wir in Nr. 2 gesehen haben, gehen aus den Perioden $\boldsymbol{\omega}$ von $f(\mathbf{u})$ durch dieselbe Substitution (2.4) Perioden $\boldsymbol{\omega}^*$ der transformierten Funktion $f^*(\mathbf{u}^*)$ hervor, und zwar aus unabhängigen Perioden wieder unabhängige Perioden. Wir fassen die Transformation der Perioden in der Formel

$$\boldsymbol{\Omega}^* = \mathbf{A}\boldsymbol{\Omega} \tag{10.2}$$

zusammen und wollen zeigen, daß $\boldsymbol{\Omega}^*$ eine Periodenmatrix für $f^*(\mathbf{u}^*)$ ist, wofern $\boldsymbol{\Omega}$ eine solche für $f(\mathbf{u})$ ist.

In der Tat sind nach dem eben Erwähnten die $2p$ Spalten von $\boldsymbol{\Omega}^*$ unabhängige Perioden von $f^*(\mathbf{u}^*)$; ist ferner $\boldsymbol{\omega}^*$ eine beliebige Periode von $f^*(\mathbf{u}^*)$, so ist $\boldsymbol{\omega} = \mathbf{A}^{-1}\boldsymbol{\omega}^*$ eine Periode von $f(\mathbf{u})$, also durch die Periodenmatrix gemäß (8.4) darstellbar; das gibt:

$$\boldsymbol{\omega}^* = \mathbf{A}\boldsymbol{\omega} = \mathbf{A}\boldsymbol{\Omega}\mathbf{m} = \boldsymbol{\Omega}^*\mathbf{m},$$

d. h. jede Periode $\boldsymbol{\omega}^*$ ist durch $\boldsymbol{\Omega}^*$ darstellbar. $\boldsymbol{\Omega}^*$ ist also tatsächlich eine (primitive) Periodenmatrix für $f^*(\mathbf{u}^*)$.

Wir spalten nun wieder die Matrizen $\boldsymbol{\Omega}$, $\boldsymbol{\Omega}^*$ und $\mathbf{A}$ in Real- und Imaginärteile:

$$\boldsymbol{\Omega} = \boldsymbol{\Omega}' + i\boldsymbol{\Omega}'', \quad \boldsymbol{\Omega}^* = \boldsymbol{\Omega}^{*\prime} + i\boldsymbol{\Omega}^{*\prime\prime}, \quad \mathbf{A} = \mathbf{A}' + i\mathbf{A}''. \tag{10.3}$$

Dann folgt aus (10.2):

$$\boldsymbol{\Omega}^{*\prime} = \mathbf{A}'\boldsymbol{\Omega}' - \mathbf{A}''\boldsymbol{\Omega}'', \quad \boldsymbol{\Omega}^{*\prime\prime} = \mathbf{A}'\boldsymbol{\Omega}'' + \mathbf{A}''\boldsymbol{\Omega}'. \tag{10.4}$$

Die aus diesen $(p, 2p)$-Matrizen durch Untereinanderschreiben zusammengesetzte $(2p, 2p)$-Matrix läßt sich daher in der folgenden Weise zerlegen:

$$\begin{pmatrix} \boldsymbol{\Omega}^{*\prime} \\ \boldsymbol{\Omega}^{*\prime\prime} \end{pmatrix} = \begin{pmatrix} \mathbf{A}', & -\mathbf{A}'' \\ \mathbf{A}'', & \mathbf{A}' \end{pmatrix} \begin{pmatrix} \boldsymbol{\Omega}' \\ \boldsymbol{\Omega}'' \end{pmatrix}. \tag{10.5}$$

Für die Determinante dieser Matrix folgt:

$$D^* = \begin{vmatrix} \boldsymbol{\Omega}^{*\prime} \\ \boldsymbol{\Omega}^{*\prime\prime} \end{vmatrix} = |\mathbf{A}|\,|\overline{\mathbf{A}}|\,D\,, \tag{10.6}$$

wobei der Satz*) benutzt wurde, daß die Determinante einer Übermatrix, wie sie in (10.5) rechts an erster Stelle auftritt, den Wert hat:

$$\begin{vmatrix} \mathbf{A}', & -\mathbf{A}'' \\ \mathbf{A}'', & \mathbf{A}' \end{vmatrix} = |\mathbf{A}' + i\mathbf{A}''|\,|\mathbf{A}' - i\mathbf{A}''| = |\mathbf{A}|\,|\overline{\mathbf{A}}|\,.$$

Wegen $|\mathbf{A}|\,|\overline{\mathbf{A}}| > 0$ folgt, daß D^* *und* D *dasselbe Vorzeichen haben.*

Diese bereits mehrfach besprochene Determinante $D = \begin{vmatrix} \boldsymbol{\Omega}' \\ \boldsymbol{\Omega}'' \end{vmatrix}$, welche bis auf das Vorzeichen gleich dem Volumen des von den Perioden $\boldsymbol{\omega}_1, \ldots, \boldsymbol{\omega}_{2p}$ im R_{2p} aufgespannten *Parallelotops* ist**), steht in engem Zusammenhang mit der Determinante:

$$F = \begin{vmatrix} \boldsymbol{\Omega} \\ \overline{\boldsymbol{\Omega}} \end{vmatrix} = \begin{vmatrix} \boldsymbol{\Omega}' + i\,\boldsymbol{\Omega}'' \\ \boldsymbol{\Omega}' - i\,\boldsymbol{\Omega}'' \end{vmatrix}. \tag{10.7}$$

Bedeutet nämlich $\mathbf{E}$ die p-zeilige Einheitsmatrix, so findet man:

$$\begin{vmatrix} \boldsymbol{\Omega}' + i\,\boldsymbol{\Omega}'' \\ \boldsymbol{\Omega}' - i\,\boldsymbol{\Omega}'' \end{vmatrix} = \begin{vmatrix} \mathbf{E}, & i\,\mathbf{E} \\ \mathbf{E}, & -i\,\mathbf{E} \end{vmatrix} \begin{vmatrix} \boldsymbol{\Omega}' \\ \boldsymbol{\Omega}'' \end{vmatrix},$$

und

$$\begin{vmatrix} \mathbf{E}, & i\,\mathbf{E} \\ \mathbf{E}, & -i\,\mathbf{E} \end{vmatrix} = \begin{vmatrix} \mathbf{E}, & i\,\mathbf{E} \\ 0, & -2i\,\mathbf{E} \end{vmatrix} = (-2i)^p\,,$$

also

$$F = \begin{vmatrix} \boldsymbol{\Omega} \\ \overline{\boldsymbol{\Omega}} \end{vmatrix} = (-2i)^p\,D\,, \qquad \left(D = \begin{vmatrix} \boldsymbol{\Omega}' \\ \boldsymbol{\Omega}'' \end{vmatrix}\right). \tag{10.8}$$

11. Erste elementare Eigenschaften der RIEMANNschen Matrizen. Wir haben bereits in (8.1) die „*Periodenmatrix*" oder „RIEMANN*sche Matrix*" $\boldsymbol{\Omega}$ einer ABELschen Funktion $f(\mathbf{u})$ definiert; die $2p$ Spalten von $\boldsymbol{\Omega}$ bilden ein primitives System, so daß jede Periode von $f(\mathbf{u})$ in

---

*) Vgl. etwa das auf S. 5 zitierte Buch: Matrizenrechnung, § 4, Aufg. 1. Bedeuten nämlich $\mathbf{A}, \mathbf{B}$ (p, p)-Matrizen, welche die Übermatrix $\begin{pmatrix} \mathbf{A}, & -\mathbf{B} \\ \mathbf{B}, & \mathbf{A} \end{pmatrix}$ zusammensetzen, deren Wert D zu bestimmen ist, so multipliziere man die zweite Zeile mit i und addiere sie zur ersten, sodann die erste Spalte mit i und subtrahiere sie von der zweiten Spalte:

$$D = \begin{vmatrix} \mathbf{A}, & -\mathbf{B} \\ \mathbf{B}, & \mathbf{A} \end{vmatrix} = \begin{vmatrix} \mathbf{A} + i\mathbf{B}, & i\mathbf{A} - \mathbf{B} \\ \mathbf{B}, & \mathbf{A} \end{vmatrix} = \begin{vmatrix} \mathbf{A} + i\mathbf{B}, & 0 \\ \mathbf{B} & \mathbf{A} - i\mathbf{B} \end{vmatrix} = |\mathbf{A} + i\mathbf{B}|\,|\mathbf{A} - i\mathbf{B}|\,.$$

**) Das sind alle Punkte des reellen Raumes R_{2p}, die durch die Vektoren $\omega_1, \omega_2, \ldots, \omega_{2p}$ in der Gestalt:

$$\xi_1\,\omega_1 + \xi_2\,\omega_2 + \cdots + \xi_{2p}\,\omega_{2p}\,, \qquad 0 \leq \xi_j < 1$$

dargestellt werden können; dabei sind die komplexen Koordinaten und die komplexen Vektoren ω_j in der S. 16, Anm. [1], beschriebenen Weise ins Reelle zu übersetzen.

der Gestalt (8.4) dargestellt wird. Aus jedem primitiven System von Perioden einer ABELschen Funktion erhält man so eine RIEMANNsche Matrix. Die Zeilenzahl p von $\boldsymbol{\Omega}$ heißt die „*Ordnung*“ der RIEMANNschen Matrix (manchmal auch „*Geschlecht*“ genannt).

Aus einer RIEMANNschen Matrix kann man weitere RIEMANNsche Matrizen derselben Ordnung ableiten durch die in Nr. 8 und Nr. 10 besprochenen Prozesse, die wir folgendermaßen zusammenfassen können [(8.9) und (10.2)]:

$$\boldsymbol{\Omega}^* = \mathbf{A}\,\boldsymbol{\Omega}\,\mathbf{M}\,. \tag{11.1}$$

Bedeutet nämlich $\boldsymbol{\Omega}$ eine RIEMANNsche Matrix der Ordnung p, die zur ABELschen Funktion $f(\mathbf{u})$ gehört, und ist $\mathbf{M}$ eine unimodulare (rational ganzzahlige) $(2p, 2p)$-Matrix, $\mathbf{A}$ eine nicht singuläre (p, p)-Matrix, deren Elemente beliebige komplexe Zahlen sein dürfen, so stellt $\boldsymbol{\Omega}^*$ eine RIEMANNsche Matrix dar, welche zu einem primitiven System von Perioden der ABELschen Funktion $f^*(\mathbf{u}^*) = f(\mathbf{u})$ gehört; die Multiplikation rechts mit $\mathbf{M}$ entspricht dem Übergang von einem primitiven System zu einem anderen, die Multiplikation links mit $\mathbf{A}$ entspricht einer Transformation der Variablen $\mathbf{u}^* = \mathbf{A}\mathbf{u}$.

Die RIEMANN*schen Matrizen* $\boldsymbol{\Omega}$ *und* $\boldsymbol{\Omega}^*$ *heißen „äquivalent“*:

$$\boldsymbol{\Omega} \sim \boldsymbol{\Omega}^*\,.$$

Diese Äquivalenzbeziehung für RIEMANNsche Matrizen ist reflexiv, symmetrisch und transitiv, denn erstens ist jede RIEMANNsche Matrix $\boldsymbol{\Omega}$ sich selbst äquivalent: $\boldsymbol{\Omega} \sim \boldsymbol{\Omega}$, weil (11.1) sich auf $\boldsymbol{\Omega}^* = \boldsymbol{\Omega}$ reduziert, wenn man für $\mathbf{A}$ und $\mathbf{M}$ die bezüglichen Einheitsmatrizen einsetzt. Ferner folgt aus (11.1)

$$\boldsymbol{\Omega} = \mathbf{A}^{-1}\,\boldsymbol{\Omega}^*\mathbf{M}^{-1}\,, \tag{11.2}$$

wo auch $\mathbf{A}^{-1}$ und $\mathbf{M}^{-1}$ den angegebenen Bedingungen genügen, so daß $\boldsymbol{\Omega}^* \sim \boldsymbol{\Omega}$ und $\boldsymbol{\Omega} \sim \boldsymbol{\Omega}^*$ gleichwertig sind.

Hat man schließlich zur Äquivalenz $\boldsymbol{\Omega} \sim \boldsymbol{\Omega}^*$ eine zweite Äquivalenz $\boldsymbol{\Omega}^* \sim \boldsymbol{\Omega}^{**}$ entsprechend der Relation

$$\boldsymbol{\Omega}^{**} = \mathbf{A}^*\,\boldsymbol{\Omega}^*\mathbf{M}^*\,,$$

so folgt durch Einsetzen von (11.1) mit Rücksicht auf die Assoziativität der Matrizenprodukte

$$\boldsymbol{\Omega}^{**} = (\mathbf{A}^*\mathbf{A})\,\boldsymbol{\Omega}(\mathbf{M}\mathbf{M}^*) = \mathbf{A}_1\,\boldsymbol{\Omega}\,\mathbf{M}_1\,,$$

wo $\mathbf{A}_1$ wieder regulär, $\mathbf{M}_1$ unimodular ist; d. h. es gilt $\boldsymbol{\Omega} \sim \boldsymbol{\Omega}^{**}$.

Durch diese Äquivalenzbeziehung wird eine Einteilung aller RIEMANNschen Matrizen derselben Ordnung p in Klassen bewirkt, indem alle untereinander äquivalenten Matrizen in einer Klasse vereinigt werden; jede RIEMANNsche Matrix gehört zu einer bestimmten Klasse, zwei verschiedene Klassen enthalten keine gemeinsamen Matrizen. Jede Klasse kann durch eine einzige Matrix vertreten werden, die man mehr oder weniger geschickt auswählen kann.

In den folgenden Entwicklungen werden wir die primitiven Systeme von Perioden $\boldsymbol{\omega}_1, \boldsymbol{\omega}_2, \ldots, \boldsymbol{\omega}_{2p}$ öfters so gewählt denken, daß das Volumen

$$D = \begin{vmatrix} \boldsymbol{\Omega}' \\ \boldsymbol{\Omega}'' \end{vmatrix}$$

des von ihnen aufgespannten Periodenparallelotops positiv ist: $D > 0$*). Das bedeutet keine wesentliche Einschränkung, weil man durch bloße Vertauschung von zwei Perioden diesen Zustand immer erreichen kann. Dementsprechend werden wir dann auch die Matrizen $\mathbf{M}$ auf *modulare* Matrizen ($|\mathbf{M}| = 1$) einschränken müssen.

Im Falle der elliptischen Funktionen heißt das, daß der Flächeninhalt des von den Perioden ω_1 und ω_2 (in dieser Reihenfolge) bestimmten Parallelogramms immer positiv sein muß; wäre das nicht von vornherein erfüllt, so müßte man die beiden Perioden ω_1 und ω_2 miteinander vertauschen. Diese Bedingung

$$D = \begin{vmatrix} \omega_1', & \omega_2' \\ \omega_1'', & \omega_2'' \end{vmatrix} = \omega_1' \omega_2'' - \omega_2' \omega_1'' > 0 \tag{11.3}$$

ist mit der in der Theorie der elliptischen Funktionen üblichen klassischen Normierung gleichbedeutend, wo man vorzuschreiben pflegt:

$$\mathfrak{R}\left(\frac{\omega_2}{i\,\omega_1}\right) > 0\,, \quad \text{oder} \quad \mathfrak{I}\left(\frac{\omega_2}{\omega_1}\right) > 0\,, \tag{11.4}$$

wo $\mathfrak{R}(z)$, $\mathfrak{I}(z)$ den Real- und Imaginärteil der komplexen Zahl z bedeuten. Setzt man nämlich $\omega_1 = \omega_1' + i\,\omega_1''$, $\omega_2 = \omega_2' + i\,\omega_2''$, so bestätigt man mit einer leichten Rechnung die Gleichung:

$$\mathfrak{R}\left(\frac{\omega_2}{i\,\omega_1}\right) = \mathfrak{I}\left(\frac{\omega_2}{\omega_1}\right) = \frac{D}{|\omega_1|^2}\,. \tag{11.5}$$

Also sind die Bedingungen (11.3) und (11.4) tatsächlich gleichwertig.

Wir können folgende Eigenschaften der RIEMANNschen Matrizen hier festhalten, die leicht aus der Tatsache $D > 0$ bzw. schon aus $D \neq 0$ folgen:

a) *In einer* RIEMANN*schen Matrix können die Elemente einer Zeile nicht alle gleichzeitig reell oder imaginär sein; insbesondere können sie nicht alle verschwinden*; in einem solchen Falle würde eine Zeile von D und also D selbst verschwinden.

b) *In einer* RIEMANN*schen Matrix können die Elemente einer Spalte nicht sämtlich verschwinden*; in einem solchen Falle würde nämlich auch die entsprechende Spalte von D verschwinden.

---

*) Das Nichtverschwinden der Determinante D haben wir in Nr. 8 aus der Tatsache abgeleitet, daß ein primitives System von Perioden *reell unabhängig* ist, so daß sie im R_{2p} ein Parallelotop von nicht verschwindendem Volumen aufspannen.

c) *Eine* RIEMANN*sche Matrix der Ordnung (Zeilenzahl) p hat auch den Rang (Charakteristik) p*; wäre nämlich der Rang von $\boldsymbol{\Omega}$ kleiner als p, so müßte die Determinante F (10.7) verschwinden, woraus wegen (10.8) das Verschwinden von D folgen würde.

12. Reduzierte Form einer RIEMANNschen Matrix. Wir können die Transformation (11.1) dazu benutzen, um eine gegebene RIEMANNsche Matrix auf eine besonders einfache Gestalt zu bringen oder, was dasselbe bedeutet, aus einer Klasse äquivalenter Matrizen eine möglichst einfach gebaute auszuwählen, etwa eine von der Gestalt:

$$\boldsymbol{\Omega}^* = (\mathbf{E}, \mathbf{T}) ,$$

wo $\mathbf{E}$ die p-zeilige Einheitsmatrix und $\mathbf{T}$ irgendeine p-zeilige quadratische Matrix bedeuten.

Das ist möglich, weil die RIEMANNsche Matrix $\boldsymbol{\Omega}$, wie wir am Ende des vorigen Abschnittes gesehen haben, den Rang p hat. Wir dürfen nämlich voraussetzen, daß die aus den ersten p Spalten von $\boldsymbol{\Omega}$ gebildete Determinante nicht verschwindet; das können wir durch Multiplikation mit einer passenden unimodularen und sogar modularen Matrix $\mathbf{M}$ (einer „Permutationsmatrix") immer erwirken*).

Schreiben wir dann $\boldsymbol{\Omega} = (\boldsymbol{\Omega}_1, \boldsymbol{\Omega}_2)$, wo $\boldsymbol{\Omega}_1$ und $\boldsymbol{\Omega}_2$ zwei (p, p)-Matrizen sind, so ist $|\boldsymbol{\Omega}_1| \neq 0$, und wir können $\mathbf{A} = \boldsymbol{\Omega}_1^{-1}$ wählen. Dann ist

$$\boldsymbol{\Omega}^* = \mathbf{A}\boldsymbol{\Omega} = (\mathbf{E}, \boldsymbol{\Omega}_1^{-1}\boldsymbol{\Omega}_2)$$

eine RIEMANNsche Matrix der gewünschten Art. Wir können dieses Ergebnis offensichtlich noch etwas allgemeiner fassen:

In jeder Klasse äquivalenter RIEMANN*scher Matrizen gibt es eine spezielle Matrix $\boldsymbol{\Omega}^* = (\boldsymbol{\Omega}_1^*, \boldsymbol{\Omega}_2^*)$, wo $\boldsymbol{\Omega}_1^*$ eine beliebig vorgegebene reguläre**), aus komplexen Zahlen gebildete (p, p)-Matrix sein kann.*

II. Die intermediären (oder JACOBIschen) Funktionen

13. Der Satz von COUSIN*).** Für meromorphe Funktionen $f(\mathbf{u}) = f(u_1, u_2, \ldots, u_p)$ gilt der Satz:

Jede meromorphe Funktion $f(\mathbf{u})$ kann als Quotient von zwei ganzen (analytischen) Funktionen $\varphi(\mathbf{u})$ und $\psi(\mathbf{u})$ dargestellt werden, die an jeder Stelle, insbesondere an denjenigen, wo sie gemeinsam verschwinden, teilerfremd sind:

$$f(\mathbf{u}) = \frac{\varphi(\mathbf{u})}{\psi(\mathbf{u})} . \tag{13.1}$$

*) Wäre nämlich zunächst $|\mathbf{M}| = -1$, so könnte man noch eine Vertauschung von zwei Spalten der zweiten Hälfte von $\boldsymbol{\Omega}$ $(p > 1)$ hinzufügen, um $|\mathbf{M}| = +1$ zu erreichen.

**) „Regulär" bedeutet „nicht singulär", d. h. die Determinante der Matrix ist nicht Null.

***) Vgl. Anhang, Nr. 6—7.

Man kann auch sagen: $\varphi(\mathbf{u})$ *und* $\psi(\mathbf{u})$ *verschwinden gleichzeitig nur in den Unbestimmtheitsstellen*) der meromorphen Funktion* $f(\mathbf{u})$.

Daß sie nämlich dort gleichzeitig verschwinden müssen, folgt aus der Definition der Unbestimmtheitspunkte. Sind aber umgekehrt $\varphi(\mathbf{u})$ und $\psi(\mathbf{u})$ so beschaffen, daß sie nur in den Unbestimmtheitspunkten der meromorphen Funktion $f(\mathbf{u})$ gleichzeitig verschwinden, so müssen sie notwendig auch in jedem Punkte teilerfremd sein. Hätten sie nämlich an irgendeiner Stelle einen gemeinsamen Teiler**), etwa:

$$\varphi(\mathbf{u}) = \chi(\mathbf{u})\,\varphi^*(\mathbf{u})\,,\quad \psi(\mathbf{u}) = \chi(\mathbf{u})\,\psi^*(\mathbf{u})$$

derart, daß $\chi(\mathbf{u})$ eine in diesem Punkte verschwindende analytische Funktion ist, so würden $\varphi(\mathbf{u})$ und $\psi(\mathbf{u})$ in der Umgebung dieses Punktes eine durch $\chi(\mathbf{u}) = 0$ bestimmte $(n-1)$-dimensionale Mannigfaltigkeit von gemeinsamen Nullstellen haben, während die Mannigfaltigkeit ihrer gemeinsamen Nullstellen, d. i. der Unbestimmtheitspunkte von $f(\mathbf{u})$, nur $(n-2)$-dimensional sein dürfte***).

Dieser Satz wurde zuerst für $p=2$ von POINCARÉ+) ausgesprochen und bewiesen; COUSIN++) hat einen allgemeinen Beweis gegeben, der im Anhang wiedergegeben ist, soweit es für den gegenwärtigen Zweck notwendig erscheint.

Die Darstellung (13.1) ist aber nicht eindeutig. Es ist klar, daß $\varphi(\mathbf{u})$ und $\psi(\mathbf{u})$ noch mit einem gemeinsamen Faktor multipliziert werden dürfen, der eine ganze (d. h. im endlichen überall analytische) Funktion ist, die nirgends verschwindet und infolgedessen die Gestalt $e^{G(\mathbf{u})}$ hat, wo $G(\mathbf{u})$ eine ganze Funktion ist:

$$f(\mathbf{u}) = \frac{e^{G(\mathbf{u})}\,\varphi(\mathbf{u})}{e^{G(\mathbf{u})}\,\psi(\mathbf{u})} = \frac{\varphi^*(\mathbf{u})}{\psi^*(\mathbf{u})}\,; \tag{13.2}$$

in der Tat erfüllen $\varphi^*(\mathbf{u})$ und $\psi^*(\mathbf{u})$ genauso die angegebenen Bedingungen wie $\varphi(\mathbf{u})$ und $\psi(\mathbf{u})$. Aber das läßt sich auch umkehren:

Wenn eine meromorphe Funktion $f(\mathbf{u})$ *sich auf zwei verschiedene Weisen als Quotient von zwei ganzen Funktionen, die nur in den Unbestimmtheitsstellen von* $f(\mathbf{u})$ *gleichzeitig verschwinden, darstellen läßt:*

$$f(\mathbf{u}) = \frac{\varphi(\mathbf{u})}{\psi(\mathbf{u})} = \frac{\varphi^*(\mathbf{u})}{\psi^*(\mathbf{u})}\,, \tag{13.3}$$

*) Vgl. Anhang, Nr. 5.

**) In dem präzisen Sinn von Anhang, Nr. 4.

***) Vgl. Anhang. Nr. 5.

+) POINCARÉ, H.: Sur les fonctions de deux variables. Acta Mathematica **2**, 97—113, (1883).

++) COUSIN, P.: Sur les fonctions de n variables complexes. Acta Mathematica **19**, 1—62, (1895).

so ist

$$\varphi^*(\mathbf{u}) = \varphi(\mathbf{u})\, e^{G(\mathbf{u})}, \quad \psi^*(\mathbf{u}) = \psi(\mathbf{u})\, e^{G(\mathbf{u})} \tag{13.4}$$

mit einer ganzen Funktion $G(\mathbf{u})$.

An irgendeiner Stelle gilt nämlich $\varphi\psi^* = \varphi^*\psi$ und $(\varphi, \psi) = 1$; aus dem Euklidischen Lemma*) folgt daraus $\varphi \mid \varphi^*$, und umgekehrt auch $\varphi^* \mid \varphi$, d. h. φ und φ^* sind assoziiert; dasselbe gilt für ψ und ψ^*. Da dies überall im endlichen erfüllt ist, folgt, daß die Funktion

$$w(\mathbf{u}) = \frac{\varphi^*(\mathbf{u})}{\varphi(\mathbf{u})} = \frac{\psi^*(\mathbf{u})}{\psi(\mathbf{u})}$$

überall analytisch ist und nirgends verschwindet, so daß auch $\log w$ bei einer festgehaltenen Bestimmung des Logarithmus eine überall eindeutige und analytische, also ganze Funktion $G(\mathbf{u})$ ist:

$$\log w = G(\mathbf{u}), \quad w = \frac{\varphi^*}{\varphi} = \frac{\psi^*}{\psi} = e^{G(\mathbf{u})}.$$

14. Darstellung einer ABELschen Funktion als Quotient von zwei ganzen Funktionen. Nun sei $f(\mathbf{u})$ eine ABELsche, also auch meromorphe Funktion. Wir dürfen, wenn wir eine vorausgehende lineare homogene Transformation der Variablen zulassen, voraussetzen (Abschnitt Nr. 12), daß eine zu $f(\mathbf{u})$ gehörige RIEMANNsche Matrix die reduzierte Gestalt

$$\boldsymbol{\Omega} = (2\pi i\, \mathbf{E}, \mathbf{A}) \tag{14.1}$$

habe, wo $\mathbf{E}$ die p-zeilige Einheitsmatrix und $\mathbf{A} = (\alpha_{ik})$ eine (p, p)-Matrix ist.

Aus dem Satz von COUSIN folgt die Existenz von zwei ganzen Funktionen $\varphi(\mathbf{u})$ und $\psi(\mathbf{u})$, welche nur in den Unbestimmtheitsstellen von $f(\mathbf{u})$ gemeinsam verschwinden, und deren Quotient $f(\mathbf{u})$ darstellt:

$$f(\mathbf{u}) = \frac{\varphi(\mathbf{u})}{\psi(\mathbf{u})}. \tag{14.2}$$

Wir bezeichnen mit $\mathbf{e}_h$ den h-ten Spaltenvektor der Einheitsmatrix $\mathbf{E}$, also:

$$\tilde{\mathbf{e}}_1 = (1, 0, \ldots, 0), \ \tilde{\mathbf{e}}_2 = (0, 1, \ldots, 0), \ldots, \ \tilde{\mathbf{e}}_p = (0, 0, \ldots, 1). \tag{14.3}$$

Da nun nach Voraussetzung $f(\mathbf{u})$ die Periode $2\pi i\, \mathbf{e}_h$ besitzt:

$$f(\mathbf{u} + 2\pi i\, \mathbf{e}_h) = f(\mathbf{u}), \qquad h = 1, 2, \ldots, p$$

folgt aus (14.2):

$$f(\mathbf{u}) = \frac{\varphi(\mathbf{u})}{\psi(\mathbf{u})} = \frac{\varphi(\mathbf{u} + 2\pi i\, \mathbf{e}_h)}{\psi(\mathbf{u} + 2\pi i\, \mathbf{e}_h)}, \quad h = 1, 2, \ldots, p. \tag{14.4}$$

Da nun offenbar auch $\varphi(\mathbf{u} + 2\pi i\, \mathbf{e}_h)$ und $\psi(\mathbf{u} + 2\pi i\, \mathbf{e}_h)$ ganze, überall teilerfremde Funktionen darstellen, so folgt aus dem im vorausgehenden Abschnitt (13.4) bewiesenen Satz:

$$\varphi(\mathbf{u} + 2\pi i\, \mathbf{e}_h) = \varphi(\mathbf{u})\, e^{g_h(\mathbf{u})}, \quad \psi(\mathbf{u} + 2\pi i\, \mathbf{e}_h) = \psi(\mathbf{u})\, e^{g_h(\mathbf{u})}, \quad h = 1, 2, \ldots, p \tag{14.5}$$

*) Vgl. Anhang, Nr. 4.

Die ganzen Funktionen $g_1(\mathbf{u}), g_2(\mathbf{u}), \ldots, g_p(\mathbf{u})$ können als bekannt angesehen werden, wenn $f(\mathbf{u})$, $\varphi(\mathbf{u})$ (und damit auch $\psi(\mathbf{u})$) gegeben sind. Sie genügen gewissen Relationen, denn aus (14.5) folgt:

$$\begin{aligned}\varphi(\mathbf{u} + 2\pi i \mathbf{e}_h + 2\pi i \mathbf{e}_k) &= \varphi(\mathbf{u} + 2\pi i \mathbf{e}_h)\, e^{g_k(\mathbf{u} + 2\pi i \mathbf{e}_h)} \\ &= \varphi(\mathbf{u})\, e^{g_h(\mathbf{u}) + g_k(\mathbf{u} + 2\pi i \mathbf{e}_h)} \\ &= \varphi(\mathbf{u})\, e^{g_k(\mathbf{u}) + g_h(\mathbf{u} + 2\pi i \mathbf{e}_k)},\end{aligned}$$

wo die letzte Zeile aus der vorhergehenden einfach durch Vertauschung der Indizes h und k gewonnen wurde, die ja auf der linken Seite nichts ändert. Es folgt so:

$$e^{g_h(\mathbf{u}) + g_k(\mathbf{u} + 2\pi i \mathbf{e}_h)} = e^{g_k(\mathbf{u}) + g_h(\mathbf{u} + 2\pi i \mathbf{e}_k)},$$

oder wenn wir zu den Logarithmen übergehen:

$$g_h(\mathbf{u}) + g_k(\mathbf{u} + 2\pi i \mathbf{e}_h) = g_k(\mathbf{u}) + g_h(\mathbf{u} + 2\pi i \mathbf{e}_k) + 2\, N_{hk}\, \pi i\,, \qquad h, k = 1, 2, \ldots, p \tag{14.6}$$

wo N_{hk} ganze rationale Zahlen bedeuten, die von den Indizes h, k abhängen. Man bestätigt sofort die Eigenschaften:

$$N_{hh} = 0\,, \quad N_{hk} = -N_{kh}\,,$$

was so ausgesprochen werden kann:

Die Matrix (N_{hk}) *ist schiefsymmetrisch.*

Die Gleichungen (14.6) sind die einzigen uns bekannten Relationen, denen die ganzen Funktionen $g_h(\mathbf{u})$ genügen.

Wir betrachten nun eine zweite Darstellung

$$f(\mathbf{u}) = \frac{\varphi^*(\mathbf{u})}{\psi^*(\mathbf{u})} \quad \text{mit } \varphi^*(\mathbf{u}) = \varphi(\mathbf{u})\, e^{G(\mathbf{u})}\,, \ \psi^*(\mathbf{u}) = \psi(\mathbf{u})\, e^{G(\mathbf{u})}\,,$$

in der uns die Wahl der ganzen Funktion $G(\mathbf{u})$ noch frei steht. Wir werden $G(\mathbf{u})$ so wählen, daß die Transformationsgleichungen (14.5) für $\varphi^*(\mathbf{u})$ und $\psi^*(\mathbf{u})$ möglichst einfach ausfallen. Man findet leicht:

$$\begin{aligned}\varphi^*(\mathbf{u} + 2\pi i \mathbf{e}_h) &= \varphi(\mathbf{u} + 2\pi i \mathbf{e}_h)\, e^{G(\mathbf{u} + 2\pi i \mathbf{e}_h)} \\ &= \varphi(\mathbf{u})\, e^{g_h(\mathbf{u}) + G(\mathbf{u} + 2\pi i \mathbf{e}_h)},\end{aligned}$$

also

$$\varphi^*(\mathbf{u} + 2\pi i \mathbf{e}_h) = \varphi^*(\mathbf{u})\, e^{l_h(\mathbf{u})}, \qquad h = 1, 2, \ldots, p^{*)} \tag{14.7}$$

wenn

$$g_h(\mathbf{u}) + G(\mathbf{u} + 2\pi i \mathbf{e}_h) - G(\mathbf{u}) = l_h(\mathbf{u})\,, \qquad h = 1, 2, \ldots, p\,, \tag{14.8}$$

und

$$G(\mathbf{u} + 2\pi i \mathbf{e}_h) - G(\mathbf{u}) = l_h(\mathbf{u}) - g_h(\mathbf{u}) = H_h(\mathbf{u})\,, \qquad h = 1, 2, \ldots, p \tag{14.9}$$

gesetzt wird.

---

*) Dieselben Gleichungen sind auch für die Funktion $\psi^*(\mathbf{u})$ gültig.

Wenn die Funktionen $l_h(\mathbf{u})$ gewählt sind, so sind auch die Funktionen $H_h(\mathbf{u})$ als bekannt anzusehen. In den folgenden Abschnitten werden wir dieses Problem in Angriff nehmen und lösen: nämlich eine ganze Funktion $G(\mathbf{u})$ so zu bestimmen, daß die p Relationen (14.9) erfüllt werden, und zwar wenn die Funktionen $l_h(\mathbf{u})$ passend und zugleich möglichst einfach vorgegeben sind. Es wird sich erweisen, daß wir die Funktionen $l_h(\mathbf{u})$ als lineare Funktionen vorgeben dürfen. Die Gleichungen (14.9) stellen dann *Differenzengleichungen* für die unbekannte Funktion $G(\mathbf{u})$ dar.

15. Bedingungen für die Lösbarkeit des Systems (14.9) von Differenzengleichungen. Damit die Differenzengleichungen (14.9) eine Lösung $G(\mathbf{u})$ besitzen, müssen die Funktionen $H_h(\mathbf{u})$ noch gewisse Bedingungen erfüllen; denn man folgert leicht aus (14.9):

$$G(\mathbf{u} + 2\pi i\mathbf{e}_h + 2\pi i\mathbf{e}_k) - G(\mathbf{u} + 2\pi i\mathbf{e}_k) = H_h(\mathbf{u} + 2\pi i\mathbf{e}_k)\,,$$

also

$$\begin{aligned} G(\mathbf{u} + 2\pi i\mathbf{e}_h + 2\pi i\mathbf{e}_k) - G(\mathbf{u}) &= H_k(\mathbf{u}) + H_h(\mathbf{u} + 2\pi i\mathbf{e}_k) \\ &= H_h(\mathbf{u}) + H_k(\mathbf{u} + 2\pi i\mathbf{e}_h)\,, \end{aligned}$$

wo die letzte Zeile aus der darüberstehenden durch Vertauschung der Indizes h und k gewonnen wurde.

Damit unser Problem überhaupt Lösungen besitzen kann, ist also jedenfalls notwendig, daß die Funktionen $H_h(\mathbf{u})$ folgenden Verträglichkeitsbedingungen genügen:

$$H_h(\mathbf{u}) + H_k(\mathbf{u} + 2\pi i\mathbf{e}_h) = H_k(\mathbf{u}) + H_h(\mathbf{u} + 2\pi i\mathbf{e}_k), \quad h, k = 1, \ldots, p \qquad (15.1)$$

Die Anzahl dieser Bedingungen ist gleich der Anzahl der Kombinationen von p Dingen zu zweien, nämlich $\binom{p}{2} = \frac{p(p-1)}{2}$. Wir werden sehen, daß diese notwendigen Bedingungen für die Lösbarkeit der Differenzengleichungen (14.9) auch hinreichen.

Wir ersetzen nun gemäß (14.9) $H_h(\mathbf{u})$ durch $l_h(\mathbf{u}) - g_h(\mathbf{u})$:

$$\begin{aligned} &l_h(\mathbf{u}) - g_h(\mathbf{u}) + l_k(\mathbf{u} + 2\pi i\mathbf{e}_h) - g_k(\mathbf{u} + 2\pi i\mathbf{e}_h) = \\ &= l_k(\mathbf{u}) - g_k(\mathbf{u}) + l_h(\mathbf{u} + 2\pi i\mathbf{e}_k) - g_h(\mathbf{u} + 2\pi i\mathbf{e}_k)\,; \end{aligned}$$

hieraus kann man mit Hilfe von (14.6) die Funktionen $g_h(\mathbf{u})$ eliminieren:

$$l_h(\mathbf{u}) + l_k(\mathbf{u} + 2\pi i\mathbf{e}_h) = l_k(\mathbf{u}) + l_h(\mathbf{u} + 2\pi i\mathbf{e}_k) + 2\,N_{hk}\,\pi i. \qquad (15.2)$$

Zwischen den Funktionen $l_h(\mathbf{u})$ bestehen also genau dieselben Relationen wie zwischen den Funktionen $g_h(\mathbf{u})$ (14.6); daraus schließt man, daß *die ganzen rationalen Zahlen N_{hk} einen universalen Charakter haben, denn sie hängen nur von der betrachteten* Abelschen *Funktion $f(\mathbf{u})$ und nicht von deren spezieller Zerlegung ab.*

Wir können aus (15.2) auch schließen, daß die Funktionen $l_h(\mathbf{u})$ nicht sämtlich verschwinden oder konstant sein können, weil wir von vornherein nicht annehmen dürfen, daß alle Zahlen N_{hk} Null sind. Als einfachste Wahl für die Funktionen $l_h(\mathbf{u})$ bleibt demnach nur übrig, sie als lineare Funktionen der Variablen $\mathbf{u}$ anzusetzen:

$$l_h(\mathbf{u}) = \Sigma\, M_{hs}\, u_s\,, \qquad h = 1, 2, \ldots, p \qquad (15.3)$$

Aus (15.2) erhalten wir dann:

$$\Sigma M_{hs} u_s + \Sigma M_{ks} u_s + 2 M_{kh} \pi i = \Sigma M_{ks} u_s + \Sigma M_{hs} u_s + 2 M_{hk} \pi i + 2 N_{hk} \pi i$$

oder vereinfacht:

$$M_{kh} - M_{hk} = N_{hk}\,. \qquad (15.4)$$

Die Koeffizienten M_{hk} der Linearformen $l_h(\mathbf{u})$ müssen also in diesem Zusammenhang mit den Zahlen N_{hk} stehen; wir können am einfachsten die Matrix (M_{hk}) schiefsymmetrisch wählen und also

$$M_{hk} = -\frac{1}{2} N_{hk}$$

annehmen, womit

$$l_h(\mathbf{u}) = -\frac{1}{2}\, \Sigma\, N_{hs}\, u_s\,, \qquad h = 1, 2, \ldots, p \qquad (15.5)$$

sich ergibt.

16. Lösung einer speziellen Differenzengleichung. Wenn die linearen Funktionen $l_h(\mathbf{u})$ in der angegebenen Weise gewählt sind, so sind die *notwendigen* Verträglichkeitsbedingungen unseres Problems erfüllt. Wir wollen uns also jetzt der Aufgabe zuwenden, eine ganze (analytische) Funktion $G(\mathbf{u})$ zu konstruieren, welche die p Differenzengleichungen

$$G(\mathbf{u} + 2\pi i \mathbf{e}_h) - G(\mathbf{u}) = H_h(\mathbf{u})\,, \qquad h = 1, 2, \ldots, p \qquad (16.1)$$

löst, wobei die Funktionen $H_h(\mathbf{u})$ die Verträglichkeitsbedingungen (15.1) erfüllen. Dabei können wir uns zunächst auf die erste Differenzengleichung

$$G(u_1 + 2\pi i, u_2, \ldots, u_p) - G(u_1, u_2, \ldots, u_p) = H_1(u_1, u_2, \ldots, u_p)$$

beschränken, in der wir die Variablen $u_2, \ldots, u_p$ als Parameter ansehen dürfen, von denen die Funktionen G und H_1 abhängen; im wesentlichen handelt es sich hier um die Differenzengleichung in einer Variablen

$$G(u_1 + 2\pi i) - G(u_1) = H_1(u_1)\,, \qquad (16.2)$$

die wir nach einer Variablentransformation $u_1 = 2\pi i u$ einfacher so schreiben können:

$$G(u + 1) - G(u) = H(u)\,; \qquad (16.3)$$

dabei haben wir für $G(2\pi i u)$ wieder $G(u)$ und $H_1(2\pi i u) = H(u)$ geschrieben. Unser spezielles Problem lautet dann:

Es ist eine ganze (analytische) Funktion $G(u)$ zu bestimmen, welche die Differenzengleichung (16.3) *löst, wo $H(u)$ eine ganze, im übrigen willkürlich gegebene Funktion bedeutet.*

Wir setzen zunächst speziell $H(u) = u^s$ und untersuchen die Lösungen der Differenzengleichungen

$$G(u+1) - G(u) = u^s\,, \qquad s = 0, 1, 2, \ldots \tag{16.4}$$

deren Polynomlösungen unter dem Namen „BERNOULLI*sche Polynome*" bekannt sind.

In der Tat überlegt man sich leicht, daß für jedes $s = 0, 1, 2, \ldots$ eine Lösung von (16.4) existiert, die ein Polynom und bis auf das konstante Glied eindeutig bestimmt ist. Denn man kann ein Polynom des Grades $s+1$ mit unbestimmten Koeffizienten anschreiben und in (16.4) einsetzen. Durch Koeffizientenvergleich erhält man dann $s+1$ lineare Gleichungen, aus denen man sämtliche Koeffizienten des Polynoms mit Ausnahme des konstanten Gliedes berechnen kann.

Das konstante Glied muß in der Tat unbestimmt bleiben, weil sich dieses in (16.4) weghebt. Im übrigen aber ist die Polynomlösung $\varphi_s(u)$ von (16.4) eindeutig bestimmt, denn bedeutet $\varphi_s^*(u)$ irgendeine andere (analytische) Lösung, so folgt aus

$$\varphi_s(u+1) - \varphi_s(u) = \varphi_s^*(u+1) - \varphi_s^*(u) = u^s$$

für die Differenz $\psi_s(u) = \varphi_s^*(u) - \varphi_s(u)$:

$$\psi_s(u+1) - \psi_s(u) = 0\,,$$

d. h. die beiden Lösungen können sich nur um eine (analytische) Funktion, die periodisch mit der Periode 1 ist, unterscheiden. Wenn nun auch $\varphi_s^*(u)$ ein Polynom sein soll, so kann diese nur eine Konstante sein. Im allgemeinen aber können wir aus einer speziellen Lösung, etwa der Polynomlösung $\varphi_s(u)$, jede weitere Lösung $\varphi_s^*(u)$ von (16.4) gewinnen, indem wir eine willkürliche (analytische) Funktion $\pi_s(u)$ mit der Periode 1 addieren:

$$\varphi_s^*(u) = \varphi_s(u) + \pi_s(u)\,. \tag{16.5}$$

Die BERNOULLI*schen Polynome*, die Lösungen von (16.4) sind, kann man viel einfacher als durch den Ansatz mit unbestimmten Koeffizienten, durch die sog. *erzeugende Funktion*

$$\Phi(z, u) = \frac{e^{uz} - 1}{e^z - 1} \tag{16.6}$$

gewinnen. Diese Funktion ist nämlich als Funktion von z in einer gewissen Umgebung des Ursprunges $z = 0$ analytisch, da $\lim\limits_{z\to 0} \Phi(z, u) = u$

ist, und läßt sich daher in eine TAYLORsche Reihe

$$\Phi(z, u) = \sum_{s=0}^{\infty} \varphi_s(u) \frac{z^s}{s!} \tag{16.7}$$

entwickeln, welche in einer gewissen Umgebung von $z = 0$ für jeden Wert u absolut konvergiert.

Man kann die Koeffizienten $\varphi_s(u)$ dieser Reihe explizit berechnen, wenn man die bekannte Reihenentwicklung*)

$$\frac{z}{e^z - 1} = \sum_{\nu=0}^{\infty} \frac{B_\nu z^\nu}{\nu!}$$

benutzt und

$$\begin{aligned} \Phi(z, u) &= \frac{e^{uz} - 1}{z} \cdot \frac{z}{e^z - 1} \\ &= \left\{u + \frac{u^2 z}{2!} + \frac{u^3 z^2}{3!} + \cdots\right\} \left\{B_0 + B_1 \frac{z}{1!} + B_2 \frac{z^2}{2!} + \cdots\right\} \end{aligned}$$

bildet. Multipliziert man diese Potenzreihen aus und ordnet nach Potenzen von z, so findet man als Koeffizienten von $\frac{z^s}{s!}$ das BERNOULLI-*sche Polynom***):

$$\varphi_s(u) = \frac{1}{s+1} \sum_{\nu=0}^{s} \binom{s+1}{\nu} B_\nu u^{s-\nu+1}, \qquad s = 0, 1, 2, \ldots \tag{16.8}$$

Daß diese Polynome der Differenzengleichung (16.4) genügen, bestätigt man leicht so:

$$\begin{aligned} \Phi(z, u+1) - \Phi(z, u) &= \sum_{s=0}^{\infty} [\varphi_s(u+1) - \varphi_s(u)] \frac{z^s}{s!} \\ &= \frac{e^{(u+1)z} - 1}{e^z - 1} - \frac{e^{uz} - 1}{e^z - 1} = e^{uz} = \sum_{s=0}^{\infty} u^s \frac{z^s}{s!}; \end{aligned}$$

diese beiden Potenzreihen müssen, weil sie dieselbe analytische Funktion darstellen, identisch sein, d. h. es muß

$$\varphi_s(u+1) - \varphi_s(u) = u^s, \qquad s = 0, 1, 2, \ldots$$

gelten, w. z. b. w.

---

*) Vgl. etwa KNOPP: Theorie und Anwendung der unendlichen Reihen, 3. Aufl. S. 207, (1931). Die Koeffizienten B_ν sind die „BERNOULLI*schen Zahlen*": $B_0 = 1$, $B_1 = -1/2$, $B_2 = 1/6$, $B_3 = B_5 = \cdots = 0$, $B_6 = 1/42 \ldots$ allgemein:

$$B_{2k} = (-1)^{k-1} \frac{2\,(2k)!}{(2\pi)^{2k}} \sum_{n=1}^{\infty} \frac{1}{n^{2k}}, \qquad k = 1, 2, \ldots.$$

**) Die Normierung der BERNOULLIschen Polynome ist in der Literatur nicht ganz übereinstimmend. Man kann (16.8) symbolisch so schreiben:

$$\varphi_s(u) = [(u + B)^{s+1} - B^{s+1}]/(s+1),$$

wo man bei der Auswertung statt B^k immer B_k schreiben muß; vgl. KNOPP: a. a. O., S. 542.

Aus $\Phi(z, 0) = 0$ folgt in Übereinstimmung mit (16.8), daß die so normierten BERNOULLIschen Polynome für $u = 0$ verschwinden.

Nun wenden wir uns wieder der allgemeineren Differenzengleichung (16.3) zu; die ganze Funktion $H(u)$ besitze die (beständig konvergente) Potenzreihenentwicklung

$$H(u) = \sum_{s=0}^{\infty} a_s u^s . \tag{16.9}$$

Wenn wir für $G(u)$ die unendliche Reihe $\sum_{s=0}^{\infty} a_s \varphi_s(u)$ einsetzen, so wird die Differenzengleichung (16.3) *formal* erfüllt, aber im allgemeinen wird diese Reihe nicht konvergieren und also auch keine Funktion definieren. Diese Schwierigkeit können wir jedoch überwinden, wenn wir $\varphi_s(u)$ durch eine geeignete andere Lösung der Art (16.5) ersetzen:

$$G(u) = \sum_{s=0}^{\infty} a_s[\varphi_s(u) + \pi_s(u)] , \tag{16.10}$$

wo die $\pi_s(u)$ ganze Funktionen der Periode 1 sind:

$$\pi_s(u+1) - \pi_s(u) = 0 , \qquad s = 0, 1, 2, \ldots \tag{16.11}$$

Auch die Reihe (16.10) erfüllt formal die Differenzengleichung (16.3); es handelt sich also nur darum, zu sehen, ob man die Funktionen $\pi_s(u)$ so bestimmen kann, daß diese unendliche Reihe in jedem beschränkten Gebiet der komplexen u-Ebene gleichmäßig konvergiert, so daß ihre Summe eine ganze analytische Funktion darstellt.

In der Abhandlung von APPELL, die in der Einleitung zitiert wurde, wird für dieses Problem eine Lösung angegeben, die mit nicht analytischen Funktionen arbeitet und Eigenschaften gewisser Integrale benutzt, die längs gewisser Linien unstetig sind und die von HERMITE studiert wurden. Wir folgen hier einer viel einfacheren Methode, die 1897 von HURWITZ*) angegeben worden ist; diese bleibt im Bereich der analytischen Funktionen und kann an einer Stelle noch etwas vereinfacht werden.

17. Fortsetzung. Methode von HURWITZ für die Lösung der gestellten Differenzengleichung. Wir wollen also die „Konvergenz erzeugenden" Funktionen $\pi_s(u)$ in (16.10) nach der Methode von HURWITZ bestimmen. Zunächst bemerken wir, daß die bereits eingeführte (16.6) Funktion

$$\Phi(z, u) = \frac{e^{uz} - 1}{e^z - 1} = \sum_{s=0}^{\infty} \varphi_s(u) \frac{z^s}{s!} \tag{17.1}$$

*) HURWITZ, A.: Sur l'intégrale finie d'une fonction entière. Acta Mathematica **20**, 285—312 (1897).

als Funktion von z im Ursprung ($z=0$) und in der ganzen z-Ebene analytisch ist mit Ausnahme der Punkte

$$z = 2k\pi i \qquad (k = \pm 1, \pm 2, \ldots),$$

wo sie einfache Pole hat; diese Pole liegen also alle auf der imaginären Achse.

Nun sei $\mathfrak{C}_s$ eine einfache geschlossene Kurve, welche den Ursprung und die Pole $\pm 2\pi i, \pm 4\pi i, \ldots, \pm 2s\pi i$ in ihrem Innern enthält, während alle folgenden Pole $\pm 2(s+1)\pi i, \ldots$ außerhalb liegen (Abb. 2). Dann berechnen wir die folgenden Funktionen:

$$\psi_s(u) = \frac{s!}{2\pi i} \int_{\mathfrak{C}_s} \frac{e^{uz}-1}{e^z-1} \cdot \frac{dz}{z^{s+1}}, \quad s = 0, 1, 2, \ldots; \tag{17.2}$$

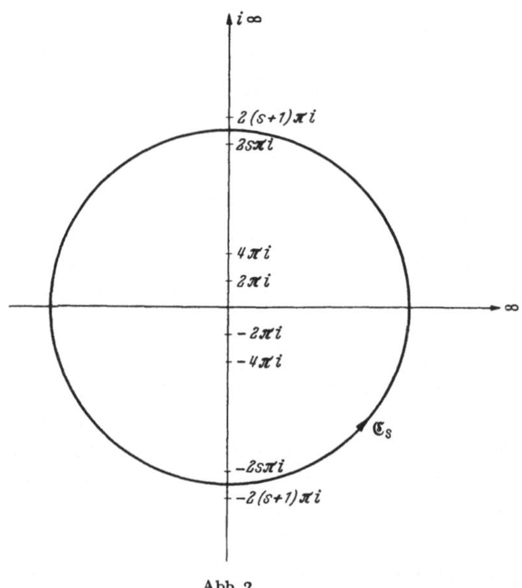

Abb. 2

der Integrand hat im Ursprung einen Pol der Ordnung $s+1$, außerdem nur mehr einfache Pole in den Punkten $\pm 2k\pi i$. Nach dem Integralsatz von CAUCHY ist der Wert des Integrals in (17.2) gleich der mit $2\pi i$ multiplizierten Summe der Residuen des Integranden in den innerhalb der Kurve $\mathfrak{C}_s$ gelegenen Polen, also

$$\psi_s(u) = s! \,\Sigma \,\text{Res}\,\{\Phi(z, u)\, z^{-s-1}\}_{z=0, \pm 2\pi i, \ldots, \pm 2s\pi i}\,. \tag{17.3}$$

Das Residuum im Punkte $z=0$ ist der Koeffizient von z^{-1} in der TAYLOR-Reihe des Integranden:

$$\Phi(z, u)\, z^{-s-1} = \sum_{\nu=0}^{\infty} \varphi_\nu(u) \frac{z^{\nu-s-1}}{\nu!}$$

also $\frac{\varphi_s(u)}{s!}$. In einem Punkte $z = 2k\pi i$ ($k = \pm 1, \pm 2, \ldots, \pm s$) hat der Integrand einen *einfachen* Pol, der vom Nenner $(e^z - 1)$ herrührt; das Residuum in diesem Pol kann man in bekannter Weise als Grenzwert berechnen:

$$\operatorname{Res}\{\Phi(z, u)\, z^{-s-1}\}_{z=2k\pi i} = \lim_{z\to 2k\pi i} \{(z - 2k\pi i)\, \Phi(z, u)\, z^{-s-1}\}$$

$$= \lim_{z\to 2k\pi i} \frac{e^{uz} - 1}{z^{s+1}} \cdot \lim_{z\to 2k\pi i} \frac{z - 2k\pi i}{e^z - 1} = \frac{e^{2k\pi i u} - 1}{(2k\pi i)^{s+1}},$$

weil der zweite Grenzwert, nach der Regel von DE L'HOSPITAL berechnet, 1 ist:

$$\lim_{z\to 2k\pi i} \frac{z - 2k\pi i}{e^z - 1} = \lim_{z\to 2k\pi i} \frac{1}{e^z} = 1\,.$$

Diese Residuen in (17.3) eingesetzt liefern:

$$\psi_s(u) = \varphi_s(u) + \pi_s(u)\,, \quad \text{mit } \pi_s(u) = s! \sum_{k=-s}^{k=s}{}' \frac{e^{2k\pi i u} - 1}{(2k\pi i)^{s+1}}\,, \tag{17.4}$$

wo in der apostrophierten Summe das Glied für $k = 0$ auszulassen ist. $\pi_s(u)$ ist eine ganze Funktion mit der Periode 1, so daß gemäß (16.10) die Reihe $\sum_{s=0}^{\infty} a_s\, \psi_s(u)$ jedenfalls formal die Differenzengleichung befriedigt. Im nächsten Abschnitt wollen wir zeigen, daß diese Reihe in jedem beschränkten Bereich der u-Ebene gleichmäßig konvergiert und folglich eine Lösung der gesuchten Art von (16.3) darstellt.

18. Nachweis der gleichmäßigen Konvergenz für die gefundene Reihe. Unter der Voraussetzung, daß die Koeffizienten a_s der Reihenentwicklung einer ganzen analytischen Funktion (16.9) angehören, werden wir jetzt beweisen, daß *die Reihe*

$$\sum_{s=0}^{\infty} a_s\, \psi_s(u) = \sum_{s=0}^{\infty} \frac{a_s\, s!}{2\pi i} \int_{\mathfrak{C}_s} \frac{e^{uz} - 1}{e^z - 1} \cdot \frac{dz}{z^{s+1}} \tag{18.1}$$

in jedem im endlichen gelegenen Gebiet der u-Ebene gleichmäßig konvergiert und also eine im endlichen überall analytische Funktion, d. h. eine ganze Funktion darstellt.

Um die in dieser Reihe auftretenden Integrale bequem abschätzen zu können, wählen wir für $\mathfrak{C}_s$ die Randlinie eines Quadrates Q von der Seitenlänge 2λ mit

$$\lambda = (2s + 1)\pi\,, \tag{18.2}$$

dessen Mittelpunkt im Ursprung liegt (Abb. 3).

Wir müssen nun für den absoluten Betrag des Integranden längs $\mathfrak{C}_s$ eine obere Grenze bestimmen. Wenn die komplexe Variable u auf ein im endlichen gelegenes Gebiet der u-Ebene beschränkt wird, so daß

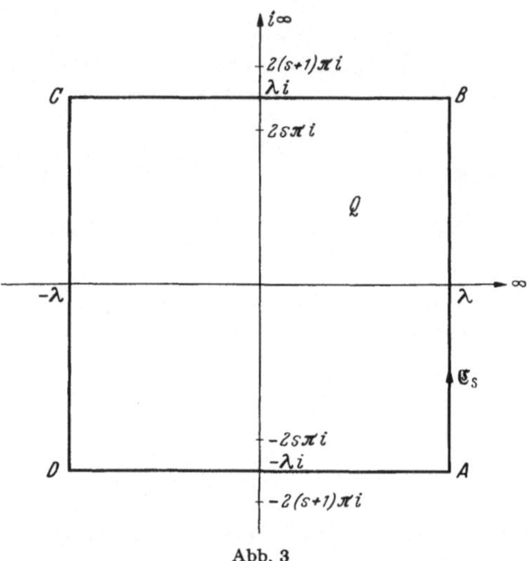

Abb. 3

etwa $|u| < M$ gilt, und wenn ferner z ein Punkt der Kurve $\mathfrak{C}_s$ ist, also $|z| \leqq \sqrt{2}\ \lambda$, so folgt:

$$|e^{uz}| < e^{\sqrt{2}\, M\lambda} = \varrho^{2s+1},$$

mit

$$\varrho = e^{\sqrt{2}\, M\pi} > 1\,.$$

Dann ist auch

$$|e^{uz} - 1| \leqq |e^{uz}| + 1 < \varrho^{2s+1} + 1 < 2\,\varrho^{2s+1}\,. \tag{18.3}$$

Um den Nenner abzuschätzen, setzen wir $z = x + iy$ und erhalten:

$$|e^z - 1|^2 = e^{2x} - 2e^x \cos y + 1\,;$$

auf den Seiten BC und AD des Quadrates Q hat man

$$\cos y = \cos[\pm(2s+1)\pi] = -1$$

und daher:

$$|e^z - 1| = e^x + 1 \geqq 1 + e^{-\lambda} \qquad (\text{auf } AD,\ BC)\,. \tag{18.4}$$

Auf den Seiten AB und CD aber ist $x = \pm\lambda$ und

$$|e^z - 1|^2 = e^{\pm 2\lambda} - 2e^{\pm\lambda}\cos y + 1$$

eine nur von y abhängige Funktion, welche ihren minimalen Wert offenbar für $\cos y = +1$ annimmt; daraus folgt:

$$|e^z - 1| \geqq \begin{cases} e^{\lambda} - 1 & \text{auf } AB\,, \\ 1 - e^{-\lambda} & \text{auf } CD\,. \end{cases} \tag{18.5}$$

Aus (18.4) und (18.5) folgt nun gleichmäßig längs der gesamten Randkurve $\mathfrak{C}_s$

$$|e^z - 1| \geqq 1 - e^{-\lambda} \geqq 1 - e^{-\pi} > \frac{1}{2}. \tag{18.6}$$

Da nun endlich längs $\mathfrak{C}_s$ $|z| \geqq \lambda$, also $|z^{s+1}| \geqq \lambda^{s+1}$ gilt, so erhalten wir für die in (17.2) definierte Funktion $\psi_s(u)$ die Abschätzung:

$$|\psi_s(u)| \leqq \frac{s!}{2\pi} \int\limits_{\mathfrak{C}_s} \frac{|e^{uz} - 1|\; |dz|}{|e^z - 1|\; |z^{s+1}|} < \frac{s!\, 2\, \varrho^{2s+1}\, 2}{2\pi\, \lambda^{s+1}} \int\limits_{\mathfrak{C}_s} |dz|\,,$$

also wegen $\int\limits_{\mathfrak{C}_s} |dz| = 8\,\lambda$ und $s!/(2s+1)^s < 2^{-s}$:

$$|\psi_s(u)| < \frac{16\, s!\, \varrho^{2s+1}}{(2s+1)^s\, \pi^{s+1}} < \frac{16\varrho}{\pi} \left(\frac{\varrho^2}{2\pi}\right)^s, \quad s = 1, 2, \ldots. \tag{18.7}$$

Daraus sieht man, daß die Reihe (18.1) die für jeden endlichen Wert ϱ (absolut) konvergente Majorante

$$\frac{16\varrho}{\pi} \sum_{s=0}^{\infty} |a_s| \left(\frac{\varrho^2}{2\pi}\right)^s$$

besitzt. Daher konvergiert (18.1) *gleichmäßig* in jedem im endlichen gelegenen Gebiet der u-Ebene und stellt also, weil jedes einzelne Glied der Reihe eine ganze Funktion von u ist, *selbst eine ganze Funktion*

$$G(u) = \sum_{s=0}^{\infty} a_s\, \psi_s(u) \tag{18.8}$$

dar, welche die Differenzengleichung (16.3) *befriedigt.*

Es handelt sich für uns nun darum, eine ganze Funktion $G(\mathbf{u})$ der p Variablen $u_1, u_2, \ldots, u_p$ zu finden, welche die Differenzengleichung (Nr. 16, S. 30)

$$G(\mathbf{u} + \mathbf{e}_1) - G(\mathbf{u}) = H(\mathbf{u}) \tag{18.9}$$

erfüllt, wo*)

$$H(\mathbf{u}) = \sum_{s=0}^{\infty} a_s(u_2, \ldots, u_p)\, u_1^s$$

eine ganze Funktion ist, so daß die Reihe

$$\sum_{s=0}^{\infty} |a_s(u_2, \ldots, u_p)|\; |u_1|^s \tag{18.10}$$

in *jedem* Polyzylinder

$$\mathfrak{B}\colon\ |u_j| \leqq \varrho_j\,, \qquad j = 1, 2, \ldots, p$$

*) Vgl. Anhang, Nr. 1, Formel (1′).

gleichmäßig konvergiert. Eine*) Lösung der gewünschten Art liefert uns die unendliche Reihe

$$G(\mathbf{u}) = \sum_{s=0}^{\infty} a_s(u_2, \ldots, u_p)\, \psi_s(u_1)\,, \tag{18.11}$$

die in jedem Polyzylinder gleichmäßig konvergiert; denn es gilt nach der Abschätzung (18.7)

$$|a_s(u_2, \ldots, u_p)\, \psi_s(u_1)| < \frac{16\varrho}{\pi}\, |a_s(u_2, \ldots, u_p)| \left(\frac{\varrho^2}{2\pi}\right)^s \qquad s = 1, 2, \ldots,$$

wo $\varrho \geqq e^{\sqrt{2\pi\varrho_1}}$ zu setzen ist; rechts steht das allgemeine Glied der Reihe (18.10), $\varrho^2/2\pi$ anstelle von u_1 gesetzt, die in jedem Polyzylinder $\mathfrak{B}$ gleichmäßig konvergiert und also eine Majorante von (18.11) darstellt. Also konvergiert auch (18.11) in jedem Polyzylinder $\mathfrak{B}$ gleichmäßig und stellt dort eine analytische Lösung der Differenzengleichung (18.9) dar**).

Die Formel (18.11) stellt eine *partikuläre* Lösung der Differenzengleichung (18.9) dar. Offenbar bleibt $G(\mathbf{u})$ eine Lösung von (18.9), wenn man eine beliebige ganze Funktion $P(\mathbf{u})$ addiert, welche die Periode $\mathbf{e}_1$ besitzt. Ist umgekehrt $G^*(\mathbf{u})$ irgendeine andere Lösung, also:

$$G(\mathbf{u} + \mathbf{e}_1) - G(\mathbf{u}) = H(\mathbf{u})\,, \quad G^*(\mathbf{u} + \mathbf{e}_1) - G^*(\mathbf{u}) = H(\mathbf{u})\,,$$

so folgt daraus für die Differenz $P(\mathbf{u}) = G^*(\mathbf{u}) - G(\mathbf{u})$:

$$P(\mathbf{u} + \mathbf{e}_1) - P(\mathbf{u}) = 0\,, \tag{18.12}$$

*) Es gibt offenbar deren unendlich viele, die sich um ganze Funktionen unterscheiden, welche bezüglich der Variablen u_1 die Periode 1 haben. Wir werden diesen Umstand noch ausnützen.

) Hier ist der Satz verwendet, daß *eine in einem Bereich $\mathfrak{B}$ gleichmäßig konvergente Reihe von analytischen Funktionen selbst eine in $\mathfrak{B}$ analytische Funktion darstellt,* der im Anhang, Nr. 5, Satz 6, mit Hilfe der CAUCHYschen Integralformel bewiesen ist. Der von OSGOOD [Lehrbuch der Funktionentheorie **2, 2. Aufl. (1928), S. 15] angedeutete Beweis benutzt den Satz von MORERA, der dort jedoch nicht für mehrere Variable bewiesen wird. Dieser letztere Satz ist von F. SEVERI auf mehrere Variable verallgemeinert worden [F. SEVERI: Risultati, vedute e problemi nella teoria delle funzioni analitiche di due variabili complesse. Rend. Sem. mat. e fis. Milano **5** 1—58, (1931); oder Rend. Sem. mat. Roma **7**/II 1—58, (1931); Les fonctions biharmoniques et la théorie des fonctions analytiques de deux variables complexes. C. r. Acad. Sci. Paris **192**, 1514—1518 (1931)].

Die obige Ableitung folgt dem von HURWITZ angegebenen Weg; jedoch konnte der Nachweis der gleichmäßigen Konvergenz der Reihe (18.1) hier durch die einfache Abschätzung $s!/(2s+1)^s < 2^{-s}$ abgekürzt werden.

Es ist noch zu bemerken, daß in der Ableitung von APPELL für den Fall $p = 2$ eine Lücke besteht, da er nach der Konstruktion von $G(\mathbf{u})$ und dem Nachweis, daß dies eine ganze Funktion hinsichtlich u_1 ist, es unterläßt zu zeigen, daß $G(\mathbf{u})$ auch hinsichtlich beider Variablen u_1, u_2 ganz (analytisch) ist.

d. h. $P(\mathbf{u})$ ist eine ganze Funktion und besitzt hinsichtlich der Variablen u_1 die Periode 1. Wir können daher sagen:

Die allgemeine Lösung der Differenzengleichung (18.9)

$$G^*(\mathbf{u}) = G(\mathbf{u}) + P(\mathbf{u}) \tag{18.13}$$

setzt sich aus der partikulären Lösung (18.11) *und einer willkürlichen ganzen Funktion* $P(\mathbf{u})$ *mit der Periode* $\mathbf{e}_1$ *zusammen.*

Wir können noch eine für das folgende wichtige Bemerkung hinzufügen:

Wenn die Funktion $H(\mathbf{u})$ *auf der rechten Seite der Differenzengleichung* (18.9) *bezüglich einer oder mehrerer Variablen* $u_2, \ldots, u_p$ *periodisch mit der Periode* 1 *ist, so ist auch die partikuläre Lösung* (18.11) *von selbst hinsichtlich derselben Variablen periodisch mit der Periode* 1.

Wenn nämlich

$$H(\mathbf{u}) = \sum_{s=0}^{\infty} a_s(u_2, \ldots, u_p)\, u_1^s$$

hinsichtlich einer oder mehrerer Variablen $u_2, \ldots, u_p$ die angegebene Periodizitätseigenschaft besitzt, so muß notwendig (wegen der Eindeutigkeit der Potenzreihenentwicklungen analytischer Funktionen) eben diese Eigenschaft bereits jedem einzelnen Koeffizienten $a_s(u_2, \ldots, u_p)$ $(s = 0, 1, 2, \ldots)$ zukommen. Daraus folgt aber unmittelbar, daß auch die partikuläre Lösung (18.11) dieselbe Periodizitätseigenschaft besitzen muß.

Soll nun auch die allgemeine Lösung (18.13) diese Perioden hinsichtlich der Variablen $u_2, \ldots, u_p$ aufweisen, so müssen wir der Funktion $P(\mathbf{u})$ noch zusätzlich diese Periodizitätsbedingungen hinsichtlich der Variablen $u_2, \ldots, u_p$ auferlegen.

19. Lösung des allgemeinen Differenzenproblems. Nun können wir zu dem allgemeinen Differenzenproblem (16.1) zurückkehren:

Es sind p *ganze Funktionen* $H_1(\mathbf{u}), H_2(\mathbf{u}), \ldots, H_p(\mathbf{u})$ *vorgegeben, welche die* $\frac{p(p-1)}{2}$ *Bedingungen* (15.1) *erfüllen*:

$$H_h(\mathbf{u}) + H_k(\mathbf{u} + 2\pi i\,\mathbf{e}_h) = H_k(\mathbf{u}) + H_h(\mathbf{u} + 2\pi i\,\mathbf{e}_k), \quad h, k = 1, \ldots, p; \tag{19.1}$$

es ist eine ganze Funktion $G(\mathbf{u})$ *zu konstruieren, welche dem System von Differenzengleichungen*

$$G(\mathbf{u} + 2\pi i\,\mathbf{e}_h) - G(\mathbf{u}) = H_h(\mathbf{u})\,, \quad h = 1, \ldots, p \tag{19.2}$$

genügt.

Bei der Konstruktion einer Lösung dieses Problems werden wir gleichzeitig erkennen, daß die Bedingungen (19.1), deren *Notwendigkeit* wir im Abschnitt 15 eingesehen haben, auch *hinreichend* für die Lösbarkeit dieses Problems sind.

Wir betrachten zunächst die erste Gleichung des Systems (19.2), nämlich

$$G(\mathbf{u} + 2\pi i \mathbf{e}_1) - G(\mathbf{u}) = H_1(\mathbf{u}) . \tag{19.3}$$

Die Methode von HURWITZ liefert uns eine partikuläre Lösung*) $G_1(\mathbf{u})$, von der sich die allgemeine Lösung nur um eine willkürliche ganze Funktion mit der Periode $2\pi i \mathbf{e}_1$ unterscheidet. Die gesuchte Lösung kann also in der Gestalt

$$G(\mathbf{u}) = G_1(\mathbf{u}) + P_1(\mathbf{u}) \tag{19.4}$$

angeschrieben werden, wo $P_1(\mathbf{u})$ der Bedingung

$$P_1(\mathbf{u} + 2\pi i \mathbf{e}_1) - P_1(\mathbf{u}) = 0 \tag{19.5}$$

unterworfen ist und im übrigen noch so bestimmt werden muß, daß auch die restlichen Differenzengleichungen (19.2) erfüllt werden.

Wir wollen dieses Ziel schrittweise erreichen, d. h. wir bestimmen $P_1(\mathbf{u})$ zunächst so, daß außer (19.5) noch die zweite Differenzengleichung (19.2), nämlich

$$G(\mathbf{u} + 2\pi i \mathbf{e}_2) - G(\mathbf{u}) = H_2(\mathbf{u})$$

erfüllt wird. Durch Einsetzen von (19.4) erhält man:

$$G_1(\mathbf{u} + 2\pi i \mathbf{e}_2) + P_1(\mathbf{u} + 2\pi i \mathbf{e}_2) - G_1(\mathbf{u}) - P_1(\mathbf{u}) = H_2(\mathbf{u})$$

oder

$$P_1(\mathbf{u} + 2\pi i \mathbf{e}_2) - P_1(\mathbf{u}) = H_2^*(\mathbf{u}) \tag{19.6}$$

mit

$$H_2^*(\mathbf{u}) = H_2(\mathbf{u}) - G_1(\mathbf{u} + 2\pi i \mathbf{e}_2) + G_1(\mathbf{u}) .$$

Hier ist die Funktion $H_2^*(\mathbf{u})$ eine ganze Funktion, welche bekannt ist und die Periode $2\pi i \mathbf{e}_1$ besitzt; denn mit Rücksicht darauf, daß $G_1(\mathbf{u})$ eine Lösung von (19.3) ist, findet man:

$$\begin{aligned} &H_2^*(\mathbf{u} + 2\pi i \mathbf{e}_1) - H_2^*(\mathbf{u}) \\ &= H_2(\mathbf{u} + 2\pi i \mathbf{e}_1) - G_1(\mathbf{u} + 2\pi i \mathbf{e}_1 + 2\pi i \mathbf{e}_2) + G_1(\mathbf{u} + 2\pi i \mathbf{e}_1) \\ &\qquad - H_2(\mathbf{u}) + G_1(\mathbf{u} + 2\pi i \mathbf{e}_2) - G_1(\mathbf{u}) \\ &= H_2(\mathbf{u} + 2\pi i \mathbf{e}_1) - H_1(\mathbf{u} + 2\pi i \mathbf{e}_2) + H_1(\mathbf{u}) - H_2(\mathbf{u}) = 0 , \end{aligned}$$

denn der letzte Ausdruck verschwindet zufolge der Bedingung (19.1) für $h = 1$, $k = 2$.

*) Wie wir in Abschnitt 16 gesehen haben, können wir mittels einer einfachen Variablentransformation zur Gleichung

$$G(\mathbf{u} + \mathbf{e}_1) - G(\mathbf{u}) = H(\mathbf{u})$$

übergehen, deren Lösung durch (18.11) dargestellt wird.

Daher erhalten wir die Lösung von (19.5) und (19.6) nach der Bemerkung am Ende des vorausgehenden Abschnittes in der Gestalt:

$$P_1(\mathbf{u}) = G_2(\mathbf{u}) + P_2(\mathbf{u}) ,$$

wo $G_2(\mathbf{u})$ die nach Formel (18.11) konstruierte Lösung von (19.6) ist, die von selbst die Periode $2\pi i \mathbf{e}_1$ besitzt, während $P_2(\mathbf{u})$ noch unbestimmt bleibt bis auf die Bedingungen, die Perioden $2\pi i \mathbf{e}_1$ und $2\pi i \mathbf{e}_2$ zu besitzen. In (19.4) eingesetzt erhalten wir so die Funktion

$$G(\mathbf{u}) = G_1(\mathbf{u}) + G_2(\mathbf{u}) + P_2(\mathbf{u}) , \tag{19.7}$$

die bereits die beiden ersten Differenzengleichungen (19.2) erfüllt, und zwar ist dies möglich dank der ersten Verträglichkeitsbedingung (19.1), welche $H_1(\mathbf{u})$ und $H_2(\mathbf{u})$ betrifft.

Wir fassen noch einmal die Relationen zusammen, denen $G_1(\mathbf{u})$, $G_2(\mathbf{u})$ und $P_2(\mathbf{u})$ genügen:

a) $G_1(\mathbf{u} + 2\pi i \mathbf{e}_1) - G_1(\mathbf{u}) = H_1(\mathbf{u})$;
b) $G_2(\mathbf{u} + 2\pi i \mathbf{e}_2) - G_2(\mathbf{u}) = H_2^*(\mathbf{u}) = H_2(\mathbf{u}) - G_1(\mathbf{u} + 2\pi i \mathbf{e}_2) + G_1(\mathbf{u})$;
c) $G_2(\mathbf{u} + 2\pi i \mathbf{e}_1) - G_2(\mathbf{u}) = 0$;
d) $P_2(\mathbf{u} + 2\pi i \mathbf{e}_1) - P_2(\mathbf{u}) = 0$;
e) $P_2(\mathbf{u} + 2\pi i \mathbf{e}_2) - P_2(\mathbf{u}) = 0$.

Nun bestimmen wir $P_2(\mathbf{u})$ *derart, daß die Funktion* (19.7) *auch die dritte Differenzengleichung* (19.2), *nämlich*

$$G(\mathbf{u} + 2\pi i \mathbf{e}_3) - G(\mathbf{u}) = H_3(\mathbf{u})$$

erfüllt.

Durch Einsetzen von (19.7) finden wir:

$$P_2(\mathbf{u} + 2\pi i \mathbf{e}_3) - P_2(\mathbf{u}) = H_3^*(\mathbf{u}) \tag{19.8}$$

mit

$$H_3^*(\mathbf{u}) = H_3(\mathbf{u}) - G_1(\mathbf{u} + 2\pi i \mathbf{e}_3) - G_2(\mathbf{u} + 2\pi i \mathbf{e}_3) + G_1(\mathbf{u}) + G_2(\mathbf{u}) .$$

Die Funktion $H_3^*(\mathbf{u})$ auf der rechten Seite ist wieder eine bekannte ganze Funktion, welche die Perioden $2\pi i \mathbf{e}_1$ und $2\pi i \mathbf{e}_2$ besitzt. Man erhält nämlich

$$\begin{aligned} H_3^*(\mathbf{u} + 2\pi i \mathbf{e}_h) - H_3(\mathbf{u}) = {} & H_3(\mathbf{u} + 2\pi i \mathbf{e}_h) - H_3(\mathbf{u}) - \\ & - [G_1(\mathbf{u} + 2\pi i \mathbf{e}_h + 2\pi i \mathbf{e}_3) - G_1(\mathbf{u} + 2\pi i \mathbf{e}_3)] + \\ & + [G_1(\mathbf{u} + 2\pi i \mathbf{e}_h) - G_1(\mathbf{u})] - [G_2(\mathbf{u} + 2\pi i \mathbf{e}_h + 2\pi i \mathbf{e}_3) - G_2(\mathbf{u} + 2\pi i \mathbf{e}_3)] \\ & + [G_2(\mathbf{u} + 2\pi i \mathbf{e}_h) - G_2(\mathbf{u})] . \end{aligned}$$

Setzt man hier zunächst $h = 1$, so verschwinden die beiden letzten eckigen Klammern zufolge c), während die beiden ersten zufolge a) gleich $H_1(\mathbf{u} + 2\pi i \mathbf{e}_3)$ und $H_1(\mathbf{u})$ sind; das ergibt:

$$H_3^*(\mathbf{u} + 2\pi i \mathbf{e}_1) - H_3^*(\mathbf{u}) \\ = H_3(\mathbf{u} + 2\pi i \mathbf{e}_1) - H_3(\mathbf{u}) - H_1(\mathbf{u} + 2\pi i \mathbf{e}_3) + H_1(\mathbf{u}) = 0$$

wegen (19.1) für $h = 1$, $k = 3$.

Wenn man ferner bei $h = 2$ die beiden letzten eckigen Klammern mittels b) ausrechnet, so heben sich alle Glieder mit G_1 weg und es bleibt:

$$H_3^*(\mathbf{u} + 2\pi i \mathbf{e}_2) - H_3^*(\mathbf{u}) \\ = H_3(\mathbf{u} + 2\pi i \mathbf{e}_2) - H_3(\mathbf{u}) - H_2(\mathbf{u} + 2\pi i \mathbf{e}_3) + H_2(\mathbf{u}) = 0$$

wegen (19.1) für $h = 2$, $k = 3$.

Daher können wir eine Lösung von (19.8) in der Form ansetzen:

$$P_2(\mathbf{u}) = G_3(\mathbf{u}) + P_3(\mathbf{u}) ,$$

wo $G_3(\mathbf{u})$ die gemäß Formel (18.11) konstruierte partikuläre Lösung von (19.8) ist, die von selbst die Perioden $2\pi i \mathbf{e}_1$ und $2\pi i \mathbf{e}_2$ besitzt, während $P_3(\mathbf{u})$ noch unbestimmt bleibt bis auf die Bedingungen, die Perioden $2\pi i \mathbf{e}_1$, $2\pi i \mathbf{e}_2$ und $2\pi i \mathbf{e}_3$ zu besitzen.

Durch Einsetzen in (19.7) folgt

$$G(\mathbf{u}) = G_1(\mathbf{u}) + G_2(\mathbf{u}) + G_3(\mathbf{u}) + P_3(\mathbf{u}) ,$$

das ist eine ganze Funktion, welche die ersten drei Differenzengleichungen (19.2) erfüllt; ihre Konstruktion war möglich dank den Bedingungen (19.1), welche die Funktionen $H_1(\mathbf{u})$, $H_2(\mathbf{u})$ und $H_3(\mathbf{u})$ miteinander verknüpfen.

So können wir weiterschreiten. Wir wollen annehmen, daß wir nach h $(< p)$ Schritten eine Funktion

$$G(\mathbf{u}) = \sum_{s=1}^{h} G_s(\mathbf{u}) + P_h(\mathbf{u}) \tag{19.9}$$

gefunden haben, deren Bestandteile $G_s(\mathbf{u})$ und $P_h(\mathbf{u})$ folgenden Relationen genügen:

$$\left.\begin{array}{lll} \text{a}')\ G_s(\mathbf{u} + 2\pi i \mathbf{e}_t) - G_s(\mathbf{u}) = 0 , & & \text{für } t = 1, \ldots, s-1 ; \\ \text{b}')\ G_t(\mathbf{u} + 2\pi i \mathbf{e}_t) - G_t(\mathbf{u}) = H_t^*(\mathbf{u}) , & & \text{für } t = 1, \ldots, h ; \\ \text{c}')\ H_t^*(\mathbf{u}) = H_t(\mathbf{u}) - \sum_{s=1}^{t-1} [G_s(\mathbf{u} + 2\pi i \mathbf{e}_t) - G_s(\mathbf{u})] , & & \\ & & \text{für } t = 1, \ldots, h ;\ ^{*)} \\ \text{d}')\ P_h(\mathbf{u} + 2\pi i \mathbf{e}_t) - P_h(\mathbf{u}) = 0 , & & \text{für } t = 1, \ldots, h . \end{array}\right\} \tag{19.10}$$

---

*) Für $t = 1$ ist das Summensymbol leer, also $H_1^*(\mathbf{u}) = H_1(\mathbf{u})$ zu verstehen.

Wir bestätigen zunächst, daß zufolge dieser Relationen $G(\mathbf{u})$ die ersten h Differenzengleichungen (19.2) erfüllt; denn man findet mit Rücksicht auf a'), b') und d'):

$$\begin{aligned} G(\mathbf{u}+2\pi i\mathbf{e}_t)-G(\mathbf{u}) &= \sum_{s=1}^{h}[G_s(\mathbf{u}+2\pi i\mathbf{e}_t)-G_s(\mathbf{u})]+ \\ &\quad + P_h(\mathbf{u}+2\pi i\mathbf{e}_t)-P_h(\mathbf{u}) \qquad (19.11) \\ &= \sum_{s=1}^{t-1}[G_s(\mathbf{u}+2\pi i\mathbf{e}_t)-G_s(\mathbf{u})]+ \\ &\quad + H_t^*(\mathbf{u}) = H_t(\mathbf{u}), \qquad \text{für } t=1,2,\ldots,h. \end{aligned}$$

Soll nun $G(\mathbf{u})$ auch noch die $(h+1)$-te Differenzengleichung (19.2) erfüllen, so findet man durch dieselbe Rechnung die folgende Bedingungsgleichung für $P_h(\mathbf{u})$:

$$P_h(\mathbf{u}+2\pi i\mathbf{e}_{h+1})-P_h(\mathbf{u}) = H_{h+1}^*(\mathbf{u}) \qquad (19.12)$$

mit

$$H_{h+1}^*(\mathbf{u}) = H_{h+1}(\mathbf{u}) - \sum_{s=1}^{h}[G_s(\mathbf{u}+2\pi i\mathbf{e}_{h+1})-G_s(\mathbf{u})],$$

was genau die Gleichung c') für $t=h+1$ ist.

Wir zeigen jetzt, daß $H_{h+1}^*(\mathbf{u})$ die Perioden $2\pi i\mathbf{e}_t$ $(t=1,\ldots,h)$ hat; es ist nämlich:

$$H_{h+1}^*(\mathbf{u}+2\pi i\mathbf{e}_t)-H_{h+1}^*(\mathbf{u}) = H_{h+1}(\mathbf{u}+2\pi i\mathbf{e}_t)-H_{h+1}(\mathbf{u}) -$$
$$-\sum_{s=1}^{h}[G_s(\mathbf{u}+2\pi i\mathbf{e}_t+2\pi i\mathbf{e}_{h+1})-G_s(\mathbf{u}+2\pi i\mathbf{e}_t)-G_s(\mathbf{u}+2\pi i\mathbf{e}_{h+1})+G_s(\mathbf{u})];$$

hier verschwinden zufolge a') alle Glieder der Summe für $s>t$; wenn wir noch das Glied mit $s=t$ abspalten und nach b') berechnen, so erhalten wir weiter:

$$= H_{h+1}(\mathbf{u}+2\pi i\mathbf{e}_t)-H_{h+1}(\mathbf{u})-H_t^*(\mathbf{u}+2\pi i\mathbf{e}_{h+1})+H_t^*(\mathbf{u}) -$$
$$-\sum_{s=1}^{t-1}[G_s(\mathbf{u}+2\pi i\mathbf{e}_t+2\pi i\mathbf{e}_{h+1})-G_s(\mathbf{u}+2\pi i\mathbf{e}_{h+1})-G_s(\mathbf{u}+2\pi i\mathbf{e}_t)+G_s(\mathbf{u})],$$

und das ist nach c')

$$= H_{h+1}(\mathbf{u}+2\pi i\mathbf{e}_t)-H_{h+1}(\mathbf{u})-H_t(\mathbf{u}+2\pi i\mathbf{e}_{h+1})+H_t(\mathbf{u}),$$

also wegen (19.1)

$$H_{h+1}^*(\mathbf{u}+2\pi i\mathbf{e}_t)-H_{h+1}^*(\mathbf{u}) = 0, \qquad \text{für } t=1,\ldots,h.$$

Daher ist die nach Formel (18.11) konstruierte partikuläre Lösung $G_{h+1}(\mathbf{u})$ von (19.12) von selbst periodisch mit den Perioden $2\pi i\mathbf{e}_t$

$(t=1, \ldots, h)$ und wir können schreiben:

$$P_h(\mathbf{u}) = G_{h+1}(\mathbf{u}) + P_{h+1}(\mathbf{u})$$

bzw.

$$G(\mathbf{u}) = \sum_{s=1}^{h+1} G_s(\mathbf{u}) + P_{h+1}(\mathbf{u}),$$

wo $P_{h+1}(\mathbf{u})$ eine im übrigen noch unbestimmte ganze Funktion mit den Perioden $2\pi i\mathbf{e}_t$ $(t=1, \ldots, h+1)$ ist. Diese Funktion $G(\mathbf{u})$ erfüllt nun die ersten $h+1$ Differenzengleichungen (19.2). Die Relationen (19.10) gelten sinngemäß weiter, wenn man h durch $h+1$ ersetzt. Nach p Schritten ist das Endziel erreicht.

Auf diese Weise haben wir durch vollständige Induktion gezeigt, daß die Bedingungen (19.1) tatsächlich auch hinreichend für die Lösbarkeit unseres Differenzenproblems sind. Wenn diese Bedingungen erfüllt sind, so können wir in der beschriebenen Weise eine ganze Funktion $G(\mathbf{u})$ der Variablen $u_1, u_2, \ldots, u_p$ konstruieren, die bis auf eine ganze Funktion mit den Perioden $2\pi i\mathbf{e}_t$ $(t=1, \ldots, p)$ bestimmt ist und alle Differenzengleichungen (19.2) erfüllt.

20. Ein zweites Differenzenproblem. Das in Abschnitt 14 formulierte Differenzenproblem ist jetzt vollständig gelöst und wir haben folgendes vorläufige Resultat erreicht:

Ist $f(\mathbf{u})$ eine ABEL*sche Funktion, deren Periodengruppe von der* RIEMANN*schen Matrix* (14.1) *in der reduzierten Gestalt*

$$\boldsymbol{\Omega} = (2\pi i\mathbf{E}, \mathbf{A})$$

erzeugt wird, so kann $f(\mathbf{u})$ als Quotient von zwei ganzen, überall teilerfremden Funktionen $\varphi(\mathbf{u})$ und $\psi(\mathbf{u})$ dargestellt werden:

$$f(\mathbf{u}) = \frac{\varphi(\mathbf{u})}{\psi(\mathbf{u})}, \tag{20.1}$$

welche die Eigenschaft haben, daß sie bei Hinzufügung einer Periode $2\pi i\mathbf{e}_h$ $(h=1, \ldots, p)$ sich bis auf einen Faktor reproduzieren, welcher das Exponential einer linearen Form in den Variablen $\mathbf{u}$ ist:

$$\varphi(\mathbf{u}+2\pi i\mathbf{e}_h) = e^{-\frac{1}{2}\tilde{\mathbf{e}}_h\mathbf{N}\mathbf{u}}\varphi(\mathbf{u}), \quad \psi(\mathbf{u}+2\pi i\mathbf{e}_h) = e^{-\frac{1}{2}\tilde{\mathbf{e}}_h\mathbf{N}\mathbf{u}}\psi(\mathbf{u}), \quad h=1, 2, \ldots, p. \tag{20.2}$$

Hier bedeutet $\mathbf{N}$ die von den ganzen rationalen Zahlen N_{hk} (14.6) gebildete (p, p)-Matrix: $\mathbf{N} = (N_{hk})$. $\tilde{\mathbf{e}}_h$ ist der h-te Zeilenvektor der p-zeiligen Einheitsmatrix; daher bedeutet das im Exponenten stehende Matrizenprodukt in Übereinstimmung mit (15.5) die Linearform

$$-\frac{1}{2}\tilde{\mathbf{e}}_h\mathbf{N}\mathbf{u} = -\frac{1}{2}\sum_{s=1}^{p} N_{hs}u_s, \quad h=1, 2, \ldots, p. \tag{20.3}$$

Damit ist unser Ziel aber noch nicht vollständig erreicht, denn wir wollen zeigen, daß $f(\mathbf{u})$ sich als Quotient von zwei *intermediären* Funktionen darstellen läßt, die überall teilerfremd sind, oder was dasselbe bedeutet, nur in den Unbestimmtheitspunkten der meromorphen Funktion $f(\mathbf{u})$ gleichzeitig verschwinden. Die in (20.1) auftretenden ganzen Funktionen $\varphi(\mathbf{u})$ und $\psi(\mathbf{u})$ sind aber noch nicht intermediär, denn von solchen Funktionen wird mehr verlangt:

Definition. *Eine zur* RIEMANN*schen Matrix*)* $\boldsymbol{\Omega}$ *gehörige intermediäre (oder* JACOBI*sche) Funktion* $\varphi(\mathbf{u})$ *ist eine ganze Funktion der Variablen* $\mathbf{u}$, *die bei Zunahme der Variablen um irgendeine Periode* $\boldsymbol{\omega}$ *aus der durch* $\boldsymbol{\Omega}$ *erzeugten Periodengruppe sich bis auf einen Faktor reproduziert, dessen Logarithmus eine ganze lineare Funktion der Variablen* $\mathbf{u}$ *ist:*

$$\varphi(\mathbf{u}+\boldsymbol{\omega}) = e^{\tilde{\mathbf{a}}\mathbf{u}+a_0}\,\varphi(\mathbf{u}) \qquad \text{für } \boldsymbol{\omega} = \boldsymbol{\Omega}\mathbf{m}\,;$$

hier bedeutet $\mathbf{m}$ wie in (8.3) und (8.4) eine ganzzahlige $(2p, 1)$-Matrix, $\tilde{\mathbf{a}} = (a_1, a_2, \ldots, a_p)$ mit komplexen Zahlen a_j, die ebenso wie a_0 mit $\boldsymbol{\omega}$ bzw. $\mathbf{m}$ variieren, und also $\tilde{\mathbf{a}}\mathbf{u}$ die Linearform

$$\tilde{\mathbf{a}}\mathbf{u} = a_1 u_1 + a_2 u_2 + \cdots + a_p u_p\,.$$

Die Funktionen $\varphi(\mathbf{u})$ und $\psi(\mathbf{u})$ in (20.1) sind noch keine intermediären Funktionen, weil sie diese Eigenschaft nur für einen Teil der Perioden, aber nicht für die p Fundamentalperioden $\boldsymbol{\alpha}_h = \mathbf{A}\mathbf{e}_h$ $(h=1,\ldots,p)$ aufweisen, die von den Spalten der (p,p)-Matrix $\mathbf{A} = (\alpha_{hk})$ geliefert werden. Hinsichtlich dieser Perioden wissen wir nur, wenn wir die Überlegungen von (14.4) und (14.5) sinngemäß wiederholen, daß folgendes gilt:

$$\varphi(\mathbf{u}+\boldsymbol{\alpha}_h) = e^{m_h(\mathbf{u})}\,\varphi(\mathbf{u})\,, \quad \psi(\mathbf{u}+\boldsymbol{\alpha}_h) = e^{m_h(\mathbf{u})}\,\psi(\mathbf{u})\,, \quad h=1,2,\ldots,p, \tag{20.4}$$

wo $m_h(\mathbf{u})$ ganze Funktionen der Variablen $\mathbf{u}$ sind. Diese Funktionen erfüllen noch gewisse Relationen, die wir ermitteln können, wenn wir den Wert $\varphi(\mathbf{u}+2\pi i\mathbf{e}_h+\boldsymbol{\alpha}_t)$ mittels (20.2) und (20.4) auf zwei verschiedene Weisen berechnen:

$$\begin{aligned}\varphi(\mathbf{u}+2\pi i\mathbf{e}_h+\boldsymbol{\alpha}_t) &= e^{-\frac{1}{2}\tilde{\mathbf{e}}_h\mathbf{N}(\mathbf{u}+\boldsymbol{\alpha}_t)}\,\varphi(\mathbf{u}+\boldsymbol{\alpha}_t) = e^{m_t(\mathbf{u})-\frac{1}{2}\tilde{\mathbf{e}}_h\mathbf{N}(\mathbf{u}+\boldsymbol{\alpha}_t)}\,\varphi(\mathbf{u})\\ &= e^{m_t(\mathbf{u}+2\pi i\mathbf{e}_h)}\,\varphi(\mathbf{u}+2\pi i\mathbf{e}_h) = e^{m_t(\mathbf{u}+2\pi i\mathbf{e}_h)-\frac{1}{2}\tilde{\mathbf{e}}_h\mathbf{N}\mathbf{u}}\,\varphi(\mathbf{u})\,.\end{aligned}$$

Die beiden hier in den Exponenten stehenden Ausdrücke müssen bis auf ein ganzzahliges Vielfaches von $2\pi i$ übereinstimmen; das ergibt:

$$m_t(\mathbf{u}+2\pi i\mathbf{e}_h) - m_t(\mathbf{u}) = -\frac{1}{2}\tilde{\mathbf{e}}_h\mathbf{N}\boldsymbol{\alpha}_t + 2\pi i L_{ht}\,, \quad h,t=1,2,\ldots,p, \tag{20.5}$$

*) Die RIEMANNsche Matrix $\boldsymbol{\Omega}$ braucht nicht in der reduzierten Gestalt $(2\pi i\,\mathbf{E}, \mathbf{A})$ vorzuliegen.

wo die Zahlen L_{ht} ganz rational sind; wir bezeichnen die mit ihnen gebildete (p, p)-Matrix mit:

$$\mathbf{L} = (L_{ht}) .$$

Ähnliche Beziehungen erhalten wir noch, wenn wir $\varphi(\mathbf{u} + \boldsymbol{\alpha}_h + \boldsymbol{\alpha}_k)$ auf zwei verschiedene Weisen mittels (20.4) berechnen:

$$\begin{aligned}\varphi(\mathbf{u} + \boldsymbol{\alpha}_h + \boldsymbol{\alpha}_k) &= e^{m_k(\mathbf{u} + \alpha_h)}\, \varphi(\mathbf{u} + \boldsymbol{\alpha}_h) = e^{m_k(\mathbf{u} + \alpha_h) + m_h(\mathbf{u})}\, \varphi(\mathbf{u}) \\ &= e^{m_h(\mathbf{u} + \alpha_k)}\, \varphi(\mathbf{u} + \boldsymbol{\alpha}_k) = e^{m_h(\mathbf{u} + \alpha_k) + m_k(\mathbf{u})}\, \varphi(\mathbf{u}) ,\end{aligned}$$

also nach derselben Überlegung:

$$m_k(\mathbf{u} + \boldsymbol{\alpha}_h) - m_k(\mathbf{u}) - m_h(\mathbf{u} + \boldsymbol{\alpha}_k) + m_h(\mathbf{u}) = 2\pi i R_{hk} , \qquad h, k = 1, 2, \ldots, p , \tag{20.6}$$

wo $R_{hk} = -R_{kh}$ wieder ganze rationale Zahlen bedeuten, die wir zu einer (p, p)-Matrix

$$\mathbf{R} = (R_{hk})$$

zusammenfassen.

Um nun unser angedeutetes Ziel zu erreichen, daß nämlich die in der Quotientendarstellung von $f(\mathbf{u})$ auftretenden Funktionen $\varphi(\mathbf{u})$ und $\psi(\mathbf{u})$ intermediär seien, können wir uns die Tatsache zunutze machen, daß die im vorausgehenden Abschnitt konstruierte Lösung noch eine willkürliche periodische Funktion $P(\mathbf{u})$ offen läßt. Daher dürfen wir, wie man übrigens auch leicht direkt bestätigt, diese Funktionen, ohne die Relationen (20.2) zu stören, durch die folgenden ersetzen:

$$\varphi^*(\mathbf{u}) = e^{P(\mathbf{u})}\, \varphi(\mathbf{u}) , \quad \psi^*(\mathbf{u}) = e^{P(\mathbf{u})}\, \psi(\mathbf{u}) , \tag{20.7}$$

wo $P(\mathbf{u})$ eine frei wählbare ganze Funktion bedeutet, welche die Perioden $2\pi i \mathbf{e}_h$ $(h = 1, \ldots, p)$ besitzt.

Die Funktionen $\varphi^*(\mathbf{u})$ und $\psi^*(\mathbf{u})$ sind ebenso wie $\varphi(\mathbf{u})$ und $\psi(\mathbf{u})$ ganze Funktionen, die überall relativ prim sind und deren Quotient $f(\mathbf{u})$ ist.

Die Relationen (20.2) gelten unverändert auch für $\varphi^*(\mathbf{u})$ und $\psi^*(\mathbf{u})$, dagegen erhält man anstelle von (20.4)

$$\begin{aligned}\varphi^*(\mathbf{u} + \boldsymbol{\alpha}_h) &= e^{P(\mathbf{u} + \alpha_h)}\, \varphi(\mathbf{u} + \boldsymbol{\alpha}_h) = e^{P(\mathbf{u} + \alpha_h) + m_h(\mathbf{u})}\, \varphi(\mathbf{u}) \\ &= e^{P(\mathbf{u} + \alpha_h) + m_h(\mathbf{u}) - P(\mathbf{u})}\, \varphi^*(\mathbf{u}) ,\end{aligned}$$

also

$$\varphi^*(\mathbf{u} + \boldsymbol{\alpha}_h) = e^{m_h^*(\mathbf{u})}\, \varphi^*(\mathbf{u}) \tag{20.8}$$

mit

$$m_h^*(\mathbf{u}) = P(\mathbf{u} + \boldsymbol{\alpha}_h) - P(\mathbf{u}) + m_h(\mathbf{u}) , \qquad h = 1, 2, \ldots, p ,$$

und eine gleiche Relation für $\psi^*(\mathbf{u})$.

Wir werden daher versuchen, die Funktion $P(\mathbf{u})$ so zu bestimmen, daß alle $m_h^*(\mathbf{u})$ lineare ganze Funktionen der $\mathbf{u}$ werden; d. h. wir stellen das Problem, *eine ganze Funktion* $P(\mathbf{u})$ *zu konstruieren, welche die Perioden* $2\pi i \mathbf{e}_h$ $(h = 1, \ldots, p)$ *besitzt und die Differenzengleichungen*

$$P(\mathbf{u} + \boldsymbol{\alpha}_h) - P(\mathbf{u}) = H_h(\mathbf{u}), \quad h = 1, 2, \ldots, p \tag{20.9}$$

löst, wo

$$H_h(\mathbf{u}) = m_h^*(\mathbf{u}) - m_h(\mathbf{u}) \tag{20.10}$$

bekannte ganze Funktionen der Variablen $\mathbf{u}$ *sind.*

21. Verträglichkeitsbedingungen für das gestellte Problem. Über die Funktionen $m_h^*(\mathbf{u})$ in (20.8) können wir noch passend verfügen; wir wollen sie als lineare Funktionen ansetzen:

$$m_h^*(\mathbf{u}) = \sum_{s=1}^{p} \mu_{hs} u_s + b_h, \qquad h = 1, 2, \ldots, p.$$

Um den Matrizenkalkül anwenden zu können, bezeichnen wir mit

$$\mathbf{M} = (\mu_{hs})$$

die von den Koeffizienten dieser linearen Funktionen gebildete (p, p)-Matrix und fassen die konstanten Glieder zu einer $(1, p)$-Matrix

$$\tilde{\mathbf{b}} = (b_1, b_2, \ldots, b_p)$$

zusammen; dann können wir schreiben:

$$m_h^*(\mathbf{u}) = \tilde{\mathbf{e}}_h(\mathbf{M}\mathbf{u} + \mathbf{b}), \qquad h = 1, 2, \ldots, p. \tag{21.1}$$

Die Gleichungen (20.5) und (20.6), die aus (20.2) und (20.4) abgeleitet wurden, müssen auch für die Funktionen $m_h^*(\mathbf{u})$ gelten, weil man dieselbe Ableitung für φ^* wiederholen kann, wobei (20.2) weiterhin gültig bleibt und (20.4) durch (20.8) zu ersetzen ist. Wir erhalten anstelle von (20.5):

$$m_t^*(\mathbf{u} + 2\pi i \mathbf{e}_h) - m_t^*(\mathbf{u}) = -\frac{1}{2}\tilde{\mathbf{e}}_h \mathbf{N} \boldsymbol{\alpha}_t + 2\pi i L_{ht}^*, \qquad h, t = 1, 2, \ldots, p, \tag{21.2}$$

wo L_{ht}^* ganze rationale Zahlen sind, welche eine (p, p)-Matrix $\mathbf{L}^* = (L_{ht}^*)$ bilden. Wenn man hier (21.1) benutzt, so wird die linke Seite:

$$m_t^*(\mathbf{u} + 2\pi i \mathbf{e}_h) - m_t^*(\mathbf{u}) = \tilde{\mathbf{e}}_t(\mathbf{M}\mathbf{u} + 2\pi i \mathbf{M}\mathbf{e}_h + \mathbf{b} - \mathbf{M}\mathbf{u} - \mathbf{b}) = 2\pi i \tilde{\mathbf{e}}_t \mathbf{M} \mathbf{e}_h;$$

auf der rechten Seite ist es vorteilhaft, das skalare Matrizenprodukt $\tilde{\mathbf{e}}_h \mathbf{N} \boldsymbol{\alpha}_t$ zu transponieren:

$$\tilde{\mathbf{e}}_h \mathbf{N} \boldsymbol{\alpha}_t = (\tilde{\mathbf{e}}_h \mathbf{N} \boldsymbol{\alpha}_t)^T = \tilde{\boldsymbol{\alpha}}_t \tilde{\mathbf{N}} \mathbf{e}_h = -\tilde{\boldsymbol{\alpha}}_t \mathbf{N} \mathbf{e}_h = -\tilde{\mathbf{e}}_t \tilde{\mathbf{A}} \mathbf{N} \mathbf{e}_h,$$

wobei gemäß (14.6) benutzt wurde, daß die Matrix **N** schiefsymmetrisch ist ($\tilde{\mathbf{N}} = -\mathbf{N}$); ferner kann man schreiben

$$L^*_{ht} = \tilde{\mathbf{e}}_t \tilde{\mathbf{L}}^* \mathbf{e}_h .$$

Das ergibt:

$$2\pi i\, \tilde{\mathbf{e}}_t \mathbf{M} \mathbf{e}_h = \frac{1}{2} \tilde{\mathbf{e}}_t \tilde{\mathbf{A}} \mathbf{N} \mathbf{e}_h + 2\pi i \tilde{\mathbf{e}}_t \tilde{\mathbf{L}}^* \mathbf{e}_h , \quad h, t = 1, 2, \ldots, p ;$$

diese p^2 Gleichungen können zu einer Matrixgleichung zusammengefaßt werden:

$$2\pi i\, \mathbf{M} = \frac{1}{2} \tilde{\mathbf{A}} \mathbf{N} + 2\pi i\, \tilde{\mathbf{L}}^* ;$$

damit ist die in (21.1) benutzte Koeffizientenmatrix **M** eindeutig bestimmt, wenn wir noch über die ganzzahlige Matrix $\mathbf{L}^*$ passend verfügen. Es wird sich später als zweckdienlich herausstellen, wenn wir

$$L^*_{ht} = L_{ht} , \quad \mathbf{L}^* = \mathbf{L} \tag{21.3}$$

festsetzen, also $\mathbf{L}^*$ mit der in (20.5) aufgetretenen Matrix **L** identifizieren. Es ist dann

$$\mathbf{M} = \frac{1}{4\pi i} \tilde{\mathbf{A}} \mathbf{N} + \tilde{\mathbf{L}} ; \tag{21.4}$$

von **N** und **L** wissen wir, daß sie (p, p)-Matrizen mit ganzzahligen Elementen sind; **A** ist eine (p, p)-Matrix, deren Elemente komplexe Zahlen sind, und zwar ist **A** die zweite Hälfte der Periodenmatrix $\boldsymbol{\Omega}$.

Ganz analog können wir die Beziehung (20.6) so umschreiben:

$$m^*_k(\mathbf{u} + \boldsymbol{\alpha}_h) - m^*_k(\mathbf{u}) - m^*_h(\mathbf{u} + \boldsymbol{\alpha}_k) + m^*_h(\mathbf{u}) = 2\pi i\, R^*_{hk} , \tag{21.5}$$

$$h, k = 1, 2, \ldots, p ,$$

wo auch die p^2 Zahlen R^*_{hk} ganz rational sind und zu einer (p, p)-Matrix

$$\mathbf{R}^* = (R^*_{hk})$$

zusammengefaßt werden sollen.

Die linke Seite von (21.5) wollen wir wieder mittels (21.1) umrechnen:

$$\tilde{\mathbf{e}}_k \mathbf{M} \boldsymbol{\alpha}_h - \tilde{\mathbf{e}}_h \mathbf{M} \boldsymbol{\alpha}_k = 2\pi i\, R^*_{hk} ,$$

oder nach leichter Umformung wie oben:

$$\tilde{\mathbf{e}}_h \tilde{\mathbf{A}} \tilde{\mathbf{M}} \mathbf{e}_k - \tilde{\mathbf{e}}_h \mathbf{M} \mathbf{A} \mathbf{e}_k = 2\pi i\, \tilde{\mathbf{e}}_h \mathbf{R}^* \mathbf{e}_k , \quad h, k = 1, 2, \ldots, p ,$$

was wieder zur Matrizengleichung zusammengefaßt werden kann:

$$\tilde{\mathbf{A}} \tilde{\mathbf{M}} - \mathbf{M} \mathbf{A} = 2\pi i\, \mathbf{R}^* . \tag{21.6}$$

Hier können wir noch $\mathbf{M}$ durch (21.4) ausdrücken und erhalten mit Rücksicht auf $\tilde{\mathbf{N}} = -\mathbf{N}$:

$$\frac{-1}{2\pi i}\tilde{\mathbf{A}}\mathbf{N}\mathbf{A} + \tilde{\mathbf{A}}\mathbf{L} - \tilde{\mathbf{L}}\mathbf{A} = 2\pi i\,\mathbf{R}^* . \tag{21.7}$$

Wir haben nun das Problem zu lösen, eine ganze Funktion $P(\mathbf{u})$ so zu konstruieren, daß sie die Perioden $2\pi i \mathbf{e}_h$ $(h = 1, \ldots, p)$ besitzt und die Differenzengleichungen (20.9) erfüllt. Damit diese Gleichungen aber lösbar sind, müssen gewisse Verträglichkeitsbedingungen von den Funktionen $H_h(\mathbf{u})$ erfüllt werden. Zunächst haben die linken Seiten der Gleichungen (20.9) die Perioden $2\pi i \mathbf{e}_t$, daher muß dasselbe für die rechten Seiten, d. h. für die Funktionen $H_h(\mathbf{u})$ zutreffen. Das ist aber zufolge unserer Wahl (21.3) bereits erfüllt, denn

$$\begin{aligned} &H_h(\mathbf{u} + 2\pi i \mathbf{e}_t) - H_h(\mathbf{u}) \\ &\quad = m_h^*(\mathbf{u} + 2\pi i \mathbf{e}_t) - m_h^*(\mathbf{u}) - m_h(\mathbf{u} + 2\pi i \mathbf{e}_t) + m_h(\mathbf{u}) = 0 , \\ &\qquad\qquad h, t = 1, 2, \ldots, p \end{aligned}$$

wegen (20.5), (21.2) und (21.3).

Eine zweite Reihe von Verträglichkeitsbedingungen erhalten wir durch Addition der beiden aus (20.9) folgenden Gleichungen

$$\begin{aligned} P(\mathbf{u} + \boldsymbol{\alpha}_k + \boldsymbol{\alpha}_h) - P(\mathbf{u} + \boldsymbol{\alpha}_k) &= H_h(\mathbf{u} + \boldsymbol{\alpha}_k) , \\ P(\mathbf{u} + \boldsymbol{\alpha}_k) - P(\mathbf{u}) \qquad &= H_k(\mathbf{u}) , \end{aligned}$$

nämlich:

$$\begin{aligned} P(\mathbf{u} + \boldsymbol{\alpha}_h + \boldsymbol{\alpha}_k) - P(\mathbf{u}) &= H_h(\mathbf{u} + \boldsymbol{\alpha}_k) + H_k(\mathbf{u}) \\ &= H_k(\mathbf{u} + \boldsymbol{\alpha}_h) + H_h(\mathbf{u}) ; \end{aligned}$$

hier ist die zweite Zeile aus der ersten durch Vertauschung der Indizes h und k hervorgegangen. Es muß also gelten:

$$H_k(\mathbf{u} + \boldsymbol{\alpha}_h) - H_k(\mathbf{u}) - H_h(\mathbf{u} + \boldsymbol{\alpha}_k) + H_h(\mathbf{u}) = 0 , \quad h, k = 1, 2, \ldots, p . \tag{21.8}$$

Berechnet man die linke Seite dieser Gleichung mit Hilfe von (20.10) und benutzt noch die Formeln (20.6) und (21.5), so folgt:

$$\begin{aligned} &[m_k^*(\mathbf{u} + \boldsymbol{\alpha}_h) - m_k^*(\mathbf{u}) - m_h^*(\mathbf{u} + \boldsymbol{\alpha}_k) + m_h^*(\mathbf{u})] - \\ &- [m_k(\mathbf{u} + \boldsymbol{\alpha}_h) - m_k(\mathbf{u}) - m_h(\mathbf{u} + \boldsymbol{\alpha}_k) + m_h(\mathbf{u})] = 2\pi i\,(R_{hk}^* - R_{hk}) = 0 , \\ &\qquad\qquad h, k = 1, 2, \ldots, p . \end{aligned}$$

Damit diese Bedingung erfüllt ist, müssen also die Zahlen R_{hk}^* mit den Zahlen R_{hk} übereinstimmen:

$$R_{hk}^* = R_{hk} , \quad \mathbf{R}^* = \mathbf{R} . \tag{21.9}$$

Mit (21.7) zusammen liefert dies die Bedingung

$$\frac{-1}{2\pi i}\,\tilde{\mathbf{A}}\mathbf{N}\mathbf{A} + \tilde{\mathbf{A}}\mathbf{L} - \tilde{\mathbf{L}}\mathbf{A} = 2\pi i\,\mathbf{R}\,, \tag{21.10}$$

das ist eine Bedingung, welche die Matrix **A** betrifft; wir werden später noch eingehend die Bedingungen zu untersuchen haben, welche die Matrix **A**, oder allgemeiner eine $(p, 2p)$-Matrix $\boldsymbol{\Omega}$, außer den in Abschnitt 11 ermittelten, zu erfüllen hat, damit sie eine RIEMANNsche Matrix sei, d. h. damit es ABELsche Funktionen gibt, deren Periodengruppe durch $\boldsymbol{\Omega}$ erzeugt wird.

Für die folgende Entwicklung brauchen wir aber nicht vorauszusetzen, daß die Bedingung (21.9) bzw. (21.10) erfüllt ist; es genügt zunächst zu wissen, daß (21.8) sicher in der schwächeren Form gilt:

$$H_k(\mathbf{u} + \boldsymbol{\alpha}_h) - H_k(\mathbf{u}) - H_h(\mathbf{u} + \boldsymbol{\alpha}_k) + H_h(\mathbf{u}) = 2\pi i(R^*_{hk} - R_{hk}), \quad h, k = 1, 4, \ldots, p \tag{21.11}$$

wo rechts unabhängige Konstante stehen. Daß die Bedingungen (21.9) und (21.10) tatsächlich erfüllt sind, wird sich später von selbst ergeben (S. 53).

Wir können schließlich das in $m^*_h(\mathbf{u})$ auftretende konstante Glied b_h (21.1), das noch völlig frei ist, dazu benutzen, um zu erreichen, daß

$$H_h(0) = m^*_h(0) - m_h(0) = b_h - m_h(0)\,, \qquad h = 1, 2, \ldots, p \tag{21.12}$$

irgendeinen vorgegebenen Wert hat*).

22. Hilfssatz über die Entwicklung einer ganzen periodischen Funktion in eine FOURIER-Reihe. Es sei $f(\mathbf{u}) = f(u_1, u_2, \ldots, u_p)$ eine ganze Funktion der komplexen Variablen $u_1, u_2, \ldots, u_p$, welche die Periode $2\pi i$ hinsichtlich jeder dieser Variablen besitzt. Setzt man dann

$$u_j = \log z_j \quad \text{oder} \quad z_j = e^{u_j}\,, \quad j = 1, 2, \ldots, p\,, \tag{22.1}$$

so wird $f(\mathbf{u})$ in eine Funktion der Variablen z_j übergeführt:

$$f(u_1, u_2, \ldots, u_p) = f(\log z_1, \log z_2, \ldots, \log z_p) = F(z_1, z_2, \ldots, z_p), \tag{22.2}$$

und zwar ist F eine *eindeutige* Funktion der z_j: denn wenn auch zu jedem Wert z_j unendlich viele Werte von $\log z_j$ gehören, so unterscheiden sich diese doch nur um ganze Vielfache von $2\pi i$, so daß sie, wegen der vorausgesetzten Periodizität von $f(\mathbf{u})$, alle denselben Wert $F(z_1, z_2, \ldots, z_p)$ ergeben.

---

*) $\mathbf{u} = 0$ bedeutet natürlich $u_1 = u_2 = \cdots = u_p = 0$.

Ferner ist die Funktion F analytisch in jedem im endlichen gelegenen Bereich des z-Raumes*), in dem keine der Variablen z_j Null wird, also in jedem Bereich

$$\mathfrak{B}:\ 0 < \varepsilon \leqq |z_j| \leqq \varrho\,, \qquad j = 1, 2, \ldots, p\,, \tag{22.3}$$

wo ε beliebig klein und ϱ beliebig groß gewählt werden darf.

Wir können daher die CAUCHY*sche Integralformel***) anwenden:

$$F(z_1, z_2, \ldots, z_p) = \frac{1}{(2\pi i)^p} \int\limits_{\mathfrak{C}_1} \frac{dt_1}{t_1 - z_1} \int\limits_{\mathfrak{C}_2} \frac{dt_2}{t_2 - z_2} \cdots \int\limits_{\mathfrak{C}_p} \frac{F(t_1, \ldots, t_p)\, dt_p}{t_p - z_p}\,. \tag{22.4}$$

Die Randkurve $\mathfrak{C}_j$ setzt sich aus den beiden Kreisen $\mathfrak{C}_j^{(1)}$: $|t_j| = \varrho$ und $\mathfrak{C}_j^{(2)}$: $|t_j| = \varepsilon$ zusammen, wovon der erste im positiven, der zweite im negativen Sinne zu durchlaufen ist.

Wenn $\{z_1, z_2, \ldots, z_p\}$ ein innerer Punkt von $\mathfrak{B}$ ist, so können wir folgende absolut konvergente Entwicklungen einführen:

$$\frac{1}{t_j - z_j} = \frac{1}{t_j} + \frac{z_j}{t_j^2} + \frac{z_j^2}{t_j^3} + \cdots \qquad \text{auf } \mathfrak{C}_j^{(1)},$$

$$\frac{1}{t_j - z_j} = -\frac{1}{z_j} - \frac{t_j}{z_j^2} - \frac{t_j^2}{z_j^3} - \cdots \qquad \text{auf } \mathfrak{C}_j^{(2)}.$$

Wenn man diese Entwicklungen in (22.3) einführt und, was wegen der absoluten und gleichmäßigen Konvergenz längs der Randkuren $\mathfrak{C}_j^{(1)}$ und $\mathfrak{C}_j^{(2)}$ erlaubt ist, gliedweise integriert, so erhält man die Entwicklung der Funktion F in eine LAURENT*sche Reihe*:

$$F(z_1, z_2, \ldots, z_p) = \sum_{\mathfrak{r}} A_{\mathfrak{r}}\, z_1^{r_1} z_2^{r_2} \ldots z_p^{r_p}\ ; \tag{22.5}$$

hier bedeutet $\mathfrak{r} = (r_1, r_2, \ldots, r_p)$, wo $r_1, r_2, \ldots, r_p$ unabhängig voneinander alle positiven und negativen ganzen Zahlen durchlaufen. Diese Reihe konvergiert in jedem inneren Punkt von $\mathfrak{B}$, und da ε beliebig klein, ϱ beliebig groß sein darf, in jedem endlichen Punkt $\{z_1, z_2, \ldots, z_p\}$, in dem keine Variable Null ist; sie konvergiert gleichmäßig in jedem Bereich, der ganz im Innern eines Bereiches $\mathfrak{B}$ liegt, also auch in jedem Bereich $\mathfrak{B}$.

Die Koeffizienten $A_{\mathfrak{r}}$ sind eindeutig bestimmt; man findet

$$A_{\mathfrak{r}} = \frac{1}{(2\pi i)^p} \int\limits_{\mathfrak{C}_1} \frac{dt_1}{t_1^{r_1+1}} \int\limits_{\mathfrak{C}_2} \frac{dt_2}{t_2^{r_2+1}} \cdots \int\limits_{\mathfrak{C}_p} \frac{F(t_1, \ldots, t_p)\, dt_p}{t_p^{r_p+1}}\,, \tag{22.6}$$

wo die Kurven $\mathfrak{C}_j$ einheitlich als positiv zu durchlaufende Kreise $|t_j| = \varrho_j$, $\varepsilon < \varrho_j < \varrho$ angenommen werden können.

---

*) Vgl. Anhang, Nr. 2, Satz 5.

**) Vgl. Anhang, Nr. 5.

Die Reihenentwicklung (22.5) *ist eindeutig, d. h.* $F(z_1, z_2, \ldots, z_p)$ *verschwindet dann und nur dann identisch, wenn alle Entwicklungskoeffizienten* $A_{\mathfrak{r}} = 0$ *sind.*

Wenn man nämlich in (22.6) rechts im Integranden die LAURENTsche Reihe (22.5) einsetzt, so darf man wegen der gleichmäßigen Konvergenz derselben gliedweise integrieren; da aber die Integrale

$$\int_{\mathfrak{C}} \frac{t^s\,dt}{t^{r+1}} = \begin{cases} 0 \text{ für } s \neq r \\ 2\pi i \text{ für } s = r \end{cases}$$

sind, liefert (22.6) genau den in der gegebenen Reihe auftretenden Koeffizienten $A_{\mathfrak{r}}$. Ist aber $F(z_1, z_2, \ldots, z_p) \equiv 0$, so verschwindet in (22.6) der Integrand und man erhält alle $A_{\mathfrak{r}} = 0$. Es kann also auch in der LAURENTschen Reihe kein Koeffizient $A_{\mathfrak{r}} \neq 0$ sein.

Sind zwei Funktionen $F(z_1, z_2, \ldots, z_p)$ *und* $G(z_1, z_2, \ldots, z_p)$ *in einem Bereich* $\mathfrak{B}$ *identisch gleich, so stimmen auch alle Koeffizienten ihrer* LAURENT*schen Reihen überein.*

Wenn wir mittels (22.1) auf die Variablen u_j zurücktransformieren, so erhalten wir die Entwicklung einer ganzen periodischen Funktion $f(\mathbf{u})$ in eine FOURIER-*Reihe*:

$$f(\mathbf{u}) = \sum_{\mathfrak{r}} A_{\mathfrak{r}}\, e^{\bar{\mathfrak{r}}\mathbf{u}}. \qquad (22.7)$$

Eine ganze Funktion $f(\mathbf{u})$, *welche die Perioden* $2\pi i \mathbf{e}_h$ $(h = 1, \ldots, p)$ *besitzt, kann auf eine und nur eine Weise in eine* FOURIER-*Reihe von der Gestalt* (22.7) *entwickelt werden, die in jedem im endlichen gelegenen Bereich gleichmäßig konvergiert. Umgekehrt stellt eine derartige Reihe immer eine ganze periodische Funktion dar.*

23. Formale Lösung des zweiten Differenzenproblems. Wir kehren nun wieder zum Problem (20.9) zurück. Da die ganzen Funktionen $H_h(\mathbf{u})$, wie wir gesehen haben, die Perioden $2\pi i \mathbf{e}_t$ $(t = 1, \ldots, p)$ besitzen, können wir nach dem soeben bewiesenen Hilfssatz folgende FOURIER-Entwicklungen anschreiben:

$$H_h(\mathbf{u}) = \sum_{\mathfrak{r}} A_{\mathfrak{r}}^{(h)} e^{\bar{\mathfrak{r}}\mathbf{u}}, \quad A_0^{(h)} = 0, \quad h = 1, 2, \ldots, p; \qquad (23.1)$$

hier ist mit Rücksicht auf die Bemerkung (21.12) das konstante Glied $A_0^{(h)} = 0$ normiert.

Aus (21.11) folgt ferner:

$$\sum_{\mathfrak{r}} A_{\mathfrak{r}}^{(k)} e^{\bar{\mathfrak{r}}\mathbf{u}} (e^{\bar{\mathfrak{r}}\alpha_h} - 1) - \sum_{\mathfrak{r}} A_{\mathfrak{r}}^{(h)} e^{\bar{\mathfrak{r}}\mathbf{u}} (e^{\bar{\mathfrak{r}}\alpha_k} - 1) = 2\pi i\, (R_{hk}^* - R_{hk});$$

wegen der Eindeutigkeit der Entwicklungen (22.7) müssen die Koeffizienten von $e^{\bar{\mathfrak{r}}\mathbf{u}}$ auf beiden Seiten übereinstimmen, also

$$A_{\mathfrak{r}}^{(k)} (e^{\bar{\mathfrak{r}}\alpha_h} - 1) = A_{\mathfrak{r}}^{(h)} (e^{\bar{\mathfrak{r}}\alpha_k} - 1), \quad \text{für } h, k = 1, 2, \ldots, p \text{ und alle } \mathfrak{r} \neq 0; \qquad (23.2)$$

das konstante Glied ($\mathfrak{r} = 0$) auf der linken Seite verschwindet; daher muß notwendig auch die rechte Seite verschwinden, d. h. die Bedingung (21.9) bzw. (21.10) ist tatsächlich erfüllt.

Für die gesuchte Funktion $P(\mathbf{u})$, die ja auch periodisch sein muß, können wir eine ähnliche Entwicklung mit unbestimmten Koeffizienten ansetzen:

$$P(\mathbf{u}) = \sum_{\mathfrak{r}} B_{\mathfrak{r}}\, e^{\tilde{\mathfrak{r}}\mathbf{u}} . \tag{23.3}$$

Wir führen nun diese Entwicklungen in die Differenzengleichungen (20.9) ein; das gibt:

$$\sum_{\mathfrak{r}} B_{\mathfrak{r}}\, e^{\tilde{\mathfrak{r}}\mathbf{u}} \left(e^{\tilde{\mathfrak{r}}\alpha_h} - 1\right) = \sum_{\mathfrak{r}} A_{\mathfrak{r}}^{(h)}\, e^{\tilde{\mathfrak{r}}\mathbf{u}} , \qquad h = 1, 2, \ldots, p ;$$

in diesen beiden Reihen müssen die Koeffizienten von $e^{\tilde{\mathfrak{r}}\mathbf{u}}$ auf beiden Seiten übereinstimmen:

$$B_{\mathfrak{r}} \left(e^{\tilde{\mathfrak{r}}\alpha_h} - 1\right) = A_{\mathfrak{r}}^{(h)} , \qquad \text{für } h = 1, 2, \ldots, p \text{ und alle } \mathfrak{r} \neq 0 . \tag{23.4}$$

Für $\mathfrak{r} = 0$ erhält man die bereits erfüllten Bedingungen $A_0^{(h)} = 0$.

Diese Relationen bestimmen die Koeffizienten $B_{\mathfrak{r}}$ mit Ausnahme von B_0, das unbestimmt bleibt in Übereinstimmung mit der Tatsache, daß eine Lösung von (20.9), wenn sie überhaupt existiert, offenbar nur bis auf eine willkürliche additive Konstante bestimmt sein kann. Aber wir müssen uns noch vergewissern, daß es für jeden ganzzahligen Vektor $\mathfrak{r} \neq 0$ immer wenigstens einen Index h gibt, derart, daß

$$e^{\tilde{\mathfrak{r}}\alpha_h} - 1 \neq 0$$

ist.

Wäre das nicht wahr, so würde für einen bestimmten Vektor $\mathfrak{r} \neq 0$ und für alle Indizes $h = 1, 2, \ldots, p$ gelten:

$$\tilde{\mathfrak{r}}\boldsymbol{\alpha}_h = 2\pi i\, k_h , \tag{23.5}$$

mit ganzen rationalen, also jedenfalls reellen Zahlen k_h. Teilen wir, wie in (8.6), die Periodenmatrix $\boldsymbol{\Omega} = \boldsymbol{\Omega}' + i\,\boldsymbol{\Omega}''$ in Real- und Imaginärteil, so wird in unserem Falle (14.1), mit $\mathbf{A} = \mathbf{A}' + i\,\mathbf{A}''$

$$\boldsymbol{\Omega}' = (0, \mathbf{A}') , \quad \boldsymbol{\Omega}'' = (2\pi\mathbf{E}, \mathbf{A}'') .$$

Aus (23.5) folgt, weil $\mathfrak{r}$ reell ist und nicht verschwindet, daß $\tilde{\mathfrak{r}}\mathbf{A}$ rein imaginär, also

$$\tilde{\mathfrak{r}}\mathbf{A}' = 0$$

ist. Das bedeutet aber, daß $\boldsymbol{\Omega}'$ nicht den Rang p erreicht und folglich die Determinante (8.7):

$$D = \begin{vmatrix} \boldsymbol{\Omega}' \\ \boldsymbol{\Omega}'' \end{vmatrix} = \begin{vmatrix} 0 & \mathbf{A}' \\ 2\pi\mathbf{E} & \mathbf{A}'' \end{vmatrix} = (-2\pi)^p\, |\mathbf{A}'| \tag{23.6}$$

verschwinden müßte; das ist aber ein Widerspruch (vgl. Abschnitt 8), daher ist die Annahme (23.5) falsch und unsere obige Behauptung richtig.

Aus (23.4) folgt nun

$$B_{\mathfrak r} = \frac{A_{\mathfrak r}^{(1)}}{e^{\tilde{\mathfrak r}\alpha_1} - 1} = \frac{A_{\mathfrak r}^{(2)}}{e^{\tilde{\mathfrak r}\alpha_2} - 1} = \cdots = \frac{A_{\mathfrak r}^{(p)}}{e^{\tilde{\mathfrak r}\alpha_p} - 1}\,; \tag{23.7}$$

wenigstens ein Nenner verschwindet hier nach dem eben bewiesenen nicht und im übrigen stimmen diese p Werte, soweit sie nicht in unbestimmter Form $\frac{0}{0}$ auftreten, wegen (23.2) überein.

Wenn also das Problem (20.9) überhaupt eine Lösung $P(\mathfrak u)$ besitzt, so kann deren FOURIER-Entwicklung keine andere sein als (23.3), mit den nach (23.7) berechneten Koeffizienten $B_{\mathfrak r}$; nur B_0 bleibt frei. Diese Reihe löst formal unser Problem; um zu Ende zu kommen, müssen wir noch zeigen, daß sie in jedem beschränkten Bereich gleichmäßig konvergiert und also eine ganze Funktion von $\mathfrak u$ darstellt.

24. Konvergenz der Reihe, welche die Lösung darstellt. Wir schicken einen Hilfssatz voraus: Im vorausgehenden Abschnitt haben wir nämlich schon den Satz verwendet, daß das Maximum $M_{\mathfrak r}$ aller Zahlen $|e^{\tilde{\mathfrak r}\alpha_h} - 1|$ für $h = 1, 2, \ldots, p$ niemals Null sein kann, d. h. daß diese Zahlen niemals für ein $\mathfrak r \neq 0$ alle gleichzeitig verschwinden können. Hier brauchen wir noch eine schärfere Aussage, nämlich die, daß es eine *feste* Zahl $\varepsilon > 0$ gibt derart, daß

$$M_{\mathfrak r} = \max\left\{\left|e^{\tilde{\mathfrak r}\alpha_1} - 1\right|, \left|e^{\tilde{\mathfrak r}\alpha_2} - 1\right|, \ldots, \left|e^{\tilde{\mathfrak r}\alpha_p} - 1\right|\right\} > \varepsilon \tag{24.1}$$

für alle ganzzahligen Vektoren $\mathfrak r \neq 0$ ist.

Wäre das nämlich nicht wahr, so gäbe es zu jedem beliebig kleinen $\varepsilon > 0$ einen Vektor $\tilde{\mathfrak r} = (r_1, r_2, \ldots, r_p)$ mit ganzen rationalen Zahlen $r_1, r_2, \ldots, r_p$, die nicht alle null sind, so daß

$$\left|e^{\tilde{\mathfrak r}\alpha_h} - 1\right| < \varepsilon \qquad \text{für } h = 1, 2, \ldots, p$$

wäre. Bedeutet nun $\boldsymbol\alpha_h' = \mathbf A'\mathfrak e_h$ den Realteil von $\boldsymbol\alpha_h$, so gilt, wenn wir ε von vornherein $< \frac{1}{2}$ voraussetzen:

$$e^{\tilde{\mathfrak r}\alpha_h'} = \left|e^{\tilde{\mathfrak r}\alpha_h}\right| = \left|1 + \left(e^{\tilde{\mathfrak r}\alpha_h} - 1\right)\right| \leqq 1 + \left|e^{\tilde{\mathfrak r}\alpha_h} - 1\right| < 1 + \varepsilon,$$
$$\geqq 1 - \left|e^{\tilde{\mathfrak r}\alpha_h} - 1\right| > 1 - \varepsilon.$$

Nach einer bekannten Abschätzungsformel*) folgt daraus:

$$|\tilde{\mathfrak r}\boldsymbol\alpha_h'| < 2\varepsilon\,, \qquad h = 1, 2, \ldots, p\,.$$

*) $\frac{x}{1+x} \leqq \log(1+x) \leqq x$, für $x > -1$; die Gleichheitszeichen gelten nur bei $x = 0$.

Setzen wir daher

$$\tilde{\boldsymbol{\eta}} = \tilde{\mathbf{r}}\,\mathbf{A}',$$

so sind die Komponenten des Vektors $\boldsymbol{\eta}$ alle dem Betrage nach $< 2\varepsilon$. Wie wir bereits wissen (23.6), ist $|\mathbf{A}'| \neq 0$, also existiert die reziproke Matrix $\mathbf{A}'^{-1}$; dann folgt

$$\tilde{\boldsymbol{\eta}}\mathbf{A}'^{-1} = \tilde{\mathbf{r}}\,\mathbf{A}'\,\mathbf{A}'^{-1} = \tilde{\mathbf{r}}\,.$$

Das führt zu einem Widerspruch; denn bedeutet N das Maximum der Beträge aller Elemente von $\mathbf{A}'^{-1}$, so sind alle Komponenten des Vektors $\tilde{\boldsymbol{\eta}}\,\mathbf{A}'^{-1}$ dem Betrage nach $< 2\varepsilon p N$, werden also mit ε beliebig klein, während auf der rechten Seite der Vektor $\mathbf{r}$ steht, dessen Komponenten rationale ganze Zahlen sind, die nicht alle verschwinden. Damit ist die Behauptung (24.1) bewiesen.

In Verbindung mit (23.7) folgt nun die für wenigstens einen Index h gültige Abschätzung:

$$|B_{\mathbf{r}}| = \frac{|A_{\mathbf{r}}^{(h)}|}{\left|e^{\tilde{\mathbf{r}}\alpha_h} - 1\right|} < \frac{1}{\varepsilon}\,|A_{\mathbf{r}}^{(h)}|\,,$$

also um so mehr

$$|B_{\mathbf{r}}| < \frac{1}{\varepsilon}\sum_{s=1}^{p} |A_{\mathbf{r}}^{(s)}|\,, \qquad \text{für alle } \mathbf{r} \neq 0.$$

Für das allgemeine Glied der Reihe (23.3) schließen wir

$$|B_{\mathbf{r}}\,e^{\tilde{\mathbf{r}}\mathbf{u}}| < \frac{1}{\varepsilon}\sum_{s=1}^{p} |A_{\mathbf{r}}^{(s)}\,e^{\tilde{\mathbf{r}}\mathbf{u}}|\,.$$

Auf der rechten Seite steht hier das allgemeine Glied einer konvergenten Reihe, da es sich um die Summe der p Reihen (23.1) handelt, die nach Voraussetzung in jedem beschränkten Gebiet des $\mathbf{u}$-Raumes absolut und gleichmäßig konvergieren. Dasselbe folgt nun auch für die Reihe (23.3), nämlich

$$P(\mathbf{u}) = \sum_{\mathbf{r}} B_{\mathbf{r}}\,e^{\tilde{\mathbf{r}}\mathbf{u}}\,,$$

so daß in der Tat unsere Lösung $P(\mathbf{u})$ eine ganze (analytische) Funktion der Variablen $\mathbf{u}$ ist. Damit ist nun alles bewiesen und wir können unser Ergebnis folgendermaßen zusammenfassen:

Hauptsatz. *Jede* ABELsche *Funktion* $f(\mathbf{u})$ *kann als Quotient*

$$f(\mathbf{u}) = \frac{\varphi(\mathbf{u})}{\psi(\mathbf{u})}$$

von zwei intermediären (oder JACOBIschen*) Funktionen* $\varphi(\mathbf{u})$ *und* $\psi(\mathbf{u})$ *dargestellt werden, welche überall teilerfremd sind und also nur in den Unbestimmtheitspunkten der meromorphen Funktion* $f(\mathbf{u})$ *gleichzeitig verschwinden.*

Dieser Satz gilt für *alle meromorphen Funktionen* $f(\mathbf{u})$, *welche die Perioden der* RIEMANN*schen Matrix* $\boldsymbol{\Omega}$ *gestatten*, auch wenn $f(\mathbf{u})$ nicht eigentlich zu $\boldsymbol{\Omega}$ gehört, d. h. noch weitere Perioden besitzt, die nicht in der von $\boldsymbol{\Omega}$ erzeugten Gruppe enthalten sind; auch ausgeartete Funktionen sind nicht ausgeschlossen.

Wir erinnern hier an die Definition der intermediären Funktionen in Abschnitt Nr. 20, S. 45. Demnach ist *eine intermediäre Funktion dadurch charakterisiert, daß sie eine ganze Funktion ist, die sich bei Zunahme um eine Fundamentalperiode*) bis auf einen Faktor reproduziert, dessen Logarithmus eine ganze lineare Funktion der* $\mathbf{u}$ *ist.*

Es könnte noch eine Unklarheit über die Allgemeingültigkeit unseres Resultates bestehen, weil wir im Beweise die RIEMANNsche Matrix $\boldsymbol{\Omega}$ in der reduzierten Gestalt $\boldsymbol{\Omega} = (2\pi i\mathbf{E}, \mathbf{A})$ vorausgesetzt haben. Das beschränkt jedoch die Allgemeinheit nicht, weil wir von der allgemeinen RIEMANNschen Matrix zur reduzierten durch eine *lineare* Substitution der Variablen $\mathbf{u}$ gelangen, welche die charakteristischen Eigenschaften der intermediären Funktionen nicht ändert.

III. Das Existenztheorem der ABELschen Funktionen

25. Determinante und charakteristische Zahlen einer intermediären Funktion. Es sei

$$\boldsymbol{\Omega} = (\omega_{jk}), \qquad \begin{matrix} j = 1, 2, \ldots, p \\ k = 1, 2, \ldots, 2p \end{matrix} \qquad (25.1)$$

die RIEMANNsche Matrix einer ABELschen Funktion $f(\mathbf{u})$; dann wissen wir aus dem vorausgehenden, daß es zwei intermediäre Funktionen $\varphi(\mathbf{u})$ und $\psi(\mathbf{u})$ gibt, welche $f(\mathbf{u})$ darstellen:

$$f(\mathbf{u}) = \frac{\varphi(\mathbf{u})}{\psi(\mathbf{u})},$$

und bei Zunahme der Variablen $\mathbf{u}$ um eine Periode $\boldsymbol{\omega}_h = \boldsymbol{\Omega}\mathbf{e}_h$**) sich bis auf einen Faktor reproduzieren, dessen Logarithmus eine ganze lineare Funktion der Variablen $\mathbf{u}$ ist, die wir mit Verwendung des Matrizenkalküls so schreiben wollen:

$$\varphi(\mathbf{u} + \boldsymbol{\omega}_h) = e^{2\pi i \tilde{\mathbf{e}}_h(\boldsymbol{\Lambda}\mathbf{u} + \gamma)}\,\varphi(\mathbf{u}), \qquad h = 1, 2, \ldots, 2p; \qquad (25.2)$$

dieselben Relationen gelten auch für $\psi(\mathbf{u})$. Die hier auftretende $(p, 2p)$-Matrix

$$\boldsymbol{\Lambda} = (\lambda_{jk}), \qquad \begin{matrix} j = 1, 2, \ldots, p \\ k = 1, 2, \ldots, 2p \end{matrix} \qquad (25.3)$$

*) Wenn dies nämlich für die Fundamentalperioden eines primitiven Systems gilt, dann gilt es offenbar für alle Perioden.

**) Wie bisher bezeichnet $\mathbf{e}_h$ den h-ten Spaltenvektor der Einheitsmatrix und zwar, wie sich aus dem Zusammenhang ergibt, hier der $2p$-zeiligen Einheitsmatrix; der entsprechende Zeilenvektor ist $\tilde{\mathbf{e}}_h$.

besteht aus $2p^2$ komplexen Zahlen λ_{jk}, welche als Koeffizienten der $2p$ Linearformen in den Exponenten von (25.2) auftreten; sie heißen die „*Perioden* 2. *Gattung*" der intermediären Funktionen $\varphi(\mathbf{u})$ und $\psi(\mathbf{u})$ im Gegensatz zu den „*Perioden* 1. *Gattung*" (25.1); wir werden kurz $\boldsymbol{\Omega}$ als die „1. *Periodenmatrix*", $\boldsymbol{\Lambda}$ als die „2. *Periodenmatrix*" bezeichnen.

Der Vektor $\boldsymbol{\gamma}$ in (25.2) besteht aus $2p$ komplexen Zahlen als Komponenten:

$$\tilde{\boldsymbol{\gamma}} = (\gamma_1, \gamma_2, \ldots, \gamma_{2p}) \; ; \tag{25.4}$$

sie heißen die *Parameter* der intermediären Funktionen $\varphi(\mathbf{u})$ und $\psi(\mathbf{u})$.

Zwei intermediäre Funktionen, welche dieselben Perioden 1. und 2. Gattung und dieselben Parameter haben, heißen „*vom selben Typus*" oder „*gleichändrig*".

Wir betrachten die Determinante der $(2p, 2p)$-Matrix, die man durch Übereinanderschreiben von $\boldsymbol{\Omega}$ und $\boldsymbol{\Lambda}$ erhält:

$$\delta = \begin{vmatrix} \boldsymbol{\Omega} \\ \boldsymbol{\Lambda} \end{vmatrix} . \tag{25.5}$$

Nach CASTELNUOVO*) nennen wir den absoluten Betrag von δ die „*Determinante*" der intermediären Funktionen $\varphi(\mathbf{u})$ und $\psi(\mathbf{u})$**). In den nächsten Abschnitten werden wir zeigen, daß δ *immer eine nicht verschwindende ganze rationale Zahl ist****.

Zunächst können wir einen interessanten Zusammenhang zwischen δ und einer gewissen schiefsymmetrischen und ganzzahligen Matrix herstellen, welche sich aus den beiden Periodenmatrizen $\boldsymbol{\Omega}$ und $\boldsymbol{\Lambda}$ herleiten läßt. Wenn man nämlich (25.2) benutzt, um den Funktionswert $\varphi(\mathbf{u} + \boldsymbol{\omega}_h + \boldsymbol{\omega}_k)$ zu berechnen, so findet man:

$$\begin{aligned} \varphi(\mathbf{u} + \boldsymbol{\omega}_h + \boldsymbol{\omega}_k) &= e^{2\pi i \tilde{\mathbf{e}}_k (\tilde{\boldsymbol{\Lambda}}(\mathbf{u} + \boldsymbol{\omega}_h) + \boldsymbol{\gamma})} \varphi(\mathbf{u} + \boldsymbol{\omega}_h) , \\ &= e^{2\pi i \tilde{\mathbf{e}}_k (\tilde{\boldsymbol{\Lambda}}\mathbf{u} + \tilde{\boldsymbol{\Lambda}}\boldsymbol{\omega}_h + \boldsymbol{\gamma})} e^{2\pi i \tilde{\mathbf{e}}_h (\tilde{\boldsymbol{\Lambda}}\mathbf{u} + \boldsymbol{\gamma})} \varphi(\mathbf{u}) , \\ &= e^{2\pi i (\tilde{\mathbf{e}}_h + \tilde{\mathbf{e}}_k)(\tilde{\boldsymbol{\Lambda}}\mathbf{u} + \boldsymbol{\gamma}) + 2\pi i \tilde{\mathbf{e}}_k \tilde{\boldsymbol{\Lambda}}\boldsymbol{\omega}_h} \varphi(\mathbf{u}) . \end{aligned}$$

Da hier die linke Seite gegenüber Vertauschungen der Indizes h und k invariant ist, muß dasselbe auch für die rechte Seite gelten, d. h. $\tilde{\mathbf{e}}_k \tilde{\boldsymbol{\Lambda}} \boldsymbol{\omega}_h$ darf sich von $\tilde{\mathbf{e}}_h \tilde{\boldsymbol{\Lambda}} \boldsymbol{\omega}_k$ nur um eine ganze rationale Zahl

---

*) CASTELNUOVO, G.: Sulle funzioni abeliane: I. Le funzioni intermediarie; II. La geometria sulle varietà abeliane; III. Le varietà di JACOBI; IV. Applicazioni alle serie algebriche di gruppi sopra una curva. Roma, Accad. Lincei Rend. (5) **30**$_1$ (1921), 50—55, 99—103, 195—200, 355—360.

**) Wir folgen hier der von CASTELNUOVO eingeführten Bezeichnung und nicht derjenigen von FROBENIUS, der $|\delta|$ die „*Ordnung*" der intermediären Funktionen $\varphi(\mathbf{u})$ und $\psi(\mathbf{u})$ nennt.

***) Über ausgeartete intermediäre Funktionen mit verschwindender Determinante s. S. 120.

unterscheiden. Wenn wir die Schreibweise $\boldsymbol{\omega}_h = \boldsymbol{\Omega}\,\mathbf{e}_h$ benutzen und die Transposition $\tilde{\mathbf{e}}_k\tilde{\boldsymbol{\Lambda}}\boldsymbol{\Omega}\,\mathbf{e}_h = \tilde{\mathbf{e}}_h\tilde{\boldsymbol{\Omega}}\boldsymbol{\Lambda}\mathbf{e}_k$ beachten, so folgen die Gleichungen

$$\tilde{\mathbf{e}}_h\,\tilde{\boldsymbol{\Omega}}\boldsymbol{\Lambda}\mathbf{e}_k - \tilde{\mathbf{e}}_h\tilde{\boldsymbol{\Lambda}}\boldsymbol{\Omega}\,\mathbf{e}_k = n_{h\,k}\,, \qquad h, k = 1, 2, \ldots, 2p\,,$$

und zwar mit *ganzen rationalen Zahlen* n_{hk}, die wir zu einer $(2p, 2p)$-Matrix

$$\mathbf{N} = (n_{h\,k})$$

zusammenfassen wollen. Dann können wir diese Gleichungen in der folgenden Matrizengleichung anschreiben:

$$\tilde{\boldsymbol{\Omega}}\boldsymbol{\Lambda} - \tilde{\boldsymbol{\Lambda}}\boldsymbol{\Omega} = \mathbf{N}\,. \tag{25.6}$$

Die ganzen rationalen Zahlen n_{hk} heißen die *„charakteristischen Zahlen"* der intermediären Funktionen $\varphi(\mathbf{u})$ und $\psi(\mathbf{u})$; ihre Matrix $\mathbf{N}$ heißt die *„charakteristische Matrix"*. Sie ist durch die beiden Periodenmatrizen (25.1) und (25.3) eindeutig bestimmt und offenbar schiefsymmetrisch:

$$\tilde{\mathbf{N}} = \tilde{\boldsymbol{\Lambda}}\boldsymbol{\Omega} - \tilde{\boldsymbol{\Omega}}\boldsymbol{\Lambda} = -\,\mathbf{N}\,.$$

Wir können $\mathbf{N}$ auch als Produkt von zwei quadratischen Matrizen in der folgenden Weise schreiben*):

$$\mathbf{N} = \tilde{\boldsymbol{\Omega}}\boldsymbol{\Lambda} - \tilde{\boldsymbol{\Lambda}}\boldsymbol{\Omega} = (\tilde{\boldsymbol{\Omega}}, -\tilde{\boldsymbol{\Lambda}})\begin{pmatrix}\boldsymbol{\Lambda}\\ \boldsymbol{\Omega}\end{pmatrix};$$

daraus folgt aber für die Determinanten:

$$|\mathbf{N}| = |\tilde{\boldsymbol{\Omega}}, -\tilde{\boldsymbol{\Lambda}}|\begin{vmatrix}\boldsymbol{\Lambda}\\ \boldsymbol{\Omega}\end{vmatrix} = \delta^2\,, \tag{25.7}$$

weil man leicht bestätigt:

$$|\tilde{\boldsymbol{\Omega}}, -\tilde{\boldsymbol{\Lambda}}| = \begin{vmatrix}\boldsymbol{\Omega}\\ -\boldsymbol{\Lambda}\end{vmatrix} = (-1)^p\begin{vmatrix}\boldsymbol{\Omega}\\ \boldsymbol{\Lambda}\end{vmatrix} = (-1)^p\,\delta$$

und

$$\begin{vmatrix}\boldsymbol{\Lambda}\\ \boldsymbol{\Omega}\end{vmatrix} = (-1)^p\begin{vmatrix}\boldsymbol{\Omega}\\ \boldsymbol{\Lambda}\end{vmatrix} = (-1)^p\,\delta\,.$$

Nun ist $|\mathbf{N}|$ als Determinante einer ganzzahligen Matrix sicher eine ganze rationale Zahl; da ferner $|\mathbf{N}|$ schiefsymmetrisch ist, so ist nach einem bekannten Satz über schiefsymmetrische Determinanten gerader Zeilenzahl**) $|\mathbf{N}|$ das Quadrat des *„PFAFFschen Aggregates"*, das selbst eine ganze rationale Funktion der Elemente von $\mathbf{N}$ mit ganzen rationalen Zahlen als Koeffizienten ist. Daraus folgt, daß δ *bis vielleicht auf das Vorzeichen gleich diesem* PFAFF*schen Aggregat, also sicher eine ganze rationale Zahl sein muß.*

---

*) Vgl. W. GRÖBNER: Matrizenrechnung §4.4 (das Rechnen mit Übermatrizen).

**) Vgl. W. GRÖBNER: Matrizenrechnung § 2.7 A.

Durch die RIEMANNsche Matrix $\boldsymbol{\Omega}$ und die zugehörige ABELsche Funktion $f(\mathbf{u})$ ist weder die Darstellung

$$f(\mathbf{u}) = \frac{\varphi(\mathbf{u})}{\psi(\mathbf{u})} \tag{25.8}$$

durch intermediäre Funktionen $\varphi(\mathbf{u})$ und $\psi(\mathbf{u})$, noch die 2. Periodenmatrix $\boldsymbol{\Lambda}$ eindeutig bestimmt. Dagegen ist bemerkenswerterweise (vgl. S. 29) *die charakteristische Matrix* $\mathbf{N} = (n_{hk})$ *durch die* ABEL*sche Funktion* $f(\mathbf{u})$ *und die* RIEMANN*sche Matrix* $\boldsymbol{\Omega}$ *eindeutig bestimmt.*

Um die charakteristischen Zahlen n_{hk} zu definieren, brauchen wir nicht von einer Darstellung (25.8) mit intermediären Funktionen auszugehen, sondern es genügt eine aus dem Satz von COUSIN folgende Darstellung (13.1) mittels teilerfremder ganzer Funktionen $\varphi(\mathbf{u})$ und $\psi(\mathbf{u})$ anzunehmen. Dann erhält man durch Auswertung der Beziehung $f(\mathbf{u} + \boldsymbol{\Omega}\mathbf{e}_h) = f(\mathbf{u})$ die Relationen (vgl. S. 27):

$$\varphi(\mathbf{u} + \boldsymbol{\Omega}\mathbf{e}_h) = e^{g_h(\mathbf{u})}\,\varphi(\mathbf{u})\,, \qquad h = 1, \ldots, 2p \tag{25.9}$$

mit ganzen Funktionen $g_h(\mathbf{u})$. Für diese findet man, wenn man $\varphi(\mathbf{u} + \boldsymbol{\Omega}\mathbf{e}_h + \boldsymbol{\Omega}\mathbf{e}_k)$ auf zwei verschiedene Weisen ausrechnet (vgl. S. 28),

$$g_k(\mathbf{u} + \boldsymbol{\Omega}\mathbf{e}_h) - g_k(\mathbf{u}) - g_h(\mathbf{u} + \boldsymbol{\Omega}\mathbf{e}_k) + g_h(\mathbf{u}) = 2\pi i\, n_{hk}, \quad h, k = 1, \ldots, 2p \tag{25.10}$$

mit ganzen rationalen Zahlen $n_{hk} = -n_{kh}$.

Legt man nun an Stelle von (25.8) eine andere Darstellung (13.3) mit anderen Funktionen $\varphi^*(\mathbf{u})$ und $\psi^*(\mathbf{u})$ zugrunde, so gilt (13.4):

$$\varphi^*(\mathbf{u}) = e^{G(\mathbf{u})}\,\varphi(\mathbf{u})$$

mit einer ganzen Funktion $G(\mathbf{u})$; entsprechend (25.9) gilt

$$\varphi^*(\mathbf{u} + \boldsymbol{\Omega}\mathbf{e}_h) = e^{g_h^*(\mathbf{u})}\,\varphi^*(\mathbf{u})\,, \quad h = 1, \ldots, 2p$$

mit

$$g_h^*(\mathbf{u}) = g_h(\mathbf{u}) + G(\mathbf{u} + \boldsymbol{\Omega}\mathbf{e}_h) - G(\mathbf{u})\,, \quad h = 1, \ldots, 2p\,. \tag{25.11}$$

Durch Einsetzen überzeugt man sich leicht, daß auch diese Funktionen $g_h^*(\mathbf{u})$ die Relationen (25.10) erfüllen, und zwar mit denselben Zahlen n_{hk}; diese Zahlen sind also unabhängig von der besonderen Darstellung (25.8) und bereits eindeutig bestimmt, auch wenn $\varphi(\mathbf{u})$, $\psi(\mathbf{u})$ nicht intermediär sind. Sind sie aber intermediäre Funktionen und haben sie die zweite Periodenmatrix $\boldsymbol{\Lambda}$, so gilt

$$g_h(\mathbf{u}) = 2\pi i\,\tilde{\mathbf{e}}_h(\tilde{\boldsymbol{\Lambda}}\mathbf{u} + \boldsymbol{\gamma})\,;$$

das liefert, in (25.10) eingesetzt, nach kurzer Rechnung:

$$2\pi i\,[\tilde{\mathbf{e}}_k\tilde{\boldsymbol{\Lambda}}\boldsymbol{\Omega}\mathbf{e}_h - \tilde{\mathbf{e}}_h\tilde{\boldsymbol{\Lambda}}\boldsymbol{\Omega}\mathbf{e}_k] = 2\pi i\,\tilde{\mathbf{e}}_h\,[\tilde{\boldsymbol{\Omega}}\boldsymbol{\Lambda} - \tilde{\boldsymbol{\Lambda}}\boldsymbol{\Omega}]\,\mathbf{e}_k = 2\pi i\, n_{hk}\,,$$

was genau mit (25.6) übereinstimmt.

Man findet auch leicht, daß jede weitere zur Darstellung von $f(\mathbf{u})$ brauchbare intermediäre Funktion $\varphi^*(\mathbf{u})$ sich von $\varphi(\mathbf{u})$ nur um einen Faktor unterscheiden kann, der selbst eine intermediäre und nirgends verschwindende Funktion ist. Daher muß mit den Bezeichnungen von S. 84

$$\varphi^*(\mathbf{u}) = e^{\pi i(\tilde{\mathbf{u}}\mathbf{S}\mathbf{u} + 2\tilde{\boldsymbol{\alpha}}\mathbf{u} + \beta)}\,\varphi(\mathbf{u})$$

gelten. Dann gehört aber zu $\varphi^*(\mathbf{u})$ die 2. Periodenmatrix $\boldsymbol{\Lambda}^* = \boldsymbol{\Lambda} + \mathbf{S}\boldsymbol{\Omega}$, die dieselbe charakteristische Matrix $\mathbf{N}$ bestimmt (vgl. S. 85).

Dagegen ändert sich $\mathbf{N}$ beim Übergang zu einer äquivalenten RIEMANNschen Matrix $\boldsymbol{\Omega}\mathbf{M}$ gemäß Formel (26.8).

26. Verhalten von N und δ beim Übergang zu einer äquivalenten RIEMANNschen Matrix. Wie wir gesehen haben, gehört zu jedem Paar von intermediären Funktionen $\varphi(\mathbf{u})$ und $\psi(\mathbf{u})$, deren Quotient eine zur Periodenmatrix $\boldsymbol{\Omega}$ gehörige ABELsche Funktion ist, eine 2. Periodenmatrix $\boldsymbol{\Lambda}$, eine charakteristische Matrix $\mathbf{N} = \widetilde{\boldsymbol{\Omega}}\boldsymbol{\Lambda} - \widetilde{\boldsymbol{\Lambda}}\boldsymbol{\Omega}$ und eine ganze rationale Zahl $\delta = \begin{vmatrix} \boldsymbol{\Omega} \\ \boldsymbol{\Lambda} \end{vmatrix}$, deren absoluten Betrag wir die Determinante der intermediären Funktionen $\varphi(\mathbf{u})$ und $\psi(\mathbf{u})$ nennen. Die Bedeutung dieser Zahl δ geht besonders aus dem Umstand hervor, daß δ invariant gegenüber Transformationen der RIEMANNschen Matrix $\boldsymbol{\Omega}$ ist, welche $\boldsymbol{\Omega}$ in eine äquivalente Matrix (Abschnitt Nr. 11):

$$\boldsymbol{\Omega}^* = \mathbf{A}\,\boldsymbol{\Omega}\,\mathbf{M}$$

überführen.

Wir können zwei Arten von Äquivalenztransformationen unterscheiden:

(I) eine reguläre homogene lineare Substitution der Variablen $\mathbf{u}$ (Abschnitt Nr. 10) $\mathbf{u}^* = \mathbf{A}\mathbf{u}$, $|\mathbf{A}| \neq 0$, wobei die RIEMANNsche Matrix $\boldsymbol{\Omega}$ so transformiert wird:

$$\boldsymbol{\Omega}^* = \mathbf{A}\,\boldsymbol{\Omega}\,; \tag{26.1}$$

(II) Übergang von einem primitiven System der Perioden zu einem anderen durch eine unimodulare Substitution (Abschnitt Nr. 8), deren Matrix $\mathbf{M}$ ist:

$$\boldsymbol{\Omega}^* = \boldsymbol{\Omega}\mathbf{M}\,. \tag{26.2}$$

(I)

Einer linearen Substitution $\mathbf{u}^* = \mathbf{A}\mathbf{u}$ der Variablen entspricht, wie wir wissen (10.1), die Transformation $\boldsymbol{\Omega}^* = \mathbf{A}\boldsymbol{\Omega}$ der 1. Periodenmatrix; eine zugehörige intermediäre Funktion $\varphi(\mathbf{u})$ geht dabei in eine intermediäre Funktion $\varphi^*(\mathbf{u}^*)$:

$$\varphi(\mathbf{u}) = \varphi(\mathbf{A}^{-1}\mathbf{u}^*) = \varphi^*(\mathbf{u}^*)$$

über. Dann ist $\boldsymbol{\omega}_h^* = \mathbf{A}\boldsymbol{\omega}_h$ eine Periode von $\varphi^*(\mathbf{u}^*)$ (vgl. Abschnitt Nr. 2) und es gilt nach (25.2):

$$\begin{aligned}\varphi^*(\mathbf{u}^* + \boldsymbol{\omega}_h^*) &= \varphi(\mathbf{A}^{-1}\mathbf{u}^* + \mathbf{A}^{-1}\boldsymbol{\omega}_h^*) = \varphi(\mathbf{u} + \boldsymbol{\omega}_h) = e^{2\pi i \tilde{\mathbf{e}}_h(\tilde{\boldsymbol{\Lambda}}\mathbf{u} + \gamma)}\,\varphi(\mathbf{u}) \\ &= e^{2\pi i \tilde{\mathbf{e}}_h(\tilde{\boldsymbol{\Lambda}}\mathbf{A}^{-1}\mathbf{u}^* + \gamma)}\,\varphi^*(\mathbf{u}^*)\,.\end{aligned}$$

Daher gehört zur intermediären Funktion $\varphi^*(\mathbf{u}^*)$ mit der RIEMANNschen Matrix $\boldsymbol{\Omega}^*$ die 2. Periodenmatrix $(\widetilde{\boldsymbol{\Lambda}}\mathbf{A}^{-1})^T$:

$$\boldsymbol{\Lambda}^* = \widetilde{\mathbf{A}}^{-1}\boldsymbol{\Lambda}\,. \tag{26.3}$$

Damit berechnen wir nun die charakteristische Matrix:

$$\mathbf{N}^* = \widetilde{\boldsymbol{\Omega}}^*\boldsymbol{\Lambda}^* - \widetilde{\boldsymbol{\Lambda}}^*\boldsymbol{\Omega}^* = \widetilde{\boldsymbol{\Omega}}\widetilde{\mathbf{A}}\widetilde{\mathbf{A}}^{-1}\boldsymbol{\Lambda} - \widetilde{\boldsymbol{\Lambda}}\mathbf{A}^{-1}\mathbf{A}\boldsymbol{\Omega} = \widetilde{\boldsymbol{\Omega}}\boldsymbol{\Lambda} - \widetilde{\boldsymbol{\Lambda}}\boldsymbol{\Omega} = \mathbf{N}\,,$$

d. h. bei regulären Variablentransformationen ändert sich die charakteristische Matrix $\mathbf{N}$ nicht und folglich (25.7) bleibt auch die Determinante $|\delta|$ ungeändert. Das letztere kann man auch leicht direkt bestätigen:

$$\delta^* = \begin{vmatrix} \boldsymbol{\Omega}^* \\ \boldsymbol{\Lambda}^* \end{vmatrix} = \begin{vmatrix} \mathbf{A} & \boldsymbol{\Omega} \\ \tilde{\mathbf{A}}^{-1} & \boldsymbol{\Lambda} \end{vmatrix} = \begin{vmatrix} \mathbf{A} & 0 \\ 0 & \tilde{\mathbf{A}}^{-1} \end{vmatrix} \begin{vmatrix} \boldsymbol{\Omega} \\ \boldsymbol{\Lambda} \end{vmatrix} = |\mathbf{A}|\, |\widetilde{\mathbf{A}^{-1}}|\, \delta = \delta .$$

(II)

Wir betrachten nun den Übergang von einem primitiven System der Perioden zu einem anderen mittels einer unimodularen Transformation (26.2), wo $\mathbf{M} = (m_{jk})$ eine ganzzahlige unimodulare $(2p, 2p)$-Matrix ist. Zunächst müssen wir aber die Formel (25.2) verallgemeinern: Bedeutet $\mathbf{m}$ die Spaltenmatrix mit den Elementen $m_1, m_2, \ldots, m_{2p}$, die ganze rationale Zahlen sind, so daß

$$\boldsymbol{\Omega}\mathbf{m} = m_1 \boldsymbol{\omega}_1 + m_2 \boldsymbol{\omega}_2 + \cdots + m_{2p} \boldsymbol{\omega}_{2p}$$

eine Periode der durch $\boldsymbol{\Omega}$ erzeugten Periodengruppe ist, so gilt:

$$\varphi(\mathbf{u} + \boldsymbol{\Omega}\mathbf{m}) = e^{2\pi i\{\tilde{\mathbf{m}}\tilde{\boldsymbol{\Lambda}}\mathbf{u} + c(\mathbf{m})\}}\, \varphi(\mathbf{u}) , \tag{26.4}$$

wo die Zahl $c(\mathbf{m})$ nur von den Komponenten des Vektors $\mathbf{m}$, aber nicht von den Variablen $\mathbf{u}$ abhängt; im Falle $\mathbf{m} = \mathbf{e}_h$ ist $c(\mathbf{e}_h) = \gamma_h$ (25.4), und dann stimmt (26.4) mit (25.2) überein. Wir können daher diese Formel durch vollständige Induktion beweisen.

Man findet nämlich:

$$\begin{aligned} \varphi(\mathbf{u} + \boldsymbol{\Omega}(\mathbf{m} + \mathbf{e}_h)) &= \varphi(\mathbf{u} + \boldsymbol{\Omega}\mathbf{e}_h + \boldsymbol{\Omega}\mathbf{m}) \\ &= e^{2\pi i\{\tilde{\mathbf{m}}\tilde{\boldsymbol{\Lambda}}(\mathbf{u} + \boldsymbol{\Omega}\mathbf{e}_h) + c(\mathbf{m})\} + 2\pi i(\tilde{\mathbf{e}}_h\tilde{\boldsymbol{\Lambda}}\mathbf{u} + \tilde{\mathbf{e}}_h\gamma)}\, \varphi(\mathbf{u}) \\ &= e^{2\pi i\{(\tilde{\mathbf{m}} + \tilde{\mathbf{e}}_h)\tilde{\boldsymbol{\Lambda}}\mathbf{u} + c(\mathbf{m} + \mathbf{e}_h)\}}\, \varphi(\mathbf{u}) ; \end{aligned}$$

also gilt (26.4) allgemein, und zwar findet man noch für $c(\mathbf{m})$ die Rekursionsformel:

$$c(\mathbf{m} + \mathbf{e}_h) = c(\mathbf{m}) + \tilde{\mathbf{e}}_h\boldsymbol{\gamma} + \tilde{\mathbf{m}}\tilde{\boldsymbol{\Lambda}}\boldsymbol{\Omega}\mathbf{e}_h , \quad c(\mathbf{e}_h) = \tilde{\mathbf{e}}_h\boldsymbol{\gamma}.^{*)} \tag{26.5}$$

Setzt man nun $\mathbf{m} = \mathbf{M}\mathbf{e}_h$, d. i. die h-te Kolonne der unimodularen Matrix $\mathbf{M}$ in (26.2) und $\boldsymbol{\omega}_h^* = \boldsymbol{\Omega}^*\mathbf{e}_h = \boldsymbol{\Omega}\mathbf{M}\mathbf{e}_h$, so erhält man aus (26.4):

$$\varphi(\mathbf{u} + \boldsymbol{\omega}_h^*) = e^{2\pi i\tilde{\mathbf{e}}_h(\tilde{\mathbf{M}}\tilde{\boldsymbol{\Lambda}}\mathbf{u} + \gamma^*)}\, \varphi(\mathbf{u}) , \tag{26.6}$$

---

*) Man findet für $c(\mathbf{m})$ folgende Darstellung:

$$c(\mathbf{m}) = \tilde{\mathbf{m}}\gamma + \frac{1}{2}\tilde{\mathbf{m}}\tilde{\boldsymbol{\Lambda}}\boldsymbol{\Omega}\mathbf{m} - \frac{1}{2}\tilde{\mathbf{m}}\,\mathrm{Sp}(\tilde{\boldsymbol{\Lambda}}\boldsymbol{\Omega}) - \frac{1}{2}\tilde{\mathbf{m}}\mathbf{N}_\Delta\mathbf{m};$$

hier bedeutet $\mathrm{Sp}(\mathbf{A})$ die einspaltige Matrix, deren Elemente die in der Hauptdiagonale von $\mathbf{A}$ stehenden Elemente sind; $\mathbf{N}_\Delta$ bedeutet die aus $\mathbf{N}$ hervorgehende Matrix, wenn man alle Elemente unter der Hauptdiagonale durch Nullen ersetzt.

wo γ^* eine von $\mathbf{u}$ unabhängige $(2p, 1)$-Matrix ist, deren genaue Darstellung hier nicht interessiert*).

Also entspricht einer unimodularen Transformation der 1. Periodenmatrix genau dieselbe unimodulare Transformation der 2. Periodenmatrix:

$$\boldsymbol{\Omega}^* = \boldsymbol{\Omega}\,\mathbf{M}\,, \quad \boldsymbol{\Lambda}^* = \boldsymbol{\Lambda}\,\mathbf{M}\,. \tag{26.7}$$

Daraus folgt nun für die charakteristische Matrix

$$\mathbf{N}^* = \widetilde{\boldsymbol{\Omega}}^*\boldsymbol{\Lambda}^* - \widetilde{\boldsymbol{\Lambda}}^*\boldsymbol{\Omega}^* = \widetilde{\mathbf{M}}\widetilde{\boldsymbol{\Omega}}\boldsymbol{\Lambda}\mathbf{M} - \widetilde{\mathbf{M}}\widetilde{\boldsymbol{\Lambda}}\boldsymbol{\Omega}\mathbf{M} = \widetilde{\mathbf{M}}(\widetilde{\boldsymbol{\Omega}}\boldsymbol{\Lambda} - \widetilde{\boldsymbol{\Lambda}}\boldsymbol{\Omega})\mathbf{M}\,,$$

also

$$\mathbf{N}^* = \widetilde{\mathbf{M}}\mathbf{N}\mathbf{M}\,, \tag{26.8}$$

d. h. *die charakteristische Matrix wird im Falle* (26.7) *genau nach demselben Gesetz transformiert wie die Matrix der bilinearen Form* $\tilde{\mathbf{x}}\mathbf{N}\mathbf{y}$, *wenn man die Variablen den kogredienten Transformationen* $\mathbf{x} = \mathbf{M}\,\mathbf{x}^*$, $\mathbf{y} = \mathbf{M}\,\mathbf{y}^*$ *unterwirft*:

$$\tilde{\mathbf{x}}\mathbf{N}\mathbf{y} = \tilde{\mathbf{x}}^*\widetilde{\mathbf{M}}\mathbf{N}\mathbf{M}\mathbf{y}^* = \tilde{\mathbf{x}}^*\mathbf{N}^*\mathbf{y}^*\,.$$

Da $\mathbf{M}$ unimodular ist ($|\mathbf{M}| = \pm 1$), hat man $|\mathbf{N}^*| = |\mathbf{N}|$, also $\delta^* = \pm\delta$, was man auch leicht direkt bestätigt:

$$\delta^* = \begin{vmatrix} \boldsymbol{\Omega}^* \\ \boldsymbol{\Lambda}^* \end{vmatrix} = \begin{vmatrix} \boldsymbol{\Omega}\mathbf{M} \\ \boldsymbol{\Lambda}\mathbf{M} \end{vmatrix} = \begin{vmatrix} \boldsymbol{\Omega} \\ \boldsymbol{\Lambda} \end{vmatrix}\,|\mathbf{M}| = \pm\,\delta\,.$$

Also bleibt die „Determinante" der intermediären Funktionen (d. i. der absolute Betrag von δ) bei unimodularen Substitutionen (26.2) *der* RIEMANN*schen Matrix* $\boldsymbol{\Omega}$ *invariant.*

Zusammenfassend können wir noch sagen: *Beim Übergang von einer* RIEMANN*schen Matrix* $\boldsymbol{\Omega}$ *zu einer äquivalenten* $\boldsymbol{\Omega}^* = \mathbf{A}\boldsymbol{\Omega}\mathbf{M}$ *erleiden die* 2. *Periodenmatrix, die charakteristische Matrix und* δ *die Transformationen*:

$$\boldsymbol{\Lambda}^* = \widetilde{\mathbf{A}}^{-1}\boldsymbol{\Lambda}\mathbf{M}\,, \quad \mathbf{N}^* = \widetilde{\mathbf{M}}\mathbf{N}\mathbf{M}\,, \quad \delta^* = \pm\,\delta\,. \tag{26.9}$$

27. Das Nichtverschwinden der Determinante $|\delta|$. Wir haben schon aus (25.7) geschlossen, daß δ eine ganze rationale Zahl sein muß; jetzt wollen wir beweisen:

Die Determinante $|\delta|$ von zwei intermediären Funktionen $\varphi(\mathbf{u})$ und $\psi(\mathbf{u})$, deren Quotient eine ABEL*sche Funktion mit der von $\boldsymbol{\Omega}$ erzeugten Periodengruppe darstellt, ist eine nicht verschwindende ganze rationale Zahl*: $|\delta| > 0$.

---

*) Man kann für γ^* folgende Darstellung finden (mit den Bezeichnungen der vorausgehenden Anmerkung):

$$\gamma^* = \mathbf{M}\gamma + \frac{1}{2}\,\mathrm{Sp}\,(\widetilde{\mathbf{M}}\widetilde{\boldsymbol{\Lambda}}\boldsymbol{\Omega}\mathbf{M}) - \frac{1}{2}\,\widetilde{\mathbf{M}}\;\mathrm{Sp}\,(\widetilde{\boldsymbol{\Lambda}}\boldsymbol{\Omega}) - \frac{1}{2}\,\mathrm{Sp}\,(\widetilde{\mathbf{M}}\mathbf{N}_1\mathbf{M})\,.$$

Es bedeute

$$\tilde{\mathbf{x}} = (x_1, x_2, \ldots, x_{2p})$$

einen $2p$-Vektor, dessen Komponenten reell sind und der mit dem komplexen p-Vektor

$$\tilde{\mathbf{u}} = (u_1, u_2, \ldots, u_p)$$

durch die Substitution

$$\mathbf{u} = \boldsymbol{\Omega}\,\mathbf{x}$$

zusammenhängt, die wir mit der konjugiert komplexen $\bar{\mathbf{u}} = \bar{\boldsymbol{\Omega}}\,\mathbf{x}$ in der Gleichung zusammenfassen:

$$\begin{pmatrix}\mathbf{u}\\ \bar{\mathbf{u}}\end{pmatrix} = \mathbf{F}\,\mathbf{x}\,, \tag{27.1}$$

wo $\mathbf{F} = \begin{pmatrix}\boldsymbol{\Omega}\\ \bar{\boldsymbol{\Omega}}\end{pmatrix}$ die „große Periodenmatrix" bezeichnet, von der wir bereits wissen (10.8), daß sie regulär ist ($|\mathbf{F}| \neq 0$).

Daher existiert die reziproke Matrix $\mathbf{F}^{-1} = (\mathbf{F}_1, \mathbf{F}_2)$, die wir in zwei $(2p, p)$-Matrizen $\mathbf{F}_1$ und $\mathbf{F}_2$ unterteilt haben. Nun folgt zunächst:

$$\mathbf{F}^{-1}\mathbf{F} = \mathbf{F}_1\boldsymbol{\Omega} + \mathbf{F}_2\bar{\boldsymbol{\Omega}} = \mathbf{E}_{2p}\,,$$

wo $\mathbf{E}_{2p}$ die $2p$-zeilige Einheitsmatrix ist; hier gehen wir zu den konjugiert komplexen Größen über:

$$\bar{\mathbf{F}}_2\boldsymbol{\Omega} + \bar{\mathbf{F}}_1\bar{\boldsymbol{\Omega}} = \mathbf{E}_{2p} = (\bar{\mathbf{F}}_2, \bar{\mathbf{F}}_1)\begin{pmatrix}\boldsymbol{\Omega}\\ \bar{\boldsymbol{\Omega}}\end{pmatrix}.$$

Also ist auch $\mathbf{F}^{-1} = (\bar{\mathbf{F}}_2, \bar{\mathbf{F}}_1)$, so daß wir auf $\bar{\mathbf{F}}_2 = \mathbf{F}_1$ schließen und

$$\mathbf{F}^{-1} = (\mathbf{F}_1, \bar{\mathbf{F}}_1) \tag{27.2}$$

schreiben können. Ferner folgt, wenn wir $\mathbf{F}\mathbf{F}^{-1} = \mathbf{E}_{2p}$ bilden:

$$\begin{pmatrix}\boldsymbol{\Omega}\\ \bar{\boldsymbol{\Omega}}\end{pmatrix}(\mathbf{F}_1, \bar{\mathbf{F}}_1) = \left(\begin{array}{c|c}\boldsymbol{\Omega}\mathbf{F}_1 & \boldsymbol{\Omega}\bar{\mathbf{F}}_1\\ \bar{\boldsymbol{\Omega}}\mathbf{F}_1 & \bar{\boldsymbol{\Omega}}\bar{\mathbf{F}}_1\end{array}\right) = \left(\begin{array}{c|c}\mathbf{E}_p & 0\\ 0 & \mathbf{E}_p\end{array}\right),$$

also

$$\mathbf{F}_1\boldsymbol{\Omega} + \bar{\mathbf{F}}_1\bar{\boldsymbol{\Omega}} = \mathbf{E}_{2p}\,,\quad \boldsymbol{\Omega}\mathbf{F}_1 = \bar{\boldsymbol{\Omega}}\bar{\mathbf{F}}_1 = \mathbf{E}_p\,,\quad \bar{\boldsymbol{\Omega}}\mathbf{F}_1 = \boldsymbol{\Omega}\bar{\mathbf{F}}_1 = 0\,. \tag{27.3}$$

Damit können wir nun die Umkehrung der Substitution (27.1) so anschreiben:

$$\mathbf{x} = \mathbf{F}^{-1}\begin{pmatrix}\mathbf{u}\\ \bar{\mathbf{u}}\end{pmatrix} = \mathbf{F}_1\mathbf{u} + \bar{\mathbf{F}}_1\bar{\mathbf{u}}\,. \tag{27.4}$$

Wir setzen noch zur Abkürzung

$$\mathbf{S} = \tilde{\boldsymbol{\Omega}}\boldsymbol{\Lambda} + \tilde{\boldsymbol{\Lambda}}\boldsymbol{\Omega}\,; \tag{27.5}$$

$\mathbf{S} = \tilde{\mathbf{S}}$ ist eine symmetrische $(2p, 2p)$-Matrix mit komplexen Elementen, während die bereits eingeführte $(2p, 2p)$-Matrix

$$\mathbf{N} = \tilde{\boldsymbol{\Omega}}\boldsymbol{\Lambda} - \tilde{\boldsymbol{\Lambda}}\boldsymbol{\Omega}$$

schiefsymmetrisch ($\widetilde{\mathbf{N}} = -\mathbf{N}$) ist und ganze rationale Zahlen als Elemente besitzt. Ferner sei noch

$$\mathbf{a} = \boldsymbol{\gamma} - \frac{1}{4}\mathbf{s} \tag{27.6}$$

gesetzt, wo $\boldsymbol{\gamma}$ der in (25.2) auftretende Vektor ist, während $\mathbf{s}$ den „Spurvektor" von $\mathbf{S} = (s_{ik})$ bedeutet, d. i.

$$\widetilde{\mathbf{s}} = (s_{11}, s_{22}, \ldots, s_{2p,2p}) \,. \tag{27.7}$$

Nun betrachten wir die quadratische Funktion der Variablen $\mathbf{x}$:

$$\Phi(\mathbf{x}) = \frac{1}{4}\,\widetilde{\mathbf{x}}\,\mathbf{S}\,\mathbf{x} + \widetilde{\mathbf{a}}\,\mathbf{x}\,, \tag{27.8}$$

die so gebildet ist, daß

$$\begin{aligned}
\Phi(\mathbf{x}+\mathbf{e}_h) - \Phi(\mathbf{x}) &= \frac{1}{4}\,(\widetilde{\mathbf{x}} + \widetilde{\mathbf{e}}_h)\,\mathbf{S}(\mathbf{x}+\mathbf{e}_h) + \widetilde{\mathbf{a}}(\mathbf{x}+\mathbf{e}_h) - \frac{1}{4}\,\widetilde{\mathbf{x}}\,\mathbf{S}\,\mathbf{x} - \widetilde{\mathbf{a}}\,\mathbf{x}\\
&= \frac{1}{4}\,\widetilde{\mathbf{x}}\,\mathbf{S}\,\mathbf{e}_h + \frac{1}{4}\,\widetilde{\mathbf{e}}_h\,\mathbf{S}\,\mathbf{x} + \frac{1}{4}\,\widetilde{\mathbf{e}}_h\,\mathbf{S}\,\mathbf{e}_h + \widetilde{\mathbf{a}}\,\mathbf{e}_h\\
&= \frac{1}{2}\,\widetilde{\mathbf{e}}_h\,\mathbf{S}\,\mathbf{x} + \gamma_h \qquad\qquad (27.9)\\
&= \frac{1}{2}\,\widetilde{\mathbf{e}}_h(\mathbf{S}-\mathbf{N})\,\mathbf{x} + \gamma_h + \frac{1}{2}\,\widetilde{\mathbf{e}}_h\,\mathbf{N}\,\mathbf{x}\\
&= \widetilde{\mathbf{e}}_h\,\widetilde{\boldsymbol{\Lambda}}\boldsymbol{\Omega}\mathbf{x} + \gamma_h + \frac{1}{2}\,\widetilde{\mathbf{e}}_h\,\mathbf{N}\,\mathbf{x}
\end{aligned}$$

gilt. Man beachte nun, daß die reellen Variablen $\mathbf{x}$ und die komplexen Variablen $\mathbf{u}, \overline{\mathbf{u}}$ vermöge der linearen Transformationen (27.1) und (27.4) zusammenhängen, und zwar derart, daß $\boldsymbol{\Omega}\,\mathbf{x} = \mathbf{u}$, $\boldsymbol{\Omega}(\mathbf{x}+\mathbf{e}_h) = \mathbf{u} + \boldsymbol{\omega}_h$, $\overline{\boldsymbol{\Omega}}(\mathbf{x}+\mathbf{e}_h) = \overline{\mathbf{u}} + \overline{\boldsymbol{\omega}}_h$ ist. Daher kann $\Phi(\mathbf{x})$ auch als eine quadratische Funktion der Variablen $\mathbf{u}, \overline{\mathbf{u}}$ angesehen werden, und die folgende Funktion

$$L(\mathbf{u}, \overline{\mathbf{u}}) = \varphi(\mathbf{u})\, e^{-2\pi i \Phi(\mathbf{x})} \tag{27.10}$$

ist eine in jedem endlichen Bereich stetige Funktion der Variablen $\mathbf{u}, \overline{\mathbf{u}}$, welche vermöge (25.2) und (27.9) die Relation erfüllt:

$$\begin{aligned}
L(\mathbf{u}+\boldsymbol{\omega}_h, \overline{\mathbf{u}}+\overline{\boldsymbol{\omega}}_h) &= \varphi(\mathbf{u}+\boldsymbol{\omega}_h)\, e^{-2\pi i \Phi(\mathbf{x}+\mathbf{e}_h)}\\
&= e^{2\pi i \widetilde{\mathbf{e}}_h\left(\widetilde{\boldsymbol{\Lambda}}\mathbf{u} + \gamma - \widetilde{\boldsymbol{\Lambda}}\,\boldsymbol{\Omega}\,\mathbf{x} - \gamma - \frac{1}{2}\mathbf{N}\,\mathbf{x}\right)} L(\mathbf{u}, \overline{\mathbf{u}})\\
&= e^{-\pi i \widetilde{\mathbf{e}}_h \mathbf{N}\,\mathbf{x}}\, L(\mathbf{u}, \overline{\mathbf{u}})\;;
\end{aligned}$$

nun ist aber $\widetilde{\mathbf{e}}_h\mathbf{N}\,\mathbf{x}$ eine reelle Zahl, also

$$|L(\mathbf{u}+\boldsymbol{\omega}_h, \overline{\mathbf{u}}+\overline{\boldsymbol{\omega}}_h)| = |L(\mathbf{u}, \overline{\mathbf{u}})|\,, \qquad h = 1, 2, \ldots, 2p\,. \tag{27.11}$$

Genau dasselbe gilt auch, wenn man in (27.10) die zweite intermediäre Funktion $\psi(\mathbf{u})$ an die Stelle von $\varphi(\mathbf{u})$ setzt.

Die Funktion $L(\mathbf{u}, \bar{\mathbf{u}})$ ist in jedem endlichen Bereich, also auch in dem Periodenparallelotop der Perioden $\boldsymbol{\omega}_h$ $(h = 1, \ldots, 2p)$ stetig und habe dort das Maximum G; dann gilt aber zufolge (27.11) überall:

$$|L(\mathbf{u}, \bar{\mathbf{u}})| \leqq G\,. \tag{27.12}$$

Wir brauchen nun noch die Umrechnung von $\Phi(\mathbf{x})$ auf die Variablen $\mathbf{u}, \bar{\mathbf{u}}$ mittels (27.4). Da es uns aber nur auf den absoluten Betrag der Funktion $L(\mathbf{u}, \bar{\mathbf{u}})$ ankommt, in deren Exponenten $-2\pi i\,\Phi(\mathbf{x})$ steht, so können wir bei der folgenden Berechnung reelle Summanden außer Betracht lassen; sie werden nur durch das allgemeine Symbol „Re" angedeutet. Mit $\mathbf{a} = \mathbf{a}' + i\,\mathbf{a}''$ finden wir zunächst mit Rücksicht darauf, daß $\mathbf{x}$ ein reeller Vektor ist:

$$\tilde{\mathbf{a}}\,\mathbf{x} = \tilde{\mathbf{a}}'\,\mathbf{x} + i\,\tilde{\mathbf{a}}''(\mathbf{F}_1\mathbf{u} + \overline{\mathbf{F}}_1\bar{\mathbf{u}}) = 2i\,\tilde{\mathbf{a}}''\mathbf{F}_1\mathbf{u} + \mathrm{Re}\;;$$

ferner mit leichten Umformungen (weil auch $\mathbf{N}$ reell ist):

$$\begin{aligned}\tilde{\mathbf{x}}\,\mathbf{S}\,\mathbf{x} &= \tilde{\mathbf{x}}(\mathbf{S} - \mathbf{N})\,\mathbf{x} + \mathrm{Re} = 2\tilde{\mathbf{x}}\widetilde{\boldsymbol{\Lambda}}\,\boldsymbol{\Omega}\,\mathbf{x} + \mathrm{Re} = 2(\tilde{\mathbf{u}}\,\widetilde{\mathbf{F}}_1 + \overline{\tilde{\mathbf{u}}\widetilde{\mathbf{F}}_1})\,\widetilde{\boldsymbol{\Lambda}}\,\mathbf{u} + \mathrm{Re}\\ &= 2\tilde{\mathbf{u}}\,\boldsymbol{\Lambda}\,\mathbf{F}_1\mathbf{u} + 2\tilde{\mathbf{u}}\,\boldsymbol{\Lambda}\,\overline{\mathbf{F}}_1\bar{\mathbf{u}} + \mathrm{Re} = 2\tilde{\mathbf{u}}\,\boldsymbol{\Lambda}\,\mathbf{F}_1\mathbf{u} + \frac{2}{\pi i}\,\tilde{\mathbf{u}}\,\mathbf{H}\,\bar{\mathbf{u}} + \mathrm{Re},\end{aligned}$$

wo mit Rücksicht auf (27.3)

$$\frac{1}{\pi i}\,\mathbf{H} = \boldsymbol{\Lambda}\,\overline{\mathbf{F}}_1 = \widetilde{\mathbf{F}}_1\,\widetilde{\boldsymbol{\Omega}}\,\boldsymbol{\Lambda}\,\overline{\mathbf{F}}_1 - \widetilde{\mathbf{F}}_1\,\widetilde{\boldsymbol{\Lambda}}\,\boldsymbol{\Omega}\,\overline{\mathbf{F}}_1 = \widetilde{\mathbf{F}}_1\,\mathbf{N}\,\overline{\mathbf{F}}_1$$

gesetzt ist; damit ist

$$\mathbf{H} = \pi i\,\widetilde{\mathbf{F}}_1\,\mathbf{N}\,\overline{\mathbf{F}}_1 \tag{27.13}$$

eine HERMITE*sche Matrix*, denn wegen $\widetilde{\mathbf{N}} = -\,\mathbf{N}$ gilt:

$$\overline{\widetilde{\mathbf{H}}} = -\,\pi i\,\widetilde{\mathbf{F}}_1\,\widetilde{\mathbf{N}}\,\overline{\mathbf{F}}_1 = \mathbf{H}\,.$$

Zusammenfassend können wir daher schreiben:

$$\Phi(\mathbf{x}) = \frac{1}{4}\,\tilde{\mathbf{x}}\,\mathbf{S}\,\mathbf{x} + \tilde{\mathbf{a}}\,\mathbf{x} = \frac{1}{2}\,\tilde{\mathbf{u}}\,\boldsymbol{\Lambda}\,\mathbf{F}_1\mathbf{u} + 2i\,\tilde{\mathbf{a}}''\mathbf{F}_1\mathbf{u} + \frac{1}{2\pi i}\,\tilde{\mathbf{u}}\,\mathbf{H}\,\bar{\mathbf{u}} + \mathrm{Re},$$

oder kürzer

$$\Phi(\mathbf{x}) = \chi(\mathbf{u}) + \frac{1}{2\pi i}\,\tilde{\mathbf{u}}\,\mathbf{H}\,\bar{\mathbf{u}} + \mathrm{Re}\,,$$

wo $\chi(\mathbf{u})$ eine quadratische Funktion der Variablen $\mathbf{u}$, also sicher eine *analytische Funktion* dieser Variablen vorstellt. Setzen wir das in (27.12) ein, so können wir schließen:

$$|\varphi(\mathbf{u})\,e^{-2\pi i\chi(\mathbf{u})}| \leqq G\,e^{\tilde{\mathbf{u}}\mathbf{H}\bar{\mathbf{u}}}\,. \tag{27.14}$$

Genau dieselbe Relation gilt auch mit $\psi(\mathbf{u})$ anstelle von $\varphi(\mathbf{u})$. Hier steht auf der linken Seite zwischen den Absolutstrichen eine *analytische* Funktion der Variablen $\mathbf{u}$, während rechts das Exponential einer

HERMITEschen Form $\tilde{\mathbf{u}}\mathbf{H}\bar{\mathbf{u}}$ steht. Für das folgende ist es von entscheidender Wichtigkeit einzusehen, daß diese HERMITEsche Form *positiv definit* ist, d. h. nur positive Werte annehmen kann, ausgenommen den Wert Null für $\mathbf{u} = 0$. Dafür dient uns die folgende Überlegung:

Bekanntlich kann jede HERMITEsche Form mittels einer regulären Transformation der Variablen $\mathbf{u} = \mathbf{T}\mathbf{z}$ in die Normalform übergeführt werden:

$$\tilde{\mathbf{u}}\mathbf{H}\bar{\mathbf{u}} = \tilde{\mathbf{z}}\tilde{\mathbf{T}}\mathbf{H}\bar{\mathbf{T}}\bar{\mathbf{z}} = h_1 z_1 \bar{z}_1 + h_2 z_2 \bar{z}_2 + \cdots + h_p z_p \bar{z}_p ,$$

wo die Koeffizienten h_j nur die Werte ± 1 oder 0 haben*).

Wir müssen hier zeigen, daß notwendig alle $h_j = +1$ $(j = 1, \ldots, p)$ sind. Wäre nämlich etwa $h_1 \leqq 0$, so würde dies bedeuten, daß die in (27.14) links stehende analytische Funktion $\varphi(\mathbf{u})\, e^{-2\pi i \chi(\mathbf{u})}$, so wie auch $\psi(\mathbf{u}) e^{-2\pi i \chi(\mathbf{u})}$, als Funktionen der komplexen Variablen $z_1, \ldots, z_p$ von z_1 unabhängig wäre; in der Tat wäre sie in diesem Falle bei festgehaltenen Werten $z_2, \ldots, z_p$ für alle Werte von z_1 beschränkt, also nach dem *Satz von* LIOUVILLE eine Konstante. Dasselbe folgt nun auch für $f(\mathbf{u}) = \varphi(\mathbf{u})/\psi(\mathbf{u})$, aber das steht im Widerspruch zur Voraussetzung, daß $f(\mathbf{u})$ als ABELsche Funktion nicht ausgeartet sein darf (Nr. 4).

Damit ist der wichtige Satz bewiesen:

Die mit der HERMITE*schen Matrix* (27.13) *gebildete* HERMITE*sche Form* $\tilde{\mathbf{u}}\mathbf{H}\bar{\mathbf{u}}$ *ist positiv definit,* oder auch kürzer: *Die* HERMITE*sche Matrix* $\mathbf{H}$ *ist positiv definit.*

Man kann diesen Sachverhalt auch so charakterisieren:

Bedeutet $\mathbf{v}$ *einen komplexen* $2p$-*Vektor* $(\mathbf{v} \neq 0)$, *der die Bedingung* $\bar{\boldsymbol{\Omega}}\mathbf{v} = 0$ *(also auch* $\boldsymbol{\Omega}\bar{\mathbf{v}} = 0$*) erfüllt, so gilt immer*

$$i\tilde{\mathbf{v}}\mathbf{N}\,\bar{\mathbf{v}} > 0\,. \tag{27.15}$$

Wir definieren den p-Vektor $\mathbf{u}$ durch die Gleichung $\mathbf{u} = \boldsymbol{\Omega}\mathbf{v}$; wegen $\bar{\boldsymbol{\Omega}}\mathbf{v} = 0$ folgt $\mathbf{F}\mathbf{v} = \begin{pmatrix}\boldsymbol{\Omega}\\ \bar{\boldsymbol{\Omega}}\end{pmatrix}\mathbf{v} = \begin{pmatrix}\mathbf{u}\\ 0\end{pmatrix}$; durch Umkehrung (27.4) erhält man daraus $\mathbf{v} = \mathbf{F}^{-1}\begin{pmatrix}\mathbf{u}\\ 0\end{pmatrix} = \mathbf{F}_1\mathbf{u}$. Daraus ergibt sich nun**):

$$i\tilde{\mathbf{v}}\mathbf{N}\bar{\mathbf{v}} = i\tilde{\mathbf{u}}\tilde{\mathbf{F}}_1\mathbf{N}\bar{\mathbf{F}}_1\,\bar{\mathbf{u}} = \frac{1}{\pi}\,\tilde{\mathbf{u}}\mathbf{H}\bar{\mathbf{u}} > 0\,.$$

Umgekehrt folgt aus (27.15) zusammen mit der Bedingung $\bar{\boldsymbol{\Omega}}\mathbf{v} = 0$ wieder der Satz, daß die HERMITEsche Matrix $\mathbf{H}$ positiv definit ist. Denn bedeutet $\mathbf{u}$ einen beliebigen komplexen p-Vektor $(\neq 0)$, so sei $\mathbf{v} = \mathbf{F}_1\mathbf{u}$ gesetzt, woraus wegen (27.3) $\bar{\boldsymbol{\Omega}}\mathbf{v} = 0$ folgt. Daher gilt**):

$$\frac{1}{\pi}\,\tilde{\mathbf{u}}\mathbf{H}\bar{\mathbf{u}} = i\tilde{\mathbf{u}}\tilde{\mathbf{F}}_1\mathbf{N}\bar{\mathbf{F}}_1\bar{\mathbf{u}} = i\tilde{\mathbf{v}}\mathbf{N}\bar{\mathbf{v}} > 0.$$

*) Vgl. W. GRÖBNER: Matrizenrechnung, § 7.3.

**) Man beachte, daß $\mathbf{u}$ und $\mathbf{v}$ nur gleichzeitig verschwinden können.

Jetzt folgt auch leicht der am Eingang dieses Abschnittes ausgesprochene Satz über das Nichtverschwinden von δ. Wäre nämlich $\delta = \begin{vmatrix}\boldsymbol{\Omega}\\ \boldsymbol{\Lambda}\end{vmatrix} = 0$, also auch $\bar{\delta} = \begin{vmatrix}\bar{\boldsymbol{\Omega}}\\ \bar{\boldsymbol{\Lambda}}\end{vmatrix} = 0$, so gäbe es einen nichtverschwindenden $2p$-Vektor $\mathbf{v}$ derart, daß $\bar{\boldsymbol{\Omega}}\,\mathbf{v} = \bar{\boldsymbol{\Lambda}}\,\mathbf{v} = 0$ (also auch $\boldsymbol{\Omega}\bar{\mathbf{v}} = \boldsymbol{\Lambda}\bar{\mathbf{v}} = 0$) wäre. Damit erhielte man aber

$$i\tilde{\mathbf{v}}\mathbf{N}\bar{\mathbf{v}} = i(\tilde{\mathbf{v}}\,\tilde{\boldsymbol{\Omega}}\boldsymbol{\Lambda}\,\bar{\mathbf{v}} - \tilde{\mathbf{v}}\,\tilde{\boldsymbol{\Lambda}}\boldsymbol{\Omega}\,\bar{\mathbf{v}}) = 0$$

im Widerspruch zu (27.15).

Dieselbe Tatsache kann man auch aus der folgenden Matrizenumrechnung finden:

$$\delta|\mathbf{F}^{-1}| = \begin{vmatrix}\boldsymbol{\Omega}\\ \boldsymbol{\Lambda}\end{vmatrix}\,|\mathbf{F}_1, \bar{\mathbf{F}}_1| = \begin{vmatrix}\mathbf{E}_p & 0\\ \boldsymbol{\Lambda}\mathbf{F}_1 & \frac{1}{\pi i}\mathbf{H}\end{vmatrix} = \frac{1}{(\pi i)^p}\,|\mathbf{H}| \neq 0\,,$$

weil eine positiv definite HERMITEsche Matrix notwendig eine nicht verschwindende Determinante besitzt: $|\mathbf{H}| \neq 0$*). Also ist auch $\delta \neq 0$.

In Verbindung mit (25.7), $|\mathbf{N}| = \delta^2$, folgt nun auch, daß die charakteristische Matrix nicht singulär ist:

$$|\mathbf{N}| > 0\,. \tag{27.16}$$

28. Die für eine RIEMANNsche Matrix charakteristischen Relationen.

Wenn wir mit $\boldsymbol{\delta}$ die Matrix $\begin{pmatrix}\boldsymbol{\Omega}\\ \boldsymbol{\Lambda}\end{pmatrix}$ bezeichnen, von der wir jetzt wissen, daß sie regulär ist ($\delta = |\boldsymbol{\delta}| \neq 0$), und mit $\mathbf{J}$ die schiefsymmetrische $(2p, 2p)$-Matrix

$$\mathbf{J} = \begin{pmatrix}0 & \mathbf{E}_p\\ -\mathbf{E}_p & 0\end{pmatrix}, \tag{28.1}$$

wo $\mathbf{E}_p$ die p-zeilige Einheitsmatrix bedeutet, und beachten, daß $\mathbf{J}^{-1} = -\mathbf{J}$ ist, so können wir zunächst die folgende Matrizengleichung verifizieren:

$$\tilde{\boldsymbol{\delta}}\mathbf{J}\boldsymbol{\delta} = (\tilde{\boldsymbol{\Omega}}, \tilde{\boldsymbol{\Lambda}})\begin{pmatrix}0 & \mathbf{E}\\ -\mathbf{E} & 0\end{pmatrix}\begin{pmatrix}\boldsymbol{\Omega}\\ \boldsymbol{\Lambda}\end{pmatrix} = (-\tilde{\boldsymbol{\Lambda}}, \tilde{\boldsymbol{\Omega}})\begin{pmatrix}\boldsymbol{\Omega}\\ \boldsymbol{\Lambda}\end{pmatrix} = \tilde{\boldsymbol{\Omega}}\boldsymbol{\Lambda} - \tilde{\boldsymbol{\Lambda}}\boldsymbol{\Omega} = \mathbf{N}\,; \tag{28.2}$$

$\mathbf{N}$ ist die charakteristische Matrix (25.7), die ebenfalls regulär ist (27.16), so daß wir (28.2) mit der reziproken Matrix $\mathbf{N}^{-1}$ multiplizieren dürfen:

$$\tilde{\boldsymbol{\delta}}\,\mathbf{J}\,\boldsymbol{\delta}\mathbf{N}^{-1} = \mathbf{E}\,.$$

*) Das folgt unmittelbar aus der Definition, daß eine HERMITEsche Matrix dann und nur dann positiv definit ist, wenn sie der Einheitsmatrix kongruent ist (vgl. W. GRÖBNER: Matrizenrechnung, § 7.2.III); d. h. es gibt eine reguläre Matrix $\mathbf{T}$, die $\tilde{\mathbf{T}}\mathbf{H}\bar{\mathbf{T}} = \mathbf{E}$ erfüllt; die Behauptung folgt hieraus, wenn man zu den Determinanten übergeht.

Hier multiplizieren wir der Reihe nach zuerst links mit $\tilde{\boldsymbol{\delta}}^{-1}$, dann rechts mit $\tilde{\boldsymbol{\delta}}$, sodann wieder links mit $\mathbf{J}^{-1} = -\mathbf{J}$:

$$\boldsymbol{\delta}\,\mathrm{N}^{-1}\,\tilde{\boldsymbol{\delta}} = -\,\mathbf{J}$$

oder ausführlich:

$$\begin{pmatrix}\boldsymbol{\Omega}\\ \boldsymbol{\Lambda}\end{pmatrix}\mathrm{N}^{-1}\,(\tilde{\boldsymbol{\Omega}},\ \tilde{\boldsymbol{\Lambda}}) = \begin{pmatrix}\boldsymbol{\Omega}\mathrm{N}^{-1}\tilde{\boldsymbol{\Omega}} & \boldsymbol{\Omega}\mathrm{N}^{-1}\tilde{\boldsymbol{\Lambda}}\\ \boldsymbol{\Lambda}\mathrm{N}^{-1}\tilde{\boldsymbol{\Omega}} & \boldsymbol{\Lambda}\mathrm{N}^{-1}\tilde{\boldsymbol{\Lambda}}\end{pmatrix} = \begin{pmatrix}0 & -\mathbf{E}_p\\ \mathbf{E}_p & 0\end{pmatrix};$$

daraus lesen wir im einzelnen die wichtigen Relationen ab:

$$\begin{aligned}\boldsymbol{\Omega}\mathrm{N}^{-1}\tilde{\boldsymbol{\Omega}} &= \boldsymbol{\Lambda}\mathrm{N}^{-1}\tilde{\boldsymbol{\Lambda}} = 0\,,\\ -\boldsymbol{\Omega}\mathrm{N}^{-1}\tilde{\boldsymbol{\Lambda}} &= \boldsymbol{\Lambda}\mathrm{N}^{-1}\tilde{\boldsymbol{\Omega}} = \mathbf{E}_p\,.\end{aligned}\tag{28.3}$$

Wir merken noch folgende Beziehungen an, die leicht aus (25.6), (27.3) und $\mathbf{H} = \pi i \boldsymbol{\Lambda}\overline{\mathbf{F}}_1$ folgen:

$$\mathbf{N}\overline{\mathbf{F}}_1 = (\tilde{\boldsymbol{\Omega}}\boldsymbol{\Lambda} - \tilde{\boldsymbol{\Lambda}}\boldsymbol{\Omega})\,\overline{\mathbf{F}}_1 = \tilde{\boldsymbol{\Omega}}\boldsymbol{\Lambda}\overline{\mathbf{F}}_1 = \frac{1}{\pi i}\,\tilde{\boldsymbol{\Omega}}\,\mathbf{H}\,;$$

da $\mathbf{N}$ reell ist, folgt durch Übergang zum konjugiert komplexen:

$$\mathbf{N}\mathbf{F}_1 = \frac{-1}{\pi i}\,\overline{\tilde{\boldsymbol{\Omega}}}\,\overline{\mathbf{H}}$$

und daraus durch Transposition mit Rücksicht auf $\tilde{\overline{\mathbf{H}}} = \mathbf{H}$, $\tilde{\mathbf{N}} = -\mathbf{N}$:

$$\tilde{\mathbf{F}}_1\mathbf{N} = \frac{1}{\pi i}\,\mathbf{H}\overline{\boldsymbol{\Omega}}\,.$$

Damit können wir (27.13) folgendermaßen umformen:

$$\mathbf{H} = \pi i \tilde{\mathbf{F}}_1\mathbf{N}\overline{\mathbf{F}}_1 = \pi i (\tilde{\mathbf{F}}_1\mathbf{N})\,\mathrm{N}^{-1}(\mathbf{N}\overline{\mathbf{F}}_1) = \frac{1}{\pi i}\,\mathbf{H}\,\overline{\boldsymbol{\Omega}}\,\mathrm{N}^{-1}\,\tilde{\boldsymbol{\Omega}}\mathbf{H}$$

oder nach zweimaliger Multiplikation mit $\mathbf{H}^{-1}$:

$$\mathbf{H}^{-1} = \frac{1}{\pi i}\,\overline{\boldsymbol{\Omega}}\,\mathrm{N}^{-1}\,\tilde{\boldsymbol{\Omega}}\,.\tag{28.4}$$

$\mathbf{H}^{-1}$ ist gleichzeitig mit $\mathbf{H}$ eine positiv definite HERMITEsche Matrix, und dasselbe gilt auch für die Matrix $\pi\overline{\mathbf{H}}^{-1} = i\boldsymbol{\Omega}\mathrm{N}^{-1}\,\tilde{\overline{\boldsymbol{\Omega}}}$.*) Damit haben wir die zweite wichtige Eigenschaft, welche eine RIEMANNsche Matrix charakterisiert, abgeleitet und können unser Ergebnis nun im folgenden Satz zusammenfassen:

*) Vgl. die Anmerkung auf S. 67. Es gibt nämlich eine reguläre Matrix $\mathbf{T}$, die $\tilde{\mathbf{T}}\mathbf{H}\overline{\mathbf{T}} = \mathbf{E}$ erfüllt; daraus gewinnt man durch Übergang zum reziproken $\overline{\mathbf{T}}^{-1}\mathbf{H}^{-1}\tilde{\mathbf{T}}^{-1} = \mathbf{E}$ oder $\tilde{\mathbf{T}}_1\mathbf{H}^{-1}\overline{\mathbf{T}}_1 = \mathbf{E}$ mit $\mathbf{T}_1 = \tilde{\overline{\mathbf{T}}}^{-1}$; also ist auch $\mathbf{H}^{-1}$ positiv definit. Ähnlich zeigt man, daß gleichzeitig mit $\mathbf{H}$ auch $\overline{\mathbf{H}}$ und $\tilde{\mathbf{H}}$ positiv definit sind; dagegen ist natürlich $-\mathbf{H}$ negativ definit.

Satz 1. *Ist* $f(\mathbf{u})$ *eine* ABEL*sche Funktion, deren Periodengruppe von der* RIEMANN*schen Matrix* $\boldsymbol{\Omega}$ *erzeugt wird, so gibt es eine Darstellung* $f(\mathbf{u}) = \frac{\varphi(\mathbf{u})}{\psi(\mathbf{u})}$ *als Quotient von zwei intermediären Funktionen* $\varphi(\mathbf{u})$ *und* $\psi(\mathbf{u})$, *welche eine zweite Periodenmatrix* $\boldsymbol{\Lambda}$ *und eine charakteristische Matrix* $\mathbf{N} = \tilde{\boldsymbol{\Omega}}\boldsymbol{\Lambda} - \tilde{\boldsymbol{\Lambda}}\boldsymbol{\Omega}$ *bestimmen, deren Elemente ganze rationale Zahlen sind. Diese Matrix ist bereits durch* $f(\mathbf{u})$ *und* $\boldsymbol{\Omega}$ *eindeutig bestimmt und erfüllt folgende Bedingungen:*

a) $\tilde{\mathbf{N}} = -\mathbf{N}\,, \quad |\mathbf{N}| > 0\,;$

b) $\boldsymbol{\Omega}\,\mathbf{N}^{-1}\,\tilde{\boldsymbol{\Omega}} = 0\,;$

c) $i\,\boldsymbol{\Omega}\,\mathbf{N}^{-1}\bar{\tilde{\boldsymbol{\Omega}}} > 0$ *(d. h. diese Matrix ist eine positiv definite* HERMITE*sche Matrix).*

Gehen wir von einer $(p, 2p)$-Matrix $\boldsymbol{\Omega}$ aus, so können wir nun sagen: Wenn $\boldsymbol{\Omega}$ eine RIEMANNsche Matrix ist, so existiert eine charakteristische Matrix $\mathbf{N}$ mit den angegebenen Eigenschaften. Daß die Existenz einer derartigen Matrix $\mathbf{N}$ nicht nur eine *notwendige,* sondern auch eine *hinreichende* Bedingung dafür ist, daß $\boldsymbol{\Omega}$ eine RIEMANNsche Matrix sei, d. h. dafür, daß es eine ABELsche Funktion $f(\mathbf{u})$ gibt, deren Periodengruppe von $\boldsymbol{\Omega}$ erzeugt wird, das müssen wir im folgenden noch beweisen; und zwar können wir für diesen Zweck die Bedingungen noch etwas allgemeiner fassen, da die Voraussetzungen a), b) und c) auch von jeder Matrix $\mathbf{P}$ erfüllt werden, die sich von $\mathbf{N}^{-1}$ nur um einen positiven skalaren Faktor unterscheidet.

Satz 2. *Eine notwendige und hinreichende Bedingung dafür, daß eine* $(p, 2p)$*-Matrix* $\boldsymbol{\Omega}$ *eine* RIEMANN*sche Matrix sei, ist die Existenz einer* $(2p, 2p)$*-Matrix* $\mathbf{P}$, *deren Elemente rationale Zahlen sind und welche folgende Relationen erfüllt:*

a) $\tilde{\mathbf{P}} = -\mathbf{P}\,;$

b) $\boldsymbol{\Omega}\mathbf{P}\tilde{\boldsymbol{\Omega}} = 0\,;$

c) $i\,\boldsymbol{\Omega}\mathbf{P}\bar{\tilde{\boldsymbol{\Omega}}} > 0$ *(d. h. es ist* $i\tilde{\mathbf{u}}\boldsymbol{\Omega}\mathbf{P}\bar{\tilde{\boldsymbol{\Omega}}}\bar{\mathbf{u}} > 0$ *für jeden nicht verschwindenden komplexen* p*-Vektor* $\mathbf{u}$*).*

Die Notwendigkeit dieser Bedingungen haben wir bereits eingesehen, denn $\mathbf{P} = \mathbf{N}^{-1}$ ist offenbar eine Matrix, welche diese Bedingungen sämtlich erfüllt. Da $\mathbf{P}$ immer noch mit einer positiven rationalen Zahl multipliziert werden darf, ohne die angegebenen Eigenschaften zu verlieren, bedeutet es keine Einschränkung der Allgemeinheit, wenn wir gelegentlich voraussetzen werden, daß die Elemente von $\mathbf{P}$ *ganze rationale* Zahlen ohne gemeinsamen Teiler sind.

Gegenüber Satz 1 fällt auf, daß in Satz 2 die Bedingung

$$|\mathbf{P}| > 0 \tag{28.5}$$

unterdrückt ist. Das bedeutet nicht, daß sie nicht erfüllt ist, sondern daß sie überflüssig ist, weil sie bereits aus den Bedingungen a), b) und c) abgeleitet werden kann. Wenn wir nämlich zur Abkürzung

$$\mathbf{A} = \boldsymbol{\Omega}\,\mathbf{P}\,\tilde{\bar{\boldsymbol{\Omega}}}\,, \quad \tilde{\mathbf{A}} = \bar{\boldsymbol{\Omega}}\,\tilde{\mathbf{P}}\,\tilde{\boldsymbol{\Omega}} = -\,\bar{\boldsymbol{\Omega}}\,\mathbf{P}\,\tilde{\boldsymbol{\Omega}}$$

setzen und beachten, daß aus c) $|\mathbf{A}| \neq 0$ folgt, so finden wir mit $\mathbf{F} = \begin{pmatrix}\boldsymbol{\Omega}\\ \bar{\boldsymbol{\Omega}}\end{pmatrix}$:

$$\mathbf{F}\,\mathbf{P}\,\tilde{\mathbf{F}} = \begin{pmatrix}\boldsymbol{\Omega}\\ \bar{\boldsymbol{\Omega}}\end{pmatrix}\mathbf{P}\,(\tilde{\boldsymbol{\Omega}}, \tilde{\bar{\boldsymbol{\Omega}}}) = \begin{pmatrix} 0 & \mathbf{A} \\ -\tilde{\mathbf{A}} & 0\end{pmatrix},$$

denn aus b) folgt auch $\bar{\boldsymbol{\Omega}}\,\mathbf{P}\,\tilde{\bar{\boldsymbol{\Omega}}} = 0$. Gehen wir hier zu den Determinanten über, so schließen wir:

$$|\mathbf{F}|^2\,|\mathbf{P}| = |\mathbf{A}|^2 \neq 0\,,$$

also (28.5) (weil $|\mathbf{P}|$ als schiefsymmetrische rationalzahlige Determinante keinen negativen Wert haben kann), und außerdem

$$|\mathbf{F}| = \begin{vmatrix}\boldsymbol{\Omega}\\ \bar{\boldsymbol{\Omega}}\end{vmatrix} \neq 0\,. \tag{28.6}$$

Wir wollen eine Matrix **P**, die mit einer RIEMANNschen Matrix in der durch Satz 2 präzisierten Beziehung steht, eine *Prinzipalmatrix* nennen. Dann können wir auch sagen:

Satz 3. *Eine notwendige und hinreichende Bedingung dafür, daß eine $(p, 2p)$-Matrix $\boldsymbol{\Omega}$ eine* RIEMANN*sche Matrix sei, ist die Existenz (wenigstens) einer zugehörigen Prinzipalmatrix.*

Die Bedingungen b) und c) von Satz 2 heißen die „RIEMANN*schen Gleichungen*" bzw. die „RIEMANN*schen Ungleichungen*". Da **P** schiefsymmetrisch ist, stellt b), in den Elementen von $\boldsymbol{\Omega}$ ausgedrückt, insgesamt $p(p-1)/2$ Gleichungen dar. Desgleichen kann c) in eine endliche Anzahl von Ungleichungen für die Elemente von $\boldsymbol{\Omega}$ umgeschrieben werden*).

Wir bemerken noch, daß die Bedingungen des Satzes 2 gleichzeitig auch für alle mit $\boldsymbol{\Omega}$ äquivalenten Matrizen $\boldsymbol{\Omega}^* = \mathbf{A}\boldsymbol{\Omega}\,\mathbf{M}$ erfüllt sind, und zwar gehört zu $\boldsymbol{\Omega}^*$ als Prinzipalmatrix die Matrix $\mathbf{P}^* = \mathbf{M}^{-1}\mathbf{P}\tilde{\mathbf{M}}^{-1}$. Man bestätigt nämlich leicht, daß die Elemente von $\mathbf{P}^*$ wieder rationale Zahlen sind, und zwar sogar ganze rationale Zahlen immer dann, wenn dies schon für **P** gilt, weil **M** eine unimodulare ganzzahlige Matrix ist. Ferner ist

$$\tilde{\mathbf{P}}^* = \mathbf{M}^{-1}\,\tilde{\mathbf{P}}\,\tilde{\mathbf{M}}^{-1} = -\,\mathbf{M}^{-1}\,\mathbf{P}\,\tilde{\mathbf{M}}^{-1} = -\,\mathbf{P}^*$$

*) Da eine HERMITEsche Matrix dann und nur dann positiv definit ist, wenn ihre Eigenwerte sämtlich positiv sind (vgl. W. GRÖBNER: Matrizenrechnung, § 7.3.III), so kann man (c) auch durch die Bedingung ausdrücken, daß die charakteristische Gleichung $|\sigma\mathbf{E} - \mathbf{H}| = 0$ der HERMITEschen Matrix $\mathbf{H} = i\boldsymbol{\Omega}\mathbf{P}\tilde{\bar{\boldsymbol{\Omega}}}$ nur positive Wurzeln besitzt. Damit dies der Fall ist, müssen die Koeffizienten der charakteristischen Gleichung, das sind Summen von Hauptunterdeterminanten von **H**, gewissen Ungleichungen genügen. Das allgemeine Kriterium ist hier etwas vereinfacht, weil man von vornherein weiß, daß alle Wurzeln reell sind.

und also a) erfüllt; b) folgt durch Einsetzen:

$$\boldsymbol{\Omega}^* \mathbf{P}^* \widetilde{\boldsymbol{\Omega}}^* = \mathbf{A}\,\boldsymbol{\Omega}\,\mathbf{M}\,\mathbf{M}^{-1}\,\mathbf{P}\,\widetilde{\mathbf{M}}^{-1}\,\widetilde{\mathbf{M}}\,\widetilde{\boldsymbol{\Omega}}\,\widetilde{\mathbf{A}} = \mathbf{A}(\boldsymbol{\Omega}\,\mathbf{P}\,\widetilde{\boldsymbol{\Omega}})\,\widetilde{\mathbf{A}} = 0$$

wegen $\boldsymbol{\Omega}\mathbf{P}\widetilde{\boldsymbol{\Omega}} = 0$, und ebenso c)

$$i\,\boldsymbol{\Omega}^* \mathbf{P}^* \widetilde{\overline{\boldsymbol{\Omega}}}^* = i\,\mathbf{A}\,\boldsymbol{\Omega}\,\mathbf{M}\,\mathbf{M}^{-1}\,\mathbf{P}\,\widetilde{\mathbf{M}}^{-1}\,\widetilde{\mathbf{M}}\,\widetilde{\overline{\boldsymbol{\Omega}}}\,\widetilde{\overline{\mathbf{A}}} = i\,\mathbf{A}\,(\boldsymbol{\Omega}\,\mathbf{P}\,\widetilde{\overline{\boldsymbol{\Omega}}})\,\widetilde{\overline{\mathbf{A}}} > 0\,,$$

weil eine positiv definite HERMITEsche Matrix $\mathbf{H}$ durch eine Kongruenz $\mathbf{A}\mathbf{H}\widetilde{\overline{\mathbf{A}}}$ wieder in eine positiv definite HERMITEsche Matrix verwandelt wird.

Die Existenz einer Prinzipalmatrix ist aber auch *hinreichend* für die Existenz von zugehörigen ABELschen Funktionen, wie wir im folgenden noch beweisen werden. Darin besteht gerade das *Existenztheorem* für die ABELschen Funktionen, das von WEIERSTRASS und RIEMANN ausgesprochen und zuerst von PICARD und POINCARÉ bewiesen worden ist. Für diesen Beweis werden wir den Weg in umgekehrter Richtung durchlaufen müssen, der uns von einer als existierend vorausgesetzten ABELschen Funktion bis zur Prinzipalmatrix geführt hat.

Das Existenztheorem wird vollständig bewiesen und wir werden imstande sein, alle ABELschen Funktionen mit gegebenen Perioden zu konstruieren, wenn es uns gelingt, schrittweise die folgenden Fragen zu beantworten, sobald eine Matrix $\boldsymbol{\Omega}$ mit einer zugehörigen Prinzipalmatrix $\mathbf{P}$ vorgegeben ist:

1) Bestimmung der charakteristischen Matrix $\mathbf{N} = (n_{hk})$, deren Elemente n_{hk} ganze rationale Zahlen sind derart, daß $\mathbf{N}^{-1}$ sich nur um einen skalaren Faktor von $\mathbf{P}$ unterscheidet: $\mathbf{N}^{-1} = c\mathbf{P}$ (c eine positive rationale Zahl);

2) Bestimmung einer 2. Periodenmatrix $\boldsymbol{\Lambda}$ aus der Gleichung $\widetilde{\boldsymbol{\Omega}}\boldsymbol{\Lambda} - \widetilde{\boldsymbol{\Lambda}}\boldsymbol{\Omega} = \mathbf{N}$;

3) Konstruktion aller intermediären Funktionen, deren Periodenmatrizen $\boldsymbol{\Omega}$ und $\boldsymbol{\Lambda}$ sind;

4) Nachweis dafür, daß man als Quotient von zwei passend gewählten gleichändrigen intermediären Funktionen eine ABELsche Funktion erhält, deren Periodengruppe durch $\boldsymbol{\Omega}$ erzeugt wird.

Diese Beweise sollen in den folgenden Abschnitten geführt werden. Zunächst aber schalten wir noch einen Abschnitt über die geometrische Interpretation der RIEMANNschen Matrizen ein und hiernach einen Beweis des Matrizensatzes von FROBENIUS.

29. Geometrische Interpretation der RIEMANNschen Matrizen.*) Aus den charakteristischen Bedingungen für eine RIEMANNsche Matrix $\boldsymbol{\Omega}$, die in Satz 2 des vorausgehenden Abschnittes enthalten sind, läßt sich eine interessante geometrische Darstellung derselben ableiten, die von

*) Dieser Abschnitt kann beim ersten Studium übergangen werden.

G. SCORZA und C. ROSATI eingeführt und systematisch untersucht worden ist. Wir schicken den folgenden Satz voraus:

Wenn zu einer $(p, 2p)$-Matrix $\boldsymbol{\Omega}$ eine Prinzipalmatrix $\mathbf{P}$ gehört, so besitzt auch die konjugiert komplexe Matrix $\bar{\boldsymbol{\Omega}}$ eine Prinzipalmatrix, und zwar $-\mathbf{P}$; $\bar{\boldsymbol{\Omega}}$ ist also gleichzeitig mit $\boldsymbol{\Omega}$ eine RIEMANN*sche Matrix.*

In der Tat folgt aus $\boldsymbol{\Omega}\mathbf{P}\tilde{\boldsymbol{\Omega}} = 0$ unmittelbar $\bar{\boldsymbol{\Omega}}\mathbf{P}\tilde{\bar{\boldsymbol{\Omega}}} = 0$, also auch $\bar{\boldsymbol{\Omega}}(-\mathbf{P})\tilde{\bar{\boldsymbol{\Omega}}} = 0$; ferner ist gleichzeitig mit $\mathbf{H} = i\boldsymbol{\Omega}\mathbf{P}\tilde{\bar{\boldsymbol{\Omega}}}$ auch $\bar{\mathbf{H}} = -i\bar{\boldsymbol{\Omega}}\mathbf{P}\tilde{\boldsymbol{\Omega}} = i\bar{\boldsymbol{\Omega}}(-\mathbf{P})\tilde{\boldsymbol{\Omega}}$ eine positiv definite HERMITEsche Matrix*).

Damit ist aber nicht etwa gesagt, daß $\boldsymbol{\Omega}$ und $\bar{\boldsymbol{\Omega}}$ *äquivalente* Matrizen seien; das ist nur in besonderen Fällen richtig. Denn aus $\bar{\boldsymbol{\Omega}} = \mathbf{A}\boldsymbol{\Omega}\mathbf{M}$ folgt weiter $\boldsymbol{\Omega} = \bar{\mathbf{A}}\bar{\boldsymbol{\Omega}}\mathbf{M} = \bar{\mathbf{A}}\mathbf{A}\boldsymbol{\Omega}\mathbf{M}\mathbf{M}$, also

$$\boldsymbol{\Omega} = \mathbf{A}_1\boldsymbol{\Omega}\mathbf{M}_1$$

mit einer regulären (p, p)-Matrix $\mathbf{A}_1$ und einer unimodularen ganzzahligen $(2p, 2p)$-Matrix. $\mathbf{M}_1$. Das bedeutet aber, daß der Periodenmatrix $\boldsymbol{\Omega}$ noch weitere zusätzliche Gleichheitsrelationen (Relationen von HURWITZ) auferlegt werden, die nur in besonderen ABELschen Funktionenkörpern bestehen können.

Aus den Bedingungen a), b), c) des Satzes 2 in Abschnitt Nr. 28 haben wir bereits die Folgerungen (28.5) und (28.6) gezogen, daß die Prinzipalmatrix $\mathbf{P}$ und die große Periodenmatrix $\mathbf{F}$ regulär sind:

$$|\mathbf{P}| > 0\,, \quad |\mathbf{F}| = \begin{vmatrix}\boldsymbol{\Omega}\\ \bar{\boldsymbol{\Omega}}\end{vmatrix} \neq 0\,. \tag{29.1}$$

Aus der zweiten Bedingung folgt sofort, daß die $(p, 2p)$-Matrix $\boldsymbol{\Omega}$ den Rang p hat; insbesondere können die Elemente einer Zeile von $\boldsymbol{\Omega}$ niemals alle Null sein. Daraus können wir eine geometrische Darstellung der RIEMANNschen Matrizen $\boldsymbol{\Omega}$ und eine Interpretation der RIEMANNschen Gleichungen und Ungleichungen ableiten.

Betrachten wir nämlich in einem projektiven Raum S_{2p-1} der Dimension $2p-1$ die p Punkte, deren homogene Koordinaten die Zeilenvektoren von $\boldsymbol{\Omega}$ sind; diese sind linear unabhängig, weil $\boldsymbol{\Omega}$ den Rang p hat, und bestimmen daher einen linearen Unterraum S_{p-1} der Dimension $p-1$. Dieser Raum S_{p-1} ist eindeutig der RIEMANNschen Matrix $\boldsymbol{\Omega}$ zugeordnet; er enthält alle Punkte, deren Koordinaten als Linearkombinationen der Zeilen von $\boldsymbol{\Omega}$ hergestellt werden können.

Dasselbe kann man von dem durch die Zeilenvektoren von $\bar{\boldsymbol{\Omega}}$ bestimmten Raum $\bar{S}_{p-1}$ sagen, der zu S_{p-1} konjugiert komplex ist, d. h. genau alle konjugiert komplexen Punkte enthält. Diese beiden Räume sind außerdem linear unabhängig, d. h. sie haben keinen gemeinsamen Punkt; andernfalls wären nämlich die Zeilen der Determinante $|\mathbf{F}|$

*) Vgl. Anmerkung auf S. 68.

linear abhängig, im Widerspruch zu (29.1). Ihr Verbindungsraum, d. h. der kleinste Raum, welcher S_{p-1} und $\overline{S}_{p-1}$ umfaßt, ist der Raum S_{2p-1} selbst. Daraus folgt auch, daß S_{p-1} und $\overline{S}_{p-1}$ beide „total imaginäre" Räume sind, denn ein eventueller reeller Punkt des einen Raumes wäre auch im andern enthalten und daher beiden gemeinsam.

Das steht in Übereinstimmung mit der Eigenschaft einer RIEMANNschen Matrix, daß die Elemente einer Zeile nicht sämtlich reell sein können, auch nicht, wenn man einen gemeinsamen komplexen Proportionalitätsfaktor weghebt; auch durch Kombination der p Zeilen darf sich eine solche Zeile nicht herstellen lassen.

Zu jeder RIEMANNschen Matrix $\boldsymbol{\Omega}$ der Ordnung p ist also immer eindeutig ein total imaginärer Unterraum S_{p-1} des S_{2p-1} zugeordnet. Alle diese S_{p-1}, die RIEMANNschen Matrizen entsprechen, sind offenbar spezielle Unterräume unter allen $(p-1)$-dimensionalen Unterräumen des S_{2p-1}. Ihre Eigenart ist durch die Existenz einer Prinzipalmatrix begründet.

Wir wollen versuchen, die Relationen zwischen $\boldsymbol{\Omega}$ und der zugehörigen Prinzipalmatrix $\mathbf{P}$ geometrisch zu interpretieren. Wir können nämlich die schiefsymmetrische $(2p, 2p)$-Matrix $\mathbf{P}$ als Matrix einer *Reziprozität* oder *Korrelation*

$$\tilde{\mathbf{x}}\,\mathbf{P}\,\mathbf{y} = 0 \tag{29.2}$$

im projektiven Raum S_{2p-1} auffassen; $\tilde{\mathbf{x}} = (x_1, x_2, \ldots, x_{2p})$ und $\tilde{\mathbf{y}} = (y_1, y_2, \ldots, y_{2p})$ bedeuten zwei $2p$-Vektoren, welche die homogenen Koordinaten von zwei in der Reziprozität (29.2) einander zugeordneten („homologen") Punkten darstellen. Die einem festen Punkte $\mathbf{x}$ entsprechenden Punkte $\mathbf{y}$ erfüllen eine Hyperebene, deren Gleichung eben (29.2) ist, wenn man sich dort $\mathbf{x}$ als fest gegeben, $\mathbf{y}$ als variabel denkt. Die einem Punkte $\mathbf{x}$ entsprechende Hyperebene ist übrigens immer bestimmt, weil $\tilde{\mathbf{x}}\mathbf{P}$ wegen (29.1) niemals verschwinden kann, solange $\mathbf{x}$ nicht der Nullvektor ist; das kann aber nicht sein, weil $\mathbf{x}$ die homogenen Koordinaten eines Punktes von S_{2p-1} vorstellt.

Weiterhin ist jeder Punkt von S_{2p-1} in der Reziprozität (29.2) sich selbst homolog:

$$\tilde{\mathbf{x}}\,\mathbf{P}\mathbf{x} = 0 \tag{29.3}$$

für jeden Vektor $\mathbf{x}$; es ist nämlich $\tilde{\mathbf{x}}\,\mathbf{P}\mathbf{x} = (\tilde{\mathbf{x}}\,\mathbf{P}\mathbf{x})^T = \tilde{\mathbf{x}}\,\tilde{\mathbf{P}}\mathbf{x} = -\tilde{\mathbf{x}}\,\mathbf{P}\mathbf{x}$, also (29.3). Außerdem folgt aus (29.2) durch Transposition

$$\tilde{\mathbf{y}}\mathbf{P}\,\mathbf{x} = 0\,, \tag{29.4}$$

d. h. die Reziprozität (29.2) hat „involutorischen" Charakter: wenn $\mathbf{y}$ homolog $\mathbf{x}$, so ist auch $\mathbf{x}$ homolog $\mathbf{y}$.

Das sind wohlbekannte Eigenschaften der Korrelation (29.2), welche unabhängig von der besonderen Bedeutung der Matrix $\mathbf{P}$ als Prinzipalmatrix gelten. Diese Korrelation ist ein „*Nullsystem*“ oder eine „nicht ausgeartete fokale Korrelation“ des projektiven Raumes S_{2p-1} *).

Die weitere Voraussetzung, daß $\mathbf{P}$ eine Prinzipalmatrix zu $\boldsymbol{\Omega}$ sei, kommt darin zum Ausdruck, daß der $\boldsymbol{\Omega}$ entsprechende Unterraum S_{p-1} durch die Reziprozität (29.2) „in sich dualisiert“ wird in dem Sinne, daß einem beliebigen Punkt des S_{p-1} als homolog eine Hyperebene entspricht, die den S_{p-1} enthält; die Reziprozität wandelt also den betrachteten S_{p-1}, als Gesamtheit von Punkten, in denselben S_{p-1}, als Hüllgebilde von Hyperebenen.

Jeder Punkt des S_{p-1} hat nämlich als Koordinaten eine gewisse lineare Kombination der Zeilen von $\boldsymbol{\Omega}$ in der Gestalt $\tilde{\mathbf{u}}\boldsymbol{\Omega}$, wo $\tilde{\mathbf{u}}$ eine $(1, p)$-Matrix bedeutet, deren Elemente komplexe Zahlen sind, die nicht alle gleichzeitig verschwinden. Die entsprechende Hyperebene hat die Gleichung $\tilde{\mathbf{u}}\boldsymbol{\Omega}\mathbf{P}\mathbf{y} = 0$; sie enthält jeden Punkt $\tilde{\mathbf{v}}\boldsymbol{\Omega}$ des S_{p-1}, weil $\tilde{\mathbf{u}}\boldsymbol{\Omega}\,\mathbf{P}\tilde{\boldsymbol{\Omega}}\mathbf{v} = 0$ ist zufolge der RIEMANNschen Gleichungen $\boldsymbol{\Omega}\mathbf{P}\tilde{\boldsymbol{\Omega}} = 0$, wie immer auch die Vektoren $\mathbf{u}$ und $\mathbf{v}$ gewählt wurden.

Um auch die RIEMANNschen Ungleichungen zu interpretieren, erinnern wir daran, daß jedem Nullsystem ein linearer Geradenkomplex zugeordnet ist, welcher von allen Geraden gebildet wird, die homologe Punkte verbinden. Die von einem Punkte $\mathbf{x}$ des Raumes S_{2p-1} ausgehenden Strahlen des Komplexes sind alle diejenigen des Bündels mit dem Zentrum $\mathbf{x}$, die in der $\mathbf{x}$ zugeordneten Hyperebene liegen. Durch jeden Punkt des S_{2p-1} gehen also ∞^{2p-3} Geraden des Komplexes hindurch. Wenn $\mathbf{x}$ in S_{2p-1} variiert, erhält man eine Mannigfaltigkeit der Dimension $(2p-3)+(2p-1)-1 = 4p-5$. In dieser Konstantenabzählung ist berücksichtigt (-1), daß jede Gerade von jedem ihrer ∞^1 Punkte her gewonnen werden kann.

Dazu muß man noch beachten, daß die Verbindungsgerade zweier homologer Punkte $\mathbf{x}$ und $\mathbf{y}$ aus lauter einander homologen Punkten besteht; denn aus $\tilde{\mathbf{x}}\,\mathbf{P}\mathbf{y} = \tilde{\mathbf{y}}\,\mathbf{P}\mathbf{x} = 0$ folgt für zwei Punkte $\mathbf{x} + \lambda\mathbf{y}$ und $\mathbf{x} + \mu\mathbf{y}$ ihrer Verbindungsgeraden:

$$(\tilde{\mathbf{x}} + \lambda\tilde{\mathbf{y}})\,\mathbf{P}(\mathbf{x} + \mu\mathbf{y}) = \tilde{\mathbf{x}}\,\mathbf{P}\mathbf{x} + \lambda\tilde{\mathbf{y}}\,\mathbf{P}\mathbf{x} + \mu\tilde{\mathbf{x}}\,\mathbf{P}\mathbf{y} + \lambda\mu\tilde{\mathbf{y}}\mathbf{P}\mathbf{y} = 0\,.$$

Das steht in Übereinstimmung mit der Tatsache, daß die GRASSMANNsche Mannigfaltigkeit aller Geraden des Raumes S_{2p-1} die Dimension $4p-4$ hat.

Setzen wir $\mathbf{P} = (p_{hk})$, $p_{hk} = -p_{kh}$, so lautet die Gleichung des Geradenkomplexes:

$$\tilde{\mathbf{x}}\,\mathbf{P}\,\mathbf{y} = \sum_{h,k} p_{hk} x_h y_k = \sum_{h<k} p_{hk}(x_h y_k - x_k y_h) = \sum_{h<k} p_{hk}\,\pi_{hk} = 0\,, \qquad (29.5)$$

*) Man beachte, daß Nullsysteme nur in Räumen von ungerader Dimension möglich sind, weil eine schiefsymmetrische Matrix von ungerader Zeilenzahl n notwendig singulär ist:

$$|\mathbf{A}| = |\tilde{\mathbf{A}}| = |-\mathbf{A}| = (-1)^n\,|\mathbf{A}|\,.$$

wo $\pi_{hk} = x_h y_k - x_k y_h$ die PLÜCKERschen Koordinaten der Verbindungsgeraden **x**, **y** bedeuten.

Bedeutet nun $\tilde{\mathbf{u}}\boldsymbol{\Omega}$ irgendeinen Punkt unseres S_{p-1}, der zur RIEMANNschen Matrix $\boldsymbol{\Omega}$ gehört, so ist er niemals homolog zu seinem konjugiert komplexen $\tilde{\bar{\mathbf{u}}}\bar{\boldsymbol{\Omega}}$ im $\bar{S}_{p-1}$, weil die Gleichung $\tilde{\mathbf{u}}\boldsymbol{\Omega}\,\mathbf{P}\,\tilde{\bar{\boldsymbol{\Omega}}}\bar{\mathbf{u}} = 0$ im Widerspruch mit der Bedingung $i\tilde{\mathbf{u}}\boldsymbol{\Omega}\,\mathbf{P}\,\tilde{\bar{\boldsymbol{\Omega}}}\bar{\mathbf{u}} > 0$ steht.

Die RIEMANNschen Ungleichungen bedeuten also, daß die (reelle) Verbindungsgerade von zwei konjugiert komplexen Punkten in den beiden Bildräumen S_{p-1} und $\bar{S}_{p-1}$ von $\boldsymbol{\Omega}$ und $\bar{\boldsymbol{\Omega}}$ niemals dem linearen Komplex von Geraden angehört, der durch die Prinzipalmatrix **P** bestimmt ist.

Man kann die RIEMANNschen Ungleichungen auch noch in einer anderen Form ausdrücken, die besonders in der älteren Literatur häufig vorkommt; wir wollen diese Variante hier kurz hinzufügen, wenn wir auch später nicht mehr darauf zurückkommen werden:

Es bedeute $\boldsymbol{\Omega}$ *eine* RIEMANN*sche Matrix der Ordnung* p, **P** *eine zugehörige Prinzipalmatrix,* **u** *einen komplexen* p*-Vektor und es werde* $\tilde{\mathbf{u}}\boldsymbol{\Omega} = \tilde{\mathbf{z}}' + i\tilde{\mathbf{z}}''$ *gesetzt, wo* $\mathbf{z}'$ *und* $\mathbf{z}''$ *reelle* $2p$*-Vektoren sind; dann gilt immer:*

$$\tilde{\mathbf{z}}'\mathbf{P}\mathbf{z}'' > 0\,. \tag{29.6}$$

In der Tat folgt aus $i\tilde{\mathbf{u}}\boldsymbol{\Omega}\mathbf{P}\tilde{\bar{\boldsymbol{\Omega}}}\bar{\mathbf{u}} > 0$ durch Einsetzen sofort:

$$i(\tilde{\mathbf{z}}' + i\tilde{\mathbf{z}}'')\,\mathbf{P}(\mathbf{z}' - i\mathbf{z}'') = -\tilde{\mathbf{z}}''\mathbf{P}\mathbf{z}' + \tilde{\mathbf{z}}'\mathbf{P}\mathbf{z}'' = 2\,\tilde{\mathbf{z}}'\mathbf{P}\mathbf{z}'' > 0\,,$$

mit Rücksicht auf (29.3), wie zu beweisen war.

30. Matrizensatz von FROBENIUS. Die Existenz einer Prinzipalmatrix **P** ist charakteristisch für eine RIEMANNsche Matrix $\boldsymbol{\Omega}$. Das haben wir zur Hälfte schon nachgewiesen, für die zweite Hälfte müssen wir die Untersuchung noch zu Ende führen. Dazu brauchen wir aber einen zahlentheoretischen Satz von FROBENIUS*), mit dessen Hilfe wir die schiefsymmetrische Matrix **P** auf eine besonders einfache und für unsere Untersuchung passende Gestalt transformieren können. Aus den Bemerkungen von S. 70f. entnehmen wir, daß beim Übergang von der Periodenmatrix $\boldsymbol{\Omega}$ zu einer äquivalenten Periodenmatrix $\boldsymbol{\Omega}^* = \boldsymbol{\Omega}\mathbf{M}$ die Prinzipalmatrix **P** durch $\mathbf{P}^* = \mathbf{M}^{-1}\mathbf{P}\tilde{\mathbf{M}}^{-1}$ zu ersetzen ist. Hier bedeutet **M** eine ganzzahlige unimodulare $(2p, 2p)$-Matrix. Es liegt also der Gedanke nahe, **M** so zu wählen, daß $\mathbf{P}^*$ möglichst einfach aussieht.

Wir wissen, daß **P** eine schiefsymmetrische $(2p, 2p)$-Matrix ist, deren Elemente rationale Zahlen sind; ja wir dürfen sogar ohne

*) FROBENIUS, G.: Theorie der bilinearen Formen mit ganzen Koeffizienten. J. f. r. u. a. Math. (Crelle) **86**, 147—208 (1878).

Beeinträchtigung der Allgemeinheit voraussetzen, daß diese Elemente *ganze rationale* Zahlen sind.

Man nennt eine quadratische Matrix $\mathbf{P}^*$, die zu $\mathbf{P}$ in der Beziehung

$$\mathbf{P} = \mathbf{M}\,\mathbf{P}^*\,\widetilde{\mathbf{M}} \tag{30.1}$$

steht, „*unimodular kongruent*". Da mit $\mathbf{M}$ gleichzeitig auch $\mathbf{M}^{-1}$ unimodular und ganzzahlig ist, können wir aus (30.1) die gleichwertige symmetrische Beziehung

$$\mathbf{P}^* = \mathbf{M}^{-1}\,\mathbf{P}\,\widetilde{\mathbf{M}}^{-1} \tag{30.2}$$

folgern.

Die unimodulare Kongruenz erfüllt alle Bedingungen einer Gleichheitsrelation, insbesondere ist sie transitiv, d. h.: wenn $\mathbf{P}_1$ unimodular kongruent zu $\mathbf{P}_2$, und $\mathbf{P}_2$ zu $\mathbf{P}_3$ ist, so ist auch $\mathbf{P}_1$ unimodular kongruent zu $\mathbf{P}_3$. Denn aus den Beziehungen

$$\mathbf{P}_2 = \mathbf{M}_1\mathbf{P}_1\widetilde{\mathbf{M}}_1\,, \quad \mathbf{P}_3 = \mathbf{M}_2\mathbf{P}_2\widetilde{\mathbf{M}}_2$$

folgt

$$\mathbf{P}_3 = \mathbf{M}_2(\mathbf{M}_1\mathbf{P}_1\widetilde{\mathbf{M}}_1)\widetilde{\mathbf{M}}_2 = (\mathbf{M}_2\mathbf{M}_1)\,\mathbf{P}_1(\mathbf{M}_2\mathbf{M}_1)^T\,,$$

und das ist wieder eine unimodulare Kongruenz, weil das Produkt zweier unimodularer ganzzahliger Matrizen $\mathbf{M}_2\mathbf{M}_1$ wieder eine unimodulare ganzzahlige Matrix ist.

Ist die Matrix $\mathbf{P}$ schiefsymmetrisch, so ist auch jede mit $\mathbf{P}$ unimodular kongruente Matrix $\mathbf{Q} = \mathbf{M}\,\mathbf{P}\,\widetilde{\mathbf{M}}$ wieder schiefsymmetrisch, da wegen $\widetilde{\mathbf{P}} = -\mathbf{P}$ gilt:

$$\widetilde{\mathbf{Q}} = (\mathbf{M}\mathbf{P}\widetilde{\mathbf{M}})^T = \mathbf{M}\widetilde{\mathbf{P}}\,\widetilde{\mathbf{M}} = -\mathbf{M}\mathbf{P}\widetilde{\mathbf{M}} = -\,\mathbf{Q}.$$

Bei der Aufgabe, eine zu $\mathbf{P}$ unimodular kongruente Matrix $\mathbf{P}^*$ zu suchen, welche sich für unsere weiteren Untersuchungen besser eignet, können wir schrittweise vorgehen, indem wir gewisse „elementare Transformationen", deren Wirkung wir leicht übersehen können, und die jede Matrix $\mathbf{P}$ in eine unimodular kongruente überführen, in passender Reihenfolge hintereinander ausführen, solange, bis wir das gewünschte Ziel erreicht haben. Auf diese Weise wollen wir den folgenden von FROBENIUS stammenden Satz hier beweisen:

1. Satz (von FROBENIUS). *Eine schiefsymmetrische* $(2p, 2p)$*-Matrix* $\mathbf{P}$, *deren Elemente ganze rationale Zahlen sind, kann mit Hilfe einer ganzzahligen unimodularen Matrix* $\mathbf{M}$ *in die kanonische Gestalt*

$$\mathbf{P}^* = \mathbf{M}\mathbf{P}\widetilde{\mathbf{M}} = \operatorname{Diag}\left\{d_1\begin{pmatrix}0, & 1\\ -1, & 0\end{pmatrix},\ d_2\begin{pmatrix}0, & 1\\ -1, & 0\end{pmatrix}, \ldots, d_p\begin{pmatrix}0, & 1\\ -1, & 0\end{pmatrix}\right\} \tag{30.3}$$

übergeführt werden. Die natürlichen Zahlen $d_1, d_1, d_2, d_2, \ldots, d_p, d_p$ *sind in dieser Reihenfolge die „Elementarteiler" von* **P** *und stehen in der Teilbarkeitsrelation*

$$d_1 \mid d_2 \mid \ldots \mid d_p\,, \qquad (30.4)$$

d. h. jede folgende ist durch die vorausgehende teilbar).*

Da **P** eine reguläre Matrix ist (29.1), sind alle Zahlen d_i, insbesondere $d_p \neq 0$. Das in (30.3) rechts stehende Symbol bedeutet in einer üblichen und leicht verständlichen Schreibweise eine $2p$-zeilige quadratische Matrix, in deren Hauptdiagonale der Reihe nach die Kästchen

$$\begin{pmatrix} 0, & d_1 \\ -d_1, & 0 \end{pmatrix}, \quad \begin{pmatrix} 0, & d_2 \\ -d_2, & 0 \end{pmatrix}, \ldots, \begin{pmatrix} 0, & d_p \\ -d_p, & 0 \end{pmatrix}$$

stehen, während alle übrigen Elemente der Matrix Null sind.

Wenn man sich auf die in Abschnitt Nr. 29 diskutierte Bilinearform $F(\mathbf{x}, \mathbf{y}) = \tilde{\mathbf{x}}\mathbf{P}\mathbf{y}$ bezieht (29.2), so sagt dieser Satz aus, daß es immer eine „kogrediente" Transformation der Variablenreihen:

$$\mathbf{x} = \tilde{\mathbf{M}}\mathbf{x}^*\,, \quad \mathbf{y} = \tilde{\mathbf{M}}\mathbf{y}^* \qquad (30.5)$$

mit einer unimodularen ganzzahligen Matrix **M** gibt, welche diese Bilinearform in ihre kanonische Gestalt:

$$\begin{aligned} F^*(\mathbf{x}^*, \mathbf{y}^*) = d_1(x_1^* y_2^* - x_2^* y_1^*) + d_2(x_3^* y_4^* - x_4^* y_3^*) + \cdots + \\ + d_p(x_{2p-1}^* y_{2p}^* - x_{2p}^* y_{2p-1}^*) \end{aligned} \qquad (30.6)$$

überführt; das ergibt sich nämlich aus der folgenden einfachen Rechnung mit Benutzung von (30.5) und (30.3):

$$F(\mathbf{x}, \mathbf{y}) = \tilde{\mathbf{x}}\mathbf{P}\mathbf{y} = \tilde{\mathbf{x}}^*\mathbf{M}\mathbf{P}\tilde{\mathbf{M}}\mathbf{y}^* = \tilde{\mathbf{x}}^*\mathbf{P}^*\mathbf{y}^* = F^*(\mathbf{x}^*, \mathbf{y}^*)\,.$$

Wie bereits erwähnt, wollen wir den Satz von FROBENIUS schrittweise beweisen, indem wir die folgenden „elementaren Transformationen" mehrmals hintereinander auf die Matrix **P** angewendet denken:

I) *Wir dürfen in der Matrix* **P** *zwei oder mehr Zeilen untereinander vertauschen, wenn wir genau dieselbe Vertauschung auch bei den Spalten vornehmen.* So wird z. B. die gleichzeitige Vertauschung der zwei ersten Zeilen und Spalten durch die Transformation mit der Matrix

$$\mathbf{M} = \mathrm{Diag}\left\{\begin{pmatrix} 0 & 1 \\ 1 & 0 \end{pmatrix}, 1, 1, \ldots, 1\right\} = \tilde{\mathbf{M}}$$

bewirkt, und zwar ist das Resultat $\mathbf{P}^* = \mathbf{M}\mathbf{P}\tilde{\mathbf{M}}$ eine zu **P** unimodular kongruente Matrix, die sich von **P** nur dadurch unterscheidet, daß die beiden ersten Zeilen und ebenso die beiden ersten Spalten untereinander vertauscht wurden. Genauso können zwei beliebige Zeilen miteinander vertauscht werden, wenn gleichzeitig auch die entsprechenden Spalten miteinander vertauscht werden. Schließlich können wir durch

*) Vgl. W. GRÖBNER: Matrizenrechnung, § 7.4.II.

Zusammensetzung derartiger Vertauschungen jede beliebige Permutation erzeugen.

II) *Wir dürfen zu einer Zeile von* **P** *ein beliebiges (ganzzahliges) Vielfaches einer anderen Zeile addieren, wenn wir genau dieselbe Operation dann auch hinsichtlich der Spalten vornehmen.* Benutzen wir z. B. die unimodulare ganzzahlige Matrix

$$\mathbf{M} = \mathrm{Diag}\left\{\begin{pmatrix} 1 & 0 \\ \lambda & 1 \end{pmatrix}, 1, 1, \ldots, 1\right\},$$

deren transponierte

$$\widetilde{\mathbf{M}} = \mathrm{Diag}\left\{\begin{pmatrix} 1 & \lambda \\ 0 & 1 \end{pmatrix}, 1, 1, \ldots, 1\right\}$$

ist, so erhalten wir in $\mathbf{P}^* = \mathbf{M}\mathbf{P}\widetilde{\mathbf{M}}$ eine unimodular kongruente Matrix, die aus **P** entsteht, wenn man die erste Zeile mit λ multipliziert und zur zweiten addiert und dann ebenso die mit λ multiplizierte erste Spalte zur zweiten Spalte addiert.

III) *Wir dürfen alle Elemente einer Zeile und gleichzeitig alle Elemente der entsprechenden Spalte mit* -1 *multiplizieren.* Wenn wir z. B.

$$\mathbf{M} = \mathrm{Diag}\{-1, 1, 1, \ldots, 1\} = \widetilde{\mathbf{M}}$$

verwenden, so erhalten wir in $\mathbf{P}^* = \mathbf{M}\mathbf{P}\widetilde{\mathbf{M}}$ eine unimodular kongruente Matrix, die sich von **P** nur dadurch unterscheidet, daß in der ersten Zeile und ersten Spalte alle Vorzeichen ausgetauscht sind. Dabei ist nicht zu vergessen, daß **P** schiefsymmetrisch ist und daher alle Elemente in der Hauptdiagonale Null sind.

Nun sei die schiefsymmetrische, ganzzahlige $(2p, 2p)$-Matrix $\mathbf{P} = (p_{hk})$ vorgegeben; wir richten unsere Aufmerksamkeit zunächst auf die zwei ersten Zeilen und Spalten und schreiben **P** in der folgenden Weise genauer an:

$$\mathbf{P} = \left(\begin{array}{cc:c} 0, & p_{12} & p_{13}, \ldots, p_{1,2p} \\ -p_{12}, & 0 & p_{23}, \ldots, p_{2,2p} \\ \hdashline -p_{13}, & -p_{23} & \\ \cdots & \cdots & \mathbf{P}_1 \\ \cdots & \cdots & \\ -p_{1,2p}, & -p_{2,2p} & \end{array}\right). \tag{30.7}$$

Hier bedeutet $\mathbf{P}_1$ wieder eine schiefsymmetrische ganzzahlige Matrix von nur mehr $2p - 2$ Zeilen.

Wegen $|\mathbf{P}| \neq 0$ sind sicher nicht alle Zahlen $p_{12}, p_{13}, \ldots, p_{1,2p}$ der ersten Zeile (Spalte) gleichzeitig Null; durch die Operation I) können wir erreichen, daß $p_{12} \neq 0$ und dem absoluten Betrage nach die kleinste unter den nicht verschwindenden Zahlen der ersten Zeile ist; vermöge III) können wir auch das Vorzeichen $p_{12} > 0$ festlegen. Dann können wir mit Hilfe der Operation II) alle übrigen Elemente der ersten Zeile auf ihre absolut kleinsten Reste mod p_{12} reduzieren. Ist p_{12}

bereits der GGT (größte gemeinsame Teiler) aller Zahlen in der ersten Zeile, so bleibt nur p_{12} stehen und alle übrigen Elemente dieser Zeile verschwinden; dasselbe kommt automatisch auch in der ersten Spalte zum Vorschein. Ist dagegen p_{12} noch nicht der GGT, so bleiben nach dieser Reduktion noch weitere Elemente in der ersten Zeile (Spalte) stehen, die nicht Null, aber ihrem absoluten Betrage nach kleiner als p_{12} sind. Dann können wir dasselbe Verfahren nochmals wiederholen, solange bis nach endlich vielen Schritten der folgende Zustand erreicht ist:

IV) *Wir können die Matrix* **P** *durch eine unimodular kongruente Matrix ersetzen, in der* $p_{12} > 0$ *und gleich dem GGT aller ursprünglich in der ersten Zeile stehenden Zahlen ist, während alle übrigen Elemente der ersten Zeile (und Spalte) verschwinden:*

$$p_{13} = p_{14} = \cdots = p_{1,2p} = 0 .$$

Nun kann es sein, daß p_{12} auch ein Teiler aller Elemente $p_{23}, \ldots, p_{2,2p}$ in der zweiten Zeile ist, und dann können wir mit Hilfe der Operation II) auch alle Elemente der zweiten Zeile zum Verschwinden bringen und für **P** die Gestalt*)

$$\mathbf{P} \overset{U}{\sim} \begin{pmatrix} 0 & p_{12} & 0 \ldots 0 \\ -p_{12} & 0 & 0 \ldots 0 \\ \cdots & \cdots & \cdots \\ 0 & 0 & \\ \vdots & \vdots & \mathbf{P}_1 \\ 0 & 0 & \end{pmatrix} \tag{30.8}$$

erreichen, in der $p_{12} > 0$, und zwar der GGT aller ursprünglich in den beiden ersten Zeilen stehenden Elemente ist; $\mathbf{P}_1$ bedeutet wieder eine $(2p-2)$-zeilige schiefsymmetrische ganzzahlige Matrix, die natürlich nicht mit der in (30.7) gleichbezeichneten Matrix identisch sein muß.

Wenn dagegen p_{12} nicht Teiler aller Elemente $p_{23}, \ldots, p_{2,2p}$ der zweiten Zeile ist, so addieren wir nach II) die zweite Zeile zur ersten Zeile und wiederholen den ganzen Reduktionsprozeß. Nach endlich vielen Schritten kommen wir sicher auf eine Matrix der Gestalt (30.8).

Wenn nun p_{12} auch alle Elemente der Untermatrix $\mathbf{P}_1$ teilt, dann sind wir fertig und können sagen, p_{12} ist der GGT aller Elemente der Matrix **P**, und zwar gilt das auch, wenn unter **P** die ursprünglich vorgelegte Matrix verstanden wird. Wenn dies dagegen nicht der Fall ist, dann enthält $\mathbf{P}_1$ mindestens eine Zeile, die eine nicht durch p_{12} teilbare Zahl enthält. Wir addieren nach II) diese Zeile zur ersten Zeile und wiederholen den beschriebenen Reduktionsprozeß, und das solange, bis p_{12} alle Elemente von $\mathbf{P}_1$ teilt; das muß nach endlich vielen Schritten erreicht sein, denn

*) Das Symbol $\overset{U}{\sim}$ bedeutet unitäre Kongruenz.

bei jedem Schritt nimmt die positive ganze rationale Zahl p_{12} ab. Wir können dieses Ergebnis so festhalten:

V) *Wir können die Matrix* **P** *durch eine unimodular kongruente von der Gestalt* (30.8) *ersetzen, in der* $p_{12} > 0$ *und gleich dem GGT aller Elemente von* **P** *ist.*

Wir schreiben dann für $p_{12} = d_1$ und statt (30.8) abgekürzt

$$\mathbf{P} \overset{U}{\sim} \operatorname{Diag}\left\{d_1\begin{pmatrix} 0 & 1 \\ -1 & 0 \end{pmatrix}, \mathbf{P}_1\right\}. \tag{30.8'}$$

Dann können wir auf dieselbe Weise die $(2p-2)$-zeilige Matrix $\mathbf{P}_1$, die ja auch wieder ganzzahlig und schiefsymmetrisch ist, reduzieren und erhalten so im nächsten Schritt

$$\mathbf{P} \overset{U}{\sim} \operatorname{Diag}\left\{d_1\begin{pmatrix} 0 & 1 \\ -1 & 0 \end{pmatrix}, d_2\begin{pmatrix} 0 & 1 \\ -1 & 0 \end{pmatrix}, \mathbf{P}_2\right\}, \tag{30.8''}$$

wo d_2 der GGT aller Elemente von $\mathbf{P}_1$ ist; nun aber teilt d_1 alle Elemente von $\mathbf{P}_1$, also auch ihren GGT d_2, das ist in der üblichen Schreibweise:

$$d_1 \mid d_2 .$$

Die noch verbleibende Matrix $\mathbf{P}_2$ hat nur mehr $2p-4$ Zeilen und wird in derselben Weise behandelt. Man erhält so schließlich eine unimodular kongruente Matrix in der Gestalt (30.3) mit der Teilbarkeitsrelation (30.4).

Wir bezeichnen nun mit δ_j den GGT aller j-zeiligen Unterdeterminanten von **P**, also insbesondere mit δ_1 den GGT aller Elemente von **P** und mit δ_{2p} die Determinante **P** selbst. Einem bekannten Satze der Matrizenrechnung zufolge *haben unimodular kongruente Matrizen gleiche Determinantenteiler* δ_j*). Liegt die Matrix **P** in der kanonischen Gestalt (30.3) vor, so können wir die Determinantenteiler leicht angeben: Zunächst ist wegen (30.4) $\delta_1 = d_1$; alle zweizeiligen Unterdeterminanten sind, soweit sie nicht verschwinden und abgesehen vom Vorzeichen $= d_i d_j$ $(i, j = 1, 2, \ldots, p)$; also ist ihr GGT $\delta_2 = d_1^2$; alle dreizeiligen Unterdeterminanten $\pm d_i d_j d_k$ haben den GGT $\delta_3 = d_1^2 d_2$ usw.

Jeder Determinantenteiler ist durch den vorausgehenden teilbar. Man nennt die Quotienten

$$\delta_1, \delta_2/\delta_1, \delta_3/\delta_2, \ldots, \delta_{2p}/\delta_{2p-1},$$

die mit den Zahlen

$$d_1, d_1, d_2, d_2, \ldots, d_p, d_p$$

übereinstimmen, die *Elementarteiler* der Matrix **P**. Wie man sieht, treten die Elementarteiler bei einer schiefsymmetrischen Matrix immer in Paaren auf. Ebenso wie die Determinantenteiler sind auch die Elementarteiler von unimodular kongruenten Matrizen immer identisch.

*) Vgl. W. GRÖBNER: Matrizenrechnung, § 7.4.

Die kanonische Gestalt (30.3) hängt nur von den Elementarteilern $d_1, \ldots, d_p$ von $\mathbf{P}$ ab und kann daher angeschrieben werden, sobald diese bekannt sind. Dafür ist es nicht notwendig, den oben beschriebenen Reduktionsprozeß im einzelnen auszuführen. Allerdings erfordert die direkte Berechnung der Elementarteiler einen kaum geringeren Rechenaufwand als der beschriebene Reduktionsprozeß.

Für unsere folgenden Untersuchungen ist es zweckmäßig, die kanonische Gestalt (30.3) für $\mathbf{P}$ noch ein wenig abzuändern; dazu verwenden wir die p-zeilige Diagonalmatrix

$$\mathbf{D} = \mathrm{Diag}\{d_1, d_2, \ldots, d_p\}. \tag{30.9}$$

Dann gilt der folgende

2. Satz. *Eine schiefsymmetrische* $(2p, 2p)$*-Matrix* $\mathbf{P}$, *deren Elemente ganze rationale Zahlen sind und deren Elementarteiler der Reihe nach die Zahlen*

$$d_1, d_1, d_2, d_2, \ldots, d_p, d_p$$

darstellen, ist unimodular kongruent der Matrix

$$\mathbf{P} \overset{\mathrm{U}}{\sim} \mathbf{M}\,\mathbf{P}\,\widetilde{\mathbf{M}} = \begin{pmatrix} 0 & \mathbf{D} \\ -\mathbf{D} & 0 \end{pmatrix}, \tag{30.10}$$

wo $\mathbf{D}$ *die* p*-zeilige Diagonalmatrix* (30.9) *bedeutet.*

Man geht nämlich von der kanonischen Gestalt (30.3) zu (30.10) sehr einfach durch eine Permutation der Zeilen und Spalten gemäß I) über, bei der die ungeraden Zeilen vorangestellt werden; das ist in üblicher Schreibweise die Permutation:

$$\begin{pmatrix} 1 & 2 & 3 & 4 & \ldots 2p-1 & 2p \\ 1 & p+1 & 2 & p+2 \ldots & p & 2p \end{pmatrix}.$$

31. Herleitung der elementaren Eigenschaften einer Periodenmatrix aus der Existenz einer Prinzipalmatrix. Wir wollen nun den Weg, der uns von der vorausgesetzten Existenz der Abelschen Funktionen zur Prinzipalmatrix geführt hat, nun in der am Ende von Nr. 28 vorgezeichneten Weise in umgekehrter Richtung zurückverfolgen. Wir gehen also jetzt von der Annahme aus, daß eine $(p, 2p)$-Matrix $\boldsymbol{\Omega}$ vorliege, zu der eine Prinzipalmatrix $\mathbf{P}$ gehört, welche die in Satz 2 von Nr. 28 (S. 69) angegebenen Relationen erfüllt:

$$\widetilde{\mathbf{P}} = -\mathbf{P}, \tag{31.1}$$

$$\boldsymbol{\Omega}\mathbf{P}\widetilde{\boldsymbol{\Omega}} = 0, \tag{31.2}$$

$$i\,\boldsymbol{\Omega}\mathbf{P}\widetilde{\overline{\boldsymbol{\Omega}}} > 0\text{*)}. \tag{31.3}$$

---

*) Wesentlich ist hier nur, daß die Hermitesche Matrix $i\boldsymbol{\Omega}\mathbf{P}\widetilde{\overline{\boldsymbol{\Omega}}}$ *definit* ist; wenn sie nämlich negativ definit wäre, so brauchte man nur $\mathbf{P}$ durch $-\mathbf{P}$ zu ersetzen, um sie positiv definit zu machen.

Die Elemente von $\mathbf{P}$ sind rationale Zahlen, und, wie schon bemerkt, dürfen wir sie ohne Einschränkung der Allgemeinheit sogar als ganze rationale Zahlen voraussetzen*).

Aus den Relationen (31.1—3) haben wir bereits (28.5—6) die Folgerungen gezogen:

$$|\mathbf{P}| > 0\,, \qquad |\mathbf{F}| = \begin{vmatrix} \boldsymbol{\Omega} \\ \bar{\boldsymbol{\Omega}} \end{vmatrix} \neq 0\,; \tag{31.4}$$

daher hat die Matrix $\boldsymbol{\Omega}$ notwendig den Rang p, und keine Zeile von $\boldsymbol{\Omega}$ besteht aus lauter reellen (oder rein imaginären) Zahlen (vgl. S. 24 f.). Aus (10.8) entnehmen wir ferner, daß auch die aus den Real- und Imaginärteilen von $\boldsymbol{\Omega} = \boldsymbol{\Omega}' + i\,\boldsymbol{\Omega}''$ gebildete Determinante D nicht verschwinden kann; wir dürfen sogar festlegen, daß

$$D = \begin{vmatrix} \boldsymbol{\Omega}' \\ \boldsymbol{\Omega}'' \end{vmatrix} > 0 \tag{31.5}$$

ist, denn wenn dies nicht von vornherein erfüllt ist, so brauchen wir nur zwei Spalten der Matrix $\boldsymbol{\Omega}$ zu vertauschen**). Das bedeutet, daß das von den Perioden der Matrix $\boldsymbol{\Omega}$ aufgespannte Periodenparallelotop *positives* Volumen besitzt und steht in Übereinstimmung mit unserer Festsetzung in Nr. 11 (S. 24).

Damit haben wir bereits viele von den Sätzen abgeleitet, die uns im direkten Teil dieser Untersuchung dienlich gewesen sind; insbesondere gelten auch die geometrischen Veranschaulichungen von Nr. 29.

32. Bestimmung der charakteristischen Matrix. Unsere nächste Aufgabe ist die Bestimmung der charakteristischen Matrix $\mathbf{N} = (n_{hk})$ oder besser aller charakteristischen Matrizen, welche mit der Angabe von $\boldsymbol{\Omega}$ und $\mathbf{P}$ verträglich sind. Die reziproke Matrix $\mathbf{N}^{-1}$ der charakteristischen Matrix muß bis auf einen skalaren Faktor gleich der Prinzipalmatrix $\mathbf{P}$ sein; demnach muß

$$\mathbf{N} = k\,\mathbf{P}^{-1} \tag{32.1}$$

gesetzt werden, wo k eine *positive* rationale Zahl bedeutet, derart, daß alle Elemente von $\mathbf{N}$ ganze rationale Zahlen sind. Um k und $\mathbf{N}$ eindeutig zu bestimmen, wollen wir zunächst festsetzen, daß *die Elemente von* $\mathbf{N}$ *ganze rationale Zahlen ohne gemeinsamen Teiler sein sollen.*

Außer dieser sind als charakteristische Matrizen zu $\boldsymbol{\Omega}$ und $\mathbf{P}$ noch alle Matrizen $l\mathbf{N}$ möglich, die aus $\mathbf{N}$ durch skalare Multiplikation mit einer natürlichen Zahl l herauskommen ($l = 2, 3, \ldots$). Für alle diese Matrizen gelten die Relationen a), b) und c) von Satz 1 in Nr. 28.

---

*) Dazu braucht $\mathbf{P}$ nur mit einer passenden positiven Zahl skalar multipliziert zu werden, wobei die Relationen (31.1—3) ungeändert bleiben.

**) Das bedingt natürlich auch eine entsprechende Vertauschung der Zeilen und Spalten von $\mathbf{P}$.

Die Matrix $\mathbf{N}$ ist nicht singulär und schiefsymmetrisch, daher ist ihre Determinante *positiv*; wir setzen in Übereinstimmung mit (25.7)

$$|\mathbf{N}| = \delta^2 > 0\,. \tag{32.2}$$

Die Determinanten der übrigen charakteristischen Matrizen $l\mathbf{N}$ sind dann:

$$|l\mathbf{N}| = l^{2p}\,\delta^2\,, \qquad l = 2, 3, \ldots \tag{32.3}$$

Bevor wir in unserer Untersuchung fortschreiten und zur Bestimmung der zweiten Periodenmatrix $\boldsymbol{\Lambda}$ übergehen, wollen wir noch die Formeln kurz zusammenstellen, die dem Übergang von der Periodenmatrix $\boldsymbol{\Omega}$ zu einer äquivalenten

$$\boldsymbol{\Omega}^* = \mathbf{A}\,\boldsymbol{\Omega}\,\mathbf{M} \tag{32.4}$$

entsprechen. Wir erinnern daran, daß $\mathbf{A}$ eine reguläre $(p; p)$-Matrix mit komplexen Elementen, $\mathbf{M}$ eine unimodulare $(2p, 2p)$-Matrix mit ganzen rationalen Elementen bedeuten.

Nach den Formeln (26.3) und (26.7) gehört zu $\boldsymbol{\Omega}^*$ die zweite Periodenmatrix

$$\boldsymbol{\Lambda}^* = \widetilde{\mathbf{A}}^{-1}\,\boldsymbol{\Lambda}\,\mathbf{M}\,, \tag{32.5}$$

nach (26.8) die charakteristische Matrix

$$\mathbf{N}^* = \widetilde{\boldsymbol{\Omega}}^*\,\boldsymbol{\Lambda}^* - \widetilde{\boldsymbol{\Lambda}}^*\,\boldsymbol{\Omega}^* = \widetilde{\mathbf{M}}\,\mathbf{N}\,\mathbf{M} \tag{32.6}$$

und die Determinante

$$\delta^* = \begin{vmatrix}\boldsymbol{\Omega}^*\\ \boldsymbol{\Lambda}^*\end{vmatrix} = \begin{vmatrix}\mathbf{A} & 0\\ 0 & \widetilde{\mathbf{A}}^{-1}\end{vmatrix}\begin{vmatrix}\boldsymbol{\Omega}\\ \boldsymbol{\Lambda}\end{vmatrix}|\mathbf{M}| = \delta\,|\mathbf{M}|, \tag{32.7}$$

also geradezu $\delta^* = \delta$, wenn wir uns auf *modulare* Transformationen, $|\mathbf{M}| = +1$, beschränken (vgl. Nr. 26).

Für die in Nr. 9 und 10 eingeführten Determinanten $D = \begin{vmatrix}\boldsymbol{\Omega}'\\ \boldsymbol{\Omega}''\end{vmatrix}$ und $F = \begin{vmatrix}\boldsymbol{\Omega}\\ \overline{\boldsymbol{\Omega}}\end{vmatrix}$ finden wir in Übereinstimmung mit den Formeln (9.3), (10.6) und (10.8):

$$D^* = \begin{vmatrix}\boldsymbol{\Omega}^{*\prime}\\ \boldsymbol{\Omega}^{*\prime\prime}\end{vmatrix} = |\mathbf{A}|\,|\overline{\mathbf{A}}|\,D\,|\mathbf{M}| \tag{32.8}$$

$$F^* = \begin{vmatrix}\boldsymbol{\Omega}^*\\ \overline{\boldsymbol{\Omega}}^*\end{vmatrix} = \begin{vmatrix}\mathbf{A} & 0\\ 0 & \overline{\mathbf{A}}\end{vmatrix}\begin{vmatrix}\boldsymbol{\Omega}\\ \overline{\boldsymbol{\Omega}}\end{vmatrix}|\mathbf{M}| = |\mathbf{A}|\,|\overline{\mathbf{A}}|\,F\,|\mathbf{M}|\,; \tag{32.9}$$

auch das Vorzeichen von D^* bleibt positiv, wenn $D > 0$ und $|\mathbf{M}| = +1$ ist.

33. Bestimmung der zweiten Periodenmatrix. Wir dürfen nun davon ausgehen, daß die erste Periodenmatrix $\boldsymbol{\Omega}$ und die charakteristische Matrix $\mathbf{N}$, den Bedingungen a), b) und c) von Satz 1 in Abschnitt Nr. 28 entsprechend, vorliegen. Die zweite Periodenmatrix $\boldsymbol{\Lambda}$ steht zu $\boldsymbol{\Omega}$ und $\mathbf{N}$

in der Beziehung (25.6), d. h. die $(p, 2p)$-Matrix $\boldsymbol{\Lambda}$ ist eine Lösung der Gleichung

$$\tilde{\boldsymbol{\Omega}}\boldsymbol{\Lambda} - \tilde{\boldsymbol{\Lambda}}\boldsymbol{\Omega} = \mathbf{N}\,. \tag{33.1}$$

Durch diese Gleichung ist $\boldsymbol{\Lambda}$ sicher nicht eindeutig bestimmt, denn ist etwa $\boldsymbol{\Lambda}_a$ eine Lösung von (33.1), $\mathbf{S}$ eine ganz beliebige *symmetrische* (p, p)-Matrix mit komplexen Elementen, so ist auch

$$\boldsymbol{\Lambda} = \boldsymbol{\Lambda}_a + \mathbf{S}\boldsymbol{\Omega} \tag{33.2}$$

eine Lösung von (33.1), wie die folgende Rechnung sofort zeigt:

$$\tilde{\boldsymbol{\Omega}}(\boldsymbol{\Lambda}_a + \mathbf{S}\boldsymbol{\Omega}) - (\tilde{\boldsymbol{\Lambda}}_a + \tilde{\boldsymbol{\Omega}}\mathbf{S})\,\boldsymbol{\Omega} = \tilde{\boldsymbol{\Omega}}\boldsymbol{\Lambda}_a - \tilde{\boldsymbol{\Lambda}}_a\boldsymbol{\Omega} = \mathbf{N}\,.$$

Das steht auch in Übereinstimmung mit der Tatsache, daß eine zu $\boldsymbol{\Omega}$ gehörige intermediäre Funktion $\varphi(\mathbf{u})$, ohne ihre charakteristischen Eigenschaften zu verlieren, noch mit einer Exponentialfunktion multipliziert werden darf, in deren Exponenten ein quadratisches Polynom der Variablen $\mathbf{u}$ steht. Gilt nämlich für die intermediäre Funktion $\varphi(\mathbf{u})$ die Beziehung (25.2), das ist

$$\varphi(\mathbf{u} + \boldsymbol{\omega}_h) = e^{2\pi i \tilde{\mathbf{e}}_h(\tilde{\boldsymbol{\Lambda}}\mathbf{u} + \boldsymbol{\gamma})}\,\varphi(\mathbf{u}), \qquad h = 1, \ldots, 2p\,, \tag{33.3}$$

mit $\boldsymbol{\omega}_h = \boldsymbol{\Omega}\mathbf{e}_h$, und setzen wir mit einer symmetrischen Matrix $\mathbf{S} = \tilde{\mathbf{S}}$:

$$\varphi^*(\mathbf{u}) = e^{\pi i \tilde{\mathbf{u}}\mathbf{S}\mathbf{u}}\,\varphi(\mathbf{u})\,, \tag{33.4}$$

dann ist auch $\varphi^*(\mathbf{u})$ wieder eine intermediäre Funktion zur Periodenmatrix $\boldsymbol{\Omega}$, denn sie ist eine ganze Funktion und erfüllt die Relationen*):

$$\begin{aligned} \varphi^*(\mathbf{u} + \boldsymbol{\omega}_h) &= e^{\pi i(\tilde{\mathbf{u}} + \tilde{\mathbf{e}}_h\tilde{\boldsymbol{\Omega}})\mathbf{S}(\mathbf{u} + \boldsymbol{\Omega}\mathbf{e}_h) - \pi i \tilde{\mathbf{u}}\mathbf{S}\mathbf{u} + 2\pi i \tilde{\mathbf{e}}_h(\tilde{\boldsymbol{\Lambda}}\mathbf{u} + \boldsymbol{\gamma})}\,\varphi^*(\mathbf{u}) \\ &= e^{2\pi i \tilde{\mathbf{e}}_h\left(\tilde{\boldsymbol{\Omega}}\mathbf{S}\mathbf{u} + \tilde{\boldsymbol{\Lambda}}\mathbf{u} + \frac{1}{2}\tilde{\boldsymbol{\Omega}}\mathbf{S}\boldsymbol{\Omega}\mathbf{e}_h + \boldsymbol{\gamma}\right)}\,\varphi^*(\mathbf{u})\,; \end{aligned} \tag{33.5}$$

hier ist an die Stelle von $\tilde{\boldsymbol{\Lambda}}$ die Matrix $\tilde{\boldsymbol{\Lambda}} + \tilde{\boldsymbol{\Omega}}\mathbf{S}$, also an die Stelle von $\boldsymbol{\Lambda}$ die Matrix $\boldsymbol{\Lambda} + \mathbf{S}\boldsymbol{\Omega}$ getreten. Die charakteristische Matrix ändert sich dabei nicht.

Der Parametervektor $\boldsymbol{\gamma}$ hat sich in (33.5) auch geändert, und zwar ist er hier $\boldsymbol{\gamma} + \frac{1}{2}\,\mathrm{Sp}(\tilde{\boldsymbol{\Omega}}\mathbf{S}\boldsymbol{\Omega})$**). Wir wollen zeigen, daß wir durch eine kleine Verallgemeinerung des Ansatzes (33.4) erreichen können, daß der Parametervektor $\boldsymbol{\gamma}^*$ von $\varphi^*(\mathbf{u})$ verschwindet oder ein beliebig vorgegebener $2p$-Vektor ist. Dazu führen wir noch zwei komplexe p-Vektoren $\boldsymbol{\alpha}$ und $\mathbf{c}$ ein, fügen einerseits zum Exponenten die lineare Funktion

$$2\pi i\,\tilde{\boldsymbol{\alpha}}\,\mathbf{u} = 2\pi i(\alpha_1 u_1 + \alpha_2 u_2 + \cdots + \alpha_p u_p)$$

*) Man beachte: $\tilde{\mathbf{e}}_h\,\tilde{\boldsymbol{\Omega}}\,\mathbf{S}\mathbf{u} = (\tilde{\mathbf{e}}_h\,\tilde{\boldsymbol{\Omega}}\,\mathbf{S}\mathbf{u})^T = \tilde{\mathbf{u}}\mathbf{S}\,\boldsymbol{\Omega}\,\mathbf{e}_h$.

**) $\mathrm{Sp}(\mathbf{A})$ bedeutet die einspaltige Matrix, deren Elemente die in der Hauptdiagonale von $\mathbf{A}$ stehenden Elemente sind (vgl. Anm. S. 61).

hinzu, andererseits ersetzen wir das Argument in $\varphi(\mathbf{u})$ durch $\mathbf{u}+\mathbf{c}$:

$$\varphi^*(\mathbf{u}) = e^{\pi i(\tilde{\mathbf{u}}\mathbf{S}\mathbf{u}+2\tilde{\alpha}\mathbf{u})}\,\varphi(\mathbf{u}+\mathbf{c})\,. \tag{33.6}$$

Nach Wiederholung der obigen Rechnung erhalten wir hier

$$\varphi^*(\mathbf{u}+\boldsymbol{\omega}_h) = e^{2\pi i\tilde{\mathbf{e}}_h[(\tilde{\Lambda}+\tilde{\Omega}\mathbf{S})\mathbf{u}+\gamma^*]}\,\varphi^*(\mathbf{u})\,, \quad h=1,\ldots,2p \tag{33.7}$$

mit

$$\boldsymbol{\gamma}^* = \boldsymbol{\gamma} + \frac{1}{2}\,\mathrm{Sp}(\tilde{\boldsymbol{\Omega}}\mathbf{S}\boldsymbol{\Omega}) + \tilde{\boldsymbol{\Omega}}\boldsymbol{\alpha} + \tilde{\boldsymbol{\Lambda}}\mathbf{c}\,. \tag{33.8}$$

Nun ist die $(2p, 2p)$-Matrix $(\tilde{\boldsymbol{\Omega}}, \tilde{\boldsymbol{\Lambda}})$ nicht singulär (32.2), daher können die p-Vektoren $\boldsymbol{\alpha}$ und $\mathbf{c}$ durch Auflösung eines regulären Gleichungssystems immer so bestimmt werden, daß $\tilde{\boldsymbol{\Omega}}\boldsymbol{\alpha} + \tilde{\boldsymbol{\Lambda}}\mathbf{c}$ ein beliebig vorgegebener $2p$-Vektor ist. Wir können dieses Resultat so aussprechen:

Satz 1. *Wir können in* (33.6) *die symmetrische Matrix* $\mathbf{S}$ *beliebig annehmen, so daß für die intermediäre Funktion* $\varphi^*(\mathbf{u})$ *die zweite Periodenmatrix* $\boldsymbol{\Lambda} + \mathbf{S}\boldsymbol{\Omega}$ *gegenüber* $\boldsymbol{\Lambda}$ *bei* $\varphi(\mathbf{u})$ *ist; dann können die* p*-Vektoren* $\boldsymbol{\alpha}$ *und* $\mathbf{c}$ *immer noch so bestimmt werden, daß der Parametervektor* $\boldsymbol{\gamma}^*$ *von* $\varphi^*(\mathbf{u})$ *verschwindet oder irgendein vorgegebener* $2p$*-Vektor ist.*

Nach diesen Vorbereitungen können wir nun an die Auflösung der Gleichung (33.1) nach $\boldsymbol{\Lambda}$ herangehen. Die Auflösung wird bedeutend erleichtert, wenn wir von $\boldsymbol{\Omega}$ zu einer passenden äquivalenten Periodenmatrix $\boldsymbol{\Omega}^* = \mathbf{A}\boldsymbol{\Omega}\mathbf{M}$ übergehen und dabei die unimodulare Matrix $\mathbf{M}$ so wählen, daß die charakteristische Matrix gemäß (32.6) in ihre kanonische Gestalt (30.10) transformiert wird*). Wir dürfen annehmen, daß diese Transformation bereits durchgeführt ist, und zwar möge die charakteristische Matrix in der Gestalt**):

$$\mathbf{N} = \begin{pmatrix} 0 & -\Delta \\ \Delta & 0 \end{pmatrix}, \quad \text{mit } \Delta = \mathrm{Diag}\{\delta_1, \delta_2, \ldots, \delta_p\} \tag{33.9}$$

vorliegen, wo $\delta_1, \ldots, \delta_p$ natürliche Zahlen sind, die in der Teilbarkeitsrelation

$$1 = \delta_1\,|\delta_2|\ldots|\,\delta_p \tag{33.10}$$

stehen***). Außer $\mathbf{N}$ sind noch alle mit einer natürlichen Zahl l

*) An Stelle der charakteristischen Matrix könnte man auch die Prinzipalmatrix $\mathbf{P}$ in die kanonische Gestalt transformieren. Die Untersuchung wird dadurch nicht wesentlich geändert und man erhält ebenfalls brauchbare Normalformen für die Periodenmatrizen.

**) Die kanonische Gestalt ist hier gegenüber (30.10) mit verkehrtem Vorzeichen angesetzt. Das ist nur eine unwesentliche Einzelheit, durch die erreicht wird, daß $D > 0$ herauskommt.

***) δ_1 ist der erste Determinantenteiler (d. h. *GGT* aller Elemente) von $\mathbf{N}$ und folglich unserer Voraussetzung (32.1) entsprechend gleich 1.

multiplizierten Matrizen

$$l\mathrm{N} = l\begin{pmatrix} 0 & -\varDelta \\ \varDelta & 0 \end{pmatrix}, \qquad l = 2, 3, \ldots$$

als zu $\boldsymbol{\Omega}$ gehörige charakteristische Matrizen möglich.

Die Matrix **N** muß den Bedingungen des 1. Satzes in Nr. 28, insbesondere der Bedingung c) genügen; das gibt, wenn wir wie in Nr. 12 $\boldsymbol{\Omega} = (\boldsymbol{\Omega}_1, \boldsymbol{\Omega}_2)$ schreiben:

$$i\boldsymbol{\Omega}\,\mathrm{N}^{-1}\,\tilde{\bar{\boldsymbol{\Omega}}} = i(\boldsymbol{\Omega}_1, \boldsymbol{\Omega}_2)\begin{pmatrix} 0 & \varDelta^{-1} \\ -\varDelta^{-1} & 0 \end{pmatrix}\begin{pmatrix} \tilde{\bar{\boldsymbol{\Omega}}}_1 \\ \tilde{\bar{\boldsymbol{\Omega}}}_2 \end{pmatrix} = i[\boldsymbol{\Omega}_1\varDelta^{-1}\tilde{\bar{\boldsymbol{\Omega}}}_2 - \boldsymbol{\Omega}_2\varDelta^{-1}\tilde{\bar{\boldsymbol{\Omega}}}_1] > 0. \tag{33.11}$$

Daraus schließen wir aber, daß $|\boldsymbol{\Omega}_1| \neq 0$ sein muß, denn wäre etwa $|\boldsymbol{\Omega}_1| = 0$, so gäbe es einen p-Vektor $\mathbf{u} \neq 0$, der $\boldsymbol{\Omega}_1$ annulliert:

$$\tilde{\mathrm{u}}\,\boldsymbol{\Omega}_1 = 0\,, \quad \tilde{\bar{\boldsymbol{\Omega}}}_1\bar{\mathrm{u}} = 0\,;$$

das würde aber, in (33.11) eingesetzt,

$$i\tilde{\mathrm{u}}\boldsymbol{\Omega}\mathrm{N}^{-1}\,\tilde{\bar{\boldsymbol{\Omega}}}\,\bar{\mathrm{u}} = i(\tilde{\mathrm{u}}\,\boldsymbol{\Omega}_1\,\varDelta^{-1}\,\tilde{\bar{\boldsymbol{\Omega}}}_2\bar{\mathrm{u}} - \tilde{\mathrm{u}}\,\boldsymbol{\Omega}_2\,\varDelta^{-1}\,\tilde{\bar{\boldsymbol{\Omega}}}_1\bar{\mathrm{u}}) = 0$$

ergeben, in Widerspruch mit der Bedingung c), wonach diese HERMITEsche Matrix positiv definit sein muß.

Nun können wir aber (vgl. Nr. 12) zu einer äquivalenten Periodenmatrix $\boldsymbol{\Omega}^* = \mathbf{A}\boldsymbol{\Omega}$ übergehen, in der $\mathbf{A} = \varDelta\boldsymbol{\Omega}_1^{-1}$ gesetzt ist, so daß die Periodenmatrix, wenn wir statt $\boldsymbol{\Omega}^*$ wieder einfach $\boldsymbol{\Omega}$ schreiben, in der Gestalt

$$\boldsymbol{\Omega} = (\varDelta, \boldsymbol{\Sigma}) \tag{33.12}$$

vorliegt, wo $\varDelta$ die in (33.9) vorkommende ganzzahlige Diagonalmatrix und $\boldsymbol{\Sigma}$ eine komplexe (p, p)-Matrix bedeuten.

Die Bedingung b) von Satz 1 in Nr. 28 liefert nun:

$$\boldsymbol{\Omega}\,\mathrm{N}^{-1}\,\tilde{\boldsymbol{\Omega}} = (\varDelta, \boldsymbol{\Sigma})\begin{pmatrix} 0 & \varDelta^{-1} \\ -\varDelta^{-1} & 0 \end{pmatrix}\begin{pmatrix} \varDelta \\ \tilde{\boldsymbol{\Sigma}} \end{pmatrix} = -\boldsymbol{\Sigma} + \tilde{\boldsymbol{\Sigma}} = 0\,,$$

d. h.

$$\tilde{\boldsymbol{\Sigma}} = \boldsymbol{\Sigma}\,; \tag{33.13a}$$

$\boldsymbol{\Sigma}$ ist also eine symmetrische Matrix, die wir in Realteil und Imaginärteil spalten:

$$\boldsymbol{\Sigma} = \boldsymbol{\Sigma}' + i\,\boldsymbol{\Sigma}''\,, \quad \tilde{\boldsymbol{\Sigma}}' = \boldsymbol{\Sigma}'\,, \quad \tilde{\boldsymbol{\Sigma}}'' = \boldsymbol{\Sigma}''\,.$$

Setzen wir das in (33.11) ein, so vereinfacht sich diese Ungleichung zu:

$$i(\bar{\boldsymbol{\Sigma}} - \boldsymbol{\Sigma}) = 2\,\boldsymbol{\Sigma}'' > 0\,^{*)}\,, \tag{33.13b}$$

d. h. *die in* (33.12) *auftretende* (p, p)*-Matrix* $\boldsymbol{\Sigma}$ *ist symmetrisch und besitzt einen positiv definiten Imaginärteil* $\boldsymbol{\Sigma}''$.

---

*) Für jeden nicht verschwindenden reellen p-Vektor $\mathbf{x}$ hat die quadratische Form $\tilde{\mathbf{x}}\,\boldsymbol{\Sigma}''\,\mathbf{x}$ einen positiven Wert (> 0).

Wenn wir auch die zweite Periodenmatrix $\boldsymbol{\Lambda} = (\boldsymbol{\Lambda}_1, \boldsymbol{\Lambda}_2)$ schreiben und zusammen mit (33.12) in (33.1) einsetzen, erhalten wir

$$\tilde{\boldsymbol{\Omega}}\boldsymbol{\Lambda} - \tilde{\boldsymbol{\Lambda}}\boldsymbol{\Omega} = \begin{pmatrix}\boldsymbol{\Delta}\\ \boldsymbol{\Sigma}\end{pmatrix}(\boldsymbol{\Lambda}_1, \boldsymbol{\Lambda}_2) - \begin{pmatrix}\tilde{\boldsymbol{\Lambda}}_1\\ \tilde{\boldsymbol{\Lambda}}_2\end{pmatrix}(\boldsymbol{\Delta}, \boldsymbol{\Sigma}) = \begin{pmatrix}\boldsymbol{\Delta}\boldsymbol{\Lambda}_1 - \tilde{\boldsymbol{\Lambda}}_1\boldsymbol{\Delta} & \boldsymbol{\Delta}\boldsymbol{\Lambda}_2 - \tilde{\boldsymbol{\Lambda}}_1\boldsymbol{\Sigma}\\ \boldsymbol{\Sigma}\boldsymbol{\Lambda}_1 - \tilde{\boldsymbol{\Lambda}}_2\boldsymbol{\Delta} & \boldsymbol{\Sigma}\boldsymbol{\Lambda}_2 - \tilde{\boldsymbol{\Lambda}}_2\boldsymbol{\Sigma}\end{pmatrix}$$

$$= \begin{pmatrix}0 & -\boldsymbol{\Delta}\\ \boldsymbol{\Delta} & 0\end{pmatrix}, \qquad (33.14)$$

woraus wir zunächst nur $\boldsymbol{\Delta}\boldsymbol{\Lambda}_1 - \tilde{\boldsymbol{\Lambda}}_1\boldsymbol{\Delta} = 0$, d. h. die Tatsache entnehmen, daß die (p, p)-Matrix*)

$$\boldsymbol{\Delta}\boldsymbol{\Lambda}_1 = \tilde{\boldsymbol{\Lambda}}_1\boldsymbol{\Delta} = (\boldsymbol{\Delta}\boldsymbol{\Lambda}_1)^T$$

symmetrisch ist; dasselbe gilt dann auch für

$$\mathbf{S} = \tilde{\mathbf{S}} = \boldsymbol{\Lambda}_1\boldsymbol{\Delta}^{-1}.$$

Nach dem eben bewiesenen Satz dürfen wir die Matrix $\boldsymbol{\Lambda}$ durch die Matrix

$$\boldsymbol{\Lambda} - \mathbf{S}\boldsymbol{\Omega} = (\boldsymbol{\Lambda}_1, \boldsymbol{\Lambda}_2) - \boldsymbol{\Lambda}_1\boldsymbol{\Delta}^{-1}(\boldsymbol{\Delta}, \boldsymbol{\Sigma}) = (0, \boldsymbol{\Lambda}_2 - \boldsymbol{\Lambda}_1\boldsymbol{\Delta}^{-1}\boldsymbol{\Sigma})$$

ersetzt denken, was darauf hinausläuft, daß wir in (33.14) $\boldsymbol{\Lambda}_1 = 0$ setzen dürfen. Dann folgt aber weiter $\boldsymbol{\Delta}\boldsymbol{\Lambda}_2 = -\boldsymbol{\Delta}$, oder $\boldsymbol{\Delta}(\boldsymbol{\Lambda}_2 + \mathbf{E}) = 0$. Da nun die Diagonalmatrix $\boldsymbol{\Delta}$ regulär ist, muß $\boldsymbol{\Lambda}_2 + \mathbf{E}$ die Nullmatrix, also $\boldsymbol{\Lambda}_2 = -\mathbf{E}$ ($\mathbf{E} = p$-zeilige Einheitsmatrix) sein; damit ist aber auch schon (33.14) vollständig erfüllt. Endgültig ist also:

$$\boldsymbol{\Lambda} = (0, -\mathbf{E}) \qquad (33.15)$$

bzw., wenn die charakteristische Matrix $l\mathbf{N}$ ist:

$$l\boldsymbol{\Lambda} = (0, -l\mathbf{E}), \qquad l = 2, 3, \ldots;$$

wir können unser bisheriges Ergebnis so zusammenfassen:

Satz 2. *Zu einer Periodenmatrix $\boldsymbol{\Omega}$ der Ordnung p mit der zugehörigen Prinzipalmatrix $\mathbf{P}$ gibt es unendlich viele charakteristische Matrizen $l\mathbf{N}$ ($l = 1, 2, \ldots$), deren erste $\mathbf{N} = k\mathbf{P}^{-1}$ so bestimmt ist, daß alle Elemente ganze rationale Zahlen ohne gemeinsamen Teiler sind ($k > 0$). Transformiert man $\mathbf{N}$ nach dem Satz von* Frobenius *auf die kanonische Gestalt*

$$\mathbf{N} = \begin{pmatrix}0 & -\boldsymbol{\Delta}\\ \boldsymbol{\Delta} & 0\end{pmatrix}, \quad \text{mit} \begin{cases}\boldsymbol{\Delta} = \mathrm{Diag}\{\delta_1, \delta_2, \ldots, \delta_p\}\\ 1 = \delta_1 \mid \delta_2 \mid \ldots \mid \delta_p \neq 0,\end{cases}$$

so bedeutet das den Übergang von $\boldsymbol{\Omega}$ zu einer äquivalenten Periodenmatrix $\boldsymbol{\Omega}\mathbf{M}$. Wenn man jetzt noch eine passende Variablentransformation durchführt, so kann man

$$\boldsymbol{\Omega} = (\boldsymbol{\Delta}, \boldsymbol{\Sigma})$$

setzen, wo $\boldsymbol{\Sigma}$ eine symmetrische (p, p)-Matrix bedeutet, deren Imaginärteil positiv definit ist. Unter den zu $\boldsymbol{\Omega}$ und $l\mathbf{N}$ passenden zweiten Periodenmatrizen können wir eine normierte

$$\boldsymbol{\Lambda} = (0, -l\mathbf{E})$$

*) Man beachte, daß für die Diagonalmatrix $\tilde{\boldsymbol{\Delta}} = \boldsymbol{\Delta}$ gilt.

auszeichnen, aus der alle) übrigen in der Form* $\boldsymbol{\Lambda} + \mathbf{S}\boldsymbol{\Omega}$ *mit einer willkürlichen symmetrischen Matrix* $\mathbf{S}$ *gewonnen werden können.*

Zu diesen Periodenmatrizen gehören die folgenden Determinanten:

$$\delta = \begin{vmatrix} \boldsymbol{\Omega} \\ \boldsymbol{\Lambda} \end{vmatrix} = \begin{vmatrix} \boldsymbol{\Delta} & \boldsymbol{\Sigma} \\ 0 & -l\mathbf{E} \end{vmatrix} = (-l)^p (\delta_1 \delta_2 \ldots \delta_p) \; ; \tag{33.16}$$

$$\delta^2 = |l\mathbf{N}| = l^{2p} \begin{vmatrix} 0 & -\boldsymbol{\Delta} \\ \boldsymbol{\Delta} & 0 \end{vmatrix} = l^{2p} (\delta_1 \delta_2 \ldots \delta_p)^2 \; ; \tag{33.17}$$

$$D = \begin{vmatrix} \boldsymbol{\Omega}' \\ \boldsymbol{\Omega}'' \end{vmatrix} = \begin{vmatrix} \boldsymbol{\Delta} & \boldsymbol{\Sigma}' \\ 0 & \boldsymbol{\Sigma}'' \end{vmatrix} = |\boldsymbol{\Sigma}''| \, (\delta_1 \delta_2 \ldots \delta_p) > 0 \, . \tag{33.18}$$

In der letzten Beziehung ist die Tatsache benutzt, daß die Determinante einer positiv definiten Matrix notwendig positiv ist. Das geht aus dem folgenden bekannten Satz der Determinantenlehre hervor:

Satz 3. *Damit eine symmetrische (reelle) Matrix* $\boldsymbol{\Sigma} = (\sigma_{ik})$ *positiv definit sei, ist notwendig und hinreichend, daß die folgenden* p *Hauptunterdeterminanten*

$$D_1 = \sigma_{11}, \; D_2 = \begin{vmatrix} \sigma_{11} & \sigma_{12} \\ \sigma_{21} & \sigma_{22} \end{vmatrix}, \; D_3 = \begin{vmatrix} \sigma_{11} & \sigma_{12} & \sigma_{13} \\ \sigma_{21} & \sigma_{22} & \sigma_{23} \\ \sigma_{31} & \sigma_{32} & \sigma_{33} \end{vmatrix}, \ldots, D_p = |\boldsymbol{\Sigma}| \tag{33.19}$$

sämtlich positive Werte haben. Die notwendige und hinreichende Bedingung dafür, daß $\boldsymbol{\Sigma}$ *negativ definit sei, ist dagegen:*

$$D_1 < 0, \quad D_2 > 0, \quad D_3 < 0, \ldots, \operatorname{sign} D_p = \operatorname{sign} |\boldsymbol{\Sigma}| = (-1)^p \, . \tag{33.20}$$

Der Beweis läßt sich durch eine ähnliche Reduktion, wie wir sie beim Satz von FROBENIUS verwendet haben, führen. Wir bemerken zunächst, daß sicher $\sigma_{11} > 0$ ist, denn andernfalls wäre $\tilde{\mathbf{e}}_1 \boldsymbol{\Sigma} \mathbf{e}_1 = \sigma_{11} \leqq 0$ und daher $\boldsymbol{\Sigma}$ nicht positiv definit. Dann können wir wegen $\sigma_{11} > 0$ alle Elemente der ersten Zeile und Spalte außer σ_{11} auf Null reduzieren, indem wir geeignete Vielfache der ersten Spalte (Zeile) von den folgenden Spalten (Zeilen) abziehen. Dabei bleibt die Matrix $\boldsymbol{\Sigma}$ symmetrisch und positiv definit, auch die Determinanten (33.19) bleiben ungeändert.

Im nächsten Schritt schließt man wieder $\sigma_{22} > 0$ und daher (wegen $\sigma_{12} = 0$) $D_2 = \sigma_{11}\sigma_{22} > 0$; man kann nun auch alle Elemente der zweiten Zeile und Spalte außer σ_{22} auslöschen und so fortfahren.

Die Behauptung (33.20) für negativ definite Matrizen folgt sofort durch die Bemerkung, daß eine negativ definite Matrix $\boldsymbol{\Sigma}$ durch Vorzeichenwechsel in eine positiv definite Matrix übergeht.

34. Verschiedene Typen von Normalformen für die Periodenmatrizen. In der Literatur kommen außer der eben abgeleiteten Normalform für die Periodenmatrizen noch mehrere andere Normalformen vor. Auch wir wollen bei den späteren Ableitungen eine andere Normalform

* Die obige Normalform für $\boldsymbol{\Lambda}$ ist nämlich eindeutig bestimmt; jede zu $\boldsymbol{\Omega}$ und $l\mathbf{N}$ passende 2. Periodenmatrix führt bei dem beschriebenen Reduktionsprozeß zur selben Normalform. Vgl. auch S. 59 und S. 84.

bevorzugen, welche sich näher an die in der älteren Literatur gebräuchlichen anschließt. Alle diese Normalformen können aber leicht durch Äquivalenztransformationen mit Benutzung der Formeln (32.4—9) aus der ersten abgeleitet werden.

In der folgenden Tabelle soll eine Übersicht über verschiedene Normalformen zusammengestellt werden, und zwar ausgehend von der im vorausgehenden Abschnitt hergestellten Periodenmatrix. Dadurch soll die Lektüre von anderen Werken und der Vergleich der dort enthaltenen Formeln mit den unsrigen erleichtert werden.

Die Form (II) der Tabelle benutzt C. L. SIEGEL in seinen auf S. 4 zitierten Vorlesungen. Sie geht durch die einfache Äquivalenztransformation $\boldsymbol{\Omega}^* = \boldsymbol{\Delta}^{-1}\boldsymbol{\Omega}$, $\boldsymbol{\Lambda}^* = \boldsymbol{\Delta}\boldsymbol{\Lambda}$ aus der Normalform (I) hervor.

Die Form (III) ist in den Arbeiten von BAGNERA und DE FRANCHIS*) verwendet; sie entsteht aus (I) einfach durch skalare Multiplikation von $\boldsymbol{\Omega}$ mit $1/\delta_p$ und entsprechend (32.5) von $\boldsymbol{\Lambda}$ mit δ_p. Wenn wir dann $\boldsymbol{\Omega}$ noch mit $2\pi i$ multiplizieren, $\boldsymbol{\Lambda}$ durch $2\pi i$ teilen, so erhalten wir die Form (IV), die (wenigstens im Falle $p=2$) TRAYNARD**) seinen Arbeiten zugrunde legte.

Bei der Äquivalenztransformation, welche von (I) auf (V) führt, ist die (p, p)-Matrix $\mathbf{R}$ benutzt, welche in der Nebendiagonale die Elemente 1, sonst lauter Nullen hat. Diese Matrix $\mathbf{R}$ ist symmetrisch und mit ihrer reziproken identisch. Die Matrix $\boldsymbol{\Sigma}^0 = \mathbf{R}\boldsymbol{\Sigma}\mathbf{R}$ ist gleich der um 180° gedrehten Matrix $\boldsymbol{\Sigma}$. Daher ist auch $\boldsymbol{\Delta}^0 = \mathbf{R}\boldsymbol{\Delta}\mathbf{R}$ eine Diagonalmatrix mit denselben Elementen, nur in umgekehrter Reihenfolge, wie $\boldsymbol{\Delta}$. Die in (V) mit $\mathbf{T}$ bezeichnete (p, p)-Matrix ist also ebenso wie $\boldsymbol{\Sigma}$ symmetrisch, mit einem positiv definiten Imaginärteil. Diese Normalform liegt den Arbeiten von ENRIQUES und SEVERI***) zugrunde.

Von (V) gelangt man durch die skalare Multiplikation von $\boldsymbol{\Omega}$ mit πi zur Form (VI), die den meisten klassischen Arbeiten, insbesondere auch dem Lehrbuch von A. KRAZER+) als Grundlage dient. Auch wir wollen diese Form in der folgenden Ableitung der Thetafunktionen weiter benutzen, weil wir so am einfachsten zu den Thetareihen gelangen in ihrer klassischen Gestalt, so wie sie von JACOBI zuerst aufgestellt und dann von RIEMANN und WEIERSTRASS fortgesetzt wurden.

*) BAGNERA, G., u. M. DE FRANCHIS: Le superficie algebriche le quali ammettono una rappresentazione parametrica mediante funzioni iperellittiche di due argomenti. Memorie di Mat. e di Fis. Soc. It. Sci. (3) **15**, 253—343 (1908); Les nombres ϱ de M. PICARD pour les surfaces hyperelliptiques et pour les surfaces irrégulières de genre zéro. Rend. Circolo Mat. Palermo **30**, 185—238 (1910).

) TRAYNARD, E.: Sur les fonctions thêta de deux variables et les surfaces hyperelliptiques. Ann. de l'Ecole Norm. (3) **24, 77—177 (1907).

***) ENRIQUES, F., u. F. SEVERI: Mémoire sur les surfaces hyperelliptiques. Acta Math. **32**, 283—392 (1909); **33**, 321—403 (1910).

+) KRAZER, A.: Lehrbuch der Thetafunktionen. Leipzig: B. G. Teubner 1903.

Tabelle der Periodenmatrizen

	Zusammengesetzte Periodenmatrix $\begin{pmatrix}\boldsymbol{\Omega}\\ \boldsymbol{\Delta}\end{pmatrix}$	Charakteristische Matrix $\mathbf{N}=\tilde{\boldsymbol{\Omega}}\boldsymbol{\Delta}-\tilde{\boldsymbol{\Delta}}\boldsymbol{\Omega}$	$\delta=\begin{vmatrix}\boldsymbol{\Omega}\\ \boldsymbol{\Delta}\end{vmatrix}$, $D=\begin{vmatrix}\boldsymbol{\Omega}'\\ \boldsymbol{\Omega}''\end{vmatrix}$	Erklärungen
(I)	$\begin{pmatrix}\boldsymbol{\Delta} & \boldsymbol{\Sigma}\\ 0 & -l\mathbf{E}\end{pmatrix}$	$l\begin{pmatrix}0 & -\boldsymbol{\Delta}\\ \boldsymbol{\Delta} & 0\end{pmatrix}$	$\delta=(-l)^p\,\lvert\boldsymbol{\Delta}\rvert$ $D=\lvert\boldsymbol{\Delta}\rvert\,\lvert\boldsymbol{\Sigma}''\rvert>0$	$\boldsymbol{\Delta}=\mathrm{Diag}\{\delta_1,\delta_2,\ldots,\delta_p\}$ $1=\delta_1\mid\delta_2\mid\ldots\mid\delta_p\neq 0$ $\boldsymbol{\Sigma}=\boldsymbol{\Sigma}'+i\boldsymbol{\Sigma}''$, symmetrisch, $\boldsymbol{\Sigma}''>0$, $l=1,2,\ldots$
(II)	$\begin{pmatrix}\mathbf{E} & \mathbf{T}\\ 0 & -l\boldsymbol{\Delta}\end{pmatrix}$	$l\begin{pmatrix}0 & -\boldsymbol{\Delta}\\ \boldsymbol{\Delta} & 0\end{pmatrix}$	$\delta=(-l)^p\,\lvert\boldsymbol{\Delta}\rvert$ $D=\lvert\boldsymbol{\Delta}\rvert^{-1}\,\lvert\boldsymbol{\Sigma}''\rvert>0$	Äquivalenztransformation $\mathbf{A}\boldsymbol{\Omega}$ aus (I) mit: $\mathbf{A}=\boldsymbol{\Delta}^{-1}$ $\mathbf{T}=\boldsymbol{\Delta}^{-1}\boldsymbol{\Sigma}$
(III)	$\begin{pmatrix}\frac{1}{\delta_p}\boldsymbol{\Delta} & \frac{1}{\delta_p}\boldsymbol{\Sigma}\\ 0 & -l\,\delta_p\,\mathbf{E}\end{pmatrix}$	$l\begin{pmatrix}0 & -\boldsymbol{\Delta}\\ \boldsymbol{\Delta} & 0\end{pmatrix}$	$\delta=(-l)^p\,\lvert\boldsymbol{\Delta}\rvert$ $D=\frac{\lvert\boldsymbol{\Delta}\rvert\,\lvert\boldsymbol{\Sigma}''\rvert}{\delta_p^{2p}}>0$	Äquivalenztransformation $\mathbf{A}\boldsymbol{\Omega}$ aus (I) mit $\mathbf{A}=\frac{1}{\delta_p}\mathbf{E}$
(IV)	$\begin{pmatrix}\frac{2\pi i}{\delta_p}\boldsymbol{\Delta} & \frac{2\pi i}{\delta_p}\boldsymbol{\Sigma}\\ 0 & \frac{-l\delta_p}{2\pi i}\mathbf{E}\end{pmatrix}$	$l\begin{pmatrix}0 & -\boldsymbol{\Delta}\\ \boldsymbol{\Delta} & 0\end{pmatrix}$	$\delta=(-l)^p\,\lvert\boldsymbol{\Delta}\rvert$ $D=\left(\frac{2\pi}{\delta_p}\right)^{2p}\lvert\boldsymbol{\Delta}\rvert\,\lvert\boldsymbol{\Sigma}''\rvert>0$	Äquivalenztransformation $\mathbf{A}\boldsymbol{\Omega}$ aus (I) mit $\mathbf{A}=\frac{2\pi i}{\delta_p}\mathbf{E}$
(V)	$\begin{pmatrix}\frac{1}{\delta_p}\boldsymbol{\Delta}^0 & \mathbf{T}\\ 0 & -l\,\delta_p\,\mathbf{E}\end{pmatrix}$	$l\begin{pmatrix}0 & -\boldsymbol{\Delta}^0\\ \boldsymbol{\Delta}^0 & 0\end{pmatrix}$	$\delta=(-l)^p\,\lvert\boldsymbol{\Delta}\rvert$ $D=\frac{\lvert\boldsymbol{\Delta}\rvert\,\lvert\boldsymbol{\Sigma}''\rvert}{\delta_p^{2p}}>0$	Äquivalenztransformation $\mathbf{A}\boldsymbol{\Omega}\mathbf{M}$ aus (I) mit $\mathbf{A}=\frac{1}{\delta_p}\mathbf{R}$, $\mathbf{R}=\begin{pmatrix}0\ldots 0\,1\\ 0\ldots 1\,0\\ \ldots\ldots\\ 1\ldots 0\,0\end{pmatrix}$ $\mathbf{M}=\begin{pmatrix}\mathbf{R} & 0\\ 0 & \mathbf{R}\end{pmatrix}$ $\mathbf{R}=\tilde{\mathbf{R}}=\mathbf{R}^{-1}$; $\boldsymbol{\Delta}^0=\mathbf{R}\boldsymbol{\Delta}\mathbf{R}=\mathrm{Diag}\{\delta_p,\ldots,\delta_1\}$, $\mathbf{T}=\frac{1}{\delta_p}\mathbf{R}\boldsymbol{\Sigma}\mathbf{R}$, $\mathbf{T}''=\frac{1}{\delta_p}\mathbf{R}\boldsymbol{\Sigma}''\mathbf{R}>0$
(VI)	$\begin{pmatrix}\frac{\pi i}{\delta_p}\boldsymbol{\Delta}^0 & \mathsf{A}\\ 0 & -\frac{l\delta_p}{\pi i}\mathbf{E}\end{pmatrix}$	$l\begin{pmatrix}0 & -\boldsymbol{\Delta}^0\\ \boldsymbol{\Delta}^0 & 0\end{pmatrix}$	$\delta=(-l)^p\,\lvert\boldsymbol{\Delta}\rvert$ $D=\left(\frac{\pi}{\delta_p}\right)^{2p}\lvert\boldsymbol{\Delta}\rvert\,\lvert\boldsymbol{\Sigma}''\rvert>0$	Äquivalenztransformation $\mathbf{A}\boldsymbol{\Omega}$ aus (V) mit $\mathbf{A}=\pi i\,\mathbf{E}$; $\mathsf{A}=\frac{\pi i}{\delta_p}\mathbf{R}\boldsymbol{\Sigma}\mathbf{R}=\tilde{\mathsf{A}}=\mathsf{A}'+i\mathsf{A}''$, $\mathsf{A}'<0$

Es ist aber zweckmäßig, die Bezeichnungen in (VI) noch ein wenig zu ändern, und zwar führen wir zu diesem Zweck die Diagonalmatrix

$$\mathbf{B} = \delta_p \mathbf{R} \Delta^{-1} \mathbf{R} = \delta_p (\Delta^0)^{-1} = \operatorname{Diag}\{\beta_1, \beta_2, \ldots, \beta_p\} \tag{34.1}$$

mit den Elementen

$$\beta_h = \delta_p / \delta_{p-h+1}, \qquad h = 1, 2, \ldots, p, \tag{34.2}$$

ein, die wegen (33.10) ebenso wie die δ_h natürliche Zahlen sind (insbesondere ist $\beta_1 = 1$, $\beta_p = \delta_p$) und in der Teilbarkeitsrelation

$$1 = \beta_1 \mid \beta_2 \mid \beta_3 \mid \ldots \mid \beta_p \neq 0 \tag{34.3}$$

stehen. Wenn wir nun auch noch

$$n = \delta_p l = \beta_p l, \qquad l = 1, 2, 3, \ldots \tag{34.4}$$

setzen, d. h. wenn n eine natürliche, durch β_p teilbare Zahl bedeutet, so können wir die zusammengesetzte Periodenmatrix der Normalform (VI) auch so schreiben:

$$\begin{pmatrix} \Omega \\ \Lambda \end{pmatrix} = \begin{pmatrix} \pi i \mathbf{B}^{-1} & \mathbf{A} \\ 0 & -\frac{n}{\pi i} \mathbf{E} \end{pmatrix}. \tag{34.5}$$

Die zugehörige charakteristische Matrix ist

$$\mathbf{N} = n \begin{pmatrix} 0 & -\mathbf{B}^{-1} \\ \mathbf{B}^{-1} & 0 \end{pmatrix}; \tag{34.6}$$

$\mathbf{N}$ ist wegen (34.4) eine ganzzahlige Matrix, und zwar ist wegen (34.1—2)

$$n\, \mathbf{B}^{-1} = l\, \Delta^0 = l \operatorname{Diag}\{\delta_p, \delta_{p-1}, \ldots, \delta_1\}.$$

Zu den Normalformen (V) und (VI) kommt man auf direktem Wege, wenn man nicht, wie wir es in Abschnitt Nr. 33, (33.9), getan haben, die charakteristische Matrix $\mathbf{N}$, sondern die Prinzipalmatrix $\mathbf{P}$ nach dem Satz von FROBENIUS auf ihre kanonische Gestalt bringt; denn wir können bei passender Normierung des skalaren Faktors:

$$\mathbf{P} = n \mathbf{N}^{-1} = \begin{pmatrix} 0 & \mathbf{B} \\ -\mathbf{B} & 0 \end{pmatrix} \tag{34.7}$$

setzen. Daher sind die natürlichen Zahlen (34.3), jede doppelt gesetzt, die *Elementarteiler der Prinzipalmatrix* $\mathbf{P}$; sie haben also eine ganz ähnliche Bedeutung wie die ursprünglich eingeführten Zahlen δ_h.

Wenn man von einer allgemeinen Periodenmatrix Ω mit positiver Determinante D ausgeht und sie auf eine der angeführten Normalformen bringt, so ist die dabei zu verwendende Periodensubstitution $\mathbf{M}$ von selbst modular, d. h. $|\mathbf{M}| = +1$; denn andernfalls müßte nach Formel (32.8) das Vorzeichen von D wechseln.

35. Konstruktion der intermediären Funktionen. Wir gehen von (34.5) aus, deren charakteristische Matrix (34.6) und deren Prinzipalmatrix (34.7) ist. Wir erinnern daran, daß die (p, p)-Matrix $\mathbf{A}$

symmetrisch ist und einen *negativ* definiten Realteil hat*):

$$\tilde{\mathbf{A}} = \mathbf{A} = \mathbf{A}' + i\mathbf{A}'' , \qquad \mathbf{A}' < 0 . \qquad (35.1)$$

Unsere Aufgabe besteht nun darin, alle intermediären Funktionen mit diesen Perioden $\boldsymbol{\Omega}$, $\boldsymbol{\Lambda}$ zu konstruieren, d. h. alle Lösungen der Differenzengleichungen

$$\varphi(\mathbf{u} + \boldsymbol{\Omega}\,\mathbf{e}_h) = e^{2\pi i \tilde{\mathbf{e}}_h(\tilde{\boldsymbol{\Lambda}}\mathbf{u} + \boldsymbol{\gamma})}\,\varphi(\mathbf{u}) , \qquad h = 1, 2, \ldots, 2p$$

zu finden, die ganze (analytische) Funktionen sind. Dabei können wir uns gleich das Resultat von Satz 1 in Abschnitt Nr. 33 (S. 85) zunutze machen, wonach wir die intermediären Funktionen immer so normieren können, daß der Parametervektor $\boldsymbol{\gamma}$ entweder verschwindet oder ein vorgegebener $2p$-Vektor ist. Hier wollen wir uns dafür entscheiden, daß die erste Hälfte von $\boldsymbol{\gamma}$ verschwinden, die zweite Hälfte aber mit dem Vektor $-\frac{n}{2\pi i}\,\mathrm{Sp}(\mathbf{A})$ zusammenfallen soll, wo $\mathrm{Sp}(\mathbf{A})$ den schon öfters benutzten „Spurvektor" der symmetrischen Matrix $\mathbf{A}$ bedeutet, das ist der p-Vektor, dessen Komponenten der Reihe nach die Elemente $(\alpha_{11}, \alpha_{22}, \ldots, \alpha_{pp})$ der Hauptdiagonale von $\mathbf{A}$ sind**).

Das uns zur Lösung aufgegebene System von Differenzengleichungen ist dann folgendes:

$$\varphi(\mathbf{u} + \pi i\,\mathbf{B}^{-1}\mathbf{e}_h) = \varphi(\mathbf{u}) , \qquad h = 1, 2, \ldots, p \qquad (35.2\mathrm{a})$$

$$\varphi(\mathbf{u} + \mathbf{A}\mathbf{e}_h) = e^{-2n\tilde{\mathbf{e}}_h[\mathbf{u} + \frac{1}{2}\mathrm{Sp}(\mathbf{A})]}\,\varphi(\mathbf{u}), \qquad h = 1, 2, \ldots, p . \qquad (35.2\mathrm{b})$$

Sobald wir einmal alle Lösungen dieses Systems ermittelt haben, genügt es, diese noch mit einer Exponentialfunktion, in deren Exponenten eine allgemeine lineare Funktion der Variablen $\mathbf{u}$ *steht, zu multiplizieren und außerdem noch eine allgemeine Translation der Variablen* $\mathbf{u}$ *auszuführen, um die allgemeinsten intermediären Funktionen zu den Periodenmatrizen* $\boldsymbol{\Omega}$ *und* $\boldsymbol{\Lambda}$ *zu erhalten.*

Die vorliegende Aufgabe ist sehr ähnlich der in Abschnitt Nr. 20 gestellten und wir können auch hier auf den Hilfssatz von Nr. 22, S. 50ff., zurückgreifen, wenn wir nur an Stelle der Variablentransformation (22.1) die folgende annehmen:

$$z_h = e^{2\beta_h u_h}, \quad u_h = \frac{\log z_h}{2\,\beta_h} , \qquad h = 1, 2, \ldots, p .$$

Eine ganze Funktion der Variablen $\mathbf{u}$, welche die Periodizitäten (35.2a) hat, wird dadurch in eine Funktion der Variablen z_h übergeführt, die in einem Zylinderbereich

$$0 < \varepsilon \leqq |z_h| \leqq \varrho , \qquad h = 1, 2, \ldots, p$$

*) Diese Relationen sind übrigens auch leicht direkt aus den Bedingungen des Satzes 1 von Nr. 28 abzuleiten.

**) Grundsätzlich sind alle Vektoren als *einspaltige* Matrizen in die Rechnung einzuführen.

analytisch ist. ε kann hier beliebig klein, ϱ beliebig groß angenommen werden. Nach dem Hilfssatz von Nr. 22 kann die Funktion $\varphi(\mathbf{u})$ daher in eine LAURENT*sche Reihe:

$$\varphi(\mathbf{u}) = \sum_{\mathbf{r}} C_{\mathbf{r}}\, z_1^{r_1} z_2^{r_2} \ldots z_p^{r_p} = \sum_{\mathbf{r}} C_{\mathbf{r}}\, e^{2\tilde{\mathbf{r}}\mathbf{B}\mathbf{u}} \tag{35.3}$$

entwickelt werden, in der über *alle ganzzahligen p-Vektoren*

$$\tilde{\mathbf{r}} = (r_1, r_2, \ldots, r_p), \qquad r_h = 0, \pm 1, \pm 2, \ldots$$

zu summieren ist. *Die Reihe* (35.3) *konvergiert absolut und gleichmäßig in jedem beschränkten Bereich des* $\mathbf{u}$*-Raumes; diese Reihenentwicklung ist außerdem eindeutig, d. h. eine solche Reihe verschwindet dann und nur dann identisch**), *wenn sämtliche Koeffizienten* $C_{\mathbf{r}} = 0$ *sind. Zwei Reihen sind also auch dann und nur dann einander gleich, wenn die Koeffizienten* $C_{\mathbf{r}}$ *paarweise übereinstimmen.*

Die Reihenentwicklung (35.3) befriedigt schon von selbst die Gleichungen (35.2a), da jedes einzelne Glied dies tut:

$$e^{2\tilde{\mathbf{r}}\mathbf{B}(\mathbf{u} + \pi i \mathbf{B}^{-1}\mathbf{e}_h)} = e^{2\tilde{\mathbf{r}}\mathbf{B}\mathbf{u}}\, e^{2\pi i \tilde{\mathbf{r}}\mathbf{e}_h},$$

da $\mathbf{r}$ und $\mathbf{e}_h$ ganzzahlige Vektoren sind, ist ihr Produkt eine ganze rationale Zahl und also der zweite Faktor rechts gleich 1.

Dagegen liefern die Differenzengleichungen (35.2b) gewisse Bedingungen für die Koeffizienten $C_{\mathbf{r}}$. Man erhält nämlich einerseits:

$$\varphi(\mathbf{u} + \mathbf{A}\mathbf{e}_h) = \sum_{\mathbf{r}} C_{\mathbf{r}}\, e^{2\tilde{\mathbf{r}}\mathbf{B}(\mathbf{u} + \mathbf{A}\mathbf{e}_h)} = \sum_{\mathbf{r}} \left(C_{\mathbf{r}}\, e^{2\tilde{\mathbf{r}}\mathbf{B}\mathbf{A}\mathbf{e}_h}\right) e^{2\tilde{\mathbf{r}}\mathbf{B}\mathbf{u}}, \tag{35.4}$$

andererseits ist:

$$\begin{aligned} e^{-2n\tilde{\mathbf{e}}_h[\mathbf{u} + \frac{1}{2}\mathrm{Sp}(\mathbf{A})]}\, \varphi(\mathbf{u}) &= e^{-2n\tilde{\mathbf{e}}_h[\mathbf{u} + \frac{1}{2}\mathrm{Sp}(\mathbf{A})]} \sum_{\mathbf{r}} C_{\mathbf{r}}\, e^{2\tilde{\mathbf{r}}\mathbf{B}\mathbf{u}} \\ &= \sum_{\mathbf{r}} \left(C_{\mathbf{r}}\, e^{-n\tilde{\mathbf{e}}_h \mathrm{Sp}(\mathbf{A})}\right) e^{2(\tilde{\mathbf{r}}\mathbf{B} - n\tilde{\mathbf{e}}_h)\mathbf{u}}. \end{aligned} \tag{35.5}$$

Wir setzen nun (bei festgehaltenem Index h):

$$\tilde{\mathbf{r}}\mathbf{B} - n\tilde{\mathbf{e}}_h = \tilde{\mathbf{s}}\mathbf{B}, \quad \tilde{\mathbf{r}} = \tilde{\mathbf{s}} + n\tilde{\mathbf{e}}_h \mathbf{B}^{-1}$$

und bemerken, daß der neue p-Vektor $\mathbf{s}$ gleichzeitig mit $\mathbf{r}$ ganzzahlig ist, denn beide unterscheiden sich nur um $n\,\mathbf{B}^{-1}\mathbf{e}_h = l\Delta^0\mathbf{e}_h$, also um einen ganzzahligen Vektor. Wenn nun $\mathbf{r}$ alle ganzzahligen Vektoren genau einmal durchläuft, so tut auch $\mathbf{s}$ dasselbe, und wir dürfen daher in (35.5) statt über $\mathbf{r}$ auch über $\mathbf{s}$ summieren. Daher können wir die Formel (35.5) so fortsetzen:

$$= \sum_{\mathbf{s}} \left(C_{\mathbf{s} + n\mathbf{B}^{-1}\mathbf{e}_h}\, e^{-n\tilde{\mathbf{e}}_h \mathbf{A}\mathbf{e}_h}\right) e^{2\tilde{\mathbf{s}}\mathbf{B}\mathbf{u}}. \tag{35.5'}$$

Gemäß Gl. (35.2b) müssen die Entwicklungen (35.4) und (35.5′) identisch gleich sein, also müssen wegen der Eindeutigkeit dieser

*) vgl. S. 52.

Reihenentwicklungen die Koeffizienten paarweise übereinstimmen. Das liefert uns, wenn wir in (35.5′) den Summationsbuchstaben $\mathbf{s}$ wieder durch $\mathbf{r}$ ersetzen, die Relationen:

$$C_{\mathbf{r}+n\mathbf{B}^{-1}\mathbf{e}_h}\, e^{-n\tilde{\mathbf{e}}_h \mathbf{A}\mathbf{e}_h} = C_{\mathbf{r}}\, e^{2\tilde{\mathbf{r}}\mathbf{B}\mathbf{A}\mathbf{e}_h}$$

oder anders geordnet:

$$C_{\mathbf{r}+n\mathbf{B}^{-1}\mathbf{e}_h} = C_{\mathbf{r}}\, e^{2\tilde{\mathbf{r}}\mathbf{B}\mathbf{A}\mathbf{e}_h + n\tilde{\mathbf{e}}_h\mathbf{A}\mathbf{e}_h}, \tag{35.6}$$

gültig für alle $\mathbf{r}$ und für $h = 1, 2, \ldots, p$.

Diese Relationen zwischen den Koeffizienten C_r, die in der LAURENTschen Reihenentwicklung einer intermediären Funktion $\varphi(\mathbf{u})$ auftreten, können noch etwas übersichtlicher gemacht werden, wenn wir an die Stelle von $\mathbf{r}$ zwei neue ganzzahlige p-Vektoren $\mathbf{m}$ und $\mathbf{g}$ einführen, die durch die Beziehung

$$\mathbf{r} = n\,\mathbf{B}^{-1}\mathbf{m} + \mathbf{g} \tag{35.7}$$

und die Bedingung verknüpft sind, daß die Komponenten des Vektors $\mathbf{g}$ der Beschränkung*)

$$\tilde{\mathbf{g}} = (g_1, g_2, \ldots, g_p), \quad 0 \leqq g_h < \frac{n}{\beta_h} = l\,\delta_{p-h+1} \tag{35.8}$$

unterworfen sind. Das ist möglich, denn jede ganze rationale Zahl r_h (d. i. die h-te Komponente des Vektors $\mathbf{r}$) läßt sich so zerlegen:

$$r_h = \frac{n}{\beta_h}\, m_h + g_h\,,$$

wo m_h und g_h ganze rationale Zahlen sind, von denen die zweite der in (35.8) angegebenen Beschränkung unterliegt. Die Zerlegung (35.7) ist auch *eindeutig*.

Es gibt im ganzen, wie man leicht abzählt,

$$|\delta| = \sqrt{|\mathbf{N}|} = |l\Delta| = l^p\, \delta_1\delta_2\ldots\delta_p = \frac{n^p}{\beta_1\beta_2\ldots\beta_p} \tag{35.9}$$

verschiedene Vektoren $\mathbf{g}$.

Der Vektor $\mathbf{r}$ durchläuft alle ganzzahligen Vektoren genau einmal, wenn der Vektor $\mathbf{m}$ dasselbe tut und $\mathbf{g}$ alle möglichen $|\delta|$ Vektoren durchläuft. Daher können wir die Summation über alle $\mathbf{r}$ auch durch die Summation über alle $\mathbf{m}$ und die angegebenen endlich vielen $\mathbf{g}$ ersetzen.

Mit Benutzung von (35.7) können wir nun (35.6) auch so schreiben:

$$\begin{aligned} C_{n\mathbf{B}^{-1}(\mathbf{m}+\mathbf{e}_h)+\mathbf{g}} &= C_{n\mathbf{B}^{-1}\mathbf{m}+\mathbf{g}}\, e^{2(n\tilde{\mathbf{m}}\mathbf{B}^{-1}+\tilde{\mathbf{g}})\mathbf{B}\mathbf{A}\mathbf{e}_h + n\tilde{\mathbf{e}}_h\mathbf{A}\mathbf{e}_h} \\ &= C_{n\mathbf{B}^{-1}\mathbf{m}+\mathbf{g}}\, e^{2n\tilde{\mathbf{m}}\mathbf{A}\mathbf{e}_h + 2\tilde{\mathbf{g}}\mathbf{B}\mathbf{A}\mathbf{e}_h + n\tilde{\mathbf{e}}_h\mathbf{A}\mathbf{e}_h}\,; \end{aligned} \tag{35.10}$$

das kann man als eine Rekursionsformel für die Koeffizienten $C_{\mathbf{r}}$ auffassen, durch die alle $C_{\mathbf{r}}$, die nach (35.7) zum selben $\mathbf{g}$ gehören, rekursiv

*) Man beachte, daß n durch β_h teilbar ist.

aus einem, etwa aus $C_{\mathbf{g}}$ berechnet werden können. Wir wollen

$$C_{n\mathbf{B}^{-1}\mathbf{m}+\mathbf{g}} = C_{\mathbf{g}}\, e^{\Phi(\mathbf{m})} \tag{35.11}$$

ansetzen und in (35.10) einführen; dann folgt die Bedingung

$$e^{\Phi(\mathbf{m}+\mathbf{e}_h)} = e^{\Phi(\mathbf{m})+2n\tilde{\mathbf{m}}\mathbf{A}\mathbf{e}_h+2\tilde{\mathbf{g}}\mathbf{B}\mathbf{A}\mathbf{e}_h+n\tilde{\mathbf{e}}_h\mathbf{A}\mathbf{e}_h},$$

die wir erfüllen, indem wir der Funktion $\Phi(\mathbf{m})$ vorschreiben:

$$\Phi(\mathbf{m}+\mathbf{e}_h) - \Phi(\mathbf{m}) = 2n\tilde{\mathbf{m}}\mathbf{A}\mathbf{e}_h + 2\tilde{\mathbf{g}}\mathbf{B}\mathbf{A}\mathbf{e}_h + n\tilde{\mathbf{e}}_h\mathbf{A}\mathbf{e}_h\,;$$

das ist eine lineare Differenzengleichung für $\Phi(\mathbf{m})$, die man bekanntlich durch einen quadratischen Ansatz lösen kann, und zwar ist die Lösung:

$$\Phi(\mathbf{m}) = n\tilde{\mathbf{m}}\mathbf{A}\mathbf{m} + 2\tilde{\mathbf{g}}\mathbf{B}\mathbf{A}\mathbf{m}\,. \tag{35.12}$$

Man bestätigt in der Tat leicht:

$$\begin{aligned}
&\Phi(\mathbf{m}+\mathbf{e}_h) - \Phi(\mathbf{m})\\
&\quad = n(\tilde{\mathbf{m}}+\tilde{\mathbf{e}}_h)\,\mathbf{A}(\mathbf{m}+\mathbf{e}_h) + 2\tilde{\mathbf{g}}\mathbf{B}\mathbf{A}(\mathbf{m}+\mathbf{e}_h) - n\tilde{\mathbf{m}}\mathbf{A}\mathbf{m} - 2\tilde{\mathbf{g}}\mathbf{B}\mathbf{A}\mathbf{m}\\
&\quad = 2n\tilde{\mathbf{m}}\mathbf{A}\mathbf{e}_h + n\tilde{\mathbf{e}}_h\mathbf{A}\mathbf{e}_h + 2\tilde{\mathbf{g}}\mathbf{B}\mathbf{A}\mathbf{e}_h\,.
\end{aligned}$$

Nun ersetzen wir zunächst nach (35.7—8) die Summation über $\mathbf{r}$ in der LAURENTschen Reihe (35.3) für $\varphi(\mathbf{u})$ durch die Summation über alle $\mathbf{m}$ und $\mathbf{g}$:

$$\varphi(\mathbf{u}) = \sum_{\mathbf{r}} C_{\mathbf{r}}\, e^{2\tilde{\mathbf{r}}\mathbf{B}\mathbf{u}} = \sum_{\mathbf{g}}\sum_{\mathbf{m}} C_{n\mathbf{B}^{-1}\mathbf{m}+\mathbf{g}}\, e^{2(n\tilde{\mathbf{m}}\mathbf{B}^{-1}+\tilde{\mathbf{g}})\mathbf{B}\mathbf{u}}$$

und führen (35.11—12) ein:

$$\varphi(\mathbf{u}) = \sum_{\mathbf{g}} C_{\mathbf{g}} \sum_{\mathbf{m}} e^{n\tilde{\mathbf{m}}\mathbf{A}\mathbf{m}+2\tilde{\mathbf{g}}\mathbf{B}\mathbf{A}\mathbf{m}+2(n\tilde{\mathbf{m}}+\tilde{\mathbf{g}}\mathbf{B})\mathbf{u}}\,.$$

Hier ist über alle ganzzahligen p-Vektoren $\mathbf{m}$ und über die $|\delta|$ nach (35.8) möglichen p-Vektoren $\mathbf{g}$ zu summieren. Es ist zweckmäßig, diese Reihe noch etwas umzuformen, indem man die Koeffizienten

$$C_{\mathbf{g}}^* = C_{\mathbf{g}}\, e^{-\frac{1}{n}\tilde{\mathbf{g}}\mathbf{B}\mathbf{A}\mathbf{B}\mathbf{g}}$$

einführt; dann erhält man nach leichter Rechnung:

$$\varphi(\mathbf{u}) = \sum_{\mathbf{g}} C_{\mathbf{g}}^* \sum_{\mathbf{m}} e^{\left(\tilde{\mathbf{m}}+\frac{1}{n}\tilde{\mathbf{g}}\mathbf{B}\right)(n\mathbf{A})\left(\mathbf{m}+\frac{1}{n}\mathbf{B}\mathbf{g}\right)+2\left(\tilde{\mathbf{m}}+\frac{1}{n}\tilde{\mathbf{g}}\mathbf{B}\right)(n\mathbf{u})}\,. \tag{35.13}$$

Diese Reihe, deren Konvergenz wir im nächsten Abschnitt nachweisen werden, stellt ihrer Konstruktion entsprechend *die allgemeinste Lösung unseres Differenzenproblems* (35.2a—b) dar; sie hängt linear von $|\delta| = \sqrt{|\mathbf{N}|}$ willkürlichen Konstanten $C_{\mathbf{g}}^*$ ab, d.h. es gibt genau $|\delta|$ linear unabhängige Lösungen unseres Problems. $|\delta|$ ist die schon in (25.5) definierte „*Determinante*" der zu den Periodenmatrizen $\boldsymbol{\Omega}, \boldsymbol{A}$ gehörigen intermediären oder JACOBIschen Funktionen.

Unter Voraussetzung des noch nachzuholenden Konvergenzbeweises können wir daher sagen:

Es gibt genau $|\delta| = \sqrt{|\mathbf{N}|}$ *linear unabhängige intermediäre (oder* JACOBI*sche) Funktionen, die zu der zusammengesetzten Periodenmatrix* (34.5) *gehören und den normierten Parametervektor* $\tilde{\boldsymbol{\gamma}} = \left(0, -\frac{n}{2\pi i}\operatorname{Sp}(\mathbf{A})^T\right)$, *also die Periodizitätseigenschaften* (35.2a—b) *besitzen. Die allgemeinste intermediäre (oder* JACOBI*sche) Funktion mit denselben Perioden, aber beliebig anderen Parametern erhält man daraus durch Multiplikation mit der Exponentialfunktion eines allgemeinen linearen Polynoms der Variablen* **u** *und durch Ausführung einer allgemeinen Translation dieser Variablen* (vgl. (33.6)).

36. Definition und Konvergenz der Thetareihen. In der Darstellung (35.13) der allgemeinsten intermediären Funktion mit den Periodizitätsverhalten (35.2a—b) treten im ganzen $|\delta|$ linear unabhängige Lösungen auf, mit denen alle anderen linear zusammengesetzt sind; es sind dies die sog. „*Thetareihen n-ter Ordnung*"

$$\Theta_n[\mathbf{g}]\,(\mathbf{u}) = \sum_{\mathbf{m}} e^{\left(\tilde{\mathbf{m}} + \frac{1}{n}\tilde{\mathbf{g}}\mathbf{B}\right) n \left[\mathbf{A}\left(\mathbf{m} + \frac{1}{n}\mathbf{B}\mathbf{g}\right) + 2\mathbf{u}\right]}. \tag{36.1}$$

Die Summe ist über alle ganzzahligen p-Vektoren

$$\tilde{\mathbf{m}} = (m_1, m_2, \ldots, m_p)\,, \quad m_h = 0, \pm 1, \pm 2, \ldots \tag{36.2}$$

zu erstrecken; **g** ist einer von den $|\delta|$ ganzzahligen Vektoren (35.8). n ist eine natürliche Zahl (34.4), die durch β_p teilbar sein muß.

Wir wollen zunächst die Konvergenz dieser Reihe beweisen.

Satz 1. *Die Thetareihe* (36.1) *konvergiert absolut und gleichmäßig in jedem abgeschlossenen beschränkten Bereich des* **u***-Raumes und stellt demnach eine ganze (analytische) Funktion der komplexen Variablen* **u** *dar, welche die Periodizitätseigenschaften* (35.2a—b) *besitzt und „Thetafunktion n-ter Ordnung" genannt wird.*

Für die Gültigkeit dieses Satzes ist (35.1) die wesentliche Voraussetzung, daß nämlich die Matrix **A** symmetrisch ist und einen negativ definiten Realteil besitzt. Diese Voraussetzung ist offenbar immer auch gleichzeitig für $n\,\mathbf{A}$ erfüllt. Für den Zweck des Konvergenzbeweises dürfen wir daher die Bezeichnungen in (36.1) vereinfachen, indem wir statt

$$n\,\mathbf{A} \to \mathbf{A}, \quad n\,\mathbf{u} \to \mathbf{u}, \quad \frac{1}{n}\mathbf{B}\mathbf{g} \to \mathbf{g}$$

schreiben, so daß wir es nun mit der Reihe

$$\sum_{\mathbf{m}} e^{(\tilde{\mathbf{m}} + \tilde{\mathbf{g}})\,[\mathbf{A}(\mathbf{m} + \mathbf{g}) + 2\mathbf{u}]} \tag{36.3}$$

zu tun haben, wo **g** irgendeinen reellen p-Vektor bedeuten kann*).

*) Das Konvergenzverhalten der Reihe ändert sich nicht, wenn **g** ein komplexer Vektor ist; auch der Beweis bleibt im wesentlichen gleich, nur **v** und c erhalten eine andere Zusammensetzung.

Um den absoluten Betrag eines einzelnen Gliedes dieser Reihe abzuschätzen, müssen wir den Realteil des Exponenten bilden:

$$\Re[(\tilde{\mathbf{m}} + \tilde{\mathbf{g}})\mathbf{A}(\mathbf{m} + \mathbf{g}) + 2(\tilde{\mathbf{m}} + \tilde{\mathbf{g}})\mathbf{u}] = \tilde{\mathbf{m}}\mathbf{A}'\mathbf{m} + \tilde{\mathbf{m}}\mathbf{v} + c \tag{36.4}$$

mit

$$\begin{aligned} \tilde{\mathbf{v}} &= (v_1, v_2, \ldots, v_p) = 2\tilde{\mathbf{g}}\mathbf{A}' + 2\Re(\tilde{\mathbf{u}}) \\ c &= \tilde{\mathbf{g}}\mathbf{A}'\mathbf{g} + 2\tilde{\mathbf{g}}\Re(\mathbf{u}) . \end{aligned} \tag{36.5}$$

Nun ist $\mathbf{A}'$ eine negativ definite symmetrische Matrix, d. h. es ist $\tilde{\mathbf{x}}\mathbf{A}'\mathbf{x} < 0$ für jeden reellen nichtverschwindenden p-Vektor $\mathbf{x}$. Beschränken wir $\mathbf{x}$ auf Einheitsvektoren

$$|\mathbf{x}|^2 = \tilde{\mathbf{x}}\mathbf{x} = 1 ,$$

so besitzt die quadratische Form $\tilde{\mathbf{x}}\mathbf{A}'\mathbf{x}$ in diesem endlichen und abgeschlossenen Bereich der Variablen ein negatives Maximum:

$$\tilde{\mathbf{x}}\mathbf{A}'\mathbf{x} \leqq -\mu < 0 , \tag{36.6}$$

also mit $\mathbf{x} = \frac{\mathbf{m}}{|\mathbf{m}|}$

$$\tilde{\mathbf{m}}\mathbf{A}'\mathbf{m} \leqq -\mu|\mathbf{m}|^2 .$$

Der Vektor $\mathbf{v}$ (36.5) und ebenso die Größe c sind zwar von $\mathbf{u}$ abhängig, aber jedenfalls beschränkt, wenn die Variablen $\mathbf{u}$ auf einen endlichen Bereich des $\mathbf{u}$-Raumes beschränkt sind. Wir können eine Konstante G annehmen, die eine obere Schranke für die absoluten Beträge der Komponenten v_h von $\mathbf{v}$ ist:

$$|v_h| < G , \qquad h = 1, 2, \ldots, p .$$

Dann gilt:

$$\begin{aligned} &\tilde{\mathbf{m}}\mathbf{A}'\mathbf{m} + \tilde{\mathbf{m}}\mathbf{v} + c < \\ &\quad < -\tfrac{1}{2}\mu|\mathbf{m}|^2 + \{(G|m_1| - \tfrac{1}{2}\mu m_1^2) + \cdots + (G|m_p| - \tfrac{1}{2}\mu m_p^2)\} + c < \\ &\quad < -\tfrac{1}{2}\mu|\mathbf{m}|^2 + \log K , \end{aligned}$$

wo die positive reelle Zahl K so bestimmt ist, daß $\log K$ eine obere Schranke für den offenbar nach oben beschränkten Ausdruck in der geschweiften Klammer und die Größe c darstellt.

Für einen endlichen Abschnitt der unendlichen Reihe (36.3), in dem über alle ganzzahligen p-Vektoren $\mathbf{m}$ summiert wird, deren Komponenten der Beschränkung $|m_h| \leqq M$ unterliegen, können wir jetzt die Abschätzung machen:

$$\begin{aligned} \sum_{\mathbf{m}}^{|m_h| \leqq M} \left| e^{(\tilde{\mathbf{m}} + \tilde{\mathbf{g}})[\mathbf{A}(\mathbf{m}+\mathbf{g}) + 2\mathbf{u}]} \right| &< \sum_{\mathbf{m}}^{|m_h| \leqq M} e^{-\frac{1}{2}\mu|\mathbf{m}|^2 + \log K} \\ &= K \sum_{\mathbf{m}}^{|m_h| \leqq M} e^{-\frac{1}{2}\mu(m_1^2 + \cdots + m_p^2)} . \end{aligned}$$

Diese letzte mehrfache Reihe ist aber gleich dem Produkt von p einfachen Reihen; wenn wir noch zur Abkürzung $e^{-\frac{1}{2}\mu} = \varepsilon$ schreiben und bemerken, daß wegen (36.6) $0 < \varepsilon < 1$ ist, so können wir die obige Ungleichung so fortsetzen:

$$\sum_{\mathbf{m}}^{|m_h| \leq M} \left| e^{(\tilde{\mathbf{m}} + \tilde{\mathbf{g}})[\mathbf{A}(\mathbf{m}+\mathbf{g}) + 2\mathbf{u}]} \right| < K \left[\sum_{m=-M}^{M} e^{-\frac{1}{2}\mu m^2} \right]^p < K \left[\sum_{m=-\infty}^{\infty} \varepsilon^{m^2} \right]^p <$$
$$< K \left[1 + 2 \sum_{m=1}^{\infty} \varepsilon^m \right]^p = K \left[\frac{1+\varepsilon}{1-\varepsilon} \right]^p.$$

Das bedeutet aber, daß die Abschnitte der unendlichen Reihe (36.3) (mit absolut genommenen Gliedern) beschränkt bleiben, daß also diese Reihe absolut konvergiert für jeden endlichen Wert der Variablen $\mathbf{u}$. Da die Abschätzung*) gleichmäßig für alle $\mathbf{u}$ innerhalb eines beschränkten Bereiches des $\mathbf{u}$-Raumes gilt, ist die Konvergenz in diesem Bereich gleichmäßig. Nach dem im Anhang, Nr. 5, bewiesenen Satz 6 stellt daher unsere Reihe (36.3) und ebenfalls (36.1) eine im endlichen überall analytische, d. h. ganze Funktion der komplexen Variablen $\mathbf{u}$ dar, w. z. b. w.

Das Ergebnis unserer bisherigen Untersuchungen ist folgendes:

Satz 2. *Es sei eine* RIEMANN*sche Matrix* $\boldsymbol{\Omega}$ *der Ordnung* p *mit der zugehörigen Prinzipalmatrix* $\mathbf{P}$ *gegeben, welche die Bedingungen von Satz 2 in Nr.* 28 (*S.* 69) *erfüllt. Dann kann man von* $\boldsymbol{\Omega}$ *durch eine passende Transformation der Variablen* ($\mathbf{u}^* = \mathbf{A}\mathbf{u}$) *und Übergang zu einem neuen primitiven System der Periodengruppe zu einer äquivalenten Periodenmatrix*

$$\boldsymbol{\Omega}^* = \mathbf{A}\boldsymbol{\Omega}\mathbf{M} = (\pi i \mathbf{B}^{-1}, \mathbf{A})$$

übergehen, deren Prinzipalmatrix die kanonische Gestalt des Satzes von FROBENIUS (S. 81)

$$\mathbf{P}^* = \mathbf{M}^{-1}\mathbf{P}\tilde{\mathbf{M}}^{-1} = \begin{pmatrix} 0 & \mathbf{B} \\ -\mathbf{B} & 0 \end{pmatrix}$$

aufweist. Hier bedeutet

$$\mathbf{B} = \mathrm{Diag}\{\beta_1, \beta_2, \ldots, \beta_p\},$$

mit natürlichen Zahlen β_h, *die in der Teilbarkeitsrelation*

$$1 = \beta_1 \mid \beta_2 \mid \ldots \mid \beta_p \neq 0$$

stehen und in der Reihenfolge

$$\beta_1, \beta_1, \beta_2, \beta_2, \ldots, \beta_p, \beta_p$$

die Elementarteiler der Prinzipalmatrix $\mathbf{P}$ *sind (deren Elemente als ganze rationale Zahlen ohne gemeinsamen Teiler vorausgesetzt werden dürfen). Die* (p, p)*-Matrix* $\mathbf{A}$ *ist symmetrisch und besitzt einen negativ definiten*

*) Analoge Abschätzungen lassen sich auch für einzelne Abschnitte ($M_1 \leq |m_h| \leq M_2$) der Reihe aufstellen.

Realteil. Alle zu $\boldsymbol{\Omega}^*$ *und* $\mathbf{P}^*$ *passenden charakteristischen Matrizen sind*

$$\mathbf{N}^* = l\,\beta_p\,\mathbf{P}^{*-1} = n\begin{pmatrix} 0 & -\mathbf{B}^{-1} \\ \mathbf{B}^{-1} & 0 \end{pmatrix}$$

mit

$$n = l\,\beta_p\,, \qquad l = 1, 2, 3, \ldots,$$

Zu $\boldsymbol{\Omega}^*$ *und* $\mathbf{N}^*$ *gehört die normierte zweite Periodenmatrix:*

$$\boldsymbol{\Lambda}^* = \widetilde{\mathbf{A}}^{-1}\boldsymbol{\Lambda}\mathbf{M} = \left(0, -\frac{n}{\pi i}\mathbf{E}\right),$$

aus der alle anderen in der Gestalt $\boldsymbol{\Lambda}^* + \mathbf{S}\boldsymbol{\Omega}^*$ *mit einer willkürlichen symmetrischen Matrix* $\mathbf{S}$ *hervorgehen. Normiert man noch den Parametervektor*

$$\boldsymbol{\gamma}^* = \begin{pmatrix} 0 \\ -\frac{n}{2\pi i}\operatorname{Sp}(\mathbf{A}) \end{pmatrix},$$

so sind alle zu $\boldsymbol{\Omega}^*$, $\boldsymbol{\Lambda}^*$, $\boldsymbol{\gamma}^*$ *gehörigen intermediären (oder* Jacobi*schen) Funktionen* $\varphi^*(\mathbf{u})$ *darstellbar als Linearkombinationen der „Thetafunktionen* n*-ter Ordnung":*

$$\Theta_n[\mathbf{g}]\,(\mathbf{u}) = \sum_{\mathbf{m}} e^{\left(\tilde{\mathbf{m}} + \frac{1}{n}\tilde{\mathbf{g}}\mathbf{B}\right) n \left[\mathbf{A}\left(\mathbf{m} + \frac{1}{n}\mathbf{B}\mathbf{g}\right) + 2\mathbf{u}\right]},$$

wo der ganzzahlige p*-Vektor* $\mathbf{g}$ *auf die* $|\delta| = \sqrt{|\mathbf{N}^*|} = \frac{n^p}{|\mathbf{B}|}$ *Möglichkeiten*

$$\tilde{\mathbf{g}} = (g_1, g_2, \ldots, g_p)\,, \qquad 0 \leqq g_h < \frac{n}{\beta_h}$$

beschränkt ist. Es gibt also genau $|\delta|$ *linear unabhängige intermediäre Funktionen mit den durch* $\boldsymbol{\Omega}^*$, $\boldsymbol{\Lambda}^*$, $\boldsymbol{\gamma}^*$ *beschriebenen Periodizitätseigenschaften, d. h. zwischen* $|\delta| + 1$ *derartigen Funktionen besteht sicher eine lineare Abhängigkeit mit konstanten Koeffizienten.*

Alle intermediären Funktionen $\varphi(\mathbf{u})$, *die ebenfalls zu* $\boldsymbol{\Omega}^*$, $\boldsymbol{\Lambda}^*$, *aber zu anderen Parameterwerten* $\boldsymbol{\gamma}$ *gehören, erhält man aus den Funktionen* $\varphi^*(\mathbf{u})$ *durch die Substitution*

$$\varphi(\mathbf{u}) = e^{2\pi i\tilde{\alpha}\mathbf{u}}\,\varphi^*(\mathbf{u} + \mathbf{c})\,,$$

wo $\boldsymbol{\alpha}$ *und* $\mathbf{c}$ *zwei komplexe* p*-Vektoren sind, und zwar ist der zugehörige Parametervektor:*

$$\boldsymbol{\gamma} = \begin{pmatrix} \pi i\mathbf{B}^{-1}\alpha \\ -\frac{n}{2\pi i}\operatorname{Sp}(\mathbf{A}) + \mathbf{A}\alpha - \frac{n}{\pi i}\mathbf{c} \end{pmatrix}.$$

Durch passende Wahl von $\boldsymbol{\alpha}$ *und* $\mathbf{c}$ *kann man jeden gewünschten Parametervektor herstellen.*

Durch die Substitution

$$\varphi(\mathbf{u}) = e^{\pi i(\tilde{\mathbf{u}}\mathbf{S}\mathbf{u} + 2\tilde{\alpha}\mathbf{u})}\varphi^*(\mathbf{u} + \mathbf{c})$$

erhält man alle intermediären Funktionen, die zu den Periodenmatrizen

$$\boldsymbol{\Omega}^* = (\pi i \mathbf{B}^{-1}, \mathbf{A})$$

$$\boldsymbol{\Lambda}^* + \mathbf{S}\,\boldsymbol{\Omega}^* = \left(\pi i \mathbf{S}\mathbf{B}^{-1},\ -\frac{n}{\pi i}\mathbf{E} + \mathbf{S}\mathbf{A}\right)$$

und zum Parametervektor

$$\boldsymbol{\gamma} = \begin{pmatrix} \pi i \mathbf{B}^{-1}\boldsymbol{\alpha} - \frac{\pi^2}{2}\,\mathrm{Sp}(\mathbf{B}^{-1}\mathbf{S}\mathbf{B}^{-1}) \\ -\frac{n}{2\pi i}\,\mathrm{Sp}(\mathbf{A}) + \frac{1}{2}\,\mathrm{Sp}(\mathbf{A}\mathbf{S}\mathbf{A}) + \mathbf{A}\boldsymbol{\alpha} - \frac{n}{\pi i}\mathbf{c} \end{pmatrix}$$

gehören. Hier kann man die symmetrische Matrix $\mathbf{S}$ *zuerst frei wählen und dann noch die komplexen* p*-Vektoren* $\boldsymbol{\alpha}$ *und* $\mathbf{c}$ *so bestimmen, daß ein gewünschter Parametervektor herauskommt.*

Schließlich kann man aus diesen auch noch alle zur ursprünglich vorgelegten RIEMANN*schen Matrix gehörenden intermediären Funktionen gewinnen, indem man einfach die zuerst ausgeführte Variablentransformation* $\mathbf{u}^* = \mathbf{A}\mathbf{u}$ *wieder rückgängig macht.*

37. Allgemeine Thetafunktionen mit Charakteristiken*). Alle Thetafunktionen lassen sich im wesentlichen auf eine einzige Funktion, die „*allgemeine Thetafunktion 1. Ordnung*“:

$$\vartheta(\mathbf{u};\mathbf{A}) = \sum_{\mathbf{m}} e^{\tilde{\mathbf{m}}(\mathbf{A}\mathbf{m} + 2\mathbf{u})} \tag{37.1}$$

zurückführen**). Die Summe ist wieder über alle ganzzahligen p-Vektoren $\tilde{\mathbf{m}} = (m_1, \ldots, m_p)$ zu erstrecken. Diese Reihe geht aus (36.3) hervor, wenn man dort $\mathbf{g} = 0$ setzt. Daher konvergiert die Reihe absolut und gleichmäßig in jedem endlichen Bereich und stellt also eine ganze Funktion der komplexen Variablen $\tilde{\mathbf{u}} = (u_1, \ldots, u_p)$ dar, welche die „*Argumente*“ der Thetafunktion heißen.

Außerdem hängt die Thetafunktion (37.1) von der symmetrischen Matrix $\mathbf{A} = \mathbf{A}' + i\mathbf{A}''$, deren Realteil $\mathbf{A}'$ *negativ definit* ist, ab. Die Elemente $\alpha_{ij} = \alpha_{ji}$ von $\mathbf{A}$ heißen die „*Moduln*“ der Thetafunktion (37.1). Da $\mathbf{A}$ symmetrisch ist, gibt es im ganzen $p(p+1)/2$ unabhängige Moduln.

Wie man leicht nachrechnet, hat die allgemeine Thetafunktion die folgenden Periodizitätseigenschaften:

$$\vartheta(\mathbf{u} + \pi i \mathbf{e}_h; \mathbf{A}) = \vartheta(\mathbf{u};\mathbf{A}), \tag{37.2a}$$

$$\vartheta(\mathbf{u} + \mathbf{A}\mathbf{e}_h; \mathbf{A}) = e^{-\tilde{\mathbf{e}}_h(2\mathbf{u} + \mathrm{Sp}(\mathbf{A}))}\,\vartheta(\mathbf{u};\mathbf{A}), \qquad h = 1, 2, \ldots, p \tag{37.2b}$$

*) Vgl. A. KRAZER: Lehrbuch der Thetafunktionen. Leipzig: B. G. Teubner 1903. — KRAZER, A., u. W. WIRTINGER: ABELsche Funktionen und allgemeine Thetafunktionen. Enzyklopädie der math. Wiss. II B 7, S. 636ff. (1920).

Dieser Abschnitt hat vor allem den Zweck, den Anschluß an die ältere, klassische Literatur über Thetafunktionen und die dort verwendete Schreibweise herzustellen. Es handelt sich dabei vorzüglich um intermediäre Funktionen des Einheitsniveaus $\mathbf{B} = \mathbf{E}$.

**) Wenn es nicht notwendig ist, die Abhängigkeit der Thetafunktion von $\mathbf{A}$ evident zu halten, schreibt man auch einfacher: $\vartheta(\mathbf{u})$ oder $\vartheta(u_1, \ldots, u_p)$.

denn es ist:

$$\vartheta(\mathbf{u} + \mathbf{A}\mathbf{e}_h; \mathbf{A}) = \sum_{\mathbf{m}} e^{\tilde{\mathbf{m}}(\mathbf{A}\mathbf{m} + 2\mathbf{u} + 2\mathbf{A}\mathbf{e}_h)}$$
$$= \sum_{\mathbf{m}} e^{(\tilde{\mathbf{m}} + \tilde{\mathbf{e}}_h)[\mathbf{A}(\mathbf{m} + \mathbf{e}_h) + 2\mathbf{u}] - 2\tilde{\mathbf{e}}_h\mathbf{u} - \tilde{\mathbf{e}}_h\mathbf{A}\mathbf{e}_h},$$

und daraus folgt (37.2b), wenn man berücksichtigt, daß gleichzeitig mit $\mathbf{m}$ auch $\mathbf{m} + \mathbf{e}_h$ sämtliche ganzzahligen p-Vektoren genau einmal durchläuft.

Noch etwas allgemeiner, wenn $\boldsymbol{\varkappa}$ und $\boldsymbol{\lambda}$ zwei beliebige ganzzahlige p-Vektoren bedeuten, kann man so schließen:

$$\vartheta(\mathbf{u} + \mathbf{A}\boldsymbol{\varkappa} + \pi i\boldsymbol{\lambda}) = \sum_{\mathbf{m}} e^{\tilde{\mathbf{m}}(\mathbf{A}\mathbf{m} + 2\mathbf{u} + 2\mathbf{A}\boldsymbol{\varkappa} + 2\pi i\boldsymbol{\lambda})}$$
$$= \sum_{\mathbf{m}} e^{(\tilde{\mathbf{m}} + \tilde{\boldsymbol{\varkappa}})[\mathbf{A}(\mathbf{m} + \boldsymbol{\varkappa}) + 2\mathbf{u}] - 2\tilde{\boldsymbol{\varkappa}}\mathbf{u} - \tilde{\boldsymbol{\varkappa}}\mathbf{A}\boldsymbol{\varkappa}},$$

also, da $\mathbf{m} + \boldsymbol{\varkappa}$ gleichzeitig mit $\mathbf{m}$ alle ganzzahligen p-Vektoren genau einmal durchläuft:

$$\vartheta(\mathbf{u} + \mathbf{A}\boldsymbol{\varkappa} + \pi i\boldsymbol{\lambda}; \mathbf{A}) = e^{-\tilde{\boldsymbol{\varkappa}}(2\mathbf{u} + \mathbf{A}\boldsymbol{\varkappa})}\,\vartheta(\mathbf{u}; \mathbf{A})\,. \tag{37.2c}$$

Die allgemeine Thetafunktion 1. Ordnung ist also eine intermediäre Funktion, die zu den folgenden Perioden

$$\begin{pmatrix} \boldsymbol{\Omega} \\ \boldsymbol{\Lambda} \end{pmatrix} = \left(\begin{array}{c|c} \pi i\mathbf{E} & \mathbf{A} \\ \hline 0 & -\dfrac{1}{\pi i}\mathbf{E} \end{array}\right) \tag{37.3}$$

und zu den Parametern

$$\boldsymbol{\gamma} = \left(\begin{array}{c} 0 \\ \hline \dfrac{-1}{2\pi i}\,\mathrm{Sp}(\mathbf{A}) \end{array}\right) \tag{37.4}$$

gehört; das entspricht dem besonderen Fall $\mathbf{B} = \mathbf{E}$, $n = 1$ in (34.5—7) und (35.2a—b) mit $|\delta| = 1$ und der charakteristischen Matrix

$$\mathbf{N} = \tilde{\boldsymbol{\Omega}}\boldsymbol{\Lambda} - \tilde{\boldsymbol{\Lambda}}\boldsymbol{\Omega} = \left(\begin{array}{c|c} 0 & -\mathbf{E} \\ \hline \mathbf{E} & 0 \end{array}\right). \tag{37.5}$$

Man darf die Thetareihe gliedweise differenzieren, weil die abgeleiteten Reihen offensichtlich wieder absolut und gleichmäßig konvergieren; so findet man:

$$\frac{\partial\vartheta}{\partial u_j} = \sum_{\mathbf{m}} 2m_j\, e^{\tilde{\mathbf{m}}(\mathbf{A}\mathbf{m} + 2\mathbf{u})},$$

$$\frac{\partial^2\vartheta}{\partial u_j\,\partial u_k} = \sum_{\mathbf{m}} 4m_j m_k\, e^{\tilde{\mathbf{m}}(\mathbf{A}\mathbf{m} + 2\mathbf{u})},$$

und als Ableitung nach den Moduln a_{jk} *):

$$\frac{\partial\vartheta}{\partial\alpha_{jk}} = \sum_{\mathbf{m}} (2 - \delta_{jk})\, m_j\, m_k\, e^{\tilde{\mathbf{m}}(\mathbf{A}\mathbf{m} + 2\mathbf{u})},$$

d. h. aber: *Die Thetafunktion genügt den $p(p+1)/2$ partiellen Differentialgleichungen:*

$$\frac{\partial^2\vartheta(\mathbf{u};\mathbf{A})}{\partial u_j\,\partial u_k} = 2(1+\delta_{jk})\,\frac{\partial\vartheta(\mathbf{u};\mathbf{A})}{\partial\alpha_{jk}}, \quad j, k = 1, \ldots, p. \tag{37.6}$$

Wegen $|\delta| = 1$ gibt es nach unserem allgemeinen Satz (S. 98f.) *nur eine Thetafunktion 1. Ordnung*, d. h. die Funktion (37.1) ist durch ihre Periodizitätseigenschaften (37.2a—b) bis auf einen konstanten (d. h. von $\mathbf{u}$ unabhängigen) Faktor eindeutig bestimmt; sind auch die Differentialgleichungen (37.6) erfüllt, so kann dieser Faktor auch nicht von den Moduln abhängen.

Man wird nun anstreben, weitere intermediäre Funktionen zu bilden, welche die gleichen Perioden $\boldsymbol{\Omega}$, $\boldsymbol{A}$, aber andere Parameter $\boldsymbol{\gamma}$ haben. Dies kann man allgemein durch eine Substitution von der Art (33.6) mit $\mathbf{S} = 0$ erreichen:

$$e^{2\pi i\tilde{\alpha}\mathbf{u}}\,\vartheta(\mathbf{u}+\mathbf{c};\mathbf{A}).$$

In der klassischen Theorie schreibt man aber:

$$\boldsymbol{\alpha} = \frac{1}{\pi i}\,\mathbf{g}, \qquad \mathbf{c} = \mathbf{A}\mathbf{g} + \pi i\mathbf{h}.$$

Offenbar sind die p-Vektoren $\boldsymbol{\alpha}$, $\mathbf{c}$ durch die p-Vektoren $\mathbf{g}$, $\mathbf{h}$ eindeutig bestimmt und umgekehrt. Dabei werden die p-Vektoren $\mathbf{g}$, $\mathbf{h}$ gewöhnlich als reell vorausgesetzt; damit kann man in der Tat jeden komplexen Vektor $\mathbf{c}$ darstellen, und man nennt dann die reellen Vektoren $\mathbf{g}$, $\mathbf{h}$ die „*Periodencharakteristiken*" des komplexen Vektors $\mathbf{c}$.

Im folgenden aber wollen wir den allgemeinen Standpunkt einnehmen, daß $\mathbf{g}$, $\mathbf{h}$ beliebige komplexe p-Vektoren sind. Nimmt man dann noch den konstanten Faktor $e^{\tilde{\mathbf{g}}(\mathbf{A}\mathbf{g}+2\pi i\mathbf{h})}$ hinzu, so erhält man die „*allgemeine Thetafunktion mit den Charakteristiken* $\mathbf{g}$, $\mathbf{h}$":

$$\vartheta\begin{bmatrix}\mathbf{g}\\ \mathbf{h}\end{bmatrix}(\mathbf{u};\mathbf{A}) = e^{\tilde{\mathbf{g}}(\mathbf{A}\mathbf{g}+2\mathbf{u}+2\pi i\mathbf{h})}\,\vartheta(\mathbf{u}+\mathbf{A}\mathbf{g}+\pi i\mathbf{h};\mathbf{A}), \tag{37.7}$$

für die man durch Einsetzen in (37.1) die Reihenentwicklung gewinnt:

$$\vartheta\begin{bmatrix}\mathbf{g}\\ \mathbf{h}\end{bmatrix}(\mathbf{u};\mathbf{A}) = \sum_{\mathbf{m}} e^{(\tilde{\mathbf{m}}+\tilde{\mathbf{g}})\,[\mathbf{A}(\mathbf{m}+\mathbf{g})+2\mathbf{u}+2\pi i\mathbf{h}]}. \tag{37.7'}$$

Die komplexen p-Vektoren $\mathbf{g}$, $\mathbf{h}$ heißen „*Thetacharakteristiken*" oder kurz „*Charakteristiken*" der Thetafunktion (37.7). Die absolute und gleichmäßige Konvergenz der Reihe (37.7') in jedem endlichen Bereich folgt aus ihrer Herleitung aus (37.1) oder direkt nach dem in der vorausgehenden Nummer geführten Beweis. Sie stellt eine intermediäre

*) δ_{jk} sind die Elemente der Einheitsmatrix (KRONECKER-Symbole): $\mathbf{E} = (\delta_{jk})$.

Funktion dar, die zu den Periodenmatrizen (37.3) und zum Parametervektor

$$\gamma = \begin{pmatrix} \mathfrak{g} \\ \cdots\cdots\cdots\cdots \\ \frac{-1}{2\pi i}\,\mathrm{Sp}(\mathbf{A}) - \mathfrak{h} \end{pmatrix} \tag{37.8}$$

gehört, den man einfach mit Hilfe von (33.8) berechnen kann. Das Periodizitätsverhalten der Thetafunktion (37.7) ist also:

$$\vartheta\begin{bmatrix}\mathfrak{g}\\ \mathfrak{h}\end{bmatrix}(\mathfrak{u} + \pi i \mathfrak{e}_k;\, \mathbf{A}) = e^{2\pi i \tilde{\mathfrak{e}}_k \mathfrak{g}}\, \vartheta\begin{bmatrix}\mathfrak{g}\\ \mathfrak{h}\end{bmatrix}(\mathfrak{u};\, \mathbf{A}), \qquad k = 1, 2, \ldots, p \tag{37.9a}$$

$$\vartheta\begin{bmatrix}\mathfrak{g}\\ \mathfrak{h}\end{bmatrix}(\mathfrak{u} + \mathbf{A}\mathfrak{e}_k;\, \mathbf{A}) = e^{-\tilde{\mathfrak{e}}_k(2\mathfrak{u} + \mathrm{Sp}(\mathbf{A}) + 2\pi i \mathfrak{h})}\, \vartheta\begin{bmatrix}\mathfrak{g}\\ \mathfrak{h}\end{bmatrix}(\mathfrak{u};\, \mathbf{A}). \tag{37.9b}$$

Diese Formeln können noch folgendermaßen verallgemeinert werden, wobei $\varkappa$, λ zwei ganzzahlige p-Vektoren bedeuten:

$$\vartheta\begin{bmatrix}\mathfrak{g}\\ \mathfrak{h}\end{bmatrix}(\mathfrak{u} + \mathbf{A}\varkappa + \pi i \lambda;\, \mathbf{A}) = e^{-\tilde{\varkappa}(2\mathfrak{u} + \mathbf{A}\varkappa) + 2\pi i(\tilde{\lambda}\mathfrak{g} - \tilde{\varkappa}\mathfrak{h})}\, \vartheta\begin{bmatrix}\mathfrak{g}\\ \mathfrak{h}\end{bmatrix}(\mathfrak{u};\, \mathbf{A}). \tag{37.9c}$$

Man kann diese letzte Formel auch sehr einfach durch (37.7′) bestätigen und die beiden vorausgehenden aus ihr ableiten.

Auch die Thetafunktion mit einer beliebigen Charakteristik (37.7) genügt den Differentialgleichungen (37.6). Mit der Charakteristik $\mathfrak{g} = \mathfrak{h} = 0$ kommen wir wieder auf die allgemeine Thetafunktion (37.1):

$$\vartheta\begin{bmatrix}0\\ 0\end{bmatrix}(\mathfrak{u};\, \mathbf{A}) = \vartheta(\mathfrak{u};\, \mathbf{A}).$$

Eine wichtige Formel erhält man, wenn man die Thetafunktion für die Charakteristiken $\mathfrak{g} + \mathfrak{g}'$, $\mathfrak{h} + \mathfrak{h}'$ mit Hilfe der Reihe (37.7′) auswertet:

$$\vartheta\begin{bmatrix}\mathfrak{g} + \mathfrak{g}'\\ \mathfrak{h} + \mathfrak{h}'\end{bmatrix}(\mathfrak{u};\, \mathbf{A}) = \sum_{\mathfrak{m}} e^{(\tilde{\mathfrak{m}} + \tilde{\mathfrak{g}} + \tilde{\mathfrak{g}}')[\mathbf{A}(\mathfrak{m} + \mathfrak{g} + \mathfrak{g}') + 2\mathfrak{u} + 2\pi i \mathfrak{h} + 2\pi i \mathfrak{h}']}$$

$$= \sum_{\mathfrak{m}} e^{(\tilde{\mathfrak{m}} + \tilde{\mathfrak{g}})[\mathbf{A}(\mathfrak{m} + \mathfrak{g}) + 2\mathfrak{u} + 2\mathbf{A}\mathfrak{g}' + 2\pi i \mathfrak{h}' + 2\pi i \mathfrak{h}] + \tilde{\mathfrak{g}}'\mathbf{A}\mathfrak{g}' + 2\tilde{\mathfrak{g}}'\mathfrak{u} + 2\pi i \tilde{\mathfrak{g}}'\mathfrak{h} + 2\pi i \tilde{\mathfrak{g}}'\mathfrak{h}'},$$

also:

$$\vartheta\begin{bmatrix}\mathfrak{g} + \mathfrak{g}'\\ \mathfrak{h} + \mathfrak{h}'\end{bmatrix}(\mathfrak{u};\, \mathbf{A}) = e^{\tilde{\mathfrak{g}}'(\mathbf{A}\mathfrak{g}' + 2\mathfrak{u} + 2\pi i \mathfrak{h} + 2\pi i \mathfrak{h}')}\, \vartheta\begin{bmatrix}\mathfrak{g}\\ \mathfrak{h}\end{bmatrix}(\mathfrak{u} + \mathbf{A}\mathfrak{g}' + \pi i \mathfrak{h}';\, \mathbf{A}). \tag{37.10}$$

Setzt man hier insbesondere $\mathfrak{g}' = \varkappa$, $\mathfrak{h}' = \lambda$, wo $\varkappa$, λ wieder zwei ganzzahlige p-Vektoren bedeuten, so findet man mit Benutzung der Formel (37.9c):

$$\vartheta\begin{bmatrix}\mathfrak{g} + \varkappa\\ \mathfrak{h} + \lambda\end{bmatrix}(\mathfrak{u};\, \mathbf{A}) = e^{2\pi i \tilde{\lambda}\mathfrak{g}}\, \vartheta\begin{bmatrix}\mathfrak{g}\\ \mathfrak{h}\end{bmatrix}(\mathfrak{u};\, \mathbf{A}), \tag{37.11}$$

d. h. *Thetafunktionen, deren Charakteristiken sich nur um ganzzahlige Vektoren unterscheiden, oder, wie man sagt, deren Charakteristiken „kongruent" sind, sind nicht wesentlich verschieden, sondern unterscheiden sich nur um einen konstanten Faktor und umgekehrt.*

Denn unterscheiden sich zwei Thetafunktionen, die zur gleichen Periodenmatrix (37.3) gehören, nur um einen konstanten Faktor, so ist ihr Periodizitätsverhalten (37.9a—b) gleich; daher können sich ihre Charakteristiken höchstens um ganzzahlige Werte unterscheiden, d. h. sie müssen kongruent sein.

Bedeutet $\mathbf{M}$ eine ganzzahlige unimodulare (p, p)-Matrix, so durchläuft gleichzeitig mit $\mathbf{m}$ auch $\mathbf{m}^* = \tilde{\mathbf{M}}\mathbf{m}$ alle ganzzahligen p-Vektoren genau einmal; daraus folgt die Formel:

$$\vartheta\begin{bmatrix}\mathbf{g}\\ \mathbf{h}\end{bmatrix}(\mathbf{M}\mathbf{u};\mathbf{A}) = \vartheta\begin{bmatrix}\tilde{\mathbf{M}}\mathbf{g}\\ \mathbf{M}^{-1}\mathbf{h}\end{bmatrix}(\mathbf{u};\mathbf{M}^{-1}\mathbf{A}\tilde{\mathbf{M}}^{-1}), \tag{37.12}$$

denn durch (37.7′) erhält man:

$$\begin{aligned}\vartheta\begin{bmatrix}\mathbf{g}\\ \mathbf{h}\end{bmatrix}(\mathbf{M}\mathbf{u};\mathbf{A}) &= \sum_{\mathbf{m}} e^{(\tilde{\mathbf{m}}+\tilde{\mathbf{g}})[\mathbf{A}(\mathbf{m}+\mathbf{g})+2\mathbf{M}\mathbf{u}+2\pi i\mathbf{h}]}\\ &= \sum_{\mathbf{m}} e^{(\tilde{\mathbf{m}}\mathbf{M}+\tilde{\mathbf{g}}\mathbf{M})[\mathbf{M}^{-1}\mathbf{A}\tilde{\mathbf{M}}^{-1}(\tilde{\mathbf{M}}\mathbf{m}+\tilde{\mathbf{M}}\mathbf{g})+2\mathbf{u}+2\pi i\mathbf{M}^{-1}\mathbf{h}]}.\end{aligned}$$

Setzt man in (37.12) $\mathbf{M} = -\mathbf{E}$, so kommt die oft verwendete Beziehung:

$$\vartheta\begin{bmatrix}\mathbf{g}\\ \mathbf{h}\end{bmatrix}(-\mathbf{u};\mathbf{A}) = \vartheta\begin{bmatrix}-\mathbf{g}\\ -\mathbf{h}\end{bmatrix}(\mathbf{u};\mathbf{A}). \tag{37.13}$$

Damit eine Thetafunktion (37.7) *eine gerade oder ungerade Funktion ihrer Argumente sei, ist notwendig und hinreichend, daß ihre Charakteristiken* $\mathbf{g}$, $\mathbf{h}$ *aus rationalen Zahlen mit dem Hauptnenner* 2 *bestehen, also* $2\mathbf{g}$, $2\mathbf{h}$ *ganzzahlig sind.*

Denn aus

$$\vartheta\begin{bmatrix}\mathbf{g}\\ \mathbf{h}\end{bmatrix}(-\mathbf{u}) = \vartheta\begin{bmatrix}-\mathbf{g}\\ -\mathbf{h}\end{bmatrix}(\mathbf{u}) = \pm\vartheta\begin{bmatrix}\mathbf{g}\\ \mathbf{h}\end{bmatrix}(\mathbf{u})$$

folgt nach dem eben bewiesenen Satz, daß die Charakteristiken $-\mathbf{g}$, $-\mathbf{h}$ mit $\mathbf{g}$, $\mathbf{h}$ kongruent, also $2\mathbf{g}$, $2\mathbf{h}$ ganzzahlig sein müssen. Ist das nun der Fall, dann können wir mit Hilfe von (37.11) und (37.13) so schließen:

$$\vartheta\begin{bmatrix}\mathbf{g}\\ \mathbf{h}\end{bmatrix}(\mathbf{u}) = \vartheta\begin{bmatrix}-\mathbf{g}+2\mathbf{g}\\ -\mathbf{h}+2\mathbf{h}\end{bmatrix}(\mathbf{u}) = e^{-2\pi i 2\tilde{\mathbf{h}}\mathbf{g}}\,\vartheta\begin{bmatrix}-\mathbf{g}\\ -\mathbf{h}\end{bmatrix}(\mathbf{u}) = e^{4\pi i\tilde{\mathbf{h}}\mathbf{g}}\,\vartheta\begin{bmatrix}\mathbf{g}\\ \mathbf{h}\end{bmatrix}(-\mathbf{u}); \tag{37.14}$$

insbesondere ist die allgemeine Thetafunktion (37.1) eine gerade Funktion:

$$\vartheta(-\mathbf{u};\mathbf{A}) = \vartheta(\mathbf{u};\mathbf{A}).$$

38. Thetafunktionen höherer Ordnung. Das Produkt von zwei oder mehr intermediären Funktionen, die zur gleichen RIEMANNschen Matrix $\boldsymbol{\Omega}$ gehören, ergibt wieder eine zu $\boldsymbol{\Omega}$ gehörige intermediäre Funktion:

Satz 1. *Das Produkt von zwei intermediären Funktionen* $\varphi_1(\mathbf{u})$ *und* $\varphi_2(\mathbf{u})$, *deren erste Periodenmatrix* $\boldsymbol{\Omega}$ *gemeinsam ist, während die zweite*

Periodenmatrix und der Parametervektor $\boldsymbol{\Lambda}_1$ *und* $\boldsymbol{\gamma}_1$ *bzw.* $\boldsymbol{\Lambda}_2$ *und* $\boldsymbol{\gamma}_2$ *seien, ist wieder eine intermediäre Funktion, und zwar mit den Perioden* $\begin{pmatrix} \boldsymbol{\Omega} \\ \boldsymbol{\Lambda}_1 + \boldsymbol{\Lambda}_2 \end{pmatrix}$ *und den Parametern* $\boldsymbol{\gamma}_1 + \boldsymbol{\gamma}_2$.

Zum Beweise beachte man, daß aus

$$\varphi_1(\mathbf{u} + \boldsymbol{\Omega}\,\mathbf{e}_k) = e^{2\pi i \tilde{\mathbf{e}}_k(\boldsymbol{\Lambda}_1 \mathbf{u} + \gamma_1)}\,\varphi_1(\mathbf{u})\,,$$

$$\varphi_2(\mathbf{u} + \boldsymbol{\Omega}\,\mathbf{e}_k) = e^{2\pi i \tilde{\mathbf{e}}_k(\boldsymbol{\Lambda}_2 \mathbf{u} + \gamma_2)}\,\varphi_2(\mathbf{u})\,, \qquad k = 1, 2, \ldots, 2p$$

unmittelbar folgt:

$$\varphi_1(\mathbf{u} + \boldsymbol{\Omega}\,\mathbf{e}_k)\,\varphi_2(\mathbf{u} + \boldsymbol{\Omega}\,\mathbf{e}_k) = e^{2\pi i \tilde{\mathbf{e}}_k[(\boldsymbol{\Lambda}_1 + \boldsymbol{\Lambda}_2)\mathbf{u} + \gamma_1 + \gamma_2]}\,\varphi_1(\mathbf{u})\,\varphi_2(\mathbf{u})\,.$$

Man kann diesen Satz leicht auf Produkte mit mehr als zwei Faktoren verallgemeinern. Insbesondere kann man für Thetafunktionen folgendes sagen:

Satz 2. *Das Produkt von n Thetafunktionen mit gleichen Moduln und den Charakteristiken* $\mathbf{g}_\nu, \mathbf{h}_\nu$ $(\nu = 1, \ldots, n)$ *ist eine intermediäre Funktion mit den Perioden:*

$$\begin{pmatrix} \boldsymbol{\Omega} \\ \boldsymbol{\Lambda} \end{pmatrix} = \begin{pmatrix} \pi i \mathbf{E} & \mathbf{A} \\ 0 & -\dfrac{n}{\pi i}\mathbf{E} \end{pmatrix}$$

und den Parametern:

$$\boldsymbol{\gamma} = \begin{pmatrix} \mathbf{g} \\ -\dfrac{n}{2\pi i}\operatorname{Sp}(\mathbf{A}) - \mathbf{h} \end{pmatrix}$$

mit $\mathbf{g} = \sum_{\nu=1}^{n} \mathbf{g}_\nu$, $\mathbf{h} = \sum_{\nu=1}^{n} \mathbf{h}_\nu$. *Eine intermediäre Funktion mit diesem Periodizitätsverhalten heißt „Thetafunktion n-ter Ordnung mit den Charakteristiken* $\mathbf{g}, \mathbf{h}$*". Deren gibt es nach unserem allgemeinen Satz von Nr.* 35 *genau n^p linear unabhängige.*

Nimmt man insbesondere $\mathbf{g} = \mathbf{h} = 0$ an, so gibt es nach Satz 2 in Abschnitt Nr. 36, S. 98f. (mit $\mathbf{B} = \mathbf{E}$) genau $|\delta| = n^p$ linear unabhängige Lösungen, nämlich die Thetafunktionen n-ter Ordnung (36.1)

$$\Theta_n[\boldsymbol{\varkappa}]\,(\mathbf{u}; \mathbf{A}) = \sum_{\mathbf{m}} e^{\left(\tilde{\mathbf{m}} + \frac{1}{n}\tilde{\boldsymbol{\varkappa}}\right) n \left[\mathbf{A}\left(\mathbf{m} + \frac{1}{n}\boldsymbol{\varkappa}\right) + 2\mathbf{u}\right]}; \tag{38.1}$$

für den ganzzahligen p-Vektor $\tilde{\boldsymbol{\varkappa}} = (\varkappa_1, \ldots, \varkappa_p)$ stehen n^p Möglichkeiten offen, entsprechend den Bedingungen $0 \leqq \varkappa_j < n$ $(j = 1, \ldots, p)$.

Durch Vergleich mit (37.7') findet man:

$$\Theta_n[\boldsymbol{\varkappa}]\,(\mathbf{u}; \mathbf{A}) = \vartheta\begin{bmatrix} \boldsymbol{\varkappa}/n \\ 0 \end{bmatrix}(n\mathbf{u}; n\mathbf{A})\,, \tag{38.2}$$

und mittels (37.7) kann man die Thetafunktion n-ter Ordnung (38.1) wieder auf die gewöhnliche allgemeine Thetafunktion 1. Ordnung (37.1) zurückführen:

$$\Theta_n[\varkappa]\,(\mathbf{u};\mathbf{A}) = e^{\tilde{\varkappa}\left(\mathbf{A}\frac{\varkappa}{n}+2\mathbf{u}\right)}\,\vartheta(n\mathbf{u}+\mathbf{A}\varkappa;\,n\mathbf{A}). \tag{38.3}$$

Aus den Thetafunktionen n-ter Ordnung der Charakteristiken $\mathbf{g}=\mathbf{h}=0$ gewinnt man wieder diejenigen mit allgemeinen Charakteristiken $\mathbf{g}, \mathbf{h}$ durch eine Substitution von der Art (33.6), und zwar folgendermaßen:

$$\Theta_n\begin{bmatrix}\mathbf{g}\\ \mathbf{h}\end{bmatrix}\!,\varkappa\Big](\mathbf{u};\mathbf{A}) = e^{2\tilde{\mathbf{g}}\mathbf{u}}\,\Theta_n[\varkappa]\left(\mathbf{u}+\frac{1}{n}\mathbf{A}\mathbf{g}+\frac{\pi i}{n}\mathbf{h};\mathbf{A}\right); \tag{38.4}$$

diese Funktionen haben genau das in Satz 2 angegebene Periodizitätsverhalten; für den ganzzahligen p-Vektor $\varkappa$ stehen n^p verschiedene Auswahlen offen, und dementsprechend erhält man n^p linear unabhängige Thetafunktionen n-ter Ordnung mit den Charakteristiken $\mathbf{g}, \mathbf{h}$.

Mit Hilfe von (38.2) und (37.10), dort die Größen $\mathbf{u}, \mathbf{A}, \mathbf{g}, \mathbf{h}, \mathbf{g}', \mathbf{h}'$ der Reihe nach durch $n\mathbf{u}, n\mathbf{A}, \frac{\varkappa}{n}, 0, \frac{\mathbf{g}}{n}, \mathbf{h}$ ersetzt, kann man (38.4) umrechnen und so die Thetafunktionen n-ter Ordnung auf diejenigen erster Ordnung zurückführen:

$$\Theta_n\left[\begin{matrix}\mathbf{g}\\ \mathbf{h}\end{matrix}, \varkappa\right](\mathbf{u};\mathbf{A}) = e^{-\frac{1}{n}\tilde{\mathbf{g}}(\mathbf{A}\mathbf{g}+2\pi i\mathbf{h})}\,\vartheta\begin{bmatrix}\frac{\mathbf{g}+\varkappa}{n}\\ \mathbf{h}\end{bmatrix}(n\mathbf{u};n\mathbf{A}). \tag{38.5}$$

Mit (37.7′) gewinnt man schließlich noch die Reihendarstellung:

$$\Theta_n\left[\begin{matrix}\mathbf{g}\\ \mathbf{h}\end{matrix}, \varkappa\right](\mathbf{u};\mathbf{A}) = e^{-\frac{1}{n}\tilde{\mathbf{g}}(\mathbf{A}\mathbf{g}+2\pi i\mathbf{h})}\sum_{\mathbf{m}} e^{\left(\tilde{\mathbf{m}}+\frac{\tilde{\mathbf{g}}+\tilde{\varkappa}}{n}\right)\left[n\mathbf{A}\left(\mathbf{m}+\frac{\mathbf{g}+\varkappa}{n}\right)+2n\mathbf{u}+2\pi i\mathbf{h}\right]}. \tag{38.6}$$

Formel (38.5) zeigt, daß die Thetafunktionen n-ter Ordnung mit den Charakteristiken $\mathbf{g}, \mathbf{h}$ bis auf konstante Faktoren mit den Thetafunktionen 1. Ordnung mit den Charakteristiken $\frac{\mathbf{g}+\varkappa}{n}$, $\mathbf{h}$, gebildet für di e Argumente $n\mathbf{u}$ und die Moduln $n\mathbf{A}$, übereinstimmen. Das ergibt:

Satz 3. *Jede Thetafunktion n-ter Ordnung* $\Theta_n\begin{bmatrix}\mathbf{g}\\ \mathbf{h}\end{bmatrix}(\mathbf{u};\mathbf{A})$ *mit den Charakteristiken* $\mathbf{g}, \mathbf{h}$ *läßt sich linear und homogen mit konstanten Koeffizienten durch die* n^p *Thetafunktionen* 1. *Ordnung:*

$$\vartheta\begin{bmatrix}\frac{\mathbf{g}+\varkappa}{n}\\ \mathbf{h}\end{bmatrix}(n\mathbf{u};n\mathbf{A})$$

darstellen:

$$\Theta_n\begin{bmatrix}\mathbf{g}\\ \mathbf{h}\end{bmatrix}(\mathbf{u};\mathbf{A}) = \sum_{\varkappa} c_\varkappa\,\vartheta\begin{bmatrix}\frac{\mathbf{g}+\varkappa}{n}\\ \mathbf{h}\end{bmatrix}(n\mathbf{u};n\mathbf{A}). \tag{38.7}$$

Zu summieren ist über alle n^p *ganzzahligen p-Vektoren* $\varkappa = (\varkappa_1, \ldots, \varkappa_p)$ *mit* $0 \leqq \varkappa_j < n$. *Die Koeffizienten* $c_\varkappa$ *sind von den Variablen* $\mathbf{u}$ *unabhängig und durch* Θ_n *eindeutig bestimmt.*

Beispiel: Die elliptischen Thetafunktionen von Jacobi

Wir wollen die vorausgehenden Entwicklungen im Falle $p=1$ spezialisieren. Dann liegt die zusammengesetzte Periodenmatrix in der Normalform:

$$\begin{pmatrix}\boldsymbol{\Omega}\\ \boldsymbol{A}\end{pmatrix}=\begin{pmatrix}\pi i, & \alpha\\ 0, & -\frac{1}{\pi i}\end{pmatrix}$$

zugrunde, wo $\alpha=\alpha'+i\alpha''$ eine komplexe Zahl mit negativem Realteil

$$\alpha'<0$$

ist. Um den Zusammenhang mit der üblichen Schreibweise der Jacobischen Thetafunktionen herzustellen, setzen wir

$$u=\pi i v\,,\qquad q=e^{\alpha}=e^{\pi i\omega}\,.$$

Von besonderer Wichtigkeit sind außer der allgemeinen Thetafunktion $\vartheta(u;\alpha)$ diejenigen mit halbzahligen Charakteristiken, so daß wir im ganzen vier Thetafunktionen aufstellen können, nämlich die folgenden:

$$\begin{aligned}\vartheta\begin{bmatrix}0\\0\end{bmatrix}(u;\alpha)&=\vartheta(u;\alpha)=\sum_{m=-\infty}^{+\infty}e^{\alpha m^2+2mu}=\sum_{m=-\infty}^{+\infty}q^{m^2}e^{2m\pi i v}\\&=1+2q\cos 2\pi v+2q^4\cos 4\pi v+2q^9\cos 6\pi v+\cdots\\&=\vartheta_3(v;q)\text{ in Jacobischer Bezeichnung;}\end{aligned}\tag{38.8}$$

$$\begin{aligned}\vartheta\begin{bmatrix}0\\ {}^1/_2\end{bmatrix}(u;\alpha)&=\vartheta\left(u+\frac{\pi i}{2};\alpha\right)=\sum_{m=-\infty}^{+\infty}e^{\alpha m^2+2mu+m\pi i}\\&=\sum_{m=-\infty}^{+\infty}(-1)^m q^{m^2}e^{2m\pi i v}\\&=1-2q\cos 2\pi v+2q^4\cos 4\pi v-2q^9\cos 6\pi v+-\cdots\\&=\vartheta_0(v;q)\text{ in Jacobischer Bezeichnung;}\end{aligned}\tag{38.9}$$

$$\begin{aligned}\vartheta\begin{bmatrix}{}^1/_2\\ {}^1/_2\end{bmatrix}(u;\alpha)&=i e^{u+\frac{\alpha}{4}}\vartheta\left(u+\frac{\alpha}{2}+\frac{\pi i}{2};\alpha\right)\\&=i\sum_{m=-\infty}^{+\infty}(-1)^m e^{\alpha(m+\frac12)^2+(2m+1)u}=i\sum_{m=-\infty}^{+\infty}(-1)^m q^{(m+\frac12)^2}e^{(2m+1)\pi i v}\\&=-[2q^{1/4}\sin\pi v-2q^{9/4}\sin 3\pi v+2q^{25/4}\sin 5\pi v-+\cdots]\\&=-\vartheta_1(v;q)\text{ in Jacobischer Schreibweise;}\end{aligned}\tag{38.10}$$

$$\begin{aligned}\vartheta\begin{bmatrix}{}^1/_2\\0\end{bmatrix}(u;\alpha)&=e^{u+\frac{\alpha}{4}}\vartheta\left(u+\frac{\alpha}{2};\alpha\right)=\sum_{m=-\infty}^{+\infty}e^{\alpha(m+\frac12)^2+(2m+1)u}\\&=\sum_{m=-\infty}^{+\infty}q^{(m+\frac12)^2}e^{(2m+1)\pi i v}=2q^{1/4}\cos\pi v+2q^{9/4}\cos 3\pi v+2q^{25/4}\cos 5\pi v+\cdots\\&=\vartheta_2(v;q)\text{ in Jacobischer Schreibweise.}\end{aligned}\tag{38.11}$$

Das Periodizitätsverhalten der JACOBIschen Thetafunktionen ist an den vorausgehenden Formeln leicht abzulesen.

Die Quadrate dieser Thetafunktionen sind Thetafunktionen 2. Ordnung, deren Charakteristiken ganzzahlig sind und daher alle auf die Charakteristik 0, 0 zurückgeführt werden können. Derartige Funktionen gibt es aber nur zwei linear unabhängige. Daher muß zwischen je drei Thetaquadraten eine lineare Beziehung bestehen, deren Koeffizienten konstant, d. h. von u bzw. von v unabhängig sind. Man kann z. B. mit unbestimmten c_0, c_1, c_2 die Beziehung

$$c_0\vartheta_0(v)^2 + c_1\vartheta_1(v)^2 + c_2\vartheta_2(v)^2 = 0$$

ansetzen. Wenn man hier der Reihe nach $v = 0, \frac{1}{2}, \frac{\omega}{2}, \frac{1+\omega}{2}$ setzt und die zwischen den Thetafunktionen bestehenden Beziehungen benutzt, findet man die bekannte Formel:

$$\vartheta_2^2\vartheta_0(v)^2 - \vartheta_3^2\vartheta_1(v)^2 - \vartheta_0^2\vartheta_2(v)^2 = 0\,,$$

wo $\vartheta_j = \vartheta_j(0)$ die Nullwerte der Thetafunktionen bedeuten*).

39. Konstruktion der ABELschen Funktionen. Ein Hilfssatz. Nach dem, was wir in den letzten Abschnitten bewiesen haben, können wir nun sicher sein (vgl. Nr. 28, Satz 2, S. 69), daß zu einer RIEMANNschen Matrix, d. h. zu einer Periodenmatrix $\boldsymbol{\Omega}$ mit einer zugehörigen Prinzipalmatrix **P**, immer intermediäre Funktionen existieren, die sich auf eine unendliche Folge von linearen Scharen der Dimensionen $|\delta| - 1$ verteilen, wo $|\delta|$ die in (35.9) angegebenen Zahlen ($l = 1, 2, \ldots$) durchläuft. Mit Hilfe einer passenden linearen Substitution der Variablen kann man sie in jedem Fall auf Thetafunktionen zurückführen (die evtl. noch mit quadratischen Exponentialfunktionen zu multiplizieren sind).

Formal ist in diesen linearen Scharen von intermediären Funktionen immer auch die Nullfunktion enthalten; im folgenden wollen wir aber unter einer „intermediären Funktion" schlechthin immer eine nicht identisch verschwindende Funktion verstehen.

Unser Ziel ist der Nachweis der Existenz von ABEL*schen Funktionen*, deren Periodengruppe $\mathfrak{G}$ durch die RIEMANNsche Matrix $\boldsymbol{\Omega}$ erzeugt wird. Nun ist der Quotient von zwei gleichändrigen intermediären Funktionen

---

*) Wir können jetzt eine S. 57 gemachte Bemerkung über die Wahl der Bezeichnung „Determinante" für die Zahl $|\delta|$ rechtfertigen. Wenn nämlich in der Normalform für die Periodenmatrix die Diagonalmatrix $\mathbf{B} = \mathbf{E}$ ist, dann ist $|\delta| = n^p$ und alle Thetafunktionen n-ter Ordnung sind zugehörige intermediäre Funktionen. Hätten wir nun mit FROBENIUS die Zahl $|\delta|$ als „Ordnung" dieser intermediären Funktionen bezeichnet, so würde sich jetzt die Unzukömmlichkeit einstellen, daß dieselben Funktionen einerseits als Thetafunktionen von der n-ten Ordnung, andererseits als intermediäre Funktionen von der Ordnung n^p wären. Dieselbe Inkonsequenz würde sich auch im allgemeinen Fall $\mathbf{B} \neq \mathbf{E}$ einstellen.

zu $\boldsymbol{\Omega}$ sicher eine meromorphe Funktion, welche alle Perioden aus $\mathfrak{G}$ zuläßt; damit dies eine ABELsche Funktion der Art sei, wie wir sie suchen, darf sie außer den Perioden aus $\mathfrak{G}$ keine weiteren Perioden, insbesondere keine infinitesimalen Perioden besitzen.

Wir werden im folgenden zeigen, daß die zu $\boldsymbol{\Omega}$ gehörige intermediäre Funktion $\varphi(\mathbf{u})$ und der komplexe p-Vektor $\mathbf{c}$ immer so gewählt werden können, daß die Funktion

$$f(\mathbf{u}) = \frac{\varphi(\mathbf{u}+\mathbf{c})\,\varphi(\mathbf{u}-\mathbf{c})}{\varphi(\mathbf{u})^2} \tag{39.1}$$

eine ABELsche Funktion ist, deren Periodengruppe genau die durch die RIEMANNsche Matrix $\boldsymbol{\Omega}$ erzeugte Gruppe $\mathfrak{G}$ ist. Damit wird die in diesem Teil begonnene Untersuchung vollständig abgeschlossen sein. Für diesen Zweck werden wir folgenden Hilfssatz benötigen, den wir zuerst beweisen wollen:

Hilfssatz. *Es sei* $\varphi(\mathbf{u})$ *eine zur* RIEMANN*schen Matrix* $\boldsymbol{\Omega}$ *gehörige intermediäre Funktion. Dann kann man den komplexen* p*-Vektor* $\mathbf{c}$ *auf mannigfache Weise so wählen, daß* $\varphi(\mathbf{u}+\mathbf{c})$ *überall relativ prim zu* $\varphi(\mathbf{u})$ *ist*)*.

Es genügt zu zeigen, daß die beiden intermediären Funktionen $\varphi(\mathbf{u})$ und $\varphi(\mathbf{u}+\mathbf{c})$ in jedem Punkt $\{\mathbf{u}\}$ des Periodenparallelotops teilerfremd sind, denn dann pflanzt sich diese Eigenschaft von selbst auf alle Punkte des $\mathbf{u}$-Raumes fort; in der Tat erhalten die beiden intermediären Funktionen beim Übergang von einem Punkt $\{\mathbf{u}\}$ des Periodenparallelotops zu einem kongruenten Punkt $\{\mathbf{u}+\boldsymbol{\Omega}\mathbf{m}\}$ außerhalb desselben als Faktor eine Exponentialfunktion, also eine „Einheit im Großen", wodurch die Teilbarkeitsverhältnisse nirgends geändert werden.

Es sei nun $\{\mathbf{a}\} = \{a_1, \ldots, a_p\}$ ein beliebiger Punkt des Periodenparallelotops**). Wir setzen zur Abkürzung

$$z_j = u_j - a_j\,, \qquad (j = 1, \ldots, p)\,.$$

Die ganze Funktion $\varphi(\mathbf{u})$ besitzt an der Stelle $\{\mathbf{a}\}$ eine Entwicklung in eine reguläre Potenzreihe in den Variablen z_j, die innerhalb eines gewissen Polyzylinders

$$\mathfrak{B}: \qquad |z_j| = |u_j - a_j| < \varrho\,, \qquad (j = 1, \ldots, p)$$

absolut konvergiert. Nach dem WEIERSTRASSschen Vorbereitungssatz***) kann man — eine passende lineare homogene Transformation der Variablen nötigenfalls vorausgeschickt —

$$\varphi_a(\mathbf{u}) = \omega_a(\mathbf{z})\,p_a(\mathbf{z}) \tag{39.2}$$

---

*) Vgl. Anhang, Nr. 4. Selbstverständlich darf $\varphi(\mathbf{u})$ nicht identisch verschwinden.

**) Der Grundgedanke des folgenden Beweises stammt von C. L. SIEGEL: l. c. S. 89ff. Wir verwenden oben die Bezeichnungen des Anhangs, vgl. vor allem Anhang, Nr. 7.

***) Vgl. Anhang, Nr. 3.

schreiben, wo $\omega_a(0) \neq 0$, also $\omega_a(\mathbf{z})$ eine Einheit in $\{\mathbf{a}\}$ ist; der zweite Faktor ist ein Pseudopolynom:

$$p_a(\mathbf{z}) = z_1^k + A_1 z_1^{k-1} + \cdots + A_k \tag{39.3}$$

des Grades k, der gleich dem Untergrad k der Potenzreihe $\varphi_a(\mathbf{u})$ an der Stelle $\{\mathbf{a}\}$ ist. Im Falle $k = 0$, d. h. wenn die Funktion $\varphi(\mathbf{u})$ an der Stelle $\{\mathbf{a}\}$ nicht verschwindet, ist $p_a(\mathbf{z}) \equiv 1$. Die Koeffizienten $A_1, A_2, \ldots, A_k$ sind reguläre, in $\mathfrak{B}$ absolut konvergente Potenzreihen der Variablen $z_2, z_3, \ldots, z_p$, welche die Untergrade $1, 2, \ldots, k$ haben.

Wir wollen nun den Radius ϱ des Polyzylinders $\mathfrak{B}$ nötigenfalls noch so weit kleiner machen, daß die Funktion $\omega_a(\mathbf{z})$ innerhalb $\mathfrak{B}$ nirgends verschwindet und nennen diesen Radius ϱ_a. Dann ordnen wir jedem Punkt $\{\mathbf{a}\}$ des Periodenparallelotops eine Umgebung $\mathfrak{U}_a = \mathfrak{U}\{\mathbf{a}; \frac{1}{2}\varrho_a\}$ zu. Nach dem BOREL*schen Überdeckungssatz**) können wir eine endliche Anzahl von Punkten $\{\mathbf{a}^{(\nu)}\}$, $\nu = 1, 2, \ldots, N$ herausgreifen, deren Umgebungen $\mathfrak{U}_\nu$ bereits das ganze Periodenparallelotop überdecken.

Innerhalb jeder Umgebung $\mathfrak{U}_\nu$ ist unsere Funktion $\varphi(\mathbf{u})$ äquivalent **) einem Pseudopolynom der Art (39.3) $p_\nu(\mathbf{z})$:

$$\varphi(\mathbf{u}) \sim p_\nu(\mathbf{z}) \quad \text{in } \mathfrak{U}_\nu\,, \qquad \nu = 1, 2, \ldots, N\,. \tag{39.4}$$

Die Punkte $\{\mathbf{z}\}$, in denen $p_\nu(\mathbf{z})$ verschwindet, bilden höchstens eine $(p-1)$-dimensionale Untermannigfaltigkeit von $\mathfrak{U}_\nu$; wir brauchen daher bei der Wahl des p-Vektors $\mathbf{c}$ nur diese Nullstellenmannigfaltigkeiten in allen $\mathfrak{U}_\nu$ zu vermeiden, um einen Vektor $\mathbf{c}$ zu erhalten, der in allen $\mathfrak{U}_\nu$ liegt und

$$p_\nu(\mathbf{c}) \neq 0\,, \qquad \nu = 1, \ldots, N \tag{39.5}$$

erfüllt. Das ist schon ein Vektor von der in unserem Hilfssatz bezeichneten Art. Zunächst ist vermöge (39.2)

$$\varphi_a(\mathbf{u} + \mathbf{c}) = \omega_a(\mathbf{z} + \mathbf{c})\, p_a(\mathbf{z} + \mathbf{c})\,,$$

und zwar ist $\omega_a(\mathbf{z} + \mathbf{c}) \neq 0$ in *ganz* $\mathfrak{U}_\nu$ — um das zu erreichen, haben wir eben die Umgebungen $\mathfrak{U}_a$ nur mit dem halben Radius $\frac{1}{2}\varrho_a$ ausgespannt —; daher gilt neben (39.4) auch:

$$\varphi(\mathbf{u} + \mathbf{c}) \sim p_\nu(\mathbf{z} + \mathbf{c}) \quad \text{in } \mathfrak{U}_\nu\,, \qquad \nu = 1, 2, \ldots, N\,. \tag{39.6}$$

Wir müssen jetzt zeigen, daß $p_\nu(\mathbf{z})$ und $p_\nu(\mathbf{z} + \mathbf{c})$ in jeder Umgebung $\mathfrak{U}_\nu$ teilerfremd sind; dann gilt dasselbe auch für $\varphi(\mathbf{u})$ und $\varphi(\mathbf{u} + \mathbf{c})$ im ganzen Periodenparallelotop (und sodann auch im ganzen $\mathbf{u}$-Raum), weil jeder Punkt des Periodenparallelotops von wenigstens einer Umgebung $\mathfrak{U}_\nu$ überdeckt wird. Nun hat $p_\nu(\mathbf{z})$ die Gestalt (39.3); $p_\nu(\mathbf{z} + \mathbf{c})$,

*) Vgl. Anhang. Nr. 5.

**) „äquivalent in bezug auf Division“ oder „assoziiert“, vgl. Anhang, Nr. 4, 6.

wofür wir auch $q_\nu(\mathbf{z})$ schreiben wollen, entsteht aus $p_\nu(\mathbf{z})$ durch eine einfache Translation $\mathbf{z} \to \mathbf{z} + \mathbf{c}$ der Variablen, daher hat auch $p_\nu(\mathbf{z} + \mathbf{c})$ die Gestalt:

$$q_\nu(\mathbf{z}) = p_\nu(\mathbf{z} + \mathbf{c}) = z_1^k + B_1 z_1^{k-1} + \cdots + B_k\,, \tag{39.7}$$

nur mit dem Unterschied, daß hier die Potenzreihen $B_1, \ldots, B_k$ nicht die oben angegebenen Untergrad-Bedingungen erfüllen, insbesondere ist wegen (39.5)

$$q_\nu(0) = p_\nu(\mathbf{c}) \neq 0\,, \qquad \nu = 1, \ldots, N\,.$$

Daraus wollen wir nun schließen, daß $p_\nu(\mathbf{z})$ und $q_\nu(\mathbf{z})$ im Mittelpunkt $\{\mathbf{z}\} = 0$ der Umgebung $\mathfrak{U}_\nu$ relativ prim sind und sodann dasselbe für die ganze Umgebung $\mathfrak{U}_\nu$ folgern. Da die folgenden Betrachtungen sich auf irgendeine der Umgebungen $\mathfrak{U}_\nu$ beschränken, können wir den Index ν von nun an weglassen.

Der Ring $\mathfrak{o}$ aller regulären Potenzreihen in $z_2, z_3, \ldots, z_p$ sowie auch der Ring $\mathfrak{o}[z_1]$ aller Polynome in z_1 mit Koeffizienten aus $\mathfrak{o}$ sind ZPE-Ringe*). Das Polynom $p(\mathbf{z})$, (39.3), kann also in $\mathfrak{o}[z_1]$ eindeutig in Primfaktoren zerlegt werden. Jeder echte Teiler von $p(\mathbf{z})$ verschwindet im Ursprung $\{\mathbf{z}\} = 0$, denn wäre etwa $p(\mathbf{z}) = g(\mathbf{z}) \cdot h(\mathbf{z})$ und $h(0) \neq 0$, so wäre $h(\mathbf{z})$ eine Einheit im Punkt $\{\mathbf{z}\} = 0$ bzw. $\{\mathbf{u}\} = \{\mathbf{a}\}$.

Nun ist $p(\mathbf{z})$ als Polynom in z_1 primitiv**) mit dem ersten Koeffizienten 1, dasselbe dürfen wir auch von den Teilern $g(\mathbf{z})$, $h(\mathbf{z})$ voraussetzen; dann müssen auch beide positiven Grad in z_1 haben, den einen von z_1 unabhängigen echten Teiler kann das primitive Polynom $p(\mathbf{z})$ nicht haben.

Nun könnten wir an Stelle von (39.2) schreiben:

$$\varphi_a(\mathbf{u}) = [\omega_a(\mathbf{z})\, h(\mathbf{z})]\, g(\mathbf{z}) \sim g(\mathbf{z})\,,$$

wo $g(\mathbf{z})$ geringeren Grad als k in z_1 hätte, und das im Widerspruch zum WEIERSTRASSschen Vorbereitungssatz, wonach k durch den Untergrad von $\varphi_a(\mathbf{u})$ eindeutig bestimmt ist.

Daraus folgt, daß $p(\mathbf{z})$ und $q(\mathbf{z})$ im Ursprung teilerfremd sind, denn ein gemeinsamer Teiler würde mit $q(0) \neq 0$ in Widerspruch stehen. Daher gibt es in $\mathfrak{o}[z_1]$ Polynome g und h derart, daß

$$g p - h q = \alpha \in \mathfrak{o}$$

ist. Diese Gleichung gilt nicht nur im Ursprung, sondern im ganzen Bereich $\mathfrak{U}$, weil die Polynome g, h mittels Ringoperationen aus p, q konstruiert werden und daher die Konvergenz der Reihen erhalten bleibt.

---

*) Das sind Ringe mit eindeutiger Zerlegung in Primelemente.

**) Vgl. Anhang, Nr. 4.

Dann können $p(\mathbf{z})$ und $q(\mathbf{z})$ in keinem Punkt $\{\mathfrak{b}\}$ von $\mathfrak{U}$ einen gemeinsamen Teiler besitzen, denn auch dort gilt

$$g_b p_b - h_b q_b = \alpha_b \in \mathfrak{o} \; ;$$

bei der Translation der Variablen nach $\{\mathfrak{b}\}$ bleibt α_b eine Potenzreihe in $z_2, \ldots, z_p$ (unabhängig von z_1); auch die Polynome p_b und q_b bleiben von der Gestalt (39.3) und (39.7), also primitiv mit dem höchsten Koeffizienten 1. Ein gemeinsamer Teiler von p_b und q_b müßte auch in α_b aufgehen, d. h. von z_1 unabhängig sein; einen solchen Teiler können aber die primitiven Polynome p_b und q_b nicht haben. Damit ist unser Hilfssatz vollständig bewiesen.

Wenn $\varphi(\mathbf{u})$ und $\varphi(\mathbf{u}+\mathbf{c})$ überall teilerfremd sind, so gilt dasselbe offenbar auch für $\varphi(\mathbf{u}-\mathbf{c})$ und $\varphi(\mathbf{u})$, also auch für $\varphi(\mathbf{u})^2$ und $\varphi(\mathbf{u}+\mathbf{c})\cdot\varphi(\mathbf{u}-\mathbf{c})$. Zähler und Nenner der Funktion $f(\mathbf{u})$, (39.1) sind also überall relativ prim; außerdem sind sie intermediäre Funktionen vom gleichen Typus (gleichändrig), denn wenn $\varphi(\mathbf{u})$ zu den Perioden $\begin{pmatrix}\boldsymbol{\Omega}\\ \boldsymbol{\Lambda}\end{pmatrix}$ und den Parametern $\boldsymbol{\gamma}$ gehört, so nach (33.6—8) $\varphi(\mathbf{u}\pm\mathbf{c})$ zu denselben Perioden und den Parametern $\boldsymbol{\gamma}\pm\tilde{\boldsymbol{\Lambda}}\mathbf{c}$, also nach Satz 1 in Abschnitt Nr. 38 Zähler und Nenner zu den Perioden $\begin{pmatrix}\boldsymbol{\Omega}\\ 2\boldsymbol{\Lambda}\end{pmatrix}$ und den Parametern $2\boldsymbol{\gamma}$.

Also ist $f(\mathbf{u})$ eine meromorphe Funktion, welche alle Perioden der durch $\boldsymbol{\Omega}$ erzeugten Gruppe $\mathfrak{G}$ zuläßt).*

40. Beweis des Existenzsatzes der ABELschen Funktionen. Wir können jetzt den Schlußsatz unserer Untersuchung beweisen:

Existenzsatz der ABELschen Funktionen. *Die notwendige und hinreichende Bedingung für die Existenz von ABELschen Funktionen, deren Periodengruppe durch eine gegebene $(p, 2p)$-Matrix $\boldsymbol{\Omega}$ erzeugt wird, d. h. dafür, daß $\boldsymbol{\Omega}$ eine RIEMANNsche Matrix sei, ist die Existenz von (wenigstens) einer zu $\boldsymbol{\Omega}$ gehörigen Prinzipalmatrix* $\mathbf{P}$, *welche die Bedingungen des Satzes 2 von Nr. 28, S. 69 erfüllt.*

Wir haben schon bewiesen, daß es unter diesen Voraussetzungen zu $\boldsymbol{\Omega}$ gehörige intermediäre Funktionen gibt, deren eine wir mit $\varphi(\mathbf{u})$ bezeichnen und den folgenden Entwicklungen zugrunde legen. Dann haben wir gesehen, daß der p-Vektor $\mathbf{c}$ so gewählt werden kann, daß in der Funktion

$$f(\mathbf{u}) = \frac{\varphi(\mathbf{u}+\mathbf{c})\,\varphi(\mathbf{u}-\mathbf{c})}{\varphi^2(\mathbf{u})} \tag{40.1}$$

Zähler und Nenner überall teilerfremd sind. Diese Funktion besitzt offenbar alle Perioden aus der von $\boldsymbol{\Omega}$ erzeugten Gruppe $\mathfrak{G}$; um nun

*) Wir können hinzufügen, daß $f(\mathbf{u})$ sicher eine echte meromorphe Funktion ist, d. h. daß die intermediäre Funktion $\varphi(\mathbf{u})$ im Nenner sicher Nullstellen besitzt. Wäre das nämlich nicht der Fall, so wäre $f(\mathbf{u})$ eine ganze ABELsche Funktion, also eine Konstante, und $\varphi(\mathbf{u})$ wäre ausgeartet mit $|\delta| = 0$; vgl. S. 119 f.

behaupten zu können, daß $f(\mathbf{u})$ eine zu $\boldsymbol{\Omega}$ gehörige ABELsche Funktion sei, müssen wir noch zeigen, daß $f(\mathbf{u})$, wenn die intermediäre Funktion $\varphi(\mathbf{u})$ nicht speziell gewählt ist, außerhalb der Gruppe $\mathfrak{G}$ keine Perioden zuläßt, insbesondere keine infinitesimalen Perioden.

Um dies zu zeigen, nehmen wir an, $\boldsymbol{\omega}$ sei irgendeine Periode von $f(\mathbf{u})$:

$$f(\mathbf{u} + \boldsymbol{\omega}) = f(\mathbf{u})\,. \tag{40.2}$$

Mit (40.1) erhalten wir daraus:

$$\varphi^2(\mathbf{u})\,\varphi(\mathbf{u} + \boldsymbol{\omega} + \mathbf{c})\,\varphi(\mathbf{u} + \boldsymbol{\omega} - \mathbf{c}) = \varphi^2(\mathbf{u} + \boldsymbol{\omega})\,\varphi(\mathbf{u} + \mathbf{c})\,\varphi(\mathbf{u} - \mathbf{c})\,.$$

Wegen der Teilerfremdheit von $\varphi^2(\mathbf{u})$ und $\varphi(\mathbf{u} + \mathbf{c})\,\varphi(\mathbf{u} - \mathbf{c})$ an jeder beliebigen Stelle $\{\mathbf{u}\}$ folgt weiter:

$$\varphi^2(\mathbf{u}) \mid \varphi^2(\mathbf{u} + \boldsymbol{\omega}) \mid \varphi^2(\mathbf{u})\,;$$

die zweite Teilbarkeitsbeziehung ergibt sich ebenso aus der Tatsache, daß $\varphi^2(\mathbf{u} + \boldsymbol{\omega})$ und $\varphi(\mathbf{u} + \boldsymbol{\omega} + \mathbf{c})\,\varphi(\mathbf{u} + \boldsymbol{\omega} - \mathbf{c})$ auch überall teilerfremd sind. Das gilt nun auch für die Quadratwurzeln:

$$\varphi(\mathbf{u}) \mid \varphi(\mathbf{u} + \boldsymbol{\omega}) \mid \varphi(\mathbf{u})\,,$$

d. h. $\varphi(\mathbf{u})$ und $\varphi(\mathbf{u} + \boldsymbol{\omega})$ sind „assoziierte" Funktionen, und zwar in jedem Punkt des $\mathbf{u}$-Raumes, ihr Quotient ist eine überall analytische, nirgends verschwindende Funktion, die wir so darstellen können:

$$\frac{\varphi(\mathbf{u} + \omega)}{\varphi(\mathbf{u})} = e^{2\pi i g(\mathbf{u})}\,; \tag{40.3}$$

hier bedeutet $g(\mathbf{u}) = \frac{1}{2\pi i} \log \frac{\varphi(\mathbf{u} + \omega)}{\varphi(\mathbf{u})}$ eine *ganze* Funktion. Nun gilt gemäß (25.2) für die intermediäre Funktion $\varphi(\mathbf{u})$:

$$\varphi(\mathbf{u} + \boldsymbol{\Omega}\mathbf{e}_h) = e^{2\pi i \tilde{\mathbf{e}}_h(\tilde{\Lambda}\mathbf{u} + \gamma)}\,\varphi(\mathbf{u})\,, \qquad h = 1, 2, \ldots, 2p\,; \tag{40.4}$$

daraus folgt in Verbindung mit (40.3):

$$\begin{aligned}\varphi(\mathbf{u} + \boldsymbol{\omega} + \boldsymbol{\Omega}\mathbf{e}_h) &= e^{2\pi i g(\mathbf{u} + \Omega\mathbf{e}_h)}\,\varphi(\mathbf{u} + \boldsymbol{\Omega}\mathbf{e}_h) = e^{2\pi i [g(\mathbf{u} + \Omega\mathbf{e}_h) + \tilde{\mathbf{e}}_h(\tilde{\Lambda}\mathbf{u} + \gamma)]}\,\varphi(\mathbf{u})\,,\\ &= e^{2\pi i \tilde{\mathbf{e}}_h(\tilde{\Lambda}\mathbf{u} + \tilde{\Lambda}\omega + \gamma)}\,\varphi(\mathbf{u} + \boldsymbol{\omega}) = e^{2\pi i [g(\mathbf{u}) + \tilde{\mathbf{e}}_h(\tilde{\Lambda}\mathbf{u} + \tilde{\Lambda}\omega + \gamma)]}\,\varphi(\mathbf{u})\,;\end{aligned}$$

durch Vergleich der Exponenten schließen wir auf die Beziehung:

$$g(\mathbf{u} + \boldsymbol{\Omega}\mathbf{e}_h) - g(\mathbf{u}) = \tilde{\mathbf{e}}_h \tilde{\boldsymbol{\Lambda}} \boldsymbol{\omega} + m_h\,. \qquad h = 1, 2, \ldots 2p \tag{40.5}$$

mit ganzen rationalen Zahlen m_h. Die rechten Seiten dieser Gleichungen sind unabhängig von den Variablen $\mathbf{u}$, daher besitzen die *ganzen* Funktionen $\frac{\partial g(\mathbf{u})}{\partial u_j}$ alle Perioden aus $\mathfrak{G}$ und sind außerdem im Periodenparallelotop, daher im gesamten $\mathbf{u}$-Raum, beschränkt. Nach dem

Satz von LIOUVILLE*) sind sie daher konstant, und $g(\mathbf{u})$ ist eine lineare Funktion der Variablen $\mathbf{u}$:

$$g(\mathbf{u}) = \tilde{\boldsymbol{\alpha}}\, \mathbf{u} + \alpha_0 , \tag{40.6}$$

wo $\tilde{\boldsymbol{\alpha}} = (\alpha_1, \ldots, \alpha_p)$ ein komplexer p-Vektor, α_0 eine komplexe Zahl ist. In Verbindung mit (40.5) erhalten wir nun:

$$g(\mathbf{u} + \boldsymbol{\Omega}\mathbf{e}_h) - g(\mathbf{u}) = \tilde{\boldsymbol{\alpha}}\, \boldsymbol{\Omega}\mathbf{e}_h = \tilde{\mathbf{e}}_h \tilde{\boldsymbol{\Omega}}\boldsymbol{\alpha} = \tilde{\mathbf{e}}_h \tilde{\boldsymbol{\Lambda}}\boldsymbol{\omega} + m_h , \quad h = 1, \ldots, 2p$$

oder zusammengefaßt:

$$\tilde{\boldsymbol{\Omega}}\boldsymbol{\alpha} - \tilde{\boldsymbol{\Lambda}}\boldsymbol{\omega} = \mathbf{m} = \begin{pmatrix}\mathbf{r}\\ \mathbf{p}\end{pmatrix}, \tag{40.7}$$

wo $\tilde{\mathbf{m}} = (m_1, \ldots, m_{2p}) = (\tilde{\mathbf{r}}, \tilde{\mathbf{p}})$ einen ganzzahligen $2p$-Vektor bedeutet, den wir in zwei p-Vektoren $\mathbf{r}$, $\mathbf{p}$ unterteilen wollen.

Die weitere Untersuchung wird bedeutend erleichtert, wenn wir Periodenmatrizen und Parametervektor in der Normalform

$$\begin{pmatrix}\boldsymbol{\Omega}\\ \boldsymbol{\Lambda}\end{pmatrix} = \begin{pmatrix} \pi i \mathbf{B}^{-1} & \mathbf{A} \\ 0 & \dfrac{-n}{\pi i}\mathbf{E} \end{pmatrix}, \quad \boldsymbol{\gamma} = \begin{pmatrix} 0 \\ \dfrac{-n}{2\pi i}\operatorname{Sp}(\mathbf{A}) \end{pmatrix} \tag{40.8}$$

voraussetzen. Dann liefert (40.7) die beiden Gleichungen

$$\pi i \mathbf{B}^{-1}\boldsymbol{\alpha} = \mathbf{r} , \quad \mathbf{A}\boldsymbol{\alpha} + \frac{n}{\pi i}\boldsymbol{\omega} = \mathbf{p} , \tag{40.9}$$

woraus wir durch Elimination von $\boldsymbol{\alpha}$

$$n\boldsymbol{\omega} = \pi i \mathbf{p} - \mathbf{A}\mathbf{B}\mathbf{r} = (\pi i \mathbf{B}^{-1}, \mathbf{A})\begin{pmatrix}\mathbf{B}\mathbf{p}\\ -\mathbf{B}\mathbf{r}\end{pmatrix} \tag{40.10}$$

erhalten. Daraus sieht man, daß $n\boldsymbol{\omega}$ sicher in der durch $\boldsymbol{\Omega} = (\pi i \mathbf{B}^{-1}, \mathbf{A})$ erzeugten Periodengruppe $\mathfrak{G}$ enthalten ist; also besitzt $f(\mathbf{u})$ sicher keine infinitesimalen Perioden, ist nicht ausgeartet. Um zu entscheiden, ob $\boldsymbol{\omega}$ selbst in $\mathfrak{G}$ liegt, müssen wir unsere Untersuchung noch etwas fortführen.

Nach Satz 2 von Nr. 36, S. 99, kann die intermediäre Funktion $\varphi(\mathbf{u})$ durch Thetafunktionen n-ter Ordnung dargestellt werden:

$$\varphi(\mathbf{u}) = \sum_{\mathbf{g}} C_{\mathbf{g}}\, \Theta_n[\mathbf{g}]\,(\mathbf{u}; \mathbf{A}) , \tag{40.11}$$

wo über alle $\dfrac{n^p}{|\mathbf{B}|}$ verschiedenen ganzzahligen p-Vektoren $\tilde{\mathbf{g}} = (g_1, \ldots, g_p)$ mit $0 \leqq g_j < \dfrac{n}{\beta_j}$ zu summieren ist. Aus (40.3) erhalten wir mit Benutzung von (40.6) und (40.9):

$$\varphi(\mathbf{u} + \boldsymbol{\omega}) = e^{2\tilde{\mathbf{r}}\mathbf{B}\mathbf{u} + 2\pi i \alpha_0}\varphi(\mathbf{u}) , \tag{40.12}$$

*) Vgl. S. 262.

und das in (40.11) eingesetzt:

$$\sum_{\mathfrak{g}} C_{\mathfrak{g}}\, e^{-2\tilde{\mathfrak{r}}\mathbf{B}\mathfrak{u}}\, \Theta_n[\mathfrak{g}]\,(\mathfrak{u}+\boldsymbol{\omega};\mathbf{A}) = e^{2\pi i \alpha_0} \sum_{\mathfrak{g}} C_{\mathfrak{g}}\, \Theta_n[\mathfrak{g}]\,(\mathfrak{u};\mathbf{A})\,. \quad (40.13)$$

Wir drücken $\boldsymbol{\omega}$ durch (40.10) aus und verwenden die Reihendarstellung (36.1):

$$\begin{aligned} & e^{-2\tilde{\mathfrak{r}}\mathbf{B}\mathfrak{u}}\, \Theta_n[\mathfrak{g}]\,(\mathfrak{u}+\boldsymbol{\omega};\mathbf{A}) \\ &= \sum_{\mathfrak{m}} e^{\left(\tilde{\mathfrak{m}}+\frac{1}{n}\tilde{\mathfrak{g}}\mathbf{B}\right)\left[n\mathbf{A}\left(\mathfrak{m}+\frac{1}{n}\mathbf{B}\mathfrak{g}\right)+2n\mathfrak{u}+2\pi i\mathfrak{p}-2\mathbf{A}\mathbf{B}\mathfrak{r}\right]-2\tilde{\mathfrak{r}}\mathbf{B}\mathfrak{u}} \\ &= \sum_{\mathfrak{m}} e^{\left(\tilde{\mathfrak{m}}+\frac{1}{n}(\tilde{\mathfrak{g}}-\tilde{\mathfrak{r}})\mathbf{B}\right)\left[n\mathbf{A}\left(\mathfrak{m}+\frac{1}{n}\mathbf{B}(\mathfrak{g}-\mathfrak{r})\right)+2n\mathfrak{u}\right]-\frac{1}{n}\tilde{\mathfrak{r}}\mathbf{B}\mathbf{A}\mathbf{B}\mathfrak{r}+\frac{2\pi i}{n}\tilde{\mathfrak{g}}\mathbf{B}\mathfrak{p}} \\ &= e^{\frac{2\pi i}{n}\tilde{\mathfrak{g}}\mathbf{B}\mathfrak{p}-\frac{1}{n}\tilde{\mathfrak{r}}\mathbf{B}\mathbf{A}\mathbf{B}\mathfrak{r}}\, \Theta_n[\mathfrak{g}-\mathfrak{r}]\,(\mathfrak{u};\mathbf{A}). \end{aligned}$$

Das gibt in (40.13) eingesetzt:

$$\sum_{\mathfrak{g}} C_{\mathfrak{g}}\, e^{\frac{2\pi i}{n}\tilde{\mathfrak{g}}\mathbf{B}\mathfrak{p}}\, \Theta_n[\mathfrak{g}-\mathfrak{r}]\,(\mathfrak{u};\mathbf{A}) = \varrho \sum_{\mathfrak{g}} C_{\mathfrak{g}}\, \Theta_n[\mathfrak{g}]\,(\mathfrak{u};\mathbf{A}) \quad (40.14)$$

mit

$$\varrho = e^{2\pi i\alpha_0+\frac{1}{n}\tilde{\mathfrak{r}}\mathbf{B}\mathbf{A}\mathbf{B}\mathfrak{r}}\,. \quad (40.15)$$

Bei diesen Formeln kann der Vektor $\mathfrak{g}-\mathfrak{r}$ außerhalb der für $\mathfrak{g}$ festgesetzten Grenzen fallen; hier ist nun zu bemerken, daß der Vektor $\mathfrak{g}$ in der Thetafunktion $\Theta_n[\mathfrak{g}]\,(\mathfrak{u})$ modulo $n\mathbf{B}^{-1}$ reduziert werden kann, d. h. wenn $\boldsymbol{\varkappa}$ einen ganzzahligen p-Vektor bedeutet, so gilt:

$$\Theta_n[\mathfrak{g}-n\mathbf{B}^{-1}\boldsymbol{\varkappa}]\,(\mathfrak{u}) = \Theta_n[\mathfrak{g}]\,(\mathfrak{u})\,, \quad (40.16)$$

wie man durch Einsetzen in die Reihe (36.1) leicht erkennt, weil sich dabei nur die Summation über alle $\mathfrak{m}$ auf diejenige über $\mathfrak{m}+\boldsymbol{\varkappa}$ verschiebt.

Nun sind die in (40.14) auftretenden Thetafunktionen linear unabhängig, daher müssen die Koeffizienten gleicher Theta auf beiden Seiten übereinstimmen:

$$e^{\frac{2\pi i}{n}\tilde{\mathfrak{g}}\mathbf{B}\mathfrak{p}}\, C_{\mathfrak{g}} = \varrho\, C_{\mathfrak{g}-\mathfrak{r}}\,. \quad (40.17)$$

Die Koeffizienten $C_{\mathfrak{g}}$ müssen also, wenn $\mathfrak{r}$ nicht kongruent Null modulo $n\mathbf{B}^{-1}$ ist, gewissen Bedingungen genügen. Es sei μ diejenige kleinste natürliche Zahl, für die $\mu\mathfrak{r} = n\mathbf{B}^{-1}\boldsymbol{\varkappa}$ mit ganzzahligem $\boldsymbol{\varkappa}$ gilt; μ ist ein Teiler von n, denn $n\mathfrak{r} = n\mathbf{B}^{-1}(\mathbf{B}\mathfrak{r})$ erfüllt diese Bedingung.

Schreibt man nun die Gleichungen (40.17) der Reihe nach für $\mathfrak{g}, \mathfrak{g}-\mathfrak{r}, \mathfrak{g}-2\mathfrak{r}, \ldots, \mathfrak{g}-(n-1)\mathfrak{r}$ untereinander und multipliziert sie, kommt:

$$e^{2\pi i\left(\tilde{\mathfrak{g}}-\frac{n-1}{2}\tilde{\mathfrak{r}}\right)\mathbf{B}\mathfrak{p}} C_{\mathfrak{g}} C_{\mathfrak{g}-\mathfrak{r}} \ldots C_{\mathfrak{g}-(n-1)\mathfrak{r}} = \varrho^n C_{\mathfrak{g}-\mathfrak{r}} \ldots C_{\mathfrak{g}-n\mathfrak{r}}.$$

Hier ist nach dem eben bemerkten $C_{\mathfrak{g}-n\mathfrak{r}} = C_{\mathfrak{g}}$ zu setzen; der Exponentialfaktor der linken Seite hat den Wert ± 1. Wir dürfen voraussetzen, daß alle $C_{\mathfrak{g}} \neq 0$ sind, dann folgt

$$\varrho^n = \pm 1,$$

d. h. ϱ ist eine $2n$-te Einheitswurzel.

In jedem Fall ist also nach (40.17) das Verhältnis von zwei Koeffizienten $C_{\mathfrak{g}} : C_{\mathfrak{g}-\mathfrak{r}}$ eine $2n$-te Einheitswurzel. In (40.11) können wir aber die Koeffizienten $C_{\mathfrak{g}}$ ganz frei wählen; wir wollen das so tun, daß keine zwei Koeffizienten als Verhältnis eine $2n$-te Einheitswurzel haben. Dann müssen alle Gleichungen (40.17) sich auf die identischen Gleichungen $C_{\mathfrak{g}} = C_{\mathfrak{g}}$ reduzieren. Dazu muß zunächst $\mathfrak{r} = n\mathbf{B}^{-1}\boldsymbol{\lambda}$ mit einem ganzzahligen p-Vektor $\boldsymbol{\lambda}$ sein, also

$$\frac{1}{n}\mathbf{B}\mathfrak{r} = \boldsymbol{\lambda}.$$

Ferner muß für jeden ganzzahligen p-Vektor $\mathfrak{g}$

$$e^{\frac{2\pi i}{n}\tilde{\mathfrak{g}}\mathbf{B}\mathfrak{p}} = 1$$

sein, was wieder nur möglich ist, wenn

$$\frac{1}{n}\mathbf{B}\mathfrak{p} = \boldsymbol{\varkappa},$$

ein ganzzahliger p-Vektor ist. Setzen wir das nun in (40.10) ein, so folgt:

$$\boldsymbol{\omega} = (\pi i \mathbf{B}^{-1}, \mathbf{A}) \begin{pmatrix} \boldsymbol{\varkappa} \\ -\boldsymbol{\lambda} \end{pmatrix}, \tag{40.18}$$

d. h. $\boldsymbol{\omega}$ ist in der von $\boldsymbol{\Omega}$ erzeugten Periodengruppe $\mathfrak{G}$ enthalten, und zwar ist das immer der Fall, wenn die Koeffizienten $C_{\mathfrak{g}}$ von $\varphi(\mathfrak{u})$ in (40.11) nicht ganz speziell gewählt sind.

Damit ist der eingangs ausgesprochene Satz vollständig bewiesen.

41. ABELsche Funktionenkörper. Zu einer Periodenmatrix $\boldsymbol{\Omega}$ mit einer zugehörigen Prinzipalmatrix $\mathbf{P}$ gibt es, wie wir jetzt vollständig bewiesen haben, immer „eigentlich zugehörige" ABELsche Funktionen, d. h. solche $2p$-fach periodische, meromorphe Funktionen $f(\mathfrak{u})$, deren Periodengruppe genau die durch $\boldsymbol{\Omega}$ erzeugte Gruppe $\mathfrak{G}$ ist.

Sind nun $f_1(\mathfrak{u})$ und $f_2(\mathfrak{u})$ irgend zwei meromorphe Funktionen, welche alle Perioden der Gruppe $\mathfrak{G}$ zulassen, so gilt dasselbe auch für ihre Summe und Differenz $f_1(\mathfrak{u}) \pm f_2(\mathfrak{u})$, ihr Produkt $f_1(\mathfrak{u})\, f_2(\mathfrak{u})$ und ihren Quotienten $f_1(\mathfrak{u})/f_2(\mathfrak{u})$, $f_2(\mathfrak{u}) \not\equiv 0$ vorausgesetzt. Es kann aber nicht allgemein behauptet werden, daß diese Resultatfunktionen wieder eigentlich zu $\boldsymbol{\Omega}$ gehören, auch wenn dies von $f_1(\mathbf{u})$ und $f_2(\mathbf{u})$ wahr sein sollte.

Die Gesamtheit aller meromorphen Funktionen der Variablen $\mathbf{u}$, *welche die Perioden der Gruppe* $\mathfrak{G}$ *zulassen, bilden einen Körper* $\mathfrak{K}$; *wir nennen ihn den zur* RIEMANN*schen Matrix* $\boldsymbol{\Omega}$ *zugehörigen* ABEL*schen Funktionenkörper. Er enthält außer den eigentlich zu* $\boldsymbol{\Omega}$ *gehörigen* ABEL*schen Funktionen auch noch andere, darunter auch ausgeartete Funktionen und insbesondere den ganzen Konstantenkörper (d. i. der Körper der komplexen Zahlen).*

Wir nennen zwei Punkte $\mathbf{u}$ und $\mathbf{u}^*$ des $\mathbf{u}$-Raumes „kongruent modulo $\boldsymbol{\Omega}$", in Zeichen:

$$\mathbf{u}^* \equiv \mathbf{u} \pmod{\boldsymbol{\Omega}}, \tag{41.1}$$

wenn die Gleichung

$$\mathbf{u}^* - \mathbf{u} = \boldsymbol{\Omega}\mathbf{m}$$

mit einem ganzzahligen $2p$-Vektor $\mathbf{m}$ besteht. Die Punkte $\mathbf{u}$, $\mathbf{u}^*$ sind also dann und nur dann kongruent modulo $\boldsymbol{\Omega}$, wenn der sie verbindende Vektor eine Periode der Gruppe $\mathfrak{G}$ ist.

Diese Kongruenz besitzt, wie man leicht bestätigt, die für eine Gleichheitsbeziehung wesentlichen Eigenschaften der Reflexivität, Symmetrie und Transitivität. In Übereinstimmung damit bilden die Transformationen des $\mathbf{u}$-Raumes:

$$\mathbf{u}^* = \mathbf{u} + \boldsymbol{\Omega}\mathbf{m}, \tag{41.2}$$

wo $\mathbf{m}$ alle ganzzahligen $2p$-Vektoren durchläuft, eine diskrete ABELsche Gruppe von Translationen, die isomorph zu $\mathfrak{G}$, nämlich zum Modul der ganzzahligen Vektoren $\mathbf{m}$ ist: dem Produkt zweier Transformationen (41.2) entspricht die Summe ihrer Vektoren $\mathbf{m}$, der inversen Transformation der Vektor $-\mathbf{m}$, der Identität der Nullvektor.

Die Funktionen $f(\mathbf{u})$ des ABELschen Funktionenkörpers $\mathfrak{K}$, der zu $\boldsymbol{\Omega}$ gehört, haben in kongruenten Punkten $\mathbf{u}$ und $\mathbf{u}^*$ gleiche Werte:

$$f(\mathbf{u}) = f(\mathbf{u}^*),$$

da ja alle Funktionen des Körpers $\mathfrak{K}$ invariant gegenüber den Transformationen (41.2) sind.

Nun ist jeder Punkt $\mathbf{u}$ einem und nur einem Punkt $\mathbf{u}'$ innerhalb des *Periodenparallelotops* von $\boldsymbol{\Omega}$ kongruent, das aus allen Punkten

$$\mathbf{u}' = \boldsymbol{\Omega}\mathbf{s}, \qquad \tilde{\mathbf{s}} = (s_1, s_2, \ldots, s_{2p}) \text{ mit } 0 \leqq s_j < 1 \tag{41.3}$$

besteht. Da nämlich die Spaltenvektoren von $\boldsymbol{\Omega}$ reell unabhängig sind und den $\mathbf{u}$-Raum aufspannen (Abschnitt Nr. 5, S. 12), kann jeder Punkt $\mathbf{u}$ in der Gestalt

$$\mathbf{u} = \boldsymbol{\Omega}\mathbf{s}'$$

mit einem reellen $2p$-Vektor $\mathbf{s}'$ dargestellt werden. Man kann aber eindeutig $\mathbf{s}' = \mathbf{s} + \mathbf{m}$ schreiben, wo $\mathbf{m}$ ganzzahlig ist und $\mathbf{s}$ der Beschränkung (41.3) unterliegt; also gilt

$$\mathbf{u} = \boldsymbol{\Omega}\mathbf{s}' = \boldsymbol{\Omega}\mathbf{s} + \boldsymbol{\Omega}\mathbf{m}$$

oder $\mathbf{u} \equiv \mathbf{u}' \pmod{\boldsymbol{\Omega}}$, wo $\mathbf{u}' = \boldsymbol{\Omega}\mathbf{s}$ im Periodenparallelotop liegt. Man bestätigt auch leicht, daß zwei verschiedene Punkte des Periodenparallelotops nie einander kongruent sind.

Daher stellt das von $\boldsymbol{\Omega}$ aufgespannte Periodenparallelotop (41.3) *einen „Fundamentalbereich" für die diskrete Gruppe* (41.2) *und für die Funktionen des* ABEL*schen Funktionenkörpers $\mathfrak{K}$ dar; diese nehmen alle ihre Werte bereits im Fundamentalbereich an.*

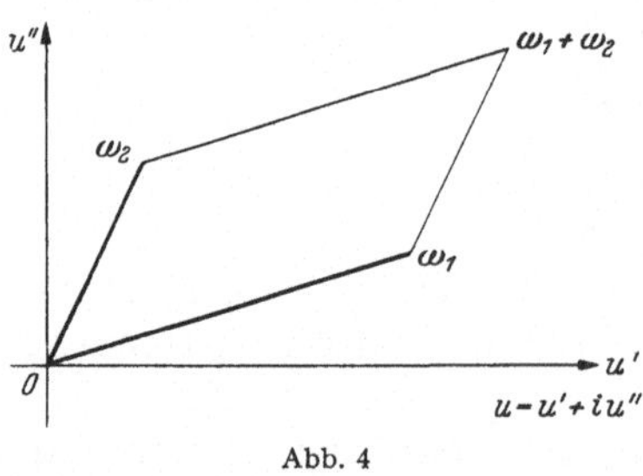

Abb. 4

Man beachte, daß in (41.3) der Wert $s_j = 1$ ausgeschlossen ist; das ist notwendig, um das Auftreten von einander kongruenten Punkten innerhalb des Periodenparallelogramms auszuschließen, die auf gegenüberliegenden Seiten liegen. Eine solche Seite erhält man beispielsweise für $s_1 = 0$, die gegenüberliegende für $s_1 = 1$ (die übrigen s_j beliebig). Zwei Punkte $\boldsymbol{\Omega}\mathbf{s}_1$ und $\boldsymbol{\Omega}\mathbf{s}_2$ mit $\tilde{\mathbf{s}}_1 = (0, s_2, \ldots, s_{2p})$ und $\tilde{\mathbf{s}}_2 = (1, s_2, \ldots, s_{2p})$ sind kongruent modulo $\boldsymbol{\Omega}$, der zweite gehört aber nicht mehr zum Fundamentalbereich. Zu diesem werden nur diejenigen Seiten gerechnet, die durch den Ursprung O gehen; zu diesen Seiten, die ihrerseits wieder $(2p-1)$-dimensionale Parallelotope sind, gehören wieder nur diejenigen $(2p-2)$-dimensionalen Begrenzungen an, die vom Ursprung ausgehen usw.

Im Falle $p = 1$ ist der Fundamentalbereich ein Parallelogramm $O, \omega_1, \omega_1 + \omega_2, \omega_2$, zu dem die Seiten $\overline{O\omega_1}$ und $\overline{O\omega_2}$ mit Ausnahme ihrer Endpunkte ω_1 und ω_2 zu rechnen sind (vgl. Abb. 4).

Dieses Parallelogramm ist ein topologisches Modell der RIEMANNschen Fläche für elliptische Kurven, das in die übliche Form des Torus übergeführt wird, wenn man die kongruenten Punkte auf gegenüberliegenden Seiten identifiziert.

Auch im Falle $p > 1$ liefert das Periodenparallelotop ein Modell für die RIEMANNsche Mannigfaltigkeit einer Klasse von p-dimensionalen algebraischen Mannigfaltigkeiten; wenn man wieder kongruente Punkte auf gegenüberliegenden Seiten identifiziert, erhält man einen verallgemeinerten Torus von $2p$ Dimensionen.

42. Ausgeartete intermediäre Funktionen. Singuläre ABELsche Funktionenkörper. Wir bemerken ausdrücklich die folgende Konsequenz unserer Entwicklungen:

Jede (eigentliche) ABEL*sche Funktion kann als Quotient von zwei linearen Aggregaten gleichändriger Thetafunktionen ausgedrückt werden.* Sie kann nämlich als Quotient von zwei gleichändrigen intermediären Funktionen einer Determinante $|\delta| > 0$ dargestellt werden, die eine Prinzipalmatrix **P** festlegen. Bringt man diese und die Periodenmatrix auf die Normalform, dann werden beide intermediären Funktionen nach (35.13) auf Summen von Thetafunktionen zurückgeführt, abgesehen von einem Exponentialfaktor, der aber im Zähler und Nenner derselbe ist und sich wegkürzt.

Im allgemeinen Fall, d. h. wenn es zur RIEMANNschen Matrix $\boldsymbol{\Omega}$ nur *eine* Prinzipalmatrix **P** gibt*), lassen sich alle zu $\boldsymbol{\Omega}$ gehörigen intermediären Funktionen (mit $|\delta| > 0$) *simultan* auf Thetafunktionen mit denselben Argumenten und Moduln zurückführen.

Im singulären Fall jedoch, wenn es zu $\boldsymbol{\Omega}$ mehrere Prinzipalmatrizen gibt, kann man zunächst auf Grund einer derselben die Reduktion auf die Normalform vornehmen; so erhält man eine erste Kategorie von intermediären Funktionen, die sich durch Thetafunktionen gewisser Argumente und Moduln ausdrücken lassen. Außer diesen gibt es dann noch andere, die einer zweiten Prinzipalmatrix entsprechen. Auch diese können durch Thetafunktionen ausgedrückt werden, *aber mit anderen Argumenten und Moduln.* In der Literatur werden manchmal nur diese letzteren intermediäre Funktionen genannt, d. h. man zeichnet eine Prinzipalmatrix besonders aus, hinsichtlich welcher *immer* Thetafunktionen existieren. Für singuläre Werte der Moduln gibt es dann noch andere Funktionen; diese allein werden intermediär genannt. Sie können nicht durch die Thetafunktionen (nämlich des ausgezeichneten Periodensystems) ausgedrückt werden. Daher findet man in der Literatur Behauptungen der Art, daß intermediäre Funktionen nur bei singulären Werten der Moduln existieren. Wir haben uns hier der gewöhnlichen Benennung angeschlossen, wonach *alle* (ganzen) Funktionen intermediäre sind, die bei Zunahme der Variablen um Perioden sich bis auf einen Faktor reproduzieren, der das Exponential einer linearen Funktion der Variablen ist.

Außer den intermediären Funktionen mit Determinante $|\delta| > 0$, die „nicht ausgeartet" heißen, gibt es auch „ausgeartete intermediäre Funktionen", deren Determinante $|\delta| = 0$ ist. Eine sehr spezielle Art solcher Funktionen existiert für jede RIEMANNsche Matrix $\boldsymbol{\Omega}$, nämlich

*) Durch die in Nr. 28, Satz 2 (S. 69) angeführten Eigenschaften ist eine Prinzipalmatrix nur bis auf einen rationalen Faktor festgelegt, d. h. gleichzeitig mit **P** ist auch jede Matrix $\mathbf{P}c$ (c rational > 0) Prinzipalmatrix; wir wollen solche Matrizen hier nicht als wesentlich verschieden ansehen. Man könnte auch jede Prinzipalmatrix durch die Forderung normieren, daß ihre Elemente ganze rationale Zahlen ohne gemeinsamen Teiler sind.

folgende:

$$\varphi(\mathbf{u}) = e^{\pi i(\tilde{\mathbf{u}}\mathbf{S}\mathbf{u} + 2\tilde{\alpha}\mathbf{u} + \beta)}, \tag{42.1}$$

wo $\mathbf{S} = \tilde{\mathbf{S}}$ eine, im übrigen willkürliche, symmetrische (p, p)-Matrix, α einen komplexen p-Vektor und β eine komplexe Zahl bedeuten. Man findet (vgl. S. 85 und 99):

$$\varphi(\mathbf{u} + \boldsymbol{\omega}_h) = e^{2\pi i \tilde{\mathbf{e}}_h[(\tilde{\boldsymbol{\Omega}}\mathbf{S}\mathbf{u} + \tilde{\boldsymbol{\Omega}}\alpha + \frac{1}{2}\mathrm{Sp}(\tilde{\boldsymbol{\Omega}}\mathbf{S}\boldsymbol{\Omega})]}\,\varphi(\mathbf{u}).$$

Die zweite Periodenmatrix ist hier $\boldsymbol{\Lambda} = \mathbf{S}\boldsymbol{\Omega}$, die charakteristische Matrix

$$\mathbf{N} = \tilde{\boldsymbol{\Omega}}\boldsymbol{\Lambda} - \tilde{\boldsymbol{\Lambda}}\boldsymbol{\Omega} = \tilde{\boldsymbol{\Omega}}\mathbf{S}\boldsymbol{\Omega} - \tilde{\boldsymbol{\Omega}}\mathbf{S}\boldsymbol{\Omega} = 0$$

ist die Nullmatrix*); daher ist $\delta^2 = |\mathbf{N}| = 0$.

Aber es kann auch ausgeartete intermediäre Funktionen geben, deren charakteristische Zahlen nicht sämtlich Null sind, wenn auch $|\mathbf{N}| = \delta^2 = 0$ ist. *Solche Funktionen existieren aber nur in „singulären" ABELschen Funktionenkörpern,* das sind solche, deren RIEMANNsche Matrix $\boldsymbol{\Omega}$ mehr als eine Prinzipalmatrix besitzt**).

Es sei nämlich $\varphi(\mathbf{u})$ eine ausgeartete intermediäre Funktion mit der charakteristischen Matrix $\mathbf{N}^* \neq 0$, $\psi(\mathbf{u})$ eine nicht ausgeartete mit $\mathbf{N}$. Dann ist auch die Funktion

$$\chi(\mathbf{u}) = \varphi(\mathbf{u})\,\psi^k(\mathbf{u}) \qquad (k = 1, 2, \ldots) \tag{42.2}$$

bei allgemeiner Wahl des Exponenten k eine nicht ausgeartete intermediäre Funktion, die zur selben RIEMANNschen Matrix gehört. Die charakteristische Matrix von $\chi(\mathbf{u})$ ist nämlich (Nr. 38, S. 105) $\mathbf{N}^* + k\mathbf{N}$, und diese Matrix ist regulär, wenn nicht zufällig k eine von den $2p$ Wurzeln der Gleichung $|\mathbf{N}^* + x\mathbf{N}| = 0$ ist.

Die Prinzipalmatrizen $\mathbf{N}^{-1}$ und $(\mathbf{N}^* + k\mathbf{N})^{-1}$ sind nicht proportional, also wesentlich verschieden; denn $\mathbf{N}^{-1} = c(\mathbf{N}^* + k\mathbf{N})^{-1}$, also $\mathbf{N}^* + k\mathbf{N} = c\mathbf{N}$ ergibt $\mathbf{N}^* = (c - k)\mathbf{N}$; wegen $|\mathbf{N}^*| = 0$, $|\mathbf{N}| \neq 0$ folgt $c = k$, $\mathbf{N}^* = 0$ im Widerspruch zu unserer Voraussetzung.

Ausgeartete intermediäre Funktionen, deren charakteristische Matrix nicht die Nullmatrix ist, können also nur zu singulären RIEMANN*schen Matrizen gehören.*

43. Klassifikation der ABELschen Funktionenkörper. Wir wollen uns jetzt eine Übersicht über alle möglichen ABELschen Funktionenkörper verschaffen. Wir wissen bereits, daß zu jeder RIEMANNschen Matrix $\boldsymbol{\Omega}$ der Ordnung p eindeutig ein zugehöriger ABELscher Funktionenkörper $\mathfrak{K}$ existiert, d. i. ein Körper von meromorphen Funktionen $f(\mathbf{u})$ der komplexen Variablen $\tilde{\mathbf{u}} = (u_1, \ldots, u_p)$, die gegenüber allen Perioden der von $\boldsymbol{\Omega}$ erzeugten Periodengruppe $\mathfrak{G}$ invariant sind. Aber diese Be-

*) Dazu gehören formal auch alle Konstanten, nämlich für $\mathbf{S} = 0$, $\alpha = 0$.

**) Wir nennen eine solche RIEMANNsche Matrix ebenfalls *singulär.*

ziehung ist nicht umkehrbar eindeutig, denn ein und derselbe ABELsche Funktionenkörper gehört zu sehr vielen verschiedenen RIEMANNschen Matrizen, nämlich zu allen äquivalenten Matrizen $\boldsymbol{\Omega}\mathbf{M}$, wo $\mathbf{M}$ eine ganzzahlige unimodulare $(2p, 2p)$-Matrix ist.

Es ist nun naheliegend, auch zwei ABELsche Funktionenkörper, welche durch eine lineare homogene Transformation der Variablen $\mathbf{u}^* = \mathbf{A}\mathbf{u}$ $(|\mathbf{A}| \neq 0)$ auseinander hervorgehen, als nicht wesentlich verschieden anzusehen. Dann können wir sagen:

Die verschiedenen ABEL*schen Funktionenkörper entsprechen genau den verschiedenen Klassen von äquivalenten* RIEMANN*schen Matrizen* (vgl. Abschnitt Nr. 11, S. 23), *d. h. zu jeder Klasse äquivalenter* RIEMANN*scher Matrizen gehört genau ein* ABEL*scher Funktionenkörper und umgekehrt.*

Unsere Aufgabe besteht also darin, eine Übersicht über sämtliche Äquivalenzklassen RIEMANNscher Matrizen zu geben. Das wird bis zu einem gewissen Grad dadurch erreicht, daß man in jeder Klasse besonders einfach gebaute Matrizen auszeichnet; dafür wird man am besten die Normalform (34.5) wählen. Wir haben ja gezeigt, daß jede RIEMANNsche Matrix einer Matrix von der Form

$$\boldsymbol{\Omega} = (\pi i \mathbf{B}^{-1}, \mathbf{A}) \tag{43.1}$$

äquivalent ist, und zwar bedeutet

$$\mathbf{B} = \mathrm{Diag}\{\beta_1, \ldots, \beta_p\}, \qquad 1 = \beta_1 \mid \beta_2 \mid \cdots \mid \beta_p \neq 0, \tag{43.2}$$

und

$$\tilde{\mathbf{A}} = \mathbf{A} = \mathbf{A}' + i\mathbf{A}'', \qquad \mathbf{A}' < 0. \tag{43.3}$$

Die zugehörige Prinzipalmatrix ist:

$$\mathbf{P} = \begin{pmatrix} 0 & \mathbf{B} \\ -\mathbf{B} & 0 \end{pmatrix}. \tag{43.4}$$

In der RIEMANNschen Matrix (43.1) treten einige Parameter auf, die nur ganze Werte annehmen können (nämlich die Elementarteiler $\beta_1, \ldots, \beta_p$) und andere, die stetig veränderlich sind (nämlich die Elemente von $\mathbf{A}$). Von den letzteren sind wegen der Symmetrie von $\mathbf{A}$ nur $p(p+1)/2$ willkürlich; außerdem müssen sie die Ungleichungen $\mathbf{A}' < 0$ befriedigen, wodurch jedoch die Anzahl der freien Parameter nicht verringert, sondern nur ihr Variabilitätsbereich begrenzt wird.

Die RIEMANN*schen Matrizen der Normalform* (43.1—3) *verteilen sich* $(p > 1)$ *auf eine diskrete Menge von stetigen Mannigfaltigkeiten oder „Niveaus", die durch die ganzzahlige Diagonalmatrix* $\mathbf{B}$ *charakterisiert sind; jedes Niveau enthält eine von* $p(p+1)/2$ *stetigen Parametern abhängige Menge von* RIEMANN*schen Matrizen; für* $p = 1$ *gibt es nur eine eindimensionale Mannigfaltigkeit von Matrizen in einem einzigen Niveau.*

Wie weit dieses Ergebnis auf die ABELschen Funktionenkörper übertragbar ist, hängt von der eben angeschnittenen Frage ab, wie viele

Matrizen der Normalform (43.1—3) einander äquivalent sein können. Wir zeigen zunächst, daß dies im äußersten Falle für abzählbar unendlich viele zutreffen kann. Schreiben wir zu diesem Zweck die Äquivalenz von zwei solchen Matrizen, die auch verschiedenen Niveaus angehören können, an:

$$\mathbf{A}(\pi i \mathbf{B}^{-1}, \mathbf{A})\, \mathbf{M} = (\pi i \mathbf{B}_1^{-1}, \mathbf{A}_1)\ ; \tag{43.5}$$

hier wollen wir die ganzzahlige unimodulare Matrix $\mathbf{M}$ als Übermatrix einsetzen:

$$\mathbf{M} = \begin{pmatrix} \mathbf{M}_{11} & \mathbf{M}_{12} \\ \mathbf{M}_{21} & \mathbf{M}_{22} \end{pmatrix}$$

und erhalten so:

$$\mathbf{A}(\pi i \mathbf{B}^{-1} \mathbf{M}_{11} + \mathbf{A}\mathbf{M}_{21}) = \pi i \mathbf{B}_1^{-1}\,,$$
$$\mathbf{A}(\pi i \mathbf{B}^{-1} \mathbf{M}_{12} + \mathbf{A}\mathbf{M}_{22}) = \mathbf{A}_1\ ;$$

hier können wir die reguläre (p, p)-Matrix $\mathbf{A}$ eliminieren, das gibt:

$$\mathbf{A}_1 = \pi i \mathbf{B}_1^{-1} (\pi i \mathbf{B}^{-1} \mathbf{M}_{11} + \mathbf{A}\mathbf{M}_{21})^{-1} (\pi i \mathbf{B}^{-1} \mathbf{M}_{12} + \mathbf{A}\mathbf{M}_{22})\,. \tag{43.6}$$

Liegt nun die Matrix $\boldsymbol{\Omega} = (\pi i \mathbf{B}^{-1}, \mathbf{A})$ irgendwie fest, so sieht man aus (43.6), daß die eventuellen äquivalenten Matrizen $\boldsymbol{\Omega}_1 = (\pi i \mathbf{B}_1^{-1}, \mathbf{A}_1)$ nicht von stetigen, sondern nur von einer Anzahl unstetiger Parameter abhängen (nämlich den ganzzahligen Elementen von $\mathbf{B}_1$ und $\mathbf{M}$) und daher auch unter den weitesten Voraussetzungen nur abzählbar unendlich viele sein können*).

Da nun die RIEMANNschen Matrizen der Normalform von $p(p+1)/2$ stetigen Parametern abhängen und andererseits höchstens abzählbar viele von ihnen denselben ABELschen Funktionenkörper liefern, folgt, *daß die ABELschen Funktionenkörper ebenfalls von $p(p+1)/2$ stetigen Parametern abhängen, die „Moduln" heißen und Invarianten der Körper darstellen.*

44. Geometrische Darstellung für die RIEMANNschen Matrizen der Normalform. Wir können für die RIEMANNschen Matrizen der Normalform (43.1—3) eine für das folgende nützliche geometrische Darstellung geben. Ist nämlich das Niveau $\mathbf{B}$, das sind die Elementarteiler $\beta_1, \ldots, \beta_p$, irgendwie festgelegt, so ist die RIEMANNsche Matrix $\boldsymbol{\Omega} = (\pi i \mathbf{B}^{-1}, \mathbf{A})$ bestimmt durch Angabe der symmetrischen (p, p)-Matrix $\mathbf{A} = (\alpha_{hk})$,

*) Wenn $\mathbf{B}_1 \neq \mathbf{B}$ ist, so handelt es sich um eine *singuläre* RIEMANNsche Matrix, welche mehr als eine Prinzipalmatrix besitzt (vgl. S. 124, Satz 1). Bei einer regulären RIEMANNschen Matrix muß also notwendig das Niveau $\mathbf{B}_1 = \mathbf{B}$ gesetzt werden. Die Matrix $\mathbf{M}$ muß dann (vgl. I. Kap., Nr. 28, S. 70) eine unimodulare (es ist sogar $|\mathbf{M}| = +1$) ganzzahlige $(2p, 2p)$-Matrix sein, welche $\mathbf{P}$ automorph transformiert:

$$\mathbf{M}^{-1} \mathbf{P} \widetilde{\mathbf{M}}^{-1} = \mathbf{P}\,, \quad \text{oder } \mathbf{M} \mathbf{P} \widetilde{\mathbf{M}} = \mathbf{P}\,.$$

Alle diese Matrizen $\mathbf{M}$ bilden eine Gruppe, die zur Prinzipalmatrix $\mathbf{P}$ gehörige *„Modulgruppe der Stufe p"*, oder auch *„automorphe Gruppe"*.

deren Realteil negativ definit sein muß. Wir teilen die Elemente $\alpha_{hk} = \alpha'_{hk} + i\alpha''_{hk}$ in Real- und Imaginärteile und nehmen $\alpha'_{hk}, \alpha''_{hk}$ $(h \leqq k)$ als Koordinaten eines Punktes P in einem reellen euklidischen Raum $S_{p(p+1)}$ von $p(p+1)$ Dimensionen. Jede RIEMANNsche Matrix des Niveaus $\mathbf{B}$ wird so auf einen Punkt des $S_{p(p+1)}$ abgebildet; diese Bildpunkte erfüllen aber nicht den gesamten Raum, weil die α'_{hk} noch den RIEMANNschen Ungleichungen unterworfen sind: $\mathbf{A}' < 0$, sondern sie erfüllen ein $p(p+1)$-dimensionales berandetes Gebiet $\mathfrak{R}$.

Dieses Gebiet $\mathfrak{R}$ ist zusammenhängend, ja sogar konvex, d. h. mit zwei Punkten P_1 und P_2 gehört immer auch ihre Verbindungsstrecke $\overline{P_1P_2}$ zu $\mathfrak{R}$. Es seien nämlich

$$\boldsymbol{\Omega}_1 = (\pi i \mathbf{B}^{-1}, \mathbf{A}_1), \quad \boldsymbol{\Omega}_2 = (\pi i \mathbf{B}^{-1}, \mathbf{A}_2) \tag{44.1}$$

die Matrizen, deren Bildpunkte P_1 und P_2 sind; dann ist auch die von einem reellen Parameter abhängige Matrix

$$\boldsymbol{\Omega}_\lambda = (\pi i \mathbf{B}^{-1}, (1-\lambda)\mathbf{A}_1 + \lambda \mathbf{A}_2), \quad 0 \leqq \lambda \leqq 1 \tag{44.2}$$

eine RIEMANNsche Matrix desselben Niveaus $\mathbf{B}$, denn $(1-\lambda)\mathbf{A}_1 + \lambda\mathbf{A}_2$ ist offenbar wieder symmetrisch und besitzt den negativ definiten Realteil $(1-\lambda)\mathbf{A}'_1 + \lambda\mathbf{A}'_2$; in der Tat gilt für jeden reellen p-Vektor $\mathbf{x} \neq 0$ wegen $\tilde{\mathbf{x}}\mathbf{A}'_1\mathbf{x} < 0$, $\tilde{\mathbf{x}}\mathbf{A}'_2\mathbf{x} < 0$ auch

$$\tilde{\mathbf{x}}[(1-\lambda)\mathbf{A}'_1 + \lambda\mathbf{A}'_2]\mathbf{x} = (1-\lambda)\tilde{\mathbf{x}}\mathbf{A}'_1\mathbf{x} + \lambda\tilde{\mathbf{x}}\mathbf{A}'_2\mathbf{x} < 0 \qquad \text{für } 0 \leqq \lambda \leqq 1 .$$

Der Bildpunkt von $\boldsymbol{\Omega}_\lambda$ beschreibt, wenn λ von 0 nach 1 variiert, die gerade Strecke $\overline{P_1P_2}$ einschließlich der Endpunkte, die folglich ganz zu $\mathfrak{R}$ gehört.

Das Gebiet $\mathfrak{R}$ ist also konvex (und damit auch zusammenhängend).

Im Falle $p=1$ gibt es nur eine eindimensionale Mannigfaltigkeit von elliptischen Funktionenkörpern in einem einzigen Niveau; das Gebiet $\mathfrak{R}$ ist die Halbebene $\alpha' < 0$ der komplexen Variablen $\alpha = \alpha' + i\alpha''$*).

Im Falle $p = 2$ hat die Matrix $\boldsymbol{\Omega}$ (vom Einheitsniveau) die Gestalt:

$$\boldsymbol{\Omega} = \begin{pmatrix} \pi i, & 0, & \alpha_{11}, & \alpha_{12} \\ 0, & \pi i, & \alpha_{21}, & \alpha_{22} \end{pmatrix} \qquad \text{mit } \alpha_{12} = \alpha_{21}$$

und den Ungleichungen für die Realteile**):

$$\alpha'_{11} < 0, \quad \alpha'_{11}\alpha'_{22} - \alpha'^2_{12} > 0 . \tag{44.3}$$

Im linearen Unterraum $S_3(\alpha''_{11} = \alpha''_{12} = \alpha''_{22} = 0)$ schneiden diese Ungleichungen diejenigen Punkte $\mathfrak{R}_0$ des Halbraumes $\alpha'_{11} < 0$ aus, welche

*) Gewöhnlich benutzt man die Normalform (V) von Nr. 34, S. 90), indem man auf die Variable $v = u/\pi i$ transformiert. Dann ist

$$\boldsymbol{\Omega}^* = \frac{1}{\pi i}(\pi i, \alpha) = (1, \omega), \quad \text{mit } \omega = \omega' + i\omega'' = \frac{\alpha}{\pi i} .$$

Das Gebiet $\mathfrak{R}$ ist dann die Halbebene oberhalb der reellen Achse $\omega'' > 0$.

**) Vgl. S. 88, Nr. 33, Satz 3.

im Innern des Kegels $\alpha_{11}\alpha'_{22} - \alpha'^2_{12} = 0$ liegen, dessen Spitze im Ursprung ist. Das Gebiet $\mathfrak{R}$ besteht dann aus allen Punkten $P(\alpha_{11}, \alpha'_{12}, \alpha_{22}, \alpha''_{11}, \alpha''_{12}, \alpha''_{22})$ des S_6, die erfaßt werden, wenn man $\mathfrak{R}_0$ so parallel verschiebt, daß die Spitze des Kegels in den Punkt $(0, 0, 0, \alpha''_{11}, \alpha''_{12}, \alpha''_{22})$ fällt.

In dieser geometrischen Darstellung ist das Gebiet $\mathfrak{R}$ (für ein festes p) dasselbe für alle Niveaus; das Niveau ist daher immer, auch wenn nicht ausdrücklich bemerkt, als fixiert zu denken, denn andernfalls würde derselbe Punkt in $\mathfrak{R}$ Matrizen verschiedener Niveaus abbilden, die nicht äquivalent sind.

Daß die Berücksichtigung der verschiedenen Niveaus tatsächlich notwendig ist, wird aus der folgenden Überlegung klar: Es wäre zunächst denkbar, daß man die verschiedenen Niveaus auf ein einziges reduzieren könnte, nämlich dann, wenn man wüßte, daß jede RIEMANNsche Matrix (in der Normalform (43.1—3)) eine äquivalente in jedem anderen Niveau, insbesondere im Niveau $\mathbf{E}$ hätte. Solche Matrizen gibt es wirklich, etwa die folgende:

$$\boldsymbol{\Omega} = (\pi i\,\mathbf{E}, \boldsymbol{\Gamma})\,, \tag{44.4}$$

wo $\boldsymbol{\Gamma}$ eine Diagonalmatrix mit negativem Realteil ($\boldsymbol{\Gamma}' < 0$) ist. $\boldsymbol{\Omega}$ ist äquivalent zu jeder Matrix

$$\boldsymbol{\Omega}^* = \mathbf{B}^{-1}\boldsymbol{\Omega} = (\pi i\mathbf{B}^{-1}, \mathbf{B}^{-1}\boldsymbol{\Gamma})\,, \tag{44.5}$$

wo $\mathbf{B}$ eine beliebige Diagonalmatrix der Art (43.2) ist. In der Tat hat $\boldsymbol{\Omega}^*$ wieder die Normalform, denn $\mathbf{B}^{-1}\boldsymbol{\Gamma}$ ist als Produkt von zwei Diagonalmatrizen selbst Diagonalmatrix, also symmetrisch, und besitzt einen negativ definiten Realteil, weil $\mathbf{B} > 0$ ist.

Das kommt aber nur in besonderen Ausnahmsfällen vor. Im allgemeinen besitzt eine RIEMANNsche Matrix keine äquivalenten in anderen Niveaus. Um das zu beweisen, werden wir zunächst zeigen, daß zwei zu verschiedenen Niveaus gehörige RIEMANNsche Matrizen nur dann äquivalent sein können, wenn sie *singulär* sind, d. h. wenn sie zwei (oder mehr) verschiedene Prinzipalmatrizen besitzen. Darauf wird dann der Beweis folgen, daß in jedem Niveau Matrizen $\boldsymbol{\Omega}$ existieren mit einer einzigen Prinzipalmatrix und daß dies sogar der „allgemeine" Fall ist, so daß also eine „allgemeine" RIEMANNsche Matrix keine äquivalenten in anderen Niveaus besitzen kann.

Erst dann werden wir in der Lage sein, die Klassifikation der ABELschen Funktionenkörper endgültig abzuschließen.

45. Existenz von RIEMANNschen Matrizen mit einer einzigen Prinzipalmatrix.

Satz 1. *Wenn zwei* RIEMANN*sche Matrizen der Normalform*

$$\boldsymbol{\Omega} = (\pi i\mathbf{B}^{-1}, \mathbf{A})\,, \quad \boldsymbol{\Omega}_1 = (\pi i\mathbf{B}^{-1}, \mathbf{A}_1)\,, \tag{45.1}$$

die verschiedenen Niveaus $\mathbf{B}$ *und* $\mathbf{B}_1$ *angehören, einander äquivalent sind:*

$$\boldsymbol{\Omega}_1 = \mathbf{A}\,\boldsymbol{\Omega}\,\mathbf{M}\,, \tag{45.2}$$

so sind sowohl $\boldsymbol{\Omega}$ *wie* $\boldsymbol{\Omega}_1$ *singulär*), d. h. sie haben wenigstens zwei verschiedene Prinzipalmatrizen.*

In der Tat hat $\boldsymbol{\Omega}$ die Prinzipalmatrix $\mathbf{P} = \begin{pmatrix} 0 & \mathbf{B} \\ -\mathbf{B} & 0 \end{pmatrix}$ und entsprechend $\boldsymbol{\Omega}_1$ die Prinzipalmatrix $\mathbf{P}_1 = \begin{pmatrix} 0 & \mathbf{B}_1 \\ -\mathbf{B}_1 & 0 \end{pmatrix}$, so daß $\boldsymbol{\Omega}_1 \mathbf{P}_1 \tilde{\boldsymbol{\Omega}}_1 = 0$ gilt; wegen (45.2) können wir auch schreiben:

$$\mathbf{A}\,\boldsymbol{\Omega}\,\mathbf{M}\,\mathbf{P}_1\,\tilde{\mathbf{M}}\,\tilde{\boldsymbol{\Omega}}\,\tilde{\mathbf{A}} = 0\,,$$

und weil $\mathbf{A}$ regulär ist, auch

$$\boldsymbol{\Omega}(\mathbf{M}\,\mathbf{P}_1\,\tilde{\mathbf{M}})\,\tilde{\boldsymbol{\Omega}} = 0\,. \tag{45.3}$$

Ganz ähnlich folgt aus $i\,\boldsymbol{\Omega}_1\,\mathbf{P}_1\,\tilde{\bar{\boldsymbol{\Omega}}}_1 > 0$

$$i\,\boldsymbol{\Omega}(\mathbf{M}\,\mathbf{P}_1\,\tilde{\mathbf{M}})\,\tilde{\bar{\boldsymbol{\Omega}}} > 0\,. \tag{45.4}$$

Aus (45.3—4) ersieht man, daß $\boldsymbol{\Omega}$ auch die Prinzipalmatrix $\mathbf{M}\mathbf{P}_1\tilde{\mathbf{M}}$ zuläßt, die von $\mathbf{P}$ wesentlich verschieden ist; denn da $\mathbf{M}$ ganzzahlig unimodular ist, hat $\mathbf{M}\mathbf{P}_1\tilde{\mathbf{M}}$ dieselben Elementarteiler wie $\mathbf{P}_1$, und die sind voraussetzungsgemäß von denjenigen der Matrix $\mathbf{P}$ verschieden. Analog hat $\boldsymbol{\Omega}_1$ die beiden verschiedenen Prinzipalmatrizen $\mathbf{P}_1$ und $\mathbf{M}^{-1}\mathbf{P}\tilde{\mathbf{M}}^{-1}$.

Alle Matrizen eines gegebenen Niveaus $\mathbf{B}$ haben die Prinzipalmatrix $\mathbf{P}$; das gilt auch umgekehrt, wie der folgende Satz sagt:

Satz 2. *Wenn alle* RIEMANN*schen Matrizen eines festen Niveaus* $\mathbf{B}$ *die Prinzipalmatrix*

$$\mathbf{N} = \begin{pmatrix} \mathbf{N}_{11} & \mathbf{N}_{12} \\ \mathbf{N}_{21} & \mathbf{N}_{22} \end{pmatrix}$$

zulassen, so ist diese notwendig proportional zu $\mathbf{P} = \begin{pmatrix} 0 & \mathbf{B} \\ -\mathbf{B} & 0 \end{pmatrix}$, *d. h.* $\mathbf{N} = \gamma\mathbf{P}$. *Es gibt also im wesentlichen nur eine Matrix, welche gleichzeitig für alle* RIEMANN*schen Matrizen eines gegebenen Niveaus Prinzipalmatrix ist.*

Die Voraussetzungen des Satzes enthalten die Aussage:

$$(\pi i \mathbf{B}^{-1}, \mathbf{A}) \begin{pmatrix} \mathbf{N}_{11} & \mathbf{N}_{12} \\ \mathbf{N}_{21} & \mathbf{N}_{22} \end{pmatrix} \begin{pmatrix} \pi i \mathbf{B}^{-1} \\ \mathbf{A} \end{pmatrix} = 0\,,$$

oder ausgeführt:

$$-\pi^2 \mathbf{B}^{-1}\mathbf{N}_{11}\mathbf{B}^{-1} + \pi i\,\mathbf{A}\mathbf{N}_{21}\mathbf{B}^{-1} + \pi i\,\mathbf{B}^{-1}\mathbf{N}_{12}\mathbf{A} + \mathbf{A}\mathbf{N}_{22}\mathbf{A} = 0\,, \tag{45.5}$$

welche für ein festes $\mathbf{B}$ und für alle zulässigen (p, p)-Matrizen $\mathbf{A}$ gilt.

*) Die Eigenschaft „singulär" kommt immer allen Matrizen einer Äquivalenzklasse zugleich zu.

Wir setzen hier $\mathbf{A} = \mathbf{A}' + i\mathbf{A}''$ ein und trennen in Real- und Imaginärteil; das gibt, weil $\mathbf{B}$ und $\mathbf{N}$ reell sind:

$$-\pi^2 \mathbf{B}^{-1}\mathbf{N}_{11}\mathbf{B}^{-1} - \pi\mathbf{A}''\mathbf{N}_{21}\mathbf{B}^{-1} - \pi\mathbf{B}^{-1}\mathbf{N}_{12}\mathbf{A}'' + \mathbf{A}'\mathbf{N}_{22}\mathbf{A}' - \mathbf{A}''\mathbf{N}_{22}\mathbf{A}'' = 0$$
$$\pi\mathbf{A}'\mathbf{N}_{21}\mathbf{B}^{-1} + \pi\mathbf{B}^{-1}\mathbf{N}_{12}\mathbf{A}' + \mathbf{A}'\mathbf{N}_{22}\mathbf{A}'' + \mathbf{A}''\mathbf{N}_{22}\mathbf{A}' = 0\,. \qquad (45.6)$$

Diese Gleichungen müssen für alle reellen symmetrischen (p, p)-Matrizen $\mathbf{A}'$ und $\mathbf{A}''$ gelten, wobei $\mathbf{A}'$ negativ definit sein muß, also z. B. auch für $\mathbf{A}'' = 0$, $\mathbf{A}' = -\lambda\mathbf{E}$, $(\lambda > 0)$; dafür gibt die erste Gleichung (45.6):

$$-\pi^2\mathbf{B}^{-1}\mathbf{N}_{11}\mathbf{B}^{-1} + \lambda^2\mathbf{N}_{22} = 0\,, \qquad \text{für } \lambda > 0\,;$$

das kann für willkürliches λ nur dann erfüllt sein, wenn

$$\mathbf{N}_{11} = \mathbf{N}_{22} = 0$$

ist.

Setzen wir andererseits $\mathbf{A}'' = 0$, $\mathbf{A}' = -\mathbf{B}^{-1}$ in die zweite Gleichung (45.6) ein und kürzen den Faktor π, so erhalten wir

$$\mathbf{B}^{-1}\mathbf{N}_{21}\mathbf{B}^{-1} + \mathbf{B}^{-1}\mathbf{N}_{12}\mathbf{B}^{-1} = \mathbf{B}^{-1}(\mathbf{N}_{21} + \mathbf{N}_{12})\mathbf{B}^{-1} = 0\,,$$

also wegen $|\mathbf{B}| \neq 0$:

$$\mathbf{N}_{21} = -\mathbf{N}_{12}\,,$$

so daß für die Matrix $\mathbf{N}$ bereits die Gestalt gefunden ist:

$$\mathbf{N} = \begin{pmatrix} 0 & \mathbf{N}_{12} \\ -\mathbf{N}_{12} & 0 \end{pmatrix}.$$

Damit reduziert sich die erste Gleichung (45.6) auf

$$\mathbf{A}''\mathbf{N}_{12}\mathbf{B}^{-1} = \mathbf{B}^{-1}\mathbf{N}_{12}\mathbf{A}''\,, \qquad (45.7)$$

oder auf

$$\mathbf{B}\mathbf{A}''\mathbf{N}_{12} = \mathbf{N}_{12}\mathbf{A}''\mathbf{B}\,. \qquad (45.7\,\text{a})$$

Das muß ohne jede Einschränkung für alle symmetrischen Matrizen $\mathbf{A}''$ gelten, insbesondere auch dann, wenn wir für $\mathbf{A}''$ eine allgemeine Diagonalmatrix einsetzen; dann ist aber auch $\mathbf{A}''\mathbf{B} = \mathbf{B}\mathbf{A}'' = \mathbf{\Gamma}$ eine willkürliche Diagonalmatrix, die mit $\mathbf{N}_{12}$ vertauschbar ist. Das ist nur möglich, wenn $\mathbf{N}_{12}$ selbst Diagonalmatrix ist*). Dann ist aber in (45.7) auch $\mathbf{N}_{12}\mathbf{B}^{-1} = \mathbf{B}^{-1}\mathbf{N}_{12} = \mathbf{\Delta}$ eine Diagonalmatrix, die mit jeder beliebigen symmetrischen Matrix $\mathbf{A}''$ vertauschbar ist; das ist aber nur möglich**), wenn $\mathbf{\Delta}$ eine Skalarmatrix $\gamma\mathbf{E}$, d. h. wenn $\mathbf{N}_{12}\mathbf{B}^{-1} = \gamma\mathbf{E}$,

*) Ist nämlich $\mathbf{\Gamma} = \operatorname{Diag}\{\gamma_1, \ldots, \gamma_p\}$ und $\mathbf{N} = (n_{hk})$, so folgt aus $\mathbf{N\Gamma} = \mathbf{\Gamma N}$ allgemein $n_{hk}\gamma_k = \gamma_h n_{hk}$ oder $(\gamma_h - \gamma_k)n_{hk} = 0$. Da hier $\gamma_h \neq \gamma_k$ für $h \neq k$ vorausgesetzt werden darf, folgt $n_{hk}\,0 =$ für $h \neq k$, w. z. b. w.

**) Aus $\mathbf{\Delta} = \operatorname{Diag}\{\delta_1, \ldots, \delta_p\}$, $\mathbf{A} = (\alpha_{hk})$ und $\mathbf{\Delta A} = \mathbf{A\Delta}$ folgt wie oben $(\delta_h - \delta_k)\alpha_{hk} = 0$; da aber hier $\alpha_{hk} \neq 0$ vorausgesetzt werden darf, folgt $\delta_h = \delta_k = \gamma$, also $\mathbf{\Delta} = \gamma\mathbf{E}$, w. z. b. w.

also

$$\mathbf{N}_{12} = \gamma \mathbf{B}$$

ist, also $\mathbf{N} = \gamma \mathbf{P}$, w. z. b. w.

Wir betrachten nun die RIEMANNschen Matrizen $\boldsymbol{\Omega} = (\pi i \mathbf{B}^{-1}, \mathbf{A})$ eines gegebenen Niveaus $\mathbf{B}$. Aus dem eben bewiesenen Satz entnehmen wir, daß eine Beziehung von der Art:

$$\boldsymbol{\Omega} \mathbf{N} \widetilde{\boldsymbol{\Omega}} = 0 \tag{45.8}$$

mit einer ganzzahligen $(2p, 2p)$-Matrix $\mathbf{N}$, die nicht proportional zu

$$\mathbf{P} = \begin{pmatrix} 0 & \mathbf{B} \\ -\mathbf{B} & 0 \end{pmatrix}$$

ist, nicht von sämtlichen Matrizen dieses Niveaus erfüllt werden kann.

Die Moduln $\mathbf{A}$ derjenigen RIEMANNschen Matrizen $\boldsymbol{\Omega}$, welche außer $\mathbf{P}$ auch noch $\mathbf{N}$ als Prinzipalmatrix zulassen, müssen zusätzliche algebraische Bedingungen erfüllen, die aus (45.8) oder aus den weiter ausgeführten Gleichungen (45.6) folgen. Die derartigen Bedingungen genügenden Matrizen sind also, wenn überhaupt solche existieren, sehr spezieller Art. Ihre Bildpunkte im $S_{p(p+1)}$ gehören einer algebraischen Mannigfaltigkeit von einer Dimension $< p(p+1)$ an, die durch die eben erwähnten Gleichungen definiert wird (und evtl. auch leer sein kann).

Da $\mathbf{N}$ als $(2p, 2p)$-Matrix vorausgesetzt werden darf, deren Elemente ganze rationale Zahlen ohne gemeinsamen Teiler sind, gibt es höchstens abzählbar unendlich viele Matrizen $\mathbf{N}$, die überhaupt in Betracht kommen können. Zu jeder Matrix $\mathbf{N}$ gibt es eine (evtl. leere) algebraische Mannigfaltigkeit im $S_{p(p+1)}$, deren in $\mathfrak{R}$ gelegene Abschnitte die Bildpunkte der singulären Matrizen enthalten, welche $\mathbf{N}$ als zweite Prinzipalmatrix besitzen. Man erhält auf diese Weise eine Folge von abzählbar vielen algebraischen Mannigfaltigkeiten, welche die Bildpunkte sämtlicher singulären RIEMANNschen Matrizen des betrachteten Niveaus enthalten.

Es ist klar, daß die Punkte dieser abzählbar vielen algebraischen Mannigfaltigkeiten nicht den ganzen Raum $S_{p(p+1)}$ bzw. das $p(p+1)$-dimensionale Teilgebiet $\mathfrak{R}$ desselben ausfüllen können; dafür wollen wir den folgenden Satz beweisen:

Satz 3. *Wenn eine algebraische Mannigfaltigkeit V der Dimension $d \geqq 1$, die auch reduzibel und gemischt sein darf (in welchem Falle d die größte Dimension der irreduziblen Komponenten bedeutet), eine abzählbar unendliche Menge oder Folge von algebraischen Mannigfaltigkeiten*

$$V^{(1)}, V^{(2)}, \ldots, V^{(i)}, \ldots \tag{45.9}$$

einer Dimension $\leqq d-1$ enthält, so gibt es in V unendlich viele „äußere“

*Punkte dieser Folge, d. h. Punkte, die keiner Mannigfaltigkeit $V^{(i)}$ angehören**).

Für algebraische Kurven ($d=1$) gilt der Satz offenbar, weil eine RIEMANNsche Fläche nicht durch abzählbar unendlich viele Punkte ausgeschöpft ist. Wir wollen den Satz allgemein durch Induktion hinsichtlich der Dimension d führen. Dem Beweise können wir ferner eine *irreduzible* Mannigfaltigkeit V zugrunde legen, denn wenn dies nicht von vornherein der Fall wäre, so genügte es, eine irreduzible Komponente der Dimension d herauszugreifen, welche die Folge (45.9) oder eine unendliche Teilfolge von Komponenten dieser Mannigfaltigkeiten enthält.

Ohne die Allgemeinheit einzuschränken, dürfen wir auch voraussetzen, daß zwei verschiedene $V^{(i)}$ der Folge (45.9) keine gemeinsamen Bestandteile haben. Dann betrachten wir die Schnitte

$$(\bar{V}, V^{(i)}) \qquad (V^{(i)} \neq \bar{V})$$

mit einer besonderen $\bar{V}$ der Folge; diese stellen innerhalb $\bar{V}$ eine Folge von algebraischen Mannigfaltigkeiten einer geringeren Dimension als d dar, für die unser Satz nach Induktionsvoraussetzung gilt. Es gibt also auf $\bar{V}$ unendlich viele äußere Punkte der Folge $(\bar{V}, V^{(i)})$, das sind solche Punkte von V, die nur auf einer einzigen Mannigfaltigkeit $\bar{V}$ der Folge (45.9) liegen.

Nun sei a ein Punkt von V, der z. B. nur auf $V^{(1)}$ liegt, b ein solcher, der nur auf $V^{(2)}$ liegt; C bedeute eine irreduzible Kurve**) auf V, die durch a, b hindurchgeht. Keine Mannigfaltigkeit $V^{(i)}$ schneidet C in unendlich vielen Punkten, denn dann müßte sie C und damit auch die Punkte a, b enthalten, was der Voraussetzung widerspricht. Also schneidet jede Mannigfaltigkeit $V^{(i)}$ auf C eine endliche Punktgruppe aus; zusammen ergeben sie eine abzählbare Menge von Punkten auf C. Daher gibt es auf C und folglich auch auf V unendlich viele äußere Punkte der Folge (45.9), wie zu beweisen war.

Man kann dazu bemerken, daß *jeder Punkt der (irreduzibel vorausgesetzten) Mannigfaltigkeit V Häufungspunkt von äußeren Punkten der Folge* (45.9) *ist.*

Für $d=1$ ist das wieder unmittelbar klar, weil abzählbar viele Punkte auf einer RIEMANNschen Fläche keine inneren Punkte besitzen. Im Falle $d>1$ sei a irgendein Punkt auf V, b ein äußerer Punkt der Folge (45.9), C eine irreduzible Kurve**) auf V, die durch a, b geht. Da keine $V^{(i)}$ die Kurve C enthält (denn sie müßte dann auch b enthalten) und daher C in einer endlichen Punktgruppe schneidet, ist a auf C Häufungspunkt von Punkten, die keiner dieser abzählbar vielen endlichen

*) Vgl. G. SCORZA: Le algebre di ordine qualunque e le matrici di RIEMANN. Rend. Circolo mat. Palermo **45**, 1–204 (1921).

**) Natürlich ist eine *algebraische* Kurve gemeint.

Punktgruppen angehören; um so mehr ist a auch auf V Häufungspunkt von äußeren Punkten der Folge (45.9).

Zu unserem Ausgangspunkt zurückkehrend können wir jetzt sagen, daß es im $S_{p(p+1)}$ unendlich viele äußere Punkte der Folge algebraischer Mannigfaltigkeiten gibt, die durch (45.8) beim Variieren von **N** definiert sind. Solche äußeren Punkte existieren übrigens in jeder Umgebung jedes Punktes von $S_{p(p+1)}$, insbesondere auch überall innerhalb des $p(p+1)$-dimensionalen Teilgebietes $\mathfrak{R}$, dessen Punkte die Bilder der RIEMANNschen Matrizen des fixierten Niveaus **B** sind. Damit haben wir den folgenden Satz bewiesen:

Satz 4. *In jedem Niveau* **B**, *und zwar in jeder Umgebung jeder beliebigen* RIEMANN*schen Matrix* $\boldsymbol{\Omega}$ *gibt es „reguläre“* RIEMANN*sche Matrizen, d. h. solche, die nur die einzige Prinzipalmatrix* **P** *zulassen.*

Wir können das kurz auch so ausdrücken: *Eine „allgemeine“* RIEMANN*sche Matrix hat nur eine einzige Prinzipalmatrix*)*.

46. Schlußfolgerung für die Klassifikation der ABELschen Funktionenkörper. Das Ergebnis unserer bisherigen Untersuchungen kann nun so zusammengefaßt werden:

1) *Die „allgemeine“* RIEMANN*sche Matrix irgendeines Niveaus besitzt nur eine einzige Prinzipalmatrix und folglich keine äquivalenten Matrizen in anderen Niveaus.* Die verschiedenen Niveaus können durch Äquivalenztransformationen nicht eliminiert werden.

2) *Die* ABEL*schen Funktionenkörper von p Variablen entsprechen eineindeutig den Äquivalenzklassen der* RIEMANN*schen Matrizen der Ordnung p. Sie hängen einerseits von $p-1$ ganzzahligen Parametern $\beta_1 = 1, \beta_2, \ldots, \beta_p$, die in der Teilbarkeitsbeziehung* (43.2) *stehen, andererseits von $p(p+1)/2$ wesentlichen Parametern (oder „Moduln“) ab, die stetig veränderlich und den Ungleichungen* (43.3) *unterworfen sind.*

3) *Die* ABEL*schen Funktionenkörper von p Variablen verteilen sich also ebenfalls auf eine diskrete Folge von Niveaus* **B**, *innerhalb derer die einzelnen Körper durch $p(p+1)/2$ stetig veränderliche Moduln bestimmt sind**)*.

---

*) Der Begriff „allgemein“ ist hier in dem genauen Sinne zu verstehen, der im Satz 4 und im vorausgehenden Beweis präzisiert ist. Das ist eine Verallgemeinerung des gewöhnlichen Sinnes, wo „allgemeine“ Punkte alle diejenigen Punkte einer algebraischen Mannigfaltigkeit bedeuten, die nicht auf einer oder mehreren, aber höchstens endlich vielen Ausnahmsmannigfaltigkeiten von geringerer Dimension liegen. Hier sind dagegen die Ausnahmsmannigfaltigkeiten abzählbar viele. Wir werden sogar noch sehen (Nr. 47), daß die Ausnahmspunkte, nämlich die Bildpunkte der singulären RIEMANNschen Matrizen, in $\mathfrak{R}$ überall dicht liegen. Trotzdem ist die Bezeichnung „allgemein“ auch hier gerechtfertigt, weil das Maß der Ausnahmspunkte in jedem beschränkten Gebiet innerhalb $\mathfrak{R}$ Null ist.

**) Es ist hier allerdings noch nicht ausgeschlossen, daß auch verschiedene RIEMANNsche Matrizen desselben Niveaus untereinander äquivalent sind. Wie wir im nächsten Abschnitt noch sehen werden, kommt dieser Fall auch wirklich vor. Vgl. übrigens die Anmerkung S. 122.

47. Verteilung der regulären und singulären RIEMANNschen Matrizen. Die festgestellte Tatsache, daß eine „allgemeine" RIEMANNsche Matrix *regulär* ist, d. h. nur eine einzige Prinzipalmatrix besitzt, darf nicht zum Schluß verleiten, daß eine reguläre Matrix eine Umgebung besitzen müsse, die nur aus regulären Matrizen besteht. Das ist auch gar nicht wahr, denn die Bildpunkte der singulären Matrizen liegen ebenso wie diejenigen der regulären überall dicht in $\mathfrak{R}$, so daß jeder Punkt von $\mathfrak{R}$ nicht nur Häufungspunkt von regulären, sondern auch von singulären Bildpunkten ist.

Hier muß man $p > 1$ voraussetzen, da es bei $p = 1$ überhaupt keine singulären RIEMANNschen Matrizen gibt; denn außer $\mathbf{P} = \begin{pmatrix} 0 & 1 \\ -1 & 0 \end{pmatrix}$, der jede zweizeilige schiefsymmetrische Matrix proportional sein muß, kann es hier keine andere wesentlich verschiedene Prinzipalmatrix geben*).

Wir betrachten die RIEMANNschen Matrizen $\boldsymbol{\Omega} = (\pi i \mathbf{B}^{-1}, \mathbf{A})$ eines beliebigen Niveaus $\mathbf{B}$, wo $\mathbf{A} = \mathbf{A}' + i\mathbf{A}''$ den Bedingungen (43.3) entspricht und $\mathbf{A}'$, $\mathbf{A}''$ rationale Zahlen als Elemente haben**). Diese Matrizen sind, wie wir gleich zeigen werden, singulär; ihre Bildpunkte aber liegen offenbar im Gebiet $\mathfrak{R}$ des Raumes $S_{p(p+1)}$ überall dicht.

Um dies zu zeigen, nehmen wir eine von $\mathbf{P}$ verschiedene Prinzipalmatrix in der Gestalt

$$\mathbf{N} = \begin{pmatrix} 0 & \mathbf{N}_p \\ -\widetilde{\mathbf{N}}_p & 0 \end{pmatrix} \tag{47.1}$$

mit einer noch unbestimmten rational-ganzzahligen (p, p)-Matrix $\mathbf{N}_p$ an. Die zu erfüllende Relation $\boldsymbol{\Omega}\mathbf{N}\widetilde{\boldsymbol{\Omega}} = 0$ liefert nach kurzer Rechnung

$$-\mathbf{A}\widetilde{\mathbf{N}}_p\mathbf{B}^{-1} + \mathbf{B}^{-1}\mathbf{N}_p\mathbf{A} = 0$$

oder nach Trennung in Real- und Imaginärteil:

$$\begin{aligned} -\mathbf{A}'\widetilde{\mathbf{N}}_p\mathbf{B}^{-1} + \mathbf{B}^{-1}\mathbf{N}_p\mathbf{A}' &= 0\,, \\ -\mathbf{A}''\widetilde{\mathbf{N}}_p\mathbf{B}^{-1} + \mathbf{B}^{-1}\mathbf{N}_p\mathbf{A}'' &= 0\,. \end{aligned} \tag{47.2}$$

Da die linken Seiten dieser beiden Matrizengleichungen schiefsymmetrisch sind, so stellen sie insgesamt $p(p-1)$ lineare homogene Gleichungen in den p^2 Unbekannten, nämlich den Elementen von $\mathbf{N}_p$, mit rationalen Koeffizienten dar. Diese haben mindestens $p^2 - p(p-1) = p$ linear unabhängige Lösungen, welche mit rationalen Zahlen gebildet sind, und dementsprechend gibt es mindestens p linear unabhängige

*) Über die Bezeichnung von elliptischen Kurven mit „allgemeinem" oder „singulärem" Modul s. S. 133.

**) Es würde auch genügen, wenn die Elemente von $\mathbf{A}'$ und $\mathbf{A}''$ rationale Verhältnisse haben, d. h. bis auf einen gemeinsamen reellen Faktor rationale Zahlen sind.

Matrizen $\mathbf{N}$, welche die Relation $\boldsymbol{\Omega}\mathbf{N}\tilde{\boldsymbol{\Omega}} = 0$ erfüllen; sobald $p > 1$ ist, gibt es also sicher eine von $\mathbf{P}$ wesentlich verschiedene, die dann ebenfalls Prinzipalmatrix für $\boldsymbol{\Omega}$ ist, wenn sie noch der Ungleichung $i\boldsymbol{\Omega}\mathbf{N}\tilde{\bar{\boldsymbol{\Omega}}} > 0$ genügt.

Diese Bedingung ist aber leicht zu erfüllen, wenn sie nicht schon von vornherein erfüllt ist; dazu bilden wir mit Hilfe eines rationalen Parameters λ die Matrix

$$\mathbf{N}_\lambda = \mathbf{P} + \lambda\mathbf{N},$$

die offenbar für jeden Wert von λ die Relationen: $\tilde{\mathbf{N}}_\lambda = -\mathbf{N}_\lambda$, $\boldsymbol{\Omega}\mathbf{N}_\lambda\tilde{\boldsymbol{\Omega}} = 0$ erfüllt; die Ungleichung $i\boldsymbol{\Omega}\mathbf{N}_\lambda\tilde{\bar{\boldsymbol{\Omega}}} > 0$ gilt jedenfalls für $\lambda = 0$, und daher auch (weil die Abhängigkeit aller Größen von λ stetig ist) in einer genügend kleinen Umgebung von $\lambda = 0$. Setzen wir also für λ eine genügend kleine rationale Zahl ein, so sind alle Bedingungen erfüllt, und außerdem ist $\mathbf{N}_\lambda$ sicher nicht proportional zu $\mathbf{P}$, weil dies für $\mathbf{N}$ nach Voraussetzung nicht gilt.

Alle RIEMANN*schen Matrizen* $\boldsymbol{\Omega} = (\pi i \mathbf{B}^{-1}, \mathbf{A})$ *des Niveaus* $\mathbf{B}$, *deren Moduln* $\mathbf{A} = (\alpha_{hk}) = (\alpha'_{hk} + i\alpha''_{hk})$ *mit rationalen Zahlen* α'_{hk} *und* α''_{hk} *gebildet sind (oder sich nur durch einen gemeinsamen Faktor von rationalen Zahlen unterscheiden), sind singulär. In jeder beliebig kleinen Umgebung einer* RIEMANN*schen Matrix gibt es singuläre Matrizen* ($p > 1$).

In diesem Zusammenhang ist es interessant, diejenigen RIEMANNschen Matrizen zu untersuchen, welche eine Relation von der Art

$$\boldsymbol{\Omega}\mathbf{N}\tilde{\boldsymbol{\Omega}} = 0 \tag{47.3}$$

erfüllen mit einer $(2p, 2p)$-Matrix

$$\mathbf{N} = \begin{pmatrix} \mathbf{N}_{11} & \mathbf{N}_{12} \\ \mathbf{N}_{21} & \mathbf{N}_{22} \end{pmatrix}, \qquad |\mathbf{N}| \neq 0, \tag{47.4}$$

deren Elemente rationale Zahlen sind, ohne der Bedingung, schiefsymmetrisch zu sein, zu unterliegen. Hier gilt der Satz:

Die notwendige und hinreichende Bedingung dafür, daß eine RIEMANN*sche Matrix* $\boldsymbol{\Omega} = (\pi i \mathbf{B}^{-1}, \mathbf{A})$ *eine Relation* (47.3) *mit einer rationalzahligen Matrix* $\mathbf{N}$, *die nicht proportional* $\mathbf{P} = \begin{pmatrix} 0 & \mathbf{B} \\ -\mathbf{B} & 0 \end{pmatrix}$ *ist, erfüllt, ist die, daß eine* HURWITZ*sche Relation:*

$$\mathbf{A}\boldsymbol{\Omega} = \boldsymbol{\Omega}\mathbf{R} \tag{47.5}$$

besteht, wo $\mathbf{A}$ *eine mit komplexen Zahlen gebildete* (p, p)*-Matrix,* $\mathbf{R}$ *eine mit rationalen Zahlen gebildete* $(2p, 2p)$*-Matrix bedeutet, die keine Skalarmatrix* $(\mathbf{R} \neq \lambda\mathbf{E})$ *ist**).

*) Die Matrizen $\mathbf{N}$, $\mathbf{A}$, $\mathbf{R}$ müssen nicht regulär sein. Hat $\mathbf{A}$ den Rang ϱ, so haben $\mathbf{R}$ und $\mathbf{N}$ den Rang 2ϱ; also hat $\mathbf{N}$ notwendig einen geraden Rang (vgl. II. Kap. Nr. 20, S. 227).

Aus dem Bestehen einer HURWITZschen Relation (47.5) folgt nämlich unmittelbar wegen $\boldsymbol{\Omega}\,\mathbf{P}\tilde{\boldsymbol{\Omega}} = 0$

$$\mathbf{A}\boldsymbol{\Omega}\mathbf{P}\tilde{\boldsymbol{\Omega}} = \boldsymbol{\Omega}\mathbf{R}\,\mathbf{P}\tilde{\boldsymbol{\Omega}} = 0\ ;$$

also besteht tatsächlich eine Relation (47.3) mit $\mathbf{N} = \mathbf{RP}$, und zwar ist $\mathbf{N}$ nicht proportional zu $\mathbf{P}$, denn wäre $\mathbf{N} = \mathbf{RP} = \lambda\mathbf{P}$, so hätte man $(\mathbf{R} - \lambda\mathbf{E})\mathbf{P} = 0$; da $\mathbf{P}$ regulär ist ($|\mathbf{P}| \neq 0$), folgt daraus $\mathbf{R} - \lambda\mathbf{E} = 0$ oder $\mathbf{R} = \lambda\mathbf{E}$, was unserer Voraussetzung widerspricht.

Gehen wir andererseits von einer Relation (47.3) aus mit einer Matrix $\mathbf{N}$ in der Gestalt (47.4), so erhalten wir zunächst die schon einmal ausgerechnete Beziehung (45.5):

$$-\pi^2\mathbf{B}^{-1}\mathbf{N}_{11}\mathbf{B}^{-1} + \pi i\mathbf{A}\mathbf{N}_{21}\mathbf{B}^{-1} + \pi i\mathbf{B}^{-1}\mathbf{N}_{12}\mathbf{A} + \mathbf{A}\mathbf{N}_{22}\mathbf{A} = 0\,. \tag{47.6}$$

Setzen wir nun

$$\mathbf{R} = \mathbf{N}\mathbf{P}^{-1} = \begin{pmatrix} \mathbf{N}_{11} & \mathbf{N}_{12} \\ \mathbf{N}_{21} & \mathbf{N}_{22} \end{pmatrix} \begin{pmatrix} 0 & -\mathbf{B}^{-1} \\ \mathbf{B}^{-1} & 0 \end{pmatrix} = \begin{pmatrix} \mathbf{N}_{12}\mathbf{B}^{-1} & -\mathbf{N}_{11}\mathbf{B}^{-1} \\ \mathbf{N}_{22}\mathbf{B}^{-1} & -\mathbf{N}_{21}\mathbf{B}^{-1} \end{pmatrix},$$

so folgt einerseits

$$\boldsymbol{\Omega}\mathbf{R} = (\pi i\mathbf{B}^{-1}\mathbf{N}_{12}\mathbf{B}^{-1} + \mathbf{A}\mathbf{N}_{22}\mathbf{B}^{-1},\ -\pi i\mathbf{B}^{-1}\mathbf{N}_{11}\mathbf{B}^{-1} - \mathbf{A}\mathbf{N}_{21}\mathbf{B}^{-1})\ ;$$

wegen (47.6) kann das auch so geschrieben werden:

$$\begin{aligned} \boldsymbol{\Omega}\mathbf{R} &= \left(\pi i\mathbf{B}^{-1}\mathbf{N}_{12}\mathbf{B}^{-1} + \mathbf{A}\mathbf{N}_{22}\mathbf{B}^{-1},\quad \mathbf{B}^{-1}\mathbf{N}_{12}\mathbf{A} + \frac{1}{\pi i}\mathbf{A}\mathbf{N}_{22}\mathbf{A}\right) \\ &= \left(\mathbf{B}^{-1}\mathbf{N}_{12} + \frac{1}{\pi i}\mathbf{A}\mathbf{N}_{22}\right)(\pi i\mathbf{B}^{-1}, \mathbf{A}) = \mathsf{A}\boldsymbol{\Omega}, \end{aligned}$$

wenn

$$\mathsf{A} = \mathbf{B}^{-1}\mathbf{N}_{12} + \frac{1}{\pi i}\mathbf{A}\mathbf{N}_{22} \tag{47.7}$$

gesetzt wird.

Also folgt auch umgekehrt aus (47.3) eine HURWITZsche Relation (47.5), und zwar mit regulären Matrizen A, $\mathbf{R}$, falls $\mathbf{N}$ regulär ist. In der Tat ist

$$|\mathbf{R}| = |\mathbf{N}\mathbf{P}^{-1}| = |\mathbf{N}|\ |\mathbf{P}|^{-1} \neq 0\ ;$$

ferner folgt aus $\mathsf{A}\boldsymbol{\Omega} = \boldsymbol{\Omega}\mathbf{R}$ durch Übergang zu konjugiert komplexen Werten $\bar{\mathsf{A}}\bar{\boldsymbol{\Omega}} = \bar{\boldsymbol{\Omega}}\mathbf{R}$, also mit Benutzung der Formeln (10.8) und (8.7):

$$\begin{aligned} \begin{vmatrix} \mathsf{A}\boldsymbol{\Omega} \\ \bar{\mathsf{A}}\bar{\boldsymbol{\Omega}} \end{vmatrix} &= \begin{vmatrix} \mathsf{A} & 0 \\ 0 & \bar{\mathsf{A}} \end{vmatrix} \begin{vmatrix} \boldsymbol{\Omega} \\ \bar{\boldsymbol{\Omega}} \end{vmatrix} = |\mathsf{A}|\ |\bar{\mathsf{A}}|\,F \\ &= \begin{vmatrix} \boldsymbol{\Omega}\mathbf{R} \\ \bar{\boldsymbol{\Omega}}\mathbf{R} \end{vmatrix} = \begin{vmatrix} \boldsymbol{\Omega} \\ \bar{\boldsymbol{\Omega}} \end{vmatrix} |\mathbf{R}| = F\,|\mathbf{R}| \neq 0, \end{aligned}$$

woraus $|\mathsf{A}| \neq 0$ folgt.

Eine „allgemeine“ RIEMANNsche Matrix kann nach dem in Abschnitt Nr. 45 bewiesenen keiner Relation (47.3) genügen und daher auch keiner Relation von HURWITZ:

Die RIEMANN*schen Matrizen, welche* HURWITZ*sche Relationen zulassen, sind also spezieller Art; es sind genau die Matrizen, welche* G. SCORZA *„Matrizen mit positivem Index der Multiplikabilität" genannt hat**).

Die singulären RIEMANNschen Matrizen haben offenbar positiven Index der Multiplikabilität, weil für sie ja eine Relation (47.3) mit einer schiefsymmetrischen Matrix $\mathbf{N}(\neq \lambda \mathbf{P})$ besteht. Aber das ist nicht umkehrbar, vielmehr gehört es zu den tiefgründigsten Resultaten der Untersuchungen von G. SCORZA, daß RIEMANNsche Matrizen mit positivem Index der Multiplikabilität existieren, die nicht singulär sind; die singulären Matrizen sind also eine echte Untermenge der Matrizen mit positivem Index der Multiplikabilität.

Im Falle $p = 1$ gibt es, wie schon bemerkt, überhaupt keine singulären Matrizen, wohl aber solche mit positivem Index der Multiplikabilität. Das sind gerade die Matrizen, die manche Autoren als solche mit „singulärem Modul" bezeichnen, was leicht verwirren kann. Man muß hier wohl beachten, daß *die in der Literatur manchmal als „singulär" bezeichneten* RIEMANN*schen Matrizen der Ordnung $p = 1$ (bzw. die Körper elliptischer Funktionen oder die elliptischen Kurven) nicht „singuläre"* RIEMANN*sche Matrizen sind (die es ja gar nicht gibt), sondern solche mit positivem Index der Multiplikabilität.*

Es ist übrigens leicht, diese Matrizen im Falle $p = 1$ genau zu charakterisieren: das sind nämlich alle diejenigen Matrizen**) $\boldsymbol{\Omega} = (1, \omega)$, deren Modul ω Wurzel einer quadratischen Gleichung über dem rationalen Körper ist. Es muß nämlich

$$(1, \omega) \begin{pmatrix} n_{11}, & n_{12} \\ n_{21}, & n_{22} \end{pmatrix} \begin{pmatrix} 1 \\ \omega \end{pmatrix} = n_{22}\omega^2 + (n_{12} + n_{21})\,\omega + n_{11} = 0 \qquad (47.8)$$

sein mit rationalen $n_{11}, \ldots, n_{22}$. Diese Gleichung ist nicht identisch erfüllt, weil sonst $n_{11} = n_{22} = 0$, $n_{12} = -n_{21}$, also $\mathbf{N}$ proportional $\mathbf{P}$ wäre. Ist umgekehrt ω Wurzel einer quadratischen Gleichung

$$a\omega^2 + b\omega + c = 0$$

*) Man kann die HURWITZschen Relationen (47.5) noch in ausdrucksvollere Gestalt umformen, wenn man die Matrix $\mathbf{A}$ auf ihre Normalgestalt transformiert. [Vgl. etwa die S. 5 zitierte „Matrizenrechnung" § 6.5.] Wenn insbesondere $\mathbf{A}$ einer Diagonalmatrix ähnlich ist:

$$\mathbf{T}\,\mathbf{A}\,\mathbf{T}^{-1} = \boldsymbol{\Gamma} = \mathrm{Diag}\{\gamma_1, \ldots, \gamma_p\}\,,$$

so gilt: $\boldsymbol{\Gamma}\boldsymbol{\Omega}^* = \boldsymbol{\Omega}^*\mathbf{R}$ mit $\boldsymbol{\Omega}^* = \mathbf{T}\boldsymbol{\Omega}$. Durch Multiplikation mit einer passenden natürlichen Zahl kann man dafür sorgen, daß $\mathbf{R}$ ganzzahlig ist. Dann gilt für jede Periode $\boldsymbol{\omega}^*$ aus der durch $\boldsymbol{\Omega}^*$ erzeugten Periodengruppe $\mathfrak{G}^*$, daß $\boldsymbol{\Gamma}\,\boldsymbol{\omega}^*$ wieder in $\mathfrak{G}^*$ liegt. Man sagt deshalb, daß die RIEMANNsche Matrix $\boldsymbol{\Omega}^*$ eine *„komplexe Multiplikation"* zulasse. (Vgl. II. Kap. Nr. 23, S. 235).

**) Vgl. Anm. 1, S. 123.

mit rationalen Koeffizienten a, b, c, so braucht man nur $n_{11} = c$, $n_{22} = a$, $n_{12} = b$, $n_{21} = 0$ zu setzen, um auf (47.8) zurückzukommen.

48. Schlußbetrachtungen. Dem Existenztheorem für die ABELschen Funktionen von Abschnitt Nr. 40 können folgende Betrachtungen allgemeiner Natur angeschlossen werden. Aus diesem Theorem ersieht man vor allem, daß *die Periodenmatrix einer* ABEL*schen Funktion nicht willkürlich vorgegeben werden darf*, sondern daß sie an die Existenz einer Prinzipalmatrix gebunden ist. Der Grund dafür ist die Bedingung, daß die ABELschen Funktionen eindeutig meromorph sein sollen. Daraus folgt nämlich nach dem Satz von COUSIN die Möglichkeit, jede ABELsche Funktion als Quotient von zwei ganzen Funktionen, und zwar speziell von zwei intermediären Funktionen darzustellen. Aus der Existenz von intermediären Funktionen folgt sodann die Existenz einer Prinzipalmatrix, so daß diese direkte Folge der Meromorphie der ABELschen Funktionen ist.

Wenn man diese Bedingung fallen läßt, kann man, wie PICARD an einem Beispiel für $p = 2$ gezeigt hat, die Perioden ganz willkürlich vorgeben. Man erhält aber dann Funktionen, die *notwendig wesentlich singuläre Stellen im endlichen besitzen.*

Die Bedingung der Existenz einer Prinzipalmatrix kommt erst bei $p > 1$ zur vollen Geltung. Für $p = 1$, d. h. für elliptische Funktionen mit einer Periodenmatrix $\boldsymbol{\Omega} = (\omega_1, \omega_2)$ ist die Prinzipalmatrix bis auf einen skalaren Faktor

$$\mathbf{P} = \begin{pmatrix} 0 & +1 \\ -1 & 0 \end{pmatrix}.$$

Die Bedingung $\boldsymbol{\Omega}\mathbf{P}\widetilde{\boldsymbol{\Omega}} = 0$ ist hier von selbst erfüllt; die Ungleichung $i\boldsymbol{\Omega}\mathbf{P}\widetilde{\overline{\boldsymbol{\Omega}}} > 0$ lautet hier:

$$i(\omega_1\overline{\omega}_2 - \overline{\omega}_1\omega_2) = 2(\omega_1'\omega_2'' - \omega_1''\omega_2) > 0\,,$$

und das bedeutet, daß die Vektoren ω_1, ω_2 in der komplexen ω-Ebene ein Parallelogramm von positivem Flächeninhalt aufspannen müssen (vgl. Abb. 4, S. 118).

Auch bei $p \geqq 2$ hat die Existenz der Prinzipalmatrix zur Folge, daß die Perioden ein Parallelotop von positivem Inhalt aufspannen, aber das allein ist noch nicht der Existenz der Prinzipalmatrix äquivalent. Diese beinhaltet vielmehr eine *neue Bedingung*, die beim Fortschreiten von einer zu zwei und mehr Variablen hinzukommt.

Ähnliche Bedingungen treten auch bei *automorphen Funktionen* hinzu, wenn man von einer Variablen zu mehreren fortschreitet. Automorphe Funktionen sind eindeutige meromorphe Funktionen $f(u_1, \ldots, u_p)$ in einem $2p$-dimensionalen Gebiet $\mathfrak{D}$ des $\mathbf{u}$-Raumes, die invariant sind gegenüber einer diskreten Gruppe $\mathfrak{G}$ von regulären analytischen Transformationen des Gebietes $\mathfrak{D}$ in sich. Die ABELschen Funktionen sind eine spezielle Gattung von automorphen Funktionen, bei denen $\mathfrak{H}$ der gesamte endliche **u**-Raum und $\mathfrak{G}$ die durch die RIEMANNsche Matrix erzeugte Periodengruppe ist*).

Hier ist die Existenz eines „*Fundamentalbereiches*" $\mathfrak{F}$ notwendig, der so beschaffen ist, daß jeder Punkt von $\mathfrak{H}$ einen und nur einen (bezüglich $\mathfrak{G}$) kongruenten Punkt innerhalb $\mathfrak{F}$ besitzt. Bei den ABELschen Funktionen ist das Periodenparallelotop ein Fundamentalbereich.

Nach den klassischen Arbeiten von KLEIN und POINCARÉ ist die Existenz eines Fundamentalbereiches für $p=1$ auch hinreichend dafür, daß zugehörige automorphe Funktionen existieren; das gilt aber nicht mehr für $p \geqq 2$, da dies ja schon für die Existenz von ABELschen Funktionen nicht hinreicht.

Vom geschichtlichen Standpunkt haben wir bereits in der Einleitung darauf hingewiesen, daß das Existenztheorem für ABELsche Funktionen schon von RIEMANN und WEIERSTRASS erkannt worden ist. PICARD und POINCARÉ haben dafür erste Beweise geliefert, die dann von WIRTINGER neu aufgegriffen und überarbeitet wurden**).

Die Beweise von POINCARÉ und PICARD gehen von der Bemerkung aus, daß zwischen $p+1$ ABELschen Funktionen in p Variablen immer eine algebraische Relation besteht, so daß man eine algebraische Mannigfaltigkeit V_p definieren kann, deren Punkte eineindeutig den Punkten des Periodenparallelotops entsprechen. Auf dieser V_p werden die Variablen $u_1, \ldots, u_p$ Integrale erster Gattung von vollständigen Differentialen. Diese reduzieren sich auf einer in der V_p liegenden algebraischen Kurve im allgemeinen zu p linear unabhängigen ABELschen Integralen 1. Gattung.

Nun bestehen zwischen diesen Integralen 1. Gattung gewisse Gleichheits- und Ungleichheitsrelationen, die schon von RIEMANN aufgestellt wurden. Diese Relationen drücken gerade die Existenz einer Prinzipalmatrix aus, die demnach notwendig für die Existenz von ABELschen Funktionen ist. Der Beweis dafür, daß sie auch hinreichend ist, ist vor allem WIRTINGER zu verdanken, der ihn mit Hilfe der Theorie der Thetareihen geführt hat.

---

*) Vgl. über automorphe Funktionen einer komplexen Variablen R. FRICKE u. F. KLEIN: Vorlesungen über die Theorie der automorphen Funktionen. 2 Bde. Leipzig: B. G. Teubner 1926. — Automorphe Funktionen von mehreren komplexen Variablen für beschränkte Bereiche $\mathfrak{H}$ werden von C. L. SIEGEL in seinen S. 4 zitierten Vorlesungen, Kap. X—XII, behandelt.

) WIRTINGER, W.: Zur Theorie der $2n$-fach periodischen Funktionen, 1. Abh., Mh. Math. **6, 69—98 (1895); 2. Abh., Mh. Math. **7**, 1—25 (1896). Untersuchungen über Thetafunktionen. Leipzig: B. G. Teubner 1895. Eine zusammenfassende Darstellung: Über einige Probleme in der Theorie der ABELschen Funktionen. Acta math. **26**, 133—156 (1902).

Der von uns befolgte Weg, für den wir außer den in der Einleitung zitierten Arbeiten von APPELL und FROBENIUS auch die S. 57 zitierte Arbeit von CASTELNUOVO benutzt haben, ist davon verschieden und geht von dem Plane aus, die Theorie organisch aus den einfachen Begriffen und Sätzen über analytische Funktionen mehrerer komplexer Variablen zu entwickeln, die unmittelbar mit dem hier behandelten Problem zusammenhängen.

Daher haben wir die Eigenschaften von ABELschen Integralen auf algebraischen Kurven nicht heranziehen müssen und auch die Theorie der Thetareihen nicht vorher zu entwickeln brauchen, sondern erst, als sich ihre Einführung ganz natürlich durch den Gang der Entwicklung ergab. Insbesondere hat sich auf diesem Wege ergeben:

1) daß jede ABELsche Funktion als Quotient von zwei intermediären (JACOBIschen) Funktionen dargestellt werden kann;

2) daß jede (nicht ausgeartete) intermediäre Funktion durch Thetafunktionen ausgedrückt werden kann;

3) die Konstruktion *sämtlicher* intermediären Funktionen, die zu einer bestimmten Prinzipalmatrix gehören.

Diese Methode kann wahrscheinlich auch ohne große Schwierigkeiten beim Studium der meromorphen Funktionen von p Variablen mit $<2p$ unabhängigen Perioden befolgt werden. Zum Teil hat dies bereits FROBENIUS in seiner S. 4 zitierten Abhandlung getan*). Auch hier ergeben sich wieder gewisse durch Gleichungen und Ungleichungen auszudrückende Bedingungen für die Perioden, und es ist die Frage interessant, inwieweit sich die hier auftretenden Funktionen als Grenzfälle von ABELschen Funktionen auffassen lassen**).

---

*) Die ersten Untersuchungen hierüber stammen von P. COUSIN: Sur les fonctions périodiques. Ann. de l'Ec. Norm. (3) 19, 9—61 (1902); Sur les fonctions triplement périodiques de deux variables. Acta math. 33, 105—232 (1910).

**) Dieser Absatz ist nach dem Original aus dem Jahre 1942 übersetzt. Inzwischen ist über diese Funktionen, die „*quasi-ABELschen Funktionen*", ein tiefgründiges Werk erschienen, in dem die hier aufgeworfenen Fragen z. T. erschöpfend beantwortet sind, nämlich: F. SEVERI: Funzioni quasi abeliane. Pont. Acad. Scient. Scripta varia 4. Rom: Vatikan 1947.

Zweites Kapitel

Die Abelschen Mannigfaltigkeiten

Einleitung

Das erste Kapitel enthielt die funktionentheoretischen Entwicklungen über Abelsche Funktionen, die uns zur effektiven Konstruktion der Abelschen Funktionen mit Hilfe der Thetareihen und zur Klassifikation aller Abelschen Funktionenkörper $\mathfrak{K}$ verholfen haben. Nun wollen wir vor allem die Beziehungen der Abelschen Funktionen zur algebraischen Geometrie untersuchen.

Dieses zweite Kapitel ist ganz dem Studium der fundamentalen Eigenschaften einer sehr großen Klasse von algebraischen Mannigfaltigkeiten gewidmet, die in enger Beziehung zu den Abelschen Funktionenkörpern stehen und deshalb „Abel*sche Mannigfaltigkeiten*" heißen: Das sind (algebraische) Mannigfaltigkeiten eines projektiven Raumes, welche eine Parameterdarstellung*) durch Funktionen eines Abelschen Körpers besitzen.

Besonders wichtig unter diesen sind die Picard*schen Mannigfaltigkeiten*; das sind spezielle Abelsche Mannigfaltigkeiten, deren Punkte (im allgemeinen) umkehrbar eindeutig den Punkten eines zum Körper $\mathfrak{K}$ gehörigen Periodenparallelotops entsprechen. Man kann so jedem Abelschen Funktionenkörper $\mathfrak{K}$ „eine" Picardsche Mannigfaltigkeit V_p zuordnen, die bis auf birationale Transformationen, also vom Standpunkt der algebraischen Geometrie aus *eindeutig*, definiert ist. Davon existiert auch ein projektives Modell, das singularitätenfrei ist und in ausnahmslos eineindeutiger Korrespondenz zum Periodenparallelotop steht.

Wir können demnach eine umkehrbar eindeutige Zuordnung zwischen den Abel*schen Funktionenkörpern* (die im Sinne von Kap. I, Nr. 43, S. 121 nur bis auf eine reguläre Variablensubstitution bestimmt sind) einerseits und den *Äquivalenzklassen* Riemann*scher Matrizen* bzw. den Picard*schen Mannigfaltigkeiten* (die nur bis auf birationale Äquivalenz bestimmt sind) andererseits feststellen.

Die zu einem Abelschen Funktionenkörper $\mathfrak{K}$ gehörigen Abelschen Mannigfaltigkeiten gehen durch rationale Transformationen (einschließlich Projektionen) aus der Picardschen Mannigfaltigkeit hervor.

Wegen dieser engen Zuordnung lassen sich die Eigenschaften eines Körpers $\mathfrak{K}$ in *birational invariante* geometrische Eigenschaften der Picardschen Mannigfaltigkeit V_p übersetzen und umgekehrt. Unter

*) Mit gewissen Einschränkungen! Siehe S. 148.

anderem kann man so zeigen, daß die Hyperflächen auf einer V_p durch Nullsetzen von intermediären Funktionen analytisch dargestellt werden können (Satz von APPELL-HUMBERT); auch gelingt es so, eine *Basis* dieser Hyperflächen hinsichtlich der algebraischen Äquivalenzen zu konstruieren.

Es gibt eine p-gliedrige kontinuierliche ABELsche Gruppe von birationalen Transformationen einer V_p in sich, die auf einem geeigneten Modell der V_p *absolut transitiv* ist. Diese Eigenschaft zeichnet die PICARDschen Mannigfaltigkeiten unter den anderen algebraischen Mannigfaltigkeiten aus.

Ähnlich kann man zeigen, daß es auf einer V_p algebraische Systeme der Dimension p gibt, deren Elemente lineare Vollscharen von Hyperflächen sind, woraus erhellt, daß die PICARDschen Mannigfaltigkeiten „*irregulär*" sind. Das hängt eng mit der Tatsache zusammen, daß es p einfache Integrale 1. Gattung (PICARDsche Integrale) auf der V_p gibt, die durch die Variablen $u_1, \ldots, u_p$ dargestellt werden.

Anschließend werden wir Korrespondenzen zwischen PICARDschen Mannigfaltigkeiten betrachten, die mit dem Transformationsproblem der ABELschen Funktionen zusammenhängen bzw. mit der komplexen Multiplikation, falls es sich um Korrespondenzen einer V_p in sich handelt.

Die Untersuchung der PICARDschen Mannigfaltigkeiten mit transzendenten Methoden bietet viele Möglichkeiten zu wichtigen Beiträgen auf einem Gebiete, wo unsere Kenntnisse gegenwärtig noch sehr beschränkt sind und wo die an einer speziellen Klasse von Mannigfaltigkeiten gewonnenen Erfahrungen sich auf das gesamte Feld der algebraischen Mannigfaltigkeiten auswirken können. Außerdem verhilft das geometrische Bild auch der analytischen Theorie zu anschaulicher Klarheit; beide Seiten, die analytische und die geometrische, durchdringen und ergänzen sich gegenseitig in glücklicher Synthese.

I. Die PICARDsche Mannigfaltigkeit

1. Algebraische Relationen zwischen $p+2$ intermediären Funktionen desselben Typus. Es bedeute $\boldsymbol{\Omega}$ eine RIEMANNsche Matrix der Ordnung p, $\mathfrak{K}$ den zugehörigen ABELschen Funktionenkörper in p Variablen, $\varphi(\mathbf{u})$ eine nicht ausgeartete intermediäre Funktion, die zu den Periodenmatrizen $\boldsymbol{\Omega}, \boldsymbol{\Lambda}$ und den Parametern $\boldsymbol{\gamma}$ gehört (vgl. S. 56). Da $\varphi(\mathbf{u})$ nicht ausgeartet ist, ist die charakteristische Matrix $\mathbf{N} = \widetilde{\boldsymbol{\Omega}}\boldsymbol{\Lambda} - \widetilde{\boldsymbol{\Lambda}}\boldsymbol{\Omega}$ regulär und die „Determinante" $|\delta| = \sqrt{|\mathbf{N}|}$ eine natürliche Zahl ($\geqq 1$). Demnach gibt es genau $|\delta|$ linear unabhängige intermediäre Funktionen desselben Typus wie $\varphi(\mathbf{u})$ (vgl. S. 96).

Das Produkt von l gleichen oder verschiedenen intermediären Funktionen des genannten Typus ist wieder eine intermediäre Funktion, die zu $\boldsymbol{\Omega}$, $l\boldsymbol{A}$, $l\boldsymbol{\gamma}$ gehört (vgl. S. 105); die charakteristische Matrix ist $l\mathbf{N}$ und die Determinante $\sqrt{|l\mathbf{N}|} = l^p\sqrt{|\mathbf{N}|} = l^p|\delta|$. Es gibt also genau $l^p|\delta|$ linear unabhängige intermediäre Funktionen dieses höheren Typus.

Nun seien

$$x_0 = \varphi_0(\mathbf{u}), \quad x_1 = \varphi_1(\mathbf{u}), \ldots, x_{p+1} = \varphi_{p+1}(\mathbf{u}) \tag{1.1}$$

$p+2$ gleichändrige intermediäre Funktionen der Determinante $|\delta| \geqq 1$. Es ist nicht notwendig vorauszusetzen, daß sie alle voneinander verschieden und linear unabhängig seien, jedoch wird in einem solchen Fall der jetzt zu beweisende Satz trivial.

Die Anzahl der Potenzprodukte des Grades l in $x_0, x_1, \ldots, x_{p+1}$ ist

$$\binom{l+p+1}{p+1},$$

und diese Zahl wird von einem gewissen, genügend hohen Grade l ab größer als $l^p|\delta|$, nämlich der Anzahl der linear unabhängigen intermediären Funktionen des Typus $\varphi_0^l(\mathbf{u})$. Die erste Zahl nämlich wird durch ein Polynom in l geliefert, das mit $\frac{1}{(p+1)!}\,l^{p+1}$ beginnt, also mit l schneller wächst als das Polynom p-ten Grades $|\delta|l^p$. Daher gibt es mindestens ein homogenes Polynom (Form) eines genügend hohen Grades l

$$\Phi(x_0, x_1, \ldots, x_{p+1}), \tag{1.2}$$

das identisch verschwindet, wenn man (1.1) einsetzt:

$$\Phi(\varphi_0(\mathbf{u}), \varphi_1(\mathbf{u}), \ldots, \varphi_{p+1}(\mathbf{u})) \equiv 0 \qquad \text{(identisch in den } u_1, \ldots, u_p). \tag{1.3}$$

Die Koeffizienten der Form $\Phi(x)$ sind von den Moduln des Abelschen Funktionenkörpers $\mathfrak{K}$ abhängig und gehören also dem komplexen Zahlkörper $\mathfrak{C}$ an, wenn die Moduln numerisch festliegen; wenn dagegen die Moduln unbestimmt sind, so müssen diese Unbestimmten zum Grundkörper $\mathfrak{C}$ adjungiert werden.

Wir dürfen ferner $\Phi(x)$ als irreduzibel voraussetzen, denn andernfalls müßte bereits ein irreduzibler Faktor von $\Phi(x)$ die Eigenschaft des identischen Verschwindens (1.3) besitzen und könnte an die Stelle von $\Phi(x)$ treten.

Satz 1. *Zwischen $p+2$ nicht ausgearteten intermediären Funktionen*) desselben Typus in p Variablen $\varphi_0(\mathbf{u}), \varphi_1(\mathbf{u}), \ldots, \varphi_{p+1}(\mathbf{u})$ besteht immer*

*) Der Satz gilt auch für ausgeartete Funktionen, wenn sie alle vom selben Typus sind; denn durch Multiplikation mit einer passenden nicht ausgearteten intermediären Funktion $\psi(\mathbf{u})$ können alle gleichzeitig in nicht ausgeartete intermediäre Funktionen $\varphi_j^*(\mathbf{u}) = \varphi_j(\mathbf{u})\cdot\psi(\mathbf{u})$ übergeführt werden (vergleiche S. 120). Der gemeinsame Faktor $\psi(\mathbf{u})$ kann später aus der homogenen Relation $\Phi(\ldots, \varphi_j(\mathbf{u})\,\psi(\mathbf{u}), \ldots) = 0$ wieder herausgekürzt werden.

mindestens eine algebraische Beziehung, das ist eine irreduzible Form $\Phi(x_0, x_1, \ldots, x_{p+1})$ *mit Koeffizienten aus dem Grundkörper* $\mathfrak{C}$, *die für* $x_j = \varphi_j(\mathbf{u})$ $(j = 0, 1, \ldots, p+1)$ *identisch in den Variablen* $u_1, \ldots, u_p$ *verschwindet.*

Die Menge aller Formen $\Phi(x)$ aus dem homogenen Polynomring $\mathfrak{C}[x_0, x_1, \ldots, x_{p+1}]$, die für (1.1) identisch verschwinden, ist offenbar ein *homogenes Ideal (H-Ideal)* dieses Ringes, da die Eigenschaft des Identischverschwindens sich unmittelbar auf die Summe und Differenz sowie auf beliebige Vielfache einer Form überträgt; und zwar handelt es sich um ein *Primideal* $\mathfrak{p}$, weil, wie schon bemerkt, von einem verschwindenden Produkt immer mindestens ein irreduzibler Faktor verschwindet und also dem Ideal angehört*).

Wir können diesen Satz auf die Funktionen eines ABELschen Körpers übertragen, indem wir

$$f_h(\mathbf{u}) = \frac{\varphi_h(\mathbf{u})}{\varphi_0(\mathbf{u})}, \qquad h = 1, \ldots, p+1 \tag{1.4}$$

setzen; das ergibt $p+1$ (evtl. auch ausgeartete) ABELsche Funktionen des Körpers $\mathfrak{K}$, zwischen denen eine algebraische Relation besteht, die durch ein (nicht homogenes) Polynom

$$F(y_1, \ldots, y_{p+1}) \tag{1.5}$$

definiert wird, das aus dem homogenen Polynom (1.2) entsteht, wenn man dort $x_0 = 1$, $x_1 = y_1, \ldots, x_{p+1} = y_{p+1}$ setzt. Dieses Polynom verschwindet identisch in den $\mathbf{u}$ für $y_h = f_h(\mathbf{u})$:

$$F(f_1(\mathbf{u}), \ldots, f_{p+1}(\mathbf{u})) \equiv 0 \quad \text{(identisch in den } u_1, \ldots, u_p). \tag{1.6}$$

Sind umgekehrt $p+1$ (evtl. auch ausgeartete) Funktionen des ABELschen Körpers $\mathfrak{K}$ gegeben:

$$f_1(\mathbf{u}), f_2(\mathbf{u}), \ldots, f_{p+1}(\mathbf{u}),$$

so können wir sie nach dem Hauptsatz**) auf S. 55 als Quotienten von intermediären Funktionen wie (1.4) darstellen; wir dürfen nämlich für alle Brüche denselben Hauptnenner einsetzen, wenn wir sie uns passend erweitert denken, und wir dürfen auch voraussetzen, daß die dabei auftretenden intermediären Funktionen, die von selbst gleichhändrig sind, auch nicht ausgeartet seien. Denn auch das können wir in jedem Falle erzielen, indem wir alle mit einer passenden nicht ausgearteten intermediären Funktion multiplizieren (vgl. S. 120). Man erhält so

*) Bezüglich der hier verwendeten idealtheoretischen Begriffe und ihrer Anwendungen auf die algebraische Geometrie vgl. W. GRÖBNER: Moderne algebraische Geometrie. Wien: Springer-Verlag 1949.

**) Für die Gültigkeit dieses Hauptsatzes ist keine Voraussetzung darüber nötig, daß die Funktion $f(\mathbf{u})$ nicht ausgeartet sei (Vgl. S. 56).

eine Darstellung (1.4) mittels $p+2$ gleichändrigen, nicht ausgearteten intermediären Funktionen $\varphi_j(\mathbf{u})$, auf die wir Satz 1 anwenden können.

Satz 2. *Zwischen $p+1$ ABELschen Funktionen desselben ABELschen Funktionenkörpers $\mathfrak{K}$ besteht mindestens eine algebraische Beziehung* (1.6)*).

Zusatz. *Alle Polynome* (1.5) *des Polynomringes* $\mathfrak{C}[y_1, \ldots, y_{p+1}]$, *für die* (1.6) *gilt, bilden ein (inhomogenes) Primideal dieses Polynomringes.*

2. Konstruktion von p-dimensionalen ABELschen Mannigfaltigkeiten. Es mögen im folgenden $y_1, y_2, \ldots, y_t$ inhomogene Koordinaten eines affinen Raumes S_t, $x_0, x_1, \ldots, x_t$ homogene Koordinaten des entsprechenden, wieder mit S_t bezeichneten projektiven Raumes bedeuten. Ferner seien t ABELsche Funktionen aus demselben Körper $\mathfrak{K}$, der zur RIEMANNschen Matrix $\boldsymbol{\Omega}$ gehöre, und ihre Darstellung als Quotienten von intermediären Funktionen (mit gemeinsamem Nenner) gegeben:

$$f_1(\mathbf{u}) = \frac{\varphi_1(\mathbf{u})}{\varphi_0(\mathbf{u})}, \quad f_2(\mathbf{u}) = \frac{\varphi_2(\mathbf{u})}{\varphi_0(\mathbf{u})}, \ldots, f_t(\mathbf{u}) = \frac{\varphi_t(\mathbf{u})}{\varphi_0(\mathbf{u})}. \tag{2.1}$$

Setzen wir dann

$$y_1 = f_1(\mathbf{u}), \; y_2 = f_2(\mathbf{u}), \ldots, y_t = f_t(\mathbf{u}) \tag{2.2}$$

und lassen $\mathbf{u}$ im Fundamentalbereich $\mathfrak{F}$ (vgl. S. 118) variieren, so können die so gewonnenen Wertesysteme $\{y_1, \ldots, y_t\}$ als Koordinaten der Punkte einer gewissen Mannigfaltigkeit W des Raumes S_t gedeutet werden, welche durch (2.2) *in Parameterform dargestellt* wird.

Es genügt offenbar, den Variabilitätsbereich für die Variablen $\mathbf{u}$ auf ein Periodenparallelotop $\mathfrak{F}$ einzuschränken, da die periodischen Funktionen $f_h(\mathbf{u})$ ja in modulo $\boldsymbol{\Omega}$ kongruenten Punkten gleiche Werte annehmen. Die Darstellung (2.2) wird aber unbrauchbar in den Polen und Unbestimmtheitsstellen der meromorphen Funktionen $f_h(\mathbf{u})$; diese Punkte müssen also ausgenommen werden.

Einen Teil dieser Schwierigkeiten kann man vermeiden, wenn man zu homogenen Koordinaten übergeht und an Stelle von (2.2) die Parameterdarstellung

$$x_0 = \varphi_0(\mathbf{u}), \; x_1 = \varphi_1(\mathbf{u}), \ldots, x_t = \varphi_t(\mathbf{u}) \tag{2.3}$$

benutzt**). Nach dem Satz von COUSIN (vgl. S. 265) dürfen wir ohne

*) Man kann einen etwas schärferen Satz beweisen (vgl. C. L. SIEGEL, s. S. 4, dortselbst S. 94): *Sind $f_1(\mathrm{u}), \ldots, f_p(\mathrm{u})$ fest gewählte algebraisch unabhängige Funktionen aus $\mathfrak{K}$, wenigstens eine davon nicht ausgeartet, und ist $f_0(\mathrm{u})$ irgendeine Funktion aus $\mathfrak{K}$, so genügt sie einer Identität $F(f_0, f_1, \ldots, f_p) \equiv 0$, in welcher $F(y_0, y_1, \ldots, y_p)$ ein Polynom bedeutet, dessen Grad in y_0 unter einer festen Schranke liegt.* Daß es immer p algebraisch unabhängige Funktionen im ABELschen Körper $\mathfrak{K}$ gibt, werden wir im nächsten Abschnitt beweisen.

**) Da nur die Verhältnisse der Koordinaten wichtig sind, könnte man auch so schreiben:

$$x_0 : x_1 : \ldots : x_t = \varphi_0(\mathbf{u}) : \varphi_1(\mathbf{u}) : \ldots : \varphi_t(\mathbf{u}) .$$

Einschränkung der Allgemeinheit voraussetzen, daß die Funktionen $\varphi_0(\mathbf{u}), \ldots, \varphi_t(\mathbf{u})$ überall relativ prim sind. Im allgemeinen wird jeder Punkt $\mathbf{u}$ einen eindeutig bestimmten Punkt $\{x_0, x_1, \ldots, x_t\}$ des projektiven Raumes S_t liefern; modulo $\boldsymbol{\Omega}$ kongruente Punkte $\mathbf{u}$ ergeben denselben Punkt in S_t, weil sich die intermediären Funktionen $\varphi_h(\mathbf{u} + \boldsymbol{\Omega}\mathbf{m})$ von $\varphi_h(\mathbf{u})$ nur um einen gemeinsamen Exponentialfaktor $(\neq 0)$ unterscheiden. Daher genügt es auch hier, den Variabilitätsbereich für $\mathbf{u}$ auf ein Periodenparallelotop einzuschränken.

Übrigens stellt (2.3) dieselbe Mannigfaltigkeit wie (2.2) dar, nur mit Einschluß von gewissen Punkten, deren inhomogene Koordinaten unendlich groß oder unbestimmt sind. Aber es kann auch hier noch vorkommen, daß in einem Punkt $\mathbf{u}$ alle Funktionen

$$\varphi_0(\mathbf{u}) = \cdots = \varphi_t(\mathbf{u}) = 0$$

sind; da die Funktionen teilerfremd sind, kann dieses gemeinsame Verschwinden auch nicht durch Kürzen eines gemeinsamen Faktors behoben werden. Einem solchen Punkt $\mathbf{u}$ entspricht kein Punkt des Raumes S_t*).

Wir nennen eine in Parameterform (2.3) dargestellte Punktmannigfaltigkeit W des projektiven Raumes S_t *eine zum* ABEL*schen Funktionenkörper* $\mathfrak{K}$ *gehörige „*ABEL*sche Mannigfaltigkeit“.*

Diese Mannigfaltigkeit W ist immer in einer algebraischen Mannigfaltigkeit enthalten, und zwar in derjenigen, die zum Primideal $\mathfrak{p}$ des homogenen Polynomringes $\mathfrak{C}[x_0, x_1, \ldots, x_t]$ gehört, das alle Formen $\Phi(x)$ dieses Polynomringes umfaßt, welche für (2.3) identisch verschwinden.

Da zufolge Satz 1 des vorigen Abschnittes zwischen $p + 2$ intermediären Funktionen $\varphi_h(\mathbf{u})$ sicher eine algebraische Beziehung besteht, hat das Primideal $\mathfrak{p}$ und die algebraische Mannigfaltigkeit seiner Nullstellen $AM(\mathfrak{p})$ eine homogene Dimension $\leq p$**).

Wir wollen jetzt zeigen, daß die Dimension p sowohl von $AM(\mathfrak{p})$ wie auch von W erreicht werden kann. Dazu brauchen wir folgenden

Hilfssatz. *Wenn $f(\mathbf{u})$ eine nicht ausgeartete Funktion des* ABEL*schen Funktionenkörpers $\mathfrak{K}$ bedeutet, so sind bei nicht spezieller Wahl der p-Vektoren $\mathbf{c}^{(1)}, \ldots, \mathbf{c}^{(p)}$ die p* ABEL*schen Funktionen desselben Körpers $\mathfrak{K}$:*

$$f_1(\mathbf{u}) = f(\mathbf{u} + \mathbf{c}^{(1)}),\ f_2(\mathbf{u}) = f(\mathbf{u} + c^{(2)}), \ldots, f_p(\mathbf{u}) = f(\mathbf{u} + \mathbf{c}^{(p)}) \quad (2.4)$$

*) Es kann ihm auch kein bestimmter Grenzwert zugesprochen werden (vgl. S. 258. Sind $q_0, \ldots, q_t$ die Funktionselemente der ganzen Funktionen (2.3) an der betrachteten Stelle $\mathbf{u}$, so sind die Gleichungen

$$\alpha_1 q_0 - \alpha_0 q_1 = 0\,,\ \alpha_2 q_0 - \alpha_0 q_2 = 0\,, \ldots, \alpha_t q_0 - \alpha_0 q_t = 0 \quad (\alpha_0 \neq 0)$$

die Bedingungen dafür, daß ein Punkt der Umgebung von $\mathbf{u}$ auf den Punkt $\{\alpha_0, \alpha_1, \ldots, \alpha_t\}$ in S_t abgebildet werde. Ist $t < p$, so gibt es immer Lösungen; daher liegen die Bildpunkte der in unmittelbarer Nähe von $\mathbf{u}$ gelegenen Punkte auf einer höchstens $(p-1)$-dimensionalen Mannigfaltigkeit in S_t.

**) Vgl. W. GRÖBNER: s. Anm. 1, S. 140, dortselbst S. 98 u. S. 103.

algebraisch (sogar analytisch) unabhängig, d. h. es gibt keine algebraische (auch keine analytische) Beziehung zwischen ihnen.

Die Behauptung dieses Satzes ist äquivalent mit der Behauptung, daß die JACOBI*sche Determinante* dieser Funktionen

$$J = \left| \frac{\partial f_h(\mathfrak{u})}{\partial u_j} \right| \not\equiv 0 \tag{2.5}$$

nicht identisch verschwindet. Das folgt aber sehr rasch aus Kap. I, Nr. 4, S. 10: denn die dort in Formel (4.3) angeschriebene Determinante, die für eine nicht ausgeartete Funktion nicht verschwindet, bedeutet, daß J an der Stelle $\mathfrak{u} = 0$ nicht verschwindet und also (2.5) richtig ist. Daher kann auch keine analytische Beziehung zwischen den Funktionen (2.4) gelten, da aus einer solchen das identische Verschwinden von J folgt.

Wir denken uns die algebraisch unabhängigen Funktionen (2.4) so wie in (2.1) als Quotienten der intermediären Funktionen $\varphi_0(\mathfrak{u}), \ldots, \varphi_p(\mathfrak{u})$ dargestellt und nehmen zu diesen noch eine beliebige gleichändrige Funktion $\varphi_{p+1}(\mathfrak{u})$ hinzu. Zwischen den erstgenannten besteht keine algebraische Relation, denn eine solche müßte wegen der Periodizitätseigenschaften dieser Funktionen notwendig homogen sein und würde daher eine algebraische Relation zwischen den ABELschen Funktionen (2.4) bedingen; wohl aber gibt es eine irreduzible Form $\Phi(x_0, \ldots, x_{p+1})$, welche für

$$x_0 = \varphi_0(\mathfrak{u}), \; x_1 = \varphi_1(\mathfrak{u}), \ldots, x_{p+1} = \varphi_{p+1}(\mathfrak{u}) \tag{2.6}$$

identisch verschwindet.

Die Form $\Phi(x_0, \ldots, x_{p+1})$ enthält die Variable x_{p+1} wirklich und ist bis auf einen konstanten Faktor eindeutig bestimmt, denn gäbe es eine zweite (ebenfalls irreduzible), so könnte man aus beiden x_{p+1} eliminieren und erhielte eine Relation zwischen $\varphi_0(\mathfrak{u}), \ldots, \varphi_p(\mathfrak{u})$ allein, was ihrer soeben festgestellten algebraischen Unabhängigkeit widerspricht*).

Alle Formen $\Psi(x_0, \ldots, x_{p+1})$, welche für (2.6) verschwinden, sind die Vielfachen von $\Phi(x_0, \ldots, x_{p+1})$ und bilden ein Prim-Hauptideal $\mathfrak{p} = (\Phi)$, das von der Form Φ erzeugt wird. Die zugehörige algebraische Mannigfaltigkeit $AM(\mathfrak{p})$, nämlich die Gesamtheit der Nullstellen der Gleichung

$$\Phi(x_0, x_1, \ldots, x_{p+1}) = 0,$$

ist eine „*Hyperfläche*" des projektiven Raumes S_{p+1} und hat die Dimension p.

Andererseits ist die in der Parameterform (2.6) dargestellte ABELsche Mannigfaltigkeit W sicher ganz in dieser Hyperfläche $AM(\mathfrak{p})$

*) Der Grad in x_{p+1} liegt unter einer nur von den Funktionen $\varphi_0, \ldots, \varphi_p$, aber nicht von φ_{p+1} abhängigen Schranke (vgl. Anm. 1, S. 141).

enthalten. Wir wollen zeigen, daß auch W die Dimension p hat, und zwar gilt der folgende

Satz 1. *Die p-dimensionale*) Umgebung eines Punktes $\{\mathfrak{u}\}$ des Periodenparallelotops $\mathfrak{F}$, in dem die* JACOBI*sche Determinante*

$$J^* = \begin{vmatrix} \varphi_0, & \varphi_1, & \dots, & \varphi_p \\ \dots & \dots & \dots & \dots \\ \frac{\partial \varphi_0}{\partial u_j}, & \frac{\partial \varphi_1}{\partial u_j}, & \dots, & \frac{\partial \varphi_p}{\partial u_j} \\ \dots & \dots & \dots & \dots \end{vmatrix} \tag{2.7}$$

nicht verschwindet, wird durch (2.6) *umkehrbar eindeutig und stetig (homöomorph) auf die p-dimensionale Umgebung des Punktes $P\{x_0, \dots, x_{p+1}\}$ auf der Hyperfläche $AM(\mathfrak{p})$ abgebildet**).*

Die in (2.7) angeschriebene Determinante leitet sich aus der JACOBIschen Determinante (2.5) folgendermaßen her: Zunächst ist

$$J = \left| \frac{\partial f_h(\mathfrak{u})}{\partial u_j} \right| = \frac{1}{\varphi_0^{2p}} \left| \varphi_0 \frac{\partial \varphi_h}{\partial u_j} - \varphi_h \frac{\partial \varphi_0}{\partial u_j} \right| ;$$

durch Ränderung erhält man weiter:

$$J = \frac{1}{\varphi_0^{2p}} \begin{vmatrix} 1 & \dots & 0 & \dots \\ \dots & \dots & \dots & \dots \\ \frac{\partial \varphi_0}{\partial u_j} & \dots & \varphi_0 \frac{\partial \varphi_h}{\partial u_j} - \varphi_h \frac{\partial \varphi_0}{\partial u_j} & \dots \\ \dots & \dots & \dots & \dots \end{vmatrix} = \frac{1}{\varphi_0^{p+1}} \begin{vmatrix} \varphi_0, & \varphi_1, & \dots, & \varphi_p \\ \dots & \dots & \dots & \dots \\ \frac{\partial \varphi_0}{\partial u_j}, & \frac{\partial \varphi_1}{\partial u_j}, & \dots, & \frac{\partial \varphi_p}{\partial u_j} \\ \dots & \dots & \dots & \dots \end{vmatrix} .$$

Es ist also

$$J^* = \varphi_0^{p+1} J , \tag{2.8}$$

d. h. J und J^* sind gleichzeitig $=0$ oder $\neq 0$, wenn $\varphi_0(\mathfrak{u}) \neq 0$ ist.

Nun sei $\{\mathfrak{a}\}$ ein beliebiger, der Voraussetzung $J^* \neq 0$ entsprechender Punkt in $\mathfrak{F}$ und $\varphi_0(\mathfrak{a}) = b_0$, $\varphi_1(\mathfrak{a}) = b_1, \dots, \varphi_{p+1}(\mathfrak{a}) = b_{p+1}$. Wir dürfen $b_0 \neq 0$ voraussetzen, denn wegen $J^* \neq 0$ ist sicher wenigstens eine der Zahlen $b_0, \dots, b_p$ nicht Null und wir brauchen nur durch eine Umnumerierung diese an die erste Stelle zu bringen.

Dann kann das Funktionensystem

$$\chi_j(\mathfrak{u}; \mathfrak{x}) \equiv u_0 x_j - \varphi_j(\mathfrak{u}) = 0 , \quad j = 0, 1, \dots, p \tag{2.9}$$

in den Variablen $u_0, \dots, u_p$ und $x_0, \dots, x_p$, das für

$$u_0 = 1,\ u_1 = a_1, \dots, u_p = a_p,\ x_0 = b_0,\ x_1 = b_1, \dots, x_p = b_p \tag{2.10}$$

*) Es ist immer die komplexe Dimension gemeint; sie entspricht, wenn man die Variablen in Real- und Imaginärteil aufspaltet, der reellen Dimension $2p$.

**) Wenn P ein singulärer Punkt der Hyperfläche ist, so kann die Abbildung evtl. nur die auf einem durch P gehenden Zweig liegende Umgebung von P ausfüllen. Die „Umgebung" eines Punktes P im projektiven Raum S_{p+1} ist in üblicher Weise durch Übergang zu einem affinen Raum, der P im endlichen enthält (d. h. durch Normierung einer passenden Linearform $\tilde{\mathfrak{a}}\mathfrak{x} = 1$) zu bestimmen.

verschwindet, nach den Variablen u_j aufgelöst werden:

$$u_j = \psi_j(x_0, \ldots, x_p), \qquad j = 0, 1, \ldots, p \tag{2.11}$$

mit Funktionen $\psi_j(x)$, die in einer gewissen Umgebung der Stelle $x_0 = b_0, \ldots, x_p = b_p$ stetig (analytisch) sind und durch (2.10) befriedigt werden. Die dafür notwendige und hinreichende Bedingung*)

$$\left|\frac{\partial \chi_j}{\partial u_k}\right| = (-1)^p \begin{vmatrix} x_0, & \frac{\partial \varphi_0}{\partial u_1}, \ldots, & \frac{\partial \varphi_0}{\partial u_p} \\ x_1, & \frac{\partial \varphi_1}{\partial u_1}, \ldots, & \frac{\partial \varphi_1}{\partial u_p} \\ \ldots & \ldots & \ldots \\ x_p, & \frac{\partial \varphi_p}{\partial u_1}, \ldots, & \frac{\partial \varphi_p}{\partial u_p} \end{vmatrix} \neq 0$$

ist wegen $J^* \neq 0$ in der Umgebung der Stelle (2.10) erfüllt; in dieser Umgebung kann auch überall $u_0 \neq 0$ angenommen werden.

Ist nun $\{x_0, \ldots, x_{p+1}\}$ ein Punkt in der Umgebung von $\{b_0, \ldots, b_{p+1}\}$ auf der Hyperfläche $\Phi(x_0, \ldots, x_{p+1}) = 0$, so wird er durch die Darstellung (2.6) geliefert, wenn man dort die durch (2.11) ermittelten Werte $u_1, \ldots, u_p$ einsetzt. In der Tat wird dann vermöge (2.9):

$$\varphi_j(\mathbf{u}) = u_0 x_j, \qquad j = 0, 1, \ldots, p, \ (u_0 \neq 0)$$

und dazu

$$\varphi_{p+1}(\mathbf{u}) = u_0 y.$$

Hier muß, wenn $P\{b_0, \ldots, b_{p+1}\}$ kein singulärer Punkt der Hyperfläche ist, notwendig $y = x_{p+1}$ sein, weil die Gleichung $\Phi(x_0, \ldots, x_p, y) = 0$ gilt und nur die Wurzel $y = x_{p+1}$ in der betrachteten Umgebung liegt. Wenn dagegen $P\{b_0, \ldots, b_{p+1}\}$ ein singulärer Punkt der Hyperfläche ist, dann können mehrere Wurzeln y in der betrachteten Umgebung liegen; aus Stetigkeitsgründen liegen dann aber auch alle anderen Bildpunkte auf demselben Zweig der Hyperfläche.

Unser Satz läßt sich auf die allgemeinere Parameterdarstellung (2.3) mit $t \geqq p + 1$ in folgender Weise verallgemeinern:

Satz 2. *Durch die Parameterdarstellung*

$$x_0 = \varphi_0(\mathbf{u}),\ x_1 = \varphi_1(\mathbf{u}), \ldots, x_t = \varphi_t(\mathbf{u}) \tag{2.3}$$

wird die p-dimensionale Umgebung eines Punktes $\{\mathbf{u}\}$ des Periodenparallelotops $\mathfrak{F}$, in dem die JACOBI*sche Matrix*

$$J = \begin{pmatrix} \varphi_0, & \varphi_1, & \ldots, & \varphi_t \\ \ldots & \ldots & \ldots & \ldots \\ \frac{\partial \varphi_0}{\partial u_j}, & \frac{\partial \varphi_1}{\partial u_j}, & \ldots, & \frac{\partial \varphi_t}{\partial u_j} \\ \ldots & \ldots & \ldots & \ldots \end{pmatrix} \tag{2.12}$$

*) Vgl. etwa W. F. OSGOOD: Lehrbuch der Funktionentheorie. 1. Bd., S. 66. Leipzig: B. G. Teubner 1923.

den Rang $p+1$ hat, umkehrbar eindeutig und stetig („homöomorph") auf die p-dimensionale Umgebung des Punktes $P\{x_0, \ldots, x_t\}$ auf der algebraischen Mannigfaltigkeit $AM(\mathfrak{p})$ abgebildet, wo $\mathfrak{p}$ das Primideal des homogenen Ringes $\mathfrak{C}[x_0, \ldots, x_t]$ bedeutet (vgl. Satz 1, S. 139), *das alle Formen $\Phi(x_0, \ldots, x_t)$ dieses Ringes enthält, die für* (2.3) *identisch verschwinden.*

Beim Beweise kann man zunächst durch eine passende Numerierung der Variablen dafür sorgen, daß die von den ersten $p+1$ Spalten der Matrix (2.12) gebildete Determinante an der betrachteten Stelle $\{\mathbf{u}\}$ nicht verschwindet. Dann sind auch die Funktionen $\varphi_0(\mathbf{u}), \ldots, \varphi_p(\mathbf{u})$ algebraisch unabhängig und verschwinden nicht gleichzeitig an dieser Stelle; daher können wir auch $\varphi_0(\mathbf{u}) \neq 0$ voraussetzen. Zwischen $p+2$ Funktionen $\varphi_0(\mathbf{u}), \ldots, \varphi_p(\mathbf{u}), \varphi_{p+h}(\mathbf{u})$ $(h=1, \ldots, t-p)$ besteht eine algebraische Relation; also hat das Primideal $\mathfrak{p}$ und die algebraische Mannigfaltigkeit $AM(\mathfrak{p})$ die (homogene) Dimension p.*)

Nun kann man wieder die Gleichungen (2.9) anschreiben und nach den u_j auflösen (2.11); diese Funktionen vermitteln die Umkehrung der Abbildung (2.3) in der p-dimensionalen Umgebung von $P\{x_0, \ldots, x_t\}$ auf der algebraischen Mannigfaltigkeit $AM(\mathfrak{p})$.

3. Algebraische Natur der p-dimensionalen ABELschen Mannigfaltigkeiten. Durch eine Parameterdarstellung

$$x_0 = \varphi_0(\mathbf{u}),\ x_1 = \varphi_1(\mathbf{u}), \ldots, x_t = \varphi_t(\mathbf{u}) \tag{3.1}$$

von der im vorausgehenden Abschnitt untersuchten Art wird das Periodenparallelotop $\mathfrak{F}$, das eine unberandete, geschlossene Mannigfaltigkeit von $2p$ reellen Dimensionen ist (vgl. S. 118), eindeutig und stetig auf eine Punktmannigfaltigkeit W im projektiven Raum S_t abgebildet, die auf der algebraischen Mannigfaltigkeit $AM(\mathfrak{p})$ liegt. Ausgenommen sind diejenigen Punkte von $\mathfrak{F}$, in denen alle $t+1$ Funktionen $\varphi_j(\mathbf{u})$ gleichzeitig verschwinden („Unbestimmtheitspunkte" der Darstellung). In diesen Punkten erleidet auch immer die JACOBIsche Matrix (2.12) eine Rangerniedrigung.

Wir wollen zunächst voraussetzen, daß es derartige Unbestimmtheitspunkte in der Parameterdarstellung (3.1) nicht gibt. Dann ist die Abbildung (3.1) von $\mathfrak{F}$ auf W *ausnahmslos eindeutig und stetig*; außerdem ist sie (im kleinen) eindeutig umkehrbar in allen Punkten $\{\mathbf{u}\}$, in denen die JACOBIsche Matrix (2.12) den Rang $p+1$ hat und die nicht auf singuläre Punkte der $AM(\mathfrak{p})$ abgebildet werden.

Es ist nun naheliegend zu vermuten — und das wird auch tatsächlich oft ohne sonderliche Bedenken angenommen —, daß durch (3.1) die *ganze* algebraische Mannigfaltigkeit $AM(\mathfrak{p})$ parametrisch dargestellt

*) Vgl. W. GRÖBNER: s. Anm. 1, S. 140, dortselbst S. 98.

werde, daß also

$$W = AM(\mathfrak{p})$$

sei. Wenn nämlich W als stetiges Abbild des geschlossenen und unberandeten $2p$-dimensionalen Torus $\mathfrak{F}$ selbst auch diese Eigenschaft, unberandet zu sein, hätte, dann müßte W notwendig die ganze $AM(\mathfrak{p})$ lückenlos ausfüllen, weil beide in der Dimension übereinstimmen und weil die algebraische Mannigfaltigkeit $AM(\mathfrak{p})$ zusammenhängend ist*).

Dieser Schluß ist aber nicht allgemein richtig, vielmehr wird die Mannigfaltigkeit W im allgemeinen Randpunkte besitzen**), die mit einer Rangerniedrigung der JACOBIschen Matrix (2.12) in gewissen Punkten von $\mathfrak{F}$ zusammenhängen. Diese Ausnahmspunkte in $\mathfrak{F}$ bilden höchstens eine Mannigfaltigkeit der Dimension $p-1$, weil sie ja das Verschwinden aller Determinanten der Matrix (2.12) erfordern***).

Auch die Randpunkte der Mannigfaltigkeit W können keine höhere Dimension ausfüllen; das kann man, zunächst unter der Voraussetzung, daß keine Unbestimmtheitspunkte auftreten, so einsehen: Wenn wir auf $\mathfrak{F}$ die Ausnahmspunkte durch kleine Umgebungen (Polyzylinder vom Radius ϱ; vgl. S. 245) ausschneiden und die verbleibende Mannigfaltigkeit $\mathfrak{F}^*$ nennen, so wird $\mathfrak{F}^*$ durch (3.1) auf eine Mannigfaltigkeit W^* ausnahmslos stetig und (im kleinen) umkehrbar eindeutig (homöomorph) abgebildet. Wegen der durchgehenden Stetigkeit der Abbildung (auch für $\varrho \to 0$) ist der Rand von W^* ähnlich dem Rande von $\mathfrak{F}^*$ beschaffen, d. h. er begrenzt kanalartige Gebilde, welche in ihrem Kern gewisse Mannigfaltigkeiten einer Dimension $\leqq p-1$ umschließen. Mit $\varrho \to 0$ schrumpft der Durchmesser dieser Kanäle auch in der Abbildung zusammen, so daß schließlich in der Grenze nur die Kernmannigfaltigkeiten, deren Dimension $\leqq p-1$ ist, als Rand von W übrigbleiben können.

Die Menge der Randpunkte der im übrigen unberandeten und geschlossenen p-dimensionalen Mannigfaltigkeit W hat also höchstens

---

*) Daß eine irreduzible algebraische Mannigfaltigkeit, insbesondere jede (auch reduzible) Hyperfläche zusammenhängend ist, wird nachfolgend bewiesen werden (S. 152).

) Das zeigt das folgende einfache Beispiel einer Parameterdarstellung mit rationalen Funktionen (vgl. O. PERRON: Neuer Beweis zweier Sätze von ZARISKI über die Multiplizität einer Lösung von k Gleichungen mit k Unbekannten. Bay. Akad. Wiss., Math.-naturwiss. Kl. **1954, 179—199): Durch die Parameterdarstellung

$$y_0 = x_0^2,\ y_1 = x_0 x_1,\ y_2 = x_1^2,\ y_3 = x_0 x_2$$

werden die Punkte der Ebene (x_0, x_1, x_2) auf die Punkte des Kegels $y_0 y_2 - y_1^2 = 0$ im S (y_0, y_1, y_2, y_3) abgebildet; aber alle Punkte der Erzeugenden $y_0 = y_1 = 0$ mit Ausnahme des einzigen (0, 0, 1, 0) werden nicht dargestellt. Sie sind *Randpunkte* der oben mit W bezeichneten Mannigfaltigkeit.

***) Vgl. S. 250: Der WEIERSTRASSsche Vorbereitungssatz.

die Dimension $p-1$ (reelle Dimension $2p-2$); da nun $AM(\mathfrak{p})$ homogen p-dimensional und zusammenhängend ist, kann die Punktmenge $AM(\mathfrak{p})-W$ nicht die Dimension p haben, weil in diesem Fall die Randpunkte die reelle Dimension $2p-1$ haben müßten. Also sind alle Punkte von $AM(\mathfrak{p})-W$ Häufungspunkte der Punktmannigfaltigkeit W; bezeichnen wir also in üblicher Weise mit W' die „Ableitung"*) der Punktmenge W, so ist sicher

$$W' = AM(\mathfrak{p})\,. \tag{3.2}$$

Wir können daher sagen:

Die Parameterdarstellung (3.1) *liefert alle Punkte der algebraischen Mannigfaltigkeit* $AM(\mathfrak{p})$ *entweder direkt oder als Limespunkte.*

Im folgenden werden wir immer stillschweigend bei jeder Parameterdarstellung die Häufungspunkte mit inbegriffen denken; dann können wir sagen, daß die algebraische Mannigfaltigkeit $AM(\mathfrak{p})$ *die Parameterdarstellung* (3.1) *besitzt und daß sie in diesem Sinne eine* ABELsche *Mannigfaltigkeit sei.*

Wir müssen uns noch von der bisher benutzten Voraussetzung, daß die Parameterdarstellung (3.1) keine Unbestimmtheitspunkte habe, frei machen. Zu diesem Zwecke wollen wir uns die Darstellung (3.1) durch Hinzunahme weiterer Variablen $x_{t+1}=\varphi_{t+1}(\mathbf{u}),\ldots$ so erweitert denken, daß die Funktionen $\varphi_h(\mathbf{u})$ ein vollständiges System von linear unabhängigen intermediären Funktionen desselben Typus bilden**). Im allgemeinen wird die so erweiterte Darstellung keine Unbestimmtheitspunkte mehr aufweisen. Wenn das aber doch der Fall sein sollte, so gehen wir durch Multiplikation mit einer beliebigen nicht ausgearteten intermediären Funktion, etwa $\varphi_0(\mathbf{u})$ zur Darstellung

$$x_0=\varphi_0^2(\mathbf{u}),\ x_1=\varphi_0(\mathbf{u})\,\varphi_1(\mathbf{u}),\ldots,\ x_t=\varphi_0(\mathbf{u})\,\varphi_t(\mathbf{u}),\ldots \tag{3.3}$$

über, die wir uns in dem eben angegebenen Sinne vervollständigt denken.

Hier kommt sicher kein Unbestimmtheitspunkt mehr vor, denn die Funktion $\varphi_0(\mathbf{u}+\mathbf{c})\,\varphi_0(\mathbf{u}-\mathbf{c})$ mit willkürlichem Vektor $\mathbf{c}$ ist vom selben Typus***), muß also durch die Funktionen (3.3) linear dargestellt werden können. Würden diese an einer gewissen Stelle $\{\mathbf{u}\}$ sämtlich verschwinden, so müßte auch $\varphi_0(\mathbf{u}+\mathbf{c})\,\varphi_0(\mathbf{u}-\mathbf{c})$ an dieser Stelle bei variablem $\mathbf{c}$ verschwinden, was offenbar unmöglich ist.

Die Darstellung (3.3) liefert also in dem soeben festgesetzten Sinne eine algebraische Mannigfaltigkeit $AM(\mathfrak{p}^*)$, die zu einem Primideal $\mathfrak{p}^*$ im homogenen Polynomring $\mathfrak{C}[x_0, x_1,\ldots,x_t,\ldots]$ gehört. Dagegen

*) Das ist die Menge aller Häufungspunkte der Punktmenge W; da jeder Punkt von W selbst Häufungspunkt ist, gilt $W \subsetneq W'$.

**) Deren gibt es $|\delta| = \sqrt{|\mathbf{N}|}$ linear unabhängige; vgl. S. 96.

***) Vgl. S. 109.

gehört zur Darstellung (3.1) ein Primideal $\mathfrak{p}$ in $\mathfrak{C}[x_0, \ldots, x_t]$, das die Projektion*) von $\mathfrak{p}^*$ ist, entsprechend der Elimination der Variablen $x_{t+1}, \ldots$.

Jeder Punkt von $AM(\mathfrak{p})$ ist Projektion wenigstens eines Punktes von $AM(\mathfrak{p}^*)$ mit eventueller Ausnahme von Punkten, die auf einer algebraischen Untermannigfaltigkeit von geringerer Dimension liegen**). Jeder Punkt von $AM(\mathfrak{p}^*)$ wird durch (3.3) entweder direkt oder als Limespunkt dargestellt, dasselbe muß also auch von $AM(\mathfrak{p})$ und (3.1) gelten, denn die eventuellen Ausnahmspunkte, die durch die Projektion hinzukommen, sind als Limespunkte erreichbar, da sie auf einer eingebetteten Mannigfaltigkeit von geringerer Dimension liegen.

Damit ist unser Ergebnis

$$W' = AM(\mathfrak{p}) \tag{3.2}$$

allgemein für p-dimensionale ABEL*sche Mannigfaltigkeiten bewiesen.*

4. Einige Hilfssätze. Wir wollen zunächst den folgenden Hilfssatz, den wir bald benötigen werden, beweisen:

1. Hilfssatz. *Wenn t intermediäre Funktionen*

$$\psi_1(\mathfrak{u}), \psi_2(\mathfrak{u}), \ldots, \psi_t(\mathfrak{u}) \tag{4.1}$$

unendlich viele simultane Nullstellen im Periodenparallelotop $\mathfrak{F}$ besitzen, so erfüllen diese eine mindestens 1-dimensionale analytische Mannigfaltigkeit.

Es ist also der Fall ausgeschlossen, daß diese Nullstellen eine *diskrete unendliche* Punktmenge bilden.

Unter den Voraussetzungen des Satzes ist nur wichtig, daß die Funktionen (4.1) analytische Funktionen von p Variablen in einem endlichen, abgeschlossenen Bereich $\mathfrak{F}$ sind, die dort unendlich viele simultane Nullstellen besitzen. Diese Punktmenge besitzt mindestens

---

*) Vgl. W. GRÖBNER: s. S. 140, dortselbst S. 165ff.

**) Vgl. W. GRÖBNER: s. S. 140, dortselbst S. 170f. Das dort mit $\mathfrak{a}_\tau$ bezeichnete Ideal enthält die Ausnahmspunkte, die evtl. nicht von einem eigentlichen Punkt der projizierten Mannigfaltigkeit herrühren; $\mathfrak{a}_\tau$ ist von geringerer Dimension als $\bar{\mathfrak{a}}$, weil $\mathfrak{a}$ und $\bar{\mathfrak{a}}$ gleiche Dimension haben.

Im Zusammenhang mit dem in der Anmerkung auf S. 147 angeführten Beispiel betrachten wir die Parameterdarstellung

$$y_0 = x_0^2, \quad y_1 = x_0 x_1, \quad y_2 = x_1^2, \quad y_3 = x_0 x_2, \quad y_4 = x_2^2,$$

welche die Ebene (x_0, x_1, x_2) auf die algebraische Fläche $AM(\mathfrak{a})$ des Ideals $\mathfrak{a} = (y_0 y_2 - y_1^2, y_0 y_4 - y_3^2)$ im S_4 $(y_0, y_1, y_2, y_3, y_4)$ lückenlos abbildet.

Eliminiert man hier y_4, so erhält man wieder den Kegel $\bar{\mathfrak{a}} = (y_0 y_2 - y_1^2)$ im S_3 (y_0, y_1, y_2, y_3). Mit den Bezeichnungen des zitierten Buches ist $\mathfrak{a}_1 = \mathfrak{a}_\tau = (y_0, y_1^2)$, also die doppelt gezählte Erzeugende $y_0 = y_1 = 0$ des Kegels $AM(\mathfrak{a})$. Ein allgemeiner Punkt dieser Erzeugenden ist nicht Projektion eines eigentlichen Punktes der Fläche $AM(\bar{\mathfrak{a}})$, wie man leicht nachprüft. Diese Ausnahmspunkte erfüllen eine Mannigfaltigkeit der Dimension 1, die in der algebraischen Fläche $AM(\bar{\mathfrak{a}})$ eingebettet ist.

eine Häufungsstelle in $\mathfrak{F}$, es sei dies etwa der Ursprung $\{\mathbf{u}\} = \{0\}$, der dann notwendig auch selber simultane Nullstelle aller Funktionen (4.1) ist. Wir wollen zeigen, daß *diese Funktionen in der Umgebung des Ursprunges auf einer mindestens eindimensionalen analytischen Mannigfaltigkeit gleichzeitig verschwinden.*

Wir können jede in der Umgebung des Ursprungs analytische und dort verschwindende Funktion $\psi(\mathbf{u})$ der Variablen $u_1, \ldots, u_p$ nach dem WEIERSTRASSschen Vorbereitungssatz*) in der Gestalt

$$\psi(\mathbf{u}) = E(\mathbf{u})\, P(\mathbf{u})$$

darstellen, wo $E(\mathbf{u})$ eine Einheit und

$$P(\mathbf{u}) = u_p^k + A_1 u_p^{k-1} + \cdots + A_k \tag{4.2}$$

ein Pseudopolynom von positivem Grade $k \geqq 1$ ist. Da uns nur die Nullstellen der Funktionen (4.1) in der Umgebung des Ursprungs interessieren, können wir die Funktionen (4.1) durch die zugehörigen Pseudopolynome ersetzen:

$$P_1(\mathbf{u}),\ P_2(\mathbf{u}), \ldots, P_t(\mathbf{u})\,. \tag{4.3}$$

Ist nun $p = 1$, so reduzieren sich diese Pseudopolynome auf jeweils eine Potenz u^k; eine weitere Nullstelle in der Umgebung des Ursprunges ist überhaupt ausgeschlossen, wenn die Funktionen (4.1) nicht alle identisch verschwinden. Also gilt unsere Behauptung für $p = 1$ und wir können nun induktiv von p auf $p + 1$ schließen.

Im Falle $p > 1$ bilden wir das KRONECKERsche Resultantensystem

$$D_1(\mathbf{u}),\ D_2(\mathbf{u}), \ldots, D_s(\mathbf{u}) \tag{4.4}$$

für die Pseudopolynome (4.3)**). Das sind reguläre Potenzreihen in den Variablen $u_1, \ldots, u_{p-1}$, also analytische Funktionen dieser Variablen, welche in der Umgebung des Ursprunges unendlich viele Nullstellen besitzen, weil das gleichzeitige Verschwinden des Resultantensystems (4.4) eine notwendige und hinreichende Bedingung für die Existenz einer gemeinsamen Nullstelle von (4.3) bzw. (4.1) ist; und zwar entspricht jeder gemeinsamen Nullstelle $\{u_1, \ldots, u_{p-1}\}$ von (4.4) höchstens eine endliche Anzahl verschiedener Nullstellen von (4.3).

Für das System (4.4) dürfen wir zufolge unserer Induktionsvoraussetzung den Satz als bewiesen annehmen; d. h. die Nullstellen von (4.4) bilden eine mindestens eindimensionale analytische Mannigfaltigkeit, die durch den Ursprung geht; dasselbe folgt nun auch für (4.1).

---

*) Vgl. S. 250,

**) Vgl. etwa O. PERRON: Algebra I. S. 266f. Berlin: W. de Gruyter 1951, oder B. L. VAN DER WAERDEN: Moderne Algebra II. XI. Kapitel, § 73. Berlin: Julius Springer 1931.

2. Hilfssatz. *Wenn* $\{\mathfrak{a}\}$ *und* $\{\mathfrak{b}\}$ *zwei verschiedene Punkte des Periodenparallelotops* $\mathfrak{F}$ *(d. h. inkongruent modulo* $\boldsymbol{\Omega}$*) sind, dann gibt es sicher eine Funktion* $f(\mathfrak{u})$ *des zu* $\boldsymbol{\Omega}$ *gehörigen* ABEL*schen Funktionenkörpers* $\mathfrak{K}$, *die in* $\{\mathfrak{a}\}$ *und* $\{\mathfrak{b}\}$ *analytisch ist und dort verschiedene Werte annimmt:*

$$f(\mathfrak{a}) \neq f(\mathfrak{b}) .$$

Es bedeute nämlich $f(\mathfrak{u})$ eine nicht ausgeartete, eigentlich zu $\boldsymbol{\Omega}$ gehörige ABELsche Funktion aus $\mathfrak{K}$; dann gilt dasselbe auch für die Funktion $f(\mathfrak{u}+\mathfrak{c})$ mit willkürlichem Vektor $\mathfrak{c}$; wäre nun immer auch

$$f(\mathfrak{a}+\mathfrak{c}) = f(\mathfrak{b}+\mathfrak{c}) ,$$

so hätte man mit $\mathfrak{c} = \mathfrak{v} - \mathfrak{a}$

$$f(\mathfrak{v}) = f(\mathfrak{v}+\mathfrak{b}-\mathfrak{a})$$

identisch in $\mathfrak{v}$*). Das würde aber bedeuten, daß $\mathfrak{b}-\mathfrak{a}$ eine Periode von $f(\mathfrak{u})$ wäre, im Widerspruch zu unseren Voraussetzungen.

Zusatz. *Wenn*

$$x_0 = \varphi_0(\mathfrak{u}),\ x_1 = \varphi_1(\mathfrak{u}),\ \ldots,\ x_t = \varphi_t(\mathfrak{u}) \tag{4.5}$$

eine Parameterdarstellung einer p*-dimensionalen* ABEL*schen Mannigfaltigkeit* $AM(\mathfrak{p})$ *im Sinne von Abschnitt Nr.* 3 *ist, so kann man, nötigenfalls durch Hinzufügen von weiteren Variablen* $x_{t+1}, \ldots$, *diese Parameterdarstellung immer so gestalten, daß die vorgegebenen, paarweise inkongruenten Punkte des Periodenparallelotops:*

$$\{\mathfrak{a}^{(1)}\},\ \{\mathfrak{a}^{(2)}\},\ \ldots,\ \{\mathfrak{a}^{(s)}\}, \tag{4.6}$$

in denen etwa $\varphi_0(\mathfrak{a}^{(j)}) \neq 0$ $(j=1,\ldots,s)$ *sei, auf paarweise verschiedene Punkte der* $AM(\mathfrak{p})$ *abgebildet werden.*

Wenn etwa

$$\begin{aligned} &\varphi_0(\mathfrak{a}^{(1)}) : \varphi_1(\mathfrak{a}^{(1)}) : \ldots : \varphi_t(\mathfrak{a}^{(1)}) \\ &= \varphi_0(\mathfrak{a}^{(2)}) : \varphi_1(\mathfrak{a}^{(2)}) : \ldots : \varphi_t(\mathfrak{a}^{(2)}) \end{aligned} \tag{4.7}$$

gilt, so können wir nach dem vorausgehenden Hilfssatz eine ABELsche Funktion

$$f(\mathfrak{u}) = \frac{\psi(\mathfrak{u})}{\psi_0(\mathfrak{u})}$$

angeben, die in den Punkten (4.6) regulär ist:

$$\psi_0(\mathfrak{a}^{(j)}) \neq 0 , \qquad j=1,\ldots,s$$

*) Da $f(\mathfrak{u})$ meromorph ist, überträgt sich diese Beziehung von den regulären Stellen auch auf die Pole und Unbestimmtheitsstellen der Funktion (vgl. S. 258, Nr. 5). Da ferner die Menge der singulären Stellen von $f(\mathfrak{u})$ höchstens $(p-1)$-dimensional ist, kann man leicht diejenigen Werte von $\mathfrak{c}$ vermeiden, in denen $f(\mathfrak{a}+\mathfrak{c})$ oder $f(\mathfrak{b}+\mathfrak{c})$ singulär ist.

und in $\{\mathfrak{a}^{(1)}\}$, $\{\mathfrak{a}^{(2)}\}$ verschiedene Werte annimmt:

$$\psi(\mathfrak{a}^{(1)}) : \psi_0(\mathfrak{a}^{(1)}) \neq \psi(\mathfrak{a}^{(2)}) : \psi_0(\mathfrak{a}^{(2)}) .$$

Die erweiterte Darstellung

$$x_0 = \psi_0(\mathfrak{u})\,\varphi_0(\mathfrak{u}),\ x_1 = \psi_0(\mathfrak{u})\,\varphi_1(\mathfrak{u}),\ \ldots,\ x_t = \psi_0(\mathfrak{u})\,\varphi_t(\mathfrak{u}),\ x_{t+1} = \varphi_0(\mathfrak{u})\,\psi(\mathfrak{u})$$

bildet die beiden Punkte $\{\mathfrak{a}^{(1)}\}$ und $\{\mathfrak{a}^{(2)}\}$ auf verschiedene Punkte einer ABELschen Mannigfaltigkeit $AM(\mathfrak{p}^*)$ ab, deren Projektion die ursprüngliche Mannigfaltigkeit $AM(\mathfrak{p})$ ist.

Wenn man das der Reihe nach für jedes Paar $\{\mathfrak{a}^{(j)}\}$, $\{\mathfrak{a}^{(k)}\}$ aus (4.€) durchführt, kann man das Gewünschte in endlich vielen Schritten sicher erreichen.

Schon im vorausgehenden Abschnitt haben wir den folgenden Hilfssatz verwendet, dessen Beweis wir jetzt nachholen wollen:

3. Hilfssatz. *Eine irreduzible algebraische Mannigfaltigkeit $AM(\mathfrak{p})$, die durch ein p-dimensionales Primideal $\mathfrak{p}$ in $\mathfrak{C}[x_0, \ldots, x_t]$ definiert ist, ist abgeschlossen, homogen p-dimensional*) und zusammenhängend.*

Die Dimension eines homogenen Primideals $\mathfrak{p}$ ändert sich nämlich nicht bei linearen homogenen Transformationen der Variablen und beim Übergang zum Potenzreihenring**); daraus folgt, daß die (inhomogenen) Koordinaten aller Punkte der $AM(\mathfrak{p})$, die in der Umgebung eines bestimmten Punktes derselben liegen, algebraische Funktionen von p geeignet gewählten, algebraisch unabhängigen unter ihnen sind.

Daß eine algebraische Mannigfaltigkeit $AM(\mathfrak{p})$ eine *abgeschlossene* Punktmenge ist, folgt aus der Tatsache, daß sie die Nullstellenmenge von endlich vielen algebraischen Gleichungen ist, die man durch Nullsetzen der Basispolynome des Ideals $\mathfrak{p}$ erhält. Ist nämlich eine Folge von Punkten

$$\{x_0^{(\nu)}, x_1^{(\nu)}, \ldots, x_t^{(\nu)}\}, \qquad \nu = 1, 2, \ldots$$

gegeben, die eine oder mehrere algebraische Gleichungen befriedigen:

$$p(x_0^{(\nu)}, x_1^{(\nu)}, \ldots, x_t^{(\nu)}) = 0, \qquad \nu = 1, 2, \ldots$$

und gegen einen Grenzpunkt $\{\xi_0, \xi_1, \ldots, \xi_t\}$ konvergieren***):

$$\lim_{\nu\to\infty} x_j^{(\nu)} = \xi_j, \qquad j = 0, 1, \ldots, t,$$

so befriedigt auch der Grenzpunkt diese Gleichungen, weil das Limeszeichen

*) „Homogen p-dimensional" bedeutet: jeder Punkt der Mannigfaltigkeit ist in eine p-dimensionale Umgebung eingebettet, die ganz zur algebraischen Mannigfaltigkeit $AM(\mathfrak{p})$ gehört.

**) Vgl. W. GRÖBNER: s. Anm. 1, S. 140, dortselbst S. 148ff.

***) Daß die Koordinaten homogen sind, hindert nicht, die Limesgleichungen in dieser einfachen Form anzusetzen; man braucht sich nur eine passende Koordinate, etwa $x_0^{(\nu)} = 1$ normiert zu denken.

mit dem Funktionszeichen einer stetigen Funktion vertauschbar ist:

$$p(\xi_0, \xi_1, \dots, \xi_t) = p(\lim_{\nu\to\infty} x_0^{(\nu)}, \lim_{\nu\to\infty} x_1^{(\nu)}, \dots, \lim_{\nu\to\infty} x_t^{(\nu)})$$
$$= \lim_{\nu\to\infty} p(x_0^{(\nu)}, x_1^{(\nu)}, \dots, x_t^{(\nu)}) = 0.$$

Etwas schwieriger ist die letzte Behauptung, daß jede irreduzible algebraische Mannigfaltigkeit zusammenhängt, zu beweisen. Wir wollen dies zuerst für eine d-dimensionale Hyperfläche, die durch eine Form

$$\Phi(x_0, x_1, \dots, x_{d+1}) = 0 \tag{4.8}$$

definiert ist und auch reduzibel sein darf, beweisen.

Es seien nämlich zwei Punkte P und Q mit den Koordinaten:

$$P\{\xi_0, \xi_1, \dots, \xi_{d+1}\}, \quad Q\{\eta_0, \eta_1, \dots, \eta_{d+1}\} \tag{4.9}$$

gegeben, die auf der Hyperfläche liegen, also der Gleichung (4.8) genügen:

$$\Phi(\xi_0, \xi_1, \dots, \xi_{d+1}) = 0, \quad \Phi(\eta_0, \eta_1, \dots, \eta_{d+1}) = 0. \tag{4.10}$$

Dann, wollen wir zeigen, gibt es immer (komplexe) Funktionen

$$x_0(\tau), x_1(\tau), \dots, x_{d+1}(\tau) \tag{4.11}$$

einer reellen Variablen τ, die im Intervall $0 \leqq \tau \leqq 1$ stetig sind und in den Endpunkten mit den Koordinaten (4.9) der gegebenen Punkte P, Q übereinstimmen:

$$\begin{aligned} x_0(0) &= \xi_0, x_1(0) = \xi_1, \dots, x_{d+1}(0) = \xi_{d+1}, \\ x_0(1) &= \eta_0, x_1(1) = \eta_1, \dots, x_{d+1}(1) = \eta_{d+1}; \end{aligned} \tag{4.12}$$

sie stellen eine diese beiden Punkte verbindende stetige Weglinie*) dar, die ganz auf der Hyperfläche liegt, weil

$$\Phi(x_0(\tau), x_1(\tau), \dots, x_{d+1}(\tau)) \equiv 0 \quad \text{(identisch in } \tau) \tag{4.13}$$

gilt.

Wenn die Hyperfläche (4.8) irreduzibel ist, darf man darüber hinaus noch vorschreiben, daß die Weglinie (4.11) gewissen $(p-1)$-dimensionalen algebraischen Mannigfaltigkeiten ausweiche, d. h. eine Ungleichung

$$\Psi(x_0(\tau), x_1(\tau), \dots, x_d(\tau)) \neq 0 \quad \text{für } 0 \leqq \tau \leqq 1 \tag{4.14}$$

vorschreiben, in der Ψ eine beliebige, nur von $x_0, \dots, x_d$ abhängige Form bedeutet**).

Diese Behauptung ist sicher richtig im Falle $d = 1$, denn dann stellt $\Phi(x_0, x_1, x_2) = 0$ eine algebraische Kurve in der Ebene dar; ist sie

*) Das ist ein reell 1-dimensionales Gebilde; wir vermeiden die Benennung „Kurve", um Verwechslungen zu vermeiden. Eine (algebraische) Kurve auf der Hyperfläche ist von einem *komplexen* Parameter abhängig, also reell zweidimensional.

**) Natürlich muß Ψ so gegeben sein, daß (4.14) für $\tau = 0$ und $\tau = 1$ bereits erfüllt ist. Man darf auch eine Ungleichung

$$\Psi(x_0(\tau), x_1(\tau), \dots, x_{d+1}(\tau)) \neq 0 \quad \text{für } 0 \leqq \tau \leqq 1$$

vorschreiben, wenn nur das Polynom $\Psi(x_0, x_1, \dots, x_{d+1})$ prim zu $\Phi(x_0, x_1, \dots, x_{d+1})$ ist. Dann tritt nämlich ihre Resultante bezüglich x_{d+1} an die Stelle von (4.14).

irreduzibel, so wird die Gesamtheit ihrer reellen und komplexen Punkte durch eine RIEMANNsche Fläche verdeutlicht, welche bekanntlich zusammenhängend ist*). Daher können irgend zwei Punkte der Kurve bzw. der RIEMANNschen Fläche durch eine stetige, ganz auf der Fläche verlaufende Weglinie verbunden werden, und dies auch dann noch, wenn ein Verbot (4.14) besteht, gewisse Punkte auf der Fläche zu berühren, d. h. wenn eine Ungleichung $\Psi(x_0, x_1) \neq 0$ vorgeschrieben ist.

Wenn die Form $\Phi(x_0, x_1, x_2)$ reduzibel ist und daher mehrere irreduzible Kurven in der Ebene darstellt, so ist die zugehörige algebraische Mannigfaltigkeit immer noch zusammenhängend, denn jede einzelne irreduzible Kurve ist für sich zusammenhängend und untereinander sind sie durch die sicher vorhandenen gemeinsamen Schnittpunkte verbunden**). Jedoch kann die Weglinie hier gewissen Punkten, nämlich den eben genannten Schnittpunkten, nicht immer ausweichen.

Nun sei die Dimension der Hyperfläche (4.8) $d > 1$. Dann schreiben wir

$$\left.\begin{aligned} x_j &= \lambda_0 \xi_j + \lambda_1 \eta_j \,, \\ x_{d+1} &= \lambda_2 \end{aligned}\right\} \quad j = 0, 1, \ldots, d \tag{4.15}$$

mit komplexen Variablen $\lambda_0, \lambda_1, \lambda_2$. Damit wird aus (4.8) und (4.14):

$$\Phi(\lambda_0 \xi_0 + \lambda_1 \eta_0, \ldots, \lambda_0 \xi_d + \lambda_1 \eta_d, \lambda_2) = F(\lambda_0, \lambda_1, \lambda_2) = 0 \,, \tag{4.16}$$

$$\Psi(\lambda_0 \xi_0 + \lambda_1 \eta_0, \ldots, \lambda_0 \xi_d + \lambda_1 \eta_d) = G(\lambda_0, \lambda_1) \neq 0 \; ^{***}). \tag{4.17}$$

(4.16) bedeutet eine ebene Kurve in den Koordinaten $\lambda_0, \lambda_1, \lambda_2$; das ist die Schnittkurve der Hyperfläche (4.8) mit einer durch die Punkte P, Q parallel zur x_{d+1}-Achse gelegten Ebene. Sie ist wieder irreduzibel, wenn die Hyperfläche (4.8) irreduzibel ist und wenn die Punkte P, Q sowie das Koordinatensystem keine spezielle Lage haben+).

---

*) Vgl. etwa W. F. OSGOOD: Lehrbuch der Funktionentheorie. 1. Bd., 4. Aufl., S. 414. Leipzig: B. G. Teubner 1923.

Man kann den Beweis dafür, daß eine irreduzible Hyperfläche (4.8) zusammenhängt, ganz ähnlich auch für $d > 1$ mit funktionentheoretischen Mitteln führen, wenn man die zugehörige „RIEMANNsche Mannigfaltigkeit" einführt und beachtet, daß die Annahme, sie sei kein monogenes analytisches Gebilde, das Zerfallen der definierenden Gleichung (4.8) zur Folge hat. Dazu braucht man den Satz, daß *jede im erweiterten Raum meromorphe Funktion rational ist*; einen Beweis dafür siehe bei BEHNKE-THULLEN: Theorie der Funktionen mehrerer komplexer Veränderlichen. Berlin: Julius Springer 1934. S. 62.

**) Vgl. W. GRÖBNER: s. Anm. 1, S. 140, dortselbst S. 175.

***) Wir dürfen $\Psi(\xi) \neq 0$ und $\Psi(\eta) \neq 0$ voraussetzen; dann ist $G(\lambda_0, \lambda_1)$ sicher nicht identisch Null.

+) Einen Beweis für diese beinahe selbstverständliche, aber keineswegs einfach zu beweisende Tatsache siehe bei HODGE-PEDOE: Methods of algebraic geometry. Vol. II, S. 78ss. Cambridge: Univ. Press 1952.

Die vorausgesetzte „nicht spezielle" Lage der Punkte P und Q bereitet keine Schwierigkeit. Man braucht nur in der nächsten Umgehung von P bzw. Q je einen allgemeinen Punkt P^* bzw. Q^* zu wählen. Können P^* und Q^* durch eine Kurve verbunden werden, dann gilt offenbar dasselbe auch für P und Q.

Auf dieser Kurve liegen wegen (4.10) die beiden Punkte

$$P^*\{1, 0, \xi_{d+1}\}, \quad Q^*\{0, 1, \eta_{d+1}\}.$$

Sie können durch eine stetige Weglinie

$$\lambda_0(\tau), \lambda_1(\tau), \lambda_2(\tau), \qquad 0 \leqq \tau \leqq 1 \qquad (4.18)$$

verbunden werden, welche (4.16) und (4.17) erfüllt. Setzen wir diese Funktionen (4.18) in (4.15) ein, so folgt eine Weglinie (4.11) auf der Hyperfläche (4.8), welche die Punkte P, Q verbindet und (4.13—14) erfüllt *). Auch reduzible Hyperflächen sind zusammenhängende Punktgebilde, jedoch kann hier im allgemeinen keine Bedingung der Art (4.14) gesetzt werden.

Wir können dieses Ergebnis jetzt auf beliebige irreduzible**) algebraische Mannigfaltigkeiten erweitern. Sei $\mathfrak{p}$ das Primideal im homogenen Polynomring $\mathfrak{C}[x_0, x_1, \ldots, x_t]$, dessen Nullstellenmannigfaltigkeit $AM(\mathfrak{p})$ zu untersuchen ist; dann gibt es (bei genügend allgemeiner Lage des Koordinatensystems, d. h. nach einer genügend allgemeinen linearen homogenen Substitution der Variablen) eine „monoidale Primbasis“***)

$$\mathfrak{p} = (p_1, \ldots, p_r) : \Psi, \qquad \text{mit } r = t - d. \qquad (4.19)$$

Hier ist $p_1 = \Phi(x_0, \ldots, x_{d+1})$ eine irreduzible Form, die nur von den angegebenen Variablen abhängt; die weiteren Formen p_j haben die besondere Gestalt

$$p_j = g_j(x_0, \ldots, x_{d+1}) + x_{d+j} h_j(x_0, \ldots, x_d), \quad j = 2, \ldots, r. \qquad (4.20)$$

Ψ ist eine nur von $x_0, \ldots, x_d$ abhängige und daher gegen $\mathfrak{p}$ relativ prime Form, die ein Potenzprodukt aller Formen h_j ist. Die Existenz einer solchen Primbasis ist auch umgekehrt charakteristisch dafür, daß $\mathfrak{p}$ ein Primideal ist+).

Nun seien P und Q zwei Punkte auf der $AM(\mathfrak{p})$ mit den Koordinaten

$$P\{\xi_0, \xi_1, \ldots, \xi_t\}, \quad Q\{\eta_0, \eta_1, \ldots, \eta_t\}; \qquad (4.21)$$

*) Es könnten Zweifel entstehen, daß die Weglinie etwa durch die Unbestimmtheitsstelle $x_0 = x_1 = \cdots = x_{d+1} = 0$ hindurchführen könnte. Das kann aber mit Sicherheit ausgeschlossen werden, wenn die ersten $d+1$ Koordinaten $\xi_0, \ldots, \xi_d$ und $\eta_0, \ldots, \eta_d$ nicht proportional sind, was durch passende Numerierung der Variablen immer zu erreichen ist.

**) Reduzible algebraische Mannigfaltigkeiten brauchen nicht zusammenzuhängen, wie z. B. zwei windschiefe Geraden im S_3.

***) Vgl. W. Gröbner: s. Anm. 1, S. 140, dortselbst S. 108f.

+) Geometrisch bedeutet dies die Tatsache, daß jede irreduzible algebraische Mannigfaltigkeit, die keine Hyperfläche (Form) ist, „monoidal“ auf eine Hyperfläche projiziert werden kann; die Projektion wird durch die „Monoide“ (4.20) bestimmt und vermittelt eine im allgemeinen umkehrbar eindeutige Abbildung der $AM(\mathfrak{p})$ auf eine Hyperfläche $\Phi = 0$; diejenigen Punkte, in denen die Eineindeutigkeit gestört ist, werden durch das Verschwinden der Form Ψ ausgeschnitten.

hier dürfen wir voraussetzen, daß die ersten $d+1$ Koordinaten von P und Q weder gleichzeitig verschwinden, noch einander proportional sind (d. h. daß die Projektionen von P und Q auf der Hyperfläche $\Phi = 0$ nicht zusammenfallen) und daß die Form Ψ und damit auch alle Formen h_j von (4.20) in P und Q nicht verschwinden:

$$\Psi(\xi_0, \ldots, \xi_d) \neq 0, \quad \Psi(\eta_0, \ldots, \eta_d) \neq 0 .$$

Das kann immer durch eine vorausgeschickte, genügend allgemeine Variablentransformation erreicht werden oder auch dadurch, daß man die Punkte P und Q durch zwei ihnen benachbarte Punkte ersetzt.

Auf der irreduziblen Hyperfläche $\Phi = 0$ kann nach dem vorausgehenden Beweis eine die Punkte $P^*\{\xi_0, \ldots, \xi_{d+1}\}$, $Q^*\{\eta_0, \ldots, \eta_{d+1}\}$ verbindende Weglinie

$$x_0(\tau), \ldots, x_{d+1}(\tau), \qquad 0 \leqq \tau \leqq 1$$

gefunden werden, welche auch noch die Bedingung (4.14) erfüllt. Daher sind auch alle $h_j(x_0, \ldots, x_d) \neq 0$ und man kann aus den Gleichungen (4.20), $p_j = 0$, eindeutig die restlichen Koordinaten

$$x_{d+j}(\tau) = -g_j(x_0(\tau), \ldots, x_{d+1}(\tau)) : h_j(x_0(\tau), \ldots, x_d(\tau))$$

für $j = 2, \ldots, r$ berechnen; diese zeichnen mit den ersten zusammen eine stetige, die Punkte P und Q auf der $AM(\mathfrak{p})$ verbindende Weglinie auf.

Damit ist der allgemeine Nachweis dafür, daß *jede irreduzible algebraische Mannigfaltigkeit über dem komplexen Zahlkörper zusammenhängend ist,* erbracht*).

5. Die PICARDsche Mannigfaltigkeit. Wir betrachten jetzt eine p-dimensionale ABELsche Mannigfaltigkeit W_p in einem projektiven Raum S_t, die in Parameterform durch die Gleichungen

$$x_0 = \varphi_0(\mathbf{u}), \; x_1 = \varphi_1(\mathbf{u}), \ldots, x_t = \varphi_t(\mathbf{u}) \tag{5.1}$$

mittels gleichändriger intermediärer Funktionen, die zu einer RIEMANNschen Matrix $\boldsymbol{\Omega}$ gehören, dargestellt wird. Über die Existenz dieser Mannigfaltigkeiten haben wir im Abschnitt Nr. 2 und 3 dieses Kapitels gesprochen. Von den homogenen Koordinaten kann man, wie dort gezeigt wurde, immer leicht zu einer Darstellung in inhomogenen Koordinaten (2.2) mittels ABELscher Funktionen aus dem zu $\boldsymbol{\Omega}$ gehörenden Funktionenkörper $\mathfrak{K}$ übergehen und umgekehrt.

Einem „allgemeinen"**) Punkt $\{\mathbf{u}\}$ des Periodenparallelotops $\mathfrak{F}$ entspricht vermöge (5.1) *eindeutig* ein Punkt P auf der ABELschen

*) Einen anderen Beweis siehe bei VAN DER WAERDEN: Über irreduzible algebraische Mannigfaltigkeiten. Math. Ann. **108**, 694—698 (1933), mit der dort angegebenen Literatur.

**) Das heißt mit Ausnahme der Unbestimmtheitspunkte; wir dürfen übrigens nach den Überlegungen in Abschnitt Nr. 3 voraussetzen, daß solche Punkte nicht auftreten.

Mannigfaltigkeit W_p; umgekehrt dagegen kann dieser Punkt P auch noch von anderen Punkten $\{\mathfrak{u}\}$ in $\mathfrak{F}$ herrühren. Von vornherein können wir jedoch ausschließen, daß diese Punkte eine stetige Mannigfaltigkeit in $\mathfrak{F}$ erfüllen, denn die Umgebung eines allgemeinen Punktes von $\mathfrak{F}$ wird nach Satz 2 in Nr. 2, S. 145, umkehrbar eindeutig auf die Umgebung des Bildpunktes P in W_p abgebildet.

Die Menge der inkongruenten Punkte $\{\mathfrak{u}^{(1)}\}, \ldots, \{\mathfrak{u}^{(s)}\}, \ldots$, welche vermöge (5.1) auf denselben Punkt P in W_p abgebildet werden, ist also sicher diskret; dann folgt aber aus dem Hilfssatz 1 des vorausgehenden Abschnittes, daß es überhaupt nur endlich viele Punkte sein können; andernfalls nämlich würden die intermediären Funktionen

$$x_j\,\varphi_k(\mathfrak{u}) - x_k\,\varphi_j(\mathfrak{u})\,, \qquad j, k = 0, 1, \ldots, t$$

nach diesem Hilfssatz auf einer mindestens eindimensionalen Mannigfaltigkeit in $\mathfrak{F}$ verschwinden, die vermöge (5.1) auf denselben Punkt $P\{x_0, \ldots, x_t\}$ in W_p abgebildet würde, im Widerspruch zu der eben gemachten Feststellung*).

Nach dem Zusatz von S. 151 können wir daher die Parameterdarstellung (5.1) uns so vervollständigt denken, daß ein allgemein gewählter Punkt $\{\mathfrak{u}\}$ von $\mathfrak{F}$ auf einen Punkt P von W_p abgebildet wird, der von keinem weiteren inkongruenten Punkt $\{\mathfrak{u}\}$ in $\mathfrak{F}$ geliefert wird. Wegen der Stetigkeit der Abbildung können wir Analoges von allen Punkten einer p-dimensionalen Umgebung von $\{\mathfrak{u}\}$ in $\mathfrak{F}$ und von P in W_p sagen. Dann gilt dasselbe aber auch schon für fast alle Punkte von $\mathfrak{F}$ und W_p, denn diejenigen Punkte, die einander nicht umkehrbar eindeutig entsprechen, bilden Ausnahmsmannigfaltigkeiten geringerer Dimension.

Das können wir durch eine ähnliche Überlegung wie in Nr. 3 einsehen. Es bedeute nämlich W_1 die Menge der Punkte in $\mathfrak{F}$, denen ihr Bildpunkt auf W_p umkehrbar eindeutig entspricht, W_s die Restmenge**). W_1 hat, wie bereits festgestellt wurde, die Dimension p; hätte auch die Menge W_s die Dimension p, so müßte sie von W_1 durch eine Menge von Randpunkten der reellen Dimension $2p - 1$ getrennt werden; eine solche Menge von Randpunkten kann aber, wie wir in Nr. 3 gesehen haben, nicht existieren.

Einem allgemein gewählten Punkt $\{\mathfrak{u}\}$ von $\mathfrak{F}$ entspricht also umkehrbar eindeutig ein Punkt $P\{x_0, \ldots, x_t\}$ auf W_p, d. h. die *Korrespondenz* zwischen den Punkten von $\mathfrak{F}$ und W_p ist im allgemeinen eineindeutig:

*) In speziellen Punkten von $\mathfrak{F}$ bzw. von W_p, die auf Ausnahmsmannigfaltigkeiten geringerer Dimension liegen, braucht dies nicht zu gelten. Wenn im allgemeinen etwa s Punkte von $\mathfrak{F}$ denselben Punkt auf W_p liefern, so können auf diesen Ausnahmsmannigfaltigkeiten mehr als s Punkte, sogar unendlich viele Punkte $\{\mathfrak{u}\}$ auf denselben Punkt von W_p abgebildet werden.

**) Das Auftreten von Unbestimmtheitspunkten dürfen wir ausschließen.

Die Parameterdarstellung (5.1) *liefert, wenn die intermediären Funktionen desselben Typus* $\varphi_0(\mathfrak{u}), \ldots, \varphi_t(\mathfrak{u})$ *den angegebenen Bedingungen entsprechend gewählt wurden, eine irreduzible* p*-dimensionale algebraische Mannigfaltigkeit* V_p, *deren Punkte im allgemeinen eineindeutig den Punkten des Periodenparallelotops* $\mathfrak{F}$ *entsprechen. Das ist eine spezielle* ABEL*sche Mannigfaltigkeit, die in* (1, 1)*-Korrespondenz zum Periodenparallelotop* $\mathfrak{F}$ *steht und „*PICARD*sche Mannigfaltigkeit" genannt wird.*

Diese Definition legt die PICARDsche Mannigfaltigkeit V_p nur bis auf birationale Äquivalenz fest, d. h. jede durch eine birationale Transformation aus V_p hervorgehende algebraische Mannigfaltigkeit ist ebenfalls eine PICARDsche Mannigfaltigkeit, die zur gleichen RIEMANNschen Matrix $\boldsymbol{\Omega}$ und zum ABELschen Funktionenkörper $\mathfrak{K}$ gehört*).

Wir können hinzufügen, daß der verallgemeinerte Torus, den das Periodenparallelotop nach Identifizierung einander kongruenter Randpunkte darstellt (vgl. S. 118), als „RIEMANNsche Mannigfaltigkeit" der PICARDschen Mannigfaltigkeit V_p angesehen werden kann; denn der Torus ist eine geschlossene Mannigfaltigkeit von $2p$ reellen Dimensionen, deren Punkte den reellen und komplexen Punkten von V_p entsprechen. Allerdings ist die Korrespondenz zwischen V_p und $\mathfrak{F}$ erst als eine „im allgemeinen eineindeutige" festgestellt worden; damit das genau stimmt, müßte sie ausnahmslos eineindeutig und stetig sein.

Da ist es nun wichtig klarzustellen, daß man bei geeigneter Wahl der intermediären Funktionen in der Parameterdarstellung (5.1) immer erreichen kann, daß diese Korrespondenz ausnahmslos eineindeutig ist; man erhält dann ein spezielles „projektives Modell" der PICARDschen Mannigfaltigkeit V_p, dessen Punkte ausnahmslos umkehrbar eindeutig den Punkten des Periodenparallelotops $\mathfrak{F}$ entsprechen und das außerdem die Eigenschaft besitzt, singularitätenfrei zu sein.

6. Konstruktion eines singularitätenfreien Modells der PICARDschen Mannigfaltigkeit).** Unter allen PICARDschen Mannigfaltigkeiten, das sind ABELsche Mannigfaltigkeiten, die in (1, 1)-Korrespondenz zum

*) Vgl. S. 165, Satz 2 und S. 230.

) Den hier folgenden Beweis für die Existenz eines singularitätenfreien Modells verdanken wir einer freundlichen brieflichen Mitteilung von C. L. SIEGEL in Göttingen, der uns auch auf den von A. WEIL in seiner These: L'arithmétique sur les courbes algébriques, Acta math. **52, 281—315 (1929), angegebenen Beweis aufmerksam machte. Der Beweis von SIEGEL benutzt denselben Ansatz, ist aber allgemeiner als derjenige von WEIL, der sich nur auf JACOBIsche Mannigfaltigkeiten bezieht und daher die Theorie der ABELschen Integrale auf algebraischen Kurven des Geschlechtes p benutzt. Vgl. auch den topologisch geführten Beweis von S. LEFSCHETZ: On certain numerical invariants of algebraic varieties with application to Abelian varieties, Trans. Amer. Math. Soc. **22**, 327—482 (1921), und L'Analysis situs et la géométrie algébrique. Kap. VI, Nr. 12. Paris 1924. Einen neueren Beweis für Körper beliebiger Charakteristik gibt I. BARSOTTI: A note on Abelian varieties. Rend. Circolo Mat. Palermo (II) **2**, 236—257 (1954).

Periodenparallelotop stehen, werden diejenigen für uns besonders interessant und aufschlußreich sein, bei denen diese Korrespondenz ausnahmslos eineindeutig ist. Die folgenden Untersuchungen werden oft dadurch bedeutend erleichtert werden, daß wir uns auf ein derartiges besonderes Modell der PICARDschen Mannigfaltigkeit beziehen können, das dann notwendig auch singularitätenfrei ist. Aber zunächst ist es noch nicht klar, ob es überhaupt derartige Modelle gibt, und es ist daher unsere nächste Aufgabe, ihre Existenz sicherzustellen, indem wir eine Konstruktion dafür angeben und zeigen, daß sie die verlangten Eigenschaften aufweist.

Es sei $\boldsymbol{\Omega}$ eine RIEMANNsche Matrix der Ordnung p, zu der ein ABELscher Funktionenkörper $\mathfrak{K}$ der komplexen Variablen $u_1, \ldots, u_p$ gehört. Da zu $\mathfrak{K}$ eine ganze Klasse von äquivalenten RIEMANNschen Matrizen gehört (vgl. S. 121), dürfen wir $\boldsymbol{\Omega}$ in der Normalform (34.5) von S. 91

$$\boldsymbol{\Omega} = (\pi i \mathbf{B}^{-1}, \mathbf{A}) \tag{6.1}$$

mit der zugehörigen Prinzipalmatrix

$$\mathbf{P} = \begin{pmatrix} 0 & \mathbf{B} \\ -\mathbf{B} & 0 \end{pmatrix}$$

voraussetzen.

Das Periodizitätsverhalten der zugehörigen intermediären Funktionen ist durch die zweite Periodenmatrix $\boldsymbol{\Lambda}$ und den Parametervektor $\boldsymbol{\gamma}$ gemäß Formel (25.2), S. 56 beschrieben:

$$\boldsymbol{\Lambda} = \left(0, -\frac{n}{\pi i}\mathbf{E}\right), \quad \tilde{\boldsymbol{\gamma}} = \left(0, -\frac{n}{2\pi i}\operatorname{Sp}(\mathbf{A})^T\right), \tag{6.2}$$

wobei n alle natürlichen, durch β_p teilbaren Zahlen durchläuft:

$$n = l\,\beta_p, \qquad l = 1, 2, \ldots \tag{6.3}$$

Nach dem Satz 2 von S. 98 gibt es dann für jeden Index n insgesamt

$$|\delta| = \frac{n^p}{|\mathbf{B}|} = l^p \frac{\beta_p\,\beta_p \ldots \beta_p}{\beta_1\,\beta_2 \ldots \beta_p}$$

linear unabhängige intermediäre Funktionen der Ordnung n, die sich durch die Thetafunktionen n-ter Ordnung $\Theta_n[\mathfrak{g}](\mathbf{u})$ darstellen lassen; wir setzen $|\delta| = t + 1$ und bezeichnen diese Thetafunktionen kurz mit

$$\Theta^{(0)}(\mathbf{u}), \Theta^{(1)}(\mathbf{u}), \ldots, \Theta^{(t)}(\mathbf{u}). \tag{6.4}$$

Jede gleichändrige intermediäre Funktion $\Phi(\mathbf{u})$ läßt sich linear durch diese ausdrücken:

$$\Phi(\mathbf{u}) = c_0\Theta^{(0)}(\mathbf{u}) + c_1\Theta^{(1)}(\mathbf{u}) + \cdots + c_t\Theta^{(t)}(\mathbf{u}) \tag{6.5}$$

mit Koeffizienten c_j, die von den $\mathbf{u}$ unabhängig sind. Wir wollen den folgenden Satz beweisen:

Die Parameterdarstellung (im projektiven Raum S_t)

$$x_0 = \Theta^{(0)}(\mathbf{u}), \; x_1 = \Theta^{(1)}(\mathbf{u}), \ldots, \; x_t = \Theta^{(t)}(\mathbf{u}) \tag{6.6}$$

liefert, wenn $n \geqq 3\,\beta_p$ *gewählt ist, eine zum* ABELschen *Funktionenkörper* $\mathfrak{K}$ *gehörige* PICARDsche *Mannigfaltigkeit* V_p, *die frei von Singularitäten ist und deren Punkte in ausnahmslos eineindeutiger Korrespondenz zu den Punkten des Periodenparallelotops* $\mathfrak{F}$ *stehen.*

Das wird nach unseren in Abschnitt Nr. 2 und 3 durchgeführten Überlegungen dann bewiesen sein, wenn wir zeigen:

a) daß die JACOBIsche Matrix (2.12):

$$J = \begin{pmatrix} \Theta^{(0)}, & \Theta^{(1)}, & \ldots, & \Theta^{(t)} \\ \ldots & \ldots & \ldots & \ldots \\ \dfrac{\partial \Theta^{(0)}}{\partial u_j}, & \dfrac{\partial \Theta^{(1)}}{\partial u_j}, & \ldots, & \dfrac{\partial \Theta^{(t)}}{\partial u_j} \\ \ldots & \ldots & \ldots & \ldots \end{pmatrix} \tag{6.7}$$

in jedem Punkt von $\mathfrak{F}$ den Rang $p+1$ besitzt*); daraus folgt gleichzeitig, daß die Funktionen $\Theta^{(k)}(\mathbf{u})$ keine gemeinsame Nullstelle besitzen, d. h. die Parameterdarstellung (6.6) keine Unbestimmtheitspunkte aufweist;

b) daß zwei inkongruente Punkte von $\mathfrak{F}$ immer auf zwei voneinander verschiedene Punkte von V_p abgebildet werden.

Wir beweisen diese beiden Tatsachen zunächst für $n = 3\,\beta_p$ und werden später die Verallgemeinerung auf $n > 3\,\beta_p$ vornehmen.

Beweis für a): Wir setzen in (6.3) $l=1$, $n=\beta_p$ und wählen nach Formel (35.13) von S. 95 eine intermediäre Funktion

$$\varphi(\mathbf{u}) = \sum_{\mathbf{g}} C_{\mathbf{g}}\, \Theta_{\beta_p}[\mathbf{g}]\,(\mathbf{u})\,, \tag{6.8}$$

summiert über alle ganzzahligen p-Vektoren

$$\mathbf{g} = (g_1, g_2, \ldots, g_p), \qquad 0 \leqq g_j < \frac{\beta_p}{\beta_j}\,,$$

mit willkürlichen Koeffizienten $C_{\mathbf{g}}$ und bilden damit die Funktion

$$\Phi(\mathbf{u};\mathbf{v};\mathbf{w}) = \varphi(\mathbf{u}+\mathbf{v})\,\varphi(\mathbf{u}+\mathbf{w})\,\varphi(\mathbf{u}-\mathbf{v}-\mathbf{w})\;; \tag{6.9}$$

hier bedeuten $\mathbf{v}$ und $\mathbf{w}$ sowie $\mathbf{u}$ unabhängig variable komplexe p-Vektoren. Als Funktion der $\mathbf{u}$ ist $\Phi(\mathbf{u};\mathbf{v};\mathbf{w})$ eine intermediäre Funktion vom Typus der Thetafunktionen (6.4) mit $n=3\,\beta_p$ (vgl. S. 105). Daher kann $\Phi(\mathbf{u};\mathbf{v};\mathbf{w})$ in der Gestalt (6.5) dargestellt werden mit Koeffizienten c_j, die von den Variablen $\mathbf{v}$, $\mathbf{w}$, aber nicht von den $\mathbf{u}$ abhängen.

Wir wollen nun, entgegen unserer Behauptung, annehmen, daß die Matrix J in einem Punkte $\{\mathbf{u}^*\}$ von $\mathfrak{F}$ einen Rang $<p+1$ habe; dann gibt es nach bekannten Sätzen der linearen Algebra Zahlen

*) Da $\mathfrak{F}$ selbst eine geschlossene singularitätenfreie Mannigfaltigkeit ist, folgt hieraus dasselbe für V_p.

$a_0, a_1, \ldots, a_p$, die nicht sämtlich verschwinden und die Relationen

$$a_0\Theta^{(k)}(\mathbf{u}^*) = a_1 \frac{\partial\Theta^{(k)}}{\partial u_1}(\mathbf{u}^*) + \cdots + a_p \frac{\partial\Theta^{(k)}}{\partial u_p}(\mathbf{u}^*), \quad k = 0, 1, \ldots, t. \tag{6.10}$$

an der Stelle $\{\mathbf{u}^*\}$ erfüllen. Da, wie eben bemerkt, $\Phi(\mathbf{u}; \mathbf{v}; \mathbf{w})$ sich in der Gestalt (6.5) mit von $\mathbf{u}$ unabhängigen Koeffizienten darstellen läßt, überträgt sich diese Beziehung unmittelbar auf $\Phi(\mathbf{u}; \mathbf{v}; \mathbf{w})$:

$$a_0\Phi(\mathbf{u}^*; \mathbf{v}; \mathbf{w}) = a_1 \frac{\partial\Phi}{\partial u_1}(\mathbf{u}^*; \mathbf{v}; \mathbf{w}) + \cdots + a_p \frac{\partial\Phi}{\partial u_p}(\mathbf{u}^*; \mathbf{v}; \mathbf{w}). \tag{6.11}$$

Wir werden jetzt zeigen, daß diese Relation bei variablen $\mathbf{v}$, $\mathbf{w}$ nur bestehen kann, wenn die Zahlen $a_0 = a_1 = \cdots = a_p = 0$ sind; das steht in Widerspruch zur Annahme, daß J in $\{\mathbf{u}^*\}$ einen Rang $< p + 1$ habe, d. h. diese Annahme ist falsch. Um dies einzusehen, führen wir die Funktion

$$h(\mathbf{u}) = a_1 \frac{\partial \log\varphi(\mathbf{u})}{\partial u_1} + \cdots + a_p \frac{\partial \log\varphi(\mathbf{u})}{\partial u_p} \tag{6.12}$$

ein, für die aus (6.9) folgt:

$$\begin{aligned} &h(\mathbf{u}+\mathbf{v}) + h(\mathbf{u}+\mathbf{w}) + h(\mathbf{u}-\mathbf{v}-\mathbf{w}) \\ &\quad = \sum a_j \frac{\partial}{\partial u_j} \log[\varphi(\mathbf{u}+\mathbf{v})\,\varphi(\mathbf{u}+\mathbf{w})\,\varphi(\mathbf{u}-\mathbf{v}-\mathbf{w})] \\ &\quad = \frac{1}{\Phi}\sum a_j \frac{\partial\Phi}{\partial u_j}, \end{aligned}$$

also für $\mathbf{u} = \mathbf{u}^*$ wegen (6.11)

$$h(\mathbf{u}^* + \mathbf{v}) + h(\mathbf{u}^* + \mathbf{w}) + h(\mathbf{u}^* - \mathbf{v} - \mathbf{w}) = a_0. \tag{6.13}$$

Nun sind die Funktionen $\varphi(\mathbf{u}^* + \mathbf{v})$, $\varphi(\mathbf{u}^* + \mathbf{w})$, $\varphi(\mathbf{u}^* - \mathbf{v} - \mathbf{w})$ der Variablen $\mathbf{v}$, $\mathbf{w}$, $\mathbf{v} + \mathbf{w}$ ganze Funktionen, die offenbar, da sie von verschiedenen Variablen abhängen, überall teilerfremd sind*). Beachtet man nun, daß zufolge (6.12) $\varphi(\mathbf{u})\,h(\mathbf{u})$ eine ganze Funktion ist, und multipliziert die Gleichung (6.13) mit $\varphi(\mathbf{u}^* + \mathbf{w})\,\varphi(\mathbf{u}^* - \mathbf{v} - \mathbf{w})$, so sieht man, daß auch $h(\mathbf{u}^* + \mathbf{v})\,\varphi(\mathbf{u}^* + \mathbf{w})\,\varphi(\mathbf{u}^* - \mathbf{v} - \mathbf{w})$ eine ganze Funktion der Variablen $\mathbf{v}$, $\mathbf{w}$ ist, was nur dann wahr sein kann, wenn bereits $h(\mathbf{u}^* + \mathbf{v})$ selbst eine ganze Funktion der $\mathbf{v}$, also auch $h(\mathbf{u})$ *eine ganze Funktion der* $\mathbf{u}$ *ist**).

Aus den Periodizitätseigenschaften der intermediären Funktion $\varphi(\mathbf{u})$, (6.1—2) mit $n = \beta_p$, folgt für die Funktion $h(\mathbf{u})$ das Verhalten:

$$\left.\begin{aligned} h(\mathbf{u} + \pi i \mathbf{B}^{-1}\mathbf{e}_k) &= h(\mathbf{u}), \\ h(\mathbf{u} + \mathbf{A}\mathbf{e}_k) &= h(\mathbf{u}) - 2\,\beta_p a_k, \end{aligned}\right. \quad k = 1, 2, \ldots, p. \tag{6.14}$$

Die Ableitungen von $h(\mathbf{u})$ sind demnach ganze, periodische Funktionen und als solche nach dem Satz von LIOUVILLE**) konstant. $h(\mathbf{u})$ selbst

*) Vgl. S. 252 ff.

**) Vgl. S. 262, Satz 3.

kann daher als ganze lineare Funktion angesetzt werden:

$$h(\mathbf{u}) = h_0 + h_1 u_1 + \cdots + h_p u_p .$$

Aus den ersten Gleichungen (6.14) folgt $h_1 = \cdots = h_p = 0$, aus den letzten aber $a_1 = \cdots = a_p = 0$, und schließlich aus (6.11), weil $\Phi(\mathbf{u}^*; \mathbf{v}; \mathbf{w})$ keine identisch verschwindende Funktion ist, auch $a_0 = 0$, womit der angekündigte Widerspruch aufgezeigt ist.

Beweis für b): Wir nehmen wieder an, unsere Behauptung sei nicht richtig, und es gebe zwei inkongruente Punkte $\{\mathbf{u}^{(1)}\}$ und $\{\mathbf{u}^{(2)}\}$ in $\mathfrak{F}$, die auf denselben Punkt von V_p abgebildet werden. Dann muß es eine Zahl $\varrho \neq 0$ geben, die

$$\Theta^{(k)}(\mathbf{u}^{(1)}) = \varrho\, \Theta^{(k)}(\mathbf{u}^{(2)}) \qquad \text{für } k = 0, 1, \ldots, t$$

erfüllt, so daß wegen (6.5)

$$\frac{\Phi(\mathbf{u}^{(1)}; \mathbf{v}; \mathbf{w})}{\Phi(\mathbf{u}^{(2)}; \mathbf{v}; \mathbf{w})} = \frac{\varphi(\mathbf{u}^{(1)} + \mathbf{v})\, \varphi(\mathbf{u}^{(1)} + \mathbf{w})\, \varphi(\mathbf{u}^{(1)} - \mathbf{v} - \mathbf{w})}{\varphi(\mathbf{u}^{(2)} + \mathbf{v})\, \varphi(\mathbf{u}^{(2)} + \mathbf{w})\, \varphi(\mathbf{u}^{(2)} - \mathbf{v} - \mathbf{w})} = \varrho , \tag{6.15}$$

und zwar für variable $\mathbf{v}$, $\mathbf{w}$ gilt. Wie oben schließen wir aus dem Umstande, daß je zwei nicht übereinanderstehende Faktoren dieses Bruches überall teilerfremd sind, daß

$$\frac{\varphi(\mathbf{u}^{(1)} + \mathbf{v})}{\varphi(\mathbf{u}^{(2)} + \mathbf{v})}$$

eine ganze, nie verschwindende Funktion der Variablen $\mathbf{v}$ ist. Schreiben wir nun noch

$$\mathbf{u}^{(2)} - \mathbf{u}^{(1)} = \mathbf{u}^* , \quad \mathbf{u}^{(1)} + \mathbf{v} = \mathbf{u} ,$$

so können wir sagen, daß die Funktion

$$\psi(\mathbf{u}) = \log \frac{\varphi(\mathbf{u})}{\varphi(\mathbf{u}^* + \mathbf{u})} \tag{6.16}$$

überall eindeutig und analytisch*), also wieder eine *ganze* Funktion der komplexen Variablen $\mathbf{u}$ ist.

Aus den Periodizitätseigenschaften von $\varphi(\mathbf{u})$ folgt nun wieder für $\psi(\mathbf{u})$ das Verhalten**)

$$\psi(\mathbf{u} + \pi i \mathbf{B}^{-1} \mathbf{e}_k) = \psi(\mathbf{u}) + 2\pi i b_k , \tag{6.17a}$$

$$\psi(\mathbf{u} + \mathbf{A} \mathbf{e}_k) = \psi(\mathbf{u}) + 2n\, u_k^* + 2\pi i d_k, \qquad k = 1, \ldots, p \tag{6.17b}$$

mit ganzen rationalen Zahlen b_k, d_k und $n = \beta_p$. So wie vorhin folgt

*) Der Logarithmus ist zwar eine unendlich vieldeutige Funktion; da aber $\varphi(\mathbf{u})/\varphi(\mathbf{u}^* + \mathbf{u})$ überall analytisch ist und nirgends Null wird, kann man den Wert des Logarithmus an einer bestimmten Stelle irgendwie festsetzen und dann dieses Funktionselement über den gesamten $\mathbf{u}$-Raum analytisch und eindeutig fortsetzen. Vgl. auch S. 248, Satz 4.

**) Aus den Formeln (6.1—2); jedoch ist hier im Gegensatz zu (6.14) zu beachten, daß die Bestimmung des Logarithmus beim Übergang zur anderen Seite sich geändert haben kann: daher die Zusatzglieder $2\pi i b_k$ und $2\pi i d_k$.

daraus wieder, daß die Ableitungen von $\psi(\mathbf{u})$ periodische ganze Funktionen und als solche nach dem LIOUVILLEschen Satz konstant sind. Daher ist $\psi(\mathbf{u})$ eine ganze lineare Funktion, die wir mit Verwendung eines p-Vektors $\tilde{\mathbf{h}} = (h_1, \ldots, h_p)$ so schreiben können:

$$\psi(\mathbf{u}) = h_0 + \tilde{\mathbf{h}}\mathbf{B}\mathbf{u}\,.$$

Die Gleichungen (6.17a) ergeben nun:

$$\psi(\mathbf{u} + \pi i\mathbf{B}^{-1}\mathbf{e}_k) - \psi(\mathbf{u}) = \tilde{\mathbf{h}}\mathbf{B}\pi i\mathbf{B}^{-1}\mathbf{e}_k = \pi i\tilde{\mathbf{h}}\mathbf{e}_k = 2\pi i b_k\,, \qquad k = 1, \ldots, p\,;$$

also ist

$$\tilde{\mathbf{h}} = 2\tilde{\mathbf{b}} = 2(b_1, \ldots, b_p)$$

mit ganzzahligen b_k. Dann folgt aus den Relationen (6.17b):

$$\psi(\mathbf{u} + \mathbf{A}\mathbf{e}_k) - \psi(\mathbf{u}) = 2\,\tilde{\mathbf{b}}\mathbf{B}\mathbf{A}\mathbf{e}_k = 2nu_k^* + 2\pi i d_k\,, \qquad k = 1, 2, \ldots, p\,;$$

das ergibt zusammengesetzt und transponiert:

$$n\mathbf{u}^* = \mathbf{A}\mathbf{B}\mathbf{b} - \pi i\,\mathbf{d}\,, \tag{6.18}$$

wo $\tilde{\mathbf{d}} = (d_1, \ldots, d_p)$ ein ganzzahliger p-Vektor ist.

Aus (6.16) folgern wir jetzt:

$$\varphi(\mathbf{u}) = e^{\psi(\mathbf{u})}\,\varphi(\mathbf{u}^* + \mathbf{u}) = e^{h_0 + 2\tilde{\mathbf{b}}\mathbf{B}\mathbf{u}}\,\varphi(\mathbf{u}^* + \mathbf{u})$$

und benutzen die Darstellung (6.8):

$$\sum_{\mathbf{g}} C_{\mathbf{g}}\,\Theta_n[\mathbf{g}]\,(\mathbf{u}) = e^{h_0}\sum_{\mathbf{g}} C_{\mathbf{g}}\,\Theta_n[\mathbf{g}]\,(\mathbf{u}^* + \mathbf{u})\cdot e^{2\tilde{\mathbf{b}}\mathbf{B}\mathbf{u}}. \tag{6.19}$$

Mit Hilfe der Reihenentwicklung (36.1) von S. 96 berechnen wir nun:

$$\begin{aligned}\Theta_n[\mathbf{g}]\,(\mathbf{u}^* + \mathbf{u})\cdot e^{2\tilde{\mathbf{b}}\mathbf{B}\mathbf{u}} &= \sum_{\mathbf{m}} e^{\left(\tilde{\mathbf{m}} + \frac{1}{n}\tilde{\mathbf{g}}\mathbf{B}\right) n\left[\mathbf{A}\left(\mathbf{m} + \frac{1}{n}\mathbf{B}\mathbf{g}\right) + 2\mathbf{u} + 2\mathbf{u}^*\right] + 2\mathbf{b}\mathbf{B}\mathbf{u}} \\ &= \sum_{\mathbf{m}} e^{\left(\mathbf{m} + \frac{1}{n}\tilde{\mathbf{g}}_1\mathbf{B}\right) n\left[\mathbf{A}\left(\mathbf{m} + \frac{1}{n}\mathbf{B}\mathbf{g}_1\right) + 2\mathbf{u}\right] - \frac{1}{n}\tilde{\mathbf{b}}\mathbf{B}\mathbf{A}\mathbf{B}\mathbf{b} - 2\pi i\left(\tilde{\mathbf{m}} + \frac{1}{n}\tilde{\mathbf{g}}\mathbf{B}\right)\mathbf{d}}\,,\end{aligned}$$

wo $\mathbf{g}_1 = \mathbf{g} + \mathbf{b}$ gesetzt und für $\mathbf{u}^*$ die Formel (6.18) benutzt wurde.

Wir führen diese Reihenentwicklungen in (6.19) ein und setzen die beiderseitig einander entsprechenden FOURIER-Koeffizienten gleich; das gibt nach kurzer Rechnung*):

$$\frac{C_{\mathbf{g}+\mathbf{b}}}{C_{\mathbf{g}}} = e^{h_0 - \frac{1}{n}\tilde{\mathbf{b}}\mathbf{B}\mathbf{A}\mathbf{B}\mathbf{b} - \frac{2\pi i}{n}\tilde{\mathbf{g}}\mathbf{B}\mathbf{d}}\,,$$

*) Man beachte die mit der Reihenentwicklung (36.1), S. 96, leicht zu verifizierende Formel

$$\Theta_n[\mathbf{g} + n\mathbf{B}^{-1}\varkappa]\,(\mathbf{u}) = \Theta_n[\mathbf{g}]\,(\mathbf{u})$$

für jeden ganzzahligen p-Vektor $\varkappa$. Man darf also den p-Vektor $\mathbf{g}$ nach dem Modul $n\mathbf{B}^{-1}$ reduzieren. Vgl. (40.16), S. 115.

eine Beziehung, welche für jeden ganzzahligen Vektor $\mathbf{g}$ und für willkürlich gewählte Koeffizienten $C_{\mathbf{g}}$ richtig bleiben muß. Das ist nur dann möglich, wenn immer $C_{\mathbf{g}+\mathbf{b}} = C_{\mathbf{g}}$, d. h. wenn

$$\mathbf{b} = n\mathbf{B}^{-1}\boldsymbol{\varkappa} \tag{6.20}$$

mit einem ganzzahligen p-Vektor $\boldsymbol{\varkappa}$ gilt. Dann folgt aber

$$\frac{C_{\mathbf{g}+\mathbf{b}}}{C_{\mathbf{g}}} = 1 = e^{h_0 - n\tilde{\varkappa}\mathbf{A}\varkappa - \frac{2\pi i}{n}\tilde{\mathbf{g}}\mathbf{B}\mathbf{d}}$$

gültig für alle ganzzahligen p-Vektoren $\mathbf{g}$; dann muß aber notwendig

$$\frac{1}{n}\mathbf{B}\mathbf{d} = \boldsymbol{\lambda} \tag{6.21}$$

ein ganzzahliger p-Vektor sein. (6.18), (6.20) und (6.21) ergeben zusammen

$$\mathbf{u}^* = \frac{1}{n}\mathbf{A}\mathbf{B}\mathbf{b} - \frac{\pi i}{n}\mathbf{d} = \mathbf{A}\boldsymbol{\varkappa} - \pi i\mathbf{B}^{-1}\boldsymbol{\lambda},$$

mit ganzzahligen p-Vektoren $\boldsymbol{\varkappa}, \boldsymbol{\lambda}$; das sagt aber aus, daß $\mathbf{u}^* = \mathbf{u}^{(2)} - \mathbf{u}^{(1)}$ eine Periode der von $\boldsymbol{\Omega} = (\pi i\mathbf{B}^{-1}, \mathbf{A})$ erzeugten Periodengruppe ist; die Punkte $\{\mathbf{u}^{(1)}\}$ und $\{\mathbf{u}^{(2)}\}$ sind also kongruent, und da sie beide in $\mathfrak{F}$ liegen, sogar identisch, im Widerspruch zur Annahme. Damit ist auch b) bewiesen.

Bei diesem Beweis hatten wir angenommen, daß die in der Parameterdarstellung (6.6) auftretenden Thetafunktionen die Ordnung $n = 3\,\beta_p$ besitzen; ist $n > 3\,\beta_p$, so kann man den Beweis genauso durchführen, wenn man an Stelle von (6.9) die Funktion

$$\Phi(\mathbf{u}; \mathbf{v}; \mathbf{w}) = \varphi_1(\mathbf{u} + \mathbf{v})\,\varphi_1(\mathbf{u} + \mathbf{w})\,\varphi_2\left(\mathbf{u} - \frac{n_1}{n_2}(\mathbf{v} + \mathbf{w})\right)$$

benutzt, in der $\varphi_1(\mathbf{u})$ wieder eine allgemein gewählte intermediäre Funktion (6.8) der Ordnung $n_1 = \beta_p$ bedeutet, während $\varphi_2(\mathbf{u})$ eine intermediäre Funktion der Ordnung $n_2 = n - 2\,\beta_p$ ist. Dann ist $\Phi(\mathbf{u}; \mathbf{v}; \mathbf{w})$ wieder vom Typus der Thetafunktionen (6.6), und alle weiteren Schlüsse lassen sich ungeändert machen.

7. Rationale Funktionen auf einer PICARDschen Mannigfaltigkeit. Wir betrachten einen ABELschen Funktionenkörper $\mathfrak{K}$, dessen Periodengruppe von der RIEMANNschen Matrix $\boldsymbol{\Omega}$ erzeugt werde, und eine zugehörige PICARDsche Mannigfaltigkeit V_p; diese habe die (inhomogenen) Koordinaten $\{y_1, \ldots, y_t\}$ und die Parameterdarstellung

$$y_1 = f_1(\mathbf{u}),\ y_2 = f_2(\mathbf{u}),\ \ldots,\ y_t = f_t(\mathbf{u}) \tag{7.1}$$

mit ABELschen Funktionen $f_j(\mathbf{u})$ des Körpers $\mathfrak{K}$. Da V_p die Dimension p hat, gibt es unter diesen p algebraisch unabhängige. Jede Funktion des Körpers $\mathfrak{K}$ ist von diesen p Funktionen algebraisch abhängig (vgl. S. 141), d. h. sie ist eine *algebraische Funktion* von ihnen und also auch eine *algebraische Funktion der Koordinaten* $y_1, \ldots, y_t$ *der* PICARD*schen Mannigfaltigkeit* V_p; aber sie ist sogar, wie wir jetzt zeigen wollen, eine *rationale Funktion* dieser Koordinaten.

Jede ABELsche Funktion $f(\mathbf{u})$ aus $\mathfrak{K}$ ist nämlich eine (im allgemeinen*)) *eindeutige* Funktion der Koordinaten des laufenden Punktes der V_p: in der Tat ist $f(\mathbf{u})$ zunächst eine eindeutige meromorphe Funktion der Variablen $\mathbf{u}$ im ganzen $\mathbf{u}$-Raum, die in modulo $\boldsymbol{\Omega}$ kongruenten Punkten gleiche Werte**) annimmt, also bereits ihren gesamten Wertevorrat in dem von $\boldsymbol{\Omega}$ aufgespannten Periodenparallelotop $\mathfrak{F}$ erschöpft. Jedem Punkt $P\{y_1, \ldots, y_t\}$ von V_p entspricht (im allgemeinen) ein einziger Punkt $\{\mathbf{u}\}$ in $\mathfrak{F}$ und also auch nur ein einziger Wert von $f(\mathbf{u})$. Daher ist $f(\mathbf{u})$ eine (im allgemeinen) *eindeutige algebraische* Funktion des Punktes P auf der irreduziblen algebraischen Mannigfaltigkeit V_p und als solche eine *rationale Funktion* dieses Punktes, d. h. der Koordinaten $y_1, \ldots, y_t$ desselben***).

Umgekehrt stellt sich eine rationale Funktion $f(y_1, \ldots, y_t)$ des Punktes P auf V_p sofort als ABELsche Funktion des Körpers $\mathfrak{K}$ heraus, wenn man (7.1) einsetzt.

Satz 1. *Die Funktionen eines* ABEL*schen Funktionenkörpers sind rationale Funktionen auf einer zugeordneten* PICARD*schen Mannigfaltigkeit*+) *und umgekehrt.*

Daraus können wir gleich die weitere Folgerung ziehen:

Satz 2. *Alle* PICARD*schen Mannigfaltigkeiten, die zum gleichen* ABEL*schen Funktionenkörper* $\mathfrak{K}$ *gehören, sind untereinander birational äquivalent; umgekehrt ist jede mit einer gegebenen* PICARD*schen Mannigfaltigkeit birational äquivalente Mannigfaltigkeit wieder eine zu demselben Körper* $\mathfrak{K}$ *gehörende* PICARD*sche Mannigfaltigkeit.*

Sind nämlich $V_p\{y_1, \ldots, y_t\}$ und $V'_p\{y'_1, \ldots, y'_\tau\}$ zwei zum gleichen Körper $\mathfrak{K}$ gehörende PICARDsche Mannigfaltigkeiten, so sind die Koordinaten y'_k von V'_p, als ABELsche Funktionen aus $\mathfrak{K}$, rationale Funktionen der Koordinaten y_j von V_p und umgekehrt. Das bedeutet aber gerade, daß die beiden Mannigfaltigkeiten durch eine birationale Transformation

---

*) Wenn für die PICARDsche Mannigfaltigkeit ein singularitätenfreies Modell (Nr. 6) zugrunde gelegt ist, so gilt die Eineindeutigkeit ausnahmslos; dann können oben die in Klammern gesetzten Beifügungen „im allgemeinen" weggelassen werden.

**) In den Unbestimmtheitspunkten wird der „Wert" der meromorphen Funktion durch ihr Funktionselement (vgl. S. 259) beschrieben.

***) Vgl. etwa F. SEVERI: Lezioni di analisi. Vol. I, Kap. IX, Nr. 147. Bologna: Zanichelli 1946.

+) Das heißt „rationale Funktionen der Koordinaten des laufenden Punktes auf der PICARDschen Mannigfaltigkeit". In der Sprache der Idealtheorie sind das die Elemente des Restklassenkörpers nach dem Primideal, welches die algebraische Mannigfaltigkeit definiert.

auseinander hervorgehen; und zwar sind dabei zwei Punkte $\{y_1, \ldots, y_t\}$ und $\{y'_1, \ldots, y'_\tau\}$ immer dann einander zugeordnet, wenn sie in ihrer Parameterdarstellung demselben Punkt $\{\mathbf{u}\}$ des Periodenparallelotops entsprechen.

Ist umgekehrt V'_p birational äquivalent zu V_p, so sind die Koordinaten y'_k rationale Funktionen der y_j und als solche ABELsche Funktionen des Körpers $\mathfrak{K}$; also ist V'_p eine zu $\mathfrak{K}$ gehörige ABELsche Mannigfaltigkeit, deren Punkte (im allgemeinen) *eineindeutig* den Punkten von V_p und damit auch denjenigen des Periodenparallelotops $\mathfrak{F}$ entsprechen; das heißt aber, auch V'_p ist eine zu $\mathfrak{K}$ gehörige PICARDsche Mannigfaltigkeit.

Für den Standpunkt der algebraischen Geometrie, wo birational äquivalente Mannigfaltigkeiten als nicht wesentlich verschieden angesehen werden, gibt es demnach zu jedem ABELschen Funktionenkörper $\mathfrak{K}$ nur eine einzige (abstrakte) PICARDsche Mannigfaltigkeit, die eine ganze Klasse von birational äquivalenten Mannigfaltigkeiten vorstellt.

Wir werden später beweisen (Nr. 20, Satz 5, S. 229f.), daß die zu zwei äquivalenten RIEMANNschen Matrizen $\boldsymbol{\Omega}$ und $\boldsymbol{\Omega}' = \mathbf{A}\,\boldsymbol{\Omega}$ ($|\mathbf{A}| \neq 0$) gebildeten PICARDschen Mannigfaltigkeiten birational äquivalent sind. Auch die zugehörigen ABELschen Funktionenkörper $\mathfrak{K}$ und $\mathfrak{K}'$, die durch die reguläre Variablentransformation $\mathbf{u}' = \mathbf{A}\,\mathbf{u}$ auseinander hervorgehen, haben wir als nicht wesentlich verschieden angesehen (Kap. I, Nr. 43, S. 121). Mit diesem Einverständnis ist die eineindeutige Zuordnung:

Äquivalenzklasse RIEMANN*scher Matrizen* ↔ ABEL*scher Funktionenkörper* ↔ PICARD*sche Mannigfaltigkeit* gerechfertigt.

Wenn wir im folgenden von der zu einem ABELschen Funktionenkörper gehörenden PICARDschen Mannigfaltigkeit schlechthin sprechen werden, so denken wir dabei an diese abstrakte Mannigfaltigkeit, die nötigenfalls durch ein spezielles „*projektives Modell*", das in einem projektiven Raum S_t eingebettet ist, repräsentiert werden kann; insbesondere kann diese Aufgabe durch ein singularitätenfreies Modell erfüllt werden. Diese letzteren sind gegenüber projektiven Transformationen invariant, d. h. jede projektive Transformation eines singularitätenfreien Modells liefert wieder ein solches.

8. Über die Gesamtheit der ABELschen Mannigfaltigkeiten. Wir haben schon im Abschnitt Nr. 2, S. 142, diejenigen Mannigfaltigkeiten eines projektiven Raumes S_t, welche in Parameterform durch ABELsche Funktionen eines Körpers $\mathfrak{K}$ bzw. (bei homogenen Koordinaten) durch gleichändrige intermediäre Funktionen dargestellt werden können, ABEL*sche Mannigfaltigkeiten* genannt. Im folgenden Abschnitt Nr. 3 haben wir festgestellt, daß diese Mannigfaltigkeiten, wenigstens wenn sie p-dimensional sind, *algebraische* Mannigfaltigkeiten sind, wofern man die nicht unmittelbar durch die Parameterdarstellung gelieferten Limespunkte hinzunimmt. Dazu gehören insbesondere die PICARDschen Mannigfaltigkeiten. Wir wollen dies noch etwas allgemeiner formulieren:

Satz. *Alle zu einem* ABEL*schen Funktionenkörper* $\mathfrak{K}$, *dessen Periodengruppe von der* RIEMANN*schen Matrix* $\boldsymbol{\Omega}$ *erzeugt wird, gehörenden* ABEL*schen Mannigfaltigkeiten sind algebraische Mannigfaltigkeiten**); *sie gehen durch rationale Transformationen aus der* PICARD*schen Mannigfaltigkeit hervor, und umgekehrt ist jede rational transformierte einer* PICARD*schen oder auch nur einer* ABEL*schen Mannigfaltigkeit des Körpers* $\mathfrak{K}$ *wieder eine* ABEL*sche Mannigfaltigkeit desselben Körpers.*

Es sei nämlich V_p eine zu $\mathfrak{K}$ gehörige PICARDsche Mannigfaltigkeit; die Koordinaten eines allgemeinen Punktes auf einer beliebigen ABELschen Mannigfaltigkeit W, die zu $\mathfrak{K}$ gehört, werden durch Funktionen aus $\mathfrak{K}$ dargestellt, sind also rationale Funktionen auf der V_p (vgl. S. 165). Daher geht W durch eine *rationale* Transformation (die im allgemeinen nicht umkehrbar rational, d. h. nicht birational ist) aus V_p hervor. Also ist W jedenfalls eine algebraische Mannigfaltigkeit, auch dann, wenn die Dimension $< p$ ist.

Umgekehrt ist offenbar jede rational Transformierte von V_p, da ihre Koordinaten durch rationale Funktionen auf V_p, also durch ABELsche Funktionen des Körpers $\mathfrak{K}$ in Parameterform dargestellt werden, wieder eine ABELsche Mannigfaltigkeit desselben Körpers; das gilt auch für die rational Transformierten einer ABELschen Mannigfaltigkeit des Körpers $\mathfrak{K}$. Die Eigenschaft, ABELsche Mannigfaltigkeit eines Körpers $\mathfrak{K}$ zu sein, bleibt also bei allen birationalen oder auch nur einseitig rationalen Transformationen erhalten.

Die PICARDschen Mannigfaltigkeiten sind unter allen ABELschen Mannigfaltigkeiten dadurch ausgezeichnet, daß sie in einer (1, 1)-Korrespondenz**) zum Periodenparallelotop stehen. Auch die ABELschen Mannigfaltigkeiten stehen in einer ähnlichen Korrespondenz zu $\mathfrak{F}$, die wenigstens in einer Richtung eindeutig, in der entgegengesetzten Richtung aber mehrdeutig ist.

Wir betrachten zunächst solche ABELschen Mannigfaltigkeiten W, welche die Dimension p haben; nach den Überlegungen zu Beginn des Abschnittes Nr. 5, S. 157, folgt dann, daß die Korrespondenz in der umgekehrten Richtung endlich vieldeutig ist, d. h. einem allgemeinen Punkte von W entsprechen endlich viele, etwa n Punkte von $\mathfrak{F}$ bzw. von V_p. Wir fassen diese n Punkte zu einer neuen Einheit, einer „Punktgruppe“ zusammen und können dann sagen: diese Punktgruppen auf V_p (bzw. $\mathfrak{F}$)

*) Das heißt eine durch *endlich viele algebraische Gleichungen* definierbare Mannigfaltigkeit.

**) Das heißt, jedem Punkt von $\mathfrak{F}$ entspricht (im allgemeinen) eindeutig ein Punkt der PICARDschen Mannigfaltigkeit und umgekehrt.

stehen in (1, 1)-Korrespondenz zu den Punkten der ABELschen Mannigfaltigkeit W; sie bilden daher ein irreduzibles algebraisches System der Dimension p oder eine „*Involution* I_n der Ordnung n" auf V_p.

Ein allgemeiner Punkt von V_p gehört einer und nur einer Punktgruppe der Involution I_n an und bestimmt daher diese Punktgruppe, d. h. die übrigen mit ihm in der Punktgruppe vereinigten oder „konjugierten" $n-1$ Punkte eindeutig. Die ABELsche Mannigfaltigkeit W selbst ist die „Bildmannigfaltigkeit" dieser Involution I_n, weil ihre Punkte den Punktgruppen der Involution umkehrbar eindeutig entsprechen.

Eine derartige p-dimensionale ABEL*sche Mannigfaltigkeit W, die in $(1, n)$-Korrespondenz zur* PICARD*schen Mannigfaltigkeit V_p bzw. zum Periodenparallelotop $\mathfrak{F}$ steht, heißt eine „*ABEL*sche Mannigfaltigkeit des Ranges n" bezüglich $\mathfrak{K}$.* Demnach sind die PICARDschen Mannigfaltigkeiten identisch mit den ABELschen Mannigfaltigkeiten des Ranges 1*).

Auch wenn die ABELsche Mannigfaltigkeit W eine Dimension $p' < p$ hat, entspricht immer noch jedem Punkt von V_p oder $\mathfrak{F}$ (im allgemeinen) ein einziger Punkt von W, aber umgekehrt entsprechen einem Punkt von W im allgemeinen unendlich viele Punkte von V_p oder $\mathfrak{F}$, die eine algebraische Untermannigfaltigkeit $Z_{p-p'}$ der Dimension $p-p'$ bilden**).

Jeder nicht speziell gewählte Punkt von V_p gehört zu einer einzigen $Z_{p-p'}$, nämlich zu derjenigen, welche alle Punkte auf V_p umfaßt, die bei der betrachteten rationalen Transformation auf denselben Punkt von W abgebildet werden. Diese Untermannigfaltigkeiten $Z_{p-p'}$ auf der PICARDschen Mannigfaltigkeit V_p bilden die Elemente eines „algebraischen Systems" $\{Z_{p-p'}\}$ des Index 1 (d. h. jeder allgemein gewählte Punkt von V_p ist in einer und nur einer $Z_{p-p'}$ enthalten), das V_p lückenlos überdeckt***) und dessen Elemente den Punkten von W umkehrbar eindeutig entsprechen+). Im Falle $p' = 1$ ist dieses System ein „Büschel" von $(p-1)$-dimensionalen Mannigfaltigkeiten Z_{p-1} auf der V_p.

Man kann auch hier wieder von einer *Involution* sprechen, und zwar von einer solchen unendlicher Ordnung, da jeder Punkt in dieser Involution mit unendlich vielen Punkten konjugiert ist, die eine algebraische

*) In der älteren Literatur (z. B. bei G. SCORZA, S. LEFSCHETZ) versteht man oft unter einer „ABELschen Mannigfaltigkeit" schlechthin eine solche vom Range 1, für die wir die Bezeichnung „PICARDsche Mannigfaltigkeit" gewählt haben; durch unsere Bezeichnungsweise werden auch die ABELschen Mannigfaltigkeiten höheren Ranges in gebührender Weise berücksichtigt.

**) Vgl. etwa B. L. VAN DER WAERDEN: Einführung in die algebraische Geometrie, S. 140f. Berlin: Julius Springer 1939.

***) Das ist im Sinne von Nr. 3, S. 148, zu verstehen, daß nämlich etwaige Limespunkte immer hinzuzurechnen sind.

+) Manchmal wird ein derartiges algebraisches System auch „Kongruenz" genannt.

Mannigfaltigkeit $Z_{p-p'}$ der Dimension $p - p'$ ausfüllen; die Bildmannigfaltigkeit der Involution ist wieder unsere ABELsche Mannigfaltigkeit W. Das gilt auch umgekehrt, so daß wir sagen können:

Die zu einem ABELschen Funktionenkörper gehörigen ABELschen Mannigfaltigkeiten sind identisch mit den Bildmannigfaltigkeiten der auf einer zugehörigen PICARDschen Mannigfaltigkeit bestehenden Involutionen.

9. Die PICARDschen Integrale 1. Gattung auf einer PICARDschen Mannigfaltigkeit. Es bedeute weiterhin $\mathfrak{K}$ einen ABELschen Funktionenkörper von p Variablen, dessen Periodengruppe durch die RIEMANNsche Matrix $\boldsymbol{\Omega}$ erzeugt werde. V_p sei eine zugehörige PICARDsche Mannigfaltigkeit, die in einem projektiven Raum S_t eingebettet sei. Durch reguläre Projektionen*) können wir, falls $t > p+1$ ist, V_p umkehrbar eindeutig auf eine Hyperfläche V'_p in einem S_{p+1} abbilden, die ebenfalls ein projektives Modell der zu $\mathfrak{K}$ gehörigen PICARDschen Mannigfaltigkeit ist. In inhomogenen Koordinaten $y_1, \ldots, y_{p+1}$ ist V'_p durch eine einzige Gleichung

$$F(y_1, y_2, \ldots, y_{p+1}) = 0 \tag{9.1}$$

definiert, welche die Parameterdarstellung

$$y_1 = f_1(\mathbf{u}),\ y_2 = f_2(\mathbf{u}), \ldots, y_{p+1} = f_{p+1}(\mathbf{u}) \tag{9.2}$$

mit ABELschen Funktionen $f_s(\mathbf{u})$ aus $\mathfrak{K}$ zuläßt.

Ohne Einschränkung der Allgemeinheit dürfen wir voraussetzen, daß die ersten p Funktionen in (9.2) algebraisch unabhängig sind, so daß für die Funktionaldeterminante

$$J = \left| \frac{\partial f_s(\mathbf{u})}{\partial u_j} \right| \neq 0\,, \qquad s, j = 1, \ldots, p \tag{9.3}$$

gilt. Durch Differentiation erhalten wir nun aus den ersten p Gleichungen (9.2) die Differentialgleichungen:

$$d y_s = \sum_{j=1}^{p} \frac{\partial f_s(\mathbf{u})}{\partial u_j}\, d u_j\,, \qquad s = 1, \ldots, p\,, \tag{9.4}$$

die sich wegen (9.3) nach den Differentialen du_j auflösen lassen. Nun sind aber auch alle Ableitungen $\frac{\partial f_s(\mathbf{u})}{\partial u_j}$ wieder Funktionen aus $\mathfrak{K}$ und daher rationale Funktionen auf V'_p, so daß wir die Umkehrung so schreiben können:

$$d u_j = \sum_{s=1}^{p} q_s^{(j)}(y)\, d y_s\,; \qquad j = 1, \ldots, p\,, \tag{9.5}$$

und zwar sind die $q_s^{(j)}(y)$ rationale Funktionen der Koordinaten $y_1, \ldots, y_{p+1}$ des laufenden Punktes auf der Hyperfläche (9.1), die wir

*) Das sind Projektionen, deren Zentrum nicht auf der Mannigfaltigkeit liegt und deren Strahlen im allgemeinen die Mannigfaltigkeit nur in einem einzigen Punkt treffen. Vgl. W. GRÖBNER: s. Anm. 1, S. 140, dortselbst S. 171 ff.

erhalten, wenn wir die Koeffizienten der inversen Substitution zu (9.4) gemäß Satz 1, S. 165, auf die PICARDsche Mannigfaltigkeit (9.1) übertragen.

Vermöge (9.2) entspricht jedem Punkt $\{\mathbf{u}\}$ des $\mathbf{u}$-Raumes (im allgemeinen) ein einziger Punkt $P\{y_1, \ldots, y_{p+1}\}$ auf der Hyperfläche V'_p; aber umgekehrt ist diese Abbildung nicht eindeutig, denn alle modulo $\boldsymbol{\Omega}$ kongruenten Punkte $\{\mathbf{u} + \boldsymbol{\Omega}\mathbf{m}\}$ (vgl. S. 117) werden auf denselben Punkt $P\{y_1, \ldots, y_{p+1}\}$ abgebildet. Das heißt aber, daß die Variablen $u_1, \ldots, u_p$ unendlich vielwertige Funktionen der Koordinaten $y_1, \ldots, y_{p+1}$ des ihnen entsprechenden Punktes P auf der V'_p sind, für die wir jetzt analytische Ausdrücke ableiten können.

Entspricht nämlich dem Ursprung $u_1 = \cdots = u_p = 0$ des $\mathbf{u}$-Raumes der Punkt $P_0\{y_1^{(0)}, \ldots, y_{p+1}^{(0)}\}$ auf V'_p, so erhalten wir durch Integration der Differentialgleichungen (9.5) die folgenden algebraischen Integrale*):

$$u_j = \int_{P_0}^{P} \sum_{s=1}^{p} q_s^{(j)}(y)\, d y_s\,, \qquad j = 1, \ldots, p\,, \tag{9.6}$$

wo der Integrationsweg eine die Punkte P_0 und P auf V'_p verbindende Linie ist. Da wir nämlich bereits wissen, daß die u_j Funktionen der Koordinaten $y_1, \ldots, y_{p+1}$ des Punktes P, also der oberen Grenze der Integrale (9.6) sind, die zwar unendlich viele, aber nur diskrete Werte haben, so können wir schließen, daß die Werte dieser Integrale sich nicht ändern, wenn wir den Integrationsweg unter Festhaltung der Endpunkte irgendwie *stetig* abändern**).

Daher handelt es sich hier um Integrale von *totalen Differentialen*, welche die bekannten *Integrabilitätsbedingungen im Kleinen****)

$$\frac{d q_\sigma^{(j)}}{d y_s} = \frac{d q_s^{(j)}}{d y_\sigma}\,, \qquad s, \sigma, j = 1, \ldots, p \tag{9.7}$$

*) Man beachte, daß die Funktionen $q_s^{(j)}(y)$ zwar *rationale* Funktionen der Variablen $y_1, \ldots, y_{p+1}$, aber *algebraische* Funktionen der unabhängigen Variablen $y_1, \ldots, y_p$ sind. In der Tat sind die Variablen $y_1, \ldots, y_{p+1}$, welche die Koordinaten des laufenden Punktes auf der Hyperfläche (9.1) bedeuten, durch diese Relation miteinander verknüpft, der zufolge y_{p+1} eine algebraische Funktion der unabhängigen Variablen $y_1, \ldots, y_p$ ist. Daher sind auch die Funktionen $q_s^{(j)}(y)$ algebraische Funktionen dieser Variablen.

**) Da die Werte u_j der Integrale (9.6) immer endlich bleiben, müssen die etwaigen Unendlichkeitsstellen der Integranden so beschaffen sein, daß die Integrale auch in diesen endlich und beim Durchziehen des Weges über solche Stellen stetig bleiben („Integrale 1. Gattung"). Die unendlich vielen, zu demselben Endpunkt P gehörenden Werte der u_j können also nicht bei stetigen, sondern nur bei sprungweisen Änderungen des Integrationsweges herauskommen, nämlich beim Einschalten von *geschlossenen* Wegen auf der PICARDschen Mannigfaltigkeit V_p, die sich nicht stetig auf einen Punkt zusammenziehen lassen.

***) Das sind Bedingungen dafür, daß es sich um das Differential einer Funktion handelt. Vgl. E. PICARD u. G. SIMART: Théorie des fonctions algébriques de deux variables indépendantes, 1. Bd., S. 3ff. Paris 1897.

erfüllen; und zwar ist hier das Zeichen $\frac{d}{dy_s}$ der „totalen" Differentiation benutzt worden, um daran zu erinnern, daß die Funktionen $q_s^{(j)}$ von der Variablen y_σ einerseits direkt und andererseits über die Variable y_{p+1} abhängen, die ihrerseits zufolge (9.1) eine algebraische Funktion der $y_1, \ldots, y_p$ ist.

Die *im Kleinen vom Weg unabhängigen* und *überall endlichen* Integrale (9.6) heißen „PICARD*sche Integrale* 1. *Gattung*" auf der PICARDschen Mannigfaltigkeit V_p', und zwar „1. Gattung" in Analogie zu den überall endlichen algebraischen Integralen auf algebraischen Kurven; „PICARDsche Integrale" deshalb, weil das Studium dieser Integrale, deren Integranden totale Differentiale sind mit Koeffizienten, die rationale Funktionen auf einer algebraischen Fläche (oder Hyperfläche) sind, im wesentlichen — abgesehen von einer flüchtigen Bemerkung bei RIEMANN —, zuerst von E. PICARD*) für den Fall $p = 2$ begonnen worden ist.

Man nennt mehrere PICARDsche Integrale „linear unabhängig", wenn sich aus ihnen keine lineare Kombination mit konstanten Koeffizienten bilden läßt, die gleich einer Konstanten ist. In unserem Falle sind die p Integrale (9.6) sicher linear unabhängig, weil ja ihre Werte $u_1, \ldots, u_p$ völlig unabhängig voneinander sind, so daß wir den Satz aussprechen können:

Die Umkehrung der Transformationsformeln (9.2), *welche die Abbildung des* **u**-*Raumes auf die* PICARD*sche Mannigfaltigkeit* V_p' *besorgen, wird durch die* p *linear unabhängigen* PICARD*schen Integrale* 1. *Gattung* (9.6) *auf der* V_p' *geliefert.*

Es ist nun leicht einzusehen, daß es auf der PICARDschen Mannigfaltigkeit V_p' außer diesen keine weiteren, von ihnen unabhängigen PICARDschen Integrale 1. Gattung gibt. Denn wäre etwa

$$v = \int_{P_0}^{P} \sum_{s=1}^{p} Q_s(y)\, dy_s \tag{9.8}$$

ebenfalls ein PICARDsches Integral 1. Gattung auf der V_p', dann könnten wir mit Hilfe von (9.2) und (9.4) dieses Integral auf die Variablen u_j umrechnen:

$$v = \int_{\{0\}}^{\{\mathbf{u}\}} \sum_{j=1}^{p} g_j(\mathbf{u})\, du_j\,; \tag{9.8'}$$

dieses Integral ist über eine Weglinie im **u**-Raum zu erstrecken, welche die Punkte $\{0\}$ und $\{\mathbf{u}\}$ verbindet und welche vermöge (9.2) auf die Weglinie des Integrals (9.8) abgebildet wird.

*) PICARD, E.: Sur les intégrales de différentielles totales algébriques de première espèce. J. de Math. (IV) **1**, 281—346 (1885); oder das in der vorausgehenden Anmerkung zitierte Werk, Kap. V, S. 111—114.

Die $g_j(\mathbf{u})$ in (9.8′) sind ABELsche Funktionen des Körpers $\mathfrak{K}$, also jedenfalls meromorphe Funktionen. Andererseits bleibt nach Voraussetzung das Integral (9.8′) auf jedem Weg im endlichen $\mathbf{u}$-Raum endlich; das ist nur möglich, wenn die $g_j(\mathbf{u})$ *ganze* Funktionen sind. Denn wäre etwa $g_1(\mathbf{u})$ eine eigentliche meromorphe Funktion, die eine $(p-1)$-dimensionale Polmannigfaltigkeit besitzt*), so würde v sicher unendlich groß werden, wenn die Weglinie in passender Weise diese Polmannigfaltigkeit berührt**). Aus der Endlichkeit von v folgt also, daß die Funktionen $g_j(\mathbf{u})$ *ganze* Funktionen des ABELschen Funktionenkörpers $\mathfrak{K}$, also Konstante sein müssen***), so daß (9.8′) ergibt:

$$v = \int\limits_{\{0\}}^{\{\mathbf{u}\}} \sum_{j=1}^{p} \lambda_j \, du_j = \sum_{j=1}^{p} \lambda_j u_j + \lambda_0, \qquad (\lambda_j \text{ konstant})$$

d. h. v ist bis auf eine Konstante λ_0 gleich einer Linearkombination der u_j, was wir eben zu beweisen hatten. Wir können daher unseren obigen Satz noch in der folgenden Weise präzisieren:

Auf einer PICARD*schen Mannigfaltigkeit V_p der Dimension p, die zu einem* ABEL*schen Funktionenkörper $\mathfrak{K}$ von p Variablen gehört, gibt es genau p linear unabhängige* PICARD*sche Integrale* 1. *Gattung, welche zusammen mit der Einheit eine lineare Schar der Dimension p bilden.*

Die vorausgehenden Überlegungen bleiben durchaus richtig, wenn wir irgendein projektives Modell der PICARDschen Mannigfaltigkeit V_p zugrunde legen, das auch in einem Raum S_t, $t > p+1$, eingebettet sein kann. Die ABELschen Funktionen aus $\mathfrak{K}$ sind auch dann rationale Funktionen der Koordinaten $y_1, \ldots, y_t$ des laufenden Punktes auf der V_p, von denen wir die ersten p als algebraisch unabhängig voraussetzen dürfen. Die Formeln (9.3—7) bleiben dann ungeändert, wir müssen nur berücksichtigen, daß die Variablen $y_{p+1}, \ldots, y_t$ jeweils algebraische Funktionen der vorausgehenden sind, die durch die definierenden Gleichungen der algebraischen Mannigfaltigkeit V_p bestimmt sind; daher stellen sich die Funktionen $q_s^{(j)}(y)$ wieder als algebraische Funktionen der Variablen $y_1, \ldots, y_p$ heraus.

Für die folgenden Überlegungen ist es besonders bequem, V_p als *singularitätenfreies* Modell (Nr. 6) anzunehmen, dessen Punkte ohne Ausnahme umkehrbar eindeutig den Punkten des Periodenparallelotops $\mathfrak{F}$ entsprechen. Eine geschlossene, mit Richtung versehene Weglinie

*) Vgl. S. 258.

**) Man könnte Zweifel darüber äußern, ob sich in einem solchen Falle die einzelnen, unendlich groß werdenden Teile der Summe in (9.8′) gegenseitig wegheben könnten. Da aber die Weglinie ganz willkürlich gewählt werden kann, so kann man sie auch so wählen, daß beim Durchgang durch den Pol nur eines der Differentiale du_j von Null verschieden ist, so daß eine Kompensation der unendlich groß werdenden Teile der Summe ausgeschlossen ist.

***) Eine periodische ganze Funktion bleibt auch im unendlichen beschränkt und ist folglich nach dem Satz von LIOUVILLE (S. 262) eine Konstante.

(orientierter 1-dimensionaler Zykel) im $\mathbf{u}$-Raum, welche vom Ursprung $\{0\}$ ausgeht und dorthin zurückkehrt, wird auf eine analoge Weglinie auf der V_p abgebildet, die von P_0 ausgeht und dorthin zurückkehrt und für die die Integrale (9.6) verschwindende Werte ergeben.

Wenn wir dagegen umgekehrt einen geschlossenen Weg auf der PICARDschen Mannigfaltigkeit V_p zeichnen und ihn stetig auf den $\mathbf{u}$-Raum übertragen, so werden wir im allgemeinen dort einen offenen Weg erhalten, der vom Ursprung $\{0\}$ ausgeht und in einem modulo $\boldsymbol{\Omega}$ kongruenten Punkt $\boldsymbol{\Omega}\mathbf{m}$ endigt; die Integrale (9.6) verschwinden dann nicht, sondern liefern der Reihe nach die Werte $\tilde{\mathbf{e}}_j\boldsymbol{\Omega}\mathbf{m}$, das sind die Komponenten einer gewissen Periode der von $\boldsymbol{\Omega}$ erzeugten Periodengruppe*). Nur dann, wenn der Weg auf der V_p sich stetig auf einen Punkt zusammenziehen läßt, ist auch der entsprechende Weg im $\mathbf{u}$-Raum geschlossen und sind die Integrale (9.6) gleich Null. Jedem offenen Weg im $\mathbf{u}$-Raum, dessen Endpunkte modulo $\boldsymbol{\Omega}$ kongruent sind, entspricht auf der V_p ein geschlossener Weg, der sich nicht stetig auf einen Punkt zusammenziehen läßt und für den die Integrale (9.6) eine Periode der zugehörigen Periodengruppe darstellen.

Wählt man speziell im $\mathbf{u}$-Raum die $2p$ vom Ursprung ausgehenden Kanten des Periodenparallelotops, so erhält man auf der V_p geschlossene Wege $\Gamma_1, \Gamma_2, \ldots, \Gamma_{2p}$, die noch beliebig stetig abgeändert und verschoben werden dürfen; auf diesen Wegen liefern die Integrale (9.6) genau die Fundamentalperioden $\boldsymbol{\omega}_1 = \boldsymbol{\Omega}\mathbf{e}_1, \boldsymbol{\omega}_2 = \boldsymbol{\Omega}\mathbf{e}_2, \ldots, \boldsymbol{\omega}_{2p} = \boldsymbol{\Omega}\mathbf{e}_{2p}$.

Jeder offene Weg im $\mathbf{u}$-Raum, der auf einen geschlossenen Weg auf der V_p abgebildet wird, verbindet irgendeinen Punkt $\{\mathbf{u}\}$ mit einem kongruenten Punkt $\{\mathbf{u} + \boldsymbol{\Omega}\mathbf{m}\}$; er kann durch stetige Deformierung auf einen geradlinigen Streckenzug, nämlich die geometrische Vektorsumme $\boldsymbol{\Omega}\mathbf{m} = m_1\boldsymbol{\omega}_1 + m_2\boldsymbol{\omega}_2 + \cdots + m_{2p}\boldsymbol{\omega}_{2p}$ zurückgeführt werden. Diesem Weg entspricht auf der V_p eine geschlossene Weglinie

$$\Gamma = m_1\Gamma_1 + m_2\Gamma_2 + \cdots + m_{2p}\Gamma_{2p},$$

die aus den geschlossenen Wegen $\Gamma_1, \ldots, \Gamma_{2p}$ zusammengesetzt ist, welche in der angegebenen Weise mehrmals hintereinander im positiven oder negativen Sinne zu durchlaufen sind. Umgekehrt läßt sich jeder geschlossene Weg auf der V_p durch stetige Deformierung in eine derartige Summe überführen.

Die Zykel $\Gamma_1, \ldots, \Gamma_{2p}$ stellen also eine Basis der Homologiegruppe 1. Dimension auf der PICARD*schen Mannigfaltigkeit V_p dar, die demnach die lineare Zusammenhangszahl $2p$ besitzt***).

*) $\mathbf{m}$ bedeutet einen ganzzahligen $2p$-Vektor, als einspaltige Matrix geschrieben, $\tilde{\mathbf{e}}_j$ die j-te Zeile hier der p-zeiligen Einheitsmatrix, weiter unten der $2p$-zeiligen Einheitsmatrix.

**) Man denke an das topologische Modell des verallgemeinerten $2p$-dimensionalen Torus (vgl. S. 118 u. S. 158).

Dem Übergang zu einer äquivalenten Periodenmatrix $\boldsymbol{\Omega}^* = \boldsymbol{\Omega}\mathbf{M}$ (vgl. S. 19) mittels einer unimodularen Substitution der fundamentalen Perioden $\boldsymbol{\omega}_1, \ldots, \boldsymbol{\omega}_{2p}$ entspricht eine ebensolche Substitution der Basis $\Gamma_1, \ldots, \Gamma_{2p}$ der Homologiegruppe.

10. Die birationalen Transformationen der PICARDschen Mannigfaltigkeit in sich. Es bedeute $\mathfrak{K}$ einen ABELschen Funktionenkörper von p Variablen $u_1, \ldots, u_p$, dessen Periodengruppe von der RIEMANNschen Matrix $\boldsymbol{\Omega}$ erzeugt werde, und V_p ein singularitätenfreies Modell der zugehörigen PICARDschen Mannigfaltigkeit, in einem affinen Raum S_t eingebettet, welches die Parameterdarstellung

$$y_1 = f_1(\mathbf{u}),\ y_2 = f_2(\mathbf{u}), \ldots, y_t = f_t(\mathbf{u}) \tag{10.1}$$

mit Funktionen $f_j(\mathbf{u})$ aus dem Körper $\mathfrak{K}$ besitze.

Wir betrachten im $\mathbf{u}$-Raum die linearen Transformationen, Translationen und Spiegelungen *)

$$\mathbf{u}^* = \pm\mathbf{u} + \mathbf{c}\,, \tag{10.2}$$

wo $\mathbf{c}$ ein willkürlich gewählter komplexer p-Vektor ist, und deren Auswirkungen auf die Parameterdarstellung (10.1), d. h. die durch (10.2) induzierte Transformation der PICARDschen Mannigfaltigkeit V_p. Damit dies sinnvoll ist, müssen die Transformationen (10.2) die Eigenschaft haben, modulo $\boldsymbol{\Omega}$ kongruente Punkte des $\mathbf{u}$-Raumes wieder in ebensolche Punkte überzuführen. Das ist in der Tat der Fall, denn wegen

$$\mathbf{u}_1^* - \mathbf{u}_2^* = (\pm\mathbf{u}_1 + \mathbf{c}) - (\pm\mathbf{u}_2 + \mathbf{c}) = \pm(\mathbf{u}_1 - \mathbf{u}_2)$$

ist gleichzeitig mit $\mathbf{u}_1 \equiv \mathbf{u}_2 \pmod{\boldsymbol{\Omega}}$ auch immer $\mathbf{u}_1^* \equiv \mathbf{u}_2^* \pmod{\boldsymbol{\Omega}}$ und umgekehrt.

Wir können daher die Transformationen (10.2) auch als *Transformationen des Fundamentalbereiches der Periodengruppe (Periodenparallelotops)* $\mathfrak{F}$ *in sich* ansehen, indem wir sie als Kongruenzen modulo $\boldsymbol{\Omega}$ schreiben:

$$\mathbf{u}^* \equiv \pm\mathbf{u} + \mathbf{c} \pmod{\boldsymbol{\Omega}}\,. \tag{10.2'}$$

Da die Punkte $P\{y_1, \ldots\ y_t\}$ der PICARDschen Mannigfaltigkeit V_p vermöge (10.1) den Punkten $\{\mathbf{u}\}$ von $\mathfrak{F}$ ausnahmslos umkehrbar eindeutig entsprechen**), so induziert die eineindeutige Transformation (10.2') von $\mathfrak{F}$ in sich eine ebensolche eineindeutige Transformation von V_p in sich, und zwar eine *birationale* Transformation, weil der P entsprechende Punkt P^* die Koordinaten

$$y_j^* = f_j(\mathbf{u}^*) = f_j(\pm\mathbf{u} + \mathbf{c})\,, \qquad j = 1, \ldots, t$$

*) Bei einer Transformation $\mathbf{u}^* = -\mathbf{u} + \mathbf{c}$ wird der Endpunkt des Vektors $\mathbf{u}$ im Punkt $\mathbf{c}/2$ gespiegelt: $\left(\mathbf{u}^* - \frac{\mathbf{c}}{2}\right) = -\left(\mathbf{u} - \frac{\mathbf{c}}{2}\right)$.

**) Bei Berücksichtigung der unendlich fernen Punkte der V_p, vgl. Nr. 2, S. 141.

mit Funktionen $f_j(\pm \mathbf{u} + \mathbf{c})$ besitzt, die wieder dem Körper $\mathfrak{K}$ angehören und infolgedessen *rationale* Funktionen $R_j(y_1, \ldots, y_t)$ der y_j sind*). Daher gilt

$$y_j^* = f_j(\pm \mathbf{u} + \mathbf{c}) = R_j(y_1, \ldots, y_t), \qquad j = 1, \ldots, t \qquad (10.3)$$

und auf Grund der genau umgekehrten Überlegung:

$$y_j = f_j(\pm(\mathbf{u}^* - \mathbf{c})) = R_j^*(y_1^*, \ldots, y_t^*), \qquad j = 1, \ldots, t \qquad (10.4)$$

wieder mit rationalen Funktionen R_j^*.

Diese Überlegungen können auf jedes andere projektive Modell der PICARDschen Mannigfaltigkeit übertragen werden, da diese alle untereinander birational äquivalent sind**). Daher gilt der folgende

Satz 1. *Auf jeder* PICARD*schen Mannigfaltigkeit* V_p *gibt es zwei Scharen von birationalen Transformationen in sich, die je von* p *stetig veränderlichen komplexen Parametern (den Komponenten des Vektors* $\mathbf{c}$*) abhängen; die erste Schar wird von den sog. „Transformationen 2. Gattung"***) des Periodenparallelotops* $\mathfrak{F}$ *in sich:*

$$T(\mathbf{c}): \quad \mathbf{u}^* \equiv \mathbf{u} + \mathbf{c} \qquad (\text{mod } \boldsymbol{\Omega}) \qquad (10.5\text{a})$$

induziert, die zweite Schar aber von den sog. „Transformationen 1. Gattung"

$$S(\mathbf{c}): \quad \mathbf{u}^* \equiv -\mathbf{u} + \mathbf{c} \qquad (\text{mod } \boldsymbol{\Omega}), \qquad (10.5\text{b})$$

in welchen beiden Fällen der komplexe p*-Vektor* $\mathbf{c}$ *willkürlich gewählt werden darf.*

Den beiden Scharen ist offenbar keine Transformation gemeinsam; auch sind zwei Transformationen derselben Schar dann und nur dann miteinander identisch, wenn die Vektoren $\mathbf{c}$ kongruent modulo $\boldsymbol{\Omega}$ sind. Das ist auf dem Periodenparallelotop $\mathfrak{F}$ unmittelbar evident, überträgt sich aber auch auf V_p wegen der ausnahmslos eineindeutigen Abbildung von $\mathfrak{F}$ auf V_p. Von jeder Transformation einer der beiden Scharen kann man durch stetige Abänderung des Vektors $\mathbf{c}$ stetig zu jeder anderen Transformation derselben Schar übergehen; das ist jedoch nicht möglich von irgendeiner Transformation der einen Schar zu einer Transformation der anderen Schar.

In der ersten Schar ist die identische Transformation $T(0): \mathbf{u}^* = \mathbf{u}$ enthalten, die jeden Punkt ungeändert läßt; die übrigen Transformationen der 1. Schar besitzen keine Fixpunkte, während jede Transformation der 2. Schar genau einen Fixpunkt $\mathbf{u} = \frac{1}{2}\mathbf{c}$ hat, der bei der

---

*) Vgl. S. 165, Satz 1.

**) Vgl. S. 165, Satz 2.

***) Die Benennungen „1. und 2. Gattung" sind historisch bedingt, aber nicht glücklich gewählt. Wir wollen im folgenden diese irreführenden Bezeichnungen vermeiden und nur von Transformationen „der 1. Schar" (10.5a) bzw. „der 2. Schar" (10.5b) sprechen.

Transformation fest bleibt. Auch das gilt nicht nur im Fundamentalbereich $\mathfrak{F}$, sondern auch auf dem *singularitätenfreien* Modell V_p der PICARDschen Mannigfaltigkeit.

Die Zusammensetzung (Produkt) von zwei Transformationen der 1. Schar:

$$T(\mathbf{c}_1): \quad \mathbf{u}^* \equiv \mathbf{u} + \mathbf{c}_1\,, \quad T(\mathbf{c}_2): \quad \mathbf{u}^{**} \equiv \mathbf{u}^* + \mathbf{c}_2 \qquad (\text{mod } \boldsymbol{\Omega})$$

ergibt wieder eine Transformation der 1. Schar:

$$\mathbf{u}^{**} \equiv \mathbf{u} + \mathbf{c}_1 + \mathbf{c}_2\,, \qquad (\text{mod } \boldsymbol{\Omega})$$

oder in symbolischer Schreibweise*)

$$T(\mathbf{c}_2)\,T(\mathbf{c}_1) = T(\mathbf{c}_1)\,T(\mathbf{c}_2) = T(\mathbf{c}_1 + \mathbf{c}_2)\,. \tag{10.6a}$$

Ebenso bestätigt man leicht die folgenden Formeln:

$$T(\mathbf{c}_1)\,S(\mathbf{c}_2) = S(\mathbf{c}_1 + \mathbf{c}_2)\,, \tag{10.6b}$$
$$S(\mathbf{c}_1)\,T(\mathbf{c}_2) = S(\mathbf{c}_1 - \mathbf{c}_2)\,, \tag{10.6c}$$
$$S(\mathbf{c}_1)\,S(\mathbf{c}_2) = T(\mathbf{c}_1 - \mathbf{c}_2)\,. \tag{10.6d}$$

Aus $T(\mathbf{c})\,T(-\mathbf{c}) = T(-\mathbf{c})\,T(\mathbf{c}) = T(0)$ schließt man, daß die inverse zu einer Transformation der 1. Schar

$$T(\mathbf{c})^{-1} = T(-\mathbf{c}) \tag{10.7}$$

wieder eine Transformation der 1. Schar ist. Aus (10.6d) folgt, daß jede Transformation der 2. Schar zu sich selbst invers ist, d. h., daß sie die Ordnung 2 hat oder, wie man auch sagt, „involutorisch" ist:

$$S(\mathbf{c})^2 = T(0)\,, \quad S(\mathbf{c})^{-1} = S(\mathbf{c})\,. \tag{10.8}$$

Satz 2. *Die Transformationen der* 1. *Schar bilden, für sich genommen, eine von p stetigen komplexen Parametern abhängige* ABEL*sche (d. h. kommutative) Gruppe, die Normalteiler des Index* 2 *innerhalb der aus beiden Scharen gebildeten Gruppe ist.*

Ist nämlich T eine beliebige Transformation der 1. Schar, S eine der 2. Schar, so folgt aus (10.6c—d)

$$STST = T(0)\,, \quad \text{also } STS = T^{-1}\,,$$

also ist die Untergruppe der Transformationen der 1. Schar in der Gesamtgruppe ausgezeichnet.

Eine wichtige Eigenschaft der Transformationen jeder der beiden Scharen ist ihre „Transitivität":

Satz 3. *Es gibt in jeder der beiden Scharen genau eine Transformation, welche einen beliebig gegebenen Punkt P der (singularitätenfreien)* PICARD*schen Mannigfaltigkeit V_p in einen gegebenen anderen Punkt P^**

*) Die Reihenfolge, in der die Transformationen auszuführen sind, ist in dieser Schreibweise von rechts nach links: das Produkt $T(\mathbf{c}_2)\,T(\mathbf{c}_1)$ bedeutet, daß zuerst die Transformation $T(\mathbf{c}_1)$ und dann die Transformation $T(\mathbf{c}_2)$ auszuführen sind. Das Produkt (10.6a) ist im Gegensatz zu den folgenden „kommutativ", d. h. es ändert seinen Wert nicht, wenn man die Reihenfolge der Faktoren vertauscht.

überführt; man sagt, beide Scharen von Transformationen sind „transitiv" auf der PICARD*schen Mannigfaltigkeit, und zwar ausnahmslos oder „absolut transitiv" auf jedem singularitätenfreien Modell V_p*).*

In der Tat läßt sich der Vektor **c** aus (10.5a) bzw. (10.5b) eindeutig (modulo $\boldsymbol{\Omega}$) berechnen, wenn {**u**} und {**u***} gegeben sind, also auch wenn die ihnen umkehrbar eindeutig auf der V_p entsprechenden Punkte P und P^* gegeben sind.

Jede Transformation der Scharen (10.5a—b) ist durch einen Vektor **c**, der selbst nur modulo $\boldsymbol{\Omega}$ gegeben zu sein braucht, eindeutig bestimmt. Wir können den vom Ursprung ausgehenden Vektor **c** also immer modulo $\boldsymbol{\Omega}$ so reduziert denken, daß er im Periodenparallelotop $\mathfrak{F}$ liegt. Dann ist jede Transformation der 1. oder 2. Schar eineindeutig durch einen Punkt {**c**} im Periodenparallelotop $\mathfrak{F}$ charakterisiert:

Satz 4. *Sowohl die Transformationen der 1. wie auch der 2. Schar können umkehrbar eindeutig und stetig auf die Punkte eines singularitätenfreien Modells V_p der* PICARD*schen Mannigfaltigkeit abgebildet werden***).

11. Eine charakteristische Eigenschaft der PICARDschen Mannigfaltigkeit***). Im Abschnitt Nr. 6 haben wir bewiesen, daß es immer ein singularitätenfreies Modell V_p der zu einem ABELschen Funktionenkörper $\mathfrak{K}$ gehörigen PICARDschen Mannigfaltigkeit gibt, welches in ausnahmslos eineindeutiger Korrespondenz zum Periodenparallelotop $\mathfrak{F}$ steht. *Auf diesem Modell verhält sich die von den Transformationen der 1. Schar* (10.5a) *gebildete p-gliedrige kontinuierliche Transformationsgruppe „absolut transitiv"*, und zwar „einfach" transitiv, d. h. es gibt immer genau eine Transformation $T(\mathbf{c})$ der Schar (10.5a), welche einen gegebenen Punkt P der V_p in einen gegebenen Punkt P^* derselben Mannigfaltigkeit überführt. Entspricht nämlich dem Punkt P auf V_p der Punkt {**a**} in $\mathfrak{F}$, P^* der Punkt {**a***}, so leistet die Transformation $T(\mathbf{a}^* - \mathbf{a})$ das Verlangte.

Diese singularitätenfreien Modelle V_p sind also p-dimensionale algebraische Mannigfaltigkeiten, welche eine p-gliedrige kontinuierliche Gruppe von birationalen Transformationen[+]) *in sich zulassen, die Abelsch (d. h. kommutativ) und absolut (und einfach) transitiv ist.*

*) Auf einem anderen, nicht singularitätenfreien Modell der PICARDschen Mannigfaltigkeit kann man die Transitivität nur für zwei „allgemeine" Punkte behaupten, weil es für zwei speziell gewählte Punkte evtl. keine Transformation der beiden Scharen geben kann, welche den einen in den anderen transformiert.

**) Ein singularitätenfreies Modell der PICARDschen Mannigfaltigkeit ist in bezug auf die kommutative Gruppe der Transformationen der 1. Schar eine «variété de groupe» im Sinne von A. WEIL: Variétés abéliennes et courbes algébriques. Paris 1948.

***) Dieser Abschnitt entspricht dem Abschnitt Nr. 23 des II. Kapitels in der Ausgabe 1942 der Vorlesungen von F. CONFORTO.

[+]) Diese birationalen Transformationen sind *ohne Ausnahmspunkte* überall eineindeutig.

Diese Eigenschaft genügt aber auch umgekehrt, um die (singularitätenfreien) PICARDschen Mannigfaltigkeiten unter allen algebraischen Mannigfaltigkeiten auszuzeichnen oder zu charakterisieren, denn es gilt der folgende, im wesentlichen von PICARD herrührende Satz:

Jede irreduzible, p-dimensionale, singularitätenfreie, algebraische Mannigfaltigkeit V_p, welche eine p-gliedrige kontinuierliche Gruppe von birationalen Transformationen in sich besitzt, die Abelsch und absolut transitiv ist, ist eine PICARDsche Mannigfaltigkeit, die zu einem gewissen ABELschen Funktionenkörper von p Variablen gehört.

Die irreduzible und singularitätenfreie algebraische Mannigfaltigkeit V_p, für welche die Voraussetzungen dieses Satzes erfüllt sind, sei in einem projektiven Raum S_t eingebettet und werde in homogenen Koordinaten*) $x_0, x_1, \ldots, x_t$ als Nullstellengebilde eines homogenen Polynomideals $\mathfrak{p} = (g_1(x), \ldots, g_s(x))$ im Polynomring $\mathfrak{C}[x_0, x_1, \ldots, x_t]$ definiert. Die Punkte der V_p sind also genau die gemeinsamen Nullstellen der Basisformen:

$$g_1(x) = 0, \ldots, g_s(x) = 0 . \tag{11.1}$$

Den weiteren Voraussetzungen entsprechend gibt es eine ABELsche Gruppe $\mathfrak{G}$ von ∞^p birationalen Transformationen der V_p in sich:

$$T(\mathbf{u}): \quad x_0^* : x_1^* : \ldots : x_t^* = \varphi_0(\mathbf{x}; \mathbf{u}) : \varphi_1(\mathbf{x}; \mathbf{u}) : \ldots : \varphi_t(\mathbf{x}; \mathbf{u}) , \tag{11.2}$$

die jeden Punkt $P\{x_0, \ldots, x_t\}$ von V_p wieder in einen Punkt $P^*\{x_0^*, \ldots, x_t^*\}$ derselben Mannigfaltigkeit überführen. Die Funktionen $\varphi_j(\mathbf{x}; \mathbf{u})$ sind homogene Polynome (Formen) der Variablen $x_0, \ldots, x_t$ desselben Grades, deren Koeffizienten ganze (analytische) Funktionen der komplexen Variablen $u_1, \ldots, u_p$ sind.

Die birationale Transformation (11.2) hat voraussetzungsgemäß keine Ausnahmspunkte und läßt sich bei gegebenen $\{\mathbf{x}\}$ und $\{\mathbf{x}^*\}$ eindeutig**) nach $\{\mathbf{u}\}$ auflösen; daher hat die JACOBIsche *Matrix* J (vgl. S. 145) im gesamten Bereich der Variablen $\{\mathbf{x}\}$ und $\{\mathbf{u}\}$ den Rang $p+1$.

---

*) Der Übergang von homogenen zu inhomogenen Koordinaten ist immer leicht durch Bildung der Verhältnisse $y_1 = \frac{x_1}{x_0}, \ldots, y_t = \frac{x_t}{x_0}$ durchführbar; wir ziehen hier die Verwendung von homogenen Koordinaten vor, weil wir auf diese Weise unmittelbar alle Punkte der Mannigfaltigkeit V_p erfassen, nicht nur die im endlichen gelegenen Punkte. Das ist deshalb wichtig, weil es sich bei den folgenden Überlegungen um die Statuierung einer umkehrbar eindeutigen und stetigen Abbildung derselben auf eine geschlossene Mannigfaltigkeit handelt.

**) Hier ist gemeint „eindeutig im kleinen", nicht im großen, d. h. die Auflösung nach $\mathbf{u}$ ist in gewissen, genügend kleinen Umgebungen von $\{\mathbf{x}\}$, $\{\mathbf{x}^*\}$ und $\{\mathbf{u}\}$ eindeutig. Wenn es also, wie wir noch ausführlich besprechen werden, verschiedene Parameterwerte $\mathbf{u}$ gibt, die alle dieselbe Transformation $T(\mathbf{u})$ liefern, so liegen diese Punkte im $\mathbf{u}$-Raum *diskret*, d. h. sie haben keinen Häufungspunkt im endlichen.

Die Transformationen (11.2) bilden ferner eine Gruppe $\mathfrak{G}$; wenn also eine zweite Transformation mit den Parameterwerten $\mathbf{v}$ gegeben ist:

$$T(\mathbf{v}):\; x_0^{**} : x_1^{**} : \ldots : x_t^{**} = \varphi_0(\mathbf{x}^*; \mathbf{v}) : \varphi_1(\mathbf{x}^*; \mathbf{v}) : \ldots : \varphi_t(\mathbf{x}^*; \mathbf{v}), \qquad (11.3)$$

so muß die Zusammensetzung der beiden Transformationen $T(\mathbf{u})$ und $T(\mathbf{v})$ wieder eine Transformation derselben Art ergeben, deren Parameterwerte etwa $\mathbf{w}$ sind:

$$x_0^{**} : x_1^{**} : \ldots : x_t^{**} = \varphi_0(\mathbf{x}; \mathbf{w}) : \varphi_1(\mathbf{x}; \mathbf{w}) : \ldots : \varphi_t(\mathbf{x}; \mathbf{w}) \qquad (11.4)$$

mit

$$\varphi_j(\varphi(\mathbf{x}; \mathbf{u}); \mathbf{v}) = \varrho\, \varphi_j(\mathbf{x}; \mathbf{w}), \quad \varrho \neq 0, \quad j = 0, 1, \ldots, t. \qquad (11.4')$$

Wir schreiben diese Formeln kürzer symbolisch so:

$$T(\mathbf{v})\, T(\mathbf{u}) = T(\mathbf{w}), \qquad (11.5)$$

wo die neuen Parameterwerte $\mathbf{w}$ eindeutige*) analytische Funktionen der Variablen $\mathbf{u}$ und $\mathbf{v}$ sind:

$$w_k = \psi_k(\mathbf{u}; \mathbf{v}) = \psi_k(\mathbf{v}; \mathbf{u}), \quad k = 1, \ldots, p. \qquad (11.6)$$

Diese Formeln definieren, wenn wir etwa die Variablen $\mathbf{v}$ als Parameter auffassen, eine p-gliedrige kontinuierliche Transformationsgruppe des $\mathbf{u}$-Raumes in sich, die als „Parametergruppe" der ursprünglichen Gruppe $\mathfrak{G}$ zu dieser isomorph und also insbesondere auch wieder kommutativ ist**).

Nach einem bekannten Satz aus der Theorie der kontinuierlichen Transformationsgruppen ist diese Gruppe „ähnlich" der Gruppe der Translationen, d. h. die Parameter $\mathbf{u}$ können so gewählt werden, daß die Kompositionsgleichungen (11.6) die folgende einfache Gestalt

*) Zu gegebenen Werten $\mathbf{u}$ und $\mathbf{v}$ gibt es allerdings unendlich viele Parameterwerte $\mathbf{w}$, die (11.4'—5) erfüllen, jedoch alle diskret liegen. Daher kann man von einem bestimmten Funktionselement $\mathbf{w}$ ausgehen und dieses *eindeutig* analytisch über den gesamten $(\mathbf{u}, \mathbf{v})$-Raum fortsetzen.

**) Vgl. S. LIE u. F. ENGEL: Theorie der Transformationsgruppen, I, S. 401 ff. Leipzig 1888. Aus der Assoziativität der Gruppe $\mathfrak{G}$ folgt nämlich die wichtige Relation:

$$\psi_k(\psi(\mathbf{u}, \mathbf{v}); \mathbf{w}) = \psi_k(\mathbf{u}; \psi(\mathbf{v}, \mathbf{w})), \qquad k = 1, \ldots, p.$$

Daraus kann man die Gruppeneigenschaft der Transformationen (11.6) erkennen, denn die Zusammensetzung der Transformationen

$$u_k^* = \psi_k(\mathbf{u}; \mathbf{v}), \quad u_k^{**} = \psi_k(\mathbf{u}^*; \mathbf{w})$$

ergibt:

$$u_k^{**} = \psi_k(\psi(\mathbf{u}; \mathbf{v}); \mathbf{w}) = \psi_k(\mathbf{u}; \psi(\mathbf{v}, \mathbf{w})),$$

also wieder eine Transformation der Art (11.6).

besitzen*):

$$\mathbf{w} = \mathbf{u} + \mathbf{v}\,, \quad \text{d. h.} \quad w_k = u_k + v_k\,, \quad k = 1, \ldots, p\,. \tag{11.6'}$$

Wir dürfen daher im folgenden voraussetzen, daß die Parameter $\mathbf{u}$ in den Transformationen (11.2) von vornherein so gewählt sind, daß diese einfachen Kompositionsgleichungen gelten, und können dann die Gleichung (11.5) so präzisieren:

$$T(\mathbf{v})\, T(\mathbf{u}) = T(\mathbf{u})\, T(\mathbf{v}) = T(\mathbf{u} + \mathbf{v})\,. \tag{11.5'}$$

Diese Relation zeigt uns zunächst, daß hier die identische Transformation (das Einheitselement der Gruppe) sicher durch die Parameterwerte 0 geliefert wird, weil offenbar

$$T(0)\, T(\mathbf{u}) = T(\mathbf{u})\, T(0) = T(\mathbf{u})$$

ist. Aber es wird außer diesen im allgemeinen noch weitere Parameterwerte geben, die ebenfalls die identische Transformation liefern. Wir wollen jede derartige Kombination von Parameterwerten mit dem Buchstaben $\boldsymbol{\omega}$ bezeichnen und kurz eine „Periode" nennen. Denn zunächst wissen wir bereits, daß die Punkte $\boldsymbol{\omega}$ im $\mathbf{u}$-Raum diskret liegen (keine Häufungspunkte im endlichen haben) und daß sie ein Punktgitter bilden, d. h. die Perioden $\boldsymbol{\omega}$ bilden im Sinne von Kap. I, Nr. 1 eine *additive* ABEL*sche Gruppe* $\mathfrak{G}(\boldsymbol{\omega})$. In der Tat ist gleichzeitig mit $T(\boldsymbol{\omega}) = T(0)$ wegen (11.5') auch

$$T(2\boldsymbol{\omega}) = T(\boldsymbol{\omega})\, T(\boldsymbol{\omega}) = T(0), \ldots, T(n\boldsymbol{\omega}) = T(\boldsymbol{\omega})\, T((n-1)\,\boldsymbol{\omega}) = T(0), \ldots,$$

und das gilt nicht nur für $n = 1, 2, \ldots,$ sondern auch für $n = -1, -2, \ldots,$ denn offenbar ist $T(n\boldsymbol{\omega})\, T(-n\boldsymbol{\omega}) = T(0)$, also wegen $T(n\boldsymbol{\omega}) = T(0)$ auch $T(-n\boldsymbol{\omega}) = T(0)$.

Ist ferner $T(\boldsymbol{\omega}_1) = T(\boldsymbol{\omega}_2) = T(0)$, so folgt aus (11.5') unmittelbar auch $T(\boldsymbol{\omega}_1 + \boldsymbol{\omega}_2) = T(0)$, und allgemeiner $T(m_1\boldsymbol{\omega}_1 + m_2\boldsymbol{\omega}_2) = T(0)$ mit ganzzahligen m_1, m_2.

Zwei Parameterwerte $\mathbf{u}$ *und* $\mathbf{v}$ *liefern dann und nur dann dieselbe Transformation* (11.2), *wenn sie sich um eine Periode* $\boldsymbol{\omega}$ *der Gruppe* $\mathfrak{G}(\boldsymbol{\omega})$ *unterscheiden:* $\mathbf{v} = \mathbf{u} + \boldsymbol{\omega}$.

Denn aus $T(\mathbf{u}) = T(\mathbf{v})$ folgt, wenn man beiderseits mit $T(-\mathbf{u}) = T(\mathbf{u})^{-1}$ multipliziert, $T(\mathbf{v} - \mathbf{u}) = T(0)$, also $\mathbf{v} - \mathbf{u} = \boldsymbol{\omega}$.

Die Koeffizienten der Formen $\varphi_j(\mathbf{x}; \mathbf{u})$ sind also ganze Funktionen der komplexen Variablen $\mathbf{u}$, welche sich bei einer Substitution $\mathbf{u} \to \mathbf{u} + \boldsymbol{\omega}$ bis auf einen gemeinsamen Faktor, der eine nirgends verschwindende, überall analytische Funktion ist, reproduzieren. Wählen wir nun in (11.2) den Punkt $\{\mathbf{x}\}$ irgendwie fest und lassen nur $\mathbf{u}$ in einem zur

*) Vgl. S. LIE u. F. ENGEL, s. Anm. 2, S. 179, dortselbst S. 339, Satz 1. — LIE, S.: Vorlesungen über kontinuierliche Gruppen, bearbeitet von SCHEFFERS, S. 436, Satz 5. Leipzig 1893. — CHEVALLEY, CLAUDE: Theory of LIE groups, I, S. 212, Prop. 1. Princeton: Univ. Press 1946. — BIANCHI, L.: Lezioni sulla teoria dei gruppi continui finiti di trasformazioni, § 100. Bologna: Zanichelli 1928.

Gruppe $\mathfrak{G}(\boldsymbol{\omega})$ gehörigen Fundamentalbereich*) $\mathfrak{F}$ variieren, so durchstreicht der Punkt $P^*\{x_0^*, \ldots, x_t^*\}$ alle Punkte der algebraischen Mannigfaltigkeit V_p, *jeden genau einmal.* Denn nach Voraussetzung gibt es *genau eine* birationale Transformation $T(\mathbf{u})$ der kontinuierlichen Gruppe $\mathfrak{G}$, welche den festgewählten Punkt $P\{x_0, \ldots, x_t\}$ in irgendeinen vorgegebenen Punkt P^* der V_p überführt. Die Parameterwerte $\mathbf{u}$ dürfen modulo $\mathfrak{G}(\boldsymbol{\omega})$ noch so reduziert werden, daß der Punkt $\{\mathbf{u}\}$ in $\mathfrak{F}$ liegt.

Bei festgewählten $\mathbf{x}$ gibt also die Formel (11.2), da auch noch die Bedingungen des Satzes 2 von S. 145 überall erfüllt sind, eine umkehrbar eindeutige und stetige (homöomorphe) Abbildung des Fundamentalbereiches $\mathfrak{F}$ auf die algebraische Mannigfaltigkeit V_p. Da nun die Mannigfaltigkeit V_p abgeschlossen ist (vgl. S. 152), muß auch $\mathfrak{F}$ abgeschlossen sein, und das ist nur dann der Fall**), wenn $\mathfrak{G}(\boldsymbol{\omega})$ $2p$ reell unabhängige primitive Perioden $\boldsymbol{\omega}_1, \ldots, \boldsymbol{\omega}_{2p}$ enthält, die wir in gewohnter Weise als Spalten einer $(p, 2p)$-Matrix, der Periodenmatrix $\boldsymbol{\Omega}$, zusammenstellen.

Die Funktionen $\varphi_j(\mathbf{u})$, die auf der rechten Seite von (11.2) stehen, sind, wenn $\mathbf{x}$ festgewählt ist, ganze Funktionen der Variablen $\mathbf{u}$, deren Verhältnisse meromorphe, gegenüber den Perioden von $\mathfrak{G}(\boldsymbol{\omega})$ invariante Funktionen sind: also ABELsche Funktionen, die zur RIEMANNschen Matrix $\boldsymbol{\Omega}$ und der von ihr erzeugten Periodengruppe $\mathfrak{G}(\boldsymbol{\omega})$ gehören***). Durch eventuelle Hinzunahme eines Proportionalitätsfaktors können wir also erreichen, daß diese Funktionen $\varphi_j(\mathbf{u})$ sämtlich intermediäre Funktionen vom gleichen Typus sind, die zur RIEMANNschen Matrix $\boldsymbol{\Omega}$ gehören.

Damit ist aber unsere Behauptung erwiesen, daß die algebraische Mannigfaltigkeit V_p ein singularitätenfreies Modell der PICARDschen Mannigfaltigkeit ist, die dem zur RIEMANNschen Matrix $\boldsymbol{\Omega}$ gehörigen ABELschen Funktionenkörper entspricht.

---

*) Vgl. S. 118; die Gruppe $\mathfrak{G}(\boldsymbol{\omega})$ enthalte genau n $(\leqq 2p)$ unabhängige Perioden $\boldsymbol{\omega}_1, \ldots, \boldsymbol{\omega}_n$, welche ein primitives Periodensystem bilden (vgl. S. 15) derart, daß jede Periode von $\mathfrak{G}(\boldsymbol{\omega})$ in der Gestalt $\boldsymbol{\omega} = m_1\boldsymbol{\omega}_1 + \cdots + m_n\boldsymbol{\omega}_n$ mit ganzzahligen $m_1, \ldots, m_n$ dargestellt wird. Ist $n < 2p$, so fügen wir $n - 2p$ willkürlich gewählte p-Vektoren $\mathbf{a}_{n+1}, \ldots, \mathbf{a}_{2p}$ hinzu, die mit den $\boldsymbol{\omega}_j$ zusammen reell unabhängig sind. Dann ist der zu $\mathfrak{G}(\boldsymbol{\omega})$ gehörige Fundamentalbereich die Menge aller Punkte $\mathbf{u}$, welche sich in der Form

$$\mathbf{u} = s_1\boldsymbol{\omega}_1 + \cdots + s_n\boldsymbol{\omega}_n + \sigma_{n+1}\mathbf{a}_{n+1} + \cdots + \sigma_{2p}\mathbf{a}_{2p}, 0 \leqq s_j < 1\,;\ \sigma_k, \text{reell} \begin{cases} j = 1, \ldots, n \\ k = n+1, \ldots, 2p \end{cases}$$

darstellen lassen; man identifiziert dann noch die modulo $\mathfrak{G}(\boldsymbol{\omega})$ kongruenten Randpunkte (S. 117f.). $\mathfrak{F}$ erstreckt sich, wenn $n < 2p$ ist, ins unendliche und ist dann ein nicht abgeschlossener Bereich. $\mathfrak{F}$ ist dann und nur dann abgeschlossen, wenn $n = 2p$ ist.

**) Siehe vorausgehende Anmerkung.

***) Und zwar „eigentlich" gehören, d. h. keine Perioden außer $\mathfrak{G}(\boldsymbol{\omega})$ zulassen.

Bei den Bedingungen dieses Satzes wurde betont, daß die kontinuierliche Transformationsgruppe $\mathfrak{G}$ auf der algebraischen Mannigfaltigkeit V_p „absolut transitiv" sein müsse; diese Bedingung ist auch wirklich notwendig, wie man aus dem folgenden einfachen Beispiel entnehmen kann. Es sei nämlich $p = 1$, und die algebraische Mannigfaltigkeit sei eine „Gerade", d. i. ein linearer Raum S_1 mit den laufenden homogenen Koordinaten $\{x_0, x_1\}$ *).

In S_1 gibt es u. a. die folgende 1-gliedrige Gruppe von birationalen (sogar projektiven) Transformationen in sich:

$$T(a): \quad x_0^* : x_1^* = x_0 : a x_1 , \tag{11.7}$$

wo der Parameter a alle komplexen Zahlen $\neq 0$ durchläuft. Es handelt sich hier tatsächlich um eine ABELsche Gruppe, denn die Zusammensetzung von $T(a)$ mit einer analogen Transformation

$$T(b): \quad x_0^{**} : x_1^{**} = x_0^* : b x_1^*$$

ergibt:

$$T(b)\, T(a) = T(a)\, T(b) = T(ab) . \tag{11.8}$$

Diese Gruppe ist „im allgemeinen" einfach transitiv, denn es gibt, wie man sofort nachprüfen kann, immer genau eine Transformation $T(a)$, welche einen gegebenen Punkt $\{x_0, x_1\}$ in einen anderen gegebenen Punkt $\{x_0^*, x_1^*\}$ überführt, mit Ausnahme der beiden Punkte $\{1, 0\}$ und $\{0, 1\}$, das sind der Ursprung und der unendlich ferne Punkt von S_1, die bei jeder Transformation der Gruppe fest bleiben. Die Gruppe ist also nicht „absolut transitiv" und der obige Satz ist dementsprechend nicht anwendbar: tatsächlich ist S_1 keine PICARDsche Mannigfaltigkeit, denn als solche müßte S_1 ein Integral 1. Gattung besitzen, das ist ein überall endliches, nicht konstantes Integral, was bekanntlich nicht der Fall ist.

Die Kompositionsgleichung (11.8) hat hier noch nicht die normierte Gestalt (11.5'); um diese zu erreichen, muß man an Stelle des Parameters a den Parameter $u = \log a$, $a = e^u$ einführen, wo u nun alle (endlichen) komplexen Zahlen einschließlich 0 durchläuft. Die Transformationen (11.7) sind dann so zu schreiben:

$$T(u): \quad x_0^* : x_1^* = x_0 : e^u x_1 , \tag{11.7'}$$

und die Kompositionsformel ist:

$$T(v)\, T(u) = T(u)\, T(v) = T(u + v) . \tag{11.8'}$$

Wählt man den Punkt $P\{x_0, x_1\}$ irgendwie fest (aber verschieden von $\{1, 0\}$ und $\{0, 1\}$), etwa $x_0 = x_1 = 1$ und läßt den Parameter u alle endlichen komplexen Zahlen durchlaufen, so beschreibt $P^*\{1, e^u\}$ jeden Punkt von S_1, ausgenommen die Punkte $\{0, 1\}$ und $\{1, 0\}$, genau einmal.

*) x_0, x_1 nehmen alle komplexen Zahlenpaare an, ausgenommen das Paar (0,0); das reelle Bild oder die RIEMANNsche Mannigfaltigkeit von S_1 ist also die GAUSSsche Zahlenebene mit Einschluß des unendlich fernen Punktes oder die Zahlenkugel.

Wir erhalten also in

$$x_0 : x_1 = 1 : e^u$$

eine Parameterdarstellung von S_1, welche zwei Punkte ausläßt. Die Funktion e^u ist nur einfach periodisch, also keine doppeltperiodische (elliptische) Funktion. Der Fundamentalbereich ist ein offener Streifen von der Breite $2\pi i$ in der u-Ebene. Die Variable u ist auf S_1 kein Integral 1. Gattung, sondern ein solches 3. Gattung. Damit stellt e^u das einfachste Beispiel einer „quasi-ABELschen" Funktion vor, worunter man meromorphe Funktionen von p Variablen versteht, die n $(1 \leqq n < 2p)$ unabhängige Perioden besitzen*).

Die eindimensionalen PICARDschen Mannigfaltigkeiten, die zu elliptischen Funktionenkörpern gehören $(p = 1)$, sind algebraische Kurven mit genau einem ABELschen Integral 1. Gattung, also (elliptische) Kurven vom Geschlecht 1. Das gilt, wie wir mit Hilfe des eben bewiesenen Satzes zeigen können, auch umgekehrt, weil auf jeder elliptischen Kurve eine 1-gliedrige ABELsche Gruppe von birationalen Transformationen der Kurve in sich existiert.

Um dies einzusehen, betrachte man zunächst die involutorischen Transformationen der Kurve in sich, welche den ∞^1 linearen Scharen g_2^1 entsprechen; jede dieser Transformationen bedeutet die Vertauschung der beiden in einer Punktgruppe der zugehörigen g_2^1 konjugierten Punkte. Das sind Transformationen der 2. Schar (S. 175); ihre Produkte zu je zweien sind Transformationen der 1. Schar, die zusammen eine kommutative Gruppe bilden (S. 176 f.), die absolut transitiv ist.

Die eindimensionalen PICARD*schen Mannigfaltigkeiten sind also identisch mit den elliptischen Kurven. Jede elliptische Kurve kann in Parameterform durch Funktionen des zugehörigen elliptischen Funktionenkörpers derart dargestellt werden, daß inkongruenten Parameterwerten immer auch verschiedene Punkte der Kurve entsprechen***).

*) Vgl. S. 136 und die dort zitierte Monographie von F. SEVERI. Man kann diese Funktionenkörper, wie SEVERI zeigt, durch einen Grenzprozeß aus gewöhnlichen ABELschen Funktionenkörpern sich entstanden denken, wenn eine oder mehrere der primitiven Perioden unendlich groß werden; es wachsen dabei eine oder mehrere Kanten des Periodenparallelotops $\mathfrak{F}$ ins Unendliche. Bei diesem Grenzprozeß bleibt die p-gliedrige Gruppe $\mathfrak{G}$ im wesentlichen erhalten, während V_p in eine „quasi-ABELsche" Mannigfaltigkeit ausartet, verliert aber ihre Eigenschaft der absoluten Transitivität hinsichtlich der unendlich fernen Punkte. Das ist auch umgekehrt charakteristisch für quasi-ABELsche Mannigfaltigkeiten.

**) Eine elliptische Kurve in der WEIERSTRASSschen kanonischen Form:

$$y^2 = 4x^3 - g_2 x - g_3$$

kann in der Parameterform $x = \wp(u)$, $y = \wp'(u)$ dargestellt werden, wo $\wp(u)$ die bekannte WEIERSTRASSsche elliptische Funktion, nämlich die Umkehrfunktion des Integrals 1. Gattung $u = \int \frac{dx}{y}$ ist. Zwischen $\wp(u)$ und $\wp'(u)$ besteht genau die angegebene Relation.

12. Das Theorem von APPELL-HUMBERT. Es sei $\mathfrak{K}$ ein ABELscher Funktionenkörper in p Variablen, der zur RIEMANNschen Matrix $\boldsymbol{\Omega}$ gehört, V_p ein singularitätenfreies Modell der entsprechenden PICARDschen Mannigfaltigkeit, das durch die Parameterdarstellung

$$x_0 = \varphi_0(\mathbf{u}),\ x_1 = \varphi_1(\mathbf{u}), \ldots, x_t = \varphi_t(\mathbf{u}) \tag{12.1}$$

mittels intermediärer Funktionen (hinsichtlich $\boldsymbol{\Omega}$) auf das Periodenparallelotop*) $\mathfrak{F}$, und zwar ohne Ausnahme eineindeutig und stetig bezogen ist. Als algebraische Mannigfaltigkeit ist V_p das Nullstellengebilde eines Primideals $\mathfrak{p} = (g_1(x), \ldots, g_s(x))$ im Polynomring $\mathfrak{o} = K[x_0, x_1, \ldots, x_t]$. $\mathfrak{p}$ enthält alle Formen aus $\mathfrak{o}$, die nach der Substitution (12.1) identisch in den $\mathbf{u}$ verschwinden. Wir beweisen zunächst den folgenden Satz:

Satz 1. *Ist $\varphi(\mathbf{u})$ eine (hinsichtlich $\boldsymbol{\Omega}$) intermediäre Funktion, die weder identisch verschwindet noch durchaus $\neq 0$ ist, so entspricht der Gleichung $\varphi(\mathbf{u}) = 0$ vermöge* (12.1) *eine $(p-1)$-dimensionale algebraische Untermannigfaltigkeit auf dem singularitätenfreien Modell V_p der* PICARD*schen Mannigfaltigkeit.*

Zum Beweise beachte man, daß $\varphi(\mathbf{u})$ voraussetzungsgemäß mindestens eine Nullstelle in $\mathfrak{F}$ besitzt**); dann gibt es aber in der Umgebung einer solchen Nullstelle, wie man mit Hilfe des WEIERSTRASSschen Vorbereitungssatzes***) zeigt, immer bereits eine $(p-1)$-dimensionale Menge von Nullstellen der analytischen Funktion $\varphi(\mathbf{u})$ +); also schneidet die Gleichung $\varphi(\mathbf{u}) = 0$ aus $\mathfrak{F}$ eine $(p-1)$-dimensionale Punktmannigfaltigkeit aus. Diese wird durch die umkehrbar eindeutige und stetige Abbildung (12.1) auf eine ebenfalls $(p-1)$-dimensionale Punktmannigfaltigkeit auf der V_p abgebildet, von der wir nur noch nachweisen müssen, daß sie *algebraisch* ist, d. h. durch endlich viele algebraische Gleichungen in den x_j definiert werden kann.

Nun haben wir bereits bewiesen (S. 109), daß bei passender Wahl des p-Vektors $\mathbf{c}$ (die immer auf sehr allgemeine Weise möglich ist) die gleichändrigen intermediären Funktionen

$$\varphi(\mathbf{u}+\mathbf{c})\,\varphi(\mathbf{u}-\mathbf{c}) \text{ und } \varphi^2(\mathbf{u})$$

überall teilerfremd (im kleinen und folglich auch im großen) sind, so daß ihr Quotient

$$f(\mathbf{u}) = \frac{\varphi(\mathbf{u}+\mathbf{c})\,\varphi(\mathbf{u}-\mathbf{c})}{\varphi^2(\mathbf{u})} \tag{12.2}$$

*) Das Periodenparallelotop $\mathfrak{F}$ ist immer als $2p$-dimensionaler Torus zu denken, indem man im Sinne von S. 117 f. kongruente Randpunkte identifiziert.

**) Die Nullstellen einer intermediären Funktion im gesamten $\mathbf{u}$-Raum sind modulo $\boldsymbol{\Omega}$ denjenigen in $\mathfrak{F}$ kongruent.

***) Vgl. Anhang, S. 249 f.

+) Nämlich die Menge, welche man durch Nullsetzen des entsprechenden Pseudopolynoms ermittelt.

eine (evtl. ausgeartete, aber sicher nicht konstante) ABELsche Funktion des Körpers $\mathfrak{K}$ ist, die auf der V_p als rationale Funktion (S. 165) dargestellt wird:

$$f(\mathfrak{u}) \equiv \frac{\Phi_1(x_0, \ldots, x_t)}{\Phi_2(x_0, \ldots, x_t)} \pmod{\mathfrak{p}}\,; \tag{12.3}$$

Φ_1 und Φ_2 sind hier zwei Formen gleichen Grades, die modulo $\mathfrak{p}$ linear unabhängig sind. Diese Relation geht, wenn man rechts (12.1) einsetzt, in eine Identität über.

Die Nullstellen von $\varphi(\mathfrak{u})$ sind gerade genau die Pole der meromorphen Funktion $f(\mathfrak{u})$, wenn man die Unbestimmtheitsstellen, die ja Häufungspunkte von Polen sind, hinzurechnet. Auf der V_p sind das die Nullstellen von Φ_2, die nicht zugleich Nullstellen von Φ_1 sind, einschließlich ihrer Häufungspunkte*); das ist aber eine *algebraische* Mannigfaltigkeit, nämlich diejenige, die den $(p-1)$-dimensionalen Primärkomponenten des Ideals $(\mathfrak{p}, \Phi_2)$ entspricht, welche nicht in $(\mathfrak{p}, \Phi_1)$ oder dort in geringerer Potenz auftreten**).

Bei diesem Beweis ist wesentlich, daß Zähler und Nenner in (12.2) teilerfremd sind, sonst könnte man nur behaupten, daß die abgeschlossene Menge aller Nullstellen von $\varphi(\mathfrak{u})$, die nicht zugleich auch Nullstellen von $\varphi(\mathfrak{u}+\mathfrak{c})\,\varphi(\mathfrak{u}-\mathfrak{c})$ sind, durch (12.1) auf eine algebraische Mannigfaltigkeit innerhalb der V_p abgebildet wird. Ebenso ist die Voraussetzung daß für V_p ein singularitätenfreies Modell vorliegt, das ohne Ausnahme eineindeutig und stetig auf $\mathfrak{F}$ bezogen ist, notwendig; andernfalls könnte nämlich $\varphi(\mathfrak{u}) = 0$ auf eine Mannigfaltigkeit geringerer Dimension, evtl. auf einen isolierten vielfachen Punkt der V_p abgebildet werden.

Bei den bisherigen Überlegungen wurde noch keine Rücksicht auf irgendwelche „Multiplizitäten" genommen; die Nullstellen der intermediären Funktion $\varphi(\mathfrak{u})$ in $\mathfrak{F}$ sind dieselben wie diejenigen der Funktionen $\varphi^2(\mathfrak{u}), \varphi^3(\mathfrak{u}), \ldots$, aber man sagt, daß die letzteren höhere Multiplizitäten besitzen. Auch die algebraischen Untermannigfaltigkeiten der Dimension $p-1$ auf der V_p können mit Multiplizitäten behaftet sein***). Bei der folgenden Verschärfung und Umkehrung unseres Satzes werden wir diese Multiplizitäten einkalkulieren müssen.

Zu diesem Zweck beweisen wir den folgenden Satz über intermediäre Funktionen.

---

*) Dazu sind auch diejenigen Punkte zu rechnen, in denen Φ_2 modulo $\mathfrak{p}$ in höherer Vielfachheit verschwindet als Φ_1.

**) Die Primärkomponenten von $(\mathfrak{p}, \Phi_1)$ und $(\mathfrak{p}, \Phi_2)$ sind alle $(p-1)$-dimensional und symbolische Potenzen; vgl. W. GRÖBNER: Idealtheoretischer Aufbau der algebraischen Geometrie. Hamburger Einzelschrift Nr. 30, S. 14ff. (1941).

***) Da V_p singularitätenfrei ist, sind alle $(p-1)$-dimensionalen Primidealteiler regulär und die zugehörigen Primärideale durch Angabe ihrer Multiplizität erschöpfend charakterisiert.

Satz 2. *Die Menge aller zu einer* RIEMANN*schen Matrix* $\boldsymbol{\Omega}$ *gehörigen intermediären Funktionen bildet einen „graduierten Ring"*), in dem der ZPE-Satz gilt, d. h. jede intermediäre Funktion* $\psi(\mathbf{u})$ *kann (bis auf die Reihenfolge und bis auf Einheiten) eindeutig als Produkt von irreduziblen intermediären Funktionen* $\pi_j(\mathbf{u})$ *dargestellt werden:*

$$\psi(\mathbf{u}) = \pi_1^{\varrho_1}(\mathbf{u})\, \pi_2^{\varrho_2}(\mathbf{u}) \dots \pi_s^{\varrho_s}(\mathbf{u}) \,. \tag{12.4}$$

Wenn nämlich $\psi_1(\mathbf{u})$ und $\psi_2(\mathbf{u})$ intermediäre Funktionen sind mit den Periodenmatrizen $\boldsymbol{\Omega}$, $\boldsymbol{\Lambda}_1$ und den Parametern $\boldsymbol{\gamma}_1$ bzw. $\boldsymbol{\Omega}, \boldsymbol{\Lambda}_2, \boldsymbol{\gamma}_2$, so ist ihr Produkt $\psi_1(\mathbf{u})\psi_2(\mathbf{u})$ wieder eine intermediäre Funktion zu $\boldsymbol{\Omega}$, $\boldsymbol{\Lambda}_1 + \boldsymbol{\Lambda}_2$, $\boldsymbol{\gamma}_1 + \boldsymbol{\gamma}_2$ (vgl. S. 105). Ihre Summe oder Differenz ist aber nur dann intermediär, wenn sie beide vom selben Typus sind. Also bildet die Gesamtheit aller zu $\boldsymbol{\Omega}$ gehörigen intermediären Funktionen tatsächlich einen graduierten Ring.

Wir nennen eine intermediäre Funktion $\psi_1(\mathbf{u})$ durch eine zweite $\psi_2(\mathbf{u})$ teilbar, wenn $\frac{\psi_1(\mathbf{u})}{\psi_2(\mathbf{u})}$ eine ganze Funktion ist; dieser Quotient ist dann von selbst wieder eine intermediäre Funktion, und zwar, bei den obigen Bezeichnungen, zu $\boldsymbol{\Omega}$, $\boldsymbol{\Lambda}_1 - \boldsymbol{\Lambda}_2$, $\boldsymbol{\gamma}_1 - \boldsymbol{\gamma}_2$ gehörig. $\psi_2(\mathbf{u})$ ist ein „echter" Teiler von $\psi_1(\mathbf{u})$, wenn nicht auch umgekehrt $\psi_1(\mathbf{u})$ Teiler von $\psi_2(\mathbf{u})$ ist. Funktionen, von denen jede die andere teilt, heißen „assoziiert"; sie unterscheiden sich um eine „Einheit".

Die „Einheiten" des Ringes sind diejenigen intermediären Funktionen, deren reziproke wieder intermediär sind, also solche ohne Nullstellen. Sie sind von der Gestalt $e^{g(\mathbf{u})}$ mit einer ganzen Funktion $g(\mathbf{u})$ im Exponenten**); da es sich um eine intermediäre Funktion handelt (vgl. S. 56), sind die zweiten Ableitungen von $g(\mathbf{u})$ ganze Funktionen, die alle Perioden der RIEMANNschen Matrix $\boldsymbol{\Omega}$ zulassen, daher im ganzen $\mathbf{u}$-Raum beschränkt und folglich nach dem Satz von LIOUVILLE konstant sind (vgl. Anhang, Nr. 5).

Die Funktion $g(\mathbf{u})$ ist also ein Polynom zweiten Grades in den Variablen $\mathbf{u}$, so daß eine nirgends verschwindende intermediäre Funktion die besondere Gestalt hat:

$$e^{\pi i(\tilde{\mathbf{u}}\mathbf{S}\mathbf{u} + 2\tilde{\boldsymbol{\alpha}}\mathbf{u} + \beta)}\,, \tag{12.5}$$

wo $\mathbf{S}$ eine willkürliche symmetrische (p, p)-Matrix, $\boldsymbol{\alpha}$ ein willkürlicher p-Vektor, β eine willkürliche Zahl ist***). Die Funktionen (12.5) sind

*) Ein „graduierter Ring" ist in Analogie zu einem homogenen Polynomring eine Menge von Elementen, für welche die Ring-Axiome mit der Einschränkung gelten, daß Addition und Subtraktion nur zwischen Elementen „gleichen Grades" bzw. „gleichen Typs" erlaubt ist. Das Produkt zweier Elemente ergibt ein Element desselben Ringes, dessen „Grad" gleich der „Summe" der „Grade" der Faktoren ist. Die „Grade" oder „Typen" selbst bilden also eine ABELsche Gruppe.

**) Der Logarithmus der Einheit kann nämlich eindeutig bestimmt werden und ist eine ganze Funktion; vgl. Anhang, Nr. 2.

***) Durch Hinzunahme einer solchen Einheit haben wir in Nr. 33, S. 84 f., die gegebene intermediäre Funktion so umgeformt, daß ihre Periodenmatrizen und Parameter die Normalform aufwiesen.

ausgeartete intermediäre Funktionen, die zu jeder RIEMANNschen Matrix $\boldsymbol{\Omega}$ gehören*).

Der ZPE-Satz folgt nun in üblicher Weise aus der Gültigkeit des *Teilerkettensatzes* und des *Euklidischen Lemmas.*

a) Teilerkettensatz. *Eine Kette von intermediären Funktionen (zu $\boldsymbol{\Omega}$)*

$$\psi_1(\mathfrak{u}), \psi_2(\mathfrak{u}), \ldots, \psi_n(\mathfrak{u}), \ldots,$$

von denen jede ein echter Teiler der vorhergehenden ist, eine sog. „Teilerkette", kann immer nur endlich viele Glieder enthalten.

Das sieht man so ein: Zunächst ist jede intermediäre Funktion hinsichtlich ihrer Teilbarkeitseigenschaften bereits durch ihre Funktionselemente im Periodenparallelotop $\mathfrak{F}$ bestimmt. Nun können wir $\mathfrak{F}$ mit endlich vielen Umgebungen $\mathfrak{U}\{a; \varrho_a\}$ überdecken, derart, daß das Funktionselement von $\psi_1(\mathfrak{u})$ im Zentrum jeder Umgebung $\mathfrak{U}$ ein Pseudopolynom (evtl. $=1$), multipliziert mit einer Einheit ist, welche in $\mathfrak{U}$ nirgends verschwindet, so daß die Nullstellen von $\psi_1(\mathfrak{u})$ innerhalb $\mathfrak{U}$ mit denjenigen des Pseudopolynoms übereinstimmen (vgl. Anhang, Nr. 3); die Umgebungen müssen von vornherein so klein sein, daß auch die evtl. vorhandenen Teiler des Pseudopolynoms in der ganzen Umgebung konvergieren.

Irgendeinem Teiler von $\psi_1(\mathfrak{u})$ müssen in den Umgebungen $\mathfrak{U}$ Funktionselemente zukommen, die, abgesehen von Einheiten, Teiler des entsprechenden Pseudopolynoms von $\psi_1(\mathfrak{u})$ sind, und zwar muß es in mindestens einer Umgebung ein echter Teiler sein, falls es sich im großen um einen echten Teiler von $\psi_1(\mathfrak{u})$ handelt. Da aber die Pseudopolynome nur endlich viele Teiler haben, kann auch $\psi_1(\mathfrak{u})$ im großen nur endlich viele Teiler aufweisen (vgl. Anhang, Nr. 4), die wieder intermediäre Funktionen sind.

Also muß jede derartige Teilerkette nach endlich vielen Gliedern abbrechen. Eine intermediäre Funktion, welche außer Einheiten keine echten Teiler besitzt, nennen wir „irreduzibel" oder auch „Primfunktion".

b) Euklidisches Lemma. *Sind $\psi_1(\mathfrak{u})$, $\psi_2(\mathfrak{u})$, $\chi_1(\mathfrak{u})$, $\chi_2(\mathfrak{u})$ intermediäre Funktionen (zu $\boldsymbol{\Omega}$), von denen $\psi_1(\mathfrak{u})$ und $\psi_2(\mathfrak{u})$ teilerfremd sind***)

---

*) Vgl. Nr. 42, S. 120; die zweite Periodenmatrix der intermediären Funktion (12.5) ist $\mathbf{S}\boldsymbol{\Omega}$, der Parametervektor $\frac{1}{2}$ Sp $(\tilde{\boldsymbol{\Omega}}\mathbf{S}\boldsymbol{\Omega}) + \tilde{\boldsymbol{\Omega}}\,\alpha$.

**) Zwei intermediäre Funktionen sind teilerfremd, wenn sie keine intermediäre Funktion als gemeinsamen Teiler besitzen (außer Einheiten); dann sind sie aber notwendig auch im gewöhnlichen Sinn, d. h. an jeder Stelle des $\mathfrak{u}$-Raumes teilerfremd. Denn ihr größter gemeinsamer Teiler $\chi(\mathfrak{u})$ würde die charakteristische Periodizitätseigenschaft besitzen:

$$\chi(\mathfrak{u} + \boldsymbol{\Omega}\,\mathfrak{e}_h) = e^{G_h(\mathfrak{u})}\,\chi(\mathfrak{u}), \qquad h = 1, \ldots, 2p$$

mit ganzen Funktionen $G_h(\mathfrak{u})$, denn $\chi(\mathfrak{u})$ und $\chi(\mathfrak{u} + \boldsymbol{\Omega}\,\mathfrak{e}_h)$ sind an jeder Stelle des $\mathfrak{u}$-Raumes assoziiert. Nach der in Kap. I, Nr. 15—24 durchgeführten Reduktion kann man $\chi(\mathfrak{u})$ durch Multiplikation mit einer passenden Einheitsfunktion in eine intermediäre Funktion verwandeln. Daher kann der GGT (im gewöhnlichen Sinn) von zwei intermediären Funktionen immer als intermediäre Funktion angesetzt werden.

und für die

$$\psi_1(\mathfrak{u})\,\chi_2(\mathfrak{u}) = \psi_2(\mathfrak{u})\,\chi_1(\mathfrak{u}) \tag{12.6}$$

gilt, so ist $\psi_1(\mathfrak{u})$ *ein Teiler von* $\chi_1(\mathfrak{u})$ *und* $\psi_2(\mathfrak{u})$ *ein Teiler von* $\chi_2(\mathfrak{u})$:

$$\chi_1(\mathfrak{u}) = \lambda(\mathfrak{u})\,\psi_1(\mathfrak{u})\,, \quad \chi_2(\mathfrak{u}) = \lambda(\mathfrak{u})\,\psi_2(\mathfrak{u})\,, \tag{12.7}$$

mit einer intermediären Funktion $\lambda(\mathfrak{u})$ *).

Diese Tatsache folgt einfach daraus, daß der entsprechende Satz (Anhang, Nr. 4), an jeder Stelle von $\mathfrak{F}$ und damit im gesamten $\mathfrak{u}$-Raum gilt, so daß

$$\frac{\chi_1(\mathfrak{u})}{\psi_1(\mathfrak{u})} = \frac{\chi_2(\mathfrak{u})}{\psi_2(\mathfrak{u})} = \lambda(\mathfrak{u})$$

eine ganze Funktion ist.

Aus a) und b) folgt der ZPE-Satz nach rein formalen Schlüssen: Irgendeine intermediäre Funktion $\psi(\mathfrak{u})$, die keine Einheit und auch nicht irreduzibel ist, kann solange in Faktoren zerlegt werden, bis jeder Faktor irreduzibel ist; wäre eine solche Zerlegung nicht nach endlich vielen Schritten erreicht, so würde in Widerspruch zu a) eine unendliche Teilerkette existieren. Es handelt sich also nur noch darum festzustellen, daß eine so gewonnene Zerlegung (12.4) eindeutig ist, das aber folgt sofort aus dem Euklidischen Lemma.

Ähnliche Verhältnisse gelten nun auch auf der PICARDschen Mannigfaltigkeit V_p für die $(p-1)$-dimensionalen Untermannigfaltigkeiten:

Die $(p-1)$*-dimensionalen algebraischen Untermannigfaltigkeiten der* V_p *sind genau die den* $(p-1)$*-dimensionalen ungemischten Oberidealen* $\mathfrak{a}$ *von* $\mathfrak{p}$ *zugeordneten algebraischen Mannigfaltigkeiten. Jedes derartige Ideal* $\mathfrak{a}$ *ist als Durchschnitt:*

$$\mathfrak{a} = [\mathfrak{p}_1^{(\varrho_1)}, \mathfrak{p}_2^{(\varrho_2)}, \ldots, \mathfrak{p}_s^{(\varrho_s)}] \tag{12.8}$$

darstellbar, wo die Primärkomponenten symbolische Potenzen der $(p-1)$*-dimensionalen Primideale* $\mathfrak{p}_1, \mathfrak{p}_2, \ldots, \mathfrak{p}_s$ *sind***).

Die Vermutung liegt nahe, daß die Ähnlichkeit der Formeln (12.4) und (12.8) nicht rein äußerlich ist, sondern auf einem tieferliegenden Zusammenhang beruht. Das ist in der Tat der präzise Inhalt des nach APPELL und HUMBERT benannten Satzes:

Theorem von APPELL-HUMBERT. *Jeder zur RIEMANNschen Matrix* $\boldsymbol{\Omega}$ *gehörigen intermediären Funktion* $\psi(\mathfrak{u})$, *die weder identisch verschwindet noch durchaus* $\neq 0$ *(also keine Einheit) ist, entspricht umkehrbar eindeutig eine algebraische Untermannigfaltigkeit der Dimension* $p-1$ *auf der zugehörigen (singularitätenfreien) PICARDschen Mannigfaltigkeit* V_p, *welche durch ein* $(p-1)$*-dimensionales Oberideal* $\mathfrak{a}$ *von* $\mathfrak{p}$ *definiert ist,*

*) Ist also ein Produkt $\varphi(\mathfrak{u})\,\psi(\mathfrak{u})$ zweier intermediärer Funktionen durch eine irreduzible intermediäre Funktion $\pi(\mathfrak{u})$ teilbar, so ist wenigstens einer der beiden Faktoren durch $\pi(\mathfrak{u})$ teilbar.

**) Vgl. W. GRÖBNER: s. Anm. 2, S. 185, dortselbst Satz 1, S. 15.

und zwar enthält $\mathfrak{a}$ *alle Formen des Polynomringes* $\mathfrak{o} = \mathfrak{C}[x_0, x_1, \ldots, x_t]$, *die nach der Substitution* (12.1) *durch* $\psi(\mathbf{u})$ *teilbar sind. Umgekehrt gehört zu jedem derartigen Ideal* $\mathfrak{a}$ *eine wohlbestimmte intermediäre Funktion* $\psi(\mathbf{u})$, *nämlich der GGT aller intermediären Funktionen, die man nach Einsetzen von* (12.1) *in die Formen von* $\mathfrak{a}$ *erhält.*

I. Insbesondere entspricht jeder *irreduziblen* intermediären Funktion $\pi_j(\mathbf{u})$ ein *Primideal* $\mathfrak{p}_j$, das unmittelbar über $\mathfrak{p}$ liegt und umgekehrt.

Ist nämlich $\mathfrak{p}_j$ das Ideal, das alle Formen $\Phi(x)$ aus $\mathfrak{o}$ umfaßt, die nach der Substitution (12.1) durch $\pi_j(\mathbf{u})$ teilbar sind, so ist $\mathfrak{p}_j$ Primideal: denn aus $\Phi_1(x)\,\Phi_2(x) \in \mathfrak{p}_j$ und $\Phi_1(x) \notin \mathfrak{p}_j$ folgt nach Einsetzen von (12.1)

$$\Phi_1(\varphi(\mathbf{u}))\,\Phi_2(\varphi(\mathbf{u})) \text{ teilbar durch } \pi_j(\mathbf{u}) \text{ und}$$
$$\Phi_1(\varphi(\mathbf{u})) \text{ nicht teilbar durch } \pi_j(\mathbf{u})\,,$$

also $\Phi_2(\varphi(\mathbf{u}))$ teilbar durch $\pi_j(\mathbf{u})$ und folglich $\Phi_2(x) \in \mathfrak{p}_j$.

Aus Satz 1, S. 184, entnehmen wir, daß $\mathfrak{p}_j$ die Dimension $p-1$ hat, also ein unmittelbar über $\mathfrak{p}$ liegendes Primideal ist*). Da nämlich jede Form aus $\mathfrak{p}_j$ nach der Substitution (12.1) durch $\pi_j(\mathbf{u})$ teilbar ist, verschwindet sie an allen Punkten $P\{x_0, \ldots, x_t\}$ der V_p, welche vermöge (12.1) den Nullstellen von $\pi_j(\mathbf{u})$ entsprechen; das heißt aber, daß das Nullstellengebilde von $\mathfrak{p}_j$ die Dimension $p-1$ hat, so daß kein Primideal zwischen $\mathfrak{p}$ und $\mathfrak{p}_j$ liegen kann.

Umgekehrt sei $\mathfrak{p}_j$ ein $(p-1)$-dimensionales Primoberideal von $\mathfrak{p}$; da $\mathfrak{p}_j$ *regulär* ist (V_p ist ja nach Voraussetzung singularitätenfrei), gibt es eine Darstellung

$$\mathfrak{p}_j = (\mathfrak{p}, \Psi_1(x)) : \Psi_2(x)\,, \tag{12.9}$$

wo $\Psi_1(x)$ und $\Psi_2(x)$ Formen aus $\mathfrak{o}$ sind**); für irgendeine Form $\Phi(x) \in \mathfrak{p}_j$ gilt:

$$\Phi(x)\,\Psi_2(x) = H(x)\,\Psi_1(x) + P(x)$$

mit $P(x) \in \mathfrak{p}$; bei der Substitution (12.1) verschwindet $P(x)$, und wenn wir noch

$$\Psi_1(\varphi(\mathbf{u})) = \psi_1(\mathbf{u})\,\lambda(\mathbf{u})\,, \quad \Psi_2(\varphi(\mathbf{u})) = \psi_2(\mathbf{u})\,\lambda(\mathbf{u})$$

setzen, wo $\psi_1(\mathbf{u})$ und $\psi_2(\mathbf{u})$ teilerfremd sein sollen, so erhalten wir nach Kürzung von $\lambda(\mathbf{u})$:

$$\Phi(\varphi(\mathbf{u}))\,\psi_2(\mathbf{u}) = H(\varphi(\mathbf{u}))\,\psi_1(\mathbf{u})\;;$$

nach dem Euklidischen Lemma ist $\psi_1(\mathbf{u})$ ein Teiler von $\Phi(\varphi(\mathbf{u}))$, und

*) Das heißt zwischen $\mathfrak{p}$ und $\mathfrak{p}_j$ liegt kein von diesen verschiedenes Primideal; vgl. W. GRÖBNER: s. Anm. 1, S. 140, dortselbst S. 140ff. (Primidealketten).

**) Die Definition eines „regulären" Primideals $\mathfrak{p}_j$ des Ranges 1 (Dimension $p-1$) über $\mathfrak{p}$ ist gerade die, daß es eine Form $\Psi_1(x)$ gibt derart, daß das Ideal $(\mathfrak{p}, \Psi_1(x))$ in der reduzierten Darstellung genau die Primärkomponente $\mathfrak{p}_j$ besitzt. Dann braucht $\Psi_2(x)$ nur so gewählt zu werden, daß es in allen restlichen Primärkomponenten außer $\mathfrak{p}_j$ aufgeht; das ist immer möglich, weil die zugehörigen Primideale zu $\mathfrak{p}_j$ relativ prim sind.

da $\Phi(x)$ jede beliebige Form aus $\mathfrak{p}_j$ sein darf, ist $\psi_1(\mathbf{u})$ ein gemeinsamer Teiler aller $\Phi(\varphi(\mathbf{u}))$ der $\Phi(x) \in \mathfrak{p}_j$. Die intermediäre Funktion $\psi_1(\mathbf{u})$ ist sicher keine Einheit, da sonst

$$\frac{\Psi_2(x)}{\Psi_1(x)} = \frac{\Psi_2(\varphi(\mathbf{u}))}{\Psi_1(\varphi(\mathbf{u}))} = \frac{\psi_2(\mathbf{u})}{\psi_1(\mathbf{u})}$$

eine *ganze* Funktion wäre, so daß $\Psi_2(x)$ in allen Nullstellen des Primideals $\mathfrak{p}_j$ verschwinden würde und folglich in $\mathfrak{p}_j$ enthalten sein müßte; das ist aber nicht der Fall*).

Der GGT aller $\Phi(\varphi(\mathbf{u}))$ der Formen $\Phi(x) \in \mathfrak{p}_j$ ist also eine intermediäre Funktion $\psi(\mathbf{u})$, die keine Einheit ist. Wir müssen noch zeigen, daß $\psi(\mathbf{u})$ irreduzibel ist. Ist etwa $\pi_j(\mathbf{u})$ ein irreduzibler Faktor von $\psi(\mathbf{u})$, $\mathfrak{p}_j^*$ das zu $\pi_j(\mathbf{u})$ gehörige unmittelbare Primoberideal von $\mathfrak{p}$, so gilt $\mathfrak{p}_j \subseteq \mathfrak{p}_j^*$, also $\mathfrak{p}_j = \mathfrak{p}_j^*$, weil beide unmittelbar über $\mathfrak{p}$ liegende Primideale sind.

Da verschiedenen Primfunktionen $\pi_j(\mathbf{u})$ sicher verschiedene Primideale entsprechen, bleibt jetzt nur mehr die Möglichkeit offen, daß der fragliche GGT $\psi(\mathbf{u}) = \pi_j^\sigma(\mathbf{u})$ mit einem Exponenten $\sigma \geqq 1$ ist. Aber die Annahme $\sigma > 1$ führt auf folgende Weise zu einem Widerspruch:

Die JACOBIsche Matrix J, (2.12) S. 145, hat in jedem Punkt den Rang $p+1$ (S. 160), also gibt es eine Unterdeterminante, etwa die von den $p+1$ ersten Spalten gebildete, die nicht durch $\pi_j(\mathbf{u})$ teilbar ist (dazu genügt es, daß sie an irgendeiner Nullstelle von $\pi_j(\mathbf{u})$ nicht verschwinde). Ferner hat $\mathfrak{p}_j$ die Dimension $p-1$, also gibt es in $\mathfrak{p}_j$ Formen, die von $p+1$ beliebig vorgegebenen Variablen, etwa von den Variablen $x_0, \ldots, x_p$ und keinen anderen abhängen**). $\Phi(x) = \Phi(x_0, \ldots, x_p)$ sei eine solche Form, die einen möglichst niederen Grad, etwa den Grad μ habe. Dann gilt zunächst

$$\Phi(\varphi(\mathbf{u})) = \pi_j^\sigma(\mathbf{u})\, \lambda(\mathbf{u})\,, \qquad (\sigma > 1)\,;$$

durch Differentiation nach den einzelnen Variablen u_k und Hinzufügung der EULERschen Identität erhält man daraus:

$$\sum_{l=0}^{p} \Phi_l'(\varphi(\mathbf{u}))\, \frac{\partial \varphi_l}{\partial u_k} \equiv 0\ (\pi_j^{\sigma-1})\,, \qquad k = 1, \ldots, p$$

$$\sum_{l=0}^{p} \Phi_l'(\varphi(\mathbf{u}))\, \varphi_l = \mu\, \Phi(\varphi(\mathbf{u})) \equiv 0\ (\pi_j^\sigma)$$

mit der Abkürzung

$$\Phi_l'(x) = \frac{\partial \Phi(x)}{\partial x_l}\,, \qquad l = 0, 1, \ldots, p\,.$$

Wegen $J \not\equiv 0\ (\pi_j)$ schließen wir auf

$$\Phi_l'(\varphi(\mathbf{u})) \equiv 0\ (\pi_j^{\sigma-1})\,, \qquad l = 0, 1, \ldots, p\,.$$

---

*) Vgl. Anm. 2, S. 189.

**) Vgl. W. GRÖBNER (S. 140) Dimensionstheorie der Polynomideale, S. 98; es ist zu beachten, daß die homogene Dimension um 1 kleiner als die gewöhnliche Dimension ist.

Die Formen $\Phi_l'(x)$ verschwinden also in allen Nullstellen des Primideals $\mathfrak{p}_j$ und gehören nach dem HILBERT*schen Nullstellensatz**) dem Ideal $\mathfrak{p}_j$ an, in Widerspruch zur Voraussetzung, daß $\Phi(x)$ eine Form geringsten Grades dieser Art sei. Daher ist nur die Annahme $\sigma = 1$ möglich, d. h. der gesuchte GGT ist notwendig eine Primfunktion $\pi_j(\mathbf{u})$.

II. Die zum Primideal $\mathfrak{p}_j$ gehörenden Primärideale sind ausschließlich alle symbolischen Potenzen $\mathfrak{p}_j^{(\varrho)}$, $\varrho = 2, 3, \ldots$, für die man analog zu (12.9) eine Darstellung

$$\mathfrak{p}_j^{(\varrho)} = (\mathfrak{p}, \Psi_1^\varrho(x)) : \Psi_2^\varrho(x) \tag{12.10}$$

angeben kann. Daraus schließen wir nun leicht: *Die zum Primärideal* $\mathfrak{p}_j^{(\varrho)}$ *gehörende intermediäre Funktion ist genau***) $\pi_j^\varrho(\mathbf{u})$ *und umgekehrt enthält* $\mathfrak{p}_j^{(\varrho)}$ *alle Formen aus* $\mathfrak{o}$, *welche nach der Substitution* (12.1) *durch* $\pi_j^\varrho(\mathbf{u})$ *teilbar sind.*

III. Einer intermediären Funktion $\psi(\mathbf{u})$ endlich, deren kanonische Darstellung durch Primfunktionen (12.4) ist, entspricht das Ideal $\mathfrak{a}$ der Formel (12.8), und zwar ist das so gemeint, daß die Primideale $\mathfrak{p}_1, \ldots, \mathfrak{p}_s$ der Reihe nach den Primfunktionen $\pi_1(\mathbf{u}), \ldots, \pi_s(\mathbf{u})$ entsprechen. Denn eine Form $\Phi(x)$, welche nach der Substitution (12.1) durch $\psi(\mathbf{u})$, also auch durch $\pi_1^{\varrho_1}(\mathbf{u})$ teilbar sein soll, muß notwendig in $\mathfrak{p}_1^{(\varrho_1)}$ liegen usw. Daher muß $\Phi(x)$ im Durchschnitt (12.8) liegen. Umgekehrt ist $\psi(\mathbf{u})$ der GGT aller $\Phi(\varphi(\mathbf{u}))$ der Formen $\Phi(x) \in \mathfrak{a}$, denn aus $\Phi(x) \in \mathfrak{a} \subset \mathfrak{p}_1^{(\varrho_1)}$ folgt, daß $\pi_1^{\varrho_1}(\mathbf{u})$ mindestens in $\psi(\mathbf{u})$ aufgeht usw.; es gibt aber sicher in $\mathfrak{a}$ eine Form $\Phi(x)$, deren transformierte $\Phi(\varphi(\mathbf{u}))$ durch keine höhere Potenz als $\pi_1^{\varrho_1}(\mathbf{u})$ teilbar ist, so daß der gesuchte GGT genau $\psi(\mathbf{u})$ ist. Denn es gibt zunächst in $\mathfrak{p}_1^{(\varrho_1)}$ eine Form $\Phi_1(x)$, für die das zutrifft; dann gibt es in jeder Primärkomponente $\mathfrak{p}_j^{(\varrho_j)}$ eine Form $\Phi_j(x)$ $(j = 2, \ldots, s)$, die nicht in $\mathfrak{p}_1$ liegt, so daß $\Phi_j(\varphi(\mathbf{u}))$ nicht durch $\pi_1(\mathbf{u})$ teilbar ist. Die Form $\Phi(x) = \Phi_1(x) \ldots \Phi_s(x)$ liegt in $\mathfrak{a}$ und ist nach der Substitution (12.1) genau durch $\pi_1^{\varrho_1}(\mathbf{u})$ teilbar. Dasselbe kann man für die übrigen Indizes schließen.

Mit Hilfe der Idealtheorie ist es also möglich, das Theorem von APPELL-HUMBERT allgemein und präzise auszudrücken: *Jeder intermediären Funktion (assoziierte Funktionen sind hier als nicht wesentlich verschieden anzusehen):*

$$\psi(\mathbf{u}) = \pi_1^{\varrho_1}(\mathbf{u})\, \pi_2^{\varrho_2}(\mathbf{u}) \ldots \pi_s^{\varrho_s}(\mathbf{u})$$

entspricht umkehrbar eindeutig ein Ideal in $\mathfrak{o}$:

$$\mathfrak{a} = [\mathfrak{p}_1^{(\varrho_1)}, \mathfrak{p}_2^{(\varrho_2)}, \ldots, \mathfrak{p}_s^{(\varrho_s)}],$$

*) Vgl. etwa W. GRÖBNER: s. Anm. 1, S. 140, dortselbst S. 47 u. S. 84.

**) Genau bis auf Einheiten! Auch die Primfunktionen $\pi_j(\mathbf{u})$ sind nur als GGT und daher nur bis auf Einheiten als Faktoren genau bestimmt.

wenn $\pi_j(\mathfrak{u})$ *und* $\mathfrak{p}_j$ *jeweils zugehörige Primfunktionen und Primideale bedeuten* $(j = 1, \ldots, s)$ *).

Mit dem Ideal $\mathfrak{a}$ ist andererseits in der geometrischen Anschauung (vgl. S. 188) eine algebraische Untermannigfaltigkeit $AM(\mathfrak{a})$ der Dimension $p-1$ auf der PICARDschen V_p fest verbunden: entspricht nämlich dem einzelnen Primideal $\mathfrak{p}_j$ die irreduzible Mannigfaltigkeit $AM(\mathfrak{p}_j) = V^{(j)}$, so besteht $AM(\mathfrak{a})$ aus der Summe der Mannigfaltigkeiten $V^{(j)}$, jede mit der ihr zugehörigen Multiplizität ϱ_j gerechnet. Die präzise Formulierung dieser geometrischen Vorstellungen ist gerade die idealtheoretische Formel (12.8), welche die Zerlegung des Ideals $\mathfrak{a}$ in Primärideale angibt.

Diese Zuordnung von intermediären Funktionen einerseits und $(p-1)$-dimensionalen Oberidealen von $\mathfrak{p}$ andererseits bleibt auch bei verschiedenen Operationen erhalten: Entsprechen nämlich den Funktionen $\psi(\mathfrak{u})$, $\chi(\mathfrak{u})$ die Ideale $\mathfrak{a}, \mathfrak{b}$, so entspricht dem Produkt $\psi(\mathfrak{u})\,\chi(\mathfrak{u})$ das Produkt der Ideale $\mathfrak{a}\mathfrak{b}$, wenn man hier nur die Komponenten höchster Dimension berücksichtigt. Ist ferner $\chi(\mathfrak{u})$ ein Teiler von $\psi(\mathfrak{u})$, so ist $\mathfrak{b}$ ein Oberideal („Teiler") von $\mathfrak{a}$ und es entspricht dem Idealquotienten $\mathfrak{a} : \mathfrak{b}$ die intermediäre Funktion $\psi(\mathfrak{u}) : \chi(\mathfrak{u})$. Das folgt einfach aus den für diese Ideale geltenden Formeln **).

13. Einige Folgerungen aus dem Theorem von APPELL-HUMBERT. Eine leichte, aber sehr wichtige Folgerung aus dem eben bewiesenen Theorem ist der

Satz 1. *Zwei intermediären Funktionen vom selben Typus,* $\psi_1(\mathfrak{u})$ *und* $\psi_2(\mathfrak{u})$, *die keine Einheiten sind, entsprechen nach dem Theorem von* APPELL-HUMBERT *zwei linear äquivalente* ***) *Ideale* $\mathfrak{a}_1$ *und* $\mathfrak{a}_2$; $\mathfrak{a}_1$ *ist dann und nur dann mit* $\mathfrak{a}_2$ *identisch, wenn* $\psi_1(\mathfrak{u})$ *und* $\psi_2(\mathfrak{u})$ *linear abhängig sind:* $\psi_2(\mathfrak{u}) = c\psi_1(\mathfrak{u}), c \in \mathfrak{C}$. *Umgekehrt sind zwei linear äquivalenten Idealen* $\mathfrak{a}_1$ *und* $\mathfrak{a}_2$ *zwei intermediäre Funktionen* $\psi_1(\mathfrak{u})$ *und* $\psi_2(\mathfrak{u})$ *zugeordnet, die vom selben Typus sind, wenn die noch freien multiplikativen Einheiten passend gewählt werden* +).

*) Der Satz von APPELL-HUMBERT ist für beliebiges p von LEFSCHETZ (s. S. 158) mit topologischen Mitteln bewiesen worden. Für $p = 2$ stammt ein Beweis von G. HUMBERT: Théorie générale des surfaces hyperelliptiques. J. Math. (IV) 9, 29—170 u. 361—475 (1893). Dieser Beweis beruht wesentlich auf dem Satz von APPELL (s. S. 4), wonach jede ABELsche Funktion von zwei Variablen als Quotient von zwei teilerfremden intermediären Funktionen dargestellt werden kann. Der obige Beweis beruht auf denselben Grundzügen, ist aber nicht nur darin allgemeiner, daß er für beliebiges p gilt, sondern auch darin, daß er für die ausgearteten intermediären Funktionen gültig bleibt.

**) Vgl. W. GRÖBNER: s. Anm. 2, S. 185, dortselbst S. 17.

***) Über linear äquivalente Ideale s. W. GRÖBNER ebendort § 4, Äquivalente Ideale. Lineare Scharen, S. 25ff.

+) Die intermediären Funktionen $\psi_1(\mathfrak{u})$, $\psi_2(\mathfrak{u})$ sind ja durch die Ideale $\mathfrak{a}_1$, $\mathfrak{a}_2$ nur bis auf Einheiten bestimmt.

Unter den angegebenen Voraussetzungen ist nämlich

$$f(\mathbf{u}) = \frac{\psi_1(\mathbf{u})}{\psi_2(\mathbf{u})} \equiv \frac{\Psi_1(x)}{\Psi_2(x)} \pmod{\mathfrak{p}} \tag{13.1}$$

eine ABELsche Funktion*), also eine rationale Funktion der Koordinaten von V_p (Satz 1, S. 165). Die (modulo $\mathfrak{p}$ bestimmten) Formen $\Psi_1(x)$ und $\Psi_2(x)$ sind vom gleichen Grad, also sind die Ideale

$$(\mathfrak{p},\ \Psi_1(x)),\quad (\mathfrak{p},\ \Psi_2(x)) \tag{13.2}$$

linear äquivalent. Ferner sei

$$\Psi_1(\varphi(\mathbf{u})) = \psi_1(\mathbf{u})\,\lambda(\mathbf{u}),\quad \Psi_2(\varphi(\mathbf{u})) = \psi_2(\mathbf{u})\,\lambda(\mathbf{u}) \tag{13.3}$$

mit einer intermediären Funktion $\lambda(\mathbf{u})$, der das Ideal $\mathfrak{c}$ entspreche; $\mathfrak{c}$ ist ein gemeinsames Oberideal der beiden Ideale (13.2), daher sind auch die Ideale**)

$$\mathfrak{a}_1 = (\mathfrak{p},\ \Psi_1(x)) : \mathfrak{c},\quad \mathfrak{a}_2 = (\mathfrak{p},\ \Psi_2(x)) : \mathfrak{c} \tag{13.4}$$

linear äquivalent***).

Sind umgekehrt die Ideale $\mathfrak{a}_1$ und $\mathfrak{a}_2$ linear äquivalent, so gilt für sie eine Darstellung der Art (13.4) mit Formen gleichen Grades $\Psi_1(x)$ und $\Psi_2(x)$. Man schließt daraus auf (13.3), wo $\lambda(\mathbf{u})$ eine intermediäre Funktion ist, die dem gemeinsamen Oberideal $\mathfrak{c}$ entspricht. Dann entsprechen aber den Idealen $\mathfrak{a}_1$ und $\mathfrak{a}_2$ die beiden intermediären Funktionen $\psi_1(\mathbf{u})$ und $\psi_2(\mathbf{u})$, die vom gleichen Typus sind, weil dies für die Funktionen (13.3) zutrifft.

Etwas allgemeiner können wir sagen:

Satz 2. *Mehreren, etwa $h+1$ linear unabhängigen intermediären Funktionen vom selben Typus*

$$\psi_0(\mathbf{u}),\ \psi_1(\mathbf{u}),\ \ldots,\ \psi_h(\mathbf{u}) \tag{13.5}$$

entsprechen ebensoviele linear äquivalente Ideale

$$\mathfrak{a}_0,\ \mathfrak{a}_1,\ \ldots,\ \mathfrak{a}_h, \tag{13.6}$$

die eine h-dimensionale lineare Schar erzeugen, derart, daß der intermediären Funktion

$$\lambda_0\,\psi_0(\mathbf{u}) + \lambda_1\,\psi_1(\mathbf{u}) + \cdots + \lambda_h\psi_h(\mathbf{u}) \tag{13.7}$$

das Ideal

$$\lambda_0\,\mathfrak{a}_0 + \lambda_1\,\mathfrak{a}_1 + \cdots + \lambda_h\,\mathfrak{a}_h \tag{13.8}$$

der von (13.6) *erzeugten Schar entspricht; die Parameter λ_j durchlaufen unabhängig voneinander den Grundkörper* $\mathfrak{C}$+).

*) Hier ist nicht vorausgesetzt, daß $\psi_1(\mathbf{u})$ und $\psi_2(\mathbf{u})$ teilerfremd seien. Wenn sie linear abhängig sind, so ist $f(\mathbf{u})$ konstant.

**) Vgl. die letzte Bemerkung im vorigen Abschnitt, S. 192.

***) Vgl. W. GRÖBNER: s. Anm. 2, S. 185, dortselbst Satz 5, S. 26.

+) Da die λ_j homogene Parameter bedeuten, schließt man das gleichzeitige Verschwinden aller λ_j aus.

Erzeugen die Ideale (13.6) *eine Vollschar, so bilden auch die Funktionen* (13.5) *ein vollständiges System von intermediären Funktionen desselben Typus und umgekehrt.*

Diese Tatsachen folgen sehr einfach aus der Bemerkung, daß zu der von den Idealen (13.6) erzeugten linearen Schar eine Formenschar

$$\Psi_0(x),\ \Psi_1(x), \ldots,\ \Psi_h(x) \tag{13.9}$$

von Formen gleichen Grades (modulo $\mathfrak{p}$) gehört, die gleichzeitig mit den Idealen (13.6) linear unabhängig sind und zu diesen in der Beziehung stehen:

$$\mathfrak{a}_j = (\mathfrak{p},\ \Psi_j(x)) : \mathfrak{c}, \qquad j = 0, 1, \ldots, h. \tag{13.10}$$

wo $\mathfrak{c}$ ein passend bestimmtes Oberideal bedeutet; dann hat das Ideal (13.8) die Darstellung

$$\lambda_0 \mathfrak{a}_0 + \lambda_1 \mathfrak{a}_1 + \cdots + \lambda_h \mathfrak{a}_h = (\mathfrak{p}, \lambda_0 \Psi_0(x) + \lambda_1 \Psi_1(x) + \cdots + \lambda_h \Psi_h(x)) : \mathfrak{c},$$

und alle weiteren Schlüsse können so wie vorhin gemacht werden. In der geometrischen Interpretation wird durch jede Hyperfläche

$$\lambda_0 \Psi_0(x) + \lambda_1 \Psi_1(x) + \cdots + \lambda_h \Psi_h(x) = 0,$$

die bei stetiger Variation der Parameter λ_j innerhalb einer linearen Schar variiert, auf der PICARDschen V_p (abgesehen von gewissen festen Bestandteilen) eine algebraische Untermannigfaltigkeit der Dimension $p - 1$ ausgeschnitten, nämlich gerade die zum Ideal $\lambda_0 \mathfrak{a}_0 + \cdots + \lambda_h \mathfrak{a}_h$ gehörige Mannigfaltigkeit. Man sagt, daß diese Schnittmannigfaltigkeiten selbst eine „lineare Schar" bilden.

Erzeugen die Ideale (13.6) eine *Vollschar*, so müssen auch die Funktionen (13.5) komplett sein, denn gäbe es eine weitere intermediäre Funktion desselben Typus, die von den Funktionen (13.5) linear unabhängig wäre, so müßte dieser ein zu den Idealen (13.6) linear äquivalentes Ideal und eine zu den Formen (13.9) gleichgradige Form entsprechen, die linear unabhängig wäre; das steht aber in Widerspruch mit der Voraussetzung, daß (13.6) eine Vollschar erzeugt. Genauso schließt man auch umgekehrt.

Insbesondere schließt man daraus, daß *jede intermediäre Funktion einem kompletten System von Funktionen desselben Typus angehört, das endliche Dimension hat.*

Das kann man auch direkt einsehen, denn für eine nicht ausgeartete intermediäre Funktion ist diese Tatsache uns wohlbekannt (vgl. S. 96). Eine ausgeartete intermediäre Funktion aber kann immer (vgl. S. 120) durch Multiplikation mit einer passenden nicht ausgearteten auf eine ebensolche zurückgeführt werden, welche in einem endlichen linearen System enthalten ist; um so mehr gilt das dann für die Ausgangsfunktion.

14. Die kontinuierlichen (algebraischen) Systeme von $(p-1)$-dimensionalen Mannigfaltigkeiten auf der Picardschen V_p. Auf der Picardschen Mannigfaltigkeit V_p, die wir, wie bisher, singularitätenfrei und in ausnahmslos eineindeutiger Korrespondenz zum Periodenparallelotop $\mathfrak{F}$ stehend voraussetzen, bedeute $A = AM(\mathfrak{a})$ eine $(p-1)$-dimensionale (effektive) algebraische Untermannigfaltigkeit, die durch ein Ideal $\mathfrak{a}$ definiert ist, dem nach dem Theorem von Appell-Humbert die intermediäre Funktion $\psi(\mathbf{u})$ zugeordnet sei. Zu der durch eine Transformation $T(\mathbf{c})$ der 1. Schar (vgl. S. 175) aus $\psi(\mathbf{u})$ hervorgehenden Funktion $\psi(\mathbf{u}+\mathbf{c})$ gehört dann ein Ideal $\mathfrak{a}_{\mathbf{c}}$, das aus $\mathfrak{a}$ durch die $T(-\mathbf{c})$ entsprechende birationale Transformation (vgl. S. 175) hervorgeht.

Die intermediäre Funktion $\psi(\mathbf{u}+\mathbf{c})$ hat dieselben Perioden $\boldsymbol{\Omega}$ und $\boldsymbol{\Lambda}$ wie $\psi(\mathbf{u})$, nur andere Parameter (vgl. S. 85)*).

Wenn der komplexe p-Vektor $\mathbf{c}$ variiert, so erhalten wir ein kontinuierliches System von birational äquivalenten Idealen $\mathfrak{a}_{\mathbf{c}}$, das ein ebensolches System von algebraischen Mannigfaltigkeiten $[A]$ definiert; dieses System $[A]$ ist durch irgendeine darin enthaltene Mannigfaltigkeit festgelegt, da ja auch das System aller Funktionen $\psi(\mathbf{u}+\mathbf{c})$, die aus $\psi(\mathbf{u})$ durch die Transformationen $T(\mathbf{c})$ gewonnen werden, durch irgendeine Funktion dieses Systems festgelegt ist.

Das System $[A]$ ist ferner *algebraisch*, d. h. die einzelnen Mannigfaltigkeiten A des Systems stehen in eineindeutiger Korrespondenz mit den Punkten einer algebraischen Mannigfaltigkeit, und zwar der Picardschen V_p, weil sie zunächst umkehrbar eindeutig den Transformationen $T(-\mathbf{c})$ und diese wiederum den Punkten von V_p zugeordnet sind (vgl. S. 177).

Ein solches kontinuierliches (algebraisches) System $[A]$ umfaßt aber keines der im vorausgehenden Abschnitt behandelten linearen Systeme, denn es gilt der Satz:

*Durch eine nicht ausgeartete intermediäre Funktion $\psi(\mathbf{u})$ wird ein algebraisches System $[A]$ der Dimension p (d. h. von p komplexen Parametern abhängig) bestimmt; zwei Mannigfaltigkeiten aus einem und demselben System $[A]$ sind im allgemeinen nicht linear äquivalent**).*

Die einzelnen Mannigfaltigkeiten des Systems $[A]$ sind nämlich umkehrbar eindeutig den p-Vektoren $\mathbf{c}$ innerhalb $\mathfrak{F}$, also den Punkten von V_p zugeordnet, und zwar gehören zu zwei allgemeinen Vektoren $\mathbf{c}$ auch Mannigfaltigkeiten, die nicht nur voneinander verschieden, sondern auch nicht einander linear äquivalent sind (im Sinne des vorhergehenden Abschnittes). Um dies einzusehen, müssen wir zeigen, daß zwei intermediäre Funktionen $\psi(\mathbf{u}+\mathbf{c}^{(1)})$ und $\psi(\mathbf{u}+\mathbf{c}^{(2)})$, $\mathbf{c}^{(1)} \not\equiv \mathbf{c}^{(2)}$

*) Die Nullstellen $\{\mathbf{u}\}$ der Funktion $\psi(\mathbf{u})$ gehen nämlich durch $T(-\mathbf{c})$ in die Nullstellen $\{\mathbf{u}-\mathbf{c}\}$ der Funktion $\psi(\mathbf{u}+\mathbf{c})$ über.

**) Das heißt die entsprechenden Ideale sind nicht linear äquivalent.

(mod $\boldsymbol{\Omega}$), im allgemeinen nicht vom gleichen Typus sind, auch dann nicht, wenn man sie noch mit irgendwelchen Einheiten multipliziert.

Nun gehöre $\psi(\mathbf{u})$ zu den Periodenmatrizen $\boldsymbol{\Omega}$, $\boldsymbol{\Lambda}$ und den Parametern $\boldsymbol{\gamma}$. Da $\psi(\mathbf{u})$ als nicht ausgeartet vorausgesetzt ist, können wir, durch Multiplikation von $\psi(\mathbf{u})$ mit einer passenden Einheit, $\boldsymbol{\Omega}$ und $\boldsymbol{\Lambda}$ in die Normalform [(34.5), S. 91] überführen:

$$\begin{pmatrix}\boldsymbol{\Omega}\\ \boldsymbol{\Lambda}\end{pmatrix} = \left(\begin{array}{c:c} \pi i \mathbf{B}^{-1} & \mathbf{A} \\ \hdashline 0 & -\dfrac{n}{\pi i}\mathbf{E}\end{array}\right); \tag{14.1}$$

dann gehört $\psi(\mathbf{u}+\mathbf{c}^{(1)})$ wieder zu den Perioden $\boldsymbol{\Omega}$, $\boldsymbol{\Lambda}$ und den Parametern $\boldsymbol{\gamma}+\widetilde{\boldsymbol{\Lambda}}\mathbf{c}^{(1)}$; die mit einer willkürlichen Einheit multiplizierte Funktion $\psi(\mathbf{u}+\mathbf{c}^{(2)})$:

$$e^{\pi i(\tilde{\mathbf{u}}\mathbf{S}\mathbf{u}+2\tilde{\boldsymbol{\alpha}}\mathbf{u}+\beta)}\,\psi(\mathbf{u}+\mathbf{c}^{(2)}) \tag{14.2}$$

zu den Perioden $\boldsymbol{\Omega}$, $\boldsymbol{\Lambda}+\mathbf{S}\boldsymbol{\Omega}$ und den Parametern (vgl. S. 85)

$$\boldsymbol{\gamma}+\tfrac{1}{2}\,\mathrm{Sp}\,(\widetilde{\boldsymbol{\Omega}}\mathbf{S}\boldsymbol{\Omega})+\widetilde{\boldsymbol{\Omega}}\boldsymbol{\alpha}+\widetilde{\boldsymbol{\Lambda}}\mathbf{c}^{(2)}.$$

Damit sie vom selben Typus sind, muß zunächst $\mathbf{S}=0$ gesetzt werden, und dann, mit $\mathbf{c}=\mathbf{c}^{(2)}-\mathbf{c}^{(1)}$, muß

$$\widetilde{\boldsymbol{\Omega}}\boldsymbol{\alpha}+\widetilde{\boldsymbol{\Lambda}}\mathbf{c}=\mathbf{m}=\begin{pmatrix}\mathbf{m}_1\\ \mathbf{m}_2\end{pmatrix} \tag{14.3}$$

ein ganzzahliger $2p$-Vektor $\mathbf{m}$ sein, den wir in zwei ganzzahlige p-Vektoren $\mathbf{m}_1$ und $\mathbf{m}_2$ unterteilen. Setzen wir hier (14.1) ein, so erhalten wir die Relationen

$$\pi i\mathbf{B}^{-1}\boldsymbol{\alpha}=\mathbf{m}_1 \quad\text{und}\quad \mathbf{A}\boldsymbol{\alpha}-\frac{n}{\pi i}\mathbf{c}=\mathbf{m}_2. \tag{14.4}$$

Aus der ersten Gleichung können wir den p-Vektor $\boldsymbol{\alpha}$ berechnen:

$$\boldsymbol{\alpha}=\frac{1}{\pi i}\mathbf{B}\,\mathbf{m}_1, \tag{14.5}$$

und das in die zweite Gleichung (14.4) eingesetzt liefert, nach $\mathbf{c}$ aufgelöst:

$$\mathbf{c}=-\frac{\pi i}{n}\mathbf{m}_2+\frac{1}{n}\mathbf{A}\mathbf{B}\mathbf{m}_1, \tag{14.6}$$

mit zwei ganzzahligen p-Vektoren $\mathbf{m}_1$ und $\mathbf{m}_2$*).

*) Man bestätigt leicht, daß jeder Vektor $\mathbf{c}\equiv 0$ (mod $\boldsymbol{\Omega}$) in der Gestalt (14.6) gewonnen wird: Man setze nämlich mit zwei willkürlichen ganzzahligen p-Vektoren $\mathbf{n}_1$ und $\mathbf{n}_2$:

$$\mathbf{m}_1=n\mathbf{B}^{-1}\mathbf{n}_2,\quad -\mathbf{m}_2=n\mathbf{B}^{-1}\mathbf{n}_1,$$

so sind $\mathbf{m}_1$ und $\mathbf{m}_2$ ebenfalls ganzzahlig (vgl. S. 91); aus (14.6) wird dann:

$$\mathbf{c}=\pi i\mathbf{B}^{-1}\mathbf{n}_1+\mathbf{A}\,\mathbf{n}_2,$$

also jede beliebige durch $\boldsymbol{\Omega}$ erzeugbare Periode.

Ist umgekehrt $\mathbf{c}$ in dieser Art dargestellt, so können wir $\boldsymbol{\alpha}$ aus (14.5) bestimmen und finden, da (14.3) erfüllt ist, daß die beiden intermediären Funktionen

$$\psi(\mathbf{u}) \text{ und } e^{2\pi i \tilde{\alpha}\mathbf{u}}\,\psi(\mathbf{u}+\mathbf{c}) \tag{14.7}$$

gleichändrig sind, d. h., daß die $\psi(\mathbf{u})$ und $\psi(\mathbf{u}+\mathbf{c})$ entsprechenden Mannigfaltigkeiten des Systems $[A]$ linear äquivalent sind*).

Bei gegebenem $\psi(\mathbf{u})$, also gegebenen Perioden (14.1), kann $\mathbf{c}$ nur diskrete Werte, also überhaupt nur endlich viele Werte innerhalb $\mathfrak{F}$ annehmen, und zwar genau

$$\delta^2 = \frac{n^{2p}}{|\mathbf{B}|^2} \tag{14.8}$$

(mod $\boldsymbol{\Omega}$) inkongruente Werte, wo $\delta = \begin{vmatrix} \boldsymbol{\Omega} \\ A \end{vmatrix}$ die Determinante (vgl. S. 57) der intermediären Funktion $\psi(\mathbf{u})$ ist. Damit nämlich (14.6) einen Vektor $\mathbf{c}$ innerhalb $\mathfrak{F}$ liefert, müssen die Komponenten von $\mathbf{m}_1$ und $-\mathbf{m}_2$ zwischen 0 und $\frac{n}{\beta_h}$ $(h=1,\ldots,p;\ n=l\beta_p)$ liegen; das gibt insgesamt

$$\left(\frac{n^p}{\beta_1\,\beta_2\ldots\beta_p}\right)^2 = \frac{n^{2p}}{|\mathbf{B}|^2}$$

Möglichkeiten.

Man kann auch bemerken, daß durch (14.6) gerade die durch die RIEMANNsche Matrix**)

$$\boldsymbol{\Omega}_* = \frac{1}{n}(\pi i\mathbf{E},\ \mathbf{AB}) = \frac{1}{n}\boldsymbol{\Omega}\begin{pmatrix}\mathbf{B} & 0\\ 0 & \mathbf{B}\end{pmatrix} \tag{14.9}$$

erzeugte Periodengruppe geliefert wird. Die RIEMANNsche Matrix $\boldsymbol{\Omega}_*$ ist nicht äquivalent, sondern „isomorph"***) zu $\boldsymbol{\Omega}$. Das Volumen (vgl. S. 19) des von $\boldsymbol{\Omega}$ aufgespannten Periodenparallelotops ist

$$D = \begin{vmatrix}\boldsymbol{\Omega}'\\ \boldsymbol{\Omega}''\end{vmatrix} = (-\pi)^p\,|\mathbf{A}'|\,|\mathbf{B}|^{-1}, \tag{14.10}$$

während $\boldsymbol{\Omega}_*$ das Volumen

$$D_* = \begin{vmatrix}\boldsymbol{\Omega}'_*\\ \boldsymbol{\Omega}''_*\end{vmatrix} = \frac{(-\pi)^p}{n^{2p}}\,|\mathbf{A}'|\,|\mathbf{B}| = \frac{D}{\delta^2} \tag{14.11}$$

aufspannt, woraus man wieder (14.8) ableiten kann.

---

*) Vgl. A. ANDREOTTI: Sopra le varietà di PICARD di una superficie algebrica. Rend. Accad. naz. XL, Ser. IV 2, 129—137 (1952).

**) $\boldsymbol{\Omega}_*$ hat nicht die Normalform (34.5), weil $\mathbf{AB}$ nicht symmetrisch ist; die zugehörige Prinzipalmatrix ist:

$$\mathbf{P} = n\begin{pmatrix}0 & \mathbf{B}^{-1}\\ -\mathbf{B}^{-1} & 0\end{pmatrix}$$

***) Man nennt zwei RIEMANNsche Matrizen $\boldsymbol{\Omega}$ und $\boldsymbol{\Omega}_*$ „*isomorph*", wenn sie in der Relation $\boldsymbol{\Omega}^* = \mathbf{A}\boldsymbol{\Omega}\mathbf{M}$ stehen, wo $\mathbf{A}$ eine reguläre (p, p)-Matrix mit komplexen Elementen, $\mathbf{M}$ eine reguläre, mit rationalen (nicht notwendig ganzen) Zahlen gebildete $(2p, 2p)$-Matrix ist (vgl. Nr. 25, S. 241).

Das oben eingeführte algebraische System $[A]$, das den intermediären Funktionen $\psi(\mathbf{u}+\mathbf{c})$ entspricht, falls $\mathbf{c}$ in $\mathfrak{F}$ variiert, enthält also zu jeder Mannigfaltigkeit endlich viele linear äquivalente, und zwar im ganzen immer genau δ^2 linear äquivalente. Es ist aber einfach zu erreichen, daß von diesen linear äquivalenten immer nur eine vorkommt, indem man den Vektor $\mathbf{c}$ auf den Fundamentalbereich $\mathfrak{F}_*$ beschränkt, der von der Periodenmatrix $\boldsymbol{\Omega}_*$ aufgespannt wird. Wir wollen dieses algebraische System mit $\{A\}$ bezeichnen.

Abschließend können wir also sagen: *Ist* $\psi(\mathbf{u})$ *eine nicht ausgeartete intermediäre Funktion, so entsprechen den Funktionen* $\psi(\mathbf{u}+\mathbf{c})$, *falls der p-Vektor* $\mathbf{c}$ *innerhalb des Periodenparallelotops* $\mathfrak{F}_*$ *der* RIEMANN*schen Matrix* $\boldsymbol{\Omega}_*$ (14.9) *variiert, auf der* PICARD*schen* V_p *nach dem Theorem von* APPELL-HUMBERT *die Mannigfaltigkeiten (Hyperflächen*)) eines p-dimensionalen algebraischen Systems, das keine zwei linear äquivalente enthält und durch irgendeines seiner Elemente bestimmt ist. Andererseits ist durch A bzw.* $\psi(\mathbf{u})$ *auch immer das lineare System* $|A|$ *definiert, das dem Variieren von* $\psi(\mathbf{u})$ *innerhalb eines kompletten Systems von* $\infty^{|\delta|-1}$ *gleichändrigen intermediären Funktionen entspricht. Beide Variationen zusammen liefern das algebraische System* $\{|A|\}$, *das man als kontinuierliches System von* ∞^p *linearen Vollscharen* $|A_{\mathbf{c}}|$ *interpretieren kann. Die Elemente von* $\{A\}$ *entsprechen eineindeutig den Punkten der* PICARD*schen Mannigfaltigkeit* V_{p^*}, *die zu* $\boldsymbol{\Omega}_*$ *gehört (und wie immer singularitätenfrei vorausgesetzt ist). Diese* PICARD*sche* V_{p^*} *hängt nicht von dem speziellen System* $\{|A|\}$ *auf der* V_p *bzw. der speziellen zu* $\boldsymbol{\Omega}$ *gehörigen intermediären Funktion* $\psi(\mathbf{u})$ *ab, sondern ist für alle Systeme* $\{|A|\}$ *dieselbe.*

Das letzte folgt daraus, daß die PICARDsche Mannigfaltigkeit V_{p^*} durch die RIEMANNsche Matrix $\boldsymbol{\Omega}_*$ oder auch durch die dazu laut (14.9) äquivalente Matrix

$$\boldsymbol{\Omega}\begin{pmatrix}\mathbf{B} & 0\\ 0 & \mathbf{B}\end{pmatrix},$$

die nur von $\boldsymbol{\Omega}$, nicht von $\boldsymbol{A}$ abhängt, bestimmt ist**).

Die Existenz eines derartigen algebraischen Systems $\{A\}$ auf der PICARDschen Mannigfaltigkeit V_p, das von keinem linearen System umfaßt wird, bedeutet, daß *die* PICARD*sche Mannigfaltigkeit* V_p *„irregulär“*

*) Man bezeichnet ungemischte $(p-1)$-dimensionale Untermannigfaltigkeiten einer p-dimensionalen Mannigfaltigkeit auch als „Hyperflächen“.

) Im Falle $\mathbf{B}=\mathbf{E}$ (Einheitsniveau) ist V_{p^*} mit V_p identisch, d. h. das algebraische System $\{A\}$ ist birational äquivalent der V_p. Im Falle $\mathbf{B}\neq\mathbf{E}$ sind V_p und V_{p^*} im allgemeinen nicht birational äquivalent; sie sind es dann und nur dann, wenn die Riemannsche Matrix $\boldsymbol{\Omega}$ (und damit auch die isomorphe Matrix $\boldsymbol{\Omega}_*$) einer Relation $\boldsymbol{\Omega}\,\mathbf{M}\,\tilde{\boldsymbol{\Omega}}=0$ mit einer modularen Matrix $\mathbf{M}$ genügt. Vgl. M. ROSATI: Sull' equivalenza birazionale delle due varietà di PICARD associate ad una varietà superficialmente irregolare. Rend. Accad. Naz. Lincei, Serie VIII, **16, 708—715 (1954).

*ist**). Diese Tatsache steht in engem Zusammenhang mit derjenigen, daß es auf der V_p PICARDsche Integrale 1. Gattung gibt.

Die Voraussetzung des eben bewiesenen Satzes, daß $\psi(\mathbf{u})$ nicht ausgeartet sei, ist auch notwendig, wie wir an einem einfachen Beispiel im Falle $p = 2$ zeigen können. Es sei nämlich $\boldsymbol{\Omega}$ die RIEMANNsche Matrix (in der KRAZERschen Normalform, S. 91):

$$\boldsymbol{\Omega} = (\pi i \mathbf{E}, \alpha \mathbf{E}) = \begin{pmatrix} \pi i & 0 & \alpha & 0 \\ 0 & \pi i & 0 & \alpha \end{pmatrix}, \tag{14.12}$$

wo $\alpha = \alpha' + i\alpha''$ eine komplexe Zahl mit negativem Realteil ($\alpha' < 0$) bedeutet. Diese RIEMANNsche Matrix läßt alle Prinzipalmatrizen zu:

$$\mathbf{P} = \begin{pmatrix} 0 & \mathbf{B} \\ -\mathbf{B} & 0 \end{pmatrix}, \quad \mathbf{B} = \begin{pmatrix} 1 & 0 \\ 0 & \beta \end{pmatrix} \tag{14.13}$$

wo β jede positive ganze Zahl sein darf; man bestätigt leicht, daß alle drei Bedingungen des Satzes 2 von S. 69 erfüllt sind. Dementsprechend sind die RIEMANNsche Matrix (14.12) und der zugehörige ABELsche Funktionenkörper *singulär* (vgl. S. 120).

Zur RIEMANNschen Matrix (14.12) gehört als intermediäre Funktion auch die Thetafunktion 1. Ordnung der Variablen u_1 allein [(38.8), S. 107]:

$$\vartheta(u_1; \alpha) = \sum_{m=-\infty}^{\infty} e^{\alpha m^2 + 2 m u_1} \tag{14.14}$$

welche, als Funktion der Variablen u_1, u_2 betrachtet, die 2. Periodenmatrix

$$\boldsymbol{\Lambda} = \begin{pmatrix} 0 & 0 & \frac{-1}{\pi i} & 0 \\ 0 & 0 & 0 & 0 \end{pmatrix} \tag{14.15}$$

und die Parameter

$$\tilde{\boldsymbol{\gamma}} = \left(0, 0, -\frac{\alpha}{2\pi i}, 0\right) \tag{14.16}$$

besitzt und daher ausgeartet ist**).

Setzt man nun für $\psi(\mathbf{u})$ die Thetafunktion (14.14) ein, so entspricht den Funktionen $\psi(\mathbf{u} + \mathbf{c})$, wenn $\tilde{\mathbf{c}} = (c_1, c_2)$ im Periodenparallelotop, d. h. c_1 und c_2 unabhängig voneinander in dem von $\boldsymbol{\Omega}_1 = (\pi i, \alpha)$ aufgespannten Periodenparallelogramm $\mathfrak{F}_1$ variieren, ein algebraisches System $\{C\}$ der Dimension 1 von elliptischen Kurven auf der zugehörigen PICARDschen V_2; durch jeden Punkt der V_2 geht genau eine Kurve

*) Genauer: „irregulär in bezug auf die (p —1)-dimensionalen Untermannigfaltigkeiten (Hyperflächen)" (superficialmente irregolare).

**) Offenbar ist die mit (14.12—15) gebildete Determinante $\delta = \begin{vmatrix} \boldsymbol{\Omega} \\ \boldsymbol{\Lambda} \end{vmatrix} = 0$. Betrachtet man dagegen $\vartheta(u_1; \alpha)$ als intermediäre Funktion zur RIEMANNschen Matrix $\boldsymbol{\Omega}_1 = (\pi i, \alpha)$ der Ordnung 1, so ist die 2. Periodenmatrix $\boldsymbol{\Lambda}_1 = \left(0, \frac{-1}{\pi i}\right)$ und die Determinante $\delta_1 = -1$, also $\vartheta(u_1; \alpha)$ nicht ausgeartet.

des Systems, d. h. das System $\{C\}$ ist ein Büschel, und zwar genauer ein *elliptisches Büschel elliptischer Kurven,* weil nicht nur jede einzelne Kurve C für sich, sondern auch das Büschel $\{C\}$ als solches der zu $\boldsymbol{\Omega}_1 = (\pi i, \alpha)$ gehörigen PICARDschen Mannigfaltigkeit (elliptische Kurve, S. 183) birational äquivalent ist.

Um dies einzusehen, beachte man, daß von den beiden Parametern c_1, c_2 nur der erste wirksam ist, weil $\vartheta(u_1; \alpha)$ nur von u_1 abhängt; also hängt in unserem Falle das durch $\psi(\mathbf{u} + \mathbf{c})$ bestimmte System $\{C\}$ nur von einem Parameter ab. Ferner hat die Gleichung*)

$$\vartheta(u_1 + c_1; \alpha) = 0 \tag{14.17}$$

bei gegebenem c_1 nur eine einzige Lösung u_1 innerhalb $\mathfrak{F}_1$. Bedeutet also $\{u_1, u_2\}$ irgendeinen Punkt des Periodenparallelotops bzw. der PICARDschen V_2, so ist der (14.17) erfüllende Wert c_1 innerhalb $\mathfrak{F}_1$, und damit die Kurve C des Büschels $\{C\}$, die durch diesen Punkt geht, eindeutig bestimmt; daher haben zwei verschiedene Kurven des Büschels keinen Punkt gemeinsam, und das Büschel $\{C\}$ besitzt also auch keine *Basispunkte.*

Die einzelne Kurve C entspricht punktweise der Variation von u_2 innerhalb $\mathfrak{F}_1$, ist also eine elliptische Kurve; ebenso sind die Kurven des Systems $\{C\}$ umkehrbar eindeutig den Punkten c_1 innerhalb $\mathfrak{F}_1$ zugeordnet, so daß $\{C\}$ derselben elliptischen Kurve birational äquivalent ist**).

Eine birationale Transformation $T(\mathbf{c})$ der 1. Schar führt jede Kurve C des Büschels $\{C\}$ entweder in sich oder in eine andere Kurve desselben Büschels über; insbesondere sind es die Transformationen $T(\mathbf{c})$ mit $\tilde{\mathbf{c}} = (0, c_2)$, c_2 variabel in $\mathfrak{F}_1$, welche jede einzelne Kurve C in sich überführen.

Diese Transformationen bilden eine (algebraische***)) Untergruppe $\mathfrak{U}$ der zweiparametrigen Gruppe $\mathfrak{G}$ aller Transformationen $T(\mathbf{c})$ der 1. Schar. Die Gruppe $\mathfrak{U}$ ist *intransitiv,* weil es keine Transformation in $\mathfrak{U}$ gibt, welche einen gegebenen, auf einer Kurve C liegenden Punkt in einen auf einer anderen Kurve C' liegenden Punkt überführt. Die *Systeme der Intransitivität* von $\mathfrak{U}$, das sind die Kurven C des Büschels $\{C\}$, bilden *Systeme der Imprimitivität* der Gesamtgruppe $\mathfrak{G}$ insofern, als es

*) Wir werden dies in Nr. 17, S. 209, beweisen.

**) Wir können die zur RIEMANNschen Matrix (14.12) gehörige PICARDsche Fläche V_2 auch als das (topologische) Produkt zweier elliptischer Kurven C und C' auffassen, die einander birational äquivalent sind, denn jeder Punkt der V_2 ist durch Angabe der zwei je in F_1 variierenden Werte u_1, u_2 bestimmt.

***) Die Gruppe $\mathfrak{G}$ aller Transformationen $T(\mathbf{c})$ der 1. Schar ist eine *topologische Gruppe,* weil jedes Element der Gruppe eineindeutig einem Punkt der PICARDschen V_2, also einer algebraischen Mannigfaltigkeit entspricht. Die bezeichnete Untergruppe $\mathfrak{U}$ entspricht im selben Sinne den Punkten einer auf der V_2 liegenden elliptischen Kurve, ist also *algebraisch* gekennzeichnet.

keine Transformation $T(\mathfrak{c})$ in 𝔊 gibt, welche zwei auf derselben Kurve C liegende Punkte in zwei auf verschiedenen Kurven C' und C'' liegende Punkte transformiert.

Die Gruppe 𝔊 heißt deshalb „algebraisch imprimitiv" mit $\{C\}$ als Systemen der Imprimitivität.

15. Primitivität und Imprimitivität der Gruppe 𝔊 aller Transformationen der 1. Schar. Im vorausgehenden Abschnitt haben wir ein Beispiel dafür gefunden, daß die Gruppe 𝔊 aller Transformationen der 1. Schar (vgl. S. 175ff.),, *algebraisch imprimitiv*" sein kann. Diese Eigenschaft von 𝔊 war Folge der Existenz einer gewissen ausgearteten intermediären Funktion. Nun wollen wir umgekehrt zeigen, daß immer dann, wenn 𝔊 imprimitiv ist, ausgeartete intermediäre Funktionen existieren, die keine Einheiten sind.

Wenn 𝔊 nämlich algebraisch imprimitiv ist, so gibt es auf den PICARDschen V_p ein algebraisches System $\{Z\}$ des Index 1 und der Dimension p' $(0 < p' < p)$ von algebraischen Untermannigfaltigkeiten $Z_{p-p'}$ der Dimension $p - p'$, welches gegenüber den Transformationen der Gruppe 𝔊 invariant ist (d. h. in sich transformiert wird)*). Eine Transformation $T(\mathfrak{c})$ aus 𝔊 transformiert entweder jede einzelne Mannigfaltigkeit Z in sich oder sie permutiert sie untereinander; die erstgenannten bilden für sich eine von $p - p'$ Parametern abhängige intransitive Untergruppe 𝔘, für welche die Mannigfaltigkeiten Z des Systems $\{Z\}$ die Systeme der Intransitivität darstellen. Für die Gesamtgruppe 𝔊 bilden sie die Systeme der Imprimitivität.

Das System $\{Z\}$ ist als algebraisches System der Elemente Z birational äquivalent einer algebraischen Mannigfaltigkeit $W_{p'}$ der Dimension p'**). Irgendeine (algebraische) Untermannigfaltigkeit der Dimension $p' - 1$ von $W_{p'}$ wird auf eine algebraische Untermannigfaltigkeit A der Dimension $p - 1$ auf der V_p übertragen, welche aus $\infty^{p'-1}$ Mannigfaltigkeiten Z des Systems $\{Z\}$ gebildet ist***).

Betrachten wir nun das kontinuierliche System $\{A\}$ auf der V_p, das wir durch die Transformationen der Gruppe 𝔊 aus A erhalten: Dieses System hat eine Dimension $\leqq p'$; denn die $(p - p')$-parametrige

---

*) „Index 1" bedeutet, daß jeder Punkt der V_p auf *genau einer* Mannigfaltigkeit Z des Systems $\{Z\}$ liegt, so daß also zwei verschiedene Z niemals einen Punkt gemeinsam haben. Ein derartiges algebraisches System heißt auch „*Kongruenz*", im Falle $p' = 1$ auch „*Büschel*", und zwar rationales oder irrationales Büschel, je nachdem das System $\{Z\}$ einer Geraden oder einer Kurve höheren Geschlechtes birational äquivalent ist.

**) Man kann $W_{p'}$ auch als Bildmannigfaltigkeit der Involution auf der V_p auffassen, in der alle auf einer und derselben Z liegenden Punkte „konjugiert" sind und auf einen einzigen Punkt von $W_{p'}$ abgebildet werden.

***) Man sagt auch, die Mannigfaltigkeit A ist „mit der Involution zusammengesetzt", von der in der vorhergehenden Anmerkung die Rede war.

Untergruppe $\mathfrak{U}$ transformiert jede Mannigfaltigkeit Z und also auch A in sich; die Variationen von A können also höchstens durch Operationen der Faktorgruppe $\mathfrak{G}/\mathfrak{U}$, die nur von p' Parametern abhängt, bewirkt werden; also ist auch die Dimension des Systems $\{A\}$ nicht größer als $p'(< p)$.

Die intermediäre Funktion $\psi(\mathbf{u})$, welche der $(p-1)$-dimensionalen Untermannigfaltigkeit A auf V_p entspricht (Theorem von APPELL-HUMBERT, S. 188), ist notwendig *ausgeartet* (keine Einheit), denn andernfalls hätte das System $\{A\}$ nach dem Satz von S. 195 die Dimension p. Aus der Imprimitivität der Gruppe $\mathfrak{G}$ folgt also die Existenz von ausgearteten intermediären Funktionen, die keine Einheiten sind. Aber, wie wir bereits wissen (vgl. S. 120), existieren derartige Funktionen nur für singuläre RIEMANNsche Matrizen bzw. singuläre ABELsche Funktionenkörper; daher gilt der Satz:

Die Gruppe $\mathfrak{G}$ der Transformationen $T(\mathbf{c})$ der 1. *Schar* (S. 175) *ist im allgemeinen algebraisch primitiv; nur bei singulären* ABEL*schen Funktionenkörpern kann sie algebraisch imprimitiv werden.*

16. Die Basis für die $(p-1)$-dimensionalen Untermannigfaltigkeiten der PICARDschen V_p (im nicht singulären Fall). Es bedeute $\mathfrak{K}$ einen zur RIEMANNschen Matrix $\boldsymbol{\Omega}$ gehörigen *nicht singulären* ABELschen Funktionenkörper von p Variablen, dessen PICARDsche Mannigfaltigkeit V_p wie bisher als singularitätenfrei und in eineindeutiger Korrespondenz zum Periodenparallelotop $\mathfrak{F}$ stehend vorausgesetzt sei. Da $\boldsymbol{\Omega}$ nicht singulär ist, gibt es (im wesentlichen) nur eine einzige Prinzipalmatrix $\mathbf{P}$; *dementsprechend gibt es auch außer Einheiten keine ausgearteten intermediären Funktionen zu* $\boldsymbol{\Omega}$.

Denn unter den obigen Voraussetzungen ist die charakteristische Matrix

$$\mathbf{N} = \widetilde{\boldsymbol{\Omega}}\boldsymbol{\Lambda} - \widetilde{\boldsymbol{\Lambda}}\boldsymbol{\Omega} \tag{16.1}$$

einer ausgearteten intermediären Funktion $\psi_0(\mathbf{u})$ notwendig die Nullmatrix, andernfalls nämlich besäße $\boldsymbol{\Omega}$ mehrere Prinzipalmatrizen und wäre singulär (vgl. S. 120). Dann aber ist $\psi_0(\mathbf{u})$ notwendig eine Einheit, denn es gilt der Satz, dessen Umkehrung wir bereits gezeigt haben (vgl. S. 120):

Eine intermediäre Funktion $\psi_0(\mathbf{u})$, deren charakteristische Matrix (16.1) *die Nullmatrix ist (und die nicht identisch verschwindet), ist eine Einheit und umgekehrt.*

Mit Benutzung der Entwicklungen von S. 62 ff. erhalten wir nämlich die fundamentale Ungleichung (27.14), S. 65,

$$|\psi_0(\mathbf{u})\, e^{-2\pi i \chi(\mathbf{u})}| \leqq G\, e^{\tilde{\mathbf{u}} \mathbf{H} \bar{\mathbf{u}}}\,, \tag{16.2}$$

wo die HERMITEsche Matrix $\mathbf{H} = \pi i \widetilde{\mathbf{F}}_1 \mathbf{N} \overline{\mathbf{F}}_1$ in unserem Falle wegen

$\mathbf{N} = 0$ die Nullmatrix ist und daher die rechte Seite sich auf eine positive Konstante G reduziert; $\chi(\mathbf{u})$ ist eine quadratische Funktion der Variablen $\mathbf{u}$. Aus dem Satz von LIOUVILLE folgt daraus, daß die links stehende analytische Funktion konstant $(=c)$ ist, und also

$$\psi_0(\mathbf{u}) = c\, e^{2\pi i \chi(\mathbf{u})} \tag{16.3}$$

tatsächlich eine Einheit ist, w. z. b. w.

Ohne Einschränkung der Allgemeinzeit dürfen wir die RIEMANNsche Matrix in der Normalform $\boldsymbol{\Omega} = (\pi i\, \mathbf{B}^{-1}, \mathbf{A})$ voraussetzen, und da $\boldsymbol{\Omega}$ nur die einzige Prinzipalmatrix $\mathbf{P} = \begin{pmatrix} 0 & \mathbf{B} \\ -\mathbf{B} & 0 \end{pmatrix}$ zuläßt, wissen wir nach Satz 2, S. 98, daß jede zugehörige intermediäre Funktion, die nicht identisch verschwindet und nicht überall $\neq 0$ ist (also nicht ausgeartet ist), abgesehen von einer Einheit als Faktor gleich einer linearen Kombination von Thetafunktionen einer gewissen Ordnung n (S. 99):

$$\Theta_n[\mathbf{g}]\,(\mathbf{u} + \mathbf{c}) \tag{16.4}$$

ist. Die Ordnung n ist ein Vielfaches von β_p:

$$n = l\beta_p\,, \qquad l = 1, 2, 3, \ldots \tag{16.5}$$

$\mathbf{g}$ ist ein ganzzahliger p-Vektor, für den jeweils

$$|\delta_l| = \frac{n^p}{|\mathbf{B}|} = l^p \frac{\beta_p}{\beta_1}\frac{\beta_p}{\beta_2}\cdots\frac{\beta_p}{\beta_p} \tag{16.6}$$

verschiedene Möglichkeiten zur Verfügung stehen, welche ebensoviele linear unabhängige Thetafunktionen *desselben Typus* liefern; $\mathbf{c}$ ist ein komplexer p-Vektor, dessen Variation innerhalb $\mathfrak{F}$ zu einem *kontinuierlichen System* von $(p-1)$-dimensionalen Mannigfaltigkeiten auf der V_p Veranlassung gibt (vgl. S. 195ff.).

Jede nicht ausgeartete intermediäre Funktion $\psi(\mathbf{u})$ gehört also zu einer gewissen Ordnung $n = l\beta_p$ und bestimmt nach dem Theorem von APPELL-HUMBERT auf der PICARDschen V_p eine $(p-1)$-dimensionale Untermannigfaltigkeit A_l, die einerseits in einer linearen Schar der Dimension $|\delta_l| - 1$ von linear äquivalenten Mannigfaltigkeiten, andererseits in einem kontinuierlichen System $\{A_l\}$ enthalten ist (vgl. S. 198); zusammengefaßt ergibt das ein irreduzibles algebraisches System*)

*) Das algebraische System $\{|A_l|\}$ ist *irreduzibel*, auch wenn es als System der einzelnen A_l (nicht der linearen Scharen $|A_l|$) aufgefaßt wird, weil es birational äquivalent ist einer *irreduziblen* algebraischen Mannigfaltigkeit, nämlich dem Produkt der PICARDschen Mannigfaltigkeit V_{p^*} von S. 198 mit einem linearen Raum $S_{|\delta_l|-1}$. Zwei Systeme verschiedener Ordnungen l und l' haben keine Mannigfaltigkeit gemeinsam, weil die Ordnung einer jeden intermediären Funktion eindeutig bestimmt ist. Die einzelnen Systeme $\{|A_l|\}$ für $l = 1, 2, 3, \ldots$ sind also *diskret*; daraus kann man schließen, daß jedes dieser Systeme „*vollständig*" oder „*komplett*", d. h. in keinem umfassenderen, ebenfalls kontinuierlichen System enthalten ist.

$\{|A_l|\}$ der Dimension

$$p + |\delta_l| - 1 = p + l^p \frac{\beta_p\,\beta_p \ldots \beta_p}{\beta_1\,\beta_2 \ldots \beta_p} - 1\,, \tag{16.7}$$

das *sämtliche* $(p-1)$-dimensionalen Untermannigfaltigkeiten der V_p enthält, die nach dem Theorem von APPELL-HUMBERT den intermediären Funktionen der Ordnung $n = l\beta_p$ umkehrbar eindeutig entsprechen (abgesehen von Einheitsfaktoren). Jedes System $\{|A_l|\}$ ist durch irgendeines seiner Elemente A_l bereits eindeutig bestimmt.

Das Produkt zweier Thetafunktionen der Ordnungen $n = l\beta_p$ und $n' = l'\beta_p$ ergibt wieder eine Thetafunktion der Ordnung $n + n' = (l+l')\beta_p$ (vgl. S. 105). Bedeutet also A_1 eine durch das Primideal $\mathfrak{p}_1$ definierte $(p-1)$-dimensionale Untermannigfaltigkeit*) der V_p, welche einer (notwendig irreduziblen) Thetafunktion $\pi_1(\mathbf{u})$ der Ordnung β_p entspricht, so entspricht der l-ten Potenz $\pi_1^l(\mathbf{u})$ (das ist eine Thetafunktion der Ordnung $n = l\beta_p$) umkehrbar eindeutig das Primärideal $\mathfrak{p}_1^{(l)}$ (das ist die l-te symbolische Potenz des Primideals $\mathfrak{p}_1$) und damit die Mannigfaltigkeit lA_1, d. h. die mit der Vielfachheit l gezählte Mannigfaltigkeit A_1. Das durch diese bestimmte System $\{|lA_1|\}$ ist identisch mit dem System $\{|A_l|\}$, das durch irgendeine Thetafunktion der Ordnung $n = l\beta_p$ definiert ist.

Nach SEVERI nennt man zwei Mannigfaltigkeiten „algebraisch äquivalent", wenn sie beide einem irreduziblen algebraischen System angehören**), und verwendet dafür das Zeichen $\equiv$. Dann können wir die eben gemachte Feststellung auch so anschreiben:

$$A_l \equiv lA_1\,. \tag{16.8}$$

Die Gesamtheit aller $(p-1)$*-dimensionalen Untermannigfaltigkeiten unserer* V_p *ist also in eine abzählbare Folge von diskreten, vollständigen, kontinuierlichen irreduziblen Systemen*

$$\{|A_l|\} = \{|lA_1|\}\,, \qquad l = 1, 2, 3, \ldots \tag{16.9}$$

geordnet, welche als die „Vielfachen" des ersten Systems $\{|A_1|\}$ *aufgefaßt werden können. Sie entsprechen den Potenzen* $\pi_1^l(\mathbf{u})$ *einer Thetafunktion der niedrigsten Ordnung* $n = \beta_p$. *Jede* $(p-1)$*-dimensionale Untermannigfaltigkeit* W_{p-1} *der* V_p *ist einem passenden Vielfachen von* A_1

*) Mit den Bezeichnungen von Abschnitt Nr. 12, S. 184ff.

**) Vgl. F. SEVERI: Conferenze di Geometria Algebrica. Roma: Tip. Genio Civile 1927. Diese Definition wurde später verschärft; vgl. F. SEVERI: Grundlagen der abzählenden Geometrie (übersetzt von W. GRÖBNER), S. 24ff. Wolfenbüttel 1948. Demnach sind zwei (effektive) algebraische Mannigfaltigkeiten A, B *algebraisch äquivalent*, wenn sie selbst totale Mannigfaltigkeiten in einem irreduziblen algebraischen System sind oder wenn dies für $A + H, B + H$ bei passender Bestimmung der Mannigfaltigkeit H gilt. Die Definition kann ähnlich auch auf virtuelle Mannigfaltigkeiten ausgedehnt werden.

algebraisch äquivalent:

$$W_{p-1} \equiv l A_1 \text{ *)}.$$

Diese Mannigfaltigkeit A_1 bildet daher im Sinne SEVERIs**) eine *Basis*, und zwar eine *Minimalbasis* der W_{p-1} auf der V_p; die *Basiszahl* ϱ ist in unserem Falle 1:

Die zu einer nicht singulären RIEMANN*schen Matrix* $\boldsymbol{\Omega}$ *gehörige singularitätenfreie, in ausnahmslos eineindeutiger Korrespondenz zum Periodenparallelotop stehende* PICARD*sche Mannigfaltigkeit* V_p *hat die* SEVERI*sche Basiszahl* $\varrho = 1$ *für die* $(p-1)$*-dimensionalen Untermannigfaltigkeiten****).

17. Geometrische Bedeutung der Determinante einer intermediären Funktion. Wir kennen bereits eine geometrische Bedeutung der Determinante $|\delta|$ einer nicht ausgearteten Funktion $\psi(\mathbf{u})$: Es ist nämlich $|\delta| - 1$ die *Dimension der linearen Vollschar* $|A|$ von $(p-1)$-dimensionalen Untermannigfaltigkeiten der PICARDschen V_p, die durch $\psi(\mathbf{u})$ und alle übrigen Funktionen desselben Typus definiert sind (Satz 2, S. 193).

---

*) Man kann dies auch, wenn man will, auf virtuelle Mannigfaltigkeiten ausdehnen, indem man einfach l auch die negativen ganzen Zahlen durchlaufen läßt.

) Vgl. F. SEVERI: Complementi alla teoria della base per la totalita delle curve di una superficie algebrica. Rend. Circ. mat. Palermo **30, 265—288 (1910); sowie die eben zitierten „Grundlagen . . .", S. 30f.

***) Die Bedingung, daß $\boldsymbol{\Omega}$ nicht singulär sein darf, wie auch diejenige, daß das betrachtete Modell der V_p singularitätenfrei und ausnahmslos eineindeutig auf $\mathfrak{F}$ bezogen sei, ist wirklich notwendig.

Wenn nämlich $\boldsymbol{\Omega}$ singulär ist, dann gibt es dazu mehrere Prinzipalmatrizen und ihnen entsprechende intermediäre Funktionen, die zu denjenigen einer vorgewählten Prinzipalmatrix neu hinzukommen. Dementsprechend gibt es W_{p-1} auf der V_p, die nicht in den von irgendeiner A_1 und deren Vielfachen erzeugten algebraischen Systemen enthalten sind (vgl. S. LEFSCHETZ, s. Anm. 2, S. 158, dortselbst Nr. 71). Die hier herrschenden Verhältnisse hängen von den *arithmetischen* Eigenschaften der RIEMANNschen Matrix $\boldsymbol{\Omega}$, welche die Existenz mehrerer Prinzipalmatrizen zulassen, ab.

Wenn ferner an Stelle von V_p ein anderes Modell $\overline{V}_p$ für die PICARDsche Mannigfaltigkeit zugrunde gelegt wird, das zwar birational äquivalent zu V_p ist, aber etwa (genau) eine Ausnahmemannigfaltigkeit L der Dimension $p-1$ besitzt, die einem einzigen Punkte der V_p zugeordnet ist, dann gilt auf diesem Modell $\overline{V}_p$ die Basiszahl $\varrho = 2$. Jede W_{p-1} auf der $\overline{V}_p$ ist durch die zweigliedrige Basis $\bar{A}_1$ (entsprechend A_1) und L im Sinne der algebraischen Äquivalenz darstellbar; $\bar{A}_1$ und L sind algebraisch unabhängig.

Das steht auch in Übereinstimmung mit der wohlbekannten Tatsache, daß die Basiszahl von SEVERI keine „absolute", sondern nur eine „relative" birationale Invariante ist, die sich nur bei denjenigen birationalen Transformationen nicht ändert, welche keine derartigen Ausnahmsmannigfaltigkeiten einführen (also sicher bei *regulären birationalen Transformationen*, die ausnahmslos eineindeutig sind). In allen Fällen aber ist die Basiszahl $\varrho \geqq 1$, und zwar im allgemeinen $\varrho = 1$. in besonderen Ausnahmefällen $\varrho > 1$.

Dazu kommt als zweite wichtige Bedeutung, daß $|\delta|\,p!$ auch gleich dem *Grad des algebraischen Systems* $\{A\}$ ist, das von $\psi(\mathbf{u})$ definiert wird (vgl. S. 198), d. h. p Mannigfaltigkeiten aus dem System $\{A\}$ haben im allgemeinen genau $|\delta|\,p!$ Punkte gemeinsam; nur bei spezieller Auswahl können es auch mehr Punkte, und zwar dann gleich unendlich viele Punkte sein (die gemeinsamen Punkte erfüllen dann eine Mannigfaltigkeit höherer Dimension)*). Dabei ist immer vorausgesetzt, daß jeder gemeinsame Punkt mit der ihm zukommenden Multiplizität gerechnet wird.

Man sieht übrigens leicht ein, daß *das System* $\{A\}$ *keine Basispunkte und also auch keine fixen Bestandteile besitzt,* denn ein Basispunkt müßte sich in einer gemeinsamen Nullstelle aller Funktionen $\psi(\mathbf{u}+\mathbf{c})$, bei variablen $\mathbf{c}$ innerhalb $\mathfrak{F}$, manifestieren, die es offenbar nicht gibt.

Der Grad des Systems $\{A\}$ ist eine natürliche Zahl, die stetig von den Parametern des Systems $\{A\}$ abhängt und deshalb sich bei stetiger Variation des Systems $\{A\}$ innerhalb des umfassenderen Systems $\{|A|\}$ nicht ändern kann: d. h. die durch zwei gleichändrige Funktionen $\psi(\mathbf{u})$ und $\psi^*(\mathbf{u})$ definierten Systeme $\{A\}$ und $\{A^*\}$ haben denselben Grad. Beim nachfolgenden Beweis dürfen wir daher die vorgegebene Funktion $\psi(\mathbf{u})$ durch irgendeine andere desselben Typus ersetzen und auch noch mit einer beliebigen Einheit multiplizieren.

Wir dürfen auch die RIEMANNsche Matrix wieder in der Normalform [(34.5), S. 91]

$$\boldsymbol{\Omega} = (\pi i\,\mathbf{B}^{-1}, \mathbf{A}) \tag{17.1}$$

voraussetzen, wo $\mathbf{A}$ eine den Bedingungen (35.1) von S. 92:

$$\widetilde{\mathbf{A}} = \mathbf{A} = \mathbf{A}' + i\mathbf{A}'', \qquad \mathbf{A}' < 0 \tag{17.2}$$

genügende (p, p)-Matrix bedeutet; denn weder die Determinante $|\delta|$ noch die PICARDsche Mannigfaltigkeit wird bei Äquivalenztransformationen der Matrix $\boldsymbol{\Omega}$ geändert (vgl. S. 62).

Alle zur RIEMANNschen Matrix (17.1) gehörenden intermediären Funktionen sind, abgesehen von Einheiten, lineare Kombinationen von Thetafunktionen $\Theta_n[\mathbf{g}]\,(\mathbf{u}+\mathbf{c})$ (S. 99); nach dem oben Bemerkten dürfen wir $\mathbf{g} = 0$ festsetzen und also das von der allgemeinen

---

*) Man spricht auch dann manchmal von $|\delta|\,p!$ „virtuellen" Schnittpunkten, die dadurch bestimmt werden, daß man die gewählten Mannigfaltigkeiten A ein wenig innerhalb des kontinuierlichen Systems $\{A\}$ in allgemeine Lage verschiebt, in der sie effektiv $|\delta|\,p!$ voneinander verschiedene Schnittpunkte haben, und deren Grenzlagen bei der Rückbewegung ermittelt; auf diese Weise bestimmt SEVERI auch die *Schnittmultiplizität* der einzelnen Schnittpunkte. Das Resultat ist dann allerdings nicht unabhängig von der Bestimmung der „allgemeinen" Lage und von der Art des Grenzübergangs.

Thetafunktion [(37.1), S. 100]

$$\Theta(\mathbf{u}) = \vartheta(n\mathbf{u}; n\mathbf{A}) = \sum_{\mathbf{m}} e^{n\tilde{\mathbf{m}}(\mathbf{A}\mathbf{m}+2\mathbf{u})} \tag{17.3}$$

definierte algebraische System $\{A\}$ der folgenden Untersuchung zugrunde legen. Unsere Aufgabe ist dann zu beweisen, daß bei allgemeiner Wahl der komplexen p-Vektoren $\mathbf{c}^{(j)}$ $(j = 1, \ldots, p)$ die p Thetafunktionen $\Theta(\mathbf{u} + \mathbf{c}^{(j)})$ genau

$$|\delta|\, p! = \frac{n^p p!}{|\mathbf{B}|} = l^p\, p!\, \frac{\beta_p\, \beta_p \ldots \beta_p}{\beta_1\, \beta_2 \ldots \beta_p} \tag{17.4}$$

gemeinsame (einfache) Nullstellen haben.

Diese Aufgabe können wir uns noch durch die Überlegung erleichtern, daß die gesuchte Anzahl stetig von den Moduln $\mathbf{A}$ abhängt und daher bei stetiger Änderung derselben invariant bleibt. Nun können wir die Matrix $\mathbf{A}$ unter dauernder Festhaltung der Bedingungen (17.2) in eine Diagonalmatrix

$$\mathbf{T} = \operatorname{Diag}\{\tau_1, \tau_2, \ldots, \tau_p\},\quad \tau_h = \tau_h' + i\tau_h'',\quad \tau_h' < 0,\ (h = 1, \ldots, p) \tag{17.5}$$

stetig überführen. Man setze etwa

$$\mathbf{A}_\lambda = \lambda\mathbf{T} + (1-\lambda)\,\mathbf{A}\,, \qquad 0 \leqq \lambda \leqq 1\,,$$

dann ist $\mathbf{A}_\lambda$ im ganzen Bereich von λ symmetrisch und mit negativ definitem Realteil versehen, weil beides sowohl für $\lambda\mathbf{T}$ wie auch für $(1-\lambda)\,\mathbf{A}$ und daher auch für ihre Summe zutrifft; außerdem ist $\mathbf{A}_0 = \mathbf{A}$ und $\mathbf{A}_1 = \mathbf{T}$ *).

Wir ersetzen also die RIEMANNsche Matrix (17.1) durch die einfachere

$$\boldsymbol{\Omega} = (\pi i\, \mathbf{B}^{-1}, \mathbf{T})\ ; \tag{17.6}$$

dann tritt auch an die Stelle der Thetafunktion (17.3) die folgende:

$$\Theta(\mathbf{u}) = \sum_{\mathbf{m}} e^{n\tilde{\mathbf{m}}(\mathbf{T}\mathbf{m}+2\mathbf{u})} = \prod_{h=1}^{p} \sum_{m_h=-\infty}^{\infty} e^{n(m_h^2\tau_h + 2m_h u_h)}, \tag{17.7}$$

die sich als Produkt von p Thetafunktionen einer einzigen Variablen

$$\vartheta_n(u_h; \tau_h) = \sum_{m=-\infty}^{\infty} e^{n(m^2\tau_h + 2mu_h)} \tag{17.8}$$

darstellen läßt:

$$\Theta(\mathbf{u}) = \vartheta_n(u_1; \tau_1)\, \vartheta_n(u_2; \tau_2) \ldots \vartheta_n(u_p; \tau_p)\,. \tag{17.9}$$

Bei allgemeiner Wahl der p-Vektoren

$$\tilde{\mathbf{c}}^{(j)} = (c_1^{(j)}, c_2^{(j)}, \ldots, c_p^{(j)}) \tag{17.10}$$

haben wir nun die Anzahl der gemeinsamen Nullstellen innerhalb des

*) Die Summe von zwei negativ definiten quadratischen Formen ist offenbar wieder negativ definit. Das ist übrigens der wohlbekannte Satz, daß die Menge der negativ definiten quadratischen Formen in p Variablen *zusammenhängend* ist. (Vgl. auch S. 123.)

von der RIEMANNschen Matrix (17.6) ausgespannten Periodenparallelotops $\mathfrak{F}$ von p Thetafunktionen $\Theta(\mathbf{u} + \mathbf{c}^{(j)})$ zu bestimmen, also die Anzahl der Lösungen des folgenden Gleichungssystems:

$$\left.\begin{array}{l} \Theta(\mathbf{u}+\mathbf{c}^{(1)}) = \vartheta_n(u_1 + c_1^{(1)};\tau_1)\,\vartheta_n(u_2 + c_2^{(1)};\tau_2)\ldots\vartheta_n(u_p + c_p^{(1)};\tau_p) = 0, \\ \Theta(\mathbf{u}+\mathbf{c}^{(2)}) = \vartheta_n(u_1 + c_1^{(2)};\tau_1)\,\vartheta_n(u_2 + c_2^{(2)};\tau_2)\ldots\vartheta_n(u_p + c_p^{(2)};\tau_p) = 0, \\ \cdots\cdots\cdots\cdots\cdots\cdots\cdots\cdots\cdots\cdots\cdots\cdots \\ \Theta(\mathbf{u}+\mathbf{c}^{(p)}) = \vartheta_n(u_1 + c_1^{(p)};\tau_1)\,\vartheta_n(u_2 + c_2^{(p)};\tau_2)\ldots\vartheta_n(u_p + c_p^{(p)};\tau_p) = 0. \end{array}\right\} \quad (17.11)$$

Zwei Funktionen derselben Variablen u_h:

$$\vartheta_n(u_h + c_h^{(j)};\tau_h) \text{ und } \vartheta_n(u_h + c_h^{(k)};\tau_h)$$

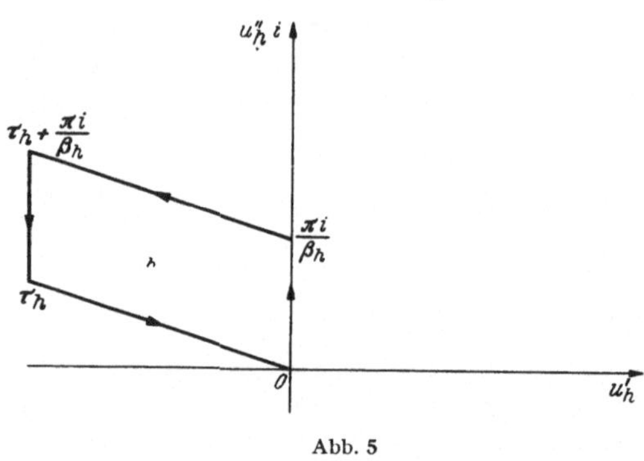

Abb. 5

können bei allgemeiner Wahl der Konstanten (17.10) keine gemeinsame Nullstelle besitzen ($j \neq k$). Das Gleichungssystem (17.11) kann daher nur erfüllt sein, wenn in jeder Zeile und jeder Spalte ein Term verschwindet; das sind $p!$ verschiedene Möglichkeiten.

Um nun die modulo $\boldsymbol{\Omega}$ (17.6) inkongruenten Lösungen festzustellen, müssen wir die Variablen u_h jeweils auf die Periodenparallelogramme $\mathfrak{F}_h$ (Abb. 5)

$$u_h = \sigma_1 \frac{\pi i}{\beta_h} + \sigma_2 \tau_h\,, \qquad 0 \leqq \sigma_1, \sigma_2 < 1,\ (h = 1, \ldots, p) \qquad (17.12)$$

einschränken, die zusammengenommen das von $\boldsymbol{\Omega}$ ausgespannte Periodenparallelotop ausmachen. Wir müssen also die Anzahl ν_h der Lösungen von

$$\vartheta_n(u_h + c_h^{(j)};\tau_h) = 0$$

innerhalb $\mathfrak{F}_h$ ermitteln. Diese Anzahl ändert sich nicht, wenn $c_h^{(j)}$ stetig geändert wird, ist also von $c_h^{(j)}$ unabhängig, und wir können im folgenden zur Vereinfachung $c_h^{(j)} = 0$ setzen.

Die fragliche Anzahl ν_h ist nach einem bekannten Satz*)

$$\nu_h = \frac{1}{2\pi i} \oint d\,[\log \vartheta_n(u_h;\tau_h)]\,, \qquad (17.13)$$

welches Integral in positivem Sinne über die Randlinie des Parallelogramms $\mathfrak{F}_h$ zu erstrecken ist**).

---

*) Vgl. etwa OSGOOD: Lehrbuch der Funktionentheorie. I. (4. Aufl.) S. 33.

**) Man kann das Parallelogramm, wenn nötig, immer in der Ebene ein wenig so verschieben, daß keine singulären Punkte des Integranden auf der Randlinie liegen.

Die Gesamtzahl der modulo $\boldsymbol{\Omega}$ inkongruenten Lösungen des Gleichungssystems (17.11) ist dann

$$p!\,\nu_1\,\nu_2\ldots\nu_p\,, \tag{17.14}$$

weil zunächst $p!$ Möglichkeiten bestehen, aus jeder Spalte von (17.11) einen Term, der verschwinden soll, herauszugreifen, und dann für die einzelnen Terme je $\nu_1, \nu_2, \ldots, \nu_p$ verschiedene Nullstellen zur Verfügung stehen.

Zur Auswertung des Integrals (17.13), in dem wir jetzt den Index h unterdrücken, brauchen wir noch die Formeln für das Periodizitätsverhalten der Funktion $\vartheta_n(u;\tau)$ (vgl. S. 105):

$$\vartheta_n\left(u+\frac{\pi i}{\beta}\,;\tau\right)=\vartheta_n(u;\tau) \qquad \text{(für jede natürliche Zahl } \beta\,|\,n)$$

$$\vartheta_n(u+\tau;\tau)=e^{-2nu-n\tau}\,\vartheta_n(u;\tau)\,. \tag{17.15}$$

Im Integral (17.13) fassen wir nun die Teilintegrale über je zwei gegenüberliegende Seiten des Parallelogramms folgendermaßen zusammen:

$$\nu_h=\frac{1}{2\pi i}\left\{\int\limits_0^{\frac{\pi i}{\beta}}\div+\int\limits_{\frac{\pi i}{\beta}}^{\frac{\pi i}{\beta}+\tau}\div-\int\limits_0^{\tau}\div-\int\limits_{\tau}^{\tau+\frac{\pi i}{\beta}}\div\right\}$$

$$=\frac{1}{2\pi i}\int\limits_0^{\frac{\pi i}{\beta}}\{d\,[\log\vartheta_n(u;\tau)]-d\,[\log\vartheta_n(u+\tau;\tau)]\}+$$

$$+\frac{1}{2\pi i}\int\limits_0^{\tau}\left\{d\left[\log\vartheta_n\left(u+\frac{\pi i}{\beta}\,;\tau\right)\right]-d\,[\log\vartheta_n(u;\tau)]\right\}.$$

Wegen (17.15) verschwindet das zweite Integral, während der Integrand des ersten die einfache Gestalt: $2n\,du$ hat. Damit erhalten wir

$$\nu_h=\frac{n}{\beta_h}\,,$$

was in (17.14) eingesetzt die behauptete Anzahl (17.4) ergibt.

Nun gelten aber die Gleichungen (17.15) auch für $\beta=n$; wenn wir daher dieselbe Rechnung für ein Parallelogramm ausführen, das von den Vektoren $\frac{\pi i}{n}$, τ aufgespannt wird und das also der $\frac{n}{\beta}$-te Teil des ursprünglichen Parallelogramms (17.12) ist (Abb. 6, die für $n=4\,\beta$ gezeichnet ist), so ergibt dieselbe Rechnung $\nu_h=1$, d. h. in einem solchen Parallelogramm liegt immer genau eine Nullstelle der Funktion $\vartheta_n(u;\tau)$. Also sind die Nullstellen dieser Funktion sämtlich einfach.

Es ist nicht schwer, die Lage dieser Nullstelle genau zu bestimmen; dazu muß man das Integral

$$\oint u \cdot d\,[\log \vartheta_n(u;\tau)]\,,$$

erstreckt über die Randlinie des kleinen Parallelogramms, berechnen. Diese Rechnung liefert ganz analog der eben durchgeführten den Wert

$$\frac{1}{2}\,\frac{\pi i}{n} + \frac{1}{2}\tau\,,$$

d. h. die Nullstelle liegt genau im Mittelpunkt des Parallelogramms. Da das große Parallelogramm aus $\frac{n}{\beta}$ kleinen Parallelogrammen zusammengesetzt ist, sieht man nun auch sofort, wie die Nullstellen der Funktion $\vartheta_n(u;\tau)$ im großen Parallelogramm verteilt sind (Abb. 6).

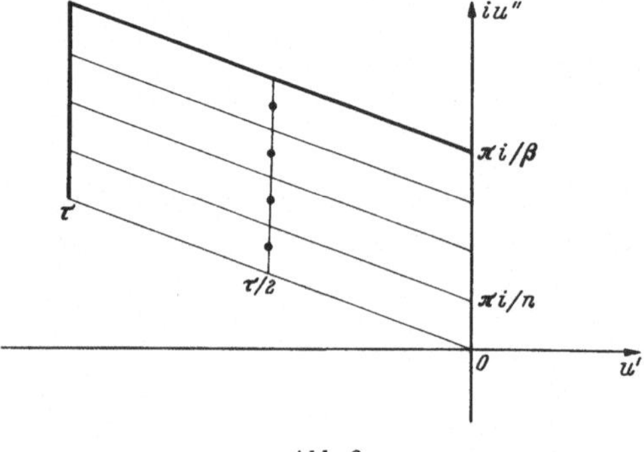

Abb. 6

Wir können unser Resultat so zusammenfassen:

Eine nicht ausgeartete intermediäre Funktion $\psi(\mathbf{u})$ der Determinante $|\delta|$ definiert auf der PICARD*schen Mannigfaltigkeit einerseits eine lineare Schar $|A|$ der Dimension $|\delta| - 1$, andererseits ein algebraisches System $\{A\}$ des Grades $|\delta|\,p!$, d. h. je p Mannigfaltigkeiten A, die allgemein aus dem System $\{A\}$ entnommen sind, schneiden sich in $|\delta|\,p!$ voneinander verschiedenen Punkten*)*.

18. Die WIRTINGERschen Mannigfaltigkeiten und die KUMMERsche Fläche als Beispiele für ABELsche Mannigfaltigkeiten des Ranges 2. Die ABELschen Mannigfaltigkeiten, die wir hier kurz behandeln wollen, werden durch Thetafunktionen der Ordnung 2 (des Einheitsniveaus $\mathbf{B} = \mathbf{E}$) in Parameterform dargestellt. Die Thetafunktionen der Ordnung n mit Charakteristiken $\mathbf{g} = \mathbf{h} = 0$ (vgl. S. 104ff.) sind intermediäre Funktionen, die zur Periodenmatrix und zum Parametervektor

$$\begin{pmatrix}\boldsymbol{\Omega}\\ \boldsymbol{A}\end{pmatrix} = \left(\begin{array}{c|c} \pi i\mathbf{E} & \mathbf{A} \\ \hline 0 & -\frac{n}{\pi i}\mathbf{E}\end{array}\right), \quad \boldsymbol{\gamma} = \begin{pmatrix} 0 \\ -\frac{n}{2\pi i}\,\mathrm{Sp}(\mathbf{A})\end{pmatrix} \tag{18.1}$$

gehören. Das Produkt zweier solcher Funktionen der Ordnungen n_1 und n_2 ergibt eine Thetafunktion derselben Art und der Ordnung $n_1 + n_2$ (vgl. S. 105).

Es gibt n^p linear unabhängige Thetafunktionen vom Typus (18.1), durch die jede weitere Funktion desselben Typus linear dargestellt

*) $|\delta|\,p!$ ist auch der Grad des Systems $\{|A|\}$.

werden kann mit Koeffizienten, die von den Variablen unabhängig sind. Eine solche „Basis" für die Thetafunktionen n-ter Ordnung bilden die durch die beständig konvergenten „*Thetareihen*" [vgl. (38.1), S. 105]

$$\Theta_n[\boldsymbol{\varkappa}]\,(\mathbf{u};\mathbf{A}) = \sum_{\mathbf{m}} e^{n\left(\tilde{\mathbf{m}}+\frac{1}{n}\tilde{\boldsymbol{\varkappa}}\right)\left[\mathbf{A}\left(\mathbf{m}+\frac{1}{n}\boldsymbol{\varkappa}\right)+2\mathbf{u}\right]} \tag{18.2}$$

definierten ganzen analytischen Funktionen; die Komponenten des p-Vektors $\boldsymbol{\varkappa}$ können auf ein vollständiges Restsystem modulo n, also etwa auf die ganzen Zahlen $0, 1, \ldots, n-1$ eingeschränkt werden, denn eine Änderung von $\boldsymbol{\varkappa}$ nach dem Modul n hat keinen Einfluß auf den Wert der Reihe (18.2), da dadurch nur der Summationsindex verschoben wird: Bedeutet nämlich $\boldsymbol{\lambda}$ irgendeinen ganzzahligen p-Vektor, dann folgt, weil gleichzeitig mit $\mathbf{m}$ auch $\mathbf{m}+\boldsymbol{\lambda}$ den ganzen Summationsbereich durchstreicht:

$$\Theta_n[\boldsymbol{\varkappa}+n\boldsymbol{\lambda}]\,(\mathbf{u};\mathbf{A}) = \sum_{\mathbf{m}} e^{n\left(\tilde{\mathbf{m}}+\tilde{\boldsymbol{\lambda}}+\frac{1}{n}\tilde{\boldsymbol{\varkappa}}\right)\left[\mathbf{A}\left(\mathbf{m}+\boldsymbol{\lambda}+\frac{1}{n}\boldsymbol{\varkappa}\right)+2\mathbf{u}\right]} = \sum_{\mathbf{m}+\boldsymbol{\lambda}} \div$$
$$= \sum_{\mathbf{m}} e^{n\left(\tilde{\mathbf{m}}+\frac{1}{n}\tilde{\boldsymbol{\varkappa}}\right)\left[\mathbf{A}\left(\mathbf{m}+\frac{1}{n}\boldsymbol{\varkappa}\right)+2\mathbf{u}\right]}$$

also

$$\Theta_n[\boldsymbol{\varkappa}+n\boldsymbol{\lambda}]\,(\mathbf{u};\mathbf{A}) = \Theta_n[\boldsymbol{\varkappa}]\,(\mathbf{u};\mathbf{A}) \quad \text{(für jeden ganzzahligen } p\text{-Vektor } \boldsymbol{\lambda}). \tag{18.3}$$

Ähnlich findet man, weil gleichzeitig mit $\mathbf{m}$ auch $-\mathbf{m}$ den ganzen Summationsbereich durchläuft:

$$\Theta_n[\boldsymbol{\varkappa}]\,(-\mathbf{u};\mathbf{A}) = \sum_{-\mathbf{m}} e^{n\left(-\tilde{\mathbf{m}}+\frac{1}{n}\tilde{\boldsymbol{\varkappa}}\right)\left[\mathbf{A}\left(-\mathbf{m}+\frac{1}{n}\boldsymbol{\varkappa}\right)-2\mathbf{u}\right]}$$
$$= \sum_{\mathbf{m}} e^{n\left(\tilde{\mathbf{m}}-\frac{1}{n}\tilde{\boldsymbol{\varkappa}}\right)\left[\mathbf{A}\left(\mathbf{m}-\frac{1}{n}\boldsymbol{\varkappa}\right)+2\mathbf{u}\right]},$$

also

$$\Theta_n[\boldsymbol{\varkappa}]\,(-\mathbf{u};\mathbf{A}) = \Theta_n[-\boldsymbol{\varkappa}]\,(\mathbf{u};\mathbf{A})\,. \tag{18.4}$$

Ist hier etwa $\boldsymbol{\varkappa} \equiv -\boldsymbol{\varkappa} \pmod{n}$, so ist diese Thetafunktion eine gerade Funktion ihrer Argumente $\mathbf{u}$. Etwas allgemeiner ist der folgende Satz*):

Satz 1. *Ist $n = 2t$ eine gerade Zahl, so gibt es genau $2^{p-1}(t^p+1)$ linear unabhängige gerade und $2^{p-1}(t^p-1)$ ungerade Thetafunktionen der Ordnung $2t$; sie bilden zusammengenommen ein vollständiges System (Basis) von $(2t)^p$ linear unabhängigen Thetafunktionen der Ordnung $2t$ (mit verschwindenden Charakteristiken). Jede gerade Thetafunktion*

---

*) Er wurde zuerst für zwei Variable von HERMITE [C. r. Acad. Sci. (Paris) **40** (1855)], später für allgemeines p von G. FROBENIUS: Über Gruppen von Thetacharakteristiken. J. reine u. angew. Math. (Crelle) **96**, 81—99 (1884) bewiesen.

dieses Typus läßt sich durch die erwähnten $2^{p-1}(t^p+1)$ *geraden Thetafunktionen ausdrücken, und analoges kann von den ungeraden Funktionen gesagt werden. Insbesondere ist jede Thetafunktion der* 1. *und* 2. *Ordnung gerade.*

Für die Ordnungen 1 und 2 folgt die Behauptung unmittelbar aus (18.3—4), weil für jeden ganzzahligen p-Vektor $\varkappa$ die Kongruenz $2\varkappa \equiv 0 \pmod n$ für $n=1, 2$ erfüllt ist. Im Falle $n = 2t$, $t > 1$, scheiden wir zunächst die 2^p geraden Thetareihen

$$\Theta_{2t}[\varkappa]\,(\mathbf{u};\mathbf{A})\,, \qquad \text{mit } \varkappa \equiv 0 \pmod t \tag{18.5}$$

aus, deren p-Vektoren $\varkappa$ nur mit den Zahlen $0, t$ gebildet sind. Die übrigen Vektoren $\varkappa$ enthalten mindestens eine Komponente $\neq 0, t$ und können zu Paaren $\varkappa, \varkappa'$ geordnet werden, wo $\varkappa' \equiv -\varkappa \pmod{2t}$ ist. Wir erhalten dann noch weitere $2^{p-1}(t^p-1)$ gerade Thetafunktionen

$$\Theta_{2t}[\varkappa]\,(\mathbf{u};\mathbf{A}) + \Theta_{2t}[\varkappa']\,(\mathbf{u};\mathbf{A})\,, \qquad \varkappa' \equiv -\varkappa \pmod{2t}\,, \tag{18.6}$$

und ebensoviele ungerade Funktionen

$$\Theta_{2t}[\varkappa]\,(\mathbf{u};\mathbf{A}) - \Theta_{2t}[\varkappa']\,(\mathbf{u};\mathbf{A})\,, \qquad \varkappa' \equiv -\varkappa \pmod{2t}\,. \tag{18.7}$$

Die Funktionen (18.5—6) sind zusammen $2^{p-1}(t^p+1)$ gerade Thetafunktionen; sie bilden gemeinsam mit den $2^{p-1}(t^p-1)$ ungeraden Funktionen (18.7) offenbar eine Basis für die Ordnung $2t$; daher sind sowohl die geraden wie auch die ungeraden Funktionen für sich genommen linear unabhängig.

Ist $\Theta(\mathbf{u})$ irgendeine gleichändrige gerade Thetafunktion, so haben wir zunächst eine Darstellung

$$\Theta(\mathbf{u}) = \sum C_\varkappa\, \Theta_{2t}[\varkappa]\,(\mathbf{u};\mathbf{A})\,;$$

wegen $\Theta(-\mathbf{u}) = \Theta(\mathbf{u})$ und (18.4) gilt auch

$$\Theta(\mathbf{u}) = \sum C_\varkappa\, \Theta_{2t}[\varkappa]\,(-\mathbf{u};\mathbf{A}) = \sum C_\varkappa\, \Theta_{2t}[\varkappa']\,(\mathbf{u};\mathbf{A}), \text{ mit } \varkappa' \equiv -\varkappa \pmod{2t}\,.$$

Durch Addition erhalten wir daraus

$$\Theta(\mathbf{u}) = \tfrac{1}{2} \sum C_\varkappa\, [\Theta_{2t}[\varkappa]\,(\mathbf{u};\mathbf{A}) + \Theta_{2t}[\varkappa']\,(\mathbf{u};\mathbf{A})]\,,$$

was unsere Behauptung über die Darstellbarkeit von $\Theta(\mathbf{u})$ durch die Funktionen (18.5—6) allein erweist. Ganz analog schließt man für ungerade Funktionen.

Eine „WIRTINGER*sche Mannigfaltigkeit*" $\mathfrak{W}_p$ ist eine ABELsche Mannigfaltigkeit, die durch die Parametergleichungen

$$x_\varkappa = \Theta_2[\varkappa]\,(\mathbf{u};\mathbf{A}) \tag{18.8}$$

definiert ist*); der Index $\varkappa$ durchläuft hier, entsprechend dem p-Vektor $\varkappa$, dessen Komponenten auf die Zahlen 0, 1 eingeschränkt sind,

*) WIRTINGER hat diese Mannigfaltigkeiten in seiner BENEKE-Preisschrift: Untersuchungen über Thetafunktionen. Leipzig: B. G. Teubner 1895, behandelt.

2^p verschiedene Werte. Die Mannigfaltigkeit $\mathfrak{W}_p$ ist also in einen Raum S_{2^p-1} der Dimension $2^p - 1$ eingebettet. Sie ist algebraisch durch ein homogenes Primideal $\mathfrak{w}_p$ des Polynomringes $K[\ldots x_\varkappa \ldots]$ definiert, welches aus sämtlichen Formen $\Phi(x)$ dieses Ringes besteht, die nach der Substitution (18.8) identisch verschwinden. Wir werden noch beweisen, daß es die Dimension p und die Ordnung $2^{p-1} p!$ hat.

Irgendeine Form $\Phi(x)$ des Grades t geht durch die Substitution (18.8) in eine *gerade* Thetafunktion der Ordnung $2t$ über, deren es, wie wir soeben bewiesen haben, nur $2^{p-1}(t^p + 1)$ linear unabhängige gibt. Das bedeutet aber, daß es höchstens $2^{p-1}(t^p + 1)$ Formen $\Phi(x)$ des Grades t geben kann, die modulo $\mathfrak{w}_p$ linear unabhängig sind. Wir werden aber darüber hinaus beweisen, daß es genau so viele linear unabhängige Formen auch wirklich gibt, so daß die HILBERT-*Funktion**) des Ideals $\mathfrak{w}_p$ den Wert

$$H(t; \mathfrak{w}_p) = 2^{p-1}(t^p + 1), \qquad (t \geqq 1) \qquad (18.9)$$

hat.

Satz 2 (WIRTINGER). *Unter den geraden Thetafunktionen der Ordnung $2t$ und der Charakteristiken $\mathbf{g} = \mathbf{h} = 0$, die durch die Potenzprodukte eines Grades $t \geqq 1$ der Funktionen* (18.8) *darstellbar sind, gibt es immer $2^{p-1}(t^p + 1)$ linear unabhängige, wenn die Moduln $\mathbf{A}$ allgemein sind. Die* HILBERT-*Funktion einer* WIRTINGER*schen Mannigfaltigkeit mit allgemeinen Moduln ist also durch die Formel* (18.9) *gegeben.*

Für den Beweis dieses Satzes müssen wir weiter ausgreifen. Wir betrachten eine allgemeine Thetafunktion (vgl. S. 102) mit halbzahligen Charakteristiken $\mathbf{g}, \mathbf{h}$ (das sind p-Vektoren, die nur mit den Zahlen $0, \frac{1}{2}$ gebildet sind):

$$\vartheta\begin{bmatrix}\mathbf{g}\\ \mathbf{h}\end{bmatrix}(\mathbf{u}; \mathbf{A}) = \sum_{\mathbf{m}} e^{(\tilde{\mathbf{m}} + \tilde{\mathbf{g}})[\mathbf{A}(\mathbf{m}+\mathbf{g}) + 2\mathbf{u} + 2\pi i \mathbf{h}]} \qquad (18.10)$$

deren Periodizitätseigenschaften durch

$$\begin{pmatrix}\Omega\\ A\end{pmatrix} = \left(\begin{array}{c|c} \pi i \mathbf{E} & \mathbf{A} \\ \hline 0 & \dfrac{-1}{\pi i}\mathbf{E}\end{array}\right), \quad \boldsymbol{\gamma} = \begin{pmatrix} \mathbf{g} \\ \dfrac{-1}{2\pi i}\operatorname{Sp}(\mathbf{A}) - \mathbf{h}\end{pmatrix} \qquad (18.11)$$

festgelegt sind.

Das Produkt

$$\Theta = \vartheta\begin{bmatrix}\mathbf{g}\\ \mathbf{h}\end{bmatrix}(\mathbf{u} + \mathbf{v}; \mathbf{A}) \cdot \vartheta\begin{bmatrix}\mathbf{g}\\ \mathbf{h}\end{bmatrix}(\mathbf{u} - \mathbf{v}; \mathbf{A})$$

ist sowohl in bezug auf $\mathbf{u}$ wie auf $\mathbf{v}$ eine Thetafunktion der Ordnung 2 mit verschwindenden Charakteristiken, also bilinear durch die Funktionen (18.8) und die analogen mit $\mathbf{v}$ gebildeten darstellbar. Wir finden

*) Vgl. W. GRÖBNER: s. Anm. 1, S. 140, dortselbst § 4. Die HILBERT-Funktion.

diese Darstellung durch eine geschickte Umformung der Reihenentwicklungen. Zunächst ist:

$$\Theta = \sum_{\mathbf{m}} \sum_{\mathbf{m}'} e^{(\tilde{\mathbf{m}} + \tilde{\mathbf{g}})[\mathbf{A}(\mathbf{m}+\mathbf{g}) + 2\mathbf{u} + 2\mathbf{v} + 2\pi i \mathbf{h}] + (\tilde{\mathbf{m}}' + \tilde{\mathbf{g}})[\mathbf{A}(\mathbf{m}'+\mathbf{g}) + 2\mathbf{u} - 2\mathbf{v} + 2\pi i \mathbf{h}]};$$

setzt man hier

$$\begin{array}{l|l} \mathbf{m} + \mathbf{m}' = 2\,\mathbf{s} + 2\boldsymbol{\sigma} & \mathbf{m} = \mathbf{s} + \mathbf{s}' \\ \mathbf{m} - \mathbf{m}' = 2\,\mathbf{s}' - 2\boldsymbol{\sigma} & \mathbf{m}' = \mathbf{s} - \mathbf{s}' + 2\boldsymbol{\sigma}, \end{array}$$

wo $\mathbf{s}, \mathbf{s}'$ ganzzahlige p-Vektoren bedeuten, während $\boldsymbol{\sigma}$ ein halbzahliger, nur mit $0, \frac{1}{2}$ gebildeter p-Vektor ist, so läßt sich der Exponent der obigen Formel so schreiben:

$$2(\tilde{\mathbf{s}} + \tilde{\mathbf{g}} + \tilde{\boldsymbol{\sigma}})\,\mathbf{A}\,(\mathbf{s} + \mathbf{g} + \boldsymbol{\sigma}) + 2(\tilde{\mathbf{s}}' - \tilde{\boldsymbol{\sigma}})\,\mathbf{A}(\mathbf{s}' - \boldsymbol{\sigma}) + 4(\tilde{\mathbf{s}} + \tilde{\mathbf{g}} + \tilde{\boldsymbol{\sigma}})\,\mathbf{u} + \\ + 4(\tilde{\mathbf{s}}' - \tilde{\boldsymbol{\sigma}})\,\mathbf{v} + 4\pi i(\tilde{\mathbf{s}} + \tilde{\mathbf{g}} + \tilde{\boldsymbol{\sigma}})\,\mathbf{h}\,.$$

Das Glied $4\pi i\tilde{\mathbf{s}}\mathbf{h}$ darf im Exponenten weggelassen werden; dann können die Summationen über $\mathbf{s}, \mathbf{s}'$ und $\boldsymbol{\sigma}$ getrennt werden:

$$\Theta = \sum_{\sigma} (-1)^{4(\tilde{\mathbf{g}} + \tilde{\sigma})\mathbf{h}} \sum_{\mathbf{s}} e^{2(\tilde{\mathbf{s}} + \tilde{\mathbf{g}} + \tilde{\sigma})[\mathbf{A}(\mathbf{s} + \mathbf{g} + \sigma) + 2\mathbf{u}]} \sum_{\mathbf{s}'} e^{2(\tilde{\mathbf{s}}' - \tilde{\sigma})[\mathbf{A}(\mathbf{s}' - \sigma) + 2\mathbf{v}]}.$$

Die Summationen über $\mathbf{s}$ und $\mathbf{s}'$ durchlaufen hier unabhängig voneinander alle ganzzahligen p-Vektoren, während für $\boldsymbol{\sigma}$ nur die 2^p halbzahligen p-Vektoren einzusetzen sind. Mit Rücksicht auf (18.2) haben wir damit die von WEIERSTRASS herrührende Formel gewonnen*):

$$\vartheta\begin{bmatrix}\mathbf{g}\\ \mathbf{h}\end{bmatrix}(\mathbf{u}+\mathbf{v};\mathbf{A})\cdot\vartheta\begin{bmatrix}\mathbf{g}\\ \mathbf{h}\end{bmatrix}(\mathbf{u}-\mathbf{v};\mathbf{A}) \\ = \sum_{\sigma} (-1)^{4(\tilde{\mathbf{g}}+\tilde{\sigma})\mathbf{h}}\,\Theta_2[2\boldsymbol{\sigma}]\,(\mathbf{v};\mathbf{A})\cdot\Theta_2[2\mathbf{g}+2\boldsymbol{\sigma}]\,(\mathbf{u};\mathbf{A})\,. \tag{18.12}$$

Das gibt insbesondere für $\mathbf{v} = 0$:

$$\vartheta^2\begin{bmatrix}\mathbf{g}\\ \mathbf{h}\end{bmatrix}(\mathbf{u};\mathbf{A}) = \sum_{\sigma}(-1)^{4(\tilde{\mathbf{g}}+\tilde{\sigma})\mathbf{h}}\,\Theta_2[2\boldsymbol{\sigma}]\,(0;\mathbf{A})\cdot\Theta_2[2\mathbf{g}+2\boldsymbol{\sigma}]\,(\mathbf{u};\mathbf{A}), \tag{18.13}$$

das heißt: *Jedes „Thetaquadrat", d. h. jedes Quadrat einer Thetareihe* (18.10) *mit halbzahligen Charakteristiken ist eine Thetafunktion* 2. *Ordnung mit verschwindenden Charakteristiken, also durch die Basis* (18.8) *darstellbar.*

Setzt man andererseits in (18.12) $\mathbf{v} = \mathbf{u}$ ein, so folgt:

$$\vartheta\begin{bmatrix}\mathbf{g}\\ \mathbf{h}\end{bmatrix}(2\mathbf{u};\mathbf{A})\cdot\vartheta\begin{bmatrix}\mathbf{g}\\ \mathbf{h}\end{bmatrix}(0;\mathbf{A}) \\ = \sum_{\sigma}(-1)^{4(\tilde{\mathbf{g}}+\tilde{\sigma})\mathbf{h}}\,\Theta_2[2\boldsymbol{\sigma}]\,(\mathbf{u};\mathbf{A})\cdot\Theta_2[2\mathbf{g}+2\boldsymbol{\sigma}]\,(\mathbf{u};\mathbf{A})\,. \tag{18.14}$$

---

*) Man beachte, daß wegen (18.2) und (18.10) offenbar

$$\Theta_2[2\mathbf{g}]\,(\mathbf{u};\mathbf{A}) = \vartheta\begin{bmatrix}\mathbf{g}\\ 0\end{bmatrix}(2\mathbf{u};2\mathbf{A})$$

für eine halbzahlige Charakteristik $\mathbf{g}$ gilt; daher kann diese Formel auch anders geschrieben werden.

Unter der Voraussetzung, daß der Thetanullwert $\vartheta\begin{bmatrix}\mathbf{g}\\ \mathbf{h}\end{bmatrix}(0;\mathbf{A})$ *einer geraden* *) *Thetareihe* $\vartheta\begin{bmatrix}\mathbf{g}\\ \mathbf{h}\end{bmatrix}(\mathbf{u};\mathbf{A})$ *nicht verschwindet, läßt sich die Funktion* $\vartheta\begin{bmatrix}\mathbf{g}\\ \mathbf{h}\end{bmatrix}(2\mathbf{u};\mathbf{A})$ *der doppelten Argumente (das ist eine Thetafunktion der Ordnung 4 mit verschwindenden Charakteristiken) quadratisch durch die Funktionen* (18.8) *darstellen.*

Die Voraussetzung, daß die Moduln $\mathbf{A}$ so allgemein gewählt sind, daß keine gerade Thetareihe zugleich mit ihren Argumenten verschwindet, soll im folgenden beibehalten werden**).

Wir legen nun zunächst die spezielle RIEMANNsche Matrix (17.6) zugrunde; eine Thetafunktion mit den Charakteristiken

$$\tilde{\mathbf{g}} = (g_1, \ldots, g_p), \quad \tilde{\mathbf{h}} = (h_1, \ldots, h_p)$$

zerfällt dann in ein Produkt von p Thetafunktionen für jede einzelne

*) Vgl. (37.14), S. 104. Eine Thetafunktion mit halbzahligen Charakteristiken $\mathbf{g}, \mathbf{h}$ ist gerade oder ungerade, je nachdem

$$4\,\tilde{\mathbf{g}}\mathbf{h} \equiv 0 \text{ oder } \equiv 1 \pmod 2$$

ist. Der Nullwert einer ungeraden Funktion ist natürlich 0.

**) Diese Voraussetzung wird von WIRTINGER a. a. O. nicht weiter diskutiert, dürfte aber doch einer näheren Begründung bedürftig sein. Daß keine gerade Thetareihe gleichzeitig mit ihren Argumenten verschwindet, wenn die Moduln $\mathbf{A}$ allgemein sind, kann man durch Schluß von $p-1$ auf p einsehen. Zunächst gilt es für $p=1$. Ist nicht $g_p = h_p = {}^1/_2$, so haben wir bei einer Spezialisierung $\mathbf{A} = \begin{pmatrix}\mathbf{A}' & 0\\ 0 & \alpha\end{pmatrix}$

$$\vartheta\begin{bmatrix}\mathbf{g}\\ \mathbf{h}\end{bmatrix}(\mathbf{u};\mathbf{A}) = \vartheta\begin{bmatrix}\mathbf{g}'\\ \mathbf{h}'\end{bmatrix}(\mathbf{u}';\mathbf{A}')\,\vartheta\begin{bmatrix}g_p\\ h_p\end{bmatrix}(u_p;\alpha),$$

wo der Apostroph andeuten soll, daß die letzte Komponente der entsprechenden Vektoren weggelassen ist. Nach Induktionsvoraussetzung schließen wir daraus, daß bei allgemeinen Moduln der Nullwert dieser Thetareihe nicht verschwindet.

Es bleibt noch der Fall übrig, daß alle Komponenten $g_j = h_j = {}^1/_2$ sind; auch dann können wir das gewünschte durch Induktion folgern, sobald wir gezeigt haben, daß für $p=2$, $\tilde{\mathbf{g}} = \tilde{\mathbf{h}} = ({}^1/_2, {}^1/_2)$ eine Thetareihe $\vartheta\begin{bmatrix}\mathbf{g}\\ \mathbf{h}\end{bmatrix}(u_1, u_2;\mathbf{A})$ bei allgemeinen Moduln $\mathbf{A}$ nicht zugleich mit ihren Argumenten verschwindet. Setzen wir

$$\mathbf{A} = \begin{pmatrix}-\alpha & \pi i\\ \pi i & -\alpha\end{pmatrix}, \quad \alpha > 0, \quad e^{-\alpha} = q < 1,$$

so bestätigt man mit einfacher Rechnung:

$$\begin{aligned}
&\vartheta\begin{bmatrix}\mathbf{g}\\ \mathbf{h}\end{bmatrix}(0,0;\mathbf{A})\\
&= -\sum_{m_1=-\infty}^{\infty}\sum_{m_2=-\infty}^{\infty}(-1)^{m_1+m_2}\, e^{-\alpha(m_1+\frac12)^2 + 2\pi i(m_1+\frac12)(m_2+\frac12) - \alpha(m_2+\frac12)^2}\\
&= -i\sum_{m_1=-\infty}^{\infty}\sum_{m_2=-\infty}^{\infty} q^{(m_1+\frac12)^2 + (m_2+\frac12)^2}\\
&= -4i\left[\sum_{m=0}^{\infty} q^{(m+\frac12)^2}\right]^2 \neq 0.
\end{aligned}$$

Variable:

$$\vartheta\begin{bmatrix}\mathbf{g}\\ \mathbf{h}\end{bmatrix}(\mathbf{u};\mathbf{T}) = \prod_{j=1}^{p} \vartheta\begin{bmatrix}g_j\\ h_j\end{bmatrix}(u_j;\tau_j)\,. \tag{18.15}$$

Wir bilden nun nach WIRTINGER eine Basis für die Thetafunktionen der Ordnung $2t$ mit den folgenden $t+1$ geraden Funktionen:

$$\begin{gathered}\vartheta\begin{bmatrix}0\\0\end{bmatrix}(2u_j;\tau_j)\,\vartheta^{2t-4}\begin{bmatrix}1/2\\1/2\end{bmatrix}(u_j;\tau_j),\ \vartheta\begin{bmatrix}0\\1/2\end{bmatrix}(2u_j;\tau_j)\,\vartheta^{2t-4}\begin{bmatrix}1/2\\1/2\end{bmatrix}(u_j;\tau_j),\\ \vartheta\begin{bmatrix}1/2\\0\end{bmatrix}(2u_j;\tau_j)\,\vartheta^{2t-2\lambda-4}\begin{bmatrix}0\\0\end{bmatrix}(u_j;\tau_j)\,\vartheta^{2\lambda}\begin{bmatrix}1/2\\1/2\end{bmatrix}(u_j;\tau_j)\,, \qquad \lambda=0,1,\ldots,t-2\end{gathered} \tag{18.16}$$

und den $t-1$ ungeraden Funktionen:

$$\vartheta\begin{bmatrix}1/2\\1/2\end{bmatrix}(2u_j;\tau_j)\,\vartheta^{2t-2\lambda-4}\begin{bmatrix}0\\0\end{bmatrix}(u_j;\tau_j)\,\vartheta^{2\lambda}\begin{bmatrix}1/2\\1/2\end{bmatrix}(u_j;\tau_j)\,, \qquad \lambda=0,1,\ldots,t-2\,. \tag{18.17}$$

Alle diese Funktionen sind von der Ordnung $2t$ und der Charakteristik $\mathbf{g}=\mathbf{h}=0$*). Sie sind linear unabhängig, weil (vgl. S. 107) die ungerade Funktion $\vartheta\begin{bmatrix}1/2\\1/2\end{bmatrix}(u_j;\tau_j)$ eine Potenzreihenentwicklung vom Untergrad 1 besitzt, so daß die Reihenentwicklungen für $\lambda=0,1,\ldots,n-3$ die Untergrade $0,1,2,\ldots,2n-5$ aufweisen; dazu kommen dann noch 4 Reihen vom Untergrad $2n-4$, die auch linear unabhängig sind, weil dies für die 4 Theta von S. 107 gilt.

Nun bilden wir alle möglichen Produkte (mit Wiederholungen) von p solchen Funktionen, in denen der Reihe nach die Variablen $u_1, u_2, \ldots, u_p$ und die Moduln $\tau_1, \tau_2, \ldots, \tau_p$ eingesetzt werden. Das ergibt insgesamt $(2t)^p$ Thetafunktionen der Ordnung $2t$ zur RIEMANNschen Matrix (17.6) mit den Charakteristiken $\mathbf{g}=\mathbf{h}=0$, die linear unabhängig sind, weil eine lineare Abhängigkeit zwischen ihnen eine solche zwischen den Funktionen (18.16—17) induzieren würde. Sie bilden also zusammen eine Basis für die Thetafunktionen der Ordnung $2t$. Eine Basisfunktion ist entweder gerade oder ungerade, je nachdem sie aus einer geraden oder ungeraden Anzahl von Faktoren aus (18.17) besteht. Das sind aber

$$S_1=\sum_{\mu=0}^{[p/2]}\binom{p}{2\mu}(t+1)^{p-2\mu}(t-1)^{2\mu}=2^{p-1}(t^p+1)\,,$$

$$S_2=\sum_{\mu=0}^{[p-1/2]}\binom{p}{2\mu+1}(t+1)^{p-2\mu-1}(t-1)^{2\mu+1}=2^{p-1}(t^p-1)$$

gerade bzw. ungerade Funktionen**). Die geraden Funktionen bilden

*) Die Funktionen des doppelten Argumentes sind, wie auch aus (18.14) ersichtlich ist, von der Ordnung 4 und Charakteristiken 0, 0.

**) $(a\pm b)^p=S_1\pm S_2$, $S_1=\sum\binom{p}{2\mu}a^{p-2\mu}b^{2\mu}=\frac{1}{2}(a+b)^p+\frac{1}{2}(a-b)^p$,

$S_2=\sum\binom{p}{2\mu+1}a^{p-2\mu-1}b^{2\mu+1}=\frac{1}{2}(a+b)^p-\frac{1}{2}(a-b)^p$.

also für sich eine Basis für die geraden Thetafunktionen der Ordnung $2t$ mit Charakteristiken $\mathbf{g} = \mathbf{h} = 0$ und ebenso die ungeraden. Das bleibt auch noch richtig, wenn wir von der speziellen Matrix (17.6) auf eine allgemeine RIEMANNsche Matrix (17.1) zurückgehen, d. h. die eben definierten Theta für (17.1) bilden.

Die geraden Basisfunktionen sind sämtlich durch die t-ten Potenzprodukte der Funktionen (18.8) darstellbar, denn zunächst hat man eine gerade Thetafunktion des doppelten Argumentes, die nach (18.14) durch die genannten quadratisch darstellbar ist, der Rest ist ein Produkt von geraden Potenzen von Thetafunktionen $\vartheta\begin{bmatrix}\mathbf{g}\\ \mathbf{h}\end{bmatrix}(\mathbf{u}; \mathbf{A})$, die sich ebenfalls nach (18.13) in der gewünschten Weise darstellen lassen.

Die Potenzprodukte des Grades t der Funktionen (18.8) sind also fähig, eine Basis für die geraden Theta der Ordnung $2t$ mit $\mathbf{g} = \mathbf{h} = 0$ zu liefern, was nur dann möglich ist, wenn es unter ihnen $2^{p-1}(t^p + 1)$ linear unabhängige gibt. Da es andererseits auch nicht mehr linear unabhängige geben kann, ist die Formel (18.9) bewiesen, und zwar unter der Voraussetzung allgemeiner Moduln $\mathbf{A}$.

Eine leichte Folgerung aus bekannten Sätzen über die HILBERT-Funktion*) ist:

Satz 3. *Die* WIRTINGER*sche Mannigfaltigkeit hat die Dimension p, die Ordnung $2^{p-1}p!$ und das „virtuelle arithmetische Geschlecht"**) $(-1)^p(2^{p-1}-1)$. Sie steht in (1, 2)-Korrespondenz zur* PICARD*schen Mannigfaltigkeit V_p, bzw. zum Periodenparallelotop $\mathfrak{F}$, ist also eine* ABEL*sche Mannigfaltigkeit des Ranges* 2.

Bekanntlich ist der Grad der HILBERT-Funktion gleich der Dimension des Ideals bzw. der dadurch definierten algebraischen Mannigfaltigkeit, und der erste Koeffizient h_0 in der Schreibweise $h_0\binom{t}{p} + \cdots$, also in unserem Falle $2^{p-1}p!$, die Ordnung. Bezeichnet man mit $P(0)$ den Wert des die HILBERT-Funktion für genügend große t darstellenden Polynoms für $t = 0$, so ist nach einer Definition SEVERIs**) das virtuelle arithmetische Geschlecht gleich

$$(-1)^p(P(0) - 1)\,,$$

also in unserem Falle

$$(-1)^p(2^{p-1} - 1)\,.$$

Die (1, 2)-Korrespondenz zwischen $\mathfrak{W}_p$ und V_p sieht man so ein: Da die Funktionen (18.8) gerade sind, entsprechen immer zwei Punkte $\{\mathbf{u}\}$ und $\{-\mathbf{u}\}$ von $\mathfrak{F}$ demselben Punkt der WIRTINGERschen $\mathfrak{W}_p$. Ferner haben wir in Nr. 6 (S. 159ff.) bewiesen, daß ein vollständiges

*) Vgl. W. GRÖBNER: s. Anm. 1, S. 140, dortselbst § 4. Die HILBERT-Funktion.

**) Vgl. W. GRÖBNER: Über das arithmetische Geschlecht einer algebraischen Mannigfaltigkeit. Arch. d. Math. 3, 351—359 (1952).

System von Thetafunktionen einer Ordnung $n \geqq 3$ derselben Charakteristiken eine singularitätenfreie, in ausnahmslos eineindeutiger Korrespondenz zum Periodenparallelotop $\mathfrak{F}$ stehende PICARDsche Mannigfaltigkeit parametrisch darstellen.

Alle Thetafunktionen der Ordnung 4 mit verschwindenden Charakteristiken, die gerade sind, lassen sich, wie wir eben bewiesen haben, durch die Funktionen (18.8) darstellen, sind also bei gegebenen Werten derselben rational bekannt. Dann sei Θ irgendeine ungerade Thetafunktion der Ordnung 4; ihr Quadrat ist eine gerade Funktion der 8. Ordnung, also homogen vom Grade 4 durch die Funktionen (18.8) darstellbar; sie ist also nach Ausziehen einer Quadratwurzel rational bekannt, und damit sind auch schon die Werte aller übrigen ungeraden Theta der 4. Ordnung bekannt; ist nämlich Θ_1 irgendein solches Theta, so ist $\Theta_1 \Theta$ wieder gerade und von der 8. Ordnung, also bekannt; da wir Θ bereits kennen, so kennen wir nun auch Θ_1.

Daher sind die Gleichungen (18.8) *bei bekannten Werten* $x_\varkappa$ *nach Adjunktion einer Quadratwurzel aus einer Form 4. Grades eindeutig (innerhalb* $\mathfrak{F}$*) nach den* $\mathbf{u}$ *auflösbar.*

Die WIRTINGERsche Mannigfaltigkeit $\mathfrak{W}_p$ steht also in (1, 2)-Korrespondenz zur PICARDschen Mannigfaltigkeit V_p*).

Die Punktepaare $\{\mathbf{u}\}$ und $\{-\mathbf{u}\}$ sind konjugierte Punkte einer Involution I auf der PICARDschen V_p und entsprechen eineindeutig den Punkten der WIRTINGERschen $\mathfrak{W}_p$, die man deshalb als „Bildmannigfaltigkeit der Involution I“ ansehen kann.

Wenn man in den Formeln (18.8) die rechten Seiten gemäß Satz 2 von S. 193 durch entsprechende Formen in den x_j ersetzt, so stellen sie die rationale Transformation vor, die von der PICARDschen V_p zur WIRTINGERschen $\mathfrak{W}_p$ führt. Die Funktionen (18.8) definieren auf der V_p eine lineare Vollschar $|A|$, die „mit der Involution I zusammengesetzt“ ist, weil jede Mannigfaltigkeit A gleichzeitig mit einem Punkt $\{\mathbf{u}\}$ auch den konjugierten $\{-\mathbf{u}\}$ enthält. Diese Vollschar $|A|$ hat die Dimension 2^p-1 und den Grad $2^p\, p!$, d. h. je p allgemeine A haben $2^p p!$ Punkte, das sind $2^{p-1} p!$ Punktepaare der Involution I gemeinsam, nämlich so viele, als die Ordnung von $\mathfrak{W}_p$ ist**).

Die Involution I besitzt 2^{2p} *Doppelpunkte*, das sind solche Punkte, die mit ihren konjugierten zusammenfallen, also die Kongruenz

$$\mathbf{u} \equiv -\mathbf{u}\,, \text{ oder } 2\mathbf{u} \equiv 0 \pmod{\boldsymbol{\Omega}}$$

*) Der zur V_p gehörende algebraische Funktionenkörper hat den Grad 2 über demjenigen zur $\mathfrak{W}_p$.

**) Im vorausgehenden Abschnitt Nr. 17 haben wir bewiesen, daß jedes algebraische System $\{A\}$ den Grad $|\delta|\, p!$ hat; die oben betrachteten speziellen Scharen $|A|$ haben also auch denselben Grad. Das kann aber nicht allgemein behauptet werden; auch der obige Satz ist nur unter Voraussetzung allgemeiner Moduln abgeleitet worden.

erfüllen; das sind die „Halbperioden“

$$\mathbf{c}^{(h)} = \tfrac{1}{2}\boldsymbol{\Omega}\mathbf{m}_h\,, \qquad h = 1, 2, \ldots, 2^{2p} \tag{18.18}$$

wo $\mathbf{m}_h$ alle $2p$-Vektoren durchläuft, die nur aus den Zahlen 0, 1 gebildet sind. Den Halbperioden entsprechend gibt es 2^{2p} Transformationen der 1. Schar (S. 175)

$$T(\mathbf{c}^{(h)}): \quad \mathbf{u}^* \equiv \mathbf{u} + \mathbf{c}^{(h)} \,(\mathrm{mod}\ \boldsymbol{\Omega})\,, \quad h = 1, 2, \ldots, 2^{2p} \tag{18.19}$$

die eine ABELsche Gruppe bilden; jede Transformation hat die Ordnung 2, ist also „involutorisch“. Diese Transformationen bewirken auf der WIRTINGERschen $\mathfrak{W}_p$ birationale Transformationen dieser Mannigfaltigkeit in sich, und zwar, wie wir gleich zeigen wollen, Homographien, das sind lineare homogene Transformationen der Variablen $x_\varkappa$.

Die Funktionen (18.8) sind nämlich, wenn man die Transformation (18.19) ausübt und noch alle mit einer passenden Einheit multipliziert, wieder vom selben Typus:

$$\Theta^*(\mathbf{u}) = e^{-\pi i \tilde{\mathbf{m}}_h \tilde{\boldsymbol{\Lambda}} \mathbf{u}}\, \Theta_2[\boldsymbol{\varkappa}]\,(\mathbf{u} + \mathbf{c}^{(h)};\, \mathbf{A})\,;$$

diese Funktionen haben dieselben Periodenmatrizen wie die Funktionen $\Theta_2[\boldsymbol{\varkappa}]\,(\mathbf{u};\, \mathbf{A})$ und den Parametervektor (vgl. S. 85)

$$\boldsymbol{\gamma}^* = \boldsymbol{\gamma} - \tfrac{1}{2}(\tilde{\boldsymbol{\Omega}}\boldsymbol{\Lambda} - \tilde{\boldsymbol{\Lambda}}\boldsymbol{\Omega})\,\mathbf{m}_h \equiv \boldsymbol{\gamma}\ (\mathrm{mod}\ 1)\,,$$

weil die charakteristische Matrix $\mathbf{N} = \tilde{\boldsymbol{\Omega}}\boldsymbol{\Lambda} - \tilde{\boldsymbol{\Lambda}}\boldsymbol{\Omega} = 2\begin{pmatrix} 0 & -\mathbf{E} \\ \mathbf{E} & 0 \end{pmatrix} \equiv 0\ (\mathrm{mod}\ 2)$ ist. Die Funktionen $\Theta^*(\mathbf{u})$ sind also gleichändrig mit den Funktionen (18.8) und folglich durch diese linear und homogen darstellbar. Die Transformation (18.19) bedeutet also für die Koordinaten $x_\varkappa$ der WIRTINGERschen $\mathfrak{W}_p$ eine lineare homogene Substitution. Dabei werden die Doppelpunkte (18.18) untereinander permutiert, und zwar gibt es immer eine Transformation, welche einen gegebenen Doppelpunkt in einen vorgegebenen anderen Doppelpunkt überführt.

Den Doppelpunkten (18.18) der Involution I entsprechen auf der WIRTINGERschen $\mathfrak{W}_p$ *singuläre Punkte*, in denen der zugehörige Tangentialraum unbestimmt wird. Die GRASSMANNschen Koordinaten des Tangentialraumes in einem Punkte $\{\mathbf{u}^*\}$ werden von den Determinanten der für die Funktionen (18.8) gebildeten JACOBIschen Matrix J (S. 145) an der Stelle $\{\mathbf{u}^*\}$ geliefert. Diese Matrix erleidet in einem jeden der 2^{2p} Doppelpunkte $\mathbf{c}^{(h)}$ eine Rangerniedrigung; das sieht man sofort für den Doppelpunkt $\{\mathbf{u}\} = \{0\}$ ein, weil die Funktionen (18.8) gerade sind und ihre Ableitungen dort verschwinden. Jeder andere Doppelpunkt geht durch eine Transformation (18.19) aus dem ersten hervor, also auf der $\mathfrak{W}_p$ durch eine Homographie, welche die Struktur der singulären Punkte nicht ändert.

Eine genauere, von WIRTINGER (a. a. O.) durchgeführte Analyse ergibt, daß die Matrix J an keinen anderen Stellen als den Halbperioden eine Rangerniedrigung erleidet, so daß die $\mathfrak{W}_p$ keine weiteren singulären Punkte besitzt; ferner haben die singulären Punkte die Multiplizität 2^{p-1}.

Die Funktion

$$\vartheta\begin{bmatrix}0\\0\end{bmatrix}(\mathbf{u}+\mathbf{c}^{(h)};\mathbf{A})\cdot\vartheta\begin{bmatrix}0\\0\end{bmatrix}(\mathbf{u}-\mathbf{c}^{(h)};\mathbf{A}) \tag{18.20}$$

ist nach (18.12) linear durch die Funktionen (18.8) darstellbar; ihr entspricht auf der $\mathfrak{W}_p$ der Schnitt mit der Hyperebene

$$\sum_{\sigma}\Theta_2[2\sigma]\,(\mathbf{c}^{(h)};\mathbf{A})\,x_{2\sigma}=0\,. \tag{18.21}$$

Nun ist mit Rücksicht auf (18.18) und auf die Formel (26.4), S. 61,

$$\vartheta\begin{bmatrix}0\\0\end{bmatrix}(\mathbf{u}-\mathbf{c}^{(h)};\mathbf{A})=\varphi(\mathbf{u})\,\vartheta\begin{bmatrix}0\\0\end{bmatrix}(\mathbf{u}+\mathbf{c}^{(h)};\mathbf{A})\,,$$

wo $\varphi(\mathbf{u})$ eine Einheit bedeutet. Daher entspricht der Funktion (18.20) nach dem Theorem von APPELL-HUMBERT (S. 191) ein Primärideal $\mathfrak{p}_h^{(2)}$, d. h. die Hyperebene (18.20) *berührt* die $\mathfrak{W}_p$ längs der Mannigfaltigkeit $\mathfrak{p}_h$, die der Primfunktion

$$\vartheta\begin{bmatrix}0\\0\end{bmatrix}(\mathbf{u}+\mathbf{c}^{(h)};\mathbf{A})$$

entspricht. Wir können das so zusammenfassen:

Satz 4. *Die WIRTINGERsche Mannigfaltigkeit $\mathfrak{W}_p$ besitzt den Halbperioden* (18.18) *entsprechend 2^{2p} isolierte singuläre Punkte der Multiplizität 2^{p-1} und 2^{2p} Untermannigfaltigkeiten $\mathfrak{p}_h$, längs denen sie von den Hyperebenen* (18.21) *berührt wird. Die singulären Punkte und die genannten $\mathfrak{p}_h$ sind in der Involution I* ($\mathbf{u}\to-\mathbf{u}$) *autokonjugiert. Die WIRTINGERsche $\mathfrak{W}_p$ wird von 2^{2p} involutorischen Homographien, welche eine ABELsche Gruppe bilden, in sich transformiert; dabei werden die singulären Punkte und die Untermannigfaltigkeiten $\mathfrak{p}_h$ untereinander permutiert, und zwar ist die induzierte Permutationsgruppe transitiv* *).

*) Verallgemeinerungen für ein Niveau $\mathbf{B}\neq\mathbf{E}$ wurden im Falle von $p=2$ von TRAYNARD (s. Anm. 2, S. 89) sowie in den klassischen Arbeiten von ENRIQUES-SEVERI und BAGNERA-DE FRANCHIS (s. Anm. 1, S. 89) gegeben. Der Fall eines allgemeinen p wurde von M. ROSATI in seiner von F. CONFORTO angeregten These aufgegriffen. Vgl. M. ROSATI: Sopra le funzioni abeliane pari e le varietà abeliane di rango due. Rend. di Mat. e delle sue Applic., Serie V, **11**, 28—61 (1952); Osservazioni su alcuni gruppi finiti di omografie appartenenti ad una varietà di PICARD e ad una varietà abeliana di rango due. Rend. di Mat. e delle sue Applic., Serie V, **11**, 453—469 (1952).

Ein Sonderfall für $p=2$ der WIRTINGERschen Mannigfaltigkeit ist die KUMMER*sche Fläche**); dafür gewinnen wir durch Spezialisierung der obigen Sätze:

Satz 5. *Die* KUMMER*sche Fläche ist eine algebraische Fläche der Ordnung 4 im projektiven Raum S_3, die durch Thetafunktionen 2. Ordnung (mit allgemeinen Moduln und verschwindenden Charakteristiken) von 2 Variablen in Parameterform dargestellt werden kann. Sie hat 16 konische Doppelpunkte***) *und 16 singuläre Tangentialebenen, die durch eine Gruppe von 16 involutorischen Homographien, welche die* KUMMER*sche Fläche in sich transformieren, untereinander permutiert werden, und zwar ist die induzierte Permutationsgruppe transitiv.*

II. Algebraische Korrespondenzen zwischen PICARDschen Mannigfaltigkeiten

19. Algebraische Korrespondenzen auf einer PICARDschen Mannigfaltigkeit und HURWITZsche Relationen. Es bedeute V_p eine PICARDsche Mannigfaltigkeit, die zur RIEMANNschen Matrix $\boldsymbol{\Omega}$ gehöre und durch ein singularitätenfreies, in ausnahmslos eineindeutiger Korrespondenz zum Periodenparallelotop $\mathfrak{F}$ stehendes Modell repräsentiert werde. Auf dieser V_p sei eine *algebraische Korrespondenz* T gegeben, das ist eine mittels algebraischer Gleichungen hergestellte Zuordnung von Punkten auf der V_p, welche einem allgemeinen***) Punkt P eine Gruppe von n Punkten $P^{(1)}, P^{(2)}, \ldots, P^{(n)}$ zuordnet. Es wird keine Voraussetzung über den ersten Index der Korrespondenz gemacht.

Dem Punkte P der PICARDschen V_p entspricht im Periodenparallelotop $\mathfrak{F}$ ein Punkt $\{\mathbf{u}\}$, dessen Koordinaten u_j mit Hilfe der PICARDschen schen Integrale 1. Gattung (9.6) von S. 170 modulo $\boldsymbol{\Omega}$ berechnet werden können. Ähnlich entsprechen $\{\mathbf{u}^{(h)}\}$ den Punkten $P^{(h)}$ $(h=1, \ldots, n)$.

---

*) Ursprünglich wurde diese Fläche von KUMMER als singuläre Fläche eines Geradenkomplexes im gewöhnlichen Raum gefunden:

KUMMER, E. E.: Über die algebraischen Strahlensysteme, insbesondere über die der ersten und zweiten Ordnung. Abh. Akad. Wiss. Berlin 1867.

Die Parametrisierung der KUMMERschen Fläche durch Thetafunktionen wurde von F. KLEIN: Über gewisse in der Liniengeometrie auftretende Differentialgleichungen. Math. Ann. **5**, 278—303 (1872), gefunden.

Die Konfiguration der Doppelpunkte und singulären Tangentialebenen der KUMMERschen Fläche wurde vielfach untersucht, darüber etwa G. HUMBERT (s. S. 192).

**) Der Tangentenkegel ist ein Kegel zweiter Ordnung.

***) Bei besonderen Lagen von P kann die korrespondierende Punktgruppe unbestimmt werden; diese Ausnahmspunkte der Korrespondenz erfüllen aber höchstens eine Mannigfaltigkeit der komplexen Dimension $p-1$. Jeder Ausnahmspunkt ist also Häufungspunkt von gewöhnlichen Punkten.

Wir betrachten nun im **u**-Raum den Punkt

$$\mathbf{v} = \sum_{h=1}^{n} \mathbf{u}^{(h)} . \tag{19.1}$$

Die Komponenten v_j von **v** sind in jedem Punkte $\{\mathbf{u}\}$, der zunächst nicht auf der Ausnahmsmannigfaltigkeit der Korrespondenz T liege (oder einem solchen modulo $\boldsymbol{\Omega}$ kongruent s. i), eindeutige analytische Funktionen von **u**; denn die $u_j^{(h)}$ sind PICARDsche Integrale der Koordinaten von $P^{(h)}$, diese aber sind wieder algebraische Funktionen der Koordinaten von P, welche ihrerseits ABELsche Funktionen der **u** sind. In den Ausnahmspunkten haben die $v_j(\mathbf{u})$ jedenfalls den Charakter von meromorphen Funktionen. Dadurch, daß die Summe (19.1) symmetrisch für die Punkte $P^{(h)}$ gebildet ist, wird die algebraische Mehrdeutigkeit aufgehoben.

Wenn der Punkt P auf der V_p irgendeinen geschlossenen Weg (vgl. S. 172f.) beschreibt*), d.h. $\{\mathbf{u}\}$ sich von einem Punkt zu einem modulo $\boldsymbol{\Omega}$ kongruenten im **u**-Raum bewegt, so kehrt $\{\mathbf{v}\}$ am Ende des Weges wieder zum Ausgangswert zurück, abgesehen von einer Periode der durch $\boldsymbol{\Omega}$ erzeugten Periodengruppe; denn die Punkte $P^{(h)}$ sind ja beidemale bis evtl. auf die Reihenfolge dieselben, wobei sich die PICARDschen Integrale $\mathbf{u}^{(h)}$, wenn man sie längs des Weges stetig verfolgt, höchstens um Perioden geändert haben können.

Die Funktionen $v_j(\mathbf{u})$ sind als PICARDsche Integrale 1. Gattung überall endlich, auch in der Umgebung der Ausnahmspunkte der Korrespondenz T; wären sie nun eigentliche meromorphe Funktionen, so müßten sie in diesen Pole und Unbestimmtheitsstellen aufweisen, in deren Umgebung sie nicht beschränkt sein könnten. Also sind die $v_j(\mathbf{u})$ *ganze* Funktionen**), die außerdem die Eigenschaft besitzen, bei Zunahme von **u** um Perioden sich ebenfalls nur um additive Perioden zu ändern. Daher sind (vgl. S. 172) die Ableitungen $\frac{\partial v_j}{\partial u_h}$ ganze periodische Funktionen, also konstante η_{jh}. Wir schließen:

$$v_j(\mathbf{u}) = \sum_{h=1}^{p} \eta_{jh}\, u_h + c_j , \qquad j = 1, \ldots, p$$

mit komplexen Zahlen η_{jh} und c_j. Wir fassen die ersten zu einer (p, p)-Matrix $\mathbf{H}$, die zweiten zu einer $(p, 1)$-Matrix (p-Vektor) **c** zusammen und schreiben:

$$\mathbf{v} \equiv \sum \mathbf{u}^{(h)} \equiv \mathbf{H}\mathbf{u} + \mathbf{c} \qquad (\text{modulo } \boldsymbol{\Omega}) ; \tag{19.2}$$

*) Der Weg möge der eben erwähnten Ausnahmsmannigfaltigkeit ausweichen, was wegen deren geringerer Dimension keine Schwierigkeit macht.

**) Das heißt sie lassen sich in die Ausnahmspunkte überall analytisch fortsetzen.

und zwar als Kongruenz modulo $\boldsymbol{\Omega}$, indem wir jetzt $\{\mathbf{u}\}$ und $\{\mathbf{v}\}$ auf das Periodenparallelotop einschränken.

Das dürfen wir tun, weil wir eben festgestellt haben, daß modulo $\boldsymbol{\Omega}$ kongruente Punkte $\{\mathbf{u}\}$ auch modulo $\boldsymbol{\Omega}$ kongruente Punkte $\{\mathbf{v}\}$ liefern. Ersetzen wir etwa $\{\mathbf{u}\}$ durch $\{\mathbf{u} + \boldsymbol{\Omega}\mathbf{e}_h\}$, so nimmt $\{\mathbf{v}\}$ um eine gewisse Periode $\boldsymbol{\Omega}\mathbf{r}_h$ zu, wo $\mathbf{r}_h$ ein ganzzahliger $2p$-Vektor ist:

$$\mathbf{v} + \boldsymbol{\Omega}\mathbf{r}_h = \mathbf{H}(\mathbf{u} + \boldsymbol{\Omega}\mathbf{e}_h) + \mathbf{c}\,, \qquad h = 1, \ldots, p\,;$$

zieht man (19.2)*) ab, so bleibt

$$\boldsymbol{\Omega}\mathbf{r}_h = \mathbf{H}\boldsymbol{\Omega}\mathbf{e}_h\,;$$

das sind p lineare Gleichungen für die Elemente der RIEMANNschen Matrix $\boldsymbol{\Omega}$, die wir zu einer einzigen Matrizengleichung zusammenfassen können wenn wir mit $\mathbf{R}$ die ganzzahlige (p, p)-Matrix mit den Spalten $\mathbf{r}_1, \mathbf{r}_2, \ldots, \mathbf{r}_{2p}$ bezeichnen:

$$\mathbf{H}\boldsymbol{\Omega} = \boldsymbol{\Omega}\mathbf{R}\,. \tag{19.3}$$

Hier bedeutet $\mathbf{H}$ eine mit komplexen Zahlen gebildete (p, p)-Matrix, $\mathbf{R}$ eine ganzzahlige $(2p, 2p)$-Matrix. Relationen der Art (19.3), die wir HURWITZ*sche Relationen* nennen, sind wir schon begegnet (vgl. S. 131); daß wir damals $\mathbf{R}$ als rationalzahlig vorausgesetzt haben, bedeutet keine größere Allgemeinheit, denn durch beiderseitige Multiplikation mit einem skalaren Faktor können wir $\mathbf{R}$ immer ganzzahlig machen, während links der skalare Faktor mit der Matrix $\mathbf{H}$ zusammengefaßt werden kann**).

---

*) Als Gleichung geschrieben.

) Vgl. A. HURWITZ: Über algebraische Korrespondenzen und das verallgemeinerte Korrespondenzprinzip. Math. Ann. **28, 561—585 (1887); Nachdruck aus den Ber. Sächs. Ges. Wiss. 1886.

In dieser sehr bekannten Arbeit hat HURWITZ die Grundlagen für eine allgemeine Theorie der Korrespondenzen auf einer algebraischen Kurve gelegt; die oben wiedergegebene Ableitung der Gleichung (19.3) ist im wesentlichen eine Verallgemeinerung davon.

Jedoch nimmt HURWITZ in dieser Arbeit den Satz als evident an, daß eine bis auf Pole analytische Funktion des Punktes auf der Kurve (d. h. auf der zugehörigen RIEMANNschen Fläche), die überall beschränkt bleibt und sich höchstens um additive Konstante ändert, wenn der Punkt geschlossene Wege durchläuft, ein ABELsches Integral 1. Gattung ist. Die Begründung dieses Satzes, an die HURWITZ gedacht haben mag, ist wohl die folgende:

Die Ableitung der betrachteten Funktion nach der uniformisierenden Variablen ist eine auf der ganzen RIEMANNschen Fläche eindeutige meromorphe Funktion; eine solche ist aber notwendig eine *rationale* Funktion der Koordinaten der Kurve, also die ursprüngliche Funktion ein ABELsches Integral auf der Kurve, und zwar

Man kann die Kongruenz (19.2) als einen transzendenten analytischen Ausdruck für die algebraische Korrespondenz T auf der PICARDschen V_p ansehen*).

Es gibt *triviale Relationen von* HURWITZ, die für jede RIEMANNsche Matrix $\boldsymbol{\Omega}$ identisch erfüllt sind, nämlich erstens die Relation mit

$$\mathbf{H} = 0\,, \quad \mathbf{R} = 0$$

und zweitens die „identische" Relation mit

$$\mathbf{H} = \varrho \mathbf{E}_p\,, \quad \mathbf{R} = \varrho \mathbf{E}_{2p}\,,$$

wo $\mathbf{H}$ und $\mathbf{R}$ Skalarmatrizen der Zeilenzahl p bzw. $2p$ sind; für $\varrho = 0$ ergibt sich wieder der erste Fall.

Für uns wichtig und interessant sind die nicht trivialen Relationen von HURWITZ.

Satz 1. *In einer* HURWITZ*schen Relation* (19.3) *für eine gegebene* RIEMANN*sche Matrix* $\boldsymbol{\Omega}$ *ist die Matrix* $\mathbf{R}$ *durch* $\mathbf{H}$ *bereits eindeutig festgelegt und umgekehrt.*

Würde nämlich neben (19.3) noch eine zweite Relation

$$\mathbf{H}\boldsymbol{\Omega} = \boldsymbol{\Omega}\mathbf{R}'$$

mit einer ganzzahligen $(2p, 2p)$-Matrix $\mathbf{R}'$ bestehen, so folgte daraus unmittelbar

$$\boldsymbol{\Omega}(\mathbf{R} - \mathbf{R}') = 0\,,$$

also $\mathbf{R} = \mathbf{R}'$, weil die Spalten von $\boldsymbol{\Omega}$, die ein primitives System von Perioden einer meromorphen Funktion bilden, reell unabhängig sind (vgl. S. 13).

---

ein solches 1. Gattung, weil die Funktion nach Voraussetzung im endlichen überall beschränkt bleibt.

Wenn dieser Satz schon im eindimensionalen Fall eines Beweises bedarf, dann um so mehr, wenn man ihn auf eine mehrdimensionale algebraische Mannigfaltigkeit anwendet. Man muß auch hier schließen können, daß die Ableitungen der betrachteten Funktion nach den ortsuniformisierenden Variablen deshalb, weil sie auf der ganzen Mannigfaltigkeit eindeutig und meromorph sind, notwendig *rationale* Funktionen der Koordinaten der Mannigfaltigkeit sein müssen. Dieser Satz ist aber schon im einfachen Falle des erweiterten $\mathbf{u}$-Raumes nur mit verhältnismäßig großem Aufwand beweisbar; vgl. BEHNKE u. THULLEN: Theorie der Funktionen mehrerer komplexer Veränderlichen, S. 62. Berlin 1934. Ein allgemeiner Beweis für algebraische Mannigfaltigkeiten stammt von F. SEVERI: Alcune proprietà fondamentali dell'insieme dei punti singolari di una funzione analitica di più variabili. Mem. Accad. Ital. 3, 1—20 (1932).

Unser oben wiedergegebene Beweis dagegen kommt mit der Anwendung des Satzes von LIOUVILLE auf die Ableitungen der Funktionen $v_j(\mathbf{u})$ aus.

*) Man müßte allerdings, um einen adäquaten analytischen Ausdruck zu erhalten, noch weitere, ähnlich gebildete Kongruenzen für die höheren symmetrischen Funktionen der Vektoren $\mathbf{u}^{(h)}$ hinzufügen.

Ebenso würde aus $\mathbf{H}'\boldsymbol{\Omega} = \boldsymbol{\Omega}\mathbf{R}$ sofort $(\mathbf{H} - \mathbf{H}')\boldsymbol{\Omega} = 0$, also $\mathbf{H} = \mathbf{H}'$ folgen, weil die Matrix $\boldsymbol{\Omega}$ den Rang p hat (Eigenschaft c), S. 25).

Satz 2. *Gleichzeitig mit* $\boldsymbol{\Omega}$ *läßt auch jede zu* $\boldsymbol{\Omega}$ *äquivalente*)* RIEMANN*sche Matrix* $\boldsymbol{\Omega}^* = \mathbf{A}\boldsymbol{\Omega}\mathbf{M}$ *eine (nicht triviale)* HURWITZ*sche Relation zu. Das Bestehen einer derartigen Relation ist also eine gemeinsame Eigenschaft für alle* RIEMANN*schen Matrizen einer Äquivalenzklasse und also auch eine Eigenschaft des zugehörigen* ABEL*schen Funktionenkörpers und der zugehörigen* PICARD*schen Mannigfaltigkeit.*

Setzen wir nämlich $\boldsymbol{\Omega} = \mathbf{A}^{-1}\boldsymbol{\Omega}^*\mathbf{M}^{-1}$ in die Relation (19.3) ein, so erhalten wir

$$\mathbf{H}\mathbf{A}^{-1}\boldsymbol{\Omega}^*\mathbf{M}^{-1} = \mathbf{A}^{-1}\boldsymbol{\Omega}^*\mathbf{M}^{-1}\mathbf{R},$$

oder nach linksseitiger Multiplikation mit $\mathbf{A}$, rechtsseitiger mit $\mathbf{M}$:

$$\mathbf{A}\mathbf{H}\mathbf{A}^{-1}\boldsymbol{\Omega}^* = \boldsymbol{\Omega}^*\mathbf{M}^{-1}\mathbf{R}\mathbf{M},$$

also eine HURWITZsche Relation

$$\mathbf{H}^*\boldsymbol{\Omega}^* = \boldsymbol{\Omega}^*\mathbf{R}^*$$

mit $\mathbf{H}^* = \mathbf{A}\mathbf{H}\mathbf{A}^{-1}$, $\mathbf{R}^* = \mathbf{M}^{-1}\mathbf{R}\mathbf{M}$; man prüft leicht nach, daß $\mathbf{H}^*$ und $\mathbf{R}^*$ wieder Matrizen der verlangten Art sind, insbesondere sind sie keine Skalarmatrizen, wenn $\mathbf{H}$ und $\mathbf{R}$ keine solchen sind**).

Satz 3. *Die Existenz einer nicht trivialen Relation von* HURWITZ *(19.3) für eine* RIEMANN*sche Matrix* $\boldsymbol{\Omega}$ *ist gleichwertig mit der Existenz einer Relation*

$$\boldsymbol{\Omega}\mathbf{N}\widetilde{\boldsymbol{\Omega}} = 0, \tag{19.4}$$

wo $\mathbf{N}$ *eine rationalzahlige* $(2p, 2p)$*-Matrix bedeutet, die nicht proportional der Prinzipalmatrix* $\mathbf{P}$ *von* $\boldsymbol{\Omega}$ *ist. Die* RIEMANN*schen Matrizen, welche eine nicht triviale* HURWITZ*sche Relation zulassen, sind speziell, d. h. eine* RIEMANN*sche Matrix mit allgemeinen Moduln läßt nur die identische* HURWITZ*sche Relation zu.*

Diesen Satz haben wir schon früher ausgesprochen und bewiesen (vgl. S. 131 ff.).

20. Algebraische Korrespondenzen zwischen zwei PICARDschen Mannigfaltigkeiten derselben Dimension. Wir betrachten jetzt den allgemeineren Fall einer Korrespondenz T zwischen zwei verschiedenen PICARDschen Mannigfaltigkeiten V_p und V'_p, welche dieselbe Dimension p haben sollen. Die zugehörigen RIEMANNschen Matrizen der Ordnung p seien $\boldsymbol{\Omega}$ und $\boldsymbol{\Omega}'$. Der zweite Index der Korrespondenz sei n, so daß also einem allgemeinen Punkt P der V_p genau n Punkte $P^{(1)}, \ldots, P^{(n)}$ auf der V'_p entsprechen.

*) Vgl. S. 23.

**) Durch passende Wahl von $\mathbf{A}$ kann man $\mathbf{H}$ auf die JORDANsche Normalform, also im einfachsten Fall auf die Diagonalform transformieren. Vgl. W. GRÖBNER: Matrizenrechnung, § 6, Nr. 5.

Wir wollen nun wieder diese Korrespondenz T auf den $\mathbf{u}$-Raum übertragen, wo dann einem allgemeinen Punkte $\{\mathbf{u}\}$ genau n Punkte $\{\mathbf{u}^{(1)}\}, \ldots, \{\mathbf{u}^{(n)}\}$ entsprechen; die Punkte $\{\mathbf{u}\}$, modulo $\boldsymbol{\Omega}$ reduziert, entsprechen umkehrbar eindeutig den Punkten P der V_p, analog die Punkte $\{\mathbf{u}^{(h)}\}$, modulo $\boldsymbol{\Omega}'$ reduziert, den Punkten $P^{(h)}$ der V'_p. Der Punkt

$$\mathbf{v} = \sum_{h=1}^{n} \mathbf{u}^{(h)} \tag{20.1}$$

ist *eindeutig* durch $\{\mathbf{u}\}$ bestimmt. Wenn $\{\mathbf{u}\}$ im $\mathbf{u}$-Raum einen geschlossenen Weg beschreibt*), so kehren die Punkte $\{\mathbf{u}^{(h)}\}$ bei stetiger Fortsetzung längs des Weges wieder zu ihren Ausgangswerten zurück; sie können höchstens eine Permutation untereinander erleiden, die aber auf die Summe (20.1) ohne Einfluß ist.

Wenn dagegen $\{\mathbf{u}\}$ sich von einem Punkt zu einem anderen, modulo $\boldsymbol{\Omega}$ kongruenten Punkt bewegt, so müssen, bei stetiger Fortsetzung längs des Weges, die Punkte $\{\mathbf{u}^{(h)}\}$ in andere, modulo $\boldsymbol{\Omega}'$ kongruente Punkte übergehen, so daß die Summe (20.1) um eine gewisse, durch $\boldsymbol{\Omega}'$ erzeugte Periode zunimmt. Da ferner $\mathbf{v}$ überall endlich bleibt, sind die Komponenten von $\mathbf{v}$ *ganze* Funktionen der Variablen $\mathbf{u}$, deren Ableitungen alle Perioden der von $\boldsymbol{\Omega}$ erzeugten Periodengruppe zulassen, also nach dem Satz von LIOUVILLE konstant sind. Daraus folgt nun wieder wie im vorigen Abschnitt, daß

$$\mathbf{v} = \sum_{h=1}^{n} \mathbf{u}^{(h)} = \mathbf{H}\mathbf{u} + \mathbf{c} \tag{20.2}$$

ist mit einer komplexen (p, p)-Matrix $\mathbf{H}$ und einem komplexen p-Vektor $\mathbf{c}$.

Nimmt $\mathbf{u}$ um eine Periode $\boldsymbol{\Omega}\mathbf{e}_h$ zu, so nimmt $\mathbf{v}$ bei stetiger Fortsetzung um eine gewisse Periode $\boldsymbol{\Omega}'\mathbf{r}_h$ zu:

$$\mathbf{v} + \boldsymbol{\Omega}'\mathbf{r}_h = \mathbf{H}(\mathbf{u} + \boldsymbol{\Omega}\mathbf{e}_h) + \mathbf{c}, \qquad h = 1, \ldots, 2p;$$

hier stellt $\mathbf{r}_h$ einen ganzzahligen $2p$-Vektor vor. Zieht man von dieser Gleichung (20.2) ab, so bleibt

$$\boldsymbol{\Omega}'\mathbf{r}_h = \mathbf{H}\boldsymbol{\Omega}\mathbf{e}_h, \qquad h = 1, \ldots, 2p;$$

das ist äquivalent $2p^2$ linearen homogenen Gleichungen zwischen den Elementen der Matrizen $\boldsymbol{\Omega}$ und $\boldsymbol{\Omega}'$, die wir auch zu einer einzigen Matrixgleichung vereinigen können:

$$\mathbf{H}\boldsymbol{\Omega} = \boldsymbol{\Omega}'\mathbf{R}, \tag{20.3}$$

wenn $\mathbf{R}$ die ganzzahlige $(2p, 2p)$-Matrix mit den Spalten $\mathbf{r}_1, \ldots, \mathbf{r}_{2p}$ bedeutet.

---

*) Der Weg soll der etwaigen Ausnahmsmannigfaltigkeit der Korrespondenz ausweichen (vgl. S. 222).

Im gleichen Sinne, wie bei der Gleichung (19.2) bemerkt wurde, können wir auch (20.2) als einen transzendenten analytischen Ausdruck für die Korrespondenz T zwischen V_p und V'_p ansehen; dabei ist aber zu beachten, daß in (20.2) $\mathbf{u}$ modulo $\boldsymbol{\Omega}$ und $\mathbf{v}$ modulo $\boldsymbol{\Omega}'$ zu nehmen ist: modulo $\boldsymbol{\Omega}$ kongruente Punkte $\{\mathbf{u}\}$ ergeben modulo $\boldsymbol{\Omega}'$ kongruente Punkte $\{\mathbf{v}\}$, das ist ja gerade die Tatsache, aus der wir die Relation (20.3) gefolgert haben, die wir wieder als eine „HURWITZ*sche Relation zwischen den* RIEMANN*schen Matrizen* $\boldsymbol{\Omega}$ *und* $\boldsymbol{\Omega}'$" bezeichnen. Umgekehrt folgt aus (20.3) die genannte Tatsache. Die Relation (20.3) ist eine Folge der vorausgesetzten Korrespondenz zwischen V_p und V'_p. Auch die zwei ersten Sätze des vorigen Abschnittes lassen sich hier ganz analog beweisen:

Satz 1. *In einer* HURWITZ*schen Relation* (20.3) *zwischen zwei gegebenen* RIEMANN*schen Matrizen* $\boldsymbol{\Omega}$ *und* $\boldsymbol{\Omega}'$ *ist die Matrix* H *durch* $\mathbf{R}$ *und die Matrix* $\mathbf{R}$ *durch* H *eindeutig festgelegt.*

Satz 2. *Wenn zwischen den* RIEMANN*schen Matrizen* $\boldsymbol{\Omega}$ *und* $\boldsymbol{\Omega}'$ *eine* HURWITZ*sche Relation* (20.3) *besteht, so besteht auch eine solche Relation zwischen irgend zwei zu ihnen bzw. äquivalenten* RIEMANN*schen Matrizen* $\boldsymbol{\Omega}^*$ *und* $\boldsymbol{\Omega}'^*$. *Das Bestehen einer* HURWITZ*schen Relation ist also eine gemeinsame Eigenschaft für alle Matrizen der beiden Äquivalenzklassen, der eine Beziehung zwischen den beiden zugehörigen* ABEL*schen Funktionenkörpern sowie zwischen den beiden* PICARD*schen Mannigfaltigkeiten entspricht.*

Ist nämlich

$$\boldsymbol{\Omega}^* = \mathbf{A}\boldsymbol{\Omega}\mathbf{M}, \qquad \boldsymbol{\Omega}'^* = \mathbf{A}_1\boldsymbol{\Omega}'\mathbf{M}_1,$$

so folgt aus (20.3) nach leichter Umformung

$$\mathsf{H}^*\boldsymbol{\Omega}^* = \boldsymbol{\Omega}'^*\mathbf{R}^*$$

mit $\mathsf{H}^* = \mathbf{A}_1\mathsf{H}\mathbf{A}^{-1}$ und $\mathbf{R}^* = \mathbf{M}_1^{-1}\mathbf{R}\mathbf{M}$. Man kann dies auch dazu benutzen, um H^* und $\mathbf{R}^*$ auf eine möglichst einfache Gestalt zu transformieren.

Satz 3. *Wenn r der Rang (Charakteristik) der Matrix* H *in* (20.3) *ist, so hat die Matrix* $\mathbf{R}$ *den Rang $2r$. Insbesondere sind also die beiden Matrizen* H *und* $\mathbf{R}$ *immer gleichzeitig regulär oder singulär.*

Man nehme zum Beweise zu (20.3) die konjugiert komplexe Relation

$$\overline{\mathsf{H}}\overline{\boldsymbol{\Omega}} = \overline{\boldsymbol{\Omega}}'\mathbf{R}$$

hinzu und vereinige beide zur Matrixgleichung

$$\begin{pmatrix} \mathsf{H} & 0 \\ 0 & \overline{\mathsf{H}} \end{pmatrix}\begin{pmatrix} \boldsymbol{\Omega} \\ \overline{\boldsymbol{\Omega}} \end{pmatrix} = \begin{pmatrix} \boldsymbol{\Omega}' \\ \overline{\boldsymbol{\Omega}}' \end{pmatrix}\mathbf{R}. \qquad (20.4)$$

Da die Matrizen

$$\begin{pmatrix} \boldsymbol{\Omega} \\ \overline{\boldsymbol{\Omega}} \end{pmatrix} \quad \text{und} \quad \begin{pmatrix} \boldsymbol{\Omega}' \\ \overline{\boldsymbol{\Omega}}' \end{pmatrix}$$

regulär sind [vgl. (8.7), S. 19 und (10.8), S. 22], folgt die Behauptung aus bekannten Sätzen der Matrizenrechnung*).

Im besonderen Fall des vorigen Abschnittes $\boldsymbol{\Omega} = \boldsymbol{\Omega}'$, der bei den obigen Überlegungen nicht ausgeschlossen ist, leiten wir durch Übergang zu den Determinanten aus (20.4) die Gleichung

$$|\mathbf{R}| = |\mathbf{H}|\,|\overline{\mathbf{H}}| \qquad (\text{für } \boldsymbol{\Omega} = \boldsymbol{\Omega}') \qquad (20.5)$$

ab.

Wir setzen jetzt umgekehrt voraus, daß eine HURWITZsche Relation (20.3) zwischen zwei RIEMANNschen Matrizen $\boldsymbol{\Omega}$ und $\boldsymbol{\Omega}'$ derselben Ordnung gegeben sei**), die nicht identisch verschwindet ($\mathbf{H} \neq 0, \mathbf{R} \neq 0$). Dann wollen wir zeigen, daß aus dieser Voraussetzung bereits unendlich viele Korrespondenzen des zweiten Index 1 zwischen V_p und V'_p abgeleitet werden können.

Zu diesem Zwecke wählen wir willkürlich einen komplexen p-Vektor $\mathbf{c}$ und setzen mit der Matrix $\mathbf{H}$ der gegebenen Relation (20.3) die Gleichung

$$\mathbf{v} = \mathbf{H}\mathbf{u} + \mathbf{c} \qquad (20.6)$$

an. Dadurch wird jedem Punkt $\{\mathbf{u}\}$ des $\mathbf{u}$-Raumes eindeutig ein Punkt $\{\mathbf{v}\}$ desselben Raumes zugeordnet, und zwar liefern zwei Punkte $\{\mathbf{u}\}$ und $\{\mathbf{u}'\}$, die modulo $\boldsymbol{\Omega}$ kongruent sind:

$$\mathbf{u}' = \mathbf{u} + \boldsymbol{\Omega}\mathbf{m}$$

(mit einem ganzzahligen $2p$-Vektor $\mathbf{m}$) zwei Punkte $\{\mathbf{v}\}$ und $\{\mathbf{v}'\}$, die modulo $\boldsymbol{\Omega}'$ kongruent sind, wie aus der kurzen Rechnung folgt:

$$\mathbf{v}' = \mathbf{H}\mathbf{u}' + \mathbf{c} = \mathbf{H}\mathbf{u} + \mathbf{c} + \mathbf{H}\boldsymbol{\Omega}\mathbf{m} = \mathbf{v} + \boldsymbol{\Omega}'\mathbf{R}\mathbf{m} = \mathbf{v} + \boldsymbol{\Omega}'\mathbf{m}'$$

mit einem ganzzahligen $2p$-Vektor $\mathbf{m}' = \mathbf{R}\mathbf{m}$.

Wir dürfen also in (20.6) die Punkte $\{\mathbf{u}\}$ modulo $\boldsymbol{\Omega}$ reduzieren, wenn wir auch die Punkte $\{\mathbf{v}\}$ modulo $\boldsymbol{\Omega}'$ reduzieren, d. h. (20.6) definiert eine eindeutige Zuordnung jedes Punktes P der V_p auf einen Punkt P' der V'_p.

Diese Zuordnung ist algebraischer Natur, also eine algebraische Korrespondenz zwischen V_p und V'_p mit dem zweiten Index 1; denn erstens sind die Koordinaten der PICARDschen Mannigfaltigkeit V'_p ABELsche Funktionen der Variablen $\mathbf{v}$, die zur RIEMANNschen Matrix $\boldsymbol{\Omega}'$ gehören; da sich zweitens die Variablen $\mathbf{v}$ gemäß (20.6) linear durch die Variablen $\mathbf{u}$ ausdrücken lassen, und zwar derart, daß $\boldsymbol{\Omega}$-Perioden der Variablen $\mathbf{u}$ in $\boldsymbol{\Omega}'$-Perioden der Variablen $\mathbf{v}$ übergeführt werden, sind die Koordinaten von V'_p auch ABELsche Funktionen des zu $\boldsymbol{\Omega}$ gehörigen ABELschen Funktionenkörpers, also *rationale* Funktionen der Koordinaten von V_p (Satz 1, S. 165).

---

*) Vgl. etwa W. GRÖBNER: Matrizenrechnung, § 6.1.

**) Der spezielle Fall des Abschnittes Nr. 19 mit $\boldsymbol{\Omega} = \boldsymbol{\Omega}'$, $V_p = V'_p$, also einer Relation (19.3), soll hier nicht ausgeschlossen sein.

Endlich ist die zu dieser Korrespondenz gehörige HURWITZsche Relation auch wirklich die Relation (20.3), weil durch $\mathbf{H}$ die Matrix $\mathbf{R}$ eindeutig festgelegt ist.

Zusammenfassend können wir nun sagen:

Satz 4. *Aus jeder algebraischen Korrespondenz T (mit endlichem zweitem Index) zwischen zwei* PICARD*schen Mannigfaltigkeiten V_p und V'_p der gleichen Dimension, die zu den* RIEMANN*schen Matrizen $\boldsymbol{\Omega}$ und $\boldsymbol{\Omega}'$ gehören, läßt sich eine Relation von* HURWITZ

$$\mathbf{H}\boldsymbol{\Omega} = \boldsymbol{\Omega}'\mathbf{R} \tag{20.3}$$

ableiten, wo $\mathbf{H}$ eine komplexe (p, p)-Matrix und $\mathbf{R}$ eine ganzzahlige (oder auch rationalzahlige) $(2p, 2p)$-Matrix vorstellen. Umgekehrt entsprechen jeder derartigen HURWITZ*schen Relation bereits unendlich viele algebraische Korrespondenzen zwischen V_p und V'_p, deren zweiter Index 1 ist.*

In (20.6) ist nämlich der Vektor $\mathbf{c}$ ganz frei; offenbar sind alle diese Korrespondenzen untereinander verschieden*). Alle Korrespondenzen, die zur selben Relation von HURWITZ gehören, bilden eine *Klasse*; die Anzahl dieser Klassen ist höchstens abzählbar unendlich, weil jeder Klasse eine ganzzahlige $(2p, 2p)$-Matrix $\mathbf{R}$ umkehrbar eindeutig zugeordnet ist.

Man nennt die Korrespondenz zwischen V_p und V'_p „nicht ausgeartet", wenn jeder Punkt oder „beinahe jeder" Punkt P' von V'_p mindestens einem Punkt P von V_p zugeordnet ist; sie heißt dagegen „ausgeartet", wenn die Punkte P' auf der V'_p eine Mannigfaltigkeit geringerer Dimension beschreiben. In unserem Falle gilt:

Satz 5. *Eine Korrespondenz* (20.6) *mit dem zweiten Index* 1 *zwischen V_p und V'_p ist dann und nur dann nicht ausgeartet, wenn die Matrix $\mathbf{H}$ (und damit auch $\mathbf{R}$) regulär ist: $|\mathbf{H}| \neq 0$, $|\mathbf{R}| \neq 0$**). In diesem Falle ist auch der erste Index der Korrespondenz T endlich, und zwar gleich $|\mathbf{R}|$, d. h. jeder Punkt P' von V'_p ist nur endlich vielen ($= |\mathbf{R}|$) Punkten P von V_p zugeordnet. V'_p geht in diesem Falle durch eine rationale Transformation aus der* PICARD*schen Mannigfaltigkeit V_p hervor und umgekehrt* (vgl. S. 167)***).

Ist nämlich $|\mathbf{H}| \neq 0$, so können wir (20.6) umkehren:

$$\mathbf{u} = \mathbf{H}^{-1}\mathbf{v} + \mathbf{c}', \qquad \text{mit } \mathbf{c}' = -\mathbf{H}^{-1}\mathbf{c}. \tag{20.7}$$

*) Wenn $\mathbf{c}$ auf das von $\boldsymbol{\Omega}'$ aufgespannte Periodenparallelotop $\mathfrak{F}'$ beschränkt bleibt. Man sieht übrigens leicht ein, daß diese Korrespondenzen alle aus einer, etwa $\mathbf{v} = \mathbf{H}\mathbf{u}$, und einer birationalen Transformation der 1. Schar (S. 175) $\mathbf{v}' = \mathbf{v} + \mathbf{c}$ der V'_p in sich zusammengesetzt sind.

**) Wir dürfen $|\mathbf{R}| > 0$ annehmen.

***) Das bedeutet aber keineswegs, daß etwa die beiden PICARDschen Mannigfaltigkeiten V_p und V'_p einander birational äquivalent wären. Das kann nur bei $|\mathbf{R}| = 1$ gefolgert werden.

Ist nun

$$\mathbf{v}' = \mathbf{v} + \boldsymbol{\Omega}'\mathbf{m} \equiv \mathbf{v} \quad (\text{modulo } \boldsymbol{\Omega}')\,,$$

so folgt:

$$\mathbf{u}' = \mathbf{H}^{-1}\mathbf{v}' + \mathbf{c}' = \mathbf{H}^{-1}\mathbf{v} + \mathbf{c}' + \mathbf{H}^{-1}\boldsymbol{\Omega}'\mathbf{m} = \mathbf{u} + \boldsymbol{\Omega}\mathbf{R}^{-1}\mathbf{m}\,.$$

$\mathbf{u}'$ ist nur dann kongruent $\mathbf{u}$ (modulo $\boldsymbol{\Omega}$), wenn $\mathbf{R}^{-1}\mathbf{m}$ ganzzahlig ist. Daher gibt es $|\mathbf{R}|$ modulo $\boldsymbol{\Omega}$ inkongruente Punkte $\{\mathbf{u}\}$, welche demselben Punkt $\{\mathbf{v}\}$ modulo $\boldsymbol{\Omega}'$ entsprechen, nämlich genau so viele, als es modulo 1 inkongruente Vektoren $\mathbf{R}^{-1}\mathbf{m}$ gibt, wenn $\mathbf{m}$ alle ganzzahligen $2p$-Vektoren durchläuft. Diese Anzahl ist nach einem bekannten Satz der Zahlengeometrie gleich $|\mathbf{R}|$ *).

Die Beziehung zwischen den beiden PICARDschen Mannigfaltigkeiten V_p und V'_p ist dann völlig symmetrisch, da neben der HURWITZschen Relation (20.3) auch eine umgekehrte Relation

$$\mathbf{H}^{-1}\boldsymbol{\Omega}' = \boldsymbol{\Omega}\,\mathbf{R}^{-1} \tag{20.8}$$

besteht.

Im besonderen Falle $|\mathbf{R}| = 1$ ist die Korrespondenz zwischen V_p und V'_p birational. Das gilt vor allem für zwei äquivalente RIEMANNsche Matrizen $\boldsymbol{\Omega}$ und $\boldsymbol{\Omega}^* = \mathbf{A}\,\boldsymbol{\Omega}\,\mathbf{M}$ (mit einer ganzzahligen modularen Matrix $\mathbf{M}$), welche die HURWITZsche Relation

$$\mathbf{A}\,\boldsymbol{\Omega} = \boldsymbol{\Omega}^*\,\mathbf{M}^{-1}$$

befriedigen. *Also sind die zu zwei äquivalenten* RIEMANN*schen Matrizen gehörigen* PICARD*schen Mannigfaltigkeiten immer einander birational äquivalent,* eine Tatsache, die wir schon einmal vorweggenommen haben (vgl. Nr. 7, S. 165 f.).

Ist dagegen $|\mathbf{H}| = 0$, so gibt es einen nicht verschwindenden komplexen p-Vektor $\mathbf{a}$, der $\tilde{\mathbf{a}}\mathbf{H} = 0$, also $\tilde{\mathbf{a}}(\mathbf{v} - \mathbf{c}) = 0$ erfüllt. Die Punkte $\{\mathbf{v}\}$ erfüllen dann eine Mannigfaltigkeit geringerer Dimension als p, weil sie auf einer Hyperebene des $\mathbf{u}$-Raumes liegen; dasselbe bleibt natürlich gültig, wenn man alles auf V_p und V'_p überträgt: d. h. aber, die Korrespondenz T ist ausgeartet.

21. HURWITZsche Relationen und RIEMANNsche Homographien. Korrespondenzen mit Valenz. Wir gehen hier auf die geometrische Darstellung der RIEMANNschen Matrizen nach G. SCORZA (vgl. S. 71 ff.) zurück**): Die RIEMANNsche Matrix $\boldsymbol{\Omega}$ wird in einem S_{2p-1} mit den

*) Durch die Transformation $\mathbf{y} = \mathbf{R}^{-1}\mathbf{x}$ wird das ganzzahlige Punktgitter des $\mathbf{x}$-Raumes auf ein dem ganzzahligen Punktgitter des $\mathbf{y}$-Raumes eingelagertes Punktgitter abgebildet. Ein Fundamentalparallelotop dieses Gitters hat das Volumen $|\mathbf{R}|^{-1}$ (vgl. etwa W. GRÖBNER, Matrizenrechnung, § 2.8), so daß $|\mathbf{R}|$ Gitterpunkte im Einheitsparallelotop des $\mathbf{y}$-Raumes liegen.

) SCORZA, G.: Alcune questioni di geometria sopra una varietà abeliana qualunque. Atti Accad. Gioenia Sci. Natur. Catania (5) **11, Nr. 20, 19 S. (1918).

homogenen Koordinaten $\tilde{\mathbf{x}} = (x_1, \ldots, x_{2p})$ durch den linearen Unterraum S_{p-1} repräsentiert, der von den p Zeilenvektoren der Matrix $\boldsymbol{\Omega}$ erzeugt wird. Eine HURWITZsche Relation

$$\mathbf{H}\boldsymbol{\Omega} = \boldsymbol{\Omega}\mathbf{R} \tag{21.1}$$

für die Matrix $\boldsymbol{\Omega}$ kann in folgender Weise geometrisch interpretiert werden: Die (evtl. ausgeartete) lineare homogene Transformation

$$\mathbf{x}' = \tilde{\mathbf{R}}\mathbf{x} \text{ oder transponiert: } \tilde{\mathbf{x}}' = \tilde{\mathbf{x}}\mathbf{R} \tag{21.2}$$

stellt eine sog. „RIEMANN*sche Homographie*" des S_{2p-1} in sich vor, die den erwähnten S_{p-1} wieder auf sich abbildet. Irgendein Punkt $\{\mathbf{x}\}$ des S_{p-1} kann mittels eines p-Vektors $\mathbf{z}$ so geschrieben werden:

$$\tilde{\mathbf{x}} = \tilde{\mathbf{z}}\boldsymbol{\Omega}$$

und umgekehrt $(\mathbf{z} \neq 0)$. Durch (21.2) wird dieser Punkt in den Punkt

$$\tilde{\mathbf{x}}' = \tilde{\mathbf{z}}\boldsymbol{\Omega}\mathbf{R} = \tilde{\mathbf{z}}\mathbf{H}\boldsymbol{\Omega} = \tilde{\mathbf{z}}'\boldsymbol{\Omega} \quad \text{mit} \quad \tilde{\mathbf{z}}' = \tilde{\mathbf{z}}\mathbf{H}$$

transformiert, der wieder im selben S_{p-1} liegt*). Wenn insbesondere $|\mathbf{H}| \neq 0$, also auch $|\mathbf{R}| \neq 0$ und die Homographie (21.2) nicht ausgeartet ist, dann wird durch (21.2) auch eine nicht ausgeartete lineare Transformation des S_{p-1} in sich induziert und umgekehrt.

Satz 1. *Eine* HURWITZ*sche Relation* (21.1) *für die* RIEMANN*sche Matrix* $\boldsymbol{\Omega}$ *ist äquivalent einer* „RIEMANN*schen Homographie*" (21.2) *des linearen Raumes* S_{2p-1}, *welche den von* $\boldsymbol{\Omega}$ *erzeugten* S_{p-1} *in sich transformiert. Die Homographie ist immer dann nicht ausgeartet, wenn* $|\mathbf{H}| \neq 0$ *ist, d. h. wenn auch die zur Relation* (21.1) *gehörigen Korrespondenzen der* PICARD*schen* V_p *in sich nicht ausgeartet sind und umgekehrt. Eine* RIEMANN*sche Matrix mit allgemeinen Moduln läßt keine* RIEMANN*sche Homographie außer der Identität zu* $(\mathbf{R} = \varrho\mathbf{E}_{2p})$.

Die letzte Bemerkung folgt unmittelbar aus Satz 3 von S. 225.

Ganz analog kann auch eine HURWITZsche Relation

$$\mathbf{H}\boldsymbol{\Omega} = \boldsymbol{\Omega}'\mathbf{R} \tag{21.3}$$

zwischen zwei RIEMANNschen Matrizen $\boldsymbol{\Omega}$ und $\boldsymbol{\Omega}'$ derselben Ordnung p durch die lineare homogene Transformation (21.2) des Raumes S_{2p-1}

*) Wenn $|\mathbf{H}| = |\mathbf{R}| = 0$ ist, nennt man die Homographie „*ausgeartet*". Dann gibt es Ausnahmspunkte $\mathbf{x}$ der Homographie, für die $\tilde{\mathbf{x}}\mathbf{R} = 0$ bzw. $\tilde{\mathbf{z}}\mathbf{H} = 0$ ist; ihre Bildpunkte $\tilde{\mathbf{x}}' = \tilde{\mathbf{x}}\mathbf{R}$ sind unbestimmt. Hat $\mathbf{H}$ den Rang r $(0 < r < p)$, $\mathbf{R}$ den Rang $2r$ (vgl. S. 227), so erfüllten die im S_{p-1} gelegenen Ausnahmspunkte einen linearen Unterraum desselben der Dimension $p-r-1$ entsprechend den $p-r$ linear unabhängigen Lösungen des Gleichungssystems $\tilde{\mathbf{z}}\mathbf{H} = 0$. Andererseits liegen auch die Bildpunkte $\tilde{\mathbf{x}}' = \tilde{\mathbf{x}}\mathbf{R}$, soweit sie überhaupt bestimmt sind, auf einem linearen Unterraum des S_{p-1} der Dimension $r-1$, da es nur r linear unabhängige Vektoren $\tilde{\mathbf{z}}' = \tilde{\mathbf{z}}\mathbf{H}$ (bei variablem $\mathbf{z}$) gibt. In diesem Sinne sind die oben kurz mit „ausgeartet" bezeichneten Homographien immer zu verstehen.

geometrisch interpretiert werden, welche den zu $\boldsymbol{\Omega}'$ gehörigen S'_{p-1} auf den zu $\boldsymbol{\Omega}$ gehörigen S_{p-1} abbildet; die Abbildung ist ausgeartet oder nicht, je nachdem $\mathbf{H}$ und $\mathbf{R}$ singulär sind oder regulär.

In der Tat wird irgendein Punkt des S'_{p-1}, der mit einem komplexen p-Vektor $\mathbf{z}$ in der Gestalt $\mathbf{x} = \tilde{\mathbf{z}}\boldsymbol{\Omega}'$ darstellbar ist, durch (21.2) mit Rücksicht auf (21.3) in einen Punkt

$$\tilde{\mathbf{x}}' = \tilde{\mathbf{z}}\boldsymbol{\Omega}'\mathbf{R} = \tilde{\mathbf{z}}\mathbf{H}\boldsymbol{\Omega} = \tilde{\mathbf{z}}'\boldsymbol{\Omega} \quad \text{mit} \quad \tilde{\mathbf{z}}' = \tilde{\mathbf{z}}\mathbf{H}$$

des Raumes S_{p-1} übergeführt.

Umgekehrt folgt aus einer RIEMANNschen Homographie (21.2), welche den zu $\boldsymbol{\Omega}'$ gehörigen S'_{p-1} auf den zu $\boldsymbol{\Omega}$ gehörigen S_{p-1} abbildet, wieder die HURWITZsche Relation (21.3): *Jeder derartigen* RIEMANN*schen Homographie entspricht also auch umgekehrt eindeutig eine Klasse von Korrespondenzen T zwischen den* PICARD*schen Mannigfaltigkeiten V_p und V'_p, unter denen es immer bereits unendlich viele eindeutige (mit dem zweiten Index* 1*) gibt, und zwar sind beide gleichzeitig ausgeartet oder nicht.*

Bei allgemeinen Moduln ist, wie wir wissen (S. 225), jede HURWITZsche Relation (21.1) eine identische, d. h. mit Skalarmatrizen

$$\mathbf{H} = -\gamma\mathbf{E}_p\,, \quad \mathbf{R} = -\gamma\mathbf{E}_{2p} \tag{21.4}$$

gebildet*); γ ist eine ganze Zahl. Die Kongruenz (19.2) erscheint dann in der Gestalt

$$\sum_{h=1}^{n} \mathbf{u}^{(h)} + \gamma\mathbf{u} \equiv \mathbf{c} \quad (\text{modulo } \boldsymbol{\Omega}). \tag{21.5}$$

Die ganze Zahl γ heißt die „*Valenz*" der so dargestellten Korrespondenz auf der PICARDschen Mannigfaltigkeit V_p.

Satz 2. *Auf einer* PICARD*schen Mannigfaltigkeit mit allgemeinen Moduln gibt es nur Korrespondenzen T der Art* (21.5) *mit einer Valenz* γ ($\lesseqgtr 0$)**).

Der Punkt P und die ihm in der Korrespondenz (21.5) entsprechenden Punkte $P^{(1)}, \ldots, P^{(n)}$ sind also so gelegen, daß die Summe der PICARDschen Integrale***), von denen das erste jeweils mit γ zu multiplizieren ist, in ihnen konstant (modulo $\boldsymbol{\Omega}$) ist. Im Falle $p = 1$, wo die PICARDsche Mannigfaltigkeit eine elliptische Kurve ist (S. 183), bilden so gelegene Punkte zufolge des ABELschen Theorems (S. 1) *linear äquivalente* Punktgruppen, nämlich die Nullstellen und Pole einer rationalen Funktion auf der Kurve.

*) Wenn $\mathbf{R}$ Skalarmatrix ist, so notwendig auch $\mathbf{H}$, aber umgekehrt nur dann, wenn $\mathbf{H}$ eine reelle (rationale) Skalarmatrix ist.

**) Im Falle $\gamma = 0$ hat man die triviale HURWITZsche Relation mit $\mathbf{H} = 0$ und $\mathbf{R} = 0$.

***) Für jeden Index $j = 1, \ldots, p$ einzeln gebildet (vgl. (9,6), S. 170).

Die von SEVERI*) erstellte Verallgemeinerung des ABELschen Theorems auf höher dimensionale Mannigfaltigkeiten erlaubt auch die Verallgemeinerung dieser Begriffsbildung: Man nennt ein System von Punktgruppen**), die einer Bedingung der Art (21.5) unterworfen sind, eine „p-dimensionale reguläre Schar"***). Dann können wir sagen:

Satz 3. *Auf einer* PICARD*schen Mannigfaltigkeit V_p mit allgemeinen Moduln gehört zu jeder Korrespondenz T eine ganze Zahl γ, nämlich ihre Valenz, derart, daß die Punktgruppe, welche aus dem γ-fach gezählten Punkt P und den n ihm in T entsprechenden Punkten $P^{(1)}, \ldots, P^{(n)}$ besteht, innerhalb einer p-dimensionalen regulären Schar variiert.*

Da γ auch negativ sein kann, so kann die genannte Schar auch virtuell sein.

Bei speziellen Moduln können auch *Korrespondenzen ohne Valenz* vorkommen. Die Aufgabe, auf einer PICARDschen Mannigfaltigkeit alle Korrespondenzen zu ermitteln, steht in Zusammenhang mit derjenigen, alle RIEMANNschen Homographien für die entsprechende RIEMANNsche Matrix anzugeben. Dieses Problem wollen wir im folgenden noch etwas weiter verfolgen.

22. Die Involutionen auf einer PICARDschen Mannigfaltigkeit V_p, die zur V_p selbst birational äquivalent sind. Wir wollen hier die nicht ausgearteten Korrespondenzen $[m, 1]$ auf einer PICARDschen Mannigfaltigkeit V_p noch näher untersuchen, deren zweiter Index 1 ist; da die Korrespondenz nicht ausgeartet sein soll, ist der erste Index endlich, etwa gleich m. Dann entspricht einem beliebigen Punkt P der V_p in der Korrespondenz $[m, 1]$ genau ein Punkt P' auf der V_p, und zwar gibt es außer $P = P^{(1)}$ noch $m-1$ weitere Punkte $P^{(2)}, \ldots, P^{(m)}$, welchen allen derselbe Punkt P' zugeordnet ist.

Jeder Punkt P der V_p ist also in einer und nur einer Gruppe von m Punkten enthalten, denen allen in der Korrespondenz $[m, 1]$ derselbe Bildpunkt P' zugeordnet ist. Die betrachtete Korrespondenz definiert also auf der PICARDschen Mannigfaltigkeit V_p eine *Involution von Punktgruppen der Ordnung m*, welche birational äquivalent zur V_p ist, weil jede Punktgruppe der Involution umkehrbar eindeutig auf einen bestimmten Punkt der V_p abgebildet ist und die Bildpunkte die V_p lückenlos+) ausfüllen.

Umgekehrt kann man aus einer Involution von Punktgruppen der Ordnung m auf der V_p, welche birational äquivalent der V_p selbst ist,

*) SEVERI, F.: Il teorema d'ABEL sulle superficie algebriche. Ann. di Mat. Ser. III, **12**, 55—79 (1905).

**) Auf einer PICARDschen Mannigfaltigkeit V_p oder allgemeiner auf einer p-dimensionalen algebraischen Mannigfaltigkeit, welche p linear unabhängige PICARDsche Integrale 1. Gattung besitzt.

***) «superficialmente regolare».

+) Bei eventueller Hinzunahme der Häufungspunkte.

sofort eine Korrespondenz $[m, 1]$ ableiten; denn jeder Punkt der V_p ist in genau einer Punktgruppe $P^{(1)}, \ldots, P^{(m)}$ der Involution enthalten, und dieser wiederum ist zufolge der vorausgesetzten birationalen Äquivalenz (im allgemeinen) umkehrbar eindeutig ein Punkt P' der V_p zugeordnet.

Unter der Voraussetzung, daß die PICARDsche Mannigfaltigkeit V_p allgemeine Moduln habe, daß also eine zugehörige RIEMANNsche Matrix $\boldsymbol{\Omega}$ nur die identische HURWITZsche Relation, oder was dasselbe bedeutet, nur die identische RIEMANNsche Homographie zulasse, können wir jetzt leicht alle Korrespondenzen $[m, 1]$ auf der V_p angeben; damit sind gleichzeitig auch alle Involutionen der Ordnung m auf der V_p bestimmt. Mit $n = 1$, $\mathbf{H} = -\gamma\,\mathbf{E}_p$, gewinnt die Formel (19.2) von S. 222 die einfache Gestalt

$$\mathbf{u}' \equiv -\gamma\mathbf{u} + \mathbf{c}\,, \quad (\text{modulo } \boldsymbol{\Omega})\,; \tag{22.1}$$

γ ist eine ganze Zahl, weil $\mathbf{R} = -\gamma\,\mathbf{E}_{2p}$ ganzzahlig sein muß, und sicher $\neq 0$, weil wir die Korrespondenz als nicht ausgeartet angenommen haben (vgl. Satz 5, S. 229); ferner ist der erste Index der Korrespondenz nach demselben Satz: $m = |-\gamma\,\mathbf{E}_{2p}| = \gamma^{2p}$.

Satz 1. *Alle algebraischen Korrespondenzen* $[m, 1]$ *auf einer* PICARD*schen Mannigfaltigkeit* V_p *mit allgemeinen Moduln erhält man (jede genau einmal) in der Gestalt* (22.1), *wenn die Valenz* γ *alle ganzen Zahlen* ($\neq 0$) *durchläuft und* $\mathbf{c}$ *stetig im Periodenparallelotop* $\mathfrak{F}$ *variiert; der erste Index ist*

$$m = \gamma^{2p}\,. \tag{22.2}$$

Jeder Korrespondenz $[m, 1]$ *entspricht eine Involution von Punktgruppen der Ordnung* m, *die birational auf die* V_p *selbst bezogen ist, und zwar sind das die einzigen Involutionen dieser Art. Jede Involution ist in einer* p*-parametrigen kontinuierlichen Schar von Involutionen enthalten, die durch stetige Änderung des* p*-Vektors* $\mathbf{c}$ *zustande kommt.*

Wenn $m = 1$, also $\gamma = \pm 1$ ist, hat man eine $[1, 1]$-Korrespondenz auf der V_p, das ist eine birationale Transformation der V_p in sich. Aus dem obigen folgt unmittelbar:

Satz 2. *Auf einer* PICARD*schen Mannigfaltigkeit mit allgemeinen Moduln gibt es nur zwei Typen von Korrespondenzen* $[1, 1]$ *oder birationalen Transformationen in sich, nämlich die Transformationen der* 1. *und* 2. *Schar* (S. 175), *welche in transzendenter Gestalt durch*

$$\mathbf{u}' \equiv \pm\mathbf{u} + \mathbf{c} \quad (\text{modulo } \boldsymbol{\Omega}) \tag{22.3}$$

erfaßt werden.

Bei speziellen Moduln sind diese Folgerungen nicht mehr gültig, denn dann kann die Matrix $\boldsymbol{\Omega}$ eine nicht identische HURWITZsche Relation, oder was dasselbe bedeutet, eine nicht identische RIEMANNsche Homographie besitzen, aus welcher sich andere Korrespondenzen $[m, 1]$, als die eben angegebenen, ableiten lassen. Dann können auch weitere birationale Transformationen der V_p in sich existieren außer denjenigen der 1. und 2. Schar, jedoch bleibt bestehen, daß jede solche birationale Transformation in einem p-parametrigen, kontinuierlichen, der V_p birational äquivalenten System eingebettet ist.

23. Komplexe Multiplikation. Wir haben bereits (vgl. S. 133) den Begriff der „komplexen Multiplikation" einer RIEMANNschen Matrix $\boldsymbol{\Omega}$ kurz erwähnt und diese RIEMANNschen Matrizen, welche eine nicht identische HURWITZsche Relation (das ist auch eine nicht identische RIEMANNsche Homographie)

$$\mathbf{H}\boldsymbol{\Omega} = \boldsymbol{\Omega}\mathbf{R} \qquad \text{mit } \mathbf{R} \neq \varrho\,\mathbf{E}_{2p}{}^{*)} \tag{23.1}$$

zulassen, als Matrizen mit „positivem Index der Multiplikabilität" oder kurz als „multiplikable" Matrizen bezeichnet.

Im folgenden wollen wir, was keine Einschränkung der Allgemeinheit bedeutet, voraussetzen, daß $\mathbf{R}$ nicht nur rationalzahlig, sondern rational-ganzzahlig ist.

Aus Satz 2, S. 225, folgt, daß diese Eigenschaft einer RIEMANNschen Matrix immer gleichzeitig allen Matrizen der gesamten Äquivalenzklasse zukommt; insbesondere ist die durch $\mathbf{R}$ bestimmte RIEMANNsche Homographie gleichzeitig für alle Matrizen der Äquivalenzklasse regulär oder nicht.

Die Multiplikabilität einer RIEMANNschen Matrix muß sich also auch einerseits in einer Eigenschaft des zugehörigen ABELschen Funktionenkörpers, andererseits in einer geometrischen Eigenschaft der zugehörigen PICARDschen Mannigfaltigkeit V_p ausdrücken, die gegenüber birationalen Transformationen invariant ist. Diese letztere Eigenschaft ist, wie wir bereits wissen (Nr. 19—20), die Existenz von algebraischen Korrespondenzen auf der V_p, deren zweiter Index endlich ist (auch der erste Index ist endlich bei $|\mathbf{R}| \neq 0$).

Die funktionentheoretische Eigenschaft dagegen ist die, daß jede zu $\boldsymbol{\Omega}$ gehörige ABELsche Funktion $f(\mathbf{u})$ durch die Variablentransformation $\mathbf{u} \to \mathbf{H}\mathbf{u}$ in eine Funktion $g(\mathbf{u}) = f(\mathbf{H}\mathbf{u})$ übergeführt wird, die wieder demselben ABELschen Funktionenkörper angehört. In der Tat ist wegen (23.1)

$$g(\mathbf{u} + \boldsymbol{\Omega}\mathbf{e}_h) = f(\mathbf{H}\mathbf{u} + \mathbf{H}\boldsymbol{\Omega}\mathbf{e}_h) = f(\mathbf{H}\mathbf{u} + \boldsymbol{\Omega}\mathbf{r}_h) = f(\mathbf{H}\mathbf{u}) = g(\mathbf{u})\,,$$

weil $\mathbf{r}_h = \mathbf{R}\mathbf{e}_h$ $(h = 1, \ldots, 2p)$ ein ganzzahliger $2p$-Vektor ist. Das gilt auch umgekehrt, also:

---

*) Es ist aber nicht ausgeschlossen, daß $\mathbf{H}$ eine (notwendig komplexe) Skalarmatrix ist, was im Falle $p = 1$ trivialerweise eintritt.

Satz 1. *Dann und nur dann, wenn die* RIEMANN*sche Matrix* $\boldsymbol{\Omega}$ *die* HURWITZ*sche Relation* (23.1) *zuläßt, ist gleichzeitig mit* $f(\mathbf{u})$ *auch die Funktion* $f(\mathbf{H}\mathbf{u})$ *in dem zugehörigen* ABEL*schen Funktionenkörper enthalten. Man sagt, dieser Körper*) lasse die „komplexe Multiplikation mit der Matrix* $\mathbf{H}$*" zu.*

Wenn $\mathbf{R} = \varrho\,\mathbf{E}_{2p}$ eine Skalarmatrix ist (ϱ eine ganze Zahl), so ist notwendig auch $\mathbf{H} = \varrho\,\mathbf{E}_p$ Skalarmatrix, und dann ist es evident, daß gleichzeitig mit $f(\mathbf{u})$ auch $f(\varrho\,\mathbf{u})$ immer demselben ABELschen Funktionenkörper angehört; man spricht in diesem Falle von der *„gewöhnlichen Multiplikation"*. Diese ist immer möglich und in Körpern mit allgemeinen Moduln auch die einzig mögliche „Multiplikation". Bei speziellen Moduln, wenn $\boldsymbol{\Omega}$ eine nicht identische HURWITZsche Relation besitzt, ist $\mathbf{H}$ keine Skalarmatrix, und dann spricht man von einer *„komplexen Multiplikation"* im Gegensatz zur gewöhnlichen**).

Satz 2. *Die Menge aller* (p, p)*-Matrizen* $\mathbf{H}$*, welche in den* HURWITZ*schen Relationen* (23.1)***) *einer festen* RIEMANN*schen Matrix auftreten, bildet einen Ring, der endlicher R-Modul über dem Körper R der rationalen Zahlen, also ein „hyperkomplexes System" oder eine „Algebra"*[+]*, die sog. „Multiplikationsalgebra" der* RIEMANN*schen Matrix* $\boldsymbol{\Omega}$ *ist*[++]).

Aus den Relationen

$$\mathbf{H}_1\boldsymbol{\Omega} = \boldsymbol{\Omega}\,\mathbf{R}_1 \quad \text{und} \quad \mathbf{H}_2\boldsymbol{\Omega} = \boldsymbol{\Omega}\,\mathbf{R}_2$$

folgt nämlich durch Addition und Subtraktion

$$(\mathbf{H}_1 \pm \mathbf{H}_2)\,\boldsymbol{\Omega} = \boldsymbol{\Omega}(\mathbf{R}_1 \pm \mathbf{R}_2)\,,$$

und durch Multiplikation

$$(\mathbf{H}_1\mathbf{H}_2)\,\boldsymbol{\Omega} = \mathbf{H}_1\boldsymbol{\Omega}\mathbf{R}_2 = \boldsymbol{\Omega}(\mathbf{R}_1\mathbf{R}_2)\;;$$

---

*) Die Multiplikabilität ist nicht, wie die Darstellung mancher Autoren zu zeigen scheint, Eigenschaft einer speziellen ABELschen Funktion, etwa im Falle $p=1$ der WEIERSTRASSschen Funktion $\wp(u)$, sondern Eigenschaft *aller* Funktionen eines ABELschen Funktionenkörpers; denn es ist ja eine Eigenschaft sämtlicher RIEMANNschen Matrizen einer bestimmten Äquivalenzklasse.

**) Die Matrix $\mathbf{H}$ ist im allgemeinen komplex, wie aus Formel (47.7), S. 132, ersichtlich ist. Vgl. auch das S. 133 ausgeführte Beispiel für $p = 1$: Die spezielle RIEMANNsche Matrix $\boldsymbol{\Omega} = (1, \omega)$, wo die komplexe Zahl ω $[J(\omega) > 0]$ Wurzel der quadratischen Gleichung (47.8) mit ganzen rationalen Koeffizienten a, b, c $(a \neq 0)$ ist, besitzt die nicht identische HURWITZsche Relation

$$\eta\,\boldsymbol{\Omega} = \boldsymbol{\Omega}\,\mathbf{R}$$

mit $\mathbf{R} = \begin{pmatrix} b+d, & -c \\ a, & d \end{pmatrix}$ (d ist eine willkürliche ganze rationale Zahl) und $\eta = b + d + a\omega$; hier ist offensichtlich η eine komplexe (nicht reelle) Zahl.

***) Einschließlich der identischen Relationen; es ist hier einfacher, die Voraussetzung, daß $\mathbf{R}$ ganzzahlig sei, wieder fallen zu lassen.

[+]) Vgl etwa VAN DER WAERDEN: Moderne Algebra II, XVI. Kap.

[++]) Das gleiche kann auch von den Matrizen $\mathbf{R}$ gesagt werden.

offenbar ist gleichzeitig mit H auch jede Matrix $\varrho\mathsf{H}$, die durch skalare Multiplikation mit einer rationalen Zahl ϱ aus H gebildet ist, wieder in dem betrachteten Ring enthalten*).

Wenn $\boldsymbol{\Omega}$ eine nicht identische HURWITZsche Relation (23.1) zuläßt, so sicher auch eine mit regulärem H und $\mathbf{R}$; denn unter allen mit rationalen Zahlen ϱ gebildeten Matrizen $\mathsf{H} + \varrho\mathbf{E}_p$, die keine Skalarmatrizen und sämtlich in der Multiplikationsalgebra von $\boldsymbol{\Omega}$ enthalten sind, gibt es unendlich viele reguläre: $|\mathsf{H} + \varrho\mathbf{E}_p| \neq 0$. Mit Rücksicht auf die Entwicklungen in Nr. 20—21 können wir jetzt sagen:

Satz 3. *Die Tatsache, daß eine RIEMANNsche Matrix $\boldsymbol{\Omega}$ komplexe Multiplikation zuläßt, ist vollkommen gleichwertig damit, daß auf der zugehörigen PICARDschen Mannigfaltigkeit V_p Korrespondenzen $[m, 1]$ bzw. Involutionen der Ordnung m existieren, die birational äquivalent der V_p selbst, aber nicht von dem im vorausgehenden Abschnitt Nr. 22 studierten Typus sind (diese hängen vielmehr mit der „gewöhnlichen" Multiplikation zusammen).*

24. Die Transformationstheorie der RIEMANNschen Matrizen und ABELschen Funktionenkörper. Wir können die Überlegungen des vorausgehenden Abschnitts nun auf HURWITZsche Relationen

$$\mathsf{H}\boldsymbol{\Omega} = \boldsymbol{\Omega}'\mathbf{R} \tag{24.1}$$

zwischen zwei verschiedenen RIEMANNschen Matrizen $\boldsymbol{\Omega}$ und $\boldsymbol{\Omega}'$ derselben Ordnung p ausdehnen. Dabei setzen wir voraus, daß $\mathbf{R}$ eine ganzzahlige reguläre $(2p, 2p)$-Matrix ist: $|\mathbf{R}| \neq 0$; dann ist auch $|\mathsf{H}| \neq 0$ und es besteht eine analoge Relation zwischen irgend zwei Matrizen $\boldsymbol{\Omega}^*$ und $\boldsymbol{\Omega}'^*$ der beiden Äquivalenzklassen (Satz 2, S. 227).

Die Relation (24.1) zeigt also einerseits eine geometrische Beziehung zwischen den zugehörigen PICARDschen Mannigfaltigkeiten V_p und V'_p, andererseits eine funktionentheoretische Beziehung zwischen den beiden ABELschen Funktionenkörpern $\mathfrak{K}$ und $\mathfrak{K}'$ an. Über die geometrische Bedeutung haben wir schon gesprochen (vgl. Satz 5, S. 229), die funktionentheoretische Bedeutung aber liegt darin, daß *jede zu $\boldsymbol{\Omega}'$ gehörige ABELsche Funktion $f(\mathbf{u}')$ durch die Variablentransformation $\mathbf{u}' = \mathsf{H}\mathbf{u}$ in eine zu $\boldsymbol{\Omega}$ gehörige ABELsche Funktion*

$$f(\mathbf{u}') = f(\mathsf{H}\mathbf{u}) = g(\mathbf{u}) \tag{24.2}$$

übergeführt wird.

In der Tat ist:

$$g(\mathbf{u}+\boldsymbol{\Omega}\mathbf{e}_h) = f(\mathsf{H}\mathbf{u}+\mathsf{H}\boldsymbol{\Omega}\mathbf{e}_h) = f(\mathsf{H}\mathbf{u}+\boldsymbol{\Omega}'\mathbf{R}\mathbf{e}_h) = f(\mathbf{u}'+\boldsymbol{\Omega}'\mathbf{r}_h) = f(\mathbf{u}') = g(\mathbf{u}),$$

---

*) Diese Multiplikationsalgebren sind von G. SCORZA: Le algebre di ordine qualunque e le matrici di RIEMANN. Rend. Circolo mat. Palermo **45**, 1—204 (1921) eingeführt und genau untersucht worden. Hat die RIEMANNsche Matrix $\boldsymbol{\Omega}$ allgemeine Moduln, so reduziert sich die Multiplikationsalgebra auf die Menge aller Skalarmatrizen $\varrho\mathbf{E}_p$ mit rationalem ϱ.

weil $\mathbf{r}_h = \mathbf{R}\mathbf{e}_h$ ein ganzzahliger $2p$-Vektor $(h = 1, \ldots, 2p)$, also $\boldsymbol{\Omega}'\mathbf{r}_h$ eine Periode aus der von $\boldsymbol{\Omega}'$ erzeugten Periodengruppe ist.

Gilt umgekehrt, daß jede Funktion $f(\mathbf{u}')$ aus $\mathfrak{K}'$ durch die Variablentransformation $\mathbf{u}' = \mathbf{H}\mathbf{u}$ in eine Funktion $g(\mathbf{u})$ des Körpers $\mathfrak{K}$ verwandelt wird, so muß zwischen den RIEMANNschen Matrizen $\boldsymbol{\Omega}$ und $\boldsymbol{\Omega}'$ eine HURWITZsche Relation (24.1) bestehen (nicht notwendig mit $|\mathbf{R}| \neq 0$).

Man kann nun die Aufgabe stellen, *zu einer gegebenen* RIEMANN*schen Matrix* $\boldsymbol{\Omega}$ *alle Matrizen* $\boldsymbol{\Omega}'$ *zu ermitteln, welche mit* $\boldsymbol{\Omega}$ *durch eine* HURWITZ*sche Relation* (24.1) *verknüpft sind.*

Mit Rücksicht auf Satz 5, S. 229 und die analogen Überlegungen zu Nr. 22, S. 239f. ist diese Aufgabe gleichwertig mit derjenigen, *alle* PICARD*schen Mannigfaltigkeiten* V_p' *zu ermitteln, welche durch rationale Transformationen aus einer gegebenen* PICARD*schen Mannigfaltigkeit* V_p *hervorgehen, oder alle Involutionen von Punktgruppen auf der gegebenen* V_p *zu bestimmen, deren Bildmannigfaltigkeiten wieder* PICARD*sche Mannigfaltigkeiten* V_p' *sind.*

Die rationalen Transformationen, welche V_p in V_p' überführen, sind, falls es überhaupt solche gibt, nicht eindeutig durch V_p und V_p' festgelegt, vielmehr gibt es immer eine p-parametrige kontinuierliche Schar von solchen Transformationen, wie aus der transzendenten Gestalt [(20.6), S. 228]

$$\mathbf{v} = \mathbf{H}\mathbf{u} + \mathbf{c}\,, \tag{24.3}$$

in welcher der p-Vektor $\mathbf{c}$ willkürlich ist, ersichtlich wird.

Wir müssen also auch das Problem stellen, alle regulären (p, p)-Matrizen $\mathbf{H}$ anzugeben, welche in einer Relation (24.1)*) bei festen $\boldsymbol{\Omega}$ und $\boldsymbol{\Omega}'$ auftreten können. Hier können wir sagen: *Aus einer Relation* (24.1) *zwischen zwei* RIEMANN*schen Matrizen* $\boldsymbol{\Omega}$ und $\boldsymbol{\Omega}'$ *lassen sich alle weiteren zwischen ihnen bestehenden Relationen ableiten, indem man die eine Matrix* $\mathbf{H}$ *mit allen in der Multiplikationsalgebra von* $\boldsymbol{\Omega}$ *enthaltenen regulären Matrizen* $\mathbf{H}_1$ *von rechts multipliziert.*

Aus (24.1) und der Relation

$$\mathbf{H}_1\boldsymbol{\Omega} = \boldsymbol{\Omega}\,\mathbf{R}_1 \tag{24.4}$$

folgt nämlich

$$(\mathbf{H}\,\mathbf{H}_1)\,\boldsymbol{\Omega} = \mathbf{H}\boldsymbol{\Omega}\mathbf{R}_1 = \boldsymbol{\Omega}'(\mathbf{R}\,\mathbf{R}_1)\,,$$

also eine zu (24.1) analoge Relation mit regulären Matrizen $\mathbf{H}\mathbf{H}_1$ und $\mathbf{R}\mathbf{R}_1$.

Umgekehrt folgt aus (24.1) und einer weiteren Relation

$$\mathbf{H}_2\boldsymbol{\Omega} = \boldsymbol{\Omega}'\mathbf{R}_2 \tag{24.5}$$

---

*) Die Bedingung, daß $\mathbf{R}$ ganzzahlig sei, wollen wir hier unterdrücken.

wegen $|\mathbf{R}| \neq 0$, $|\mathbf{R}_2| \neq 0$

$$\boldsymbol{\Omega}' = \mathbf{H}\boldsymbol{\Omega}\mathbf{R}^{-1} = \mathbf{H}_2\boldsymbol{\Omega}\mathbf{R}_2^{-1},$$

also

$$(\mathbf{H}^{-1}\mathbf{H}_2)\,\boldsymbol{\Omega} = \boldsymbol{\Omega}(\mathbf{R}^{-1}\mathbf{R}_2),$$

so daß $\mathbf{H}^{-1}\mathbf{H}_2 = \mathbf{H}_3$ in der zu $\boldsymbol{\Omega}$ gehörigen Multiplikationsalgebra enthalten ist; $\mathbf{H}_2 = \mathbf{H}\mathbf{H}_3$ hat also die behauptete Zusammensetzung*).

Kennt man daher eine Relation (24.1) und die Multiplikationsalgebra von $\boldsymbol{\Omega}$ (oder $\boldsymbol{\Omega}'$), so kennt man auch alle weiteren Relationen (24.1) zwischen $\boldsymbol{\Omega}$ und $\boldsymbol{\Omega}'$.

Ist insbesondere $\boldsymbol{\Omega}$ nicht multiplikabel**), so gewinnt man alle übrigen Relationen (24.5) aus (24.1) durch skalare Multiplikation mit einer rationalen Zahl ϱ:

$$\mathbf{H}_2 = \varrho\,\mathbf{H}, \quad \mathbf{R}_2 = \varrho\,\mathbf{R}.$$

Man sagt, daß es zwischen V_p und V_p' nur „gewöhnliche" Transformationen gebe, die man aus einer einzigen passend gewählten ableiten kann, indem man sie mit allen rationalen Transformationen des in Nr. 22 studierten Typus (22.1) auf der V_p (oder der V_p') zusammensetzt.

Die beiden RIEMANNschen Matrizen der Normalform

$$\boldsymbol{\Omega} = (\pi i\,\mathbf{E}, \mathbf{A}) \text{ und } \boldsymbol{\Omega}' = (\pi i\,\mathbf{B}^{-1}, \mathbf{A}) \tag{24.6}$$

sind z. B., wie man sofort bestätigt, durch die Relation (24.1) mit

$$\mathbf{H} = \mathbf{E}_p, \quad \mathbf{R} = \begin{pmatrix} \mathbf{B} & 0 \\ 0 & \mathbf{E}_p \end{pmatrix} \tag{24.7}$$

miteinander verknüpft. In Anwendung unserer allgemeinen Ergebnisse können wir also in diesem besonderen Fall sagen:

Satz. *Die zur* RIEMANN*schen Matrix* $\boldsymbol{\Omega}' = (\pi i\,\mathbf{B}^{-1}, \mathbf{A})$ *vom Niveau*

$$\mathbf{B} = \mathrm{Diag}\,\{\beta_1, \beta_2, \ldots, \beta_p\}, \quad 1 = \beta_1 \mid \beta_2 \mid \ldots \mid \beta_p \neq 0$$

gehörige PICARD*sche Mannigfaltigkeit* V_p' *ist die Bildmannigfaltigkeit einer Involution von Punktgruppen der Ordnung*

$$|\mathbf{R}| = |\mathbf{B}| = \beta_1\beta_2\ldots\beta_p \tag{24.8}$$

auf der PICARD*schen Mannigfaltigkeit* V_p, *die zur* RIEMANN*schen Matrix* $\boldsymbol{\Omega} = (\pi i\,\mathbf{E}, \mathbf{A})$ *mit denselben Moduln, aber vom Einheitsniveau, gehört. Diese Involution wird von den Transformationen der* V_p *in sich:*

$$\mathbf{u}^* \equiv \mathbf{u} + \pi i\,\mathbf{B}^{-1}\mathbf{m} \text{ (modulo } \boldsymbol{\Omega}) \tag{24.9}$$

*) Analoges könnte man auch hinsichtlich der Matrizen $\mathbf{R}$ aussagen; zieht man die zu $\boldsymbol{\Omega}'$ gehörige Multiplikationsalgebra heran, so gilt alles gleich, nur daß die Multiplikation von rechts zu erfolgen hat.

**) Dann ist auch $\boldsymbol{\Omega}'$ nicht multiplikabel und umgekehrt, weil aus (24.1) und (24.4) durch Elimination von $\boldsymbol{\Omega}$

$$(\mathbf{H}\,\mathbf{H}_1\,\mathbf{H}^{-1})\,\boldsymbol{\Omega}' = \boldsymbol{\Omega}'\,(\mathbf{R}\,\mathbf{R}_1\,\mathbf{R}^{-1})$$

folgt; besäße $\boldsymbol{\Omega}$ eine nicht identische Relation, so auch $\boldsymbol{\Omega}'$ und umgekehrt.

mit

$$\widetilde{\mathfrak{m}} = (m_1, m_2, \ldots, m_p) \qquad m_h = 0, 1, \ldots, \beta_h - 1, \quad h = 1, 2, \ldots, p$$

erzeugt, die eine Gruppe der Ordnung $|\mathbf{B}|$ *bilden.*

Irgendein Punkt $\{\mathbf{u}\}$ des Periodenparallelotops $\mathfrak{F}$ wird durch die $|\mathbf{B}|$ Transformationen (24.9) in ebensoviele modulo $\boldsymbol{\Omega}$ inkongruente Punkte transformiert, die zusammen eine Punktgruppe der Involution bilden; denn sie sind alle untereinander kongruent modulo $\boldsymbol{\Omega}'$, bestimmen also denselben Punkt auf der PICARDschen Mannigfaltigkeit V'_p.

Die rationale Transformation der V_p auf die V'_p ist in transzendenter Gestalt durch die Kongruenz

$$\mathbf{u}' \equiv \mathbf{u} \ (\text{modulo } \boldsymbol{\Omega}') \tag{24.10}$$

festgelegt.

Unter unseren Voraussetzungen $|\mathbf{H}|\,|\mathbf{R}| \neq 0$ sind die Relationen zwischen $\boldsymbol{\Omega}$ und $\boldsymbol{\Omega}'$ symmetrisch; aus (24.1) folgt umgekehrt

$$\mathbf{H}'\,\boldsymbol{\Omega}' = \boldsymbol{\Omega}\,\mathbf{R}' \tag{24.11}$$

mit $\mathbf{H}' = \gamma\mathbf{H}^{-1}$, $\mathbf{R}' = \gamma\mathbf{R}^{-1}$, wo die ganze Zahl γ so zu wählen ist, daß die Matrix $\mathbf{R}'$ ganzzahlig wird. Der Zusammenhang zwischen V_p und V'_p, oder zwischen $\mathfrak{K}$ und $\mathfrak{K}'$ kann also auch in umgekehrter Weise ausgesagt werden.

Im obigen Beispiel ist die Umkehrung von $\boldsymbol{\Omega} = \boldsymbol{\Omega}'\mathbf{R}$

$$\beta_p\,\boldsymbol{\Omega}' = \boldsymbol{\Omega}(\beta_p\,\mathbf{R}^{-1})\,. \tag{24.12}$$

Durch die Kongruenz

$$\mathbf{u} \equiv \beta_p\,\mathbf{u}' \ (\text{modulo } \boldsymbol{\Omega}) \tag{24.13}$$

wird also eine rationale Transformation der V'_p auf die V_p angezeigt. *Es ist also auch umgekehrt die* PICARD*sche Mannigfaltigkeit* V_p *die Bildmannigfaltigkeit einer Involution von Punktgruppen der Ordnung* $|\beta_p\mathbf{R}^{-1}| = \frac{\beta_p^{2p}}{|\mathbf{B}|}$ *auf der zu* $\boldsymbol{\Omega}'$ *gehörigen* V'_p.

25. Isomorphe RIEMANNsche Matrizen. Auf S. 238 haben wir die Aufgabe gestellt, zu einer gegebenen RIEMANNschen Matrix $\boldsymbol{\Omega}$ alle RIEMANNschen Matrizen $\boldsymbol{\Omega}'$ anzugeben, welche mit $\boldsymbol{\Omega}$ durch eine nicht ausgeartete HURWITZsche Relation

$$\mathbf{H}\boldsymbol{\Omega} = \boldsymbol{\Omega}'\mathbf{R}\,, \qquad |\mathbf{H}|\,|\mathbf{R}| \neq 0 \tag{25.1}$$

verknüpft sind; $\mathbf{H}$ ist hier eine komplexe (p, p)-Matrix, $\mathbf{R}$ eine rationalzahlige*) $(2p, 2p)$-Matrix. Wegen $|\mathbf{R}| \neq 0$ können wir die Relation (25.1) auch so schreiben:

$$\boldsymbol{\Omega}' = \mathbf{H}\boldsymbol{\Omega}\mathbf{R}^{-1}\,. \tag{25.2}$$

---

*) Man kann immer durch Multiplikation von (25.1) mit einer passenden Zahl γ, die man auf der einen Seite zu $\mathbf{H}$, auf der anderen zu $\mathbf{R}$ hinzuschlägt, erreichen, daß $\gamma\mathbf{R}$ ganzzahlig ist. Für die obigen Überlegungen aber ist es bequemer, diese Ganzzahligkeit nicht vorauszusetzen.

Nach einer bereits eingeführten Benennung (S. 197) ist $\boldsymbol{\Omega}'$ eine zu $\boldsymbol{\Omega}$ „*isomorphe*" RIEMANN*sche Matrix*, denn wir nennen allgemein jede Matrix

$$\boldsymbol{\Omega}^* = \mathbf{H}\boldsymbol{\Omega}\mathbf{R}\,, \qquad |\mathbf{H}|\,|\mathbf{R}| \neq 0 \tag{25.3}$$

welche mit einer komplexen regulären (p, p)-Matrix $\mathbf{H}$ und einer rationalzahligen regulären $(2p, 2p)$-Matrix $\mathbf{R}$ gebildet ist, eine zu $\boldsymbol{\Omega}$ *isomorphe* Matrix.

Um diese Benennung zu rechtfertigen und ihre Bedeutung klarzustellen, zeigen wir:

(I) *Jede zu einer* RIEMANN*schen Matrix* $\boldsymbol{\Omega}$ *isomorphe Matrix* $\boldsymbol{\Omega}^*$ *ist wieder eine* RIEMANN*sche Matrix derselben Ordnung; wenn* $\mathbf{P}$ *eine zu* $\boldsymbol{\Omega}$ *passende Prinzipalmatrix ist, so ist*

$$\mathbf{P}^* = \mathbf{R}^{-1}\mathbf{P}\widetilde{\mathbf{R}}^{-1} \tag{25.4}$$

eine Prinzipalmatrix für $\boldsymbol{\Omega}^*$.

(II) *Die Eigenschaft „isomorph" ist reflexiv, symmetrisch und transitiv, begründet also eine Klasseneinteilung der* RIEMANN*schen Matrizen einer festen Ordnung* p *in „Isomorphieklassen". Da offenbar zwei äquivalente Matrizen auch isomorph sind, sind die Isomorphieklassen umfassender als die Äquivalenzklassen und aus diesen zusammengesetzt.*

(III) *Die durch eine* RIEMANN*sche Matrix* $\boldsymbol{\Omega}$ *bestimmte Isomorphieklasse besteht aus allen denjenigen* RIEMANN*schen Matrizen* $\boldsymbol{\Omega}^*$, *die mit* $\boldsymbol{\Omega}$ *durch eine nicht ausgeartete* HURWITZ*sche Relation verknüpft sind, deren zugehörige* PICARD*sche Mannigfaltigkeiten* V_p^* *durch rationale Transformationen aus der* V_p *hervorgehen bzw. deren zugehörige* ABEL*sche Funktionenkörper im Sinne von Nr.* 24, S. 237*f., ineinander transformierbar sind.*

(IV) *Gleichzeitig mit* $\boldsymbol{\Omega}$ *sind auch alle zu* $\boldsymbol{\Omega}$ *isomorphen Matrizen, also die ganze Isomorphieklasse, singulär oder nichtsingulär, multiplikabel oder nichtmultiplikabel.*

Während die RIEMANNschen Matrizen einer Äquivalenzklasse alle Eigenschaften gemeinsam haben, welche sich als birational invariante Eigenschaften der zugehörigen PICARDschen Mannigfaltigkeiten ausdrücken lassen, so haben diejenigen einer Isomorphieklasse nur solche Eigenschaften gemeinsam, die gegenüber allen rationalen Transformationen der zugehörigen PICARDschen Mannigfaltigkeiten invariant sind.

Der Beweis von (I) folgt unmittelbar durch Einsetzen von (25.3—4) in die Bedingungen des Satzes 2 von S. 69: Zunächst ist die Matrix $\mathbf{P}^*$ rationalzahlig und schiefsymmetrisch, weil $\mathbf{P}$ diese Eigenschaften hat; ferner gilt:

$$\boldsymbol{\Omega}^*\mathbf{P}^*\widetilde{\boldsymbol{\Omega}}^* = \mathbf{H}(\boldsymbol{\Omega}\mathbf{P}\widetilde{\boldsymbol{\Omega}})\widetilde{\mathbf{H}} = 0\,, \quad \text{wegen } \boldsymbol{\Omega}\mathbf{P}\widetilde{\boldsymbol{\Omega}} = 0$$

und

$$i\boldsymbol{\Omega}^*\mathbf{P}^*\widetilde{\overline{\boldsymbol{\Omega}}}{}^* = i\mathbf{H}(\boldsymbol{\Omega}\mathbf{P}\widetilde{\overline{\boldsymbol{\Omega}}})\widetilde{\overline{\mathbf{H}}} > 0\,, \quad \text{wegen } i\boldsymbol{\Omega}\mathbf{P}\widetilde{\overline{\boldsymbol{\Omega}}} > 0\,.$$

Um (II) zu beweisen, hat man nur die für die Äquivalenz auf S. 23 durchgeführten Überlegungen sinngemäß zu wiederholen.

Die Behauptung (III) ergibt sich durch die einfache Bemerkung, daß man auch umgekehrt von (25.3) auf das Bestehen einer HURWITZschen Relation (25.1) schließen kann, weshalb man alle für solche Matrizen in den vorausgehenden Abschnitten abgeleiteten Ergebnisse auf die Matrizen einer Isomorphieklasse anwenden kann.

Ist endlich die RIEMANNsche Matrix $\boldsymbol{\Omega}$ singulär, d. h. besitzt sie zwei nicht proportionale Prinzipalmatrizen, so folgt dasselbe nach (25.4) für jede isomorphe Matrix $\boldsymbol{\Omega}^*$ und umgekehrt. Daß die isomorphen Matrizen $\boldsymbol{\Omega}$ und $\boldsymbol{\Omega}^*$ gleichzeitig multiplikabel oder nichtmultiplikabel sind, wurde in der Anmerkung von S. 239 gezeigt.

Die beiden RIEMANNschen Matrizen der Normalform (24.6) sind isomorph, aber im allgemeinen nicht äquivalent (S. 129, 239). Daraus sieht man, daß es in jeder Isomorphieklasse (mindestens) eine Matrix vom Einheitsniveau gibt; man braucht also hier nicht die verschiedenen Niveaus zu unterscheiden. Das vereinfacht die Theorie, wenn man an Stelle des Äquivalenzbegriffes den Isomorphiebegriff zugrunde legt; aber dann gehen auch die feineren Unterschiede verloren, die man beachten muß, um voneinander verschiedene ABELsche Funktionenkörper und nicht birational äquivalente PICARDsche Mannigfaltigkeiten auseinanderzuhalten*).

26. Schlußbetrachtungen. Die Theorie der ABELschen Funktionen kann von drei verschiedenen Gesichtspunkten aus entwickelt werden:

1. vom *funktionentheoretischen Gesichtspunkt*, wenn man die Theorie der *ABELschen Funktionenkörper* voranstellt. Die Klassifizierungseinheit ist hier der einzelne ABELsche Funktionenkörper, wobei zwei Funktionenkörper, die durch eine reguläre Variablentransformation auseinander hervorgehen, als nicht wesentlich verschieden betrachtet werden (vgl. S. 121);

2. vom *algebraischen* oder *arithmetischen Gesichtspunkt*, wenn man die Theorie der *RIEMANNschen Matrizen* voranstellt: Hier ist die Klassifizierungseinheit eine Äquivalenzklasse RIEMANNscher Matrizen, da zwei äquivalente Matrizen als nicht wesentlich verschieden betrachtet werden (vgl. S. 23);

3. vom *geometrischen Gesichtspunkt*, wenn man die Untersuchung der *PICARDschen Mannigfaltigkeiten* voranstellt: Die Klassifizierungseinheit ist hier eine Klasse birational äquivalenter PICARDscher Mannigfaltigkeiten, da ja die zu einem ABELschen Funktionenkörper oder einer RIEMANNschen Matrix gehörende PICARDsche Mannigfaltigkeit

*) In dieser Richtung liegen vor allem die Arbeiten von G. SCORZA; vgl. die S. 237 zitierte Arbeit und: Intorno alla teoria generale delle matrici di RIEMANN e ad alcune sue applicazioni. Rend. Circ. mat. Palermo **41**, 263—380 (1916). Ferner A. A. ALBERT: Structure of algebras. Coll. Publ. Amer. Math. Soc. **24**, (1939) sowie die dort angeführte Literatur.

immer nur bis auf eine birationale Transformation eindeutig bestimmt ist (vgl. S. 158)*).

Diese drei Klassifizierungseinheiten decken sich völlig; auch die Eigenschaften und Beziehungen, die sich bei dem einen oder anderen Gesichtspunkt herausstellen, können immer auf die anderen Gesichtspunkte übertragen werden und führen so zu neuen Erkenntnissen. So kann jede Eigenschaft, die den RIEMANNschen Matrizen einer Äquivalenzklasse gemeinsam ist, auch als eine funktionentheoretische Eigenschaft des entsprechenden Funktionenkörpers und als eine geometrische Eigenschaft der zugehörigen PICARDschen Mannigfaltigkeit ausgedrückt werden und umgekehrt.

In den Entwicklungen dieses Kapitels sind immer alle drei Gesichtspunkte gleichmäßig berücksichtigt worden. Dabei haben wir gewisse Eigenschaften aufzeigen können, die allen PICARDschen Mannigfaltigkeiten zukommen, z. B.:

a) der Zusammenhang zwischen den ABELschen Funktionen des Körpers und den rationalen Funktionen auf der PICARDschen V_p (Nr. 7, S. 164ff.);

b) die Existenz von p linear unabhängigen einfachen PICARDschen Integralen 1. Gattung auf jeder PICARDschen V_p (Nr. 9, S. 169ff.);

c) die Existenz einer p-gliedrigen, ABELschen und absolut transitiven Gruppe, die aus zwei Scharen birationaler Transformationen der V_p in sich zusammengesetzt ist (Nr. 10, S. 174ff.);

d) das *Theorem von* APPELL-HUMBERT, wonach jeder intermediären Funktion, abgesehen von Einheiten und bei gehöriger Berücksichtigung der Multiplizität, umkehrbar eindeutig eine (effektive) $(p-1)$-dimensionale Untermannigfaltigkeit der V_p entspricht (Nr. 12, S. 184ff.);

e) die Existenz eines p-gliedrigen kontinuierlichen Systems von $(p-1)$-dimensionalen Untermannigfaltigkeiten der V_p, die paarweise linear inäquivalent sind (Nr. 14, S. 195ff.).

Neben diesen Eigenschaften haben wir andere gefunden, die nur „im allgemeinen", d. h. bei allgemeinen Moduln zutreffen, wie u. a. die folgenden:

α) im allgemeinen haben die $(p-1)$-dimensionalen Untermannigfaltigkeiten einer PICARDschen V_p die Basiszahl 1 (Nr. 16, S. 202ff.);

β) im allgemeinen ist die Gruppe aller Transformationen der 1. Schar auf einer V_p primitiv (Nr. 15, S. 201f.);

γ) im allgemeinen gibt es auf einer PICARDschen V_p nur Korrespondenzen mit Valenz (von dem in Nr. 21, S. 230ff. untersuchten Typus); insbesondere reduzieren sich alle birationalen Transformationen der V_p in sich auf diejenigen der 1. und 2. Schar (Nr. 22, S. 233ff.);

δ) im allgemeinen ist eine RIEMANNsche Matrix nichtsingulär und nichtmultiplikabel (vgl. S. 129 und S. 225).

*) Unter diesen gibt es immer ein singularitätenfreies Modell (Nr. 6, S. 158ff.).

Diese Tatsache lädt zur Untersuchung jener speziellen ABELschen Funktionenkörper ein, bei denen die obigen Aussagen nicht gelten. Hier stellt sich heraus, daß die Moduln in solchen Fällen gewissen zusätzlichen Bedingungen, die über die allgemeinen Bedingungen des Satzes 2, S. 69 bzw. (35.1), S. 92 hinausgehen, unterworfen sind; so ist im Falle α) und β) die Existenz einer zweiten Prinzipalmatrix, im Falle γ) das Erfülltsein einer nicht identischen HURWITZschen Relation notwendig. Wir nennen eine solche Bedingung für die RIEMANNsche Matrix $\boldsymbol{\Omega}$ eine „*arithmetische*" Bedingung und sprechen bei der systematischen Untersuchung derselben, die besonders auf G. SCORZA zurückgeht, von der „*arithmetischen Theorie der* ABEL*schen Funktionen*".

Ein Vorteil dieser abstrakten Theorie liegt auch darin, daß sie nicht nur auf gewöhnliche PICARDsche Mannigfaltigkeiten, sondern auf allgemeinere, im Sinne von S. 198f. „irreguläre" Mannigfaltigkeiten anwendbar ist*).

Auch das Klassifikationsproblem der ABELschen Funktionenkörper bedarf zu seiner abschließenden Lösung noch weiterer Entwicklungen; denn die Normalform (34.5), S. 91 ist noch nicht eindeutig durch die Äquivalenzklasse bestimmt, vielmehr gibt es, auch bei allgemeinen Moduln, in jeder Äquivalenzklasse (abzählbar) unendlich viele Matrizen dieser Normalform (vom gleichen Niveau), die durch die Operationen der sog. „eingeschränkten Modulgruppe" auseinander hervorgehen.

Die Untersuchung dieser Modulgruppe und die Einführung der von C. L. SIEGEL ausgebildeten *symplektischen Geometrie***) führt dann zur Eingrenzung eines *Fundamentalbereiches* für diese Gruppe, der analog dem bei der gewöhnlichen Modulgruppe ($p=1$) bekannten Fundamentaldreieck von jeder allgemeinen Äquivalenzklasse RIEMANNscher Matrizen nur genau einen Vertreter enthält, dessen Punkte also im allgemeinen umkehrbar eindeutig sämtlichen ABELschen Funktionenkörpern von p Variablen entsprechen***).

---

*) Im wissenschaftlichen Nachlaß von F. CONFORTO befand sich auch ein nicht abgeschlossenes Manuskript über «Le varietà superficialmente irregolari», das demnächst in geeigneter Form veröffentlicht werden soll.

**) Die *symplektische Geometrie* kommt durch Einführung einer neuen Metrik in dem Repräsentationsgebiet $\mathfrak{R}$ (vgl. S. 123) für die RIEMANNschen Matrizen der Normalform zustande.

***) Dieses Programm wurde von F. CONFORTO in seinen Vorlesungen: Funzioni Abeliane Modulari. Vol. primo: Preliminari e parte gruppale — Geometria simplettica. Roma: Docet 1951, zum ersten Teil durchgeführt. Vgl. auch seine folgenden Publikationen:

CONFORTO, F.: Un nuovo indirizzo nella teoria delle funzioni abeliane. Atti IV° Congresso dell'Unione Mat. Ital., Taormina, 25—31 ott. 1951.

CONFORTO, F.: Problèmes résolus et non résolus de la théorie des fonctions abéliennes dans ses rapports avec la géométrie algébrique. Deuxième Colloque de Géom. algébr. tenu à Liège, les 9, 10, 11 et 12 juin 1952. CBRM 1952.

Anhang

über analytische und meromorphe Funktionen von mehreren komplexen Variablen

1. Definition und Darstellung analytischer Funktionen von mehreren komplexen Variablen. Eine Funktion $w = f(z_1, z_2, \ldots, z_n)$ der n komplexen Variablen $z_1, z_2, \ldots, z_n$ heißt in einem Punkte P mit den Koordinaten $\{a_1, a_2, \ldots, a_n\}$, wo a_i komplexe Zahlen bedeuten, *analytisch*, wenn sie durch eine (reguläre) Potenzreihe

$$w = \sum_{m_1 \ldots m_n}^{0 \ldots \infty} \alpha_{m_1 m_2 \ldots m_n} (z_1 - a_1)^{m_1} (z_2 - a_2)^{m_2} \ldots (z_n - a_n)^{m_n} \tag{1}$$

dargestellt werden kann, die in einem „*Polyzylinder*"

$$|z_j - a_j| < \varrho_j, \qquad (\varrho_j > 0, j = 1, 2, \ldots, n) \tag{2}$$

absolut konvergiert*).

Da die Reihe (1) *absolut* konvergiert, darf sie beliebig umgeordnet werden, ohne die Konvergenz und den Summenwert zu stören; insbesondere darf sie nach einer Variablen, etwa der letzten, entwickelt werden:

$$w = \sum_{m=0}^{\infty} A_m (z_n - a_n)^m, \tag{1'}$$

wo

$$A_m = \sum_{m_1 \ldots m_{n-1}}^{0 \ldots \infty} \alpha_{m_1 \ldots m_{n-1} m} (z_1 - a_1)^{m_1} \ldots (z_{n-1} - a_{n-1})^{m_{n-1}}, \qquad m = 0, 1, 2, \ldots$$

Potenzreihen sind, die im Polyzylinder (2) absolut konvergieren. Natürlich gilt hier auch die Umkehrung**).

Gewöhnlich werden wir uns diese Potenzreihen nach *homogenen Gliedern* geordnet denken:

$$w = w_0 + w_1 + w_2 + \cdots + w_k + \cdots \tag{3}$$

mit

$$w_k = \sum_{m_1 + \cdots + m_n = k} \alpha_{m_1 m_2 \ldots m_n} (z_1 - a_1)^{m_1} (z_2 - a_2)^{m_2} \ldots (z_n - a_n)^{m_n}.$$

*) Es soll damit keineswegs gesagt sein, daß die Reihe (1) etwa *nur* im Innern dieses Polyzylinders absolut konvergiere oder konvergieren dürfe; die Frage nach dem genauen Konvergenzbereich („*Konvergenzkörper*") einer Potenzreihe in mehr Variablen wollen wir hier gar nicht anschneiden (vgl. darüber BEHNKE-THULLEN [3], S. 36ff.).

**) Vgl. KNOPP [7], S. 144.

Das hat den Vorteil, daß man beim Rechnen mit Potenzreihen mehrerer Veränderlichen ganz analog vorgehen kann wie bei gewöhnlichen Potenzreihen einer Veränderlichen; insbesondere ist das Produkt von zwei Potenzreihen, (3) und $v = v_0 + v_1 + v_2 + \cdots$, die beide im Polyzylinder (2) absolut konvergieren, wieder eine Potenzreihe derselben Art:

$$vw = u_0 + u_1 + u_2 + \cdots + u_k + \cdots$$

mit

$$u_k = v_0 w_k + v_1 w_{k-1} + \cdots + v_k w_0\,, \qquad k = 0, 1, 2, \ldots$$

die im selben Polyzylinder konvergiert*).

Aus diesen wohlbekannten Sätzen über unendliche Reihen folgt sofort: *Summe, Differenz und Produkt von zwei in einem Punkte P analytischen Funktionen sind wieder in P analytische Funktionen. Dasselbe gilt auch für den Quotienten zweier analytischer Funktionen, wenn nur die Nennerfunktion in P keinen verschwindenden Wert hat* (d. h. durch eine Potenzreihe mit einem von Null verschiedenen konstanten Glied dargestellt wird)**).

Wenn in der Entwicklung (3) die ersten k Glieder Null sind: $w_0 = w_1 = \cdots = w_{k-1} = 0$, $w_k \neq 0$, so sagen wir, die Potenzreihe habe den *Untergrad k*. Haben die Potenzreihen v, w bzw. die Untergrade k_1 und k_2, so hat ihr Produkt vw den Untergrad $k_1 + k_2$, ihre Summe oder Differenz $v \pm w$ einen Untergrad $\geq \mathrm{Min}\{k_1, k_2\}$, und zwar gilt das Gleichheitszeichen sicher dann, wenn $k_1 \neq k_2$ ist.

2. Die wichtigsten allgemeinen Sätze über analytische Funktionen von mehreren komplexen Variablen. Einige wichtige Sätze über analytische Funktionen lassen sich einfach aus ihrer Darstellbarkeit durch konvergente Potenzreihen ableiten. Diese Sätze spielen schon bei den analytischen Funktionen einer Veränderlichen eine grundlegende Rolle, und es gelingt ohne große Mühe, sie auf mehrere Veränderliche zu übertragen.

Satz 1. *Die durch eine konvergente Potenzreihe* (1) *dargestellte analytische Funktion ist im Punkte* $P\{a_1, a_2, \ldots, a_n\}$ *stetig und überdies nach allen Variablen beliebig oft differenzierbar.*

In der Tat ist (1) als eine in einer gewissen Umgebung***) von P absolut und gleichmäßig konvergente Reihe von stetigen Funktionen der Variablen $z_1, z_2, \ldots, z_n$ selbst eine stetige Funktion dieser Variablen+).

*) Man nennt dies das „CAUCHYsche Produkt" der beiden unendlichen Reihen; vgl. KNOPP [7], S. 181.

**) Die entsprechenden Potenzreihen konvergieren im gleichen Polyzylinder wie die Ausgangsreihen; bei einem Quotienten dagegen kann es notwendig sein, den Polyzylinder zu verkleinern.

***) Nämlich in dem Polyzylinder (2) oder einem etwas verkleinerten.

+) Vgl. KNOPP [7], S. 349.

Ferner ist die durch gliedweise Differentiation, etwa nach z_n, resultierende Reihe wieder im gleichen Polyzylinder absolut und gleichmäßig konvergent — man beachte, um dies einzusehen, die Anordnung (1′) — und stellt daher die Ableitung $\frac{\partial w}{\partial z_n}$ dar*). Dieser Schluß kann beliebig oft wiederholt werden.

Satz 2 (Identitätssatz). *Wenn die beiden Potenzreihen*

$$\sum_{m_1 \ldots m_n}^{0 \ldots \infty} \alpha_{m_1 \ldots m_n} (z_1 - a_1)^{m_1} \ldots (z_n - a_n)^{m_n}$$

$$\sum_{m_1 \ldots m_n}^{0 \ldots \infty} \beta_{m_1 \ldots m_n} (z_1 - a_1)^{m_1} \ldots (z_n - a_n)^{m_n}$$

in einem beliebig kleinen Polyzylinder konvergieren und dort gleiche Summen haben, so sind sie identisch, d. h. es gilt durchaus:

$$\alpha_{m_1 \ldots m_n} = \beta_{m_1 \ldots m_n} .$$

Man beweist dies am besten durch Schluß von n auf $n+1$; denn für $n = 1$ ist es der bekannte Identitätssatz für gewöhnliche Potenzreihen**). Denkt man sich nun beide Potenzreihen nach Art (1′) angeordnet, so folgt nach dem gewöhnlichen Identitätssatz $A_m = B_m$ ($m = 0, 1, 2, \ldots$) und daraus auf Grund der Induktionsvoraussetzung allgemein

$$\alpha_{m_1 \ldots m_n} = \beta_{m_1 \ldots m_n} .$$

Die zu einer analytischen Funktion gehörende Potenzreihe ist also eindeutig festgelegt, und natürlich bestimmt auch umgekehrt eine konvergente Potenzreihe immer eine analytische Funktion.

Satz 3 (Direkte Fortsetzung einer Potenzreihe). *Ist die im Punkte $P\{a_1, a_2, \ldots, a_n\}$ analytische Funktion $w = f(z_1, z_2, \ldots, z_n)$ durch die Potenzreihe* (1) *dargestellt, welche im Polyzylinder* (2) *absolut konvergiert, und ist $Q\{b_1, b_2, \ldots, b_n\}$ irgendein Punkt in diesem Polyzylinder, also $|b_j - a_j| < \varrho_j$, so ist w auch in Q analytisch und wird dort durch eine Potenzreihe*

$$w = \sum_{m_1 \ldots m_n}^{0 \ldots \infty} \beta_{m_1 \ldots m_n} (z_1 - b_1)^{m_1} \ldots (z_n - b_n)^{m_n} \tag{4}$$

dargestellt, die durch „direkte Fortsetzung" aus der Potenzreihe (1) *gewonnen wird und mindestens im Polyzylinder*

$$|z_j - b_j| < \varrho_j - |b_j - a_j| , \qquad j = 1, 2, \ldots, n \tag{5}$$

absolut konvergiert.

*) Vgl. Knopp [7], S. 353.

**) Vgl. Knopp [7], S. 173.

Man erhält die Potenzreihe (4), wenn man in (1) die Substitutionen

$$z_j - a_j = (b_j - a_j) + (z_j - b_j)\,, \qquad j = 1, 2, \ldots, n$$

einführt und nach Potenzen von $(z_j - b_j)$ neu ordnet. Man kann diese Substitutionen für die einzelnen Variablen sukzessive hintereinander ausgeführt denken, dann folgt aus dem entsprechenden Satz für einfache Potenzreihen*), daß die neugeordnete Reihe wieder konvergiert, und zwar mindestens in einem Kreis mit dem Radius (5).

Aus diesem Satz folgt, daß eine durch eine Potenzreihe dargestellte Funktion nicht nur in dem einen Punkt P, dem Zentrum des Polyzylinders, in welchem die Reihe konvergiert, analytisch ist, sondern in *jedem* Punkt dieses Polyzylinders; mit anderen Worten:

Wenn eine Funktion in einem Punkte P analytisch ist, dann ist sie immer auch in allen Punkten einer gewissen Umgebung von P analytisch.

Bei analytischen Funktionen *einer* komplexen Variablen kennt man einen Satz**), daß die Zusammensetzung von analytischen Funktionen wieder analytische Funktionen ergibt, oder mit anderen Worten, daß eine analytische Funktion einer analytischen Funktion wieder analytisch ist. Wir wollen jetzt eine Verallgemeinerung dieser Tatsache für Funktionen mehrerer Variablen aussprechen:

Satz 4. *Ist*

$$v = g(w) = \sum_{m=0}^{\infty} \beta_m w^m$$

eine analytische Funktion von w, deren Potenzreihe den Konvergenzradius r (>0) habe, und ist w die durch (1) *bzw.* (3) *dargestellte analytische Funktion von $z_1, z_2, \ldots, z_n$, welche im Punkte $P\{a_1, a_2, \ldots, a_n\}$ den Wert $w_0 = \alpha_{00\ldots0}$ besitzt, der $|w_0| < r$ erfülle, so ist v in einer genügend kleinen Umgebung von P eine analytische Funktion von $z_1, z_2, \ldots, z_n$; die Darstellung von v als Potenzreihe in $(z_1 - a_1), \ldots, (z_n - a_n)$ erhält man durch Einsetzen von* (1) *in $\Sigma\beta_m w^m$ und Umordnung. Diese Potenzreihe konvergiert sicher absolut in allen Punkten $z_1, z_2, \ldots, z_n$, für welche die Reihe $|w_0| + |w_1| + |w_2| + \cdots$ konvergiert und einen Summenwert $<r$ aufweist.*

Der Beweis dieses Satzes stimmt völlig überein mit demjenigen für gewöhnliche Potenzreihen***).

Zum Beispiel ist

$$\log(1 + w) = \sum_{m=1}^{\infty} (-1)^{m-1} \frac{w^m}{m}$$

eine analytische Funktion von $z_1, z_2, \ldots, z_n$ in der Umgebung jedes Punktes $\{a_1, a_2, \ldots, a_n\}$, wo $w = f(z_1, z_2, \ldots, z_n)$ analytisch ist und

*) Vgl. Knopp [7], S. 175.

**) Vgl. Knopp [7], S. 182f.

***) Vgl. Knopp [7], S. 182f.

einen Wert besitzt, dessen absoluter Betrag kleiner als 1 ist. Dann ist nämlich $|w_0| < 1$, und es gibt eine Umgebung von $\{a_1, a_2, \ldots, a_n\}$, wo die Potenzreihe (1) absolut konvergiert und die Summe der absoluten Beträge ihrer Glieder auch noch kleiner als 1 ist.

Man kann dieses Ergebnis leicht noch verallgemeinern, indem man die eben angewendete Schlußweise mehrmals für die Variablen $w_1, w_2, \ldots, w_r$ wiederholt:

Satz 5. *Ist die Funktion* $v = g(w_1, w_2, \ldots, w_r)$ *der komplexen Variablen* w_j *analytisch in einem Punkt* $Q\{b_1, b_2, \ldots, b_r\}$ *und sind die Funktionen*

$$w_j = f_j(z_1, z_2, \ldots, z_n)\,, \qquad j = 1, 2, \ldots, r$$

alle im Punkte $P\{a_1, a_2, \ldots, a_n\}$ *analytisch und nehmen dort die Werte* b_j *an:*

$$b_j = f_j(a_1, a_2, \ldots, a_n)\,, \qquad j = 1, 2, \ldots, r$$

so ist auch v *als Funktion von* $z_1, z_2, \ldots, z_n$ *analytisch in* P.

Insbesondere geht eine im Ursprung $\{0, 0, \ldots, 0\}$ analytische Funktion $w = f(z_1, z_2, \ldots, z_n)$ bei einer linearen homogenen Koordinatentransformation $z_j = \Sigma\, a_{jk} z_k^*$ in eine ebensolche Funktion der Variablen $z_1^*, z_2^*, \ldots, z_n^*$ über.

Eine solche Transformation verwendet man gewöhnlich, wenn man erreichen will, daß eine gegebene Potenzreihe $w = w_k + w_{k+1} + \cdots$ von positivem Untergrad k *„regulär"* in bezug auf eine Variable, etwa z_n, sei; darunter versteht man, daß das in den z_j homogene Glied w_k das Monom z_n^k mit einem von Null verschiedenen Koeffizienten (in der Regel darf man diesen Koeffizienten einfach gleich 1 voraussetzen) enthält.

3. Der WEIERSTRASSsche Vorbereitungssatz. Unser Interesse wendet sich nun denjenigen Punkten zu, in denen eine gegebene analytische Funktion den Wert Null annimmt*). Ist die Funktion w in einem Punkte P, den wir der Einfachheit halber als Ursprung $\{0, 0, \ldots, 0\}$ wählen dürfen, analytisch und von Null verschieden (also das konstante Glied der sie darstellenden Potenzreihe $\neq 0$), so ist diese Funktion in allen Punkten einer genügend kleinen Umgebung**) des Ursprungs von Null verschieden. Auch die reziproke Funktion $1/w$ ist im selben Punkt P analytisch und verschwindet dort nicht. Wir werden solche Funktionen später als „Einheiten" bezeichnen.

Anders ist es, wenn w in einem Punkt, es sei wieder der Ursprung, analytisch ist und verschwindet. Dann gibt es, wie wir gleich beweisen

*) Der Wert Null spielt hier keine ausgezeichnete Rolle; man könnte ebensogut nach den Stellen fragen, wo die Funktion w einen bestimmten Wert c annimmt; das sind aber genau wieder die Nullstellen der Funktion $w_1 = w - c$.

**) „Umgebung" eines Punktes P ist jeder Polyzylinder (2), der P enthält, oder allgemeiner jeder andere offene und zusammenhängende Bereich, der einen solchen Polyzylinder einschließt.

werden, eine den Ursprung enthaltende $(n-1)$-dimensionale*) Mannigfaltigkeit von Nullstellen der Funktion w.

Nach Voraussetzung nämlich hat $w = w_k + w_{k+1} + \cdots$ einen positiven Untergrad k, und wir dürfen nach der Bemerkung am Ende des vorausgehenden Abschnittes annehmen, daß diese Potenzreihe *regulär* in bezug auf die Variable z_n ist, denn das können wir nötigenfalls durch eine passende lineare homogene Transformation der Variablen immer erreichen. Dann folgt:

Vorbereitungssatz von WEIERSTRASS**): *Hat die konvergente***) Potenzreihe* $w = w_k + w_{k+1} + w_{k+2} + \cdots$ *den Untergrad* $k \geqq 1$ *und ist sie regulär in bezug auf* z_n, *so gibt es eine im Ursprung nicht verschwindende konvergente Potenzreihe* $\omega = \omega_0 + \omega_1 + \omega_2 + \cdots$ $(\omega_0 \neq 0)$ *derart, daß*

$$w \cdot \omega = z_n^k + A_1 z_n^{k-1} + A_2 z_n^{k-2} + \cdots + A_k \tag{6}$$

gilt, wo A_j *konvergente Potenzreihen der Variablen* $z_1, z_2, \ldots, z_{n-1}$ *sind, die einen Untergrad* $\geqq j$ *haben.*

Den Ausdruck auf der rechten Seite von (6), das ist eine reguläre Potenzreihe in $z_1, z_2, \ldots, z_n$ vom Untergrad k, die aber in bezug auf z_n im allgemeinen nur den Grad $k-1$ erreicht und außerdem nur noch das Glied z_n^k enthält, nennt man ein „*Pseudopolynom mit der Spitze im Ursprung*". Es gibt natürlich Pseudopolynome mit beliebiger Spitze $\{a_1, a_2, \ldots, a_n\}$, dann ist im obigen statt z_j überall $(z_j - a_j)$ zu setzen.

Wählt man die Werte von $z_1, z_2, \ldots, z_{n-1}$ genügend nahe am Ursprung, aber sonst beliebig, so gibt es im allgemeinen k Werte z_n, die ebenfalls nahe am Ursprung liegen und für die (6) verschwindet. Nachdem ω als Einheit in der Nähe des Ursprungs keine Nullstellen besitzt, müssen diese Punkte Nullstellen unserer Funktion w sein, so daß also tatsächlich, entsprechend unserer Behauptung, ein $(n-1)$-dimensionales Nullstellengebilde der Funktion w durch den Ursprung hindurchgeht.

Nun zum Beweise des Vorbereitungssatzes+)! Vor allem denken wir uns w von vorneherein mit einer passenden Konstanten multipliziert, so daß der Koeffizient von z_n^k gleich 1 ist. Dann wählen wir eine positive Konstante ϱ_1 so klein, daß die Potenzreihe w im Bereich

$$|z_i| < |z_n| < \varrho_1, \qquad i = 1, 2, \ldots, n-1 \tag{7}$$

*) $n-1$ „komplexe" Dimensionen, gleichwertig $2n-2$ „reellen" Dimensionen; d. h. $n-1$ der komplexen Variablen dürfen willkürlich gewählt werden, dann ist die n-te Variable ein- oder endlich vieldeutig bestimmt.

**) WEIERSTRASS, K.: Mathematische Werke, 2. Band, S. 135 ff.

***) „Konvergent" schlechthin soll konvergent in einem Polyzylinder um den Ursprung: $|z_j| < \varrho_j$ bedeuten.

+) Der folgende Beweis nach C. L. SIEGEL [4], S. 4. Der WEIERSTRASSsche Vorbereitungssatz ist auch in den rein algebraischen Untersuchungen von großer Bedeutung, doch kann man dort mit „formalen" Potenzreihen ohne Rücksicht auf Konvergenz arbeiten; dementsprechend ist der Beweis dort auch viel einfacher: vgl. W. GRÖBNER [8], S. 13.

absolut konvergiert und außerdem die Ungleichung

$$|w_{k+1} + w_{k+2} + \cdots| < \frac{1}{2}|z_n|^k \tag{8}$$

erfüllt ist. Es ist nämlich w_j homogen vom Grade j in den z_i, daher gilt für $|z_i| < |z_n|$ die Abschätzung

$$|w_j| < M_j\,|z_n|^j\,, \qquad j = k, k+1, \ldots$$

wo M_j die Summe der absoluten Beträge der Koeffizienten in w_j sind.

Daraus folgt nun weiter:

$$|w_{k+1} + w_{k+2} + \cdots| < |z_n|^k\{M_{k+1}|z_n| + M_{k+2}|z_n|^2 + \cdots\}\,;$$

die in der Klammer rechts stehende Reihe konvergiert nach Voraussetzung für $|z_n| < \varrho_1$ und verschwindet für $z_n \to 0$; daher kann man, nötigenfalls durch Verkleinerung von ϱ_1, erreichen, daß ihr Wert immer $< \frac{1}{2}$ und somit (8) erfüllt ist.

Andererseits ist

$$w_k/z_n^k = 1 + p(t_1, t_2, \ldots, t_{n-1})\,,$$

wo p ein Polynom in den Variablen

$$t_i = \frac{z_i}{z_n}\,, \qquad i = 1, 2, \ldots, n-1$$

ohne konstantes Glied bedeutet. Daher kann man eine positive Zahl ϱ_2 finden derart, daß für

$$|t_i| < \varrho_2 \leqq 1\,, \qquad i = 1, 2, \ldots, n-1$$

$|p| < \frac{1}{2}$ ist, also

$$|1 + p| > \frac{1}{2}\,. \tag{8a}$$

Wir betrachten nun den Quotienten

$$\frac{w}{w_k} = 1 + \frac{w_{k+1} + w_{k+2} + \cdots}{w_k} = 1 + q$$

und bemerken, daß

$$q = \frac{(w_{k+1} + w_{k+2} + \cdots)\,z_n^{-k}}{1 + p}$$

eine analytische Funktion der Variablen $t_1, t_2, \ldots, t_{n-1}, z_n$ im Polyzylinder

$$|t_i| < \varrho_2\,, \quad |z_n| < \varrho_1$$

ist, die zufolge der Ungleichungen (8) und (8a) dort der Beschränkung $|q| < 1$ unterliegt.

Daher ist (siehe Satz 4 des vorigen Abschnitts) auch

$$\log\frac{w}{w_k} = \log(1 + q) = q - \frac{q^2}{2} + \frac{q^3}{3} - + \cdots$$

in diesem Bereich eine analytische Funktion der genannten Variablen und wird, wenn wir t_i wieder durch z_i/z_n ersetzen, durch eine Potenzreihe dargestellt, welche in bezug auf z_n eine LAURENTsche Reihe ist, weil die Exponenten von z_n auch alle negativen ganzen Zahlen durchlaufen; wir ordnen sie in der folgenden Weise:

$$\log\frac{w}{w_k} = u + v\,, \qquad \text{mit } u = \alpha_0 + \alpha_1 z_n + \alpha_2 z_n^2 + \cdots \atop \qquad\qquad\qquad v = \beta_1 z_n^{-1} + \beta_2 z_n^{-2} + \cdots\,, \tag{9}$$

wo $\alpha_0, \alpha_1, \ldots, \beta_1, \beta_2, \ldots$ Potenzreihen von $z_1, z_2, \ldots, z_{n-1}$ sind, die im Polyzylinder $|z_i| < \varrho_1\varrho_2$ $(i = 1, 2, \ldots, n-1)$ konvergieren. Wenn nämlich δ im Intervall $(0, \varrho_1\varrho_2)$ beliebig gewählt wird, dann konvergiert die Entwicklung (9) sicher im Bereich:

$$0 < \frac{\delta}{\varrho_2} < |z_n| < \varrho_1\,, \quad |z_i| < \delta < \varrho_1\varrho_2\,, \quad i = 1, 2, \ldots, n-1\,. \tag{10}$$

Da q den Faktor z_n hat, folgt noch, daß α_0 kein konstantes Glied besitzt und daher u im Ursprung verschwindet.

Aus Gleichung (9) folgt nun $e^{-u}w = e^v w_k$; e^{-u} ist im Ursprung analytisch (die untere Schranke δ/ϱ_2 in (10) ist hier überflüssig) und hat dort den Wert 1. e^v konvergiert in allen Punkten von (10) und enthält außer dem konstanten Glied 1 nur negative Potenzen von z_n. Daher ist $e^v w_k$ eine konvergente reguläre Potenzreihe in $z_1, z_2, \ldots, z_n$ (das gilt nämlich für $e^{-u}w$), welche in z_n nur bis zum Grad k ansteigt und also genau die in (6) rechts angegebene Gestalt hat. Also ist e^{-u} die gesuchte Einheit ω.

4. Der Integritätsbereich aller in einem Punkt analytischen Funktionen. Im folgenden betrachten wir die Menge $\mathfrak{J}$ aller in einem fest gewählten Punkte P analytischen Funktionen. Da Summe, Differenz und Produkt zweier analytischer Funktionen, wie schon in Abschnitt 1 bemerkt wurde, wieder analytische Funktionen sind, ist $\mathfrak{J}$ ein kommutativer Ring und sogar ein *Integritätsbereich*, weil er ein Einselement, nämlich die Konstante 1, enthält und *nullteilerfrei* ist.

Als *Einheiten* bezeichnen wir diejenigen Elemente e von $\mathfrak{J}$, deren reziproke ebenfalls in $\mathfrak{J}$ liegen, für die also die Gleichung $e x = 1$ eine in $\mathfrak{J}$ liegende Lösung $x = e^{-1}$ besitzt. In unserem Falle sind Einheiten alle analytischen Funktionen, die in P nicht verschwinden, die also durch Potenzreihen mit einem von Null verschiedenen konstanten Glied dargestellt werden. Unsere Aufmerksamkeit richtet sich aber vor allem auf die Nicht-Einheiten unseres Integritätsbereichs $\mathfrak{J}$, das sind alle in P verschwindenden analytischen Funktionen, deren Potenzreihen positive Untergrade haben, und auf deren Teilbarkeitseigenschaften.

Wir nennen nämlich die Funktion u durch die Funktion v *teilbar* (genauer „*teilbar in der Umgebung von P*", da es sich um eine „lokale"

Eigenschaft handelt, die nur in einer gewissen genügend kleinen Umgebung von P nachweisbar ist), geschrieben:

$$v \mid u \quad (\text{„}v \text{ teilt } u\text{“}),$$

wenn der Quotient u/v in P analytisch ist, d. h. wenn es eine in P analytische Funktion w gibt, die $u = vw$ erfüllt. Diese Teilbarkeitseigenschaft ist *transitiv:* denn aus $u_1 \mid u_2$ und $u_2 \mid u_3$ folgt immer $u_1 \mid u_3$.

Zwei Funktionen, deren Quotient eine Einheit ist, heißen „*assoziiert*“; von zwei assoziierten Funktionen u und v teilt jede die andere: $u \mid v$ und $v \mid u$; das ist auch umgekehrt charakteristisch für assoziierte Funktionen. Bei Untersuchungen von bloßen Teilbarkeitseigenschaften kann man ein Element immer durch ein beliebiges anderes assoziiertes Element ersetzen, ohne die Beziehungen zu stören. Denn gilt z. B. $v \mid u$ und sind u', v' assoziiert bzw. zu u, v, so gilt auch $v' \mid u'$.

Jede Funktion unseres Integritätsbereiches $\mathfrak{J}$ besitzt sicher als Teiler alle Einheiten und alle mit ihr assoziierten Funktionen; wir nennen sie „triviale“ Teiler. Unser Interesse verdienen die nichttrivialen Teiler oder „*echten Teiler*“, die leicht daran erkennbar sind, daß sie einen positiven, aber kleineren Untergrad haben als die zuerst betrachtete Funktion.

Es gibt nun sicher Funktionen, die keine echten Teiler besitzen: wir nennen sie „*Primfunktionen*“. Die Einheiten, die formal auch unter diesen Begriff fallen würden, wollen wir aber nicht zu den Primfunktionen rechnen; dagegen sind z. B. alle Funktionen vom Untergrad 1, ferner auch von einem Untergrad $k > 1$, deren erstes Glied w_k eine irreduzible Form ist, Primfunktionen*).

Jede Funktion w vom Untergrad k (> 0) läßt sich als Produkt von höchstens k Primfunktionen darstellen:

$$w = p_1 \cdot p_2 \cdots p_s. \tag{11}$$

Das ist unmittelbar einzusehen, denn wenn w nicht schon selbst Primfunktion ist, so kann w in zwei echte Teiler der positiven Untergrade k_1, k_2 $(k_1 + k_2 = k)$ zerlegt werden usw., bis alle Faktoren prim sind. Eine Darstellung (11) ist nach endlich vielen Zerlegungen sicher erreicht.

Wir werden beweisen, daß die Zerlegung (11) *im wesentlichen eindeutig* ist, d. h. bis auf die Reihenfolge der Faktoren und bis auf Einheiten (d. h. die einzelnen Primfaktoren können durch assoziierte ersetzt werden).

Besonders einfach ist diese Zerlegung im Falle $n = 1$ (nur eine Variable z): Hier gibt es, abgesehen von assoziierten Funktionen, nur

*) Davon gilt natürlich nicht die Umkehrung!

eine einzige Primfunktion z; jede Funktion vom Untergrad k:

$$w = \sum_{m=k}^{\infty} \alpha_m z^m = z^k \sum_{m=0}^{\infty} \alpha_{m+k} z^m , \qquad (\alpha_k \neq 0)$$

ist bis auf eine Einheit gleich der k-ten Potenz von z. Und hier ist auch die *Eindeutigkeit* dieser Zerlegung unmittelbar klar.

Zwei oder mehr Funktionen $u_1, u_2, \ldots, u_r$ unseres Integritätsbereiches $\mathfrak{J}$, die keinen gemeinsamen Teiler besitzen, heißen *teilerfremd* oder *relativ prim*, geschrieben:

$$(u_1, u_2, \ldots, u_r) = 1 .$$

Alle diese Begriffe haben „lokale" Bedeutung, d. h. sie beziehen sich auf die Umgebung eines bestimmten Punktes P, den wir hier der einfacheren Schreibweise der Potenzreihen halber als Ursprung annehmen dürfen, aber sie sind *invariant* gegenüber linearen homogenen Transformationen der Variablen*), bei denen sich ja auch der Untergrad einer Potenzreihe nicht ändert.

Ohne Einschränkung der Allgemeinheit dürfen wir daher immer voraussetzen, daß eine vorgegebene Funktion w regulär in bezug auf die Variable z_n sei, so daß wir sie durch Multiplikation mit einer passenden Einheit ω, die auf die Teilbarkeitsprobleme keinen Einfluß hat, in die besondere Gestalt (6) des WEIERSTRASSschen Vorbereitungssatzes, d. h. in ein *Pseudopolynom* überführen können. Wir können dasselbe auch gleichzeitig für mehrere Funktionen, z. B. für alle Primfunktionen $p_1, p_2, \ldots, p_s$ der Zerlegung (11) erreichen.

Die Eindeutigkeit der Zerlegung (11) können wir nun, da wir sie für $n = 1$ bereits eingesehen haben, durch Schluß von $n - 1$ auf n beweisen**); wir setzen daher im folgenden voraus, daß wir sie für $n - 1$ Variable schon nachgewiesen haben.

Es mögen etwa für die Funktion w zwei verschiedene Zerlegungen in Primfaktoren vorliegen:

$$w = p_1 \cdot p_2 \cdots p_s = q_1 \cdot q_2 \cdots q_t ; \qquad (12)$$

wir wollen zeigen, daß diese beiden Zerlegungen im wesentlichen identisch sind, d. h. daß $s = t$ und bei passender Numerierung die Primfunktionen p_i und q_i assoziiert sein müssen. Das folgt nämlich sofort aus dem *Euklidischen Lemma:*

Sind p, q, f, g Funktionen aus $\mathfrak{J}$, für die

$$p q = f g \quad \textit{und} \quad (p, f) = 1$$

gilt, so ist notwendig p ein Teiler von g: $p \mid g$.

*) Vgl. S. 249, Satz 5.

**) Dieser Beweis beruht nur mehr auf rein algebraischen Beziehungen und kann daher völlig gleichlautend demjenigen bei formalen Potenzreihen geführt werden; vgl. etwa W. GRÖBNER [8], S. 14.

Durch Anwendung dieses Lemmas auf (12) kann man schließen, daß die Primfunktion p_1 in einem Faktor rechts, den wir an die erste Stelle rücken können, also in q_1 aufgeht; da q_1 ebenfalls Primfunktion ist, müssen p_1 und q_1 assoziiert sein. Da es auf Einheiten nicht ankommt, kann man p_1 und q_1 auf beiden Seiten kürzen und denselben Schluß für $p_2 p_3 \ldots p_s = q_2 q_3 \ldots q_t$ wiederholen usw.

Nach dem oben Bemerkten dürfen wir uns die Funktionen p, q, f, g als Pseudopolynome gegeben denken. Wenden wir dann den *Euklidischen Algorithmus* *) auf die teilerfremden Pseudopolynome p und f an, so erhalten wir eine Identität

$$ph + fk = \alpha\,,$$

wo h, k ebenfalls Pseudopolynome sind und α eine Potenzreihe in $z_1, z_2, \ldots, z_{n-1}$ allein vorstellt. Durch Elimination von f aus dieser Gleichung und aus $pq - fg = 0$ erhält man die Beziehung

$$p(qk + gh) = \alpha g\,.$$

Nun ist leicht einzusehen, daß der zweite Faktor $(qk + gh)$ durch α teilbar sein muß; denn es sei etwa nach z_n entwickelt:

$$p = \pi_0 + \pi_1 z_n + \pi_2 z_n^2 + \cdots$$
$$qk + gh = \beta_0 + \beta_1 z_n + \beta_2 z_n^2 + \cdots$$

und γ ein Primfaktor von α. Da p ein Pseudopolynom der Gestalt (6) mit dem höchsten Koeffizienten 1 ist, sind sicher nicht alle Koeffizienten von p durch γ teilbar; es sei etwa γ Teiler von $\pi_0, \ldots, \pi_{i-1}$, aber nicht mehr von π_i. Ebenso stehe bereits fest, daß γ Teiler von $\beta_0, \ldots, \beta_{j-1}$ ist; dann ist notwendig γ auch Teiler von β_j, denn es gilt:

$$\gamma \mid \{\pi_0\,\beta_{i+j} + \pi_1\,\beta_{i+j-1} + \cdots + \pi_i\,\beta_j + \cdots + \pi_{i+j}\,\beta_0\};$$

alle Glieder bis auf das mittlere sind nach Voraussetzung durch γ teilbar, also auch: $\gamma \mid \pi_i\,\beta_j$. Für $n-1$ Variable steht aber bereits die Eindeutigkeit der Primfaktorzerlegung fest, und π_i ist nach Voraussetzung durch die Primfunktion γ nicht teilbar, also $\gamma \mid \beta_j\,(j = 0, 1, 2, \ldots)$. Wiederholt man diesen Schluß genügend oft, so findet man endlich, daß $\alpha \mid (qk + gh)$ oder $(qk + gh) = \alpha u$ mit einem Pseudopolynom u sein muß; also folgt $g = pu$ oder $p \mid g$, wie zu beweisen war**).

---

*) Vgl. W. GRÖBNER [8], S. 7f.; die Funktion α ist nichts anderes als die *Resultante* der Pseudopolynome p, f.

**) Ohne dies ausdrücklich zu vermerken, wurde im obigen der sog. *Satz von* GAUSS bewiesen, der aussagt, daß *das Produkt von zwei primitiven Pseudopolynomen oder Potenzreihen wieder primitiv ist.* Man nennt nämlich ein Polynom, Pseudopolynom oder eine Potenzreihe $\Sigma A_m z_n^m$ *primitiv*, wenn die Koeffizienten A_m keinen gemeinsamen Teiler besitzen. Vgl. W. GRÖBNER [8], S. 7.

Man kann dieses Ergebnis auch kurz so ausdrücken: *Im Integritätsbereich* $\mathfrak{J}$ *gilt der ZPE-Satz* (d. i. der Satz von der eindeutigen Zerlegbarkeit in Primelemente).

Zu jedem Integritätsbereich kann man durch „Quotientenbildung" den zugehörigen „*Quotientenkörper*" konstruieren, genauso, wie man zum Integritätsbereich der ganzen rationalen Zahlen durch Quotientenbildung den Körper der rationalen Zahlen gewinnt oder zum Integritätsbereich aller Polynome in einer oder mehreren Variablen den Körper aller rationalen Funktionen dieser Variablen.

Der Quotientenkörper von $\mathfrak{J}$ besteht also aus allen „Brüchen" (d. h. geordneten Paaren von Elementen aus $\mathfrak{J}$) $\frac{p}{q}$, wo nur $q \neq 0$ vorauszusetzen ist, und die Gleichheitsrelation eingeführt ist:

$$\frac{p}{q} = \frac{p^*}{q^*} \quad \text{dann und nur dann, wenn } pq^* = p^*q.$$

Da in $\mathfrak{J}$ der ZPE-Satz gilt, gibt es für jeden Bruch $\frac{p}{q}$ eine „reduzierte" Darstellung, bei der Zähler und Nenner teilerfremd sind: $(p, q) = 1$; diese reduzierte Darstellung ist bis auf einen gemeinsamen Einheitsfaktor von p und q eindeutig.

Das Rechnen mit diesen Brüchen befolgt die üblichen Regeln.

Man kann auch die *Teilbarkeitsrelationen* auf den Quotientenkörper übertragen, indem man festsetzt:

$$\frac{p}{q} \,\Big|\, \frac{p^*}{q^*} \quad \text{dann und nur dann, wenn } pq^* \mid p^*q;$$

das ist gleichbedeutend damit, daß das Verhältnis $\frac{p^*}{q^*} : \frac{p}{q}$ ein Element aus $\mathfrak{J}$, also eine analytische Funktion ist.

Insbesondere nennen wir zwei gebrochene Funktionen „*assoziiert*" oder „*äquivalent*" *), wenn sie gegenseitig durcheinander teilbar sind, d. h. wenn ihr Verhältnis eine Einheit ist.

Die bisher entwickelten Begriffe haben, wie schon betont wurde, „lokale" Bedeutung, d. h. sie beziehen sich auf die Potenzreihenentwicklungen in einem festen Punkt P. Es ist aber nützlich, sich klarzumachen, daß die Teilbarkeitseigenschaften bei direkter analytischer Fortsetzung in einer genügend kleinen Umgebung von P erhalten bleiben. So haben z. B. zwei assoziierte Funktionen analytische Fortsetzungen, die in einer genügend kleinen Umgebung von P assoziiert sind; ihr Quotient ist nämlich eine in P analytische und von Null verschiedene Funktion und bleibt dies in einer gewissen Umgebung von P.

---

*) Genauer „*äquivalent in bezug auf Division*"; es gibt nämlich auch den Begriff „*äquivalent in bezug auf Subtraktion*", der auf zwei Funktionen p/q und p^*/q^* zutrifft, deren Differenz analytisch ist.

In diesem Zusammenhang ist der folgende Satz für uns wichtig:

Satz 1*). *Sind die Funktionen p und q im Punkte P teilerfremd, so sind auch ihre direkten analytischen Fortsetzungen innerhalb einer genügend kleinen Umgebung von P teilerfremd.*

Demnach bleibt auch ein Bruch $\frac{p}{q}$, der in P**) reduziert ist, bei direkter analytischer Fortsetzung in einer genügend kleinen Umgebung von P reduziert.

Bevor wir den Beweis dieses Satzes ausführen, wollen wir eine nützliche Vereinfachung unserer Schreibweise besprechen:

Wir schreiben statt $f(z_1, z_2, \ldots, z_n)$ einfacher $f(z)$ oder auch nur f, wenn die Abhängigkeit von den Variablen aus dem Zusammenhang klar ist. Ebenso kürzen wir die Koordinaten $\{a_1, a_2, \ldots, a_n\}$ eines Punktes P ab, indem wir einfach $\{a\}$ schreiben; analog $\{b\}$ statt $\{b_1, b_2, \ldots, b_n\}$ usw. Wenn wir angeben wollen, daß die Funktion $f(z)$ durch eine Potenzreihe (1) mit dem Punkt $P\{a\}$ als Zentrum gegeben ist, so schreiben wir $f_a(z)$, oder auch nur f_a, und nennen f_a das „*zum Punkt $P\{a\}$ gehörende Funktionselement*" der analytischen Funktion $f(z)$.

Beim Beweis des obigen Satzes dürfen wir p und q wieder regulär in bezug auf z_n voraussetzen; dann gibt es nach dem WEIERSTRASSschen Vorbereitungssatz zwei Einheiten ω_1 und ω_2 derart, daß

$$\omega_1 p = p^*, \quad \omega_2 q = q^*$$

teilerfremde Pseudopolynome sind. Also gibt es zwei weitere Pseudopolynome h und k***), welche

$$p^* h + q^* k = \alpha$$

bewirken, wo α eine reguläre Potenzreihe in $z_1, z_2, \ldots, z_{n-1}$ allein ist, die nicht identisch verschwindet.

Wir wählen nun eine Umgebung $\mathfrak{U}(P)$: $|z_j| < \varrho_j$ so klein, daß alle vorkommenden Potenzreihen in ihr konvergieren und überall $\omega_1\omega_2 \neq 0$ ist. Dann sei $\{b\}$ ein beliebiger Punkt innerhalb $\mathfrak{U}(P)$. Für die analytischen Fortsetzungen nach $\{b\}$ gilt nun:

$$p_b^* h_b + q_b^* k_b = \alpha_b \quad \text{oder} \quad p_b h_b^* + q_b k_b^* = \alpha_b\,,$$

wenn wir $p_b^* = \omega_{1b}\, p_b$, $q_b^* = \omega_{2b}\, q_b$ und $h_b^* = \omega_{1b}\, h_b$, $k_b^* = \omega_{2b}\, k_b$ setzen und im Auge behalten, daß ω_{1b} und ω_{2b} Einheiten sind. α_b und alle Teiler von α_b (abgesehen von assoziierten) sind von z_n unabhängig. Irgendein (echter) gemeinsamer Teiler d von p_b und q_b ist auch Teiler von α_b und darf also von z_n unabhängig vorausgesetzt werden. d muß aber auch gemeinsamer Teiler der Pseudopolynome p_b^* und q_b^* sein, die mit p_b und q_b assoziiert sind. Das ist aber unmöglich, weil die

*) Vgl. C. L. SIEGEL [4], S. 9.

**) Der Punkt P ist als Ursprung angenommen.

***) Nach denselben Überlegungen wie beim Beweis des euklidischen Lemmas.

Pseudopolynome p_b^* und q_b^* den höchsten Koeffizienten 1 haben und also primitiv sind. Also sind p_b und q_b notwendig teilerfremd, w. z. b. w.

5. Meromorphe Funktionen. Wir nennen eine Funktion $w = f(z_1, z_2, \ldots, z_n)$ *meromorph* in einem Punkt $P\{a_1, a_2, \ldots, a_n\}$, wenn sie in einer Umgebung von P:

$$\mathfrak{U}\{a; \varrho_a\}, \quad \text{das ist:} \quad |z_j - a_j| < \varrho_j, \quad j = 1, 2, \ldots, n$$

durch den Quotienten p_a/q_a von zwei teilerfremden regulären Potenzreihen p_a und q_a dargestellt wird; die Potenzreihen p_a, q_a sind bis auf einen gemeinsamen Einheitsfaktor eindeutig bestimmt und, wenn man die Umgebung $\mathfrak{U}\{a; \varrho_a\}$ passend wählt, in jedem Punkt derselben teilerfremd (vgl. Abschnitt 4).

Je nachdem, ob der Nenner q_a an einer Stelle verschwindet oder nicht, unterscheidet man:

1. Reguläre Punkte: das sind alle Punkte $\{b\}$ in $\mathfrak{U}\{a; \varrho_a\}$, in denen $q_a(b) \neq 0$ ist. Der Wert der Funktion $w = p_a/q_a$ ist hier im gewöhnlichen Sinn zu verstehen. Da der Nenner in einem regulären Punkt eine Einheit ist, verhält sich die Funktion w in einer genügend kleinen Umgebung eines regulären Punktes *analytisch.*

2. Pole: das sind alle Punkte $\{c\}$ in $\mathfrak{U}\{a; \varrho_a\}$, in denen $q_a(c) = 0$, dagegen $p_a(c) \neq 0$ ist. In diesen Punkten schreibt man der Funktion w den Wert ∞ zu. In der Nachbarschaft eines Poles ist der Zähler $p_a(z)$ von Null verschieden, während die Nullstellen des Nenners $q_a(z) = 0$ eine Mannigfaltigkeit der Dimension $n - 1$ ausfüllen (vgl. WEIERSTRASSschen Vorbereitungssatz!), die sämtlich Pole der Funktion w sind.

3. Unbestimmtheitspunkte: das sind alle Punkte $\{d\}$ in $\mathfrak{U}\{a; \varrho_a\}$, in denen $q_a(d) = 0$ und $p_a(d) = 0$ ist. Hier ist die Teilerfremdheit von p_a und q_a wesentlich. Es ist nicht möglich, der Funktion w in einem Unbestimmtheitspunkt einen Grenzwert zuzuschreiben, weil w in der Nachbarschaft eines solchen Punktes jeden beliebigen Wert c annimmt; die Mannigfaltigkeit dieser Punkte wird durch die Gleichung $p_a(z) - c\,q_a(z) = 0$ ausgeschnitten und hat die Dimension $n - 1$. Wegen der Teilerfremdheit von p_a und q_a ist auf dieser Mannigfaltigkeit im allgemeinen $q_a(z) \neq 0$. In der Nachbarschaft eines Unbestimmtheitspunktes gibt es $(n > 2)$ weitere Unbestimmtheitspunkte, die eine durch die Gleichungen $p_a(z) = 0$ und $q_a(z) = 0$ ausgeschnittene Mannigfaltigkeit der Dimension $n - 2$ ausfüllen*).

Pole und Unbestimmtheitspunkte werden auch unter dem gemeinsamen Namen „*außerwesentlich singuläre Stellen*" einer meromorphen Funktion zusammengefaßt, denen die „*wesentlich singulären Stellen*"

*) Es muß nämlich die Resultante der beiden zu p_a und q_a gehörenden Pseudopolynome verschwinden; das ist eine Bedingung, die bereits die Variablen $z_1, \ldots, z_{n-1}$ allein betrifft.

gegenüberstehen, in die sich die Funktion nicht mehr meromorph fortsetzen läßt.

Man nennt eine Funktion in einem Bereich $\mathfrak{B}$ meromorph, wenn sie in jedem Punkt von $\mathfrak{B}$ meromorph ist: Zu jedem Punkt $\{a\}$ von $\mathfrak{B}$ gehört eine Umgebung $\mathfrak{U}\{a; \varrho_a\}$ und ein *Funktionselement* $w_a = \frac{p_a}{q_a}$, das den obigen Bedingungen entspricht. In zwei benachbarten Punkten $\{a\}$ und $\{b\}$, deren Umgebungen einen nicht leeren Durchschnitt:

$$\mathfrak{D} = \mathfrak{U}\{a; \varrho_a\} \cap \mathfrak{U}\{b; \varrho_b\}$$

haben, müssen diese Funktionselemente die folgende *Verträglichkeitsbedingung* erfüllen:

Ist $\{c\}$ irgendein Punkt in $\mathfrak{D}$, so müssen die direkten analytischen Fortsetzungen von $\{a\}$ nach $\{c\}$ und von $\{b\}$ nach $\{c\}$) der Bedingung genügen:*

$$\frac{p_{ac}(z)}{q_{ac}(z)} = \frac{p_{bc}(z)}{q_{bc}(z)};$$

da beide Brüche reduziert sind, ist also

$$p_{bc} = p_{ac}\,\omega, \quad q_{bc} = q_{ac}\,\omega,$$

wo ω eine Einheit in $\{c\}$ ist.

Summe, Differenz, Produkt und Quotient von meromorphen Funktionen ergibt wieder eine meromorphe Funktion (es darf nur der Nenner nicht identisch Null sein).

Die meromorphen Funktionen umschließen die analytischen oder „ganzen" Funktionen, deren Funktionselemente überall *ganz* sind:

$$w_a = p_a.$$

Aus dem BOREL*schen Überdeckungssatz***) folgt:

Satz 1. *Ist eine Funktion w meromorph in einem endlichen (d. h. beschränkten) und abgeschlossenen Bereich $\mathfrak{B}$, so gibt es endlich viele Punkte $\{a^{(\nu)}\}$, $\nu = 1, 2, \ldots, N$, in $\mathfrak{B}$, deren zugehörige Umgebungen den gesamten Bereich $\mathfrak{B}$ überdecken. Man braucht demnach nur endlich viele Funktionselemente, um w in ganz $\mathfrak{B}$ vollständig zu definieren.*

Man kann sogar sagen, daß w bereits durch ein einziges Funktionselement und dessen analytische Fortsetzungen in ganz $\mathfrak{B}$ festgelegt ist, denn *zwei in $\mathfrak{B}$ meromorphe Funktionen, welche ein Funktionselement gemeinsam haben, sind in ganz $\mathfrak{B}$ identisch.* (Hier ist $\mathfrak{B}$ als zusammenhängend vorausgesetzt.) In der Tat ist die Differenz dieser beiden

*) Wir bezeichnen diese direkten analytischen Fortsetzungen in leicht verständlicher Symbolik mit p_{ac}, p_{bc} usw.

**) Vgl. etwa C. CARATHÉODORY [9], S. 45. Unser Satz ist am einfachsten durch folgende Überlegung einzusehen: Wäre die Behauptung nicht wahr, so könnte man durch fortlaufende Unterteilung von $\mathfrak{B}$ einen Grenzpunkt $\{b\}$ in $\mathfrak{B}$ bestimmen, dessen Nachbarschaft nicht durch endlich viele Umgebungen überdeckt werden könnte. Das steht im Widerspruch damit, daß die Umgebung $\mathfrak{U}\{b; \varrho_b\}$ diese Nachbarschaft ganz überdeckt.

Funktionen ebenfalls in $\mathfrak{B}$ meromorph und hat an einer Stelle, etwa $\{a\}$, ein identisch verschwindendes Funktionselement. Jede direkte analytische Fortsetzung dieses Funktionselements liefert aber offenbar wieder ein identisch verschwindendes Funktionselement. Da man von $\{a\}$ durch eine endliche Folge von direkten analytischen Fortsetzungen zu jedem anderen Punkt $\{b\}$ unseres zusammenhängenden Bereiches $\mathfrak{B}$ gelangen kann*), so ist der Beweis für das identische Verschwinden der Differenz in ganz $\mathfrak{B}$ erbracht.

Für meromorphe oder im besonderen analytische Funktionen von mehreren Variablen gelten verschiedene Sätze, die man von den bekannten Verhältnissen bei einer Variablen aus nicht vermuten würde. Ein folgenreiches Beispiel dafür ist der folgende Satz:

Satz 2. *Ist die Funktion $w = f(z_1, z_2, \ldots, z_n)$ analytisch in allen Punkten einer Hyperkugel* $(n \geqq 2)$

$$\mathfrak{K}_R: \ |z_1|^2 + |z_2|^2 + \cdots + |z_n|^2 = R^2\,,$$

so ist sie im ganzen Innern dieser Hyperkugel analytisch, d. h. sie läßt sich eindeutig und analytisch in jeden inneren Punkt von $\mathfrak{K}_R$ fortsetzen.

Wenn nämlich diese Behauptung nicht wahr wäre, so gäbe es einen Punkt $P\{a_1, a_2, \ldots, a_n\}$ mit

$$|a_1|^2 + |a_2|^2 + \cdots + |a_n|^2 = a^2 < R^2\,,$$

in den sich $f(z)$ nicht analytisch fortsetzen läßt, während $f(z)$ in allen Punkten des Bereiches $\mathfrak{B}$:

$$\mathfrak{B}: \ a^2 < |z_1|^2 + |z_2|^2 + \cdots + |z_n|^2 \leqq R^2$$

analytisch ist. Durch eine Drehung des Koordinatensystems können wir erreichen, daß dieser Punkt P in den Punkt $P'\{0, 0, \ldots, 0, a\}$, $(a > 0)$ zu liegen kommt.

Wir können dann zwei positive Größen h_1 und h_2 so bestimmen, daß sie die Bedingungen

$$(n-1)\,h_1^2 + h_2(h_2 + 2a) \leqq R^2 - a^2\,, \tag{13a}$$

$$(n-1)\,h_1^2 + h_2(h_2 - 2a) > 0 \tag{13b}$$

erfüllen**). Dann gilt folgendes:

1. $f(z)$ ist analytisch im Bereich

$$\mathfrak{D}_1: \ |z_j| \leqq h_1\,, \quad |z_n - a| \leqq h_2 \text{ und } |z_n| > a\,, \quad j = 1, 2, \ldots, n-1$$

*) Man verbinde nämlich $\{a\}$ mit $\{b\}$ durch eine in $\mathfrak{B}$ liegende Kurve und setze die Funktion längs dieser Kurve analytisch fort. Würde die Fortsetzung an einer Stelle gehemmt sein (oder würde diese Stelle nicht mit endlich vielen Schritten erreichbar sein), so hätte man hier eine wesentlich singuläre Stelle, was der Voraussetzung widerspricht.

**) Man wähle etwa $h_2 < \text{Min}\left\{2a, \dfrac{R^2 - a^2}{4a}\right\}$, und dann h_1 so, daß (13a) als Gleichung erfüllt ist; (13b) folgt dann von selbst.

denn man bestätigt leicht, daß $\mathfrak{D}_1$ wegen (13a) ganz im Regularitätsbereich $\mathfrak{B}$ liegt;

2.) $f(z)$ ist auch analytisch im Bereich

$$\mathfrak{D}_2\colon\ |z_j| = h_1\,,\quad |z_n - a| \leqq h_2\,,\qquad j = 1, 2, \ldots, n-1$$

denn auch $\mathfrak{D}_2$ liegt wegen (13a) und (13b) ganz in $\mathfrak{B}$.

Wir wählen nun $\{z\}$ irgendwo im Bereich $\mathfrak{D}_1$, halten $z_2, \ldots, z_n$ fest und betrachten $f(z)$ als Funktion von z_1 allein; sie ist analytisch im Kreis $|z_1| \leqq h_1$ und kann daher nach der CAUCHY*schen Integralformel* so dargestellt werden:

$$f(z_1, z_2, \ldots, z_n) = \frac{1}{2\pi i}\int\limits_{\mathfrak{C}_1} \frac{f(t_1, z_2, \ldots, z_n)\,dt_1}{t_1 - z_1}\,,$$

wo $\mathfrak{C}_1$ die im positiven Sinn durchlaufene Kreisperipherie $|t_1| = h_1$ bedeutet. Dieselbe Überlegung können wir nun auf $f(t_1, z_2, \ldots, z_n)$, betrachtet als Funktion von z_2 allein, anwenden und erhalten so:

$$f(z_1, z_2, \ldots, z_n) = \frac{1}{(2\pi i)^2}\int\limits_{\mathfrak{C}_1} \frac{dt_1}{t_1 - z_1}\int\limits_{\mathfrak{C}_2} \frac{f(t_1, t_2, z_3, \ldots, z_n)\,dt_2}{t_2 - z_2}\,,$$

wo $\mathfrak{C}_2$ die Kreisperipherie $|t_2| = h_1$ bedeutet.

Durch $(n-1)$-malige Anwendung der CAUCHYschen Integralformel erhalten wir so:

$$f(z_1, z_2, \ldots, z_n) = \frac{1}{(2\pi i)^{n-1}}\int\limits_{\mathfrak{C}_1} \frac{dt_1}{t_1 - z_1}\cdots\int\limits_{\mathfrak{C}_{n-1}} \frac{f(t_1, \ldots, t_{n-1}, z_n)\,dt_{n-1}}{t_{n-1} - z_{n-1}}\,.$$

Nun ist aber die im letzten Integral auftretende Funktion $f(t_1, \ldots, t_{n-1}, z_n)$ in $\mathfrak{D}_2$, d. h. als Funktion von z_n im Kreise $|z_n - a| \leqq h_2$ analytisch. Wir können noch einmal die CAUCHYsche Integralformel anwenden:

$$f(z_1, z_2, \ldots, z_n) = \frac{1}{(2\pi i)^n}\int\limits_{\mathfrak{C}_1} \frac{dt_1}{t_1 - z_1}\int\limits_{\mathfrak{C}_2} \frac{dt_2}{t_2 - z_2}\cdots\int\limits_{\mathfrak{C}_n} \frac{f(t_1, t_2, \ldots, t_n)\,dt_n}{t_n - z_n}\,. \tag{14}$$

wo $\mathfrak{C}_j$ die Kreisperipherie $|t_j| = h_1$, $j = 1, 2, \ldots, n-1$, und $\mathfrak{C}_n$ die Kreisperipherie $|z_n - a| = h_2$ bedeuten.

Das in (14) rechts stehende Integral stellt aber eine im Polyzylinder

$$|z_j| < h_1\,,\quad |z_n - a| < h_2\,,\qquad j = 1, 2, \ldots, n-1$$

analytische Funktion*) dar, die im Teilbereich $\mathfrak{D}_1$ mit $f(z)$ übereinstimmt;

*) Man führt diesen Beweis ganz analog demjenigen bei einer Variablen: Man setzt die Entwicklungen ein:

$$\frac{1}{t_j - z_j} = \frac{1}{t_j} + \frac{z_j}{t_j^2} + \frac{z_j^2}{t_j^3} + \cdots,\quad |z_j| < |t_j| = h_1,\qquad j = 1, 2, \ldots, n-1$$

$$\frac{1}{t_n - z_n} = \frac{1}{t_n - a} + \frac{z_n - a}{(t_n - a)^2} + \frac{(z_n - a)^2}{(t_n - a)^3} + \cdots,\quad |z_n - a| < |t_n - a| = h_2,$$

welche in jedem im oben angegebenen Polyzylinder enthaltenen abgeschlossenen Bereich absolut und gleichmäßig konvergieren, und integriert gliedweise; es resultiert eine reguläre Potenzreihe mit dem Zentrum in P', die in dem angegebenen Polyzylinder absolut konvergiert.

$f(z)$ läßt sich also tatsächlich über den Punkt P' hinaus analytisch fortsetzen, womit unser Satz bewiesen ist.

Dieser Satz kann ohne große Schwierigkeit auf andere endliche Bereiche des z-Raumes erweitert werden, deren Rand aus einem einzigen Stück besteht*).

Wir schließen den z-Raum im Sinne der projektiven Geometrie durch Einführung von homogenen Koordinaten $\{z_0, z_1, \ldots, z_n\}$ mit der „unendlich fernen" Hyperebene $z_0 = 0$ ab. Irgendeine Hyperebene $a_0 z_0 + a_1 z_1 + \cdots + a_n z_n = 0$ kann durch eine projektive Transformation, das ist eine lineare homogene Substitution der homogenen Koordinaten**), in die unendlich ferne Hyperebene verlagert werden. Wir nennen den so abgeschlossenen z-Raum den „*erweiterten Raum*". Dann gilt zunächst als Verallgemeinerung des LIOUVILLE*schen Satzes* auf Funktionen von mehreren Variablen:

Satz 3. *Ist die Funktion $f(z_1, z_2, \ldots, z_n)$ in allen Punkten des erweiterten Raumes analytisch, so ist sie konstant.*

Hält man nämlich etwa $z_2, \ldots, z_n$ fest, so ist $f(z)$ als Funktion von z_1 allein konstant usw.

Aber es gilt bei $n > 1$ noch eine schärfere Aussage***):

Satz 4. *Eine in allen Punkten einer (projektiven) Hyperebene des z-Raumes analytische Funktion $f(z_1, z_2, \ldots, z_n)$ ist eine Konstante.*

Wir dürfen voraussetzen, daß $f(z)$ auf der unendlich fernen Hyperebene analytisch ist; das bedeutet, $f(z)$ ist analytisch in allen Punkten im Äußern einer genügend groß angesetzten Hyperkugel $\mathfrak{K}_R$:

$$|z_1|^2 + |z_2|^2 + \cdots + |z_n|^2 \geqq R^2;$$

nach Satz 2 ist $f(z)$ auch analytisch im Innern von $\mathfrak{K}_R$, also im erweiterten Raum, so daß durch Satz 3 die Behauptung erwiesen ist.

Mit Hilfe der CAUCHYschen Integralformel, die wir beim Beweise von Satz 2 soeben benützt haben, können wir auch den folgenden Satz über die TAYLOR*sche Reihenentwicklung* einer analytischen Funktion+), den wir später brauchen werden, leicht ableiten.

Satz 5. *Es sei $f(z_1, z_2, \ldots, z_n)$ im Innern und auf dem Rande des Polyzylinders $\mathfrak{B}$:*

$$\mathfrak{B}: \ |z_j| \leqq \varrho_j, \qquad j = 1, 2, \ldots, n$$

analytisch, Dann besitzt $f(z)$ eine im Innern von $\mathfrak{B}$ absolut konvergierende Potenzreihenentwicklung:

$$f(z_1, z_2, \ldots, z_n) = \sum_{m_1 \ldots m_n}^{0 \ldots \infty} \alpha_{m_1 m_2 \ldots m_n} z_1^{m_1} z_2^{m_2} \ldots z_n^{m_n}. \tag{15}$$

*) Vgl. OSGOOD [1], S. 206.

**) In inhomogenen Koordinaten sind das linear gebrochene Substitutionen. Vgl. BEHNKE-THULLEN [3], S. 3ff.

***) Vgl. BEHNKE-THULLEN [3], S. 61.

+) Vgl. OSGOOD [1], S. 49f.

Man kann nämlich mit denselben Überlegungen wie beim Beweise von Satz 2 die Funktion $f(z)$ durch die CAUCHY*sche Integralformel* ausdrücken:

$$f(z_1, z_2, \ldots, z_n) = \frac{1}{(2\pi i)^n} \int\limits_{\mathfrak{C}_1} \frac{dt_1}{t_1 - z_1} \int\limits_{\mathfrak{C}_2} \frac{dt_2}{t_2 - z_2} \cdots \int\limits_{\mathfrak{C}_n} \frac{f(t_1, \ldots, t_n)\, dt_n}{t_n - z_n}, \quad (16)$$

wo $\mathfrak{C}_j$ die Kreisperipherie $|t_j| = \varrho_j$ bedeutet $(j = 1, 2, \ldots, n)$.

Indem man hier die Nenner in bekannter Weise entwickelt:

$$\frac{1}{t_j - z_j} = \frac{1}{t_j} + \frac{z_j}{t_j^2} + \frac{z_j^2}{t_j^3} + \cdots, \qquad |z_j| < |t_j| = \varrho_j, \; j = 1, 2, \ldots, n$$

und gliedweise integriert, was wegen der absoluten und gleichmäßigen Konvergenz dieser Entwicklungen für $\{z\}$ *im Innern* von $\mathfrak{B}$ gemacht werden darf, erhält man eine reguläre Potenzreihe, die im Innern von $\mathfrak{B}$ absolut konvergiert; aus dem Identitätssatz (2. Abschnitt, Satz 2) folgt, daß die so erhaltenene Potenzreihe (15) mit dem Funktionselement von $f(z)$ im Ursprung identisch ist oder mit anderen Worten, daß dieses Funktionselement mindestens im Innern des Polyzylinders $\mathfrak{B}$ konvergiert.

Für die Anwendung der Formel (16) ist nur die Kenntnis der Werte der Funktion $f(z_1, z_2, \ldots, z_n)$ auf dem Rande des Polyzylinders $\mathfrak{B}$ erforderlich. Setzt man in (16) rechts irgendwelche Funktionswerte $f(t_1, t_2, \ldots, t_n)$ ein, für welche das Integral konvergiert, so erhält man *immer* eine im Innern von $\mathfrak{B}$ analytische Funktion, die sich allerdings im allgemeinen nicht bis zum Rande hin analytisch fortsetzen läßt, so daß man nicht sagen kann, sie besitze die gegebenen Funktionswerte als Randwerte.

Satz 6. *Eine in einem Polyzylinder*

$$\mathfrak{B}\colon\ |z_j| \leqq \varrho_j, \qquad j = 1, 2, \ldots, n$$

gleichmäßig konvergente Reihe

$$f(z_1, z_2, \ldots, z_n) = \sum_{s=0}^{\infty} \varphi_s(z_1, z_2, \ldots, z_n) \quad (16')$$

von Funktionen $\varphi_s(z_1, z_2, \ldots, z_n)$, die alle in $\mathfrak{B}$ analytisch sind, stellt eine im Innern von $\mathfrak{B}$ analytische Funktion dar.

Zur Abkürzung bezeichnen wir mit

$$f_N(z_1, z_2, \ldots, z_n) = \sum_{s=0}^{N} \varphi_s(z_1, z_2, \ldots, z_n)$$

den N-ten Abschnitt der Reihe (16'). Wegen der gleichmäßigen Konvergenz gibt es zu jeder Zahl $\varepsilon > 0$ eine nur von ε abhängige Zahl $N(\varepsilon)$ derart, daß

$$|f - f_N| < \varepsilon \text{ für } N > N(\varepsilon) \text{ gleichmäßig in } \mathfrak{B} \quad (16'')$$

gilt.

f_N ist als Summe von endlich vielen in $\mathfrak{B}$ analytischen Funktionen selbst in $\mathfrak{B}$ analytisch, so daß wir die CAUCHYsche Integralformel (16) darauf anwenden können:

$$f_N(z_1, z_2, \ldots, z_n) = \frac{1}{(2\pi i)^n} \int_{\mathfrak{C}_1} \frac{dt_1}{t_1 - z_1} \cdots \int_{\mathfrak{C}_n} \frac{f_N(t_1, t_2, \ldots, t_n)\, dt_n}{t_n - z_n}.$$

Ferner sind durch die Reihe (16') auf dem Rande von $\mathfrak{B}$ stetige Funktionswerte $f(t_1, t_2, \ldots, t_n)$ definiert, für die das Integral (16) konvergiert und eine im Innern von $\mathfrak{B}$ analytische Funktion

$$f^*(z_1, z_2, \ldots, z_n) = \frac{1}{(2\pi i)^n} \int_{\mathfrak{C}_1} \frac{dt_1}{t_1 - z_1} \cdots \int_{\mathfrak{C}_n} \frac{f(t_1, t_2, \ldots, t_n)\, dt_n}{t_n - z_n}$$

definiert.

Wir schätzen die Differenz dieser beiden Funktionen mit Hilfe von (16'') in einem inneren Punkte $\{z_1, z_2, \ldots, z_n\}$ von $\mathfrak{B}$ ab, in dem

$$\frac{1}{\varrho_j} |t_j - z_j| > \delta > 0, \qquad j = 1, 2, \ldots, n$$

gilt:

$$|f_N - f^*| < \frac{\varepsilon}{(2\pi)^n} \int_{\mathfrak{C}_1} \frac{|dt_1|}{|t_1 - z_1|} \cdots \int_{\mathfrak{C}_n} \frac{|dt_n|}{|t_n - z_n|} < \frac{\varepsilon}{\delta^n}.$$

Weil nun mit $N \to \infty$ $\varepsilon \to 0$ geht, folgt daraus: $f = \lim_{N\to\infty} f_N = f^*$ in jedem inneren Punkt von $\mathfrak{B}$, d. h. $f = f^*$ ist im Innern von $\mathfrak{B}$ analytisch.

6. Die Sätze von POINCARÉ und COUSIN. Im folgenden betrachten wir Funktionen $f(z_1, z_2, \ldots, z_n)$, welche in einem Polyzylinder

$$\mathfrak{B}\colon |z_j| \leqq R_j, \qquad j = 1, 2, \ldots, n$$

meromorph sind. Wir wollen zulassen, daß eine oder mehrere Schranken R_j unendlich groß werden und schreiben dann $|z_k| < \infty$, was bedeuten soll, daß z_k jede (endliche) komplexe Zahl sein darf. Gilt diese Schranke für alle $j = 1, 2, \ldots, n$, so umfaßt $\mathfrak{B}$ den gesamten endlichen z-Raum. Wir nennen dann auch die Funktion $f(z)$ schlechthin *meromorph*.

Unser Ziel ist der Beweis eines Satzes, der eine Verallgemeinerung eines von WEIERSTRASS im Falle $n = 1$ gefundenen Satzes vorstellt und der zuerst von POINCARÉ für $n = 2$ ausgesprochen und bewiesen wurde*):

Satz 1 (POINCARÉ). *Jede in einem Polyzylinder $\mathfrak{B}$ meromorphe Funktion $f(z_1, z_2, \ldots, z_n)$ läßt sich dort als Quotient zweier ganzer Funktionen $g(z_1, z_2, \ldots, z_n)$ und $h(z_1, z_2, \ldots, z_n)$ darstellen:*

$$w = f(z_1, z_2, \ldots, z_n) = \frac{g(z_1, z_2, \ldots, z_n)}{h(z_1, z_2, \ldots, z_n)},$$

*) H. POINCARÉ [5]. Der hier von POINCARÉ skizzierte Beweis beruht auf der Theorie der harmonischen Funktionen von 4 Variablen, die schwer auf allgemeines n zu übertragen ist. Der obige Beweis folgt dem von P. COUSIN [6] eingeschlagenen Gedankengang.

wo $g(z)$ und $h(z)$ in jedem Punkt von $\mathfrak{B}$ analytisch und teilerfremd sind, so daß die gemeinsamen Nullstellen von $g(z)$ und $h(z)$ in $\mathfrak{B}$ genau die Unbestimmtheitspunkte der meromorphen Funktion $f(z)$ sind.

Zum Beweis dieses Satzes muß man die Konstruktion einer in $\mathfrak{B}$ analytischen Funktion $h(z)$ zeigen, die in jedem Punkte $P\{a\}$ von $\mathfrak{B}$ ein Funktionselement $h_a(z)$ besitzt, das mit dem Nenner $q_a(z)$ des entsprechenden Funktionselementes von w, nämlich $w_a = p_a/q_a$, „*assoziiert*" oder „*äquivalent*"*), symbolisch:

$$h_a \sim q_a ,$$

ist. Hat man eine solche Funktion $h(z)$ konstruiert, so ist das Produkt $f(z) \cdot h(z)$ eine in jedem Punkt von $\mathfrak{B}$ analytische und zu $h(z)$ teilerfremde Funktion $g(z)$; also ist $f(z) = g(z)/h(z)$ eine Darstellung der verlangten Art**).

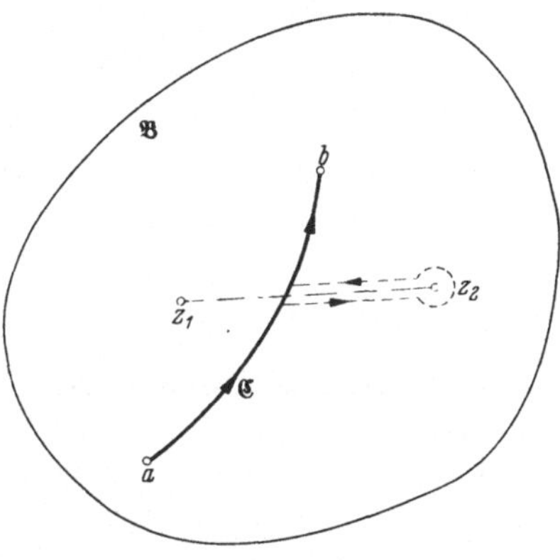

Abb. 7

Die Existenz einer derartigen Funktion $h(z)$ folgt aus dem folgenden von P. COUSIN herrührenden Satz:

Satz 2 (COUSIN)***). *Jedem Punkt $P\{a\}$ des Polyzylinders $\mathfrak{B}$ sei eine Umgebung $\mathfrak{U}\{a; \varrho_a\}$ und ein „Funktionselement", d. i. eine reguläre Potenzreihe $p_a(z)$, zugeordnet, welche in $\mathfrak{U}\{a; \varrho_a\}$ absolut konvergiert. Diese Funktionselemente sollen der Verträglichkeitsbedingung genügen: In jedem Punkte $\{c\}$ eines nicht leeren Durchschnittes zweier Umgebungen $\mathfrak{U}\{a; \varrho_a\} \cap \mathfrak{U}\{b; \varrho_b\}$ seien die direkten analytischen Fortsetzungen p_{ac} und p_{bc} äquivalent. Dann gibt es eine in $\mathfrak{B}$ analytische Funktion $h(z)$, welche in jedem Punkt $P\{a\}$ von $\mathfrak{B}$ dem dortigen Funktionselement $p_a(z)$ äquivalent ist.*

Für den Beweis dieses Satzes ist eine von COUSIN eingeführte Integralfunktion von Bedeutung, deren Besprechung wir uns zunächst zuwenden⁺).

Lemma von COUSIN. *Es sei $\mathfrak{C}$ eine einfache doppelpunktfreie Kurve, welche die Punkte a, b der komplexen z-Ebene verbindet*⁺⁺) *und $f(z)$ eine in einer gewissen Umgebung $\mathfrak{B}$ von $\mathfrak{C}$ analytische Funktion von z* (Abb. 7).

*) „Äquivalent in bezug auf Division", d. h. h_a/q_a ist in $\{a\}$ analytisch und von Null verschieden (vgl. S. 256).

**) Diese Darstellung ist natürlich nicht eindeutig, denn man kann immer Zähler und Nenner noch mit einer Funktion multiplizieren, die in ganz $\mathfrak{B}$ analytisch und von Null verschieden ist („Einheit im Großen"); solche Funktionen gibt es, z. B. e^u, wenn u in ganz $\mathfrak{B}$ analytisch ist.

***) P. COUSIN [6], Théorème III, S. 25; Théorème VI, S. 29; Théorème IX, S. 37.

⁺) P. COUSIN [6], S. 3 ff.

⁺⁺) In unseren Anwendungen wird es sich um gerade Linien oder Kreisbögen handeln.

Dann ist das längs $\mathfrak{C}$ von a nach b erstreckte Integral

$$I(z) = \frac{1}{2\pi i}\int_a^b \frac{f(\zeta)\,d\zeta}{\zeta - z} \tag{17}$$

in der ganzen längs $\mathfrak{C}$ aufgeschnittenen z-Ebene analytisch. Setzt man $I(z)$ über die Kurve $\mathfrak{C}$ (von links nach rechts, vgl. Abb. 7) analytisch fort, so ist

$$I(z_1)|_{\to z_2} = I(z_2) + f(z_2)\,. \tag{18}$$

In den Endpunkten a, b von $\mathfrak{C}$ besitzt $I(z)$ logarithmische Windungspunkte, und zwar:

$$I(z) = -\frac{f(a)}{2\pi i}\log(a-z) + \varphi_1(z),\ \text{in der Umgebung von } z = a\,, \tag{19a}$$

$$I(z) = +\frac{f(b)}{2\pi i}\log(b-z) + \varphi_2(z),\ \text{in der Umgebung von } z = b\,, \tag{19b}$$

wo $\varphi_1(z)$ und $\varphi_2(z)$ sich in den angegebenen Umgebungen analytisch verhalten.

Um (18) einzusehen, ziehe man auf dem Wege von z_1 nach z_2 die Kurve $\mathfrak{C}$ als Schleife mit (vgl. Abb. 7); da die beiden geradlinigen Stücke der Schleife sich wegheben, bleibt übrig:

$$I(z_1)|_{\to z_2} = I(z_2) + \frac{1}{2\pi i}\oint \frac{f(\zeta)\,d\zeta}{\zeta - z_2}\,;$$

das letzte Integral ist über eine Kreisperipherie $|\zeta - z_2| = \varrho$ mit beliebig kleinem ϱ in positivem Sinne zu erstrecken. Das gibt wegen der Stetigkeit von $f(z)$ an dieser Stelle (der Punkt z_2 muß in $\mathfrak{B}$ liegen) gerade den Wert $f(z_2)$.

Um das Verhalten von $I(z)$ in den Endpunkten a und b zu untersuchen, betrachte man die folgende Umformung:

$$\begin{aligned} I(z) &= \frac{1}{2\pi i}\int_a^b \frac{f(\zeta)-f(z)}{\zeta - z}\,d\zeta + \frac{f(z)}{2\pi i}\int_a^b \frac{d\zeta}{\zeta - z} \\ &= \frac{1}{2\pi i}\int_a^b \frac{f(\zeta)-f(z)}{\zeta - z}\,d\zeta + \frac{f(z)}{2\pi i}\log\frac{b-z}{a-z} \end{aligned}$$

und beachte, daß das erste Integral in den Punkten a und b analytisch ist. Daraus folgt (19a) und (19b).

Zusatz. *Wenn die Funktion $f(z)$ außer von z noch von weiteren Variablen $t_1, t_2, \ldots, t_n$ innerhalb eines für diese vorgegebenen Bereiches $\mathfrak{S}$ analytisch abhängt, so hängt auch $I(z)$ von diesen Variablen in $\mathfrak{S}$ analytisch ab.*

7. Beweis des Satzes von Cousin. Es fehlt noch der Beweis des Satzes 2 (Abschnitt 6), aus dem, wie wir gesehen haben, der Satz 1 von Poincaré unmittelbar folgt. Wir führen diesen Beweis zunächst für einen *endlichen* Polyzylinder

$$\mathfrak{B}\colon\ |z_j| \leqq R_j\,, \qquad j = 1, 2, \ldots, n$$

Diesen endlichen und abgeschlossenen Bereich $\mathfrak{B}$ können wir*) bereits mit endlich vielen Umgebungen $\mathfrak{U}\{a;\varrho_a\}$ überdecken, und das auch dann noch, wenn wir die Halbmesser ϱ_a aller Umgebungen auf die Hälfte reduzieren: $\mathfrak{U}\{a;\frac{1}{2}\varrho_a\}$.

Es gibt also in $\mathfrak{B}$ endlich viele Punkte

$$\{a^{(\nu)}\}\,, \qquad \nu = 1, 2, \ldots, N$$

der Art, daß die zugehörigen Umgebungen $\mathfrak{U}\{a;\frac{1}{2}\varrho_a\}$ ganz $\mathfrak{B}$ überdecken. Das Minimum aller hier auftretenden Halbmesser ϱ_a sei ϱ. ϱ ist eine positive Zahl. Nun unterteilen wir in jeder z_j-Ebene die Kreisscheibe $\mathfrak{S}_j$: $|z_j| \leqq R_j$ durch ein Quadratnetz von der Seitenlänge $< \frac{\varrho}{\sqrt{2}}$ und numerieren die einzelnen, ganz oder teilweise in $\mathfrak{S}_j$ liegenden Quadrate:

$$Q_1^{(j)}, Q_2^{(j)}, \ldots, Q_{m_j}^{(j)}\,.$$

Jedes dieser Quadrate ist in mindestens einer Umgebung $\mathfrak{U}\{a^{(\nu)};\varrho_a^{(\nu)}\}$ *ganz* enthalten, denn der Mittelpunkt des Quadrates liegt in mindestens einer Umgebung $\mathfrak{U}\{a^{(\nu)};\frac{1}{2}\varrho_a^{(\nu)}\}$, und die Seitenlänge haben wir gerade so beschränkt, daß dann das ganze Quadrat in der (offenen) Umgebung $\mathfrak{U}\{a^{(\nu)};\varrho_a^{(\nu)}\}$ enthalten sein muß**).

Damit ist auch der reell $2n$-dimensionale Bereich $\mathfrak{B}$ in kleine $2n$-dimensionale Würfel unterteilt, die als topologisches Produkt: $Q_{\alpha_1}^{(1)} Q_{\alpha_2}^{(2)} \ldots Q_{\alpha_n}^{(n)}$ von je einem Quadrat aus jeder z_j-Ebene ($j = 1, 2, \ldots, n$) geschrieben werden können. Jeder dieser Würfel liegt ganz im Innern von wenigstens einer Umgebung $\mathfrak{U}\{a^{(\nu)};\varrho_a^{(\nu)}\}$; wir weisen ihm daher das in dieser Umgebung geltende Funktionselement $p_\nu(z)$ zu. Diese Festsetzung ist zwar nicht eindeutig, weil der Würfel ja in mehreren Umgebungen gleichzeitig liegen kann; da aber dann die entsprechenden Funktionselemente immer äquivalent sind, ist es für das endgültige Resultat gleichgültig, welches wir für diesen Zweck auszeichnen.

Damit haben wir die Voraussetzungen des COUSINschen Satzes dahingehend vereinfacht, daß wir den Bereich $\mathfrak{B}$ in eine endliche Anzahl von Würfeln unterteilt haben und es nur mehr mit den Funktionselementen zu tun haben, welche in diesen Würfeln definiert sind; sie sind an jeder Stelle dem ursprünglich dieser Stelle zugeordneten Funktionselement äquivalent; sie lassen sich auch ein Stück weit über die

---

*) Vgl. S. 259, Satz 1.

**) Das gilt sinngemäß auch für die am Rande von $\mathfrak{S}_j$ liegenden Quadrate, von denen nur der innerhalb $\mathfrak{S}_j$ liegende Teil in einer Umgebung $\mathfrak{U}\{a;\varrho_a\}$ liegen muß.

Begrenzungen des Würfels hinaus analytisch fortsetzen und sind dann dem im Nachbarwürfel geltenden Funktionselement äquivalent.

Wir führen nun einen Glättungsprozeß durch, bei dem sukzessive in jeder z_j-Ebene die in den einzelnen Quadraten geltenden Funktionselemente zu einer in der ganzen Kreisscheibe $\mathfrak{S}_j$ analytischen Funktion ausgeglättet werden. Wir zeichnen eine Variable, etwa z_n aus und schreiben dafür nur z; die übrigen Variablen bezeichnen wir zur leichteren Unterscheidung mit $\{t\} = \{t_1, \ldots, t_{n-1}\}$.

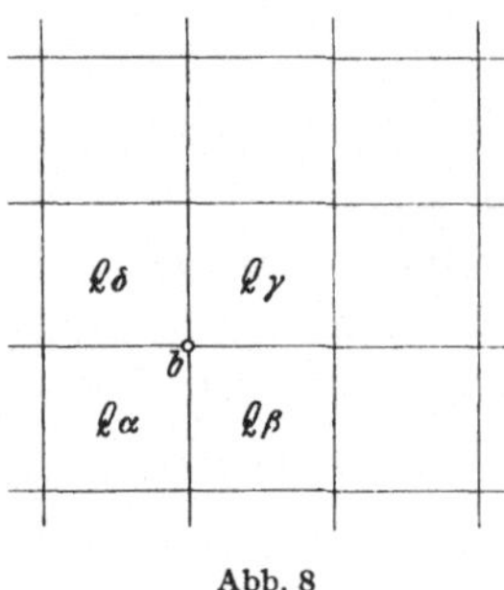

Abb. 8

Den Punkt $\{t_1, \ldots, t_{n-1}\}$ halten wir nun in einem der $(2n-2)$-dimensionalen Würfel $Q^{(1)}_{\alpha_1} \ldots Q^{(n-1)}_{\alpha_{n-1}} = \mathfrak{S}_t$ fest. Dann haben wir in der z-Ebene eine Kreisscheibe $\mathfrak{S}_z$: $|z| \leq R$, die mit einem Quadratnetz überdeckt ist; in jedem Quadrat Q_ν, das ganz oder teilweise in $\mathfrak{S}_z$ liegt, ist ein Funktionselement $p_\nu(t; z)$ definiert, das sich analytisch über die Seiten hinaus fortsetzen läßt und dann mit dem benachbarten Funktionselement äquivalent ist. Im übrigen hängt $p_\nu(t; z)$ analytisch von den Variablen $\{t\}$ innerhalb $\mathfrak{S}_t$ ab.

Unsere nächste Aufgabe besteht darin, diese einzelnen Funktionselemente durch eine in ganz $\mathfrak{S}_z$ analytische Funktion $p(t; z)$ zu ersetzen, welche an jeder Stelle dem dort gültigen Funktionselement $p_\nu(t; z)$ äquivalent ist.

Die Kreisscheibe $\mathfrak{S}_z$ wird von m Quadraten $Q_1, Q_2, \ldots, Q_m$ vollständig überdeckt. Es sei $\mathfrak{l}_{\alpha\beta}$ eine Seite unseres Quadratnetzes, längs der die Quadrate Q_α und Q_β aneinandergrenzen; diese Strecke $\mathfrak{l}_{\alpha\beta}$ sei so gerichtet, daß Q_α zur linken und Q_β zur rechten liegen.

Das Verhältnis $p_\alpha(t; z)/p_\beta(t; z)$ ist in einem gewissen Bereich $\mathfrak{T}_{\alpha\beta}$, der $\mathfrak{l}_{\alpha\beta}$ ganz im Innern enthält, analytisch und von Null verschieden. Daher ist die Funktion

$$v_{\alpha\beta} = \log \frac{p_\alpha}{p_\beta}$$

bei beliebig gewählter Bestimmung des Logarithmus in $\mathfrak{T}_{\alpha\beta}$ analytisch.

Wir können aber, indem wir das Quadratnetz in passender Folge durchlaufen, die Bestimmungen der Logarithmen so treffen, daß in jedem Eckpunkt b des Quadratnetzes ($b \in \mathfrak{S}_z$), in dem die Quadrate $Q_\alpha, Q_\beta, Q_\gamma, Q_\delta$ zusammenstoßen (Abb. 8), die Beziehung erfüllt ist:

$$\begin{aligned} &v_{\alpha\beta} + v_{\beta\gamma} + v_{\gamma\delta} + v_{\delta\alpha} = \\ &= \log \frac{p_\alpha}{p_\beta} + \log \frac{p_\beta}{p_\gamma} + \log \frac{p_\gamma}{p_\delta} + \log \frac{p_\delta}{p_\alpha} = \log 1 = 0 \,. \end{aligned}$$

Nun bilden wir das COUSIN*sche Integral*

$$I_{\alpha\beta} = \frac{1}{2\pi i} \int\limits_{\mathfrak{l}_{\alpha\beta}} \frac{v_{\alpha\beta}(t;\zeta)\,d\zeta}{\zeta - z} \tag{20}$$

und beachten das *Lemma von* COUSIN (Abschnitt 6). $I_{\alpha\beta}$ ist in der ganzen, längs $\mathfrak{l}_{\alpha\beta}$ aufgeschnittenen z-Ebene analytisch und hängt auch von den Variablen $\{t\}$ innerhalb $\mathfrak{S}_t$ analytisch ab. Bei analytischer Fortsetzung über $\mathfrak{l}_{\alpha\beta}$ von links nach rechts geht $I_{\alpha\beta}$ in $I_{\alpha\beta} + v_{\alpha\beta}$ über. Ferner ist $I_{\alpha\beta} = I_{\beta\alpha}$.

Nun bilden wir die (endliche) Summe

$$\Phi(t;z) = \Sigma\, I_{\alpha\beta}\,, \tag{21}$$

die über alle gemeinsamen Begrenzungsstrecken $\mathfrak{l}_{\alpha\beta}$ von zwei Quadraten Q_α, Q_β unseres Quadratnetzes zu erstrecken ist. $\Phi(t;z)$ ist zunächst im Innern jedes Quadrates analytisch; bei analytischer Fortsetzung über eine Seite $\mathfrak{l}_{\alpha\beta}$ hinaus (von links nach rechts) kommt der Summand $v_{\alpha\beta} = \log\frac{p_\alpha}{p_\beta}$ hinzu. Ferner bleibt $\Phi(t;z)$ auch analytisch, wenn z innerhalb eines Quadrates, etwa Q_α, in einen Eckpunkt b hineinrückt (vgl. Abb. 8).

Bei diesem Prozeß werden von der Summe (21) die 4 Glieder $I_{\alpha\beta} + I_{\beta\gamma} + I_{\gamma\delta} + I_{\delta\alpha}$ logarithmisch unendlich; nach (19b) erhält ihre Summe das logarithmische Glied $[v_{\alpha\beta} + v_{\beta\gamma} + v_{\gamma\delta} + v_{\delta\alpha}]\frac{\log(b-z)}{2\pi i}$; dieser Ausdruck verschwindet aber zufolge unserer besonderen Bestimmung der Funktionen $v_{\alpha\beta}$.

Nun definieren wir in $\mathfrak{S}_z$ die Funktion $p(t;z)$ folgendermaßen:

$$p(t;z) = p_\alpha(t;z)\,e^{-\Phi(t;z)} \quad \text{in } Q_\alpha,\ \alpha = 1, 2, \ldots, m \tag{22}$$

Jedenfalls ist $p(t;z) \sim p_\alpha(t;z)$ in Q_α. Ferner ist $p(t;z)$ in ganz $\mathfrak{S}_z$ analytisch, denn bei analytischer Fortsetzung über eine Seite $\mathfrak{l}_{\alpha\beta}$ von dem Quadrat Q_α in das Quadrat Q_β gilt:

$$p_\alpha(t;z)\,e^{-\Phi(t;z)}\big|_{\to Q_\beta} = p_\alpha(t;z)\,e^{-\Phi(t;z) - v_{\alpha\beta}} = p_\beta(t;z)\,e^{-\Phi(t;z)}\,,$$

d. h. das Funktionselement in Q_α geht bei analytischer Fortsetzung nach Q_β in das dort geltende Funktionselement über. Schließlich ist $p(t;z)$ nach dem eben über $\Phi(t;z)$ Gesagten auch in den Eckpunkten b des Quadratnetzes analytisch.

Diese Konstruktion ist nun mehrfach zu wiederholen; zunächst müssen so für alle $(2n-2)$-dimensionalen Würfel $\mathfrak{S}_t$ die Funktionselemente $p(t;z)$ gebildet werden. Dann muß die nächste Variable z_{n-1} demselben Glättungsprozeß unterworfen werden usw. Schließlich resultiert auf diese Weise eine im COUSINschen Satz behauptete Funktion $h(z)$ für den endlichen Bereich $\mathfrak{B}$.

Für unendliche Bereiche $\mathfrak{B}$ können wir nun den Satz von COUSIN durch einen einfachen Grenzprozeß beweisen, indem wir $\mathfrak{B}$ durch eine passend gewählte Folge von endlichen Polyzylindern

$$\mathfrak{B}_1 \subset \mathfrak{B}_2 \subset \ldots \subset \mathfrak{B}_k \subset \ldots \rightarrow \mathfrak{B}$$

ausschöpfen. Für jeden Polyzylinder $\mathfrak{B}_k$ können wir nach dem bereits bewiesenen eine dem COUSINschen Satz entsprechende analytische Funktion $h_k(z)$ konstruieren, welche in jedem Punkt $\{a\}$ von $\mathfrak{B}_k$ dem dort vorgegebenen Funktionselement $p_a(z)$ äquivalent ist. Daher ist $h_{k+1}(z)/h_k(z)$ in $\mathfrak{B}_k$ analytisch und von Null verschieden, so daß auch der Logarithmus

$$X_k = \log \frac{h_{k+1}(z)}{h_k(z)}$$

in ganz $\mathfrak{B}_k$ eindeutig und analytisch definiert werden kann.

Nach Satz 5 in Abschnitt 5 läßt sich diese Funktion X_k in eine in ganz $\mathfrak{B}_k$ gleichmäßig konvergierende reguläre Potenzreihe entwickeln, die wir in zwei Teile

$$X_k = P_k + R_k$$

spalten können, wo P_k als endlicher Abschnitt der Reihe ein Polynom in den $\{z\}$ vorstellt, während R_k eine in $\mathfrak{B}_k$ analytische Funktion ist, welche dort gleichmäßig der Beschränkung

$$|R_k(z)| < \varepsilon_k \text{ für } \{z\} \text{ in } \mathfrak{B}_k, \qquad k = 1, 2, \ldots$$

unterworfen sein soll; die positiven Größen ε_k können beliebig vorgegeben sein, jedoch soll die Reihe $\Sigma\,\varepsilon_k$ konvergieren.

Infolgedessen ist $\sum_{i=k}^{\infty} R_i(z)$ eine in $\mathfrak{B}_k$ analytische Funktion [als gleichmäßig konvergente Reihe analytischer Funktionen*)], und dasselbe gilt offenbar auch für die endliche Summe $\sum_{i=1}^{k-1} P_i$. Daher ist die Exponentialfunktion

$$\exp\left\{-\sum_{i=1}^{k-1} P_i + \sum_{i=k}^{\infty} R_i\right\}$$

in $\mathfrak{B}_k$ analytisch und überall von Null verschieden, also eine Einheit in $\mathfrak{B}_k$. Nun ersetzen wir die Funktionen $h_k(z)$ durch die folgenden:

$$H_k(z) = h_k(z) \exp\left\{-\sum_{i=1}^{k-1} P_i + \sum_{i=k}^{\infty} R_i\right\} \text{ in } \mathfrak{B}_k, \qquad k = 1, 2, \ldots$$

Nach dem eben Bemerkten ist $H_k(z)$ in $\mathfrak{B}_k$ analytisch und äquivalent $h_k(z)$, kann also an die Stelle von $h_k(z)$ als Lösung des COUSINschen Problems in $\mathfrak{B}_k$ treten. Der Vorteil, den die Funktionen $H_k(z)$ gegenüber den

*) Vgl. S. 263, Satz 6.

ersteren bieten, ist aber der, daß die Grenzfunktion

$$H(z) = \lim_{k \to \infty} H_k(z)$$

existiert und die gesuchte Lösung unseres Problems im Bereich $\mathfrak{B}$ ist.

Ist nämlich $\{z\}$ irgendein Punkt von $\mathfrak{B}$, so gibt es eine natürliche Zahl k derart, daß $\{z\}$ in $\mathfrak{B}_k$ und allen folgenden $\mathfrak{B}_{k+1}, \ldots$ liegt. Man sieht dann leicht, daß für dieses $\{z\}$ $H_k(z) = H_{k+1}(z) = \cdots = H(z)$ gilt, so daß $H_{k+1}(z)$ nichts anderes als die analytische Fortsetzung von $H_k(z)$ über $\mathfrak{B}_k$ nach $\mathfrak{B}_{k+1}$ ist usw.

In der Tat gilt für $\{z\}$ in $\mathfrak{B}_k$:

$$\begin{aligned} H_k(z) &= h_{k+1}(z) \exp(-P_k - R_k) \exp\left(-\sum_{i=1}^{k-1} P_i + \sum_{i=k}^{\infty} R_i\right) \\ &= h_{k+1}(z) \exp\left(-\sum_{i=1}^{k} P_i + \sum_{i=k+1}^{\infty} R_i\right) = H_{k+1}(z) = H_{k+2}(z) = \cdots . \end{aligned}$$

Damit ist der Satz von COUSIN in der vollen hier beabsichtigten Allgemeinheit bewiesen.

Literaturverzeichnis für den Anhang

[1] OSGOOD, W. F.: Lehrbuch der Funktionentheorie, 2. Band, 2. Aufl. Leipzig 1928.

[2] BIEBERBACH, L.: Neuere Untersuchungen über Funktionen von komplexen Variablen. Enzyklop. Math. Wiss. II C_4 (1922).

[3] BEHNKE, H., u. P. THULLEN: Theorie der Funktionen mehrerer komplexer Veränderlichen. Erg. Math. **3**. Berlin: Springer 1934.

[4] SIEGEL, C. L.: Analytic functions of several complex variables. Lectures delivered at the Institute for Advanced Study 1948—1949.

[5] POINCARÉ, H.: Sur les fonctions de deux variables. Acta math. **2**, 97—113 (1883).

[6] COUSIN, P.: Sur les fonctions de n variables complexes. Acta math. **19**, 1—62 (1895).

[7] KNOPP, K.: Theorie und Anwendung der unendlichen Reihen, 3. Aufl. Berlin 1931.

[8] GRÖBNER, W.: Moderne algebraische Geometrie. Wien: Springer 1949.

[9] CARATHÉODORY, C.: Vorlesungen über reelle Funktionen. Leipzig: B. G. Teubner 1918.

Namen- und Sachverzeichnis

(Die Zahlen bedeuten Seitenzahlen)

* «Fonction intermédiaire» zuerst bei BRIOT und BOUQUET: Théorie des fonctions elliptiques. 2me éd., p. 236 (1875), „JACOBIsche Funktion" zuerst bei FROBENIUS, J. f. Math. 97, 16—188 (1884).

Berichtigungen und Ergänzungen

S. 79, Anmerkung: Statt „unitäre Kongruenz" lies „unimodulare Kongruenz".

S. 147: Die Überlegung, daß die Randpunkte von W höchstens eine Untermannigfaltigkeit der Dimension $p-1$ ausfüllen können, kann in der folgenden Weise vereinfacht werden: Die Abbildung $\mathfrak{F}\to W$ ist ausnahmslos eindeutig und stetig; sie ist auch überall im kleinen eindeutig umkehrbar, ausgenommen in denjenigen Punkten $\{\mathbf{u}\}$, in welchen die JACOBIsche Matrix eine Rangerniedrigung erleidet. Diese Ausnahmspunkte haben aber höchstens die Dimension $p-1$ und sind andererseits die einzigen, deren Bildpunkte evtl. als Randpunkte von W in Betracht kommen. Da aber die Abbildung $\mathfrak{F}\to W$ auch in diesen Ausnahmspunkten eindeutig und stetig ist, können ihre Bildpunkte in W ebenfalls keine höhere Dimension als $p-1$ haben.

S. 197, Anmerkung 2: Eine Normalform für $\boldsymbol{\Omega}_*$ ist, wie man leicht nachprüft, die folgende:

$$\mathbf{R}\mathbf{B}\boldsymbol{\Omega}_*\begin{pmatrix}\mathbf{R} & 0\\ 0 & \mathbf{R}\end{pmatrix}=\frac{1}{n}\,(\pi i\,\mathbf{R}\mathbf{B}\mathbf{R},\ \mathbf{R}\mathbf{B}\mathbf{A}\mathbf{B}\mathbf{R})$$

mit der S. 89 eingeführten (p,p)-Matrix $\mathbf{R}$. Daraus kann man unschwer den „Dualitätssatz von IGUSA" ableiten: $\boldsymbol{\Omega}_{**}\sim\boldsymbol{\Omega}$. Vgl. A. ANDREOTTI: Recherches sur les surfaces algébriques irrégulières, Mém. Acad. Roy. Belgique **27**, 1—36 (1952).

S. 267: Einer freundlichen Mitteilung von Prof. H. HORNICH (Graz), für dessen Unterstützung beim Lesen der Korrektur ich mich an dieser Stelle noch herzlich bedanke, entnehme ich die folgende Vereinfachung der auf S. 267 dargestellten Überlegung: Man kann von vornherein die Kreisscheiben $\mathfrak{S}_j$ mit einem genügend engmaschigen Quadratnetz überziehen und dann schließen, daß jeder $2n$-dimensionale Würfel $Q^{(1)}_{\alpha_1}Q^{(2)}_{\alpha_2}\cdots Q^{(n)}_{\alpha_n}$ in wenigstens einer Umgebung $\mathfrak{U}\{a;\varrho_a\}$ *ganz* enthalten sein muß; wäre das nämlich nicht gleich beim ersten Mal richtig, so könnte man das Quadratnetz solange verfeinern, bis dieses Ziel erreicht ist; wäre es nicht mit endlich vielen Verfeinerungen erreichbar, so würde das die Existenz eines Punktes P innerhalb $\mathfrak{B}$ aufzeigen, in dem kein gültiges Funktionselement $p(z)$ vorliegt, was der Voraussetzung widerspricht.